全国高等院校新农科建设新形态规划教材·动物类　总主编　陈焕春

畜牧微生物学

唐志如　马　曦 ◎ 主编

西南大学出版社
国家一级出版社　全国百佳图书出版单位

图书在版编目（CIP）数据

畜牧微生物学 / 唐志如, 马曦主编. -- 重庆：西南大学出版社, 2024.8. -- （全国高等院校新农科建设新形态规划教材）. -- ISBN 978-7-5697-2354-0

Ⅰ. S852.6

中国国家版本馆CIP数据核字第2024R1X970号

畜牧微生物学
唐志如　马　曦◎主编

出　版　人	张发钧
总　策　划	杨　毅　周　松

选题策划	杨光明　伯古娟
责任编辑	李　勇
责任校对	鲁　欣　刘欣鑫
装帧设计	闰江文化
排　　版	江礼群
出版发行	西南大学出版社（原西南师范大学出版社）
地　　址	重庆市北碚区天生路2号
邮　　编	400715
电　　话	023-68868624
印　　刷	重庆亘鑫印务有限公司
成品尺寸	210 mm × 285 mm
印　　张	25.75
字　　数	712千字
版　　次	2024年8月　第1版
印　　次	2024年8月　第1次印刷
书　　号	ISBN 978-7-5697-2354-0
定　　价	78.00元

全国高等院校新农科建设新形态规划教材·动物类

编委会

总 主 编

陈焕春

（教育部高等学校动物生产类专业教学指导委员会主任委员、
中国工程院院士、华中农业大学教授）

副总主编

王志坚（西南大学副校长）

滚双宝（甘肃农业大学副校长）

郑晓峰（湖南农业大学副校长）

编 委

（按姓氏笔画为序）

马　跃（西南大学）	马　曦（中国农业大学）
马友记（甘肃农业大学）	王　亨（扬州大学）
王月影（河南农业大学）	王志祥（河南农业大学）
卞建春（扬州大学）	邓俊良（四川农业大学）
甘　玲（西南大学）	左建军（华南农业大学）
石火英（扬州大学）	石达友（华南农业大学）
龙　淼（沈阳农业大学）	毕师诚（西南大学）
吕世明（贵州大学）	朱　砺（四川农业大学）
刘　娟（西南大学）	刘　斐（南京农业大学）
刘长程（内蒙古农业大学）	刘永红（内蒙古农业大学）

刘安芳(西南大学)	刘国文(吉林大学)
刘国华(湖南农业大学)	齐德生(华中农业大学)
汤德元(贵州大学)	孙桂荣(河南农业大学)
牟春燕(西南大学)	李　华(佛山大学)
李　辉(贵州大学)	李金龙(东北农业大学)
李显耀(山东农业大学)	杨　游(西南大学)
肖定福(湖南农业大学)	吴建云(西南大学)
邹丰才(云南农业大学)	冷　静(云南农业大学)
宋振辉(西南大学)	张妮娅(华中农业大学)
张龚炜(西南大学)	陈树林(西北农林科技大学)
林鹏飞(西北农林科技大学)	罗献梅(西南大学)
周光斌(四川农业大学)	封海波(西南民族大学)
赵小玲(四川农业大学)	赵永聚(西南大学)
赵红琼(新疆农业大学)	赵阿勇(浙江农林大学)
段智变(山西农业大学)	徐义刚(浙江农林大学)
卿素珠(西北农林科技大学)	高　洪(云南农业大学)
郭庆勇(新疆农业大学)	唐　辉(山东农业大学)
唐志如(西南大学)	涂　健(安徽农业大学)
剧世强(南京农业大学)	黄文明(西南大学)
曹立亭(西南大学)	崔　旻(华中农业大学)
商营利(山东农业大学)	董玉兰(中国农业大学)
蒋思文(华中农业大学)	曾长军(四川农业大学)
赖松家(四川农业大学)	魏战勇(河南农业大学)

本书编委会

主 编

唐志如(西南大学)
马　曦(中国农业大学)

副主编(按姓氏笔画排序)

尹　杰(湖南农业大学)
成艳芬(南京农业大学)
任文凯(华南农业大学)
孙志洪(西南大学)
韩玉竹(西南大学)
戴兆来(中国农业大学)

编　委(按姓氏笔画排序)

马　宁(中国农业大学)
尹　佳(湖南师范大学)
皮　宇(中国农业科学院饲料研究所)
朱　智(西南大学)
朱丛睿(扬州大学)
刘　虎(中国农业大学)
刘金鑫(南京农业大学)
孙卫忠(西南大学)
吴苗苗(湖南农业大学)
何　芳(西南大学)
余　苗(广东省农业科学院动物科学研究所)
张新珩(华南农业大学)
林　焱(南京农业大学)
赵　勤(四川农业大学)
姜新鹏(东北农业大学)
徐叶桐(西南大学)
高志鹏(湖南农业大学)
涂　强(山东大学)
陶诗煜(华中农业大学)
黄　鹏(湖南农业大学)
黄兴国(湖南农业大学)
曾　艳(湖南省微生物研究院)

总序

农稳社稷,粮安天下。改革开放40多年来,我国农业科技取得了举世瞩目的成就,但与发达国家相比还存在较大差距,我国农业生产力仍然有限,农业业态水平、农业劳动生产率不高,农产品国际竞争力弱。比如随着经济全球化和远途贸易的发展,动物疫病在全球范围内的暴发和蔓延呈增加趋势,给养殖业带来巨大的经济损失,并严重威胁人类健康,成为制约动物生产现代化发展的瓶颈。解决农业和农村现代化水平过低的问题,出路在科技,关键在人才,基础在教育。科技创新是实现动物疾病有效防控、推进养殖业高质量发展的关键因素。在动物生产专业人才培养方面,既要关注农业科技和农业教育发展前沿,推动高等农业教育改革创新,培养具有国际视野的动物专业科技人才,又要落实立德树人根本任务,结合我国推进乡村振兴战略实际需求,培养具有扎实基本理论、基础知识和基本能力,兼有深厚"三农"情怀、立志投身农业一线工作的新型农业人才,这是教育部高等学校动物生产类专业教学指导委员会一直在积极呼吁并努力推动的事业。

欣喜的是,高等农业教育改革创新已成为当下我国下至广大农业院校、上至党和国家领导人的强烈共识。2019年6月28日,全国涉农高校的百余位书记校长和农林教育专家齐聚浙江安吉余村,共同发布了"安吉共识——中国新农科建设宣言",提出新时代新使命要求高等农业教育必须创新发展,新农业新乡村新农民新生态建设必须发展新农科。2019年9月5日,习近平总书记给全国涉农高校的书记校长和专家代表回信，对涉农高校办学方向提出要求，对广大师生予以勉励和期望。希望农业院校"继续以立德树人为根本，以强农兴农为己任，拿出更多科技成果，培养更多知农爱农新型人才"。2021年4月19日，习近平总书记考察清华大学时强调指出，高等教育体系是一个有机整体，其内部各部分具有内在的相互依存关系。要用好学科交叉融合的"催化剂"，加强基础学科培养能力，打破学科专业壁垒，对现有学科专业体系进行调整升级，瞄准科技前沿和关键领域，推进新工科、新医科、新农科、新文科建设，加快培养紧缺人才。

党和国家高度重视并擘画设计，广大农业院校以高度的文化自觉和使命担当推动着新农科建设从观念转变、理念落地到行动落实，编写一套新农科教材的时机也较为成熟。本套新农科教材以打造培根铸魂、启智增慧的精品教材为目标，拟着力贯彻以下三个核心理念。

一是新农科建设理念。新农科首先体现新时代特征和创新发展理念，农学要与其他学科专业交叉与融合，用生物技术、信息技术、大数据、人工智能改造目前传统农科专业，建设适应性、引领性的新农科专业，打造具有科学性、前沿性和实用性的教材。新农科教材要具有国际学术视野，对接国家重大战略需求，服务农业农村现代化进程中的新产业新业态，融入新技术、新方法，实现农科教融汇、产学研协作；要立足基本国情，以国家粮食安全、农业绿色生产、乡村产业发展、生态环境保护为重要使命，培养适应农业农村现代化建设的农林专业高层次人才，着力提升学生的科学探究和实践创新能力。

二是课程思政理念。课程思政是落实高校立德树人根本任务的本质要求，是培养知农爱农新型人才的根本保证。打造教材的思想性，坚持立德树人，坚持价值引领，将习近平新时代中国特色社会主义思想、中华优秀传统文化、社会主义核心价值观、"三农"情怀等内容融入教材。将课程思政融入教材，既是创新又是难点，应着重挖掘专业课程内容本身蕴含的科技前沿、人文精神、使命担当等思政元素。

三是数字化建设理念。教材的数字化资源建设是为了适应移动互联网数字化、智能化潮流，满足教学数字化的时代要求。本套教材将纸质教材和精品课程建设、数字化资源建设进行一体化融合设计，力争打造更优质的新形态一体化教材。

为更好地落实上述理念要求，打造教材鲜明特色，提升教材编写质量，我们对本套新农科教材进行了前瞻性、整体性、创新性的规划设计。

一是坚持守正创新，整体规划新农科教材建设。在前期开展了大量深入调研工作、摸清了目前高等农业教材面临的机遇和挑战的基础上，我们充分遵循教材建设需要久久为功、守正创新的基本规律，分批次逐步推进新农科教材建设。需要特别说明的是，2022年8月，教育部组织全国新农科建设中心制定了《新农科人才培养引导性专业指南》，面向粮食安全、生态文明、智慧农业、营养与健康、乡村发展等五大领域，设置生物育种科学、智慧农业等12个新农科人才培养引导性专业，由于新的专业教材奇缺，目前很多高校正在积极布局规划编写这些专业的新农科教材，有的教材已陆续出版。但是，当前新农科建设在很多高校管理者和教师中还存在认识的误区，认为新农科就只是12个引导性专业，这从目前扎堆开展这些专业教材建设的高校数量和火热程度可见一斑。我们认为，传统农科和新农科是一脉相承的，在关注和发力新设置农科专业的同时，我们更应思考如何改造提升传统农科专业，赋予所谓的"旧"课程新的内容和活力，使传统农科专业及课程焕发新的生机，这正是我们目前编写本套新农科规划教材的出发点和着力点。因此，本套新农科教材，拟先从动物科学、动物医学、水产三个传统动物类专业的传统课程入手，以现有各高校专业人才培养方案为准，按照先传统农科专业再到新型引导性专业、先理论课程再到实验实践课程、先必修课程再到选修课程的先后逻辑顺序做整体规划，分批逐步推进相关教材建设。

二是以教学方式转变促进新农科教材编排方式创新。教材的编排方式是为教材内容服务的，以体现教材的特色和创新性。2022年11月23日，教育部办公厅、农业农村部办公厅、国家林业和草原局办公室、国家乡村振兴局综合司等四部门发布《关于加快新农科建设推进高等农林教育创新发展的意见》（简称《意见》）指出，"构建数字化农林教育新模式，大力推进农林教育教学与现代信息技术的深度融合，深入开展线上线下混合式教学，实施研讨式、探究式、参与式等多种教学方法，促进学生自主学习，着力提升学生发现问题和解决问题的能力"。这些以学生为中心的多样化、个性化教学需求，推动教育教学模式的创新变革，也必然促进教材的功能创新。现代教材既是教师组织教学的基本素材，也是供学生自主学习的读本，还是师生开展互动教学的基本材料。现代教材功能的多样化发展需要创新设计教材的编排体例。因此，新农科规划教材在优化完善基本理论、基础知识、基本能力的同时，更要注重以栏目体例为主的教材编排方式创新，满足教育教学多样化和灵活性需求。按照统一性与灵活性相结合的原则，本套新农科规划教材精心设计了章前、章（节）中、章后三大类栏目。如章前有"本章导读""教学目标""本章引言"（概述），以问题和案例开启本章内容的学习，并明确提出知识、技能、情感态度价值观的三维学习目标；章中有拓展教学方式类栏目、拓展教学资源类栏目，编者在写作中根据需求可灵活自由、不拘一格创设栏目版块，具有极大的创作空间；章后有"知识网络图""复习思考题""拓展阅读"等栏目形式，同样为编者提供了广阔的创新空间。不同册次教材的栏目根据实际情况做了调整。尽管教材栏目形式多样，但都是紧紧围绕三维教学目标来设计和规定的，每个栏目都有其明确的目的要义。

三是以有组织的科研方式组建高水平教材编写团队。高水平的编者具有较高的学术水平和丰富的教学经验，能深刻领悟并落实教材理念要求、创新性地开展编写工作，最终确保编写出高质量的精品教材。按照教育部2019年12月16日发布的《普通高等学校教材管理办法》中"发挥高校学科专业教学指导委员会在跨校、跨区域联合编写教材中的作用"以及"支持全国知名专家、学术领军人物、学术水平高且教学经验丰富的学科带头人、教学名师、优秀教师参加教材编写工作"的要求，西南大学出版社作为国家一级出版社和全国百佳图书出版单位，在教育部高等学校动物生产类专业教学指导委员会的指导下，邀请全国主要农业院校相关专家担任本套教材的主编。主编都是具有丰富教学经验、造诣深厚的教学名师、学科专家、青年才俊，其中有相当数量的学校（副）校长、学院（副）院长、职能部门领导。通过召开各层级新农科教学研讨会和教材编写会，各方积极建言献策、充分交流碰撞,对新农科教材建设理念和实施方案达成共识,形成本套新农科教材建设的强大合力。这是近年来全国农业教育领域教材建设的大手笔,为高质量推进教材的编写出版提供了坚实的人才基础。

新农科建设是事关新时代我国农业科技创新发展、高等农业教育改革创新、农林人才培养质量提升的重大基础性工程,高质量新农科规划教材的编写出版作为新农科建设的重要一环,功在当代,利在千秋!当然,当前新农科建设还在不断深化推进中,教材的科学化、规范化、数字化都是有待深入研究才能达成共识的重大理论问题,很多科学性的规律需要不断地总结才能指导新的实践。因此,这些教材也仅是抛砖引玉之作,欢迎农业教育战线的同人们在教学使用过程中提出宝贵的批评意见以便我们不断地修订完善本套教材,我们也希望有更多的优秀农业教材面市,共同推动新农科建设和高等农林教育人才培养工作更上一层楼。

教育部动物生产类专业教学指导委员会主任委员
中国工程院院士、华中农业大学教授　陈焕春

前言

　　畜牧微生物学是微生物学在农业应用领域的一个分支，是在普通微生物学、农业微生物学、食品微生物学、乳品微生物学和兽医微生物学等基础上发展而成的，是一门重要的动物科学基础学科。畜牧微生物学综合运用微生物学与免疫学的理论知识，研究微生物与畜禽健康养殖的相关问题。本教材注重微生物与现代畜牧养殖相融合，侧重知识的基础性、系统性和前瞻性，广泛融入教育部新农科理念和丰富的课程文化案例。

　　本教材采用模块化设计教材内容。全书分为微生物学基础、畜禽免疫学基础、微生物与畜禽养殖三大模块。微生物学基础模块包括非细胞型微生物、原核细胞型微生物、真核细胞型微生物、微生物的遗传和变异、微生物与物质循环以及动物病原微生物的感染机制。畜禽免疫学基础模块包括畜禽免疫系统、抗原、免疫应答、变态反应、抗感染免疫和免疫学技术及其应用。微生物与畜禽养殖包括微生物在养殖业中的分布、环境因素对微生物的影响、畜禽消化道微生物、微生物饲料、畜禽传染病生物防控以及微生物与畜禽养殖环境。

　　教材融入了教育部新农科理念。在编写过程中，广泛融入畜牧微生物理论和技术发展过程中沉淀下来的优秀文化和职业情操，培养学生良好的思想品德、法治意识和社会责任意识，促使学生依照动物保护相关法规和科学伦理道德等要求对动物进行科学的饲养管理。通过畜牧微生物相关技术提高畜禽养殖水平，培养学生深厚的"三农"情怀。

教材每章前设置了"本章导读""学习目标""概念网络图"栏目,有利于学生提前预习,章后设置了"本章小结""拓展阅读""思考与练习题"栏目,便于学生复习巩固和拓宽视野。教材适用于全国科研院校动物科学专业本科生和研究生。在使用本教材时,可结合实际情况对本教材内容进行合理选取。

本书由高等院校和科研院所中教学科研一线教师和研究人员联合编写完成。为保证教材的质量,各位编委认真负责,付出了辛勤的劳动,在此谨向各位编委表示深切的谢意!教材在编写过程中参考了领域内微生物学和免疫学教材等中外文献,在此,对这些文献的作者表示衷心的感谢!最后对所有帮助教材编写和出版的人员、单位致以真挚的谢意!由于编者水平和能力所限,本书难免存在不当或错漏之处,欢迎使用的师生和读者提出批评和建议。

编者

2024年6月

目录

绪论 ··· 001

第一篇　微生物学基础

第一章　非细胞型微生物 ··· 011
　　第一节　病毒的结构和分类 ·· 013
　　第二节　病毒的增殖和培养 ·· 018
　　第三节　噬菌体和亚病毒 ·· 024

第二章　原核细胞型微生物 ··· 027
　　第一节　细菌的结构和分类 ·· 029
　　第二节　细菌的生长和培养 ·· 042
　　第三节　其他原核细胞型微生物 ·· 054

第三章　真核细胞型微生物 ··· 067
　　第一节　真核细胞型微生物的细胞结构 ······································ 069
　　第二节　真菌 ··· 078
　　第三节　藻类和原生动物 ·· 088

第四章　微生物的遗传和变异 ··· 093
　　第一节　微生物的遗传 ·· 095
　　第二节　微生物的变异 ·· 100
　　第三节　微生物基因转移和重组 ·· 105

第五章 微生物与物质循环 ·············113

- 第一节 微生物与碳循环 ·············115
- 第二节 微生物与氮循环 ·············120
- 第三节 微生物与硫磷循环 ·············129

第六章 动物病原微生物的感染机制 ·············135

- 第一节 病原菌的致病作用 ·············137
- 第二节 病毒和真菌的致病作用 ·············142
- 第三节 病原微生物与感染 ·············144

第二篇 畜禽免疫学基础

第七章 畜禽免疫系统 ·············151

- 第一节 免疫器官 ·············153
- 第二节 免疫细胞 ·············160
- 第三节 免疫分子 ·············168

第八章 抗原 ·············177

- 第一节 抗原的性质和分类 ·············179
- 第二节 抗原表位 ·············184
- 第三节 抗原的来源 ·············186
- 第四节 免疫佐剂和免疫调节剂 ·············190

第九章 免疫应答 ·············195

- 第一节 固有免疫应答 ·············197
- 第二节 适应性免疫应答 ·············199
- 第三节 免疫调节 ·············205

第十章　变态反应 ·········· 209

　　第一节　Ⅰ型变态反应 ·········· 211
　　第二节　Ⅱ型变态反应 ·········· 216
　　第三节　Ⅲ型变态反应 ·········· 218
　　第四节　Ⅳ型变态反应 ·········· 220

第十一章　抗感染免疫 ·········· 223

　　第一节　抗病毒免疫 ·········· 225
　　第二节　抗病原菌免疫 ·········· 229
　　第三节　抗寄生虫免疫 ·········· 234

第十二章　免疫学技术及其应用 ·········· 243

　　第一节　抗原抗体试验技术 ·········· 245
　　第二节　细胞免疫试验技术 ·········· 256
　　第三节　免疫学技术在畜禽生产中的应用 ·········· 261

第三篇　微生物与畜禽养殖

第十三章　微生物在养殖业中的分布 ·········· 267

　　第一节　自然界中微生物的分布 ·········· 269
　　第二节　动物体中微生物的分布 ·········· 276
　　第三节　饲料和畜禽产品中微生物的分布 ·········· 282

第十四章　环境因素对微生物的影响 ·········· 289

　　第一节　物理因素对微生物的影响 ·········· 291
　　第二节　化学因素对微生物的影响 ·········· 299
　　第三节　生物因素对微生物的影响 ·········· 308

第十五章 畜禽消化道微生物 ····· 315

第一节 畜禽消化道微生物的演替和功能 ····· 317
第二节 畜禽消化道微生物研究方法概述 ····· 322
第三节 畜禽消化道微生物的消化代谢 ····· 324

第十六章 微生物饲料 ····· 329

第一节 青贮饲料 ····· 331
第二节 固态发酵饲料 ····· 336
第三节 单细胞蛋白质饲料 ····· 339
第四节 微生态制剂 ····· 342

第十七章 畜禽传染病的生物防控 ····· 349

第一节 传染病流行病学特征 ····· 351
第二节 畜禽传染病免疫预防 ····· 357
第三节 畜禽传染病综合防控措施 ····· 362
第四节 动物病原微生物和疫病病种分类 ····· 364

第十八章 微生物与畜禽养殖环境 ····· 369

第一节 微生物与畜禽舍空气质量 ····· 371
第二节 畜禽排泄物与微生物处理技术 ····· 375
第三节 养殖环境中微生物的控制措施 ····· 379

附录 主要专业名词中英文对照 ····· 387

主要参考文献 ····· 395

绪论

本章导读

微生物种类繁多,千姿百态。如何对微生物进行分类?微生物命名规则是什么?微生物学发展历程中代表性科学家的贡献有哪些?微生物在自然界和畜牧业中有何作用?畜牧微生物学的学习任务和主要内容有哪些?带着这些问题让我们走进绪论部分的学习。

学习目标

1. 掌握微生物分类与命名规则,熟悉畜牧微生物学的学习任务和主要内容。

2. 掌握微生物在自然界和畜牧业中的作用,理解动物体内微生物的作用,理解微生物与畜禽养殖的密切关系。

3. 了解微生物学发展历程中代表性科学家的贡献,传承科学家的科研精神。

概念网络图

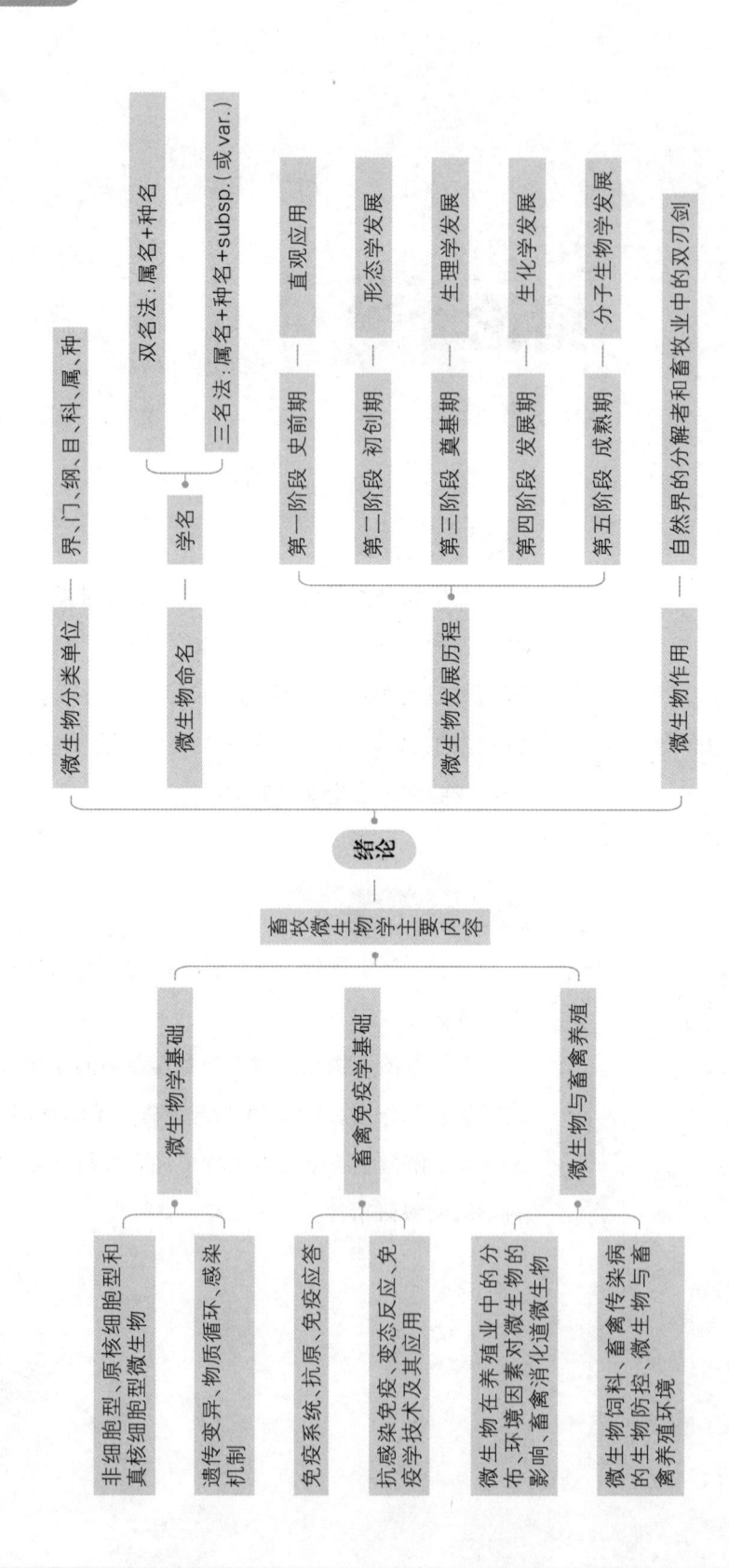

```
                                    微生物分类单位 —— 界、门、纲、目、科、属、种
                                                            ┌─ 双名法：属名+种名
                                    微生物命名 —— 学名 ──────┤
                                                            └─ 三名法：属名+种名+subsp.(或 var.)
                                                    ┌─ 第一阶段 史前期 —— 直观应用
                                                    ├─ 第二阶段 初创期 —— 形态学发展
                                    微生物发展历程 ──┼─ 第三阶段 奠基期 —— 生理学发展
                                                    ├─ 第四阶段 发展期 —— 生化学发展
                                                    └─ 第五阶段 成熟期 —— 分子生物学发展
                                    微生物作用 —— 自然界的分解者和畜牧业中的双刃剑
                                                          │
                                                        （绪论）
                                                          │
                                    畜牧微生物学主要内容
                                          │
                        ┌─────────────────┼─────────────────┐
                   微生物学基础        畜禽免疫学基础      微生物与畜禽养殖
                        │                 │                 │
         ┌──────────────┤    ┌────────────┤    ┌────────────┼─────────────┐
    非细胞型、原核细胞型和   遗传变异、物质循环、感染   免疫系统、抗原、免疫应答   抗感染免疫、变态反应、免   微生物在养殖业中的分   微生物饲料、畜禽传染病
    真核细胞型微生物       机制                                         疫学技术及其应用       布、环境因素对微生物   的生物防控、微生物与畜
                                                                                            的影响、畜禽消化道微生物  禽养殖环境
```

> 微生物(microorganism)是一切肉眼难以看清,需要借助光学显微镜或电子显微镜才能观察到的微小生物的总称。微生物学(microbiology)是在分子、细胞或群体水平上探索微生物的形态结构、生长繁殖、生理代谢、遗传变异、生态分布和分类进化等生命活动的基本规律,并将其应用于工业发酵、医学卫生、生物工程、农业生产和畜禽养殖等领域的科学,是近代生物学的分支学科之一。

一、微生物的分类与命名

微生物种类繁多,千姿百态。了解微生物的分类和命名方法是学习和研究各种微生物的基础。

(一)微生物的分类

微生物的分类单位依次为界(Kingdom)、门(Phyllum)、纲(Class)、目(Order)、科(Family)、属(Genus)、种(Species)。例如,啤酒酵母的分类为真菌界,真菌门,子囊菌纲,内孢霉目,内孢霉科,酵母属,啤酒酵母。在两个主要的分类单位之间还有次要的分类单位,如亚门、亚目、亚科、亚属等。

1. 种

种是微生物分类学的基本单位,是一大群表型特征高度相似,亲缘关系极其接近,与同属内其他种有明显差别的菌株(strain)的总称。在实际表述中,常用种来表示。

2. 亚种与变种

种以下还可以进行划分,但不作为分类上的单位。亚种(subspecies)或变种(variety)为种内的再次分类。同一菌种的不同菌株在产酶种类(或代谢物产量)上的差别可用亚种或变种来区分。当某一个种内的不同菌株存在少数明显而稳定的变异特征或遗传性状,而又不足以区分成新种时,可将这些菌株细分成两个或更小的分类单元——亚种。例如,野生型 *Escherichia coli*(*E. coli*) K12发生变异,转变成氨基酸缺陷型菌株 *E. coli* K12亚种。

3. 型

型常指亚种以下的细分,指同一种微生物的各种存在类型,差别不像变种那样显著。例如,布鲁氏杆菌依据寄主不同而分为牛型、人型和禽型。同种或同亚种内不同菌株之间的性状差异难以形成新的亚种,可以细分为不同的型。例如,按抗原特征的差异将微生物分为不同的血清型。

4. 菌株

菌株表示由一个单细胞繁殖而成的纯种群体及其后代,即起源于共同祖先并保持祖先特性的一组纯种后代菌群。菌株指不同来源的相同种(或型)。菌株是应用的基本单位。从自然界中分离到的每一个微生物纯培养都可以称为一个菌株。常常在种名后面加上数字、地名或符号来表示。例如,大肠埃希氏杆菌的两个菌株:*E. coli* B 和 *E. coli* K12。

5.群

群是一个在分类上没有地位的普通名词,指一组具有某些共同特性的生物。自然界微生物进化过程中,由一个种变成另外一个种,会产生一系列的过渡类型,统称为一个"群"。例如,大肠杆菌和产气杆菌以及介于它们之间的中间类型统称为大肠菌群。

(二)微生物的命名

微生物的名字有俗名和学名两种。

1.俗名

俗名是通俗的名字,简洁易懂,记忆方便。例如,铜绿假单胞菌俗称绿脓杆菌,大肠埃希氏菌俗称大肠杆菌等。

2.学名

学名是微生物的科学名称,是按照微生物分类国际委员会拟定的法则进行命名的。学名采用双名法和三名法进行命名,由拉丁词、希腊词或拉丁化的外来词组成。

(1)双名法

双名法由属名和种名组成,表示方法如下:学名=属名+种名。属名通常为拉丁文的名词或用作名词的形容词,表示微生物的主要形态特征和生理特征,或以研究者的人名命名,单数;书写时,首字母大写,用斜体字表示。种名是拉丁文形容词,说明微生物颜色、形状和用途等,有时用人名、地名、微生物寄生的寄主名称和致病的性质来表示;书写时,全部字母小写,用斜体字表示。写论文时,当文章中前面已出现过某学名时,后面可将其属名缩写成1~3个字母。例如,*Escherichia coli* 可缩写成 *E. coli*;*Staphylococcus aureus* 可缩写成 *S. aureus*。

当泛指某一属微生物,而不特指该属中某一种(或未定种名)时,可在属名后加 sp.(单数)或 spp.(复数)代表 species 的缩写,书写时用正体字表示。学名=属名+种名+sp.(或 spp.)。例如,*Bacillus* sp. 表示一种芽孢杆菌;*Bacillus* spp. 表示若干芽孢杆菌。

新种命名时,在属和种名后加写一个 sp. nov.,nov.为 novel 的缩写,书写时用正体字表示;再附上新种名称,书写时用正体字表示。表示方法如下:学名=属名+种名+sp.nov.+新种名称。例如,北京棒杆菌 AS1.229 *Corynebacterium pekinense* sp. nov. AS1.229。

菌株的名称放在学名后面,可用字母、符号、编号研究机构或菌种保藏机构的缩写来表示,书写时用正体字表示,表示方法如下:学名=属名+种名+株名。例如,丙酮丁醇梭菌 *Clostridium acetobutylicum* ATCC824,其中 ATCC 是 American Type Culture Collection(美国典型培养物保藏中心)的缩写。

种名后还可附上首次定名者的名字和定名的年份,书写时用正体字表示。表示方法如下:学名=属名+种名+(首次定名人)+现定名人+现定名年份。例如,*Bacillus subtilis* (Ehrenberg) Cohn 1872。

(2)三名法

三名法用于亚种(subspecies,简称 subsp.)和变种(variety,简称 var.)的命名,学名=属名+种名+(subsp.或 var.)+亚种(或变种)名称。在属和种名后加写一个 subsp.(正体字)或 var.(正体字);再附上亚种名称(斜体字)。例如,苏云金芽孢杆菌蜡螟亚种 *Bacillus thuringiensis* subsp. *galleria*。

二、微生物学发展历程

在长期的生活经验、生产实践和科学试验中,人类不断发现、研究、应用和发展微生物,认识了微生物与自然界和动植物体的关系,积累了丰富的微生物学知识。微生物学发展历程分为史前期、初创期、奠基期、发展期和成熟期五个阶段。

(一)史前期(直观应用时期)

春秋战国时期,人类利用微生物分解有机物质,如堆粪积肥。《神农本草经》记载了人类采用白僵蚕治病和鼻苗种痘。《齐民要术》记载了人类制曲、酿酒、制酱、造醋和腌菜等食品制作方式和采用豆科植物与其他作物轮作的种植方式。

(二)初创期(形态学发展时期)

17世纪,荷兰人列文虎克(Antonie Philips van Leeuwenhoek)采用自制的简单显微镜(可放大160~260倍)观察牙垢、雨水、井水和植物浸液后,用文字和图画首次记载了"微小动物"细菌(球状、杆状和螺旋状等)的不同形态,从而发现了微生物世界,在微生物学的发展史上具有划时代的意义。

意大利植物学家米凯利(Micheli P. A.)随后也用简单的显微镜观察了真菌的形态。1838年,德国动物学家埃伦贝格(Ehrenberg C. G.)在《纤毛虫是真正的有机体》一书中,把纤毛虫纲分为22科,包括3个细菌的科(他将细菌看作动物),并且创用bacteria(细菌)一词。1854年,德国植物学家科恩(Cohn F. J.)发现杆状细菌的芽孢,他将细菌归属植物界,确定了此后百年间细菌的分类地位。

(三)奠基期(生理学发展时期)

1. 否认自然发生论

法国科学家巴斯德(Louis Pasteur)对微生物生理学的研究为现代微生物学奠定了基础。化学家巴斯德涉足微生物是为了治疗"酒病"和"蚕病"。他论证了酒和醋的酿造以及一些物质的腐败都是由一定种类的微生物引起的发酵过程,并不是发酵或腐败产生微生物,著名的曲颈瓶实验证实了这一点,从而否认自然发生论。他认为发酵是微生物在没有空气的环境中的呼吸作用,而酒的变质则是有害微生物生长的结果,进一步证明不同微生物种类具有独特的代谢机能,各自需要不同的生活条件并产生不同的作用,同时发明了防止酒变质的巴斯德灭菌法,实现葡萄酒和啤酒的长期保存。

2. 疾病细菌说

德国乡村医生柯赫(Robert Koch)对新兴的医学微生物学作出了巨大贡献。柯赫建立了疾病细菌说,论证了炭疽杆菌是炭疽病的病原菌,发现引起结核病和霍乱病的病原菌,并提倡采用消毒和杀菌方法防止这些疾病的传播。他的学生们也陆续发现了引起白喉、肺炎、破伤风和鼠疫等疾病的病原菌,引起了人类对细菌的高度重视。柯赫首创细菌的染色方法和固体培养基。以琼脂作凝固培养基培养细菌和分离单菌落,获得纯培养细菌。他提出著名的柯赫法则,制定了鉴定病原菌的方法和步骤。

1860年,英国外科医生利斯特(Lister J.)应用药物杀菌,创立了无菌的外科手术操作方法。

(四)发展期(生物化学发展时期)

1. 硝化细菌的发现

1887年和1890年法国微生物学家维诺格拉茨基(Vino Graz C.H.)先后发现硫黄细菌和硝化细菌,论证了土壤中硫化作用和硝化作用的微生物学过程以及这些细菌的化能营养特性。他最先发现厌氧自生固氮细菌,并运用无机培养基、选择性培养基和富集培养等原理和方法,研究土壤细菌各个生理类群的生命活动,揭示微生物参与土壤物质循环的各种作用,为土壤微生物学的发展奠定了基础。

2. 病毒的发现

1892年,俄国植物生理学家伊万诺夫斯基(被誉为病毒学之父)发现烟草花叶病原体是比细菌还小的、能通过细菌过滤器的、光学显微镜不能窥测的生物,称之为过滤性病毒。

1915—1917年,英国细菌学家弗德里克(Frederick W. Twort)和法国微生物学家德雷尔(Felix d'Herelle)观察到细菌菌落上出现噬菌斑以及培养液中的溶菌现象,发现了噬菌体。

病毒的发现使人们对生物的概念从细胞形态扩展到了非细胞形态。

3. 生物化学发展阶段

1897年德国化学家爱德华(Eduard Buchner)发现酵母菌的无细胞提取液能与酵母一样具有发酵糖液产生乙醇的作用,从而认识了酵母菌乙醇发酵的酶促过程,将微生物的生命活动与酶化学结合起来。

随后,科学家们以大肠杆菌为材料进行一系列基本生理和代谢途径研究,阐明了生物体的代谢规律和控制其代谢的基本原理,在控制微生物代谢的基础上进一步利用微生物,发展酶学,推动了生物化学的发展。

20世纪以来,生物化学和生物物理学向微生物学渗透,推动了微生物学向生物化学方向的发展。摇床培养、同位素、电子显微镜、超速离心、微量快速生物化学分析和生物化学突变等技术的出现,推动了现代化微生物工业培养的研究和应用。人类利用微生物实现了工业化生产乙醇、丙酮、丁醇、甘油、有机酸、氨基酸、蛋白质和油脂等。

(五)成熟期(分子生物学发展时期)

1953年,沃森(Watson J.D.)和克里克(Crick F.H.C.)提出了DNA分子的双螺旋结构模型和核酸半保留复制学说。随后,微生物生理学的研究不断深入,包括微生物细胞中的生物化学转化、能量的产生和转换,生物大分子的结构和功能,分子水平上的形态建成、分化及其行为等。

近年来,微生物生理学的研究已扩展到了微生物类群和能源方面。人类对分解纤维素微生物和甲烷产生菌的生理过程进行了深入研究。人们也密切关注微生物与其他生物之间的共生、寄生、拮抗和吞噬关系,在共生固氮方面的研究已有较大的进展。原核细胞型微生物基因重组的研究获得了重要进展。

现代微生物学的研究将继续向分子水平深入,向工业化应用生产方向发展。

微生物学经过漫长的发展历程,已分化出大量的分支学科,据不完全统计,已超过181门。

(1)按研究微生物的基本生命活动规律,总学科称为普通微生物学,分为微生物分类学、微生物生理学、微生物遗传学、微生物生态学和分子微生物学等。

(2)按研究的微生物对象,分为细菌学、真菌学(菌物学)、病毒学、原核生物学、自养菌生物学和厌氧菌生物学等。

(3)按微生物所处的生态环境,分为土壤微生物学、微生态学、海洋微生物学、环境微生物学、水微生物学和宇宙微生物学。

(4)按微生物应用领域,总学科称为应用微生物学,分为工业微生物学、农业微生物学、医学微生物学、药用微生物学、诊断微生物学、抗生素学和食品微生物学等。

(5)按学科间的交叉融合,分为化学微生物学、分析微生物学、微生物工程学、微生物化学分类学、微生物数值分类学、微生物地球化学和微生物信息学等。

(6)按实验技术,分为实验微生物学和微生物研究方法学等。

三、微生物在自然界和畜牧业中的作用

微生物对于我们来说既陌生又熟悉。说陌生是因为我们用肉眼看不到,感受不到它们的存在;说熟悉是因为它们每时每刻都出现在我们的周围。事实上,绝大多数微生物对人类和动植物都是有益的,只有少数微生物能引起人类和动植物的病害。

(一)微生物在自然界中的作用

自然界中C、N、S、P等元素的循环需借助微生物的代谢活动来实现。微生物是自然界中重要的分解者,土壤中的微生物能将死亡动植物的有机含氮化合物转化为无机含氮化合物,以满足植物生长的需要,而植物又为人类和动物所食用。空气中大量的氮气只有借助固氮菌等作用后才能被植物吸收。微生物降解有机物产生的碳高达950亿吨/年。没有微生物,物质就不能转化和循环,植物就不能进行代谢,人类和动物也将难以生存。

(二)微生物在畜牧业中的作用

畜牧业生产过程也是营养物质在动物体内流转的过程,在此过程中微生物像一把双刃剑,产生正反两方面的作用。

有利的影响主要表现为:微生物可激活免疫系统,提高畜禽免疫功能;寄生在畜禽肠道中的益生微生物具有免疫和拮抗等作用;益生菌可作为饲料添加剂,改善动物健康;畜禽养殖中还可以应用微生物发酵饲料,降解畜禽排泄物和改善畜禽养殖环境。

有害的影响主要表现为:病原微生物可以引起疫病,导致动物发病,甚至死亡;腐败微生物可以引起饲料变质,真菌毒素可以引起动物中毒;微生物分解产生的有毒有害气体污染空气、毒害畜禽和产生温室效应。

四、畜牧微生物学的学习任务和主要内容

畜牧微生物学是微生物学在农业应用领域的一个分支,是在普通微生物学、农业微生物学、食品微生物学、乳品微生物学和兽医微生物学等基础上发展而来的。畜牧微生物学应用微生物学的理论知识,研究饲草栽培和贮藏,饲料检测和加工调制,畜禽产品检测和贮藏,畜禽排泄物处理,畜禽的生长繁殖,畜禽传染病的防治和畜禽养殖环境控制等问题。

(一)畜牧微生物学的学习任务

第一,夯实微生物学的基础理论知识,包括非细胞型、原核细胞型和真核细胞型微生物的生物学特性,生长繁殖规律,人工培养方法,环境因素对微生物的影响等。

第二,夯实畜禽免疫学的基础理论知识,包括畜禽免疫系统的组成、免疫反应过程和抗感染免疫的原理等。

第三,掌握微生物和免疫相关实验原理与技能,包括微生物学实验原理与技能,免疫学试验原理与技能,饲料、乳、肉和蛋的微生物学检验方法等。

第四,理解微生物与畜牧业的关系,包括微生物在畜禽养殖环境中的分布和作用,畜禽体表、消化道和呼吸道微生物对其生长、发育、健康和生产性能等的影响,微生物在饲料加工调制中的作用,乳、肉和蛋中污染微生物的来源及其控制等。

第五,应用微生物学和免疫学知识解决实际生产中的问题,包括病原微生物诊断防治,减少微生物对饲料、乳、肉和蛋的污染,益生菌的应用,微生物在畜禽排泄物处理上的应用等。

(二)畜牧微生物学的主要内容

畜牧微生物学共三篇,合计十八章内容。

第一篇为微生物学基础,包括非细胞型微生物、原核细胞型微生物、真核细胞型微生物、微生物的遗传和变异、微生物与物质循环、动物病原微生物的感染机制。

第二篇为畜禽免疫学基础,包括畜禽免疫系统、抗原、免疫应答、变态反应、抗感染免疫、免疫学技术及其应用。

第三篇为微生物与畜禽养殖,包括微生物在养殖业中的分布、环境因素对微生物的影响、畜禽消化道微生物、微生物饲料、畜禽传染病的生物防控、微生物与畜禽养殖环境。

拓展阅读

扫码进行思维导图、课程文化案例、课件等数字资源的获取和学习。

数字资源

思考与练习题

1. 简述微生物分类和命名规律。
2. 简述微生物学发展史各阶段的特点。
3. 叙述微生物在自然界和畜牧业中的作用。
4. 叙述畜牧微生物学的学习任务和主要内容。

第一篇 微生物学基础

按细胞结构,微生物可分为非细胞型微生物、原核细胞型微生物和真核细胞型微生物,包括病毒、细菌、支原体、衣原体、立克次体、螺旋体、放线菌、真菌、原生动物和藻类等。了解微生物的共性特点是学习和研究各种微生物的基础。

1. 分布广和种类多

微生物分布广,种类多。任何生物生存的环境中,都能找到微生物。在极端环境中也有微生物存在,如万米深海、85 km高空、128 m地下层和427 m沉积岩。

2. 体积小和比表面积大

除部分藻类外,大多数微生物体积小,以微米(μm)和纳米(nm)为测量单位。微生物比表面积(表面积/体积)大,营养吸收快、代谢产物多和环境信息接收面大,有利于微生物快速生长繁殖,产生大量代谢产物。

3. 吸收多和转化快

微生物吸收营养物质多,转化产生大量代谢产物。大肠杆菌 *Escherichia coli* (*E. coli*)每小时消耗的糖是自身重量的2 000倍。发酵乳糖的细菌每小时分解乳糖的量为自身重量的1 000~10 000倍。1 kg酵母菌体,在24 h内可发酵几千克糖,生成乙醇。

4. 生长旺和繁殖快

微生物具有极快的生长繁殖速度。在最适生长条件下，*E. coli* 每 20~30 min 分裂一次，若不停分裂，48 h 后细菌数量增加到 $2.2×10^{43}$。微生物可在短时间内把大量基质转化为代谢产物，实现发酵工业的短周期和高效率生产。微生物这一特性也有不利的影响。例如，致病菌致病速度快，食物腐败霉变快等。

5. 易变异和适应强

微生物遗传物质易变异，适应极端环境能力强。微生物细胞结构简单，易受环境条件的影响。在紫外线、生物诱变剂和环境因素的作用下，微生物基因结构发生改变，从而产生变异体。通过对微生物诱变，可筛选具有特定功能的微生物菌株，实现代谢产物的高产量。例如，微生物学者采用诱变技术将青霉素生产菌 *Penicillium chrysogenum* 的青霉素产量由 20 U/mL 提高到 5 万~10 万 U/mL。

第一章
非细胞型微生物

本章导读

非细胞型微生物是一类非细胞结构的微生物，包括病毒和亚病毒。典型的病毒粒子组成结构有哪些？病毒有哪些特性？病毒是如何进行增殖的？如何人工培养病毒？这些问题的解答有利于我们系统掌握非细胞型微生物的基础知识，为进一步学习和研究病毒的致病作用、疫苗的研制和疫病的防控奠定基础。

学习目标

1. 熟悉病毒的分类和化学组成，熟悉噬菌体和亚病毒的特性，掌握病毒的结构、复制过程、人工培养方法、命名与书写规定。

2. 了解病毒对人类及动物健康和畜禽养殖效益的影响，运用病毒的基础知识预防人和动物感染病毒，保护人和动物的健康。

3. 理解国家各项疫病防控政策的科学原理，积极配合和参与国家疫病防控。

概念网络图

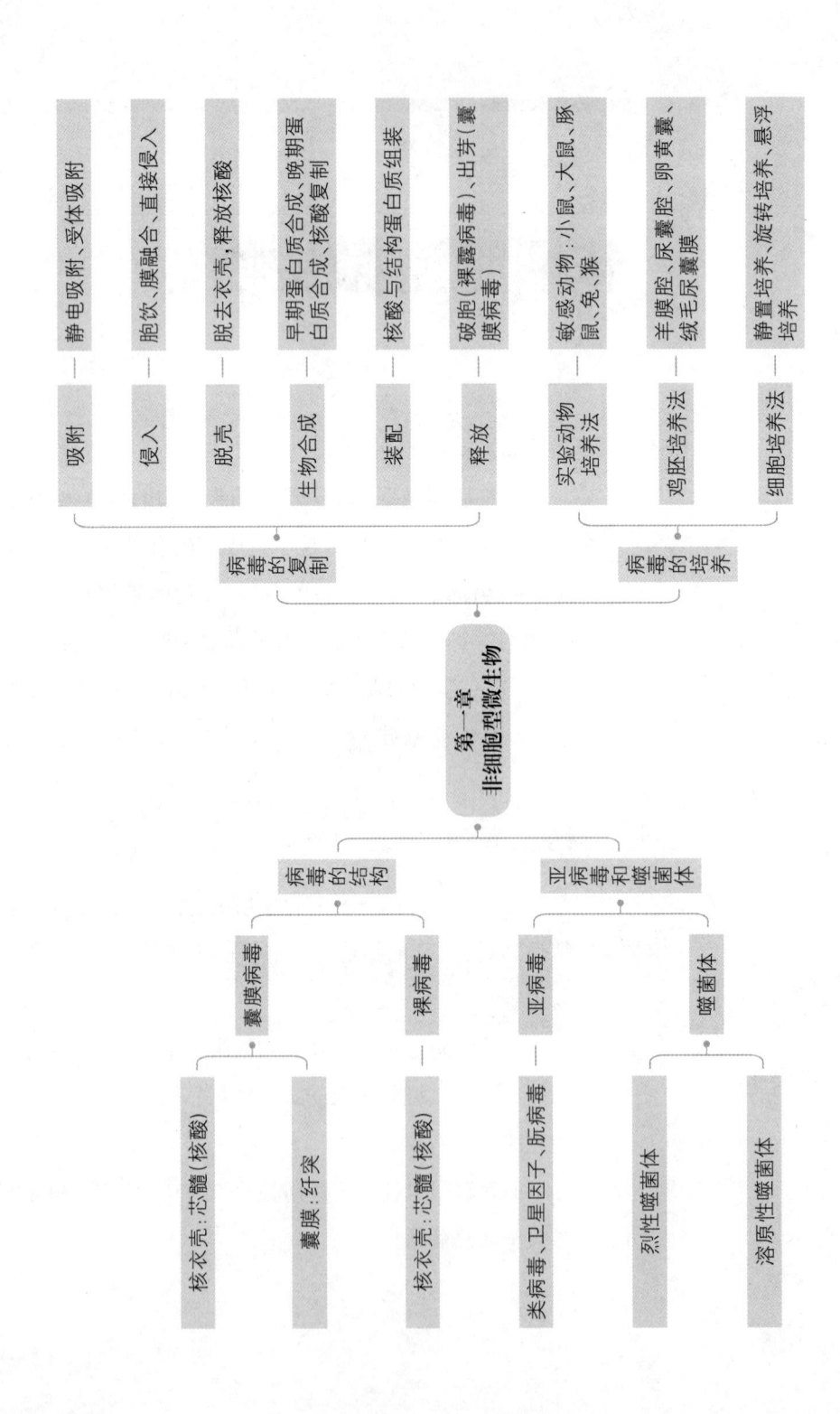

第一章 非细胞型微生物

病毒的复制
- 吸附 — 静电吸附、受体吸附
- 侵入 — 胞饮、膜融合、直接侵入
- 脱壳 — 脱去衣壳，释放核酸
- 生物合成 — 早期蛋白质合成、晚期蛋白质合成、核酸复制
- 装配 — 核酸与结构蛋白质组装
- 释放 — 破胞（裸露病毒）、出芽（囊膜病毒）

病毒的培养
- 实验动物培养法 — 敏感动物：小鼠、大鼠、豚鼠、兔、猴
- 鸡胚培养法 — 羊膜腔、尿囊腔、尿囊膜、绒毛尿囊膜、卵黄囊
- 细胞培养法 — 静置培养、旋转培养、悬浮培养

病毒的结构
- 囊膜病毒
  - 核衣壳：芯髓（核酸）
  - 囊膜、纤突
- 裸病毒
  - 核衣壳：芯髓（核酸）

亚病毒和噬菌体
- 亚病毒
  - 类病毒、卫星因子、朊病毒
- 噬菌体
  - 烈性噬菌体
  - 溶原性噬菌体

非细胞型微生物是一类结构简单、体积微小的微生物,能通过除菌滤器,没有典型的细胞结构,缺乏完整酶系和产能系统,只能在宿主活细胞内增殖。非细胞型微生物包括病毒(Virus)和亚病毒(Subvirus)。亚病毒包括类病毒(Viroid)、卫星因子(Satellites)和朊病毒(Prion)。本章主要介绍病毒的结构和分类、病毒的增殖和培养、噬菌体和亚病毒。

第一节 病毒的结构和分类

病毒是指寄生在细菌或动植物细胞内的微生物,以病毒颗粒(viral particle)或病毒粒子(virion)的形式存在。病毒的特征如下:①体形微小,结构简单,缺乏细胞结构,在电子显微镜下才能观察到。②只含有一种核酸(DNA或RNA)。③以自身核酸为模板,需借助宿主复制系统产生下一代。④缺乏完整酶系和产能系统,需借助宿主细胞的核糖体合成病毒的蛋白质,寄生在宿主细胞内。

一、病毒颗粒的大小和形态

(一)病毒颗粒的大小

病毒颗粒十分微小,以纳米(nm)为测量单位,须用电子显微镜(电镜)才能观察,能通过0.22 μm的细菌滤器。痘病毒直径约300 nm,流感病毒直径约100 nm,圆环病毒直径约17 nm。拟菌病毒直径约400 nm,卵型病毒潘多拉病毒大小约1 000 nm×500 nm,阔口罐病毒大小约1 500 nm×500 nm。

(二)病毒颗粒的形态

病毒颗粒形态呈多样化,如图1-1所示。多数动物病毒(如细小病毒和流感病毒)颗粒呈球状或近似球状;多数植物病毒(如烟草花叶病毒)颗粒呈杆状;有些病毒(如狂犬病毒)颗粒呈子弹状;有些病毒(如痘病毒)颗粒呈砖形;有些病毒(如埃博拉病毒)颗粒呈丝状;大多数细菌病毒(如噬菌体)颗粒呈蝌蚪状。

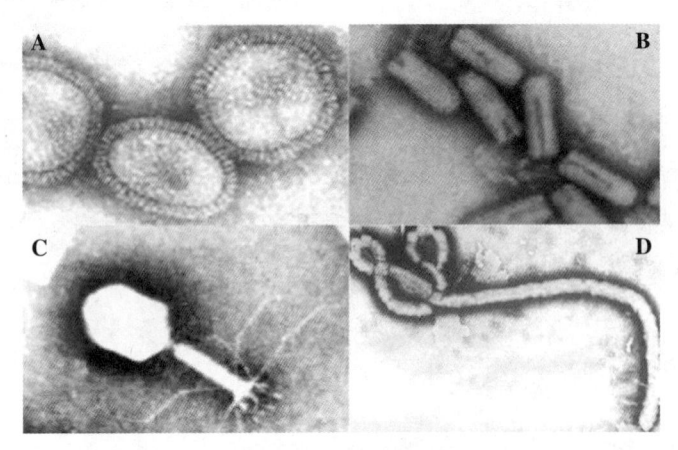

图1-1 各种病毒的形态
A.球状 B.子弹状 C.蝌蚪状 D.丝状

二、病毒的结构

(一)病毒颗粒的基本结构

大部分病毒颗粒由核酸和蛋白质组成。核酸构成病毒的基因组，又称为芯髓(core)，是病毒复制、遗传和突变的物质基础。芯髓外周包有蛋白质，称为衣壳(capsid)。衣壳是病毒的支架结构，含有病毒抗原，能保护病毒的核酸免受环境因素破坏，介导病毒核酸进入宿主细胞。衣壳由壳粒(capsomere)组成，每个壳粒是由单个或多个多肽分子折叠而成的蛋白质亚单位组成。病毒的芯髓和衣壳组成核衣壳(nucleocapsid)。

部分病毒(如圆环病毒、细小病毒和腺病毒等)颗粒是一个裸露的核衣壳，称为裸露病毒(naked virus)，简称裸病毒。还有一部分病毒(如流感病毒和冠状病毒等)在核衣壳的外层包裹一层或几层外膜，称为囊膜病毒(enveloped virus)。囊膜(envelope)是病毒在成熟过程中从宿主细胞获得，含有宿主细胞膜或核膜的化学成分。有的囊膜表面有突起，称为纤突(spike)，纤突的主要成分是糖蛋白。囊膜与病毒吸附宿主细胞、致病性和表面抗原性有关。裸露病毒和囊膜病毒结构如图1-2所示。

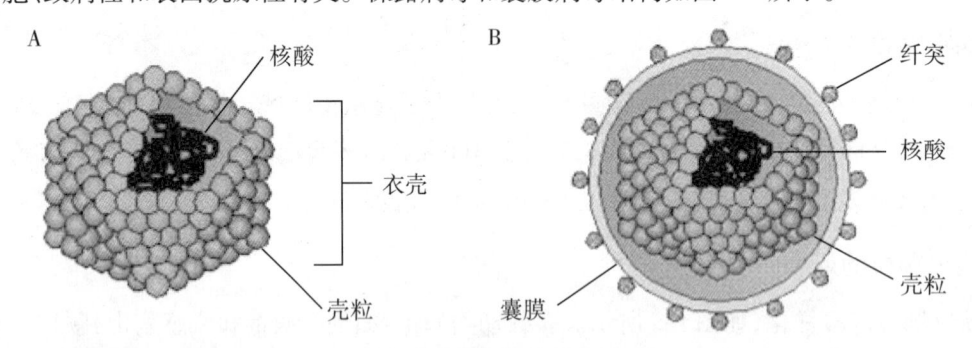

图1-2 病毒颗粒结构示意图
A.裸露病毒 B.囊膜病毒

(二)病毒的构型

根据病毒颗粒衣壳上的壳粒数目和排列不同，将病毒分为二十面体对称病毒、螺旋对称病毒、复合对称病毒和复杂构型病毒。

1.二十面体对称病毒

二十面体对称病毒(icosahedral symmetry virus)的壳粒排列成二十面体对称形式,由20个等边三角形构成12个顶、20个面和30个棱的球状结构。多数球状病毒(如大部分DNA病毒、逆转录病毒和微RNA病毒等)属于二十面体对称病毒。

2.螺旋对称病毒

螺旋对称病毒(helical symmetry virus)呈杆状或弹状,病毒壳粒沿着圆周对称排列,形成中空的圆盘状结构,这些圆盘堆积起来,形成圆柱状结构。一些RNA病毒(如流感病毒、副流感病毒、新城疫病毒和狂犬病毒等)属于螺旋对称病毒。

3.复合对称病毒

复合对称病毒(complex symmetry virus)既有螺旋对称构型,又有等轴对称的正多面体。例如,T4噬菌体头部为二十面体对称结构,尾部呈螺旋对称。

4.复杂构型病毒

有些病毒(如痘病毒和潘多拉病毒等)具有复杂的构型。

三、病毒的化学组成

病毒虽然形态各异,不同病毒在大小、形态和构型上有差别,但是其化学组成很简单,主要由核酸和蛋白质组成。囊膜病毒还含有脂类和糖类。

(一)病毒的核酸

1.仅有一种核酸

病毒的核酸最突出的特点就是病毒颗粒只有一种核酸,即DNA或RNA。根据核酸的这一特性可将病毒分为DNA病毒和RNA病毒。少数病毒(如逆转录病毒)基因组为双倍体,多数病毒基因组是单倍体。

2.核酸类型

病毒核酸呈单链或双链,环状或线状,其中线状核酸有分节段和不分节段两种类型。大多数RNA病毒以单链RNA作为遗传物质。在复制过程中,若病毒单链RNA分子与病毒mRNA序列相同,则称为正链(标记为+),这类病毒称为正链RNA病毒;若病毒单链RNA分子与mRNA序列互补,则称为负链RNA(标记为-),这类病毒称为负链RNA病毒。基于病毒核酸特性,病毒的核酸类型可分为双链DNA(dsDNA)、单链DNA(ssDNA)、双链RNA(dsRNA)、单正链RNA(ss+RNA)和单负链RNA(ss-RNA)。

DNA病毒多数呈双链线状,少数呈双链环状、单链线状和单链环状。RNA病毒多数呈单链线状,不分节段,少数呈单链线状且分节段或双链线状且分节段。由于核酸类型的多样化导致其复制方式也出现多样化,如图1-3所示。

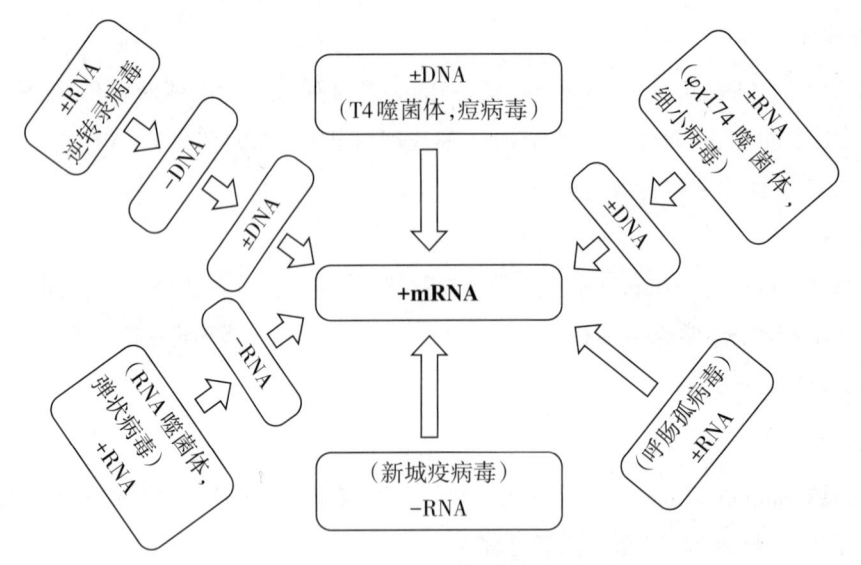

图1-3 病毒基因组核酸类型和复制多样化

3.不同病毒基因组的大小

不同病毒基因组大小差异较大。最小的DNA病毒(如圆环病毒)的基因组大小仅约1.7 kbp,仅编码几种蛋白质。最大的DNA病毒(如痘病毒)的基因组大小约300 kbp,编码几百种蛋白质(病毒复制和核苷酸代谢酶类)。潘多拉病毒基因组大小约2.5 Mbp,编码约2 550个基因。RNA病毒基因组相比DNA病毒较小,最小的RNA病毒(如线粒体病毒)的基因组大小约2.5 kbp,最大的RNA病毒(如冠状病毒)基因组大小约31 kbp。病毒与其他生物的基因组大小比较如图1-4所示。

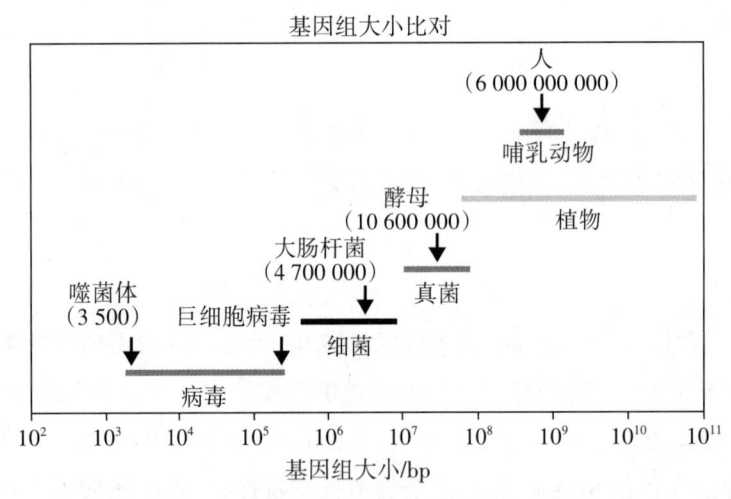

图1-4 病毒与其他生物的基因组大小比较

4.病毒基因组的进化和变异

病毒基因组的进化和变异速度快。病毒生命周期短,复制频率高,易发生突变。由于RNA聚合酶不具有校正功能,复制错误频率更高,RNA病毒进化速率比DNA病毒快。虽然DNA聚合酶保真性较高,但仍存在复制错误的可能性,导致病毒突变。病毒寄生在宿主细胞内,通过变异方式逃避宿主的免疫杀伤作用。在环境选择压力下,带有变异表型的病毒更易发生定向突变,从而适应新环境而生存下来。

(二)病毒的蛋白质

蛋白质是病毒的重要组成部分,病毒的蛋白质可分为结构蛋白质和非结构蛋白质。

1.结构蛋白质

组成病毒颗粒结构的蛋白质称为病毒的结构蛋白质,包括衣壳蛋白质、囊膜蛋白质和毒粒酶等。裸露病毒粒子的结构蛋白质位于衣壳中,囊膜病毒的结构蛋白质位于衣壳和囊膜中。

(1)衣壳蛋白质

衣壳蛋白质是由病毒核酸编码的、构成病毒衣壳结构的蛋白质。衣壳蛋白质由一条或多条多肽链折叠形成的蛋白质亚基,这些蛋白质亚基是构成衣壳蛋白质的最小单位,其组成和数目是区别衣壳蛋白质的标志。动物和细菌病毒的衣壳蛋白质比植物病毒复杂。

衣壳蛋白质具有以下功能:①构成病毒的壳体,保护病毒的核酸。②裸露病毒的衣壳蛋白质参与病毒的吸附和侵入,决定病毒的宿主嗜性。③作为病毒表面抗原,诱导宿主致敏淋巴细胞产生特异性抗体。

(2)囊膜蛋白质

囊膜蛋白质是构成病毒囊膜结构的蛋白质,包括囊膜糖蛋白和基质蛋白。囊膜蛋白质具有种和型特异性,是病毒鉴定和分型的依据之一。

囊膜糖蛋白质是由病毒编码,糖基化而产生的,参与病毒的吸附和侵入,凝集脊椎动物红细胞,介导细胞融合,具有酶活性。

基质蛋白质是一种非糖基化的蛋白质,又称内膜蛋白质,构成囊膜类脂双层膜与核衣壳之间的亚膜结构,具有支撑囊膜和维持病毒结构的作用,在子病毒出芽成熟过程中发挥重要作用。

(3)毒粒酶

毒粒酶根据功能可分为两类:一类毒粒酶参与病毒侵入和释放过程,如T4噬菌体的溶菌酶;另一类毒粒酶参与病毒的大分子合成,如逆转录病毒的逆转录酶。

2.非结构蛋白质

病毒在复制周期中产生非结构蛋白质。在病毒复制过程中,非结构蛋白质不是用于组装病毒颗粒蛋白质,而是用于参与病毒基因的复制和表达、水解病毒前体蛋白质和促进病毒颗粒组装。非结构蛋白质也参与宿主细胞骨架重排、抑制宿主细胞凋亡和逃避宿主免疫反应。

(三)病毒的脂类、糖类和其他化学成分

1.脂类

病毒脂类存在于囊膜中。囊膜来自宿主细胞膜(或核膜),脂类主要存在于囊膜上,是囊膜的重要成分。囊膜病毒经脂溶剂(如氯仿、乙醚等)处理后会失活,而裸露病毒无囊膜,脂溶剂处理后不失活,因此可用脂溶剂鉴定病毒是否具有囊膜结构,用于鉴别囊膜病毒和裸露病毒。

2.糖类

病毒糖类存在于病毒核酸(核糖核酸或脱氧核糖核酸)中和囊膜上(糖蛋白)。

3.其他化学成分

在一些病毒中还发现了胺类和金属离子。

四、病毒的分类和命名

1898年,荷兰细菌学家Beijerinck首次提出"病毒"概念,后来随着电镜技术的发展,越来越多的病毒被发现,随后出现更科学、更细化、更能体现病毒起源和遗传关系的病毒分类系统。

(一)病毒的分类

20世纪50年代,1941年英国植物学家Bawden提出了基于病毒自身理化特性的病毒分类方法,将病毒分为若干群,奠定了现在病毒分类体系的基础。1961年Deter Looper建议以病毒核酸为病毒分类的第一标准。随着病毒研究学者不断地总结和系统地归纳病毒学最新知识,1966年成立了国际病毒命名委员会(International Committee on Nomenclature of Viruses,ICNV),1973年在伦敦召开会议将ICNV更名为国际病毒分类委员会(International Committee on Taxonomy of Viruses,ICTV)。

2017年以前,病毒分类阶元一直为5级阶元(目、科、亚科、属、种)。2020年4月,ICTV在线公布了2019病毒分类系统,废除5级阶元,正式启用15阶分类阶元。通用的病毒分类系统采用域(realm,后缀为-*viria*)、亚域(subrealm,后缀为-*viral*)、界(kingdom,后缀为-*virae*)、亚界(subkingdom,后缀为-*virites*)、门(phylum,后缀为-*viricota*)、亚门(subphylum,后缀为-*viricoina*)、纲(class,后缀为-*viricetes*)、亚纲(subclass,后缀为-*viricetidae*)、目(order,后缀为-*virales*)、亚目(suborder,后缀为-*virineae*)、科(family,后缀为-*viridae*)、亚科(subfamily,后缀为-*virinae*)、属(genus,后缀为-*virus*)、亚属(subgenus,后缀为-*virus*)和种(species,后缀为-*virus*)。在新设计分类阶元名称时可以使用人名。在最新的分类系统中,将已知病毒分为55个目,168个科,103个亚科和1421个属。属和种是病毒分类的最基本单位,新属的确定必须有模式种。ICTV不负责种以下的分类和命名,血清型、基因型、株、变种和分离株等须由国际病毒专家小组认可,再进行分类和命名。

(二)病毒的命名

病毒的学名只用单名,不写属名,只写种名。病毒种名由ICTV认定,采用斜体书写,第一个单词的首字母大写,其余小写(专有名词除外),多以所致疾病或分离地点命名。病毒除了学名,还有通用名(病毒名称),由病毒学家命名,一般都用正体字表示。例如,减蛋综合征病毒,学名为 *Duck adenovirus* A(鸭腺病毒甲型),通用名为egg drop syndrome virus;人类免疫缺陷病毒,学名为 *Human lentivirus*,通用名为human immunodeficiency virus(HIV)和acquired immunodeficiency syndrome(AIDS)。

第二节 病毒的增殖和培养

病毒本身没有完整的生物合成酶系,在宿主细胞内复制。病毒复制过程离不开宿主细胞,病毒的培养需要借助宿主来实现。

一、病毒的复制

病毒依靠宿主活细胞，在病毒基因组控制下，借助宿主酶，合成病毒基因和蛋白质，再组装成完整的子代病毒并释放，又感染其他易感活细胞，这个过程称为病毒的复制(replication)。复制周期(replication cycle)是指病毒从感染细胞，侵入细胞，到复制子代病毒后释放出来的全过程，又称为增殖周期，也称为感染周期。从病毒进入宿主细胞开始，经过基因组复制和病毒蛋白质合成，最后释放出子代病毒的全过程，称为一个复制周期。病毒的复制周期包括吸附(adsorption)、侵入(penetration)、脱壳(uncoating)、生物合成(biosynthesis)、装配(assembly)和释放(release)六个连续阶段。病毒侵染宿主细胞全过程如图1-5所示。

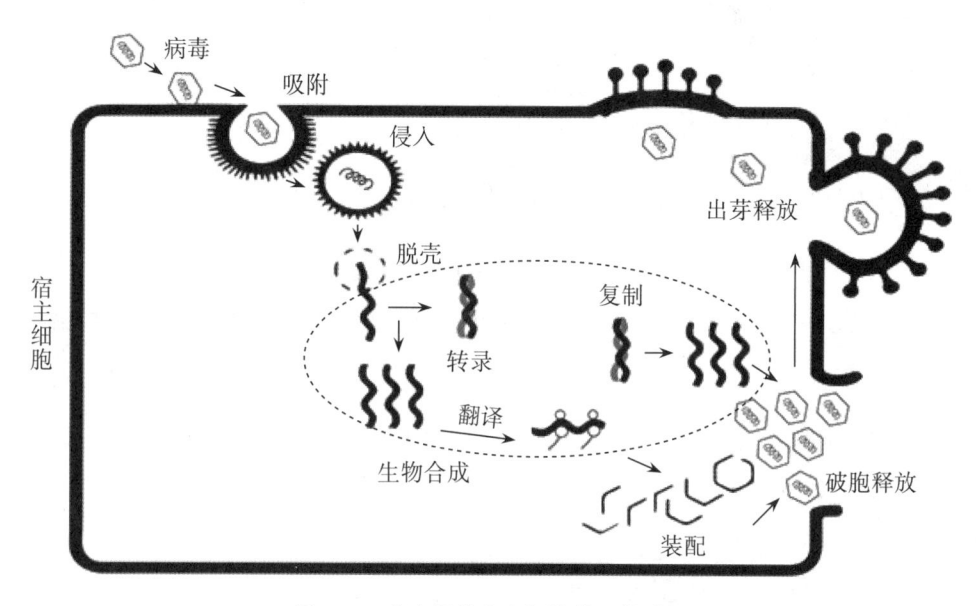

图1-5 病毒侵染宿主细胞的一般过程

(一)吸附

吸附是病毒感染的第一步，病毒与宿主细胞的吸附可分为静电吸附和特异性受体吸附。

1.静电吸附

病毒颗粒通过随机碰撞和静电引力可附着在宿主细胞表面上，这一过程是非特异性的，可逆的。附着在细胞表面的病毒颗粒随时可以与宿主细胞再分离。若病毒颗粒通过静电吸附在非敏感的宿主细胞上，不会立即启动感染。

2.特异性受体吸附

病毒表面位点(蛋白质结构)与宿主细胞膜上相应的受体结合，正式启动病毒感染，这些病毒表面结构蛋白质称为病毒吸附蛋白质(virus attachment protein, VAP)，通常为病毒表面的衣壳蛋白质或囊膜上的糖蛋白。存在于宿主细胞表面，能被VAP特异性识别，使病毒进入细胞，启动感染的宿主细胞组分称病毒受体(virus receptor)。病毒受体化学成分多为脂类和糖蛋白。病毒受体决定了病毒的宿主范围、组织嗜性和病毒侵染力。例如，流感病毒囊膜上的血凝素可与人呼吸道黏膜细胞表面含唾液酸的糖蛋白结合，狂犬病毒受体是神经细胞表面的乙酰胆碱受体。但是病毒VAP和病毒受体并不是一一对应关系，一种宿主细胞表面分子可以成为多种病毒的病毒受体，而一种病毒也可以借助不同病毒受体侵入宿主细胞。病毒吸附在宿主细胞膜相应的病毒受体上，是其增殖的第一步。

(二)侵入

病毒感染的第二步是侵入,指病毒以核酸、核衣壳或病毒颗粒的形式侵入敏感细胞。不同种类病毒侵入宿主细胞的方式不同(如图1-6所示),包括胞饮、膜融合和直接侵入。

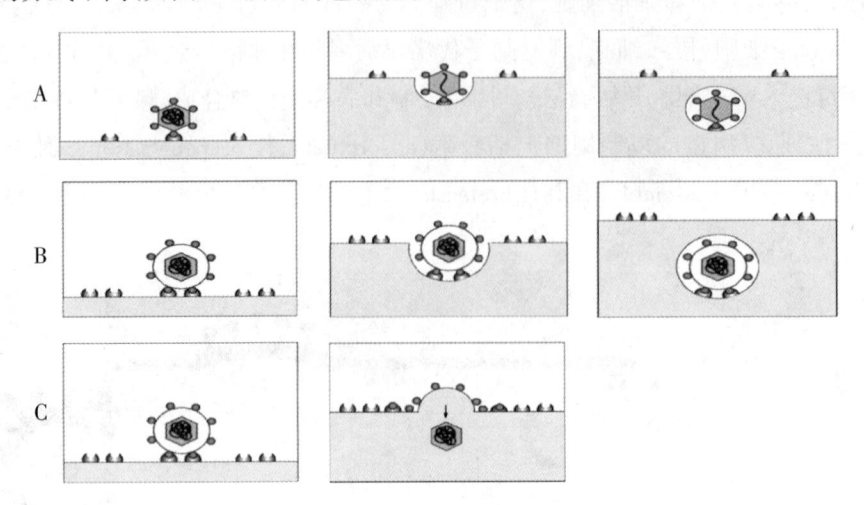

图1-6 病毒吸附和侵入细胞的不同方式

A.裸露病毒吸附和通过胞饮侵入　B.囊膜病毒吸附和通过胞饮侵入　C.囊膜病毒吸附和通过膜融合侵入

1.胞饮

病毒吸附在宿主细胞膜上后,完整的病毒颗粒被宿主细胞吞入,称为胞饮。裸露病毒以及部分囊膜病毒通过这种方式侵入细胞。

2.膜融合

囊膜病毒的囊膜与宿主细胞膜融合后,直接将病毒的核衣壳释放到宿主细胞的细胞质中,这个过程称为膜融合。

3.直接侵入

病毒直接侵入是指病毒与宿主细胞膜相应的病毒受体吸附后,病毒衣壳破损,病毒核酸进入细胞质。噬菌体通过注射的方式将其基因组注入细菌细胞内。

(三)脱壳

脱壳是病毒侵入宿主细胞后,其囊膜(或衣壳)去除而释放出病毒核酸的过程。不同病毒脱壳方式不一,多数病毒在宿主细胞溶酶体作用下脱壳,释放出基因组病毒核酸。

(四)生物合成

生物合成是指病毒核酸从衣壳中释放后,利用宿主细胞提供的物质、能量和酶系合成大量的病毒核酸和结构蛋白质。潜伏期(latent phase)是指病毒侵入宿主细胞后,脱去衣壳,失去感染性,到子代病毒游离于细胞外这段时间,又称为隐蔽期(eclipse phase)。

生物合成发生的部位随病毒种类而异,多数DNA病毒和逆转录病毒在细胞核内合成DNA,多数病毒蛋白质的合成和大多数RNA病毒核酸复制发生于胞质中。根据病毒的生物合成和核酸结构差异,将病毒分为双链DNA病毒(dsDNA)、单链DNA病毒(ssDNA)、单正链RNA病毒(ss$^+$RNA)、单负链RNA病毒(ss$^-$RNA)、逆转录病毒和双链RNA病毒(dsRNA)。

各类病毒的生物合成步骤如下：①由亲代病毒转录成早期mRNA，早期mRNA翻译出早期蛋白质。早期蛋白质多数是病毒的非结构蛋白质（DNA或RNA聚合酶、控制宿主蛋白质和核酸合成的调控蛋白质等），用于病毒复制，不用于组装病毒颗粒。②在早期蛋白质作用下，亲代病毒核酸复制子代病毒核酸。③子代核酸转录成晚期mRNA，再翻译为晚期蛋白质。晚期蛋白质多数为结构蛋白质，用于组装病毒的衣壳蛋白质，也有部分为非结构蛋白质，发挥病毒装配功能。

（五）装配

绝大多数DNA病毒在宿主细胞核内装配，结构蛋白质在宿主细胞质内合成后，迁移到宿主细胞核内；RNA病毒和痘病毒在宿主细胞质内装配。裸露病毒和囊膜病毒在装配方式上存在差异。

1. 裸露病毒的装配

裸露病毒核酸和蛋白质合成之后，可自行装配为成熟的病毒颗粒。宿主细胞的酶系或病毒自身编码的酶催化蛋白质亚基聚合，进而被装配形成病毒颗粒的衣壳。一些病毒装配完成后，大量病毒颗粒有规则地排列，形成包涵体。包涵体分为嗜酸性包涵体（伊红染色呈粉红色）和嗜碱性包涵体（苏木精染色呈蓝色）。包涵体根据在宿主细胞产生的位置不同可分为核内包涵体和胞质内包涵体。

2. 囊膜病毒的装配

囊膜病毒的装配分为以下两个步骤：①核衣壳装配，与裸露病毒类似。②囊膜化过程，即病毒所编码的蛋白质加入宿主细胞膜或核膜中。病毒编码的囊膜蛋白质在宿主细胞膜上糖基化形成糖蛋白，核衣壳移到含有病毒蛋白质的细胞膜上，被包围形成囊膜。疱疹病毒可以从宿主细胞核膜上获得第一层囊膜，再从宿主细胞膜上获得第二层囊膜，形成双层囊膜结构。

（六）释放

裸露病毒和囊膜病毒的释放方式存在差异。多数裸露病毒以破胞方式释放，破坏宿主细胞膜，细胞迅速死亡。囊膜病毒以出芽方式释放成熟的病毒颗粒，逐个释出，非一次同步，宿主细胞死亡缓慢，表现为持续性感染。疱疹病毒很少释放到细胞外，而是通过细胞间桥或细胞融合，在细胞间传播。

二、病毒的人工培养方法

病毒的人工培养方法包括实验动物培养法、鸡胚培养法和细胞培养法。病毒培养应用于病毒筛选、分离、纯化和分类研究，以便了解病毒的生物学特性和致病机制，用于病毒性疾病预防和诊断。

（一）实验动物培养法

实验动物培养法是最原始最简单的方法，用于培养病毒和测定病毒的致病性。常用的实验动物有小鼠、大鼠、豚鼠、兔和猴等，接种的途径有鼻内、皮下、皮内、脑内、腹腔内和静脉等。根据病毒种类不同，选择敏感动物和适宜接种部位。动物接种病毒后，收集发病动物组织，磨成悬液，获得粗制病毒。

实验动物培养法的优点如下：①不需要复杂的仪器设备，只需要使用注射器。②技术简单。该方法只需要保定动物，掌握注射接种技术。③易成功。一般而言，选择敏感动物接种后，病毒成功感染概率高。

实验动物培养法缺点如下：①个体差异大，由于不同个体对病毒的敏感性和机体免疫力存在差异，接种后收获的病毒滴度差异较大，有些病毒会在个别个体内发生突变，导致收获的病毒毒株存在差异。

②价格昂贵,实验动物的价格较高。③数量有限,一般不用动物培养法来培养大量的病毒。④需要隔离畜舍,虽然此法不需要复杂的仪器设备,但需要专门的动物房来饲养动物,若接种的病毒传染性强,须做好严格隔离措施。

(二)鸡胚培养法

鸡胚培养法是指根据病毒种类不同,将病毒接种于鸡胚的羊膜囊腔、尿囊腔、卵黄囊或绒毛尿囊膜上进行培养的一种病毒培养方法,如图1-7所示。一般病毒接种鸡胚后,48~72 h后即可收获病毒。鸡胚培养法主要用于培养来自禽类的病毒。

鸡胚培养法优点如下:①技术简单,鸡胚接种比动物接种操作更简单。②来源充沛。③价格低廉。④数量更大。鸡胚可用于培养大量的病毒,满足疫苗生产时所需要的病毒量。⑤不需特殊设备,鸡胚病毒培养只需要恒温培养箱。

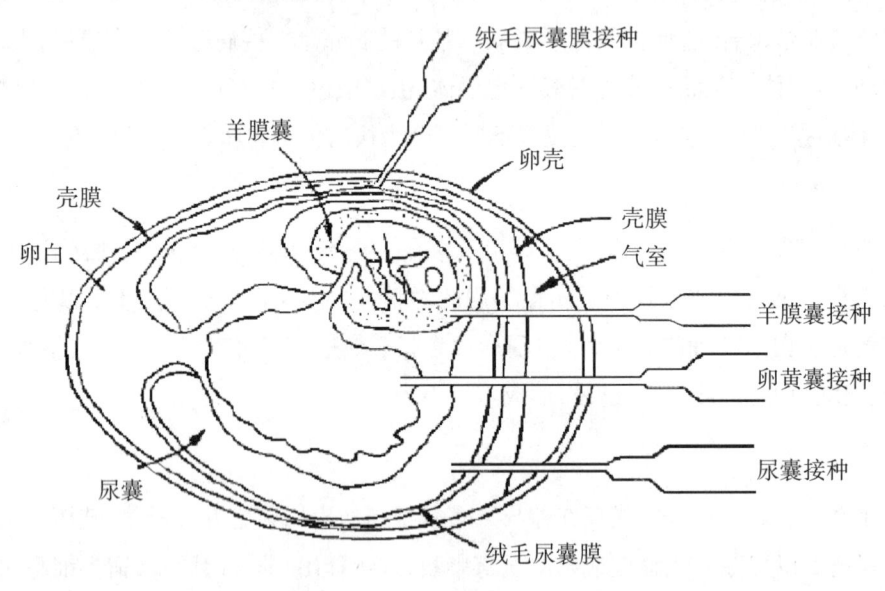

图1-7 鸡胚接种部位示意图

(三)细胞培养法

细胞培养法是指利用机械、酶或化学方法使动物组织(或传代细胞)分散成单个乃至2~4个细胞团悬液进行病毒培养的方法,是最常用和最经济的病毒培养方法。

常用的细胞培养方法如下:①静置培养,将细胞悬液分装于细胞瓶(或细胞板)中,置于含5%二氧化碳的培养箱中,让细胞贴壁长成单层细胞后,接种病毒进行培养。②旋转培养,这一类的细胞瓶多为圆柱形,且体积较大,将细胞分装至细胞瓶后,不断缓慢旋转细胞瓶,使细胞瓶四周长满单层细胞。旋转培养法获得的细胞产量高,可用于培养大量的病毒,一般用于疫苗生产。③悬浮培养,通过振荡或转动装置使细胞始终处于分散悬浮的培养液内,此法适用于不需要贴壁生长的细胞。

细胞培养法的优点如下:①每个细胞生理特性基本一致,对病毒易感性相同。②无个体差异,准确性和重复性好。③可严格执行无菌操作。④细胞培养能直接观测病毒的生长特征。⑤采用空斑技术可进行病毒的克隆化。

三、影响病毒的理化因素

灭活是指病毒受理化因素作用后,失去感染性。灭活的病毒仍保留某些特性,如抗原性、红细胞吸附和细胞融合等。了解影响病毒的理化因素,对制定消毒程序、病毒保藏和疫苗生产等都非常重要。

(一)物理因素

1. 温度

病毒耐冷,在低温时较稳定,需长期保存的病毒一般存放在冰箱(-80 ℃~-20 ℃)或液氮中,但病毒对反复冻融敏感,易失活。病毒的稳定性还与病毒贮存液特性有关,添加蛋白质、脂肪、甘油或盐类有助于保持病毒活力。例如,溶液中的镁离子能有效保护RNA病毒。

病毒不耐高温,病毒在60 ℃放置30 min或在100 ℃放置数秒易被灭活。囊膜病毒比裸露病毒对热更敏感。以嗜热菌为宿主的噬菌体耐热力强,在85 ℃下其活力不受影响。

2. pH

大多数病毒在pH值为5~9的条件下稳定。pH过低或过高,易灭活病毒。一些肠道病毒耐酸能力较强(pH值为2~5)。

3. 射线

紫外线、X射线和γ射线均可破坏核酸结构,从而灭活病毒。

(二)化学因素

1. 脂溶剂

囊膜病毒对脂溶剂(如乙醚、氯仿和去氧胆酸盐)敏感,因为脂溶剂可移除囊膜中的脂类及相关糖蛋白而灭活病毒。裸露病毒对脂溶剂不敏感。

2. 化学消毒剂

氧化剂(过氧化氢、高锰酸钾、过氧乙酸和碘酒等)和含氯化合物(漂白粉和次氯酸盐等)能迅速灭活大多数病毒,病毒对消毒剂抵抗力比细菌强,尤其是裸露病毒。常用甲醛来制备灭活疫苗。

3. 其他

抗生素对绝大多数病毒无作用,放线菌素D和利福平可抑制极少数病毒复制,干扰病毒DNA或RNA合成。中草药对某些病毒有一定抑制作用。

第三节 噬菌体和亚病毒

噬菌体(Bacteriophage, Phage)是指寄生在细菌细胞中的微生物,又称为细菌病毒。亚病毒是个体更微小,结构与化学组成更简单,具有感染性的致病因子,又称为亚病毒因子。亚病毒包括类病毒、卫星因子和朊病毒。

一、噬菌体

噬菌体在自然界中分布极广,是目前已知的最大病毒群,可感染多种不同的微生物,包括细菌、藻类、放线菌和螺旋体等。

(一)噬菌体的形态

噬菌体形态多样,呈蝌蚪形、微球形和丝形,以蝌蚪形多见。噬菌体结构特征与病毒相似,其中蝌蚪形的噬菌体呈复合对称构型,头部为二十面体对称,尾部呈螺旋对称。噬菌体化学组成也与动物病毒相同,由核酸和蛋白质构成,其核酸只有一种类型。不同噬菌体形态如图1-8所示。

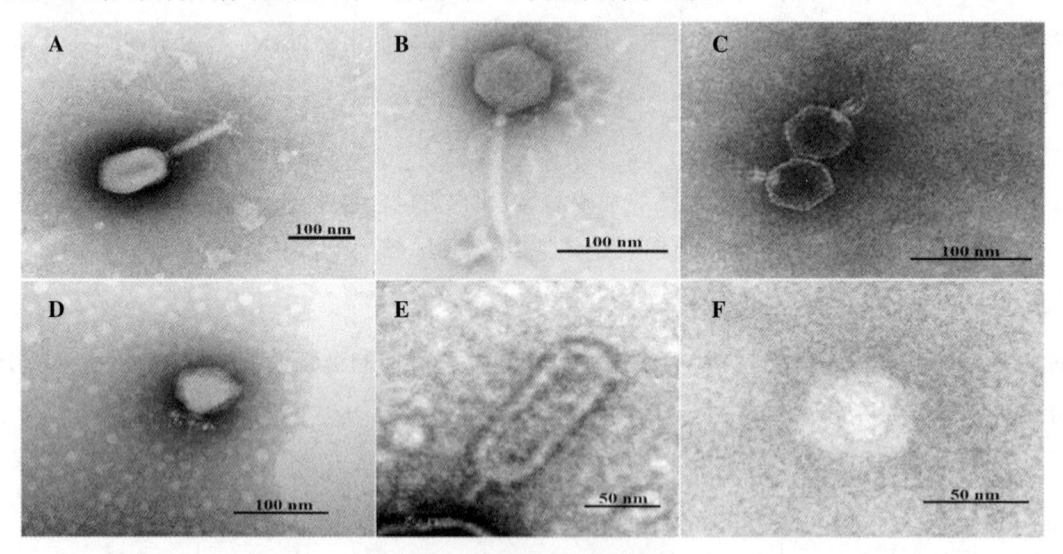

图1-8 不同噬菌体的形态

A.T4样噬菌体　B.T5样噬菌体　C.T7样噬菌体　D.C4样噬菌体　E.N3样噬菌体　F.微小噬菌体

(二)噬菌体的宿主特性

噬菌体的宿主具有特异性和广泛性。特异性是指一株噬菌体只能感染某个细菌种属下的某些细菌菌株。广泛性是指一株噬菌体可能感染某个细菌种属下的多株细菌。

(三)噬菌体的增殖

根据噬菌体对宿主菌裂解效应的不同,可将噬菌体分为烈性噬菌体(又称毒性噬菌体)和溶原性噬菌体(又称温和性噬菌体)。烈性噬菌体可直接导致宿主菌死亡,而溶原性噬菌体大多情况下不裂解宿主菌。

1.烈性噬菌体的增殖

烈性噬菌体的增殖过程分为吸附、侵入、生物合成、装配和释放。噬菌体表面蛋白质与细菌表面受体发生特异性结合,将核酸注入宿主细胞,衣壳留在菌体细胞外,DNA被注入细菌后,快速降解细菌DNA,降解产物用于子代噬菌体基因组DNA的合成,同时噬菌体借助宿主菌的生物合成系统合成自身蛋白质,最后将核酸、蛋白质装配成噬菌体颗粒。当子代噬菌体达到一定数目后,宿主细胞裂解死亡,释放出子代噬菌体颗粒。

2.溶原性噬菌体的增殖

溶原性噬菌体吸附到特定宿主菌后,不立即引起宿主DNA的降解,基因组会整合到宿主菌的染色体上,并随着宿主基因组的复制而复制,称为溶原周期。通常把基因组中带有噬菌体基因组的细菌称为溶原菌,在溶原菌中的噬菌体基因组称为前噬菌体。前噬菌体可在某些特定的环境下脱离宿主菌基因组,开始生物合成,然后以噬菌体形式释放出来,导致宿主菌裂解,此时称为裂解周期。裂解周期中的溶原性噬菌体遇到另一个细菌又可进入下一个溶原周期。

二、亚病毒

亚病毒(Subvirus)是一类比病毒更简单的生命形式,仅有核酸或蛋白质一种成分,如类病毒、朊病毒;或者同时含有核酸和蛋白质,但因其功能不全而成为缺陷病毒,如卫星因子。

(一)卫星因子

卫星因子是指必须依赖宿主细胞内共同感染的辅助性病毒才能复制的核酸分子或小病毒。

1.卫星病毒

卫星病毒(Satellite virus)是一类小分子基因组缺损的RNA(或DNA)病毒,其病毒的复制必须依赖于另一种辅助病毒。大多数卫星病毒能编码自身的衣壳蛋白质。卫星病毒与辅助病毒之间存在高度特异性。例如,丁型肝炎病毒必须利用乙型肝炎病毒的囊膜蛋白质才能完成复制周期。

2.卫星RNA病毒

卫星RNA病毒是一类自身不能编码衣壳蛋白质,而是包裹在辅助病毒的衣壳蛋白质中,且依赖辅助病毒进行复制的小分子病毒,主要感染植物。卫星RNA病毒的核酸与辅助病毒很少有同源性,且影响辅助病毒的增殖。

(二)类病毒

类病毒(Viroid)是目前已知最小的可感染致病因子,仅含有小分子RNA,没有蛋白质壳体,其核酸是单链、共价闭合的环状RNA分子。类病毒主要侵染高等植物。类病毒能耐受各种理化因素(紫外线),对蛋白酶、胰蛋白酶和尿素等不敏感,不易被蛋白酶或脱氧核糖核酸(DNA)酶所破坏,但对RNA酶极为敏感。

(三)朊病毒

朊病毒(Prion)是一类感染人与其他哺乳类动物,仅含有传染性蛋白质而无核酸的病原体。电镜下观察不到病毒颗粒结构,且不产生免疫反应,不能诱导干扰素的产生,也不受干扰素的影响。朊病毒分子量大小为27~30 kDa,电镜下呈杆状,不单独存在,呈丛状排列。朊病毒耐热,能抵抗紫外线和电离辐射,对DNA酶和RNA酶不敏感,对能使蛋白质变性的化学试剂敏感。

朊病毒能引起哺乳动物和人类中枢神经系统病变,最终不治而亡。朊病毒能引起羊瘙痒病、牛海绵状脑病(即疯牛病)和人库鲁病。羊瘙痒病可导致绵羊和山羊神经系统退化性紊乱,使羊毛脱落,皮肤瘙痒。朊病毒引起的疾病潜伏期较长,出现中枢神经系统的症状和病理变化,最终导致宿主死亡,目前无有效治疗方法。

本章小结

非细胞型微生物包括病毒和亚病毒。亚病毒包括类病毒、卫星因子和朊病毒。病毒的特征主要表现为:① 形体微小,缺乏细胞结构。②只含有一种核酸,DNA或RNA。③以自身的核酸为模板进行复制。④缺乏完整的酶系和产能系统。⑤严格的细胞内寄生。病毒以病毒颗粒的形式存在,由芯髓和衣壳组成。核衣壳是由病毒衣壳蛋白质包裹核酸组成的。囊膜病毒的核衣壳外有囊膜,裸露病毒没有囊膜。根据病毒衣壳上壳粒数目和排列方式不同,可以将病毒分为二十面体对称病毒、螺旋对称病毒、复合对称病毒和复杂构型病毒。病毒的复制周期分为吸附、侵入、脱壳、生物合成、装配和释放。病毒的人工培养方法包括实验动物培养法、鸡胚培养法和细胞培养法。病毒受物理因素和化学因素影响。噬菌体分为烈性噬菌体和溶原性噬菌体。

拓展阅读

扫码进行思维导图、课程文化案例、课件等数字资源的获取和学习。

数字资源

思考与练习题

1. 简述病毒的特点。
2. 绘出病毒颗粒的结构示意图。
3. 详述病毒的复制周期。
4. 病毒的人工培养方式有哪些?
5. 简述溶原性噬菌体的复制周期。

第二章

原核细胞型微生物

本章导读

原核细胞型微生物包括细菌和古菌两大类群。细菌细胞结构是怎样的？细菌如何利用自然界各种营养物质？细菌营养代谢途径有哪些？细菌生长繁殖有什么特点？如何进行人工培养细菌？如何对细菌进行鉴定和命名？古菌、放线菌、蓝细菌、螺旋体、支原体、立克次体和衣原体有何生物学特性？本章将对这些知识进行系统梳理，为进一步学习和研究病原菌的致病机理、抗病原菌免疫和微生物饲料奠定基础。

学习目标

1. 了解细菌分类和命名，熟悉细菌的人工培养方法，掌握细菌细胞结构和生长繁殖。

2. 了解细菌鉴定方法和细菌生化试验原理，熟悉放线菌、蓝细菌、螺旋体、支原体、立克次体和衣原体的特性。

3. 了解原核细胞型微生物资源在医疗、工农业生产和科学研究中的应用，充分理解渺小也有大价值，增强挖掘中国地域性原核细胞型微生物资源的意识。

概念网络图

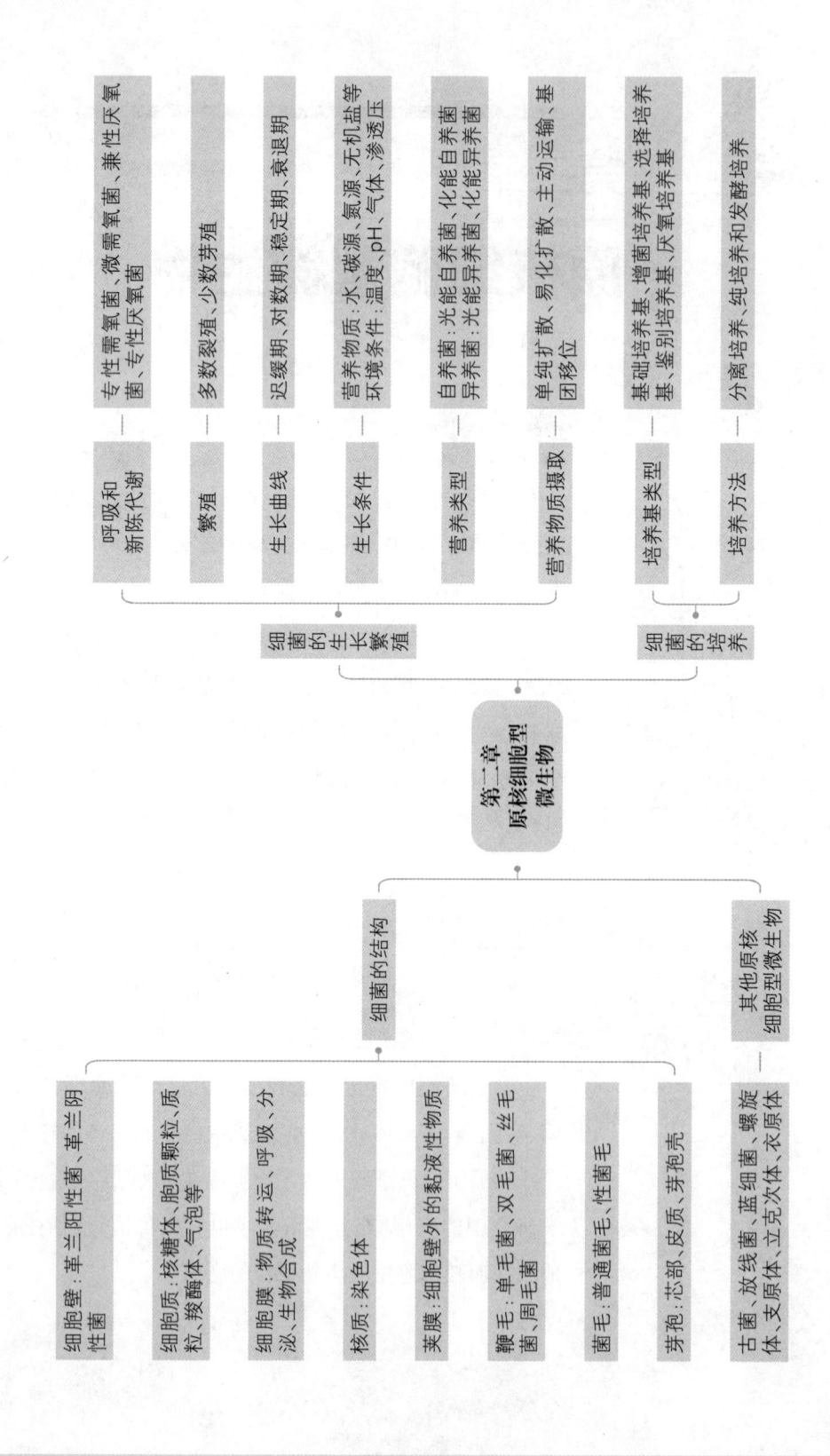

第二章 原核细胞型微生物

细菌的生长繁殖

- **呼吸和新陈代谢**：专性需氧菌、微需氧菌、兼性厌氧菌、专性厌氧菌
- **繁殖**：多数裂殖、少数芽殖
- **生长曲线**：迟缓期、对数期、稳定期、衰退期
- **生长条件**：营养物质：水、碳源、氮源、无机盐等；环境条件：温度、pH、气体、渗透压
- **营养类型**：自养菌：光能自养菌、化能自养菌；异养菌：光能异养菌、化能异养菌
- **营养物质摄取**：单纯扩散、易化扩散、主动运输、基团移位

细菌的培养

- **培养基类型**：基础培养基、增菌培养基、选择培养基、鉴别培养基、厌氧培养基
- **培养方法**：分离培养、纯培养和发酵培养

细菌的结构

- **细胞壁**：革兰阳性菌、革兰阴性菌
- **细胞质**：核糖体、胞质颗粒、气泡体等
- **细胞膜**：物质转运、呼吸、分泌、生物合成
- **核质**：染色体
- **荚膜**：细胞壁外的黏液性物质
- **鞭毛**：单毛菌、双毛菌、丛毛菌、周毛菌
- **菌毛**：普通菌毛、性菌毛
- **芽孢**：芯部、皮质、芽孢壳

其他原核细胞型微生物

古菌、放线菌、蓝细菌、螺旋体、支原体、立克次体、衣原体

> 原核细胞型微生物(Prokaryote)是指一类核区无核膜包裹,存在裸露DNA的单细胞生物,原核细胞型微生物包括细菌和古菌两大类群。根据生物学特性可将原核细胞型微生物分为细菌、古菌、放线菌、蓝细菌、螺旋体、支原体、立克次体、衣原体。

第一节 细菌的结构和分类

细菌(Bacteria)形体微小,结构简单,具有细胞壁和原始核质,无核仁和核膜,除核糖体外,无其他细胞器,是所有生物中数量最多的生物。了解细菌的形态、结构和生理活动对细菌的鉴别、感染防治及其在工农业生产中的应用具有重要的理论和实践意义。

一、细菌细胞的特征

细菌细胞的外表特征可从大小、形态和细胞间排列方式等方面加以描述。

(一)细菌细胞的大小

细菌的细胞要借助光学显微镜才能看到,衡量细菌大小的单位通常用微米(μm),工具为测微尺。一般球菌的大小用直径表示,为 0.5~1.0 μm;杆菌和螺形菌的大小用长和宽表示,一般宽为 0.2~2.0 μm,长为 2.0~8.0 μm。菌龄和环境因素对菌体大小有影响。由于各种细菌在适宜培养条件下,处于对数生长期的菌体大小是相对稳定的,因此对数期的菌体常用于细菌大小的测定。

(二)细菌细胞的形态

细菌根据形态分为球菌、杆菌和螺形菌,在自然界中,杆菌最常见,球菌次之,螺形菌最少。也有少数菌体形状特殊,如柄细菌、双歧杆菌、肾形菌、臂微菌、网格硫细菌和贝日阿托氏菌(丝状)等。

1. 球菌

球菌(Coccus)指菌体形态呈球形或近似球形的细菌。根据球菌的分裂方向及随后相互间的连接方式又可进一步分为单球菌、双球菌、链球菌、四联球菌、八叠球菌和葡萄球菌等,不同球菌子细胞排列方式如图 2-1 所示。

(1)单球菌

单球菌细胞沿一个平面进行分裂,子细胞分散而单独存在。常见的单球菌有脲微球菌(*Micrococcus ureae*)。

(2)双球菌

双球菌细胞沿一个平面分裂,子细胞成双排列,如肺炎双球菌(Diplococcus pneumoniae)和脑膜炎双球菌(Neisseria meningitidis)。

(3)链球菌

链球菌细胞沿一个平面分裂,子细胞呈链状排列,如乳链球菌(Streptococcus lactic)、无乳链球菌(Streptococcus agalactiae)、化脓性链球菌(Streptococcus pyogenes)和草绿色链球菌(Streptococcus viridans)等。

(4)四联球菌

四联球菌细胞沿两个互相垂直的平面分裂,子代细胞呈"田"字形排列,如四联小球菌(Micrococcus tetragenus)和嗜盐四联球菌(Tetragenococcus halophilus)。

(5)八叠球菌

八叠球菌细胞沿三个互相垂直平面进行分裂,八个子细胞呈立方体排列,如甲烷八叠球菌(Sarcina methanica)和藤黄八叠球菌(Sarcina lutea)。

(6)葡萄球菌

葡萄球菌细胞分裂无定向,子细胞呈葡萄状排列,如金黄色葡萄球菌(Stephylococcus aureus)、白色葡萄球菌(Stephylococcus albus)和柠檬色葡萄球菌(Stephylococcus citreus)等。

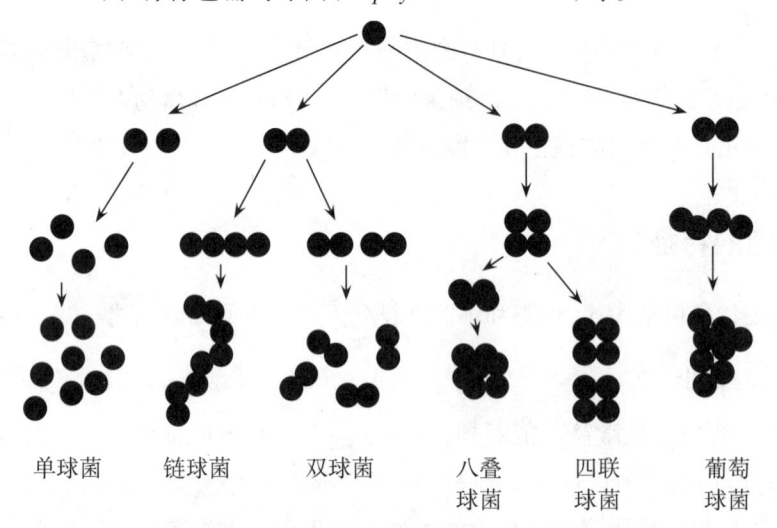

图2-1 不同球菌子细胞排列方式示意图

2. 杆菌

杆菌(Bacillus)指菌体形态呈杆状的细菌。杆菌菌体呈正圆柱形或近卵圆形的;菌体多数平直,亦有稍弯曲的;菌体两端多钝圆,少数呈平截状或尖突状;杆菌常见菌体形态如图2-2所示。杆菌排列特征不如球菌稳定,同一种杆菌可以同时以多种形态存在。

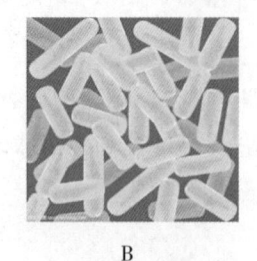

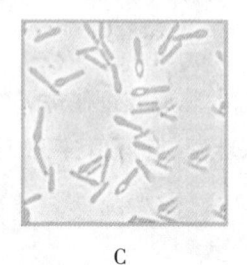

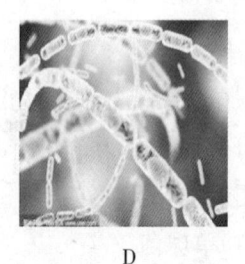

图2-2 杆菌的常见菌体形态
A.球杆菌　B.棒状杆菌　C.梭状杆菌　D.链状杆菌

(1) 典型杆菌

典型杆菌的子细胞包括分散而单独存在的单杆菌,如大肠杆菌(*Escherichia coli*);常成对存在的双杆菌,如鼠疫杆菌(*Yersinia pestis*);呈链状存在的链杆菌,如念珠状链杆菌(*Streptobacillus moniliformis*)等。

(2) 其他形态杆菌

流感嗜血杆菌(*Hemophilus influenzae*)和布鲁氏杆菌(*Brucella*)的菌体呈球杆状。

白喉棒状杆菌(*Corynebacterium diphtheriae*)的菌体呈棒状杆状。

结核分枝杆菌(*Mycobacterium tuberculosis*)的菌体呈分枝状。

有些双歧杆菌(*Bifidobacterium*)的菌体呈"V"字形和"Y"字形分叉状。

3. 螺形菌

螺形菌是一类能运动、菌体呈螺旋形或弧形的杆菌。常见螺形菌菌体形态如图2-3所示。弧菌(*vibrio*)菌体只有一个弯曲,呈弧形或逗点状,如霍乱弧菌(*Vibrio cholerae*)和副溶血弧菌(*Vibrio Parahaemolyticus*);螺菌(*Spirillum*)菌体有2~6个弯曲,如小螺菌(*Spirillum minus*);螺杆菌菌体呈螺旋状,旋转周数多(通常超过6环),如幽门螺杆菌(*Helicobocton Pyloni*)。

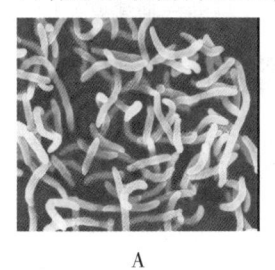

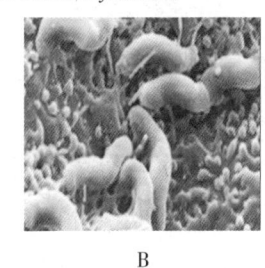

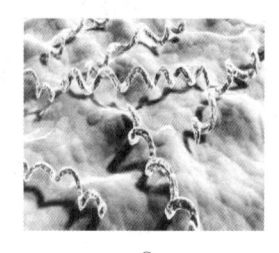

图2-3 常见螺形菌菌体形态
A.弧菌 B.螺菌 C.螺杆菌

二、细菌细胞的结构

细菌细胞的结构包括基本结构和特殊结构,如图2-4所示。细菌的基本结构包括细胞壁、细胞膜、细胞质和核区。细菌的特殊结构包括鞭毛、菌毛、性菌毛、糖被(包括微荚膜、荚膜和黏液层)和芽孢等。

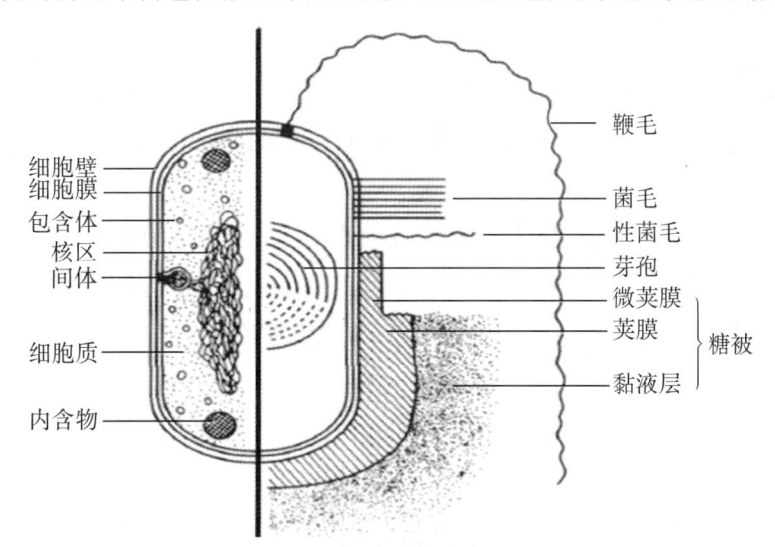

图2-4 细菌细胞结构模式图

(引自周德庆,2011)

(一)细胞壁

细胞壁(cell wall)是一层位于细菌细胞外侧、无色透明、坚韧的膜状结构。细菌细胞壁根据革兰染色法分为革兰阳性(G^+)菌和革兰阴性(G^-)菌两大类。经革兰染色后,在光学显微镜下,革兰阳性(G^+)菌呈紫色,革兰阴性(G^-)菌呈红色。革兰阳性菌和革兰阴性菌细胞壁结构如图2-5所示。

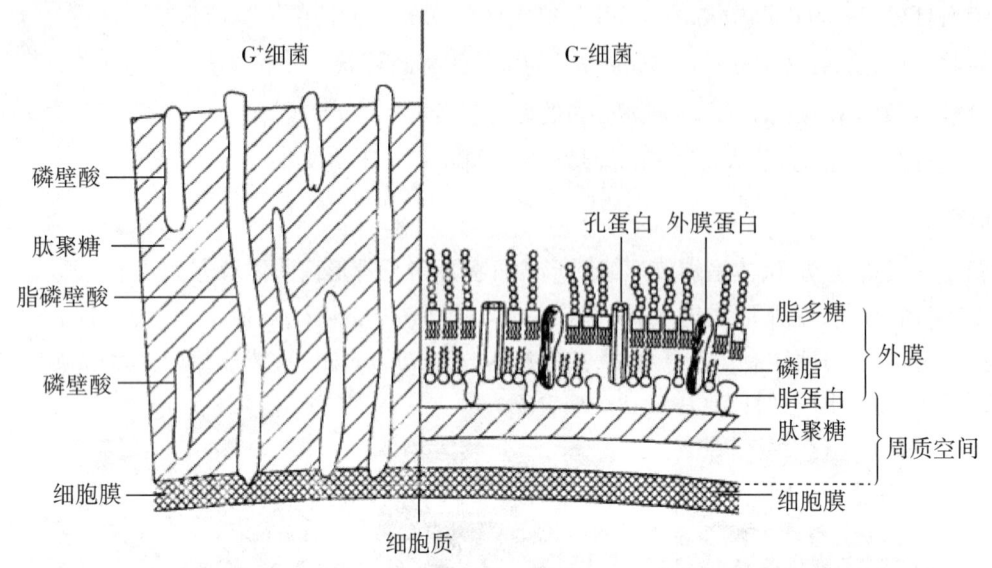

图2-5 革兰阳性菌和革兰阴性菌细胞壁结构模式图
(引自周德庆,2011)

肽聚糖(peptidoglycan)是细菌细胞壁主要组分之一,又称为黏肽(mucopeptide)、胞壁质(murein)或黏质复合物(mucocomplex),是一类结构复杂的多聚体,为原核细胞型微生物所特有。细菌细胞壁肽聚糖骨架由 N-乙酰葡糖胺(N-acetyl glucosamine)和 N-乙酰胞壁酸(N-acetylmuramic acid)交替间隔排列,经 β-1,4糖苷键联结而成。因细菌细胞壁肽聚糖骨架中 β-1,4糖苷键易被溶菌酶水解,使细菌细胞壁肽聚糖骨架"散架"(裂解),最终导致细菌死亡。

1. 革兰阳性菌的细胞壁结构

(1)肽聚糖

革兰阳性菌的细胞壁厚(20~80 nm),肽聚糖层较厚,15~50层,肽聚糖骨架是由四肽侧链通过联结五肽交联桥组成复杂的三维立体结构。金黄色葡萄球菌的细胞壁肽聚糖结构如图2-6所示。

①四肽侧链

革兰阳性菌的细胞壁肽聚糖中四肽侧链的组成和联结方式随细菌种类不同而异。金黄色葡萄球菌(G^+菌)的细胞壁中四肽侧链的氨基酸依次为 L-丙氨酸、D-谷氨酸、L-赖氨酸和 D-丙氨酸,第三位的 L-赖氨酸通过与5个甘氨酸组成的交联桥连接到相邻聚糖骨架四肽侧链末端的 D-丙氨酸上,从而构成坚韧的三维立体结构。

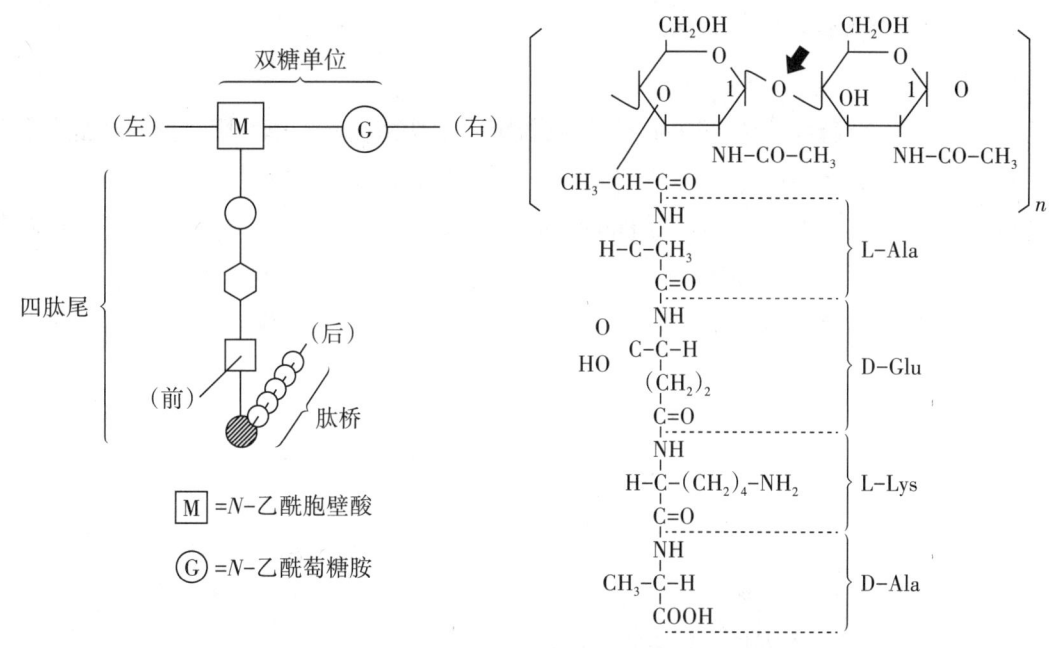

图2-6 金黄色葡萄球菌细胞壁肽聚糖结构模式图

黑色箭头所指为N-乙酰葡糖胺和N-乙酰胞壁酸经β-1,4糖苷键连接位点,同时也是青霉素作用位点

(引自周德庆,2011)

②五肽交联桥

革兰阳性菌的细胞壁肽聚糖中五肽交联桥的氨基酸组成随细菌种类不同而异,其肽聚糖呈现多样化。β-内酰胺类抗生素(β-lactams)结构与革兰阳性菌五肽交联桥末端的D-丙氨酰-D-丙氨酸的结构类似,可相互竞争转肽酶的活性中心。细菌转肽酶一旦与青霉素结合,前后两个肽聚糖单体间不能形成肽桥,进而抑制细胞壁肽聚糖的合成。失去肽聚糖的革兰阳性菌一旦处于不利环境条件下,极易裂解死亡。

(2)磷壁酸

磷壁酸(teichoic acid)由核糖醇(ribitol)(或甘油残基)经磷酸二酯键互相连接而成。其结构中少数基团被氨基酸或糖所取代,多个磷壁酸分子形成的长链结构穿插于肽聚糖层中。大多数阳性细菌含有大量的磷壁酸,少数细菌为磷壁醛酸(teichuronic acid),占细胞壁干重的50%左右。

磷壁酸按其结合部位不同,可分为壁磷壁酸和膜磷壁酸(又称脂磷壁酸)。壁磷壁酸的一端通过磷脂与肽聚糖上的胞壁酸共价结合,另一端伸出细胞壁呈游离状态。膜磷壁酸一端与细胞膜外层上的糖脂共价结合,另一端透过肽聚糖层伸出细胞壁表面也呈游离状态。细胞壁中壁磷壁酸与膜磷壁酸组成了带负电荷的网状多聚物或基质,决定了革兰阳性菌细胞壁坚韧、通透和带静电等特性,磷壁酸也具有抗原特性和黏附素活性。磷壁醛酸与磷壁酸结构相似,两者不同之处在于磷壁醛酸的结构以糖醛酸代替磷壁酸中的磷酸。

(3)蛋白质

大多数革兰阳性菌的细胞壁中蛋白质含量较少,少数革兰阳性菌(如金黄色葡萄球菌A蛋白、A群链球菌M蛋白等)的细胞壁表面含有一些特殊的表面蛋白质。

2. 革兰阴性菌的细胞壁结构

(1) 肽聚糖

革兰阴性菌的细胞壁较薄（10~15 nm），但结构较革兰阳性菌复杂。革兰阴性菌的细胞壁中肽聚糖层较薄，只有1~2层，肽聚糖骨架由四肽侧链直接联结形成片状结构。在大肠杆菌的细胞壁四肽侧链中，第三位氨基酸是二氨基庚二酸（diaminopimelic acid，DAP），并由DAP与相邻的四肽侧链末端的 D-丙氨酸直接连接，缺少五肽交联桥，因而只形成单层平面网络的二维片状结构，如图2-7所示。四肽侧链中变化最大的是第三位的氨基酸，大多数革兰阴性菌为DAP，而革兰阳性菌为DAP、L-赖氨酸或其他L-氨基酸。

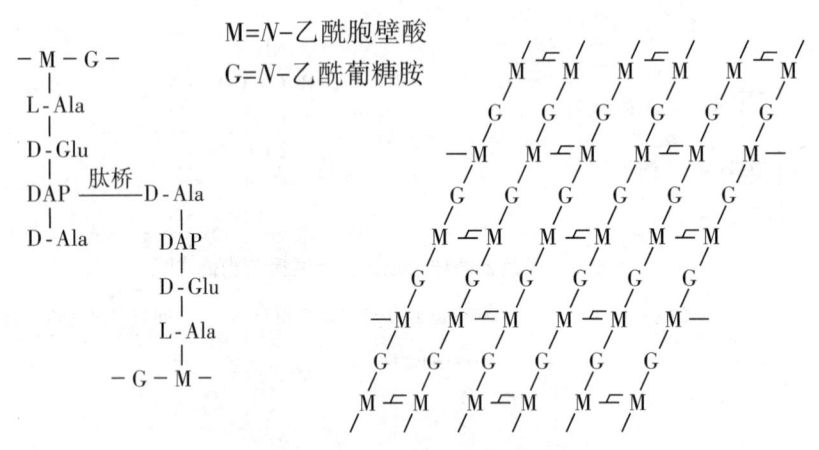

图2-7 大肠杆菌细胞壁肽聚糖结构模式图

(引自周德庆，2011)

(2) 外膜

革兰阴性菌的外膜（outer membrane）由脂蛋白、脂质双层和脂多糖三部分组成，约占细胞壁干重的80%。

① 脂蛋白

脂蛋白位于肽聚糖层和脂质双层之间，其蛋白质部分与肽聚糖侧链的二氨基庚二酸（DPA）相连，其脂质成分与脂质双层以非共价键结合，将外膜和肽聚糖层连接起来。

② 脂质双层

脂质双层与细胞膜结构相似，是一个不对称的双层膜结构。脂质双层上镶嵌着多种蛋白质，称为外膜蛋白（outer membrane protein，OMP）。有的外膜蛋白质为孔蛋白（porin），如大肠杆菌的Omp F和Omp C，可允许水溶性小分子通过；有的外膜蛋白质为诱导性蛋白质或去阻遏蛋白质，参与物质的跨膜转运过程；也有的外膜蛋白质为噬菌体、性菌毛或细菌素的受体。

③ 脂多糖

脂多糖（lipopolysaccharide，LPS）是脂质双层的外层向细胞外伸出的部分，又称为革兰阴性菌的内毒素（endotoxin），由脂质A（lipid A）、核心多糖（core polysaccharide）和特异多糖（specific polysaccharide）组成，如图2-8所示。

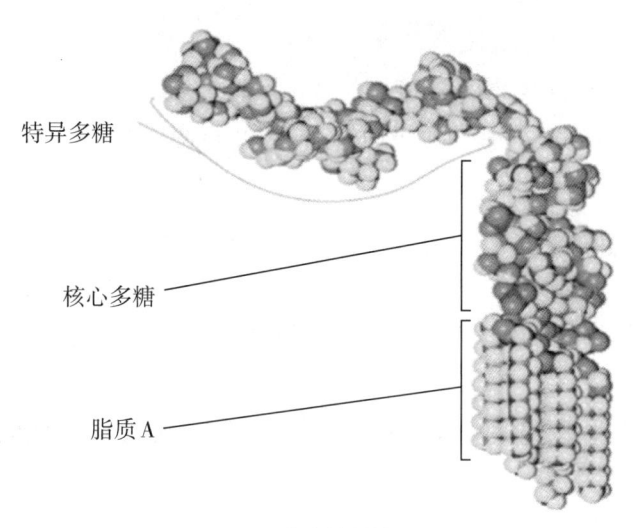

图2-8 脂多糖结构模式

(引自 Karen C. Carroll 等,2015)

脂质A位于脂多糖基部,为一种糖磷脂,具亲水性和疏水性的双嗜性特点,由氨基葡萄糖、脂肪酸和焦磷酸盐组成,其骨架由两个氨基葡萄糖在β-1,6位通过焦磷酸键聚合而成,具有亲水性。多种长链脂肪酸和焦磷酸盐分别以脂键和酰胺键与双糖链相连,其中长链脂肪酸可使脂质A具有疏水特性。脂质A是内毒素生物学活性主要组分,各种革兰阴性菌脂质A的化学结构极其相似,虽然彼此有差异,但无种属特异性,故不同细菌产生的内毒素的毒性作用相似。

核心多糖位于脂多糖中间部分,由己糖(葡萄糖和半乳糖等)、庚糖 2-酮基-3-脱氧辛酸(2-keto-3-deoxyoctonic acid, KDO)和磷酸乙醇胺等组成,经KDO与脂质A共价联结。核心多糖有种属特异性,同一属细菌的核心多糖相同。

特异多糖位于脂多糖的最外层,是由数个至数十个寡聚糖(3~5个单糖)重复单位构成的多糖链。特异多糖是革兰阴性菌的菌体抗原(O抗原),具有种属特异性,特异多糖中单糖的种类、位置、排列和空间构型因种属不同而异。特异多糖缺失,可使细菌从光滑型(smooth,S)变为粗糙型(rough,R)。

3. 细胞壁的功能

(1)维持菌体形态和保护细菌

细胞壁坚韧而富有弹性,能维持菌体的形态,有利于细菌抵抗低渗环境。细菌细胞质内含有高浓度的无机盐和大分子营养物质,其渗透压高达5~25个大气压。由于细胞壁的保护作用,细菌能承受内部巨大的渗透压而不会破裂,并能在相对低渗的环境下生存。

(2)参与物质交换

细胞壁上有许多通道和转运蛋白,参与菌体内外的物质交换。

(3)与致病性有关

乙型溶血性链球菌表面的M蛋白能与磷壁酸结合,在细菌表面形成微纤维,参与细菌与黏附宿主细胞,是该菌的重要致病物质。金黄色葡萄球菌的A蛋白和乙型溶血性链球菌的M蛋白能抵抗宿主免疫细胞吞噬作用。磷壁酸和脂多糖具有抗原性,可以诱发机体的免疫应答。脂多糖是革兰阴性菌的内毒素,可诱导宿主发热,增加宿主体内白细胞数量,严重时可导致宿主休克死亡。

(4)与耐药性有关

革兰阳性菌肽聚糖缺失可使作用于细胞壁的抗菌药物失效(如L型细菌);革兰阴性菌外膜通透性的降低能阻止某些抗菌药物进入,外膜也可主动外排(泵)出抗菌药物,成为细菌重要的耐药机制。

(5)与静电性有关

磷壁酸和脂多糖均带负电荷,能与双价带正电荷的离子(如Mg^{2+}等)结合,有助于维持菌体内离子的平衡,调节细菌生理代谢。由于革兰阳性菌磷壁酸带较多的负电荷,等电点较低。革兰阳性菌等电点为2~3,而革兰阴性菌等电点为4~5,故革兰阳性更易与带正电荷的碱性染料结晶紫结合,被染成紫色。

(6)其他

革兰阳性菌的磷壁酸是重要表面抗原,与血清型分类有关。脂多糖可增强机体非特异性免疫应答。

(二)细胞膜

1.细胞膜的结构

细菌细胞膜是细菌赖以生存的重要结构之一,细胞膜(cell membrane)又称胞质膜(cytoplasmic membrane),位于细菌细胞壁内侧,紧包着细胞质。细胞膜厚度约7.5 nm,质地柔韧致密,富有弹性,占细胞干重的10%~30%。细菌细胞膜的结构与真核细胞膜结构基本相同,由磷脂和多种蛋白质组成,但不含胆固醇。

2.细胞膜的功能

(1)参与物质转运

细菌细胞膜形成疏水性屏障,能选择性地控制细胞内外各种物质的跨膜运输。

(2)呼吸和分泌

细菌无线粒体结构,参与细胞氧化呼吸的细胞色素、组成呼吸链的其他酶类和三羧酸循环的某些酶类均定位于细胞膜表面。细菌细胞膜类似于真核细胞的线粒体,在细胞呼吸和能量代谢中发挥重要作用。

(3)生物合成

细胞膜含有多种酶类,参与细胞结构(如肽聚糖、磷脂、鞭毛和荚膜等)的合成。与肽聚糖合成有关的酶类(转肽酶或转糖基酶)是青霉素作用的主要靶点之一,称为青霉素结合蛋白(penicillin binding protein,PBP),与细菌的耐药性形成有关。

(4)参与细菌分裂

在细菌二分裂时,细菌部分细胞膜内陷、折叠、卷曲形成的囊状物称为中介体(mesosome)。中介体多见于革兰阳性菌,常位于菌体侧面(侧中介体)或靠近中部(横膈中介体),可有一个或多个。中介体功能类似真核细胞纺锤丝的作用,中介体一端连在细胞膜上,另一端与核质相连,细胞分裂时中介体一分为二,各携带一套核质进入子代细胞。

(5)鞭毛基体的着生部位

部分细菌细胞膜上生有鞭毛,并提供鞭毛运动所需的能量,细胞膜上还存在着若干特定的受体分子,可特异识别细胞周围环境中的各种信息,以便做出相应反应。

(三)细胞质

细菌细胞质(cytoplasm),又称原生质(protoplasm),是指细胞膜包裹的溶胶状物质,由水、蛋白质、脂类、核酸、少量糖和无机盐组成,其含水量约为80%。与真核生物明显不同的是,细菌的细胞质是不流动的。细菌细胞质的主要成分为核糖体、胞质颗粒、酶类、中间代谢物、质粒和营养物质等,少数细菌还含类囊体、羧酶体、气泡或伴孢晶体等有特定功能的细胞组分。

1. 核糖体

核糖体(ribosome)是细菌合成蛋白质的场所,游离存在于细胞质中,每个细菌体内可达数万个。细菌核糖体沉降系数为70S,由50S和30S两个亚基组成。以大肠杆菌为例,核糖体化学组成的66%为RNA(包括23S、16S和5S rRNA),34%为蛋白质。核糖体常与正在转录的mRNA相连呈"串珠"状,称多聚核糖体(polysome或polyribosomes)。在生长活跃的细菌体内,几乎所有的核糖体都以多聚核糖体的形式存在。

链霉素能与细菌核糖体的30S亚基结合,红霉素能与细菌核糖体的50S亚基结合,这两种抗生素均可干扰细菌蛋白质合成,抑制细菌生长。真核生物核糖体沉降系数为80S,由60S和40S两个亚基组成。由于真核生物核糖体亚基与细菌的核糖体亚基不同,链霉素和红霉素与真核生物的核糖体亚基无法结合,不能干扰真核生物蛋白质合成,会抑制真核生物细胞生长。

2. 质粒

质粒(plasmid)是细菌染色体以外的遗传物质,存在于细胞质中,为闭合环状的双链DNA。质粒带有遗传信息,与细菌某些特定的遗传性状有关。质粒能独立自主复制,可随细菌分裂转移到子代细胞中,也可通过接合和转导等方式将有关性状传递给其他细菌。质粒不是细菌生长所必需的,因此失去质粒的细菌仍能正常生长。质粒编码的遗传信息具有多样性,常与细菌的某些性状(如菌毛、细菌素、毒素、耐药性和致病性)有关。质粒的结构简单,易导入到细胞中,常作为载体广泛应用于分子生物学研究。

3. 胞质颗粒

细菌细胞质中含有多种颗粒,大多为贮藏的营养物质,包括糖类(糖原和淀粉等)、脂类和磷酸盐等。胞质颗粒又称为内含物(inclusion),它不是细菌的恒定结构,不同细菌具有不同的胞质颗粒,同一细菌在不同环境或生长期亦可形成不同的胞质颗粒。当营养充足时,胞质颗粒较多;当营养短缺时,颗粒减少,甚至消失。

4. 羧酶体

羧酶体(carboxysome),又称羧化体,是存在于一些自养细菌细胞内的六角形或多角形内含物,大小与噬菌体相仿(10 nm),内含1,5-二磷酸核酮糖羧化酶,在化能自养细菌(如硫杆菌属 *Thiobacillus* 和贝日阿托氏菌属 *Beggiatoa*)二氧化碳固定中起着关键作用。

5. 气泡

许多光能营养型、无鞭毛水生细菌(如蓝细菌 *Cyanobacteria*)细胞质中,存在许多泡囊状内含物(gas vacuoles),泡囊内中充满气体,气泡能调节细胞相对密度,使其漂浮在合适的水层中,有利于细菌获取光能、氧气和营养物质。

(四)核质

细菌的遗传物质称为核质或拟核(nucleoid),也称为细菌的染色体,集中于细胞质的某一区域,多数在菌体中央,无核膜、核仁和有丝分裂器。

细菌核质为单倍体。大多数细菌的核质由单一的密闭环状DNA分子反复回旋卷曲盘绕,形成松散网状结构,相当于一条染色体,附着在横隔中介体或细菌膜上。霍乱弧菌和羊布鲁菌有两个不同的染色体,个别细菌有3~4个不同的染色体,某些疏螺旋体的染色体为线性dsDNA分子。

细菌的染色体具有以下特点:①DNA基因数目少,编码区连续,无内含子。②绝大多数编码蛋白质的结构基因保持单拷贝形式,很少有重复序列,但编码rRNA的基因通常为多拷贝,装备大量核糖体,以满足细菌快速生长繁殖的需要。③没有核膜,DNA在转录过程中,新转录的mRNA可以直接与核糖体结合,使转录和翻译同步。

(五)特殊结构

不是所有细菌细胞都具有的结构称为细菌的特殊结构,主要包括荚膜、鞭毛、菌毛和芽孢等。

1.荚膜

荚膜(capsule)为某些细菌细胞壁外包裹的黏液性物质,荚膜的成分因菌种而异,主要为由葡萄糖与葡萄糖醛酸组成的聚合物,也有的含多肽与脂质。黏液性物质与细胞壁牢固结合,厚度≥0.2 μm,边界明显的称为大荚膜(macrocapsule),肺炎双球菌荚膜如图2-9所示。黏液性物质厚度<0.2 μm的称为微荚膜(microcapsule),如伤寒沙门菌的Vi抗原、大肠杆菌的K抗原等。黏液性物质疏松地附着于菌细胞表面,边界不明显且易被洗脱,称为黏液层,如葡萄球菌黏液层。荚膜经脱水和特殊染色后可在光镜下看到。在实验室中,采用炭黑墨水对产荚膜细菌进行负染色(即背景染色),在光镜下能观察到荚膜,而黏液层则无此特性。

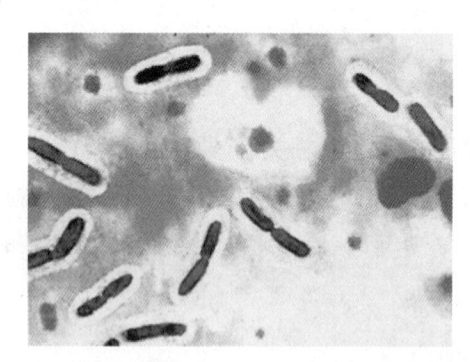

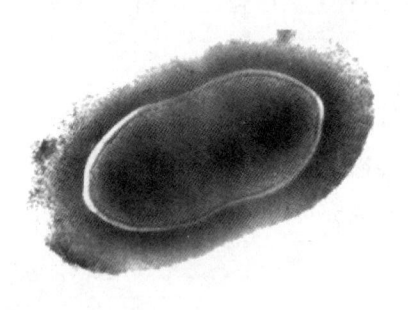

图2-9 肺炎双球菌荚膜

在正常情况,荚膜不会在细菌分裂后粘连在一起。但是,有些细菌的黏液性物质能黏结起来,细菌呈聚集的团块状生长,称为菌胶团(zoogloea)或冻胶菌。菌胶团中的菌体,由于包埋于胶质中,故不易被原生动物吞噬,有利于沉降。菌胶团的形状呈球形、蘑菇形、椭圆形、分枝状、垂丝状和不规则形。并非所有的细菌都能形成菌胶团,能形成菌胶团的细菌,称为菌胶团细菌,如动胶菌属(Zoogloea itzigsohn)。

2.鞭毛

许多细菌,包括所有弧菌和螺菌,约半数杆菌和个别球菌,在菌体上附有细长并呈波状弯曲的丝状物,少的仅1~2根,多者达数百根,这些丝状物称为鞭毛(flagellum,复数flagella)。鞭毛的长度常超过菌体若干倍。根据细菌的鞭毛数目、位置和排列不同,可分为单毛菌(Monotrichate)、双毛菌(Amphitrichate)、丛毛菌(Lophotrichate)和周毛菌(Peritrichate)。鞭毛长5~20 μm,直径12~30 nm,如图2-10所示。

鞭毛可以用电子显微镜直接观察,也可以经特殊染色法使鞭毛增粗后在普通光学显微镜下观察。在暗视野显微镜下观察悬滴标本(或水浸片标本)中的细菌能否进行有规则的运动,推测其是否有鞭毛;若其能运动,则具有鞭毛。观察琼脂平板培养基上的菌落形态,在半固体试管中穿刺接种后观察穿刺线上细菌群体扩散的情况,推测其是否有鞭毛,若穿刺线上细菌群体扩散明显,则具有鞭毛。

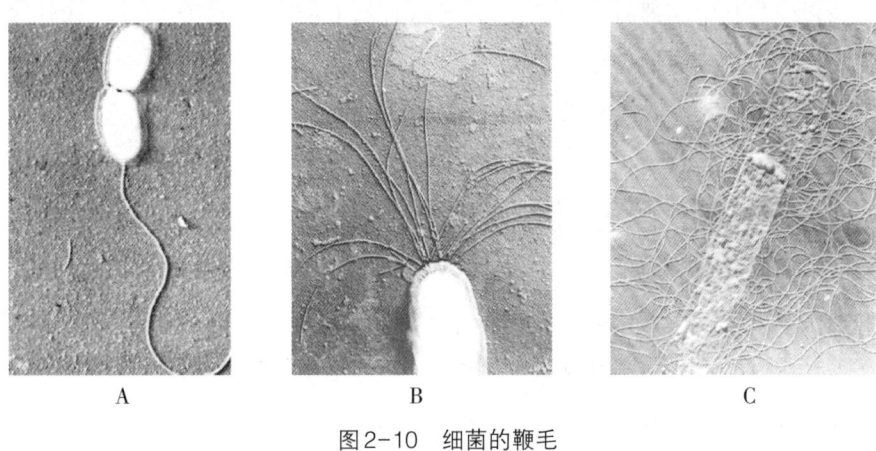

图2-10 细菌的鞭毛

A.麦氏弧菌单生鞭毛(7 500X)　B.蛇形螺菌端生鞭毛(9 000X)　C.变形杆菌周生鞭毛(9 000X)

(引自Karen C. Carroll等,2015)

3.菌毛

许多革兰阴性菌和少数革兰阳性菌的菌体表面存在着一种直的、比鞭毛更细更短的丝状物,称为菌毛(pilus或fimbriae)。菌毛由菌毛蛋白质(pilin)组成,呈螺旋状排列成圆柱体,新形成的菌毛蛋白质分子插入菌毛的基底部。菌毛蛋白质具有抗原性,其编码基因位于细菌的染色体或质粒上。菌毛在普通光学显微镜下看不到,必须用电子显微镜观察。根据功能不同,菌毛可分为普通菌毛(common pilus)和性菌毛(sex pilus)两类,如图2-11所示。

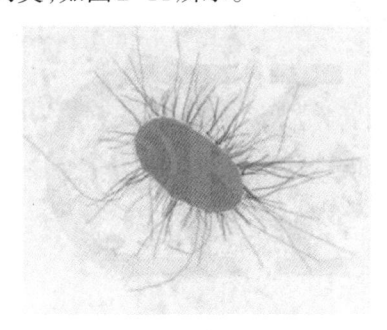

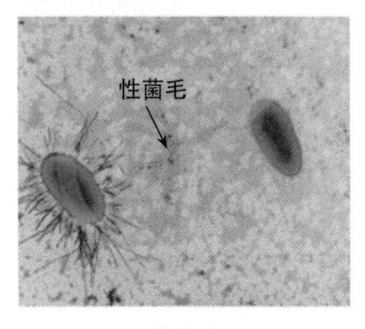

普通菌毛　　　　性菌毛

图2-11 细菌菌毛的类型

(1)普通菌毛

普通菌毛一般长0.2~2 μm,直径3~8 nm。普通菌毛遍布细菌细胞的表面,每个细菌的菌毛可达数百根。普通菌毛是细菌的黏附结构,能与宿主细胞表面的特异性受体结合,是细菌感染的第一步,与细菌的致病性密切相关。宿主红细胞表面具有菌毛受体的相似成分,不同的菌毛可引起不同类型的红细胞凝集,这一现象称为血凝(hemagglutination,HA),可用于鉴定菌毛,例如,大肠杆菌Ⅰ型菌毛(type Ⅰ或common pili)可黏附于肠道和尿道黏膜上皮细胞表面,也能凝集豚鼠红细胞,但易被D-甘露糖抑制,称为甘露糖敏感性血凝菌毛。

(2)性菌毛

性菌毛仅见于少数革兰阴性菌,数量少,一个细菌只有1~4根。比普通菌毛长而粗,呈中空管状。性菌毛是由致育因子(fertility factor,F factor)编码的,又称F菌毛。带有性菌毛的细菌称为F^+菌,无性菌毛者称为F^-菌。当F^+菌与F^-菌相遇时,F^+菌的性菌毛与F^-菌上相应的性菌毛受体(如外膜蛋白A)结合,F^+菌体内的质粒或染色体DNA可通过性菌毛进入F^-菌,该过程称为接合。细菌的致育性(编码性菌毛)、毒力和耐药性等性状可通过接合进行传递。

4. 芽孢

某些细菌在一定的环境条件下,胞质发生脱水浓缩,可在菌体内部形成一个圆形或卵圆形小体,这种小体是细菌的休眠形式,称为芽孢(spore)。芽孢形成后,细菌即失去繁殖能力,有些芽孢可从菌体脱落而游离。一个细菌只形成一个芽孢,一个芽孢发芽也只生成一个菌体,细菌数量并未增加,故芽孢不是细菌的繁殖方式。在机械力、热和pH改变等刺激作用下,破坏芽孢外面的芽孢壳后,再供给水分和营养物质,芽孢仍可发芽,形成新的菌体。

成熟的芽孢具有多层膜结构,芽孢的结构相当复杂,最里面为芯部(core),含原生质体,被芽孢膜(spore membrane)包裹。芯部外侧为皮层(cortex),成分为肽聚糖;再往外是芽孢壳(spore coat),包括外芽孢壳和内芽孢壁,如图2-12所示。

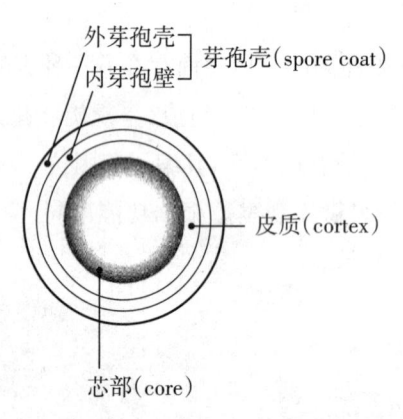

图2-12 细菌芽孢结构示意图

(引自周德庆,2011)

三、细菌的分类和命名

细菌的分类包括传统分类和种系分类。传统分类包括表型分类、分析分类和基因型分类,以细菌的生物学性状为依据,由于对分类性状的选择带有一定的主观性,又称为人为分类。种系分类以细菌的发育进化关系为基础,又称为自然分类。细菌采用双名法和三名法进行命名,具体命名方式参见绪论(一、微生物的分类与命名)。

（一）传统分类

1.表型分类

表型分类是以细菌的形态和生理特征为依据的分类方法，即选择一些较为稳定的生物学性状（如菌体形态与结构、染色特性、培养特性、生化反应和抗原性等）作为分类的标记。表型分类为细菌的传统分类奠定基础。

2.分析分类

分析分类指采用电泳、色谱和质谱等方法，对菌体组分和代谢产物组成等图谱进行分析，如细胞壁脂肪酸分析、全细胞脂类和蛋白质分析、多点酶电泳分析等。分析分类为揭示细菌表型差异提供了有力的依据。

3.基因型分类

基因型分类指通过分析细菌的遗传物质，揭示细菌进化的信息，是最精确的分类方法，如DNA碱基组成分析、核酸分子杂交分析和16S rRNA同源性分析。因16S rRNA在进化过程保守且稳定，很少发生变异，在种系分类中广泛采用16S rRNA同源性分析。

（二）种系分类

1.分类原则

细菌的分类单位依次为界、门、纲、目、科、属、种，在细菌学中常用属和种。种为具有70%及以上DNA同源性的细菌群体，是细菌分类的基本单位。属为特性相近的若干菌种组成。例如，金黄色葡萄球菌按种系分类原则如下。

界（Kingdom）：细菌界（Bacteria）

门（Phylum）：厚壁菌门（Firmicutes）

纲（Class）：芽孢杆菌纲（Bacilli）

目（Order）：芽孢杆菌目（Bacillales）

科（Family）：葡萄球菌科（Staphylococcaceae）

属（Genus）：葡萄球菌属（*Staphylococcus*）

种（Species）：金黄色葡萄球菌（*Staphylococcus aureus*）

2.系统细菌学手册

《伯杰氏系统细菌学手册》（2001年开始陆续出版）收集了4 000余种模式菌株的16S rRNA序列。分5卷出版，主要依靠系统发育关系将原核生物分为30组，5卷大致的内容安排如下。

第1卷：1~14组，古菌、蓝细菌、光合细菌和发育最早分支细菌；

第2卷：15~19组，变形杆菌（革兰阴性真细菌类）；

第3卷：20~22组，低G+C（50 mol%以下）含量的革兰阳性细菌；

第4卷：23组，高G+C（50 mol%以上）含量的革兰阳性细菌（如放线菌）；

第5卷：24~30组，浮霉状菌、螺旋体、丝状杆菌、拟杆菌、梭杆菌和衣原体等革兰阴性细菌。

第二节 细菌的生长和培养

细菌作为一种有机生命体,需要吸收营养物质进行新陈代谢。细菌的营养代谢是指细菌摄取营养物质,并对其进行新陈代谢的生理过程。掌握微生物的营养代谢规律,是培养与研究微生物的基础。

一、细菌的呼吸和新陈代谢

(一)细菌的物理性状和化学组成

1. 细菌的物理性状

(1)光学性质

细菌为半透明体,当光线照射细菌,部分光线被吸收,部分被折射,因此细菌悬液呈混浊状态。细菌数量越多,悬液混浊度越大,可采用比浊法或分光光度计粗略估计细菌的数量。

(2)表面积

细菌体积微小,相对表面积大,有利于细菌与外界进行物质交换。

(3)带电现象

细菌干物质中50%~80%是蛋白质。G^+菌的等电点为2~3,而G^-菌的等电点为4~5,故在近中性或弱碱性环境中,细菌均带负电荷。细菌的带电现象与细菌的染色结果、凝集反应、抑菌和杀菌等特性有密切关系。

(4)半透性

细菌的细胞壁和细胞膜具有半透性,允许水及部分小分子物质通过,有利于选择性吸收营养物质和排出代谢产物。

(5)渗透压

细菌体内含有高浓度的营养物质和无机盐,一般革兰阳性菌的渗透压高达20~25个大气压,革兰阴性菌为5~6个大气压。细菌所处的外部环境一般相对低渗,但因细胞壁的保护不会崩裂。若处于比细菌内部渗透压更高的环境中,菌体内水分逸出,胞质浓缩,细菌就不能正常生长繁殖。

2. 细菌的化学组成

细菌与其他生物细胞相似,含有多种化学成分,包括水、无机盐、蛋白质、糖类、脂质和核酸等。水分是细菌细胞重要的组成部分,占细胞总重量的75%~90%。细菌细胞除去水分后主要成分为含有碳、氢、氮、氧、磷和硫等元素的有机物,还有少数的无机离子,如钾、钠、铁、镁、钙和氯等。这些无机离子构成了细菌细胞各种成分的跨膜化学梯度。此外,细菌还含有一些原核细胞型微生物所特有的化学组分,如肽聚糖、磷壁酸、D-氨基酸和2-氨基庚二酸等。

(二)细菌的呼吸

细菌的呼吸是指从葡萄糖或其他有机基质脱下的电子(氢),经过一系列载体最终传递给外源分子氧,或者其他氧化型化合物,并产生ATP的生物氧化过程。有些细菌只能在有氧环境中繁殖,以分子氧为最终电子受体,其呼吸称为有氧呼吸(aerobic respiration)。有些细菌在有氧环境中不能生存,必须在无氧环境中以氧以外的其他氧化型化合物作为最终电子受体,其呼吸称为厌氧呼吸(anaerobic respiration)。根据细菌呼吸时对氧气依赖程度,可将细菌分为专性需氧菌(obligate aerobe)、微需氧菌(microaerophilic bacterium)、兼性厌氧菌(facultative anaerobe)和专性厌氧菌(obligate anaerobe)。

1. 专性需氧菌

专性需氧菌具有完善的呼吸酶系统,需要分子氧作为受氢体以完成需氧呼吸,只能在有氧环境下生长,如结核分枝杆菌和铜绿假单胞菌等。

2. 微需氧菌

微需氧菌(如空肠弯曲菌和幽门螺杆菌等)在低氧浓度(5%~6%)下生长最好,在氧浓度>10%下生长受到抑制。

3. 兼性厌氧菌

兼性厌氧菌同时具有需氧呼吸和无氧发酵两种功能,在有氧或无氧环境中均能生长,但以有氧时生长较好,大多数病原菌属于此类。

4. 专性厌氧菌

专性厌氧菌缺乏完善的呼吸酶系统,能利用氧以外的氧化型化合物作为受氢体,只能在低氧分或无氧环境中进行发酵。在有氧环境中,这类细菌会产生强烈杀菌物质超氧阴离子(O_2^-)和过氧化氢(H_2O_2),而厌氧菌因缺乏过氧化氢酶、过氧化物酶或氧化还原电势高的呼吸酶类,不能对两者进行分解,因而在有氧环境中不能生长繁殖。常见专性厌氧菌包括破伤风梭菌和脆弱拟杆菌等。

(三)细菌的新陈代谢

在新陈代谢过程中细菌产生多种次生代谢物,这些次生代谢物种类多且合成途径极其复杂,典型的次生代谢物有抗生素、色素、毒素、生物碱、信息素和生物药物等。

1. 细菌的能量代谢

细菌的能量代谢过程主要涉及ATP形式的化学能。细菌的有机物分解或无机物氧化过程中释放的能量通过底物磷酸化(或氧化磷酸化)合成ATP。生物氧化方式包括加氧、脱氢和脱电子反应,细菌以脱氢(或氢的传递)更为常见。

以有机物为受氢体的过程称为发酵(fermentation),以无机物为受氢体的过程称为呼吸,其中以分子氧为受氢体的过程是需氧呼吸(aerobic respiration),以其他无机物(硝酸盐、硫酸盐等)为受氢体的过程是厌氧呼吸(anaerobic respiration)。需氧呼吸在有氧条件下进行,厌氧呼吸和发酵必须在无氧条件下进行。大多数病原菌只进行需氧呼吸和发酵。

在有氧或无氧环境中,不同细菌的生物氧化过程、代谢产物和产能数量均有差异。病原菌合成细胞组分和获得能量的基质(生物氧化的底物)主要为糖类,通过糖的氧化或酵解释放能量,并以高能磷酸键(ATP)的形式贮存能量。

2.细菌的生化试验

各种细菌所具有的酶系不完全相同,对营养物质的分解能力存在差异,产生的代谢产物各有不同。根据此特点,利用生物化学方法来鉴别细菌的试验称为细菌的生化反应试验,简称生化试验。常见细菌生化试验包括糖发酵试验、VP(Voges Proskauer)试验、甲基红试验、枸橼酸盐利用试验、吲哚试验、硫化氢试验和尿素酶试验。

(1)糖发酵试验

绝大多数细菌都能将糖类作为碳源,糖发酵试验是测验细菌利用糖类碳源物质的能力。不同细菌具有分解不同糖类物质的酶系,在分解糖类物质的能力上有很大差异。有些细菌能分解糖类物质产生有机酸(如乳酸、醋酸和丙酸等)和气体(如CO_2、CH_4和H_2等),有些细菌只产酸不产气。如大肠杆菌能发酵葡萄糖和乳糖,而伤寒沙门菌可发酵葡萄糖,但不能发酵乳糖。即使两种不同的细菌均可发酵同一糖类,其产物也不尽相同,如大肠杆菌具有甲酸脱氢酶,能将葡萄糖发酵生成的甲酸进一步再分解为CO_2和H_2,产酸并产气;而伤寒沙门氏菌缺乏该酶,发酵葡萄糖仅产酸但不产气。

(2)VP试验

VP试验为Voges和Proskauer两位学者所创建而得此名,是微生物检验中常用的生化反应之一。VP试验原理如下:某些细菌(如产气杆菌)能分解葡萄糖产生丙酮酸,进一步将丙酮酸脱羧生成乙酰甲基甲醇,在碱性环境下被空气中的氧气氧化生成二乙酰,进而与培养基中的精氨酸等分子上的胍基结合,形成红色的化合物,即VP试验阳性。大肠杆菌不能生成乙酰甲基甲醇,故VP试验呈阴性。

(3)甲基红试验

甲基红试验用来检测肠杆菌科各菌属发酵葡萄糖产生的不同代谢产物使培养基pH值产生的差异性,其原理如下:大肠杆菌在分解葡萄糖过程中产生丙酮酸,进一步分解可产生乳酸、琥珀酸、醋酸和甲酸等大量酸性产物,使培养基pH值下降至4.5以下,甲基红指示剂变红,则甲基红试验呈阳性。产气杆菌分解葡萄糖产生丙酮酸,经脱羧后生成中性的乙酰甲基甲醇,培养基pH值通常大于5.4,遇甲基红指示剂呈橘黄色,则甲基红试验呈阴性。

(4)枸橼酸盐利用试验

枸橼酸盐利用试验是产气杆菌在以枸橼酸钠为唯一碳源且pH为7.0的培养基中,分解枸橼酸钠产生碳酸盐,使培养基由中性变为碱性。培养基中指示剂溴麝香草酚蓝(BTB)由浅绿色变为深蓝色,则枸橼酸盐利用试验呈阳性。大肠杆菌因不能利用枸橼酸盐,此试验结果呈阴性。

(5)吲哚试验

吲哚试验是指有些细菌(如大肠埃希菌、变形杆菌和霍乱弧菌等)能分解培养基中的色氨酸生成吲哚(靛基质),与试剂中对二甲基氨基苯甲醛结合,生成玫瑰吲哚而呈红色,则吲哚试验呈阳性,否则吲哚试验呈阴性。

(6)硫化氢试验

硫化氢试验用于测定细菌分解含硫氨基酸或无机硫化物等物质产生硫化氢的能力。有些细菌(如沙门菌和变形杆菌等)能分解培养基中的含硫氨基酸(如胱氨酸和甲硫氨酸)生成硫化氢,硫化氢可以和铁离子生成黑色的硫化物,则硫化氢试验呈阳性。

(7)尿素酶试验

变形杆菌含有尿素酶,能分解培养基中的尿素产生氨,可使培养基变碱性,以酚红为指示剂检测为红色,则尿素酶试验呈阳性。

(8)其他测定方法

IMViC试验是吲哚(I)试验、甲基红(M)试验、VP试验、枸橼酸盐利用(C)试验的合称缩写,常用于鉴定肠道杆菌。尤其对形态、革兰染色和培养特性相同或相似的细菌更为重要,主要用于鉴别大肠杆菌和产气肠杆菌,多用于水的细菌检验。

细菌微量生化反应是半固体单糖发酵管的缩小的过程。微量法与常法接种的菌量基本一样,由于培养基微量,糖醇易被迅速分解,产酸(使培养基pH改变)产气等,缩短结果观察时间。

根据鉴定的细菌不同,选择系列生化指标,根据反应的阳性或阴性选取数值,组成鉴定码,形成以细菌生化反应为基础的各种数值编码鉴定系统,形成微量快速生化鉴定方法。微量快速生化鉴定方法具有快速、准确、微量化和操作简便等优点,能提供可靠的检验依据,普遍应用于现代临床诊断治疗中。随后发明的全自动细菌鉴定仪可实现细菌生化鉴定的自动化,节约鉴定成本。

气相液相色谱法可测定细菌分解代谢产物中挥发性或非挥发性有机酸和醇类物质。

3.细菌的特殊代谢产物

细菌利用分解代谢中的产物和能量不断合成菌体自身成分,如细胞壁、多糖、蛋白质、脂肪酸和核酸等,同时还合成一些在医学上具有重要意义的特殊代谢产物。

(1)热原质

热原质(pyrogen)又称致热原,是细菌在代谢过程中合成的,能引起人体或动物体发热反应的物质。产生热原质的主要成分是革兰阴性菌的细胞壁中的LPS,但某些革兰阳性菌所分泌的外毒素及部分革兰阴性菌的其他外膜组分也具有致热活性。

热原质具有耐热性,常规高压蒸汽灭菌法(121 ℃,20 min)不能破坏热原质,一般经250 ℃干烤30 min或180 ℃处理4 h,才能将其破坏。强酸、强碱或强氧化剂煮沸30 min也能使热原质的致热性丧失。因此,在制备和使用注射药品、生物制品和输液用的蒸馏水时应严格无菌操作,以防细菌的热原质污染。

(2)毒素和侵袭性酶

细菌产生的毒素包括外毒素和内毒素两类,在细菌致病作用中尤为重要。外毒素(exotoxin)是多数革兰阳性菌和少数革兰阴性菌在生长繁殖过程中释放到菌体外的蛋白质;内毒素(endotoxin)是革兰阴性菌的LPS,当菌体死亡崩解后LPS游离出来。外毒素毒性强于内毒素。

某些细菌可产生具有侵袭性的酶(如产气荚膜菌的卵磷脂酶和链球菌的透明质酸酶),能损伤机体组织,促使细菌侵袭和扩散,是细菌重要的致病物质。

(3)色素

某些细菌能产生不同颜色的色素,有助于鉴别细菌。细菌的色素有以下两类:一类为水溶性色素,能弥散到培养基或周围组织,如铜绿假单胞菌产生的色素使培养基或感染的脓汁呈绿色;另一类为脂溶性色素,不溶于水,只存在于菌体,使菌落显色而培养基颜色不变,如金黄色葡萄球菌的色素。细菌色素的产生需要一定的条件,如营养物质丰富、氧气充足和温度适宜等。

(4)抗生素

某些微生物在代谢过程中产生的一类能抑制或杀死某些其他微生物或肿瘤细胞的物质,称为抗生素(antibiotics)。大多数抗生素由放线菌和真菌产生,少数抗生素(如多黏菌素和杆菌肽等)由细菌产生。

(5)细菌素

由某些菌株产生的一类具有抗菌作用的蛋白质,称为细菌素(bacteriocin),如大肠杆菌产生的细菌素称大肠菌素。细菌素作用范围狭窄,仅对与产生菌有亲缘关系的细菌有杀伤作用,可用于细菌分型和流行病学调查,在治疗上的应用价值较小。

(6)维生素

细菌能合成某些维生素。例如,动物消化道内的大肠杆菌能合成B族维生素和维生素K,被动物吸收利用。

二、细菌的生长繁殖

(一)细菌的生长繁殖和测定方法

细菌个体的生长指细胞物质有规律地、不可逆地增加,导致细胞体积扩大的生物学过程。细菌群体的生长是指在一定时间和条件下细胞数量的增加。繁殖是指细菌个体数量增加的生物学过程。微生物生长繁殖紧密联系很难划分。

1. 细菌个体的生长

(1)染色体DNA的复制

在细菌细胞生长的过程中,染色体以双向的方式进行连续的复制,保持高度的连续性和稳定性。在细胞分裂之前不仅完成了染色体的复制,而且也开始了两个子细胞DNA分子的复制。DNA的复制起点附着在细胞膜上,随着膜的生长和细胞的分裂,两个子细胞基因组分离,分别到达子细胞中。

(2)细胞壁扩增

细胞壁是细菌细胞外的一种"硬"性结构。细胞在生长过程中,必须扩增细胞壁,才能使细胞体积扩大。细胞壁扩增位点和扩增方式因细菌种类不同而异,杆菌生长过程中新合成的肽聚糖在细胞壁上多个位点插入,新老细胞壁呈间隔分布;球菌生长过程新合成的肽聚糖固定在赤道板附近插入,导致新老细胞壁明显分开,老细胞壁被推向两端。

在外界胁迫的条件下,细菌产生的肽聚糖水解酶活化,导致细胞自溶,这些水解酶被称为自溶素(autolysin)。自溶素在细菌细胞分裂、生物膜形成、表面黏附、细胞壁更新、芽孢形成、毒素和胞外酶的分泌等中均起重要作用。

2. 细菌的繁殖

细菌的繁殖方式主要为裂殖,只有少数种类进行芽殖。

(1)裂殖

裂殖(fission)是无性繁殖中一种常见的方式,是母体分裂成2个(二分裂)或多个(复分裂)大小形状相同的新个体的繁殖方式。细菌在裂殖时,细胞首先增大,染色体复制。

革兰阳性菌的染色体与中介体相连,当染色体复制时,中介体一分为二,各自向两端移动,分别将复制好的一条染色体拉向细胞的一侧,接着染色体中部的细胞膜向内陷入,形成横隔,同时细胞壁亦向内生长,最后肽聚糖水解酶使细胞壁的肽聚糖的共价键断裂,分裂成为两个子细胞。

革兰阴性菌没有中介体,染色体直接连接在细胞膜的一点上,复制产生的新染色体则附着在邻近的细胞膜上另一点上,在两点间形成的新细胞膜将各自的染色体分隔在两侧。最后细胞壁沿着横隔内陷,整个细胞分裂成两个子代细胞。

杆状细菌有横向分裂和纵向分裂两种方式,横向分裂指分裂时细胞间形成与细胞长轴呈垂直状态的隔膜,纵向分裂指分裂时细胞间形成与细胞长轴呈平行状态的隔膜。

(2) 芽殖

芽殖(budding)是指母细胞表面(尤其在其一端)先形成一个小突起,待其长大到与母细胞相仿后,再相互分离并独立生活的一种繁殖方式。凡以这类方式繁殖的细菌,统称芽生细菌(budding bacteria),包括生丝微菌属(*Hyphomicrobium*)、生丝单胞菌属(*Hyphomonas*)、硝化杆菌科(Nitrobacteriaceae)、红微菌属(*Rhodomicrobium*)和红假单胞菌属(*Rhodopseudomonas*)等包含的细菌。

3. 细菌的群体生长

在充足的营养物质、适宜的温度和适宜的气体环境等条件下,把少量纯种细菌接种到一定容积的液体培养基中进行批式培养(batch culture),细菌由小到大,由少到多,发生有规律地生长。以培养时间为横坐标,培养物中细菌数量的对数为纵坐标,可绘制一条生长曲线(growth curve)。细菌的生长曲线在研究工作和生产实践中具有重要指导意义。根据生长曲线特点,细菌的群体生长大致可分为迟缓期(lag phase)、对数期(logarithmic phase)、稳定期(stationary phase)和衰退期(decline phase)等。典型细菌群体生长曲线如图2-13所示。

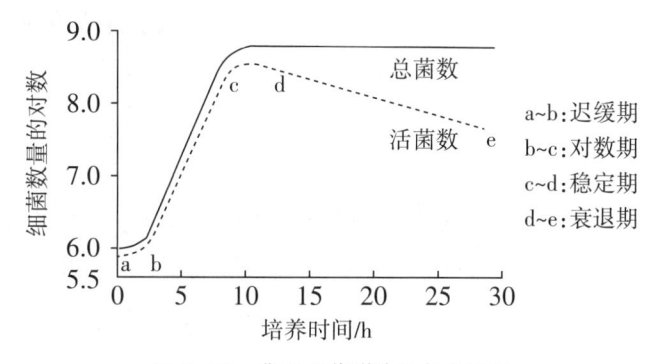

图2-13 典型细菌群体生长曲线图

(1) 迟缓期

迟缓期指细菌进入新环境后的适应阶段。该期细菌菌体大、代谢活跃、中间代谢产物多、分裂迟缓、繁殖缓慢,并且对外界不良条件反应敏感。不同菌种迟缓期长短不一,与菌种类型、接种菌的生理状态、接种细菌数量多少以及培养基成分等因素有关,一般细菌迟缓期为1~4 h。

(2) 对数期

细菌在对数期繁殖迅速,活菌数呈几何级数增长,在生长曲线图上细菌数量的对数呈直线上升,达到顶峰状态。此阶段细菌的形态、染色特性和生理活性等较为典型,对外界环境因素的作用敏感。因此,研究细菌的生物学性状(如形态、染色、生化反应和药物敏感性等)应选用对数期的细菌。多数细菌对数期在培养8~18 h之间。

(3)稳定期

由于培养基中营养物质消耗,有害代谢产物累积,稳定期细菌繁殖速度逐渐减慢,死亡细菌数量逐渐增加,活菌数量和死亡细菌数量大致平衡,总的细菌数缓慢增加,因此稳定期的活菌数量稳定,细菌形态、染色反应和生理活性常有改变。一些细菌的芽孢和代谢产物外毒素和抗生素等大多在稳定期产生。

(4)衰退期

稳定期后,细菌进入衰退期,繁殖越来越慢,环境因素对细菌继续生长越来越不利,进而引起细胞内的分解代谢明显超过合成代谢,导致大量菌体死亡甚至裂解,死亡细菌数量超过活菌数量。衰退期细菌形态表现为多形性,有的细菌因蛋白质水解酶活力的增强而发生自溶(autolysis),难以辨认,生理代谢活动也趋于停滞或出现衰退。这个时期的细菌难以鉴定。

4.细菌生长繁殖的测定方法

测定细菌生长繁殖的方法很多,一般分为直接测定法和间接测定法。

(1)直接测定法

直接测定法指采用计数板(如血球计数板)在光学显微镜下直接观察细胞并进行计数的方法,获得的结果为总细菌数量。配合采用特殊染料进行活体染色(vital staining)后,可进行活细菌和总细菌的计数。用美蓝液对细菌染色后,细菌活细胞为无色,而死细胞则为蓝色;细菌经吖啶橙染色后,在紫外光显微镜下可观察到活细胞发出橙色荧光,而死细胞则发出绿色荧光。

(2)间接测定法

①比浊法

细菌为半透明体,在光线照射下细菌悬液呈混浊状态。细菌数量越多,悬液混浊度越大,采用比浊法(turbidimetry)可测定细菌的生长情况。利用透射光强度(I)与入射光强度(I_0)的比值I/I_0,或用散射光强度(I_s)与入射光强度(I_0)的比值I_s/I_0,可粗略测定细菌数量。实验室通常采用分光光度计对微生物悬浮液进行测定,一般选用450~650 nm波段。

②生理指标法

与细菌生长量相关的生理指标很多,包括菌体氮、碳、磷、DNA、RNA、ATP、DAP(二氨基庚二酸)、几丁质和N-乙酰胞壁酸等,生理指标法是根据实验目的和条件适当选用以上生理指标,测定其含量。细菌代谢产酸、产气、耗氧、黏度和产热等指标,也可应用于细菌生长量的测定。

③活菌计数法

活菌计数法(viable cell counting)是根据活菌在液体培养基中会使其变浑浊或在固体培养基上(内)形成菌落的原理而设计的。最常用的菌落计数法(colony-counting methods)是利用微生物在固体培养基上(内)形成菌落的原理,把稀释后的一定量细菌样品涂布在琼脂平板上,培养一段时间后,每一个活细胞可形成一个单菌落,称为"菌落形成单位"(colony forming unit,CFU),根据平板上形成的CFU数量乘以稀释倍数可推算出样品含菌数量。

(二)细菌生长繁殖的条件

细菌生长繁殖的条件包括充足的营养物质、适宜的温度、适宜的酸碱度(pH)、适宜的气体条件和适宜的渗透压等。

1. 营养物质

充足的营养物质包括水、碳源、氮源、无机盐和生长因子等,能为细菌的新陈代谢及生长繁殖提供必需的原料和能量。

(1)水

细菌代谢活动离不开水,水是细菌营养物质之一,可维持各种生物大分子结构的稳定性,并参与某些重要的生物化学反应。水还有许多与生命活动相关的物理性质,如高比热容、高蒸发热、高沸点以及固态密度小于液态密度等。

(2)碳源

碳源(carbon source)指能为细菌生长繁殖提供所需含碳物质。细菌细胞含碳量占细胞干重的50%左右,除水分外,碳是细菌需要量最大的营养物质。

(3)氮源

氮源(nitrogen source)能为细菌生长繁殖提供所需含氮物质。氮是构成重要生命物质蛋白质和核酸等的主要元素,占细菌干重的12%~15%,氮也是细菌的主要营养物质之一。

(4)无机盐

细菌生长还需要无机盐和矿物质元素,包括常量元素(浓度为 $10^{-4} \sim 10^{-3}$ mol/L 的磷、硫、钾、钠、镁、钙、铁等)和微量元素(浓度为 $10^{-8} \sim 10^{-6}$ mol/L 的钴、锌、锰、铜、钼等)。这些元素可以构成菌体的有机化合物,作为酶的组成部分维持酶的活性,参与能量的贮存和转运,调节菌体内外的渗透压,与某些细菌的致病作用密切相关。白喉棒状杆菌在含 0.14 mg/L 铁的培养基中毒素量最高,当铁的浓度达到 0.6 mg/L 时则完全不产毒素。

(5)生长因子

生长因子(growth factor)是一类能调节细菌正常生理活动,菌体不能利用碳源和氮源自主合成的微量有机物,包括维生素、碱基、卟啉及其衍生物、甾醇和胺类等。细菌对生长因子的需要量一般很少。

2. 温度

根据适宜生长温度范围,细菌分为嗜冷菌(Psychrophile)、嗜温菌(Mesophile)和嗜热菌(Thermophile)。

(1)嗜冷菌

嗜冷菌一般在 -15~20 ℃之间最适宜生长,由于这个温度段与其他菌最适宜生长的温度段相比要低许多,因此得名嗜冷菌。

(2)嗜温菌

嗜温菌在较高或较低温度时,均不能生长,生长温度范围为 5~50 ℃,最适宜温度范围为 18~45 ℃。多数病原菌均属嗜温菌。

(3)嗜热菌

嗜热菌指某些细菌(如耐热嗜酸细菌和古菌)的生存环境需要较高的温度,一般最适宜生长温度在 45 ℃以上。嗜热微生物不仅能耐受高温,而且能在高温下生长繁殖。嗜热菌分为一般嗜热菌(45~60 ℃)、中等嗜热菌(60~80 ℃)和极度嗜热菌(>80 ℃)。

3. 酸碱度(pH)

大多数嗜中性细菌生长的pH范围为6.0~8.0,嗜酸性细菌最适生长pH可低至3.0,嗜碱性细菌最适生长pH可高达10.5。多数病原菌最适生长pH范围为7.2~7.6。

4.气体条件

氧的存在与否和细菌生长有关，需氧菌仅能在有氧条件下生长，厌氧菌只能在无氧环境下生长，兼性厌氧菌在有氧和无氧的条件下均能生存。CO_2对细菌的生长也很重要。大部分细菌在新陈代谢过程中产生的CO_2可满足其需要。

5.渗透压

大多数细菌适宜生长在等渗环境，也有的细菌能适应高渗环境。少数细菌如嗜盐菌（halophilic bacterium）在高浓度的NaCl（30 g/L）环境中生长良好。

(三)细菌营养物质的摄取

细菌摄取营养物质的方式包括单纯扩散（simple diffusion）、易化扩散（facilitated diffusion）、主动运输（active transport）和基团移位（group translocation）。

1.单纯扩散

单纯扩散不需要任何细菌组分的帮助，靠物理扩散方式让许多小分子、非电离分子尤其是亲水性分子被动通过的一种物质运送方式。细菌通过单纯扩散运送O_2、CO_2、乙醇、甘油和某些疏水性小分子物质。

2.易化扩散

易化扩散指溶质在运送过程中，必须借助细胞膜上的特异载体蛋白，但不消耗能量，把高浓度一侧的溶质扩散到低浓度一侧，直至膜内外该溶质浓度相等为止的一类扩散性转运方式。

3.主动运输

主动运输是指一类需要消耗能量，并通过细胞膜上特异性载体蛋白构象的变化，而使膜外环境中低浓度的溶质跨膜转运的一种运输方式。主动运输可以逆浓度梯度运送营养物质，对生存于低浓度营养环境中的贫养菌（Oliogophyte）或寡养菌的生存极为重要。细菌通过主动运输运送无机离子、有机离子（如氨基酸和有机酸等）和一些糖类（如乳糖、葡萄糖、麦芽糖、半乳糖和核糖等）。

4.基团移位

基团移位又称基团转位或基团转移，是既需要特异性载体蛋白的参与，又耗能的一种物质运送方式。基团移位广泛存在于原核细菌生物中，尤其是一些兼性厌氧菌和专性厌氧菌。基团移位主要用于运送各种糖类（如葡萄糖、果糖、甘露糖和N-乙酰葡糖胺等）、核苷酸、丁酸和腺嘌呤等物质。

(四)细菌的营养类型

各类细菌的酶系统不同，代谢活性各异，对营养物质的需要不尽相同。根据细菌所利用的能源和碳源不同，将细菌分为自养菌（autotroph）和异养菌（heterotroph）。营养类型是人为归纳和划分，在微生物营养类型中也存在大量的各种兼养型微生物（mixotrophs）。

1.自养菌

自养菌以简单的无机物为原料，合成自身需要的各种营养物质，分为化能自养菌（chemotroph）和光能自养菌（phototroph）。通过无机物氧化获得能量的自养菌称为化能自养菌。通过光合作用获得能量的自养菌则称为光能自养菌。通常利用二氧化碳、碳酸盐类物质作为碳源和利用氮气、氨气、二氧化氮、硝酸盐类等作为氮源,合成菌体成分。

2.异养菌

异养菌以蛋白质、糖类和脂类等有机物为原料合成菌体成分并获得能量,包括腐生菌(saprophyte)和寄生菌(parasite)。腐生菌以动植物尸体、腐败食物等作为营养物质,寄生菌则寄生于活体内,利用宿主体内的有机物获得营养。病原菌多数为异养菌,大部分属寄生菌。通过有机物氧化获得能量的异养菌称为化能异养菌。通过光合作用获得能量的异养菌称为光能异养菌。

三、细菌的人工培养

根据细菌的生理需要和细菌生长繁殖的规律,人工提供细菌所需要条件来培养细菌,以满足细菌需求,称为细菌的人工培养。细菌的人工培养需选择合适的培养基、适宜的温度和必要的气体。

(一)细菌的培养方法

常用的细菌培养方法包括分离培养和纯培养。分离培养需将标本或培养物划线接种在固体培养基的表面,通过划线使许多混杂的细菌在固体培养基表面分离。一般经过18~24 h培养后,单个细菌分裂繁殖成一堆肉眼可见的细菌集团,称为菌落(colony)。随机挑取单菌落,接种到另一个培养基中,生长为纯种细菌称为纯培养。

在医药等工业中常用发酵培养,发酵培养过程分为种子培养和发酵罐培养两步。种子培养目的在于扩大培养,增加细菌的数量,培养出高活性的细胞,使细胞迅速生长,有利于在发酵罐中产生更多所需产物。发酵培养可生产许多食品、酶制剂和医药用品,包括传统发酵产品和基因工程发酵产品。

(二)培养基

培养基(culture medium)是由人工配制的基质,含有细菌等生长繁殖所必需的营养物质,常用于分离、培养、鉴定和研究微生物。

1.按培养基组成成分分类

(1)基础培养基

基础培养基(basic medium)含有多数细菌生长繁殖所需的基本营养物质,是配制特殊培养基的基础,也可作为一般培养基用,如营养肉汤、营养琼脂和蛋白胨水等。

(2)增菌培养基

增菌培养基(enrichment medium)是根据某种细菌的特殊营养要求,配制适合这种细菌而不适合其他细菌生长的培养基,包括通用增菌培养基和专用增菌培养基。通用增菌培养基是在基础培养基中添加合适的生长因子或微量元素等而形成的,以促使某些特殊细菌生长繁殖。专用增菌培养基(又称为选择性增菌培养基)常添加特殊抑制剂,以利于目的细菌的生长繁殖。

(3)选择培养基

选择培养基(selective medium)是在培养基中加入某种化学物质,抑制某些细菌生长,而利于另一些细菌生长,从而将后者从混杂的样品中分离出来。

(4)鉴别培养基

鉴别培养基(differential medium)是用于培养和区分不同细菌种类的培养基。根据各种细菌分解糖类和蛋白质的能力及其代谢产物不同,在培养基中加入特定底物和指示剂,观察细菌对底物的作用,从而鉴别细菌,如常用的糖发酵管、三糖铁培养基、伊红-亚甲蓝琼脂等。

(5)厌氧培养基

厌氧培养基(anaerobic medium)是一种专供厌氧菌的分离、培养和鉴别所用的培养基。这种培养基营养物质丰富,含有特殊生长因子,氧化还原电势低,其中含有亚甲蓝作为氧化还原指示剂。

2. 按培养基外观的物理状态分类

(1)液体培养基

液体培养基(liquid medium)是呈液体状态的培养基,用于通气培养和振荡培养,在实验室和生产实践中用途广泛,尤其适用于大规模培养微生物。

(2)固体培养基

固体培养基(solid medium)是在一般培养温度下呈固体状态的培养基,广泛用于微生物的分离、鉴定、保藏、计数和菌落特征观察等。一类是用天然的固体状物质制成的培养基,如采用马铃薯块、麸皮、米糠、豆饼粉和花生饼粉配制而成的培养基,用于酒精厂和酿造厂等。另一类是在液体中添加凝固物质(如琼脂)制成的培养基。

(3)半固体培养基

半固体培养基(semi-solid medium)是指在液体培养基中加入少量的凝固剂配制而成的半固体状态培养基,用于细菌动力观察和趋化性研究,也用于厌氧菌的分离培养计数。

四、细菌的观察和鉴定

(一)细菌的群体形态

1. 在固体培养基上

菌落(colony)是在固体培养基上(内),以母细胞为中心的,一堆肉眼可见的,有一定颜色、形状等特征的子细胞集团。细菌菌落一般呈现湿润、较光滑、较透明、较黏稠、易挑取、质地均匀和菌落正反面(或边缘与中央部位)的颜色一致等特点。细菌菌落分为光滑型菌落(smooth colony,S型菌落)、粗糙型菌落(rough colony,R型菌落)、黏液型菌落(mucoid colony,M型菌落)。光滑型菌落表面光滑、湿润、边缘整齐,新分离的细菌大多为光滑型菌落。粗糙型菌落表面粗糙、干燥、呈皱纹(或颗粒)状,边缘大多不整齐。黏液型菌落黏稠、有光泽、似水珠样,多见于有厚荚膜或丰富黏液层的细菌,如肺炎克雷伯菌等。

2. 在半固体培养基上

半固体培养法通常把培养基灌注在试管中,形成高层直立柱,然后用穿刺接种法接入试验菌种。细菌接种在明胶半固体培养基中,可根据明胶柱液化情况判断某细菌是否产生蛋白酶。有鞭毛的细菌接种在半固体琼脂培养基中可自由游动,沿着穿刺线呈羽毛状(或云雾状)混浊生长,而无鞭毛细菌只能沿穿刺线呈明显的线状生长。

3. 在液体培养基上

细菌在液体培养基中生长时，因其细胞特征、相对密度、运动能力和对氧气等不同而形成不同的群体形态。大多数细菌在液体培养基生长繁殖后呈均匀混浊状态。少数细菌（如链状细菌）因细胞密度大，在培养基底部沉淀生长。有些细菌（如枯草芽孢杆菌、结核分枝杆菌等）专性需氧菌在培养基表面生长，形成菌醭(pellicle)和菌膜(scum)等。

(二)细菌的个体观察

单个微生物大小的观察需借助显微镜放大系统才能看到个体形态和内部结构。分辨率和反差也是决定显微观察效果的重要因素。分辨率是指能将非常靠近的两个点(物像)清楚辨析的能力。反差是指样品区别于背景的程度。

1. 普通光学显微镜

光学显微镜是微生物学研究的最常用工具，常用于细菌活体观察和染色观察。细菌常用染色方法如图2-14所示。

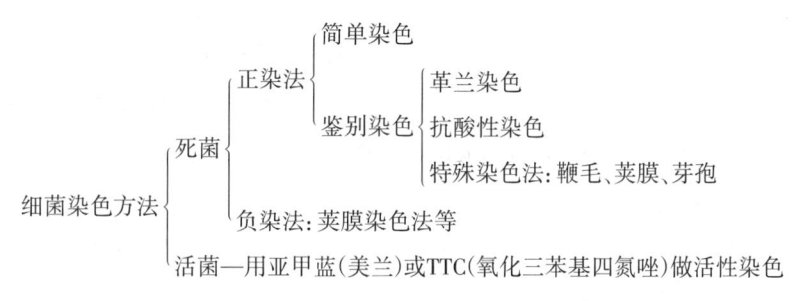

图2-14 细菌常用染色方法

(1)活体观察

活体观察通常采用压滴法、悬滴法和菌丝埋片法等样品处理方法，在明视野、暗视野或相差显微镜下，对细菌活体进行直接观察，用于研究细菌的运动能力、趋化特性和生长过程中的形态变化。

(2)染色观察

细菌体形小、半透明，经染色后才能观察清楚。染色法采用染色剂与细菌细胞混合，再用显微镜观察。碱性染色剂由有色的阳离子和无色的阴离子组成，酸性染色剂则相反。细菌细胞富含核酸，可以与带正电荷的碱性染色剂结合故称为正染。酸性染色剂不能使细胞着色，但能使背景着色而形成反差，称为负染。

2. 电子显微镜

在观察前，需要对微生物样品进行固定和干燥。由于构成微生物样品的主要元素对电子的散射与吸收的能力均较弱，在制样时一般都需要采用重金属盐染色或喷镀，以提高其在电镜下的反差，形成明暗清晰的电子图像。

(三)细菌的鉴定

1. 经典鉴定方法

经典的表型指标是细菌鉴定中最常用、最方便和最重要的数据，也是现代化分类鉴定方法的基本依据。细菌细胞鉴定的主要指标包括细胞形态、大小、排列、运动性、特殊结构、细胞内含物和染色反应等。

群体鉴定的主要指标包括菌落形态,在半固体或液体培养基中的生长状态、营养要求、产酶种类和反应特性,生理生化反应,对药物的敏感性等。另外,细菌生活史、利用营养物质的能力、对各种环境因素的需求、代谢产物、细胞组成成分、有性繁殖情况和对噬菌体的敏感性等方面也可作为鉴定指标。细菌的自动化鉴定技术("API"系统、"Enterotube"系统和"Biolog"系统等)具有简便、快速、微量和自动化等优点,可以对未知细菌纯培养物进行鉴定。

2. 核酸鉴定方法

DNA 和 RNA 是细菌的遗传信息载体。每一种细菌均有其自己特有且稳定的 DNA 和 RNA 结构,不同种微生物间核酸组序列的差异程度代表着它们之间亲缘关系的远近、疏密。测定细菌 DNA 和 RNA 的代表性序列,对细菌的分类和鉴定至关重要。

(1) DNA 碱基比例的测定

DNA 碱基比例简称"GC 比"(或"GC 值"),表示在 DNA 分子中鸟嘌呤(G)和胞嘧啶(C)所占的摩尔百分比值。亲缘关系相近的种,其基因组的核苷酸序列相近,故两者的 GC 比也接近。

(2) 核酸杂交法

按碱基的互补配对原理,用人工方法对两条不同来源的单链核酸进行复性,重新构建一条新的杂合双链核酸的技术,称为核酸杂交法。核酸杂交法是测定细菌核酸分子同源程度和不同物种间亲缘关系的有效手段,可用于 DNA-DNA、DNA-rRNA 和 rRNA-rRNA 分子间的杂交。

(3) rRNA 寡核苷酸编目分析

在漫长的生物进化史中,rRNA 始终执行着相同的生理功能,其核苷酸序列的变化要比 DNA 序列的变化慢得多和保守得多。rRNA 寡核苷酸编目分析通过比对不同生物样品 rRNA 寡核苷酸序列同源程度,以确定不同生物间的亲缘关系和进化谱系。

(4) 全基因组序列测定

细菌全基因组序列测定是掌握某细菌全部遗传信息的最佳途径。截至 2020 年,全球模式微生物基因组数据库(Global Catalogueof Type Strain, gcType)已收藏了 13 944 个原核细胞型微生物基因组。世界微生物数据中心还构建了微生物大数据平台,为细菌的准确鉴定提供了依据。

第三节 其他原核细胞型微生物

原核细胞型微生物除了狭义的细菌外,还有一些形态和特性不同的种类。本节重点介绍古菌、放线菌、蓝细菌、螺旋体、支原体、立克次体和衣原体的生物学特性。

一、古菌

最早人类将古菌和细菌同归为原核细胞型微生物。1977年Woese C.R.等人提出了三域学说(Three Domains Theory),将自然界中的生物分为细菌域(Bacteria)、古菌域(Archaea)和真核生物域(Eucarya),从而正式提出古菌的概念。

(一)古菌的形态结构

古菌和细菌的大小、形状相似,少数古菌具有不同寻常的形状,如图2-15所示。嗜盐古菌(*Haloquadratum walsbyi*)的细胞呈正方形,有的古菌种类呈丝状体或团聚体。古菌直径为0.1~15 μm,丝状体长度可达200 μm。

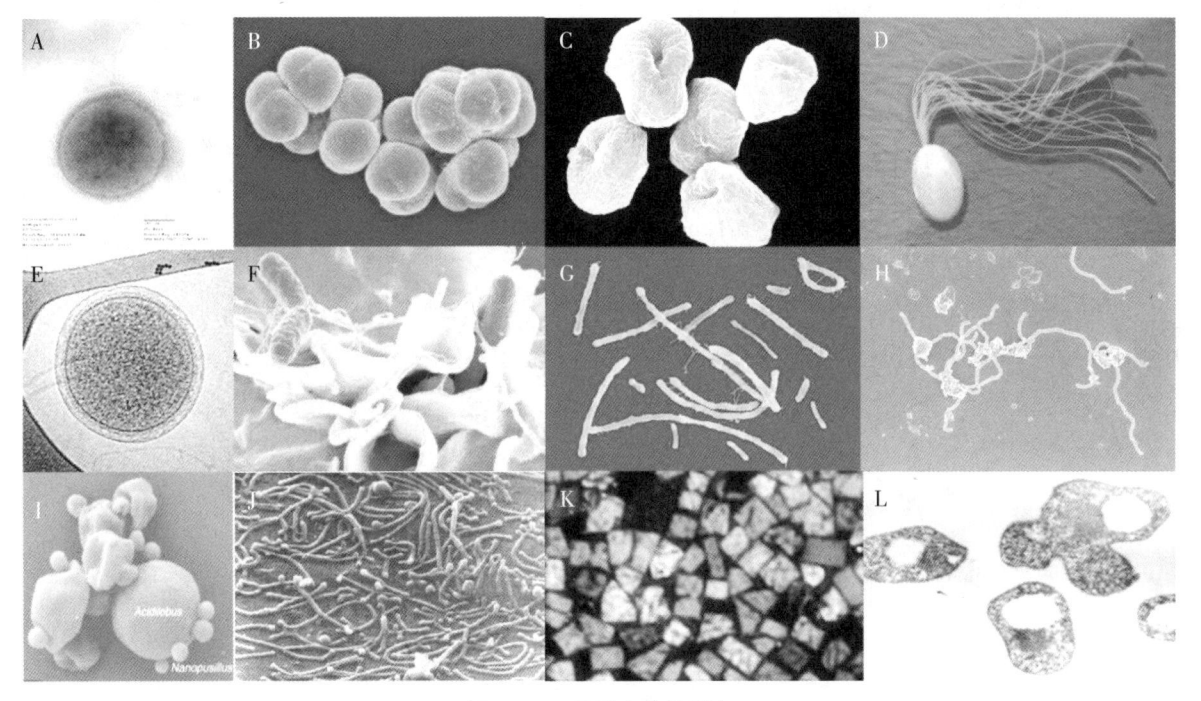

图2-15 几种古菌的形态

A. γ嗜热球菌(*Thermococcus gammatolerans*)　B.甲烷球菌(*Methanosarcina* sp.)　C.硫化叶菌(*Sulfolobus* sp.)
D.嗜热球菌(*Thermococcus* sp.)　E.嗜酸小球菌(*Parvarchaeum acidiphilum*)　F.热原体属(*Thermoplasma* sp.)
G.嗜盐杆菌属(*Halobacterium* sp.)　H.阿斯加德古菌(*Prometheoarchaeum syntrophicum*)　I.嗜酸菌(*Acidilobus* sp.)
J.热变形菌(*Thermoproteales*)　K.嗜盐古菌(*Haloquadratum walsbyi*)　L.嗜苦菌(*Picrophilus oshimae*)

古菌和细菌的细胞结构大体类似。但古菌的细胞膜具有以下独特性:①其磷脂的亲水头仍由甘油组成,但疏水尾却由长链烃组成,一般都是异戊二烯的重复单位(如四聚体植烷和六聚体鲨烯等)。②亲水头与疏水尾间通过特殊的醚键连接成甘油二醚或二甘油四醚,而在其他原核生物或真核生物中则是通过酯键把甘油与脂肪酸连在一起。③古菌的细胞膜中存在着独特的单分子层或单、双分子层混合膜。④在甘油分子的C3位上,可连接多种与细菌和真核生物细胞膜上不同的基团,如磷酸酯基、硫酸酯基和多种糖基等。⑤细胞膜上含有多种独特脂质,在嗜盐古菌中发现细菌红素、α和β-胡萝卜素、番茄红素、视黄醛(可与蛋白质结合成视紫红质)和萘醌等。

除热原体属(*Thermoplasma*)和铁原体属(*Ferroplasma*)没有细胞壁外,其余古菌也具有与细菌功能相似的细胞壁。古菌的细胞壁中不含肽聚糖,有些古菌含有类似肽聚糖的假肽聚糖(pseudopeptidoglycan),

如甲烷杆菌属(*Methanobacterium*);有的古菌既无肽聚糖,也无假肽聚糖,其细胞壁由多糖、糖蛋白(或蛋白质)构成,如甲烷八叠球菌属(*Methanosarcina*)。另外,古菌的细胞壁表面以S层的形态存在,这是一层类结晶形式的表面层,由蛋白质和糖蛋白组成,一般由六角对称的小单体拼接而成,为古菌提供物理和化学屏障。

(二)古菌的类群

古菌分为广古菌门(Euryarchaeota)、纳米古菌门(Nanoarchaeota)、古古菌门(Korarchaeota)、泉古菌门(Crenarchaeota)和索氏古菌门(Thaumarchaeota)。不同类型的古生菌各自有着不同的形态特征、生理功能和生活条件,如图2-16所示。

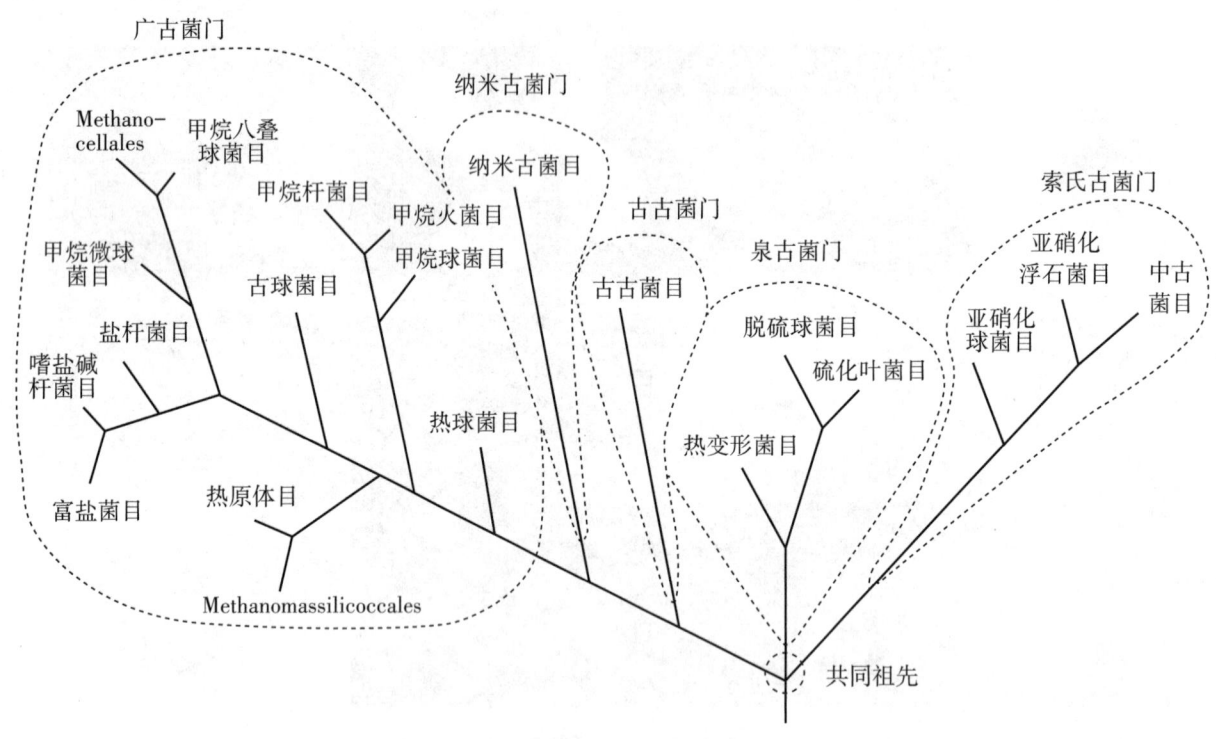

图2-16 古菌域五个门的谱系树

(引自周德庆,2020)

(三)产甲烷菌

古菌中的产甲烷菌(*Methanogenus*)是畜牧业中研究的热点。产甲烷菌是一类严格厌氧,能形成甲烷的化能自养(或化能异养)古菌群。已知的产甲烷菌几乎都是古菌,种类较多,并不构成单系群,已报道的产甲烷菌有78种,目前分为3纲、5目、10科、26属。

二、放线菌

放线菌(Actinomycetes)是一类呈菌丝状生长,以孢子繁殖为主的革兰阳性菌。放线菌属于原核生物界、厚壁菌门、放线菌纲、放线菌目(Actinomycetales),在自然界分布广泛,多数分布在含水量较低、有机物较丰富和呈微碱性的土壤中,少量分布于草食动物消化道中。泥土的泥腥味是由放线菌产生的土腥味素(geosmin)引起的,放线菌能产生多种抗生素(如链霉素、土霉素、金霉素、氯霉素和红霉素等)。

(一)放线菌的形态结构

放线菌的菌体为单细胞,种类多,形态构造和生理生态类型多样。多数放线菌具有发育良好的分枝状菌丝,少数为杆状或原始菌丝,菌丝无隔膜,直径与杆状细菌相似,约1μm。细胞壁中含有N-乙酰胞壁酸和二氨基庚二酸(DPA)。根据菌丝的着生部位、形态和功能的不同,放线菌的菌丝可分为基内菌丝、气生菌丝和孢子丝。链霉菌属(streptomyces)的一般形态、构造和繁殖方式如图2-17所示。

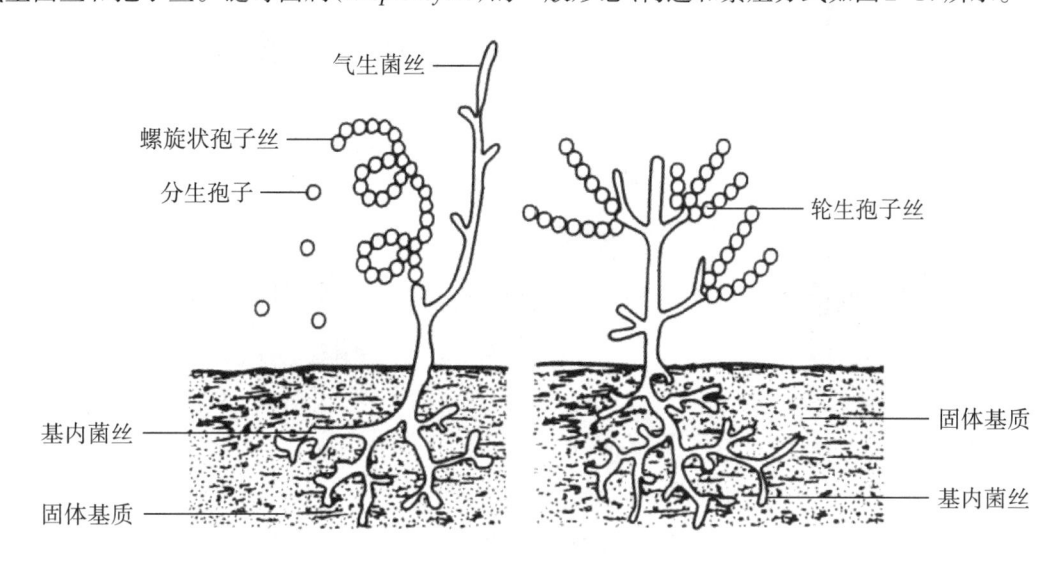

图 2-17 链霉菌的形态构造模式图

(引自周德庆,2020)

1.基内菌丝

基内菌丝,生长于培养基内,又称营养菌丝(或初级菌丝),能吸收营养物质和排泄代谢产物。基内菌丝颜色浅,部分可产生黄、蓝、红、绿、褐和紫等色素。不同类型的放线菌基内菌丝形态各异,多数放线菌(如链霉菌属和小单孢菌属(Micromonospora)等)的基内菌丝无隔膜,不断裂。诺卡氏菌属(Nocardia)的基内菌丝生长到一定菌龄后,形成横膈膜,继而断裂成球状或杆状小体。束丝放线菌属(Actinosynnema)基内菌丝可与气生菌丝一起扭成菌丝束,屹立在基质表面。

2.气生菌丝

气生菌丝(aerial mycelium)是基内菌丝长出培养基外并伸向空间的菌丝,又称二级菌丝。气生菌丝颜色较深,直径较基内菌丝粗,1.0~1.4 μm,直或弯曲,有的产生色素,多为脂溶性色素。

3.孢子丝

当气生菌丝体成熟,其顶端分化出可形成孢子的菌丝,称为孢子丝(spore-bearing mycelium),也称繁殖菌丝,通过横向分裂方式,产生成串的分生孢子,孢子成熟后,可从孢子丝中逸出飞散。孢子丝呈垂直、弯曲、钩状和螺旋状等形状,如图2-18所示,其中螺旋状的孢子丝最为常见。孢子丝有对生、互生、丛生和轮生(分为一级轮生和二级轮生)等排列方式,孢子呈球形、椭圆形、杆状和瓜子状等,孢子形态、表面结构和颜色等特征成为放线菌菌种鉴定的依据。

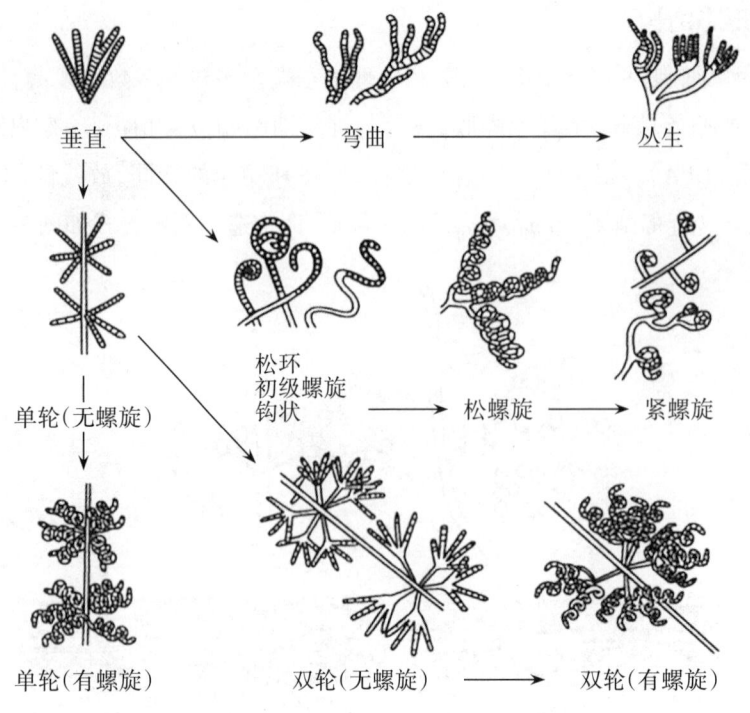

图2-18 链霉菌的各种孢子丝形态

(引自周德庆,2020)

(二)放线菌生长繁殖

放线菌的繁殖方式比较简单,只有无性繁殖。在繁殖中主要通过无性孢子(asexual spores)和菌丝断裂两种方式进行。放线菌的繁殖方式如图2-19所示。

1. 无性孢子

多数放线菌(如链霉菌属)的无性孢子由气生菌丝特化的孢子丝发育形成。游动放线菌属(Actinoplanes)和链孢囊菌属(streptosporangium)的无性孢子由菌丝形成高度特化的孢子囊发育形成,当孢囊成熟后,破裂并释放出大量的孢囊孢子。小单孢菌属的放线菌在基内菌丝特化的孢子梗上发育而成,孢子单个着生。

2. 菌丝断裂

菌丝断裂也是放线菌的一种常见繁殖方式,由于振荡和机械搅拌等作用,在液体振荡培养中的菌丝断裂成小片段,重新生长为新的菌丝体。诺卡氏菌属在固体培养基上培养时也会出现菌丝断裂现象。较低等的放线菌形成短小分枝或基内菌丝,通过细胞分裂或菌丝断裂进行繁殖,如放线菌属(Actinomyces)。

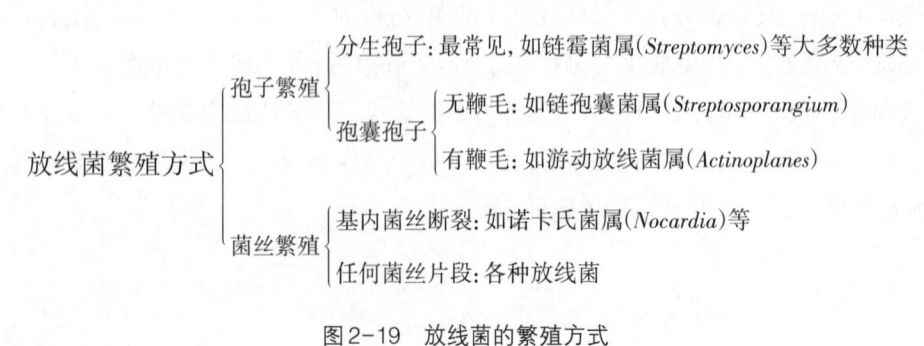

放线菌繁殖方式
- 孢子繁殖
  - 分生孢子:最常见,如链霉菌属(Streptomyces)等大多数种类
  - 孢囊孢子
    - 无鞭毛:如链孢囊菌属(Streptosporangium)
    - 有鞭毛:如游动放线菌属(Actinoplanes)
- 菌丝繁殖
  - 基内菌丝断裂:如诺卡氏菌属(Nocardia)等
  - 任何菌丝片段:各种放线菌

图2-19 放线菌的繁殖方式

(三)放线菌的群体形态

1.在固体培养基上

放线菌的菌落特征因菌种不同而异。链霉菌生长早期菌落类似细菌,后期菌落小型、干燥、不透明、质地致密,不易挑起,上层有彩色的"干粉",菌落的正反面颜色不一致。诺卡氏菌属菌落黏着力差,结构松散呈粉状,用针挑起则易粉碎。放线菌属菌落常有土腥味。

2.在液体培养基内

摇瓶培养放线菌时,在液面与瓶壁交界处黏附着一圈菌苔,培养液清而不浊,悬浮着许多珠状菌丝团,一些大型菌丝团沉在瓶底。

三、蓝细菌

蓝细菌(Cyanobacteria)又名蓝藻(blue algae)或蓝绿藻(blue-green algae),是一类进化历史悠久、革兰阴性、无鞭毛、含叶绿素a和藻胆素(但不形成叶绿体)、能进行光合作用,隶属于原核生物界的蓝光合菌门的大型原核微生物。蓝细菌无叶绿体,无真细胞核,有70S核糖体,细胞壁含肽聚糖。

(一)蓝细菌的形态结构

蓝细菌单细胞呈球状、杆状、长丝状、分枝丝状。不同蓝细菌的形态如图2-20所示。蓝细菌细胞直径约3~10 μm,最大的巨颤蓝细菌(*Oscillatoria princeps*)可达60 μm。蓝细菌细胞成串排列,组成藻丝状体,不分枝、假分枝或真分枝。

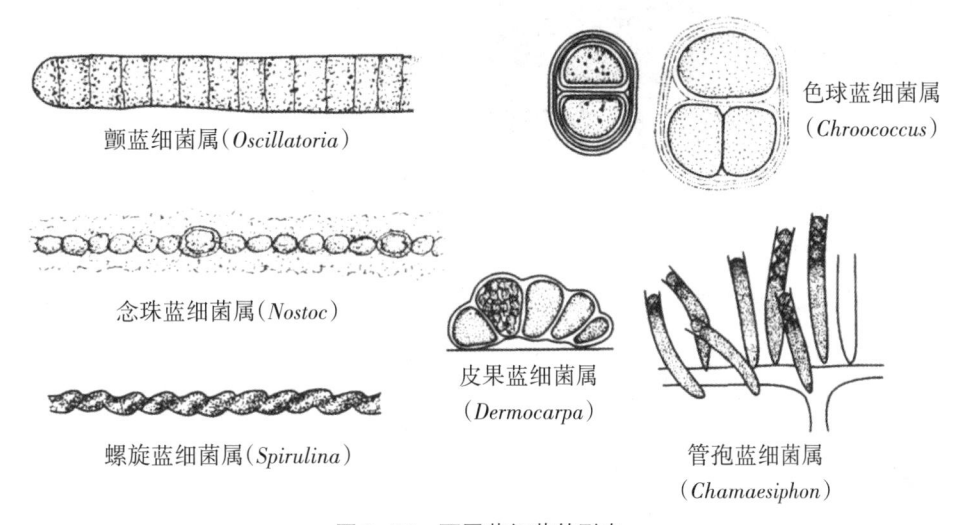

图2-20 不同蓝细菌的形态
(引自周德庆,2020)

蓝细菌的细胞构造与革兰阴性细菌相似。大多蓝细菌无鞭毛。细胞壁有内外两层,外层为脂多糖层,内层为肽聚层。蓝细菌能不断地向细胞壁外分泌黏质糖,可将各单细胞或丝状体结合在一起,借助黏液在固体基质表面滑行,具有趋光性和趋化性,细胞膜单层。蓝细菌类囊体(thylakoid)是一种特化折叠的单层膜结构,以平行(或卷曲)方式分布于细胞膜附近,产生各种光合色素和电子传递链,进行光合作用,如图2-21所示。细胞内含有固定CO_2的羧酶体。细胞中的内含物含有糖原、藻青素和聚磷酸盐等。蓝细菌细胞内含有两个及以上双键的不饱和脂肪酸。

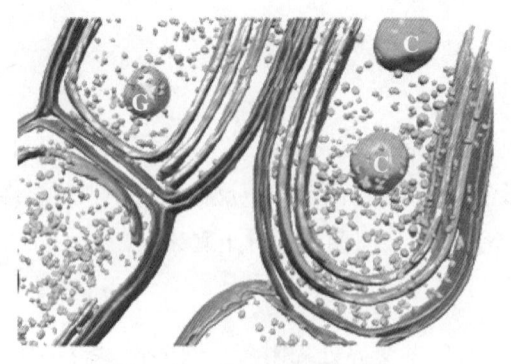

图2-21 蓝细菌类囊体结构

蓝细菌的外膜和细胞质膜呈蓝色,类囊体膜呈金色,糖原颗粒呈青色,羧基体(C)呈绿色,多聚磷酸盐颗粒(G)呈粉色

蓝细菌的细胞具有以下四种特化形式:①异形胞(heterocyst),存在于丝状体蓝细菌中,体形大、细胞壁厚、数目少而不定、位于细胞链的中间或末端,具有专一固氮功能,如图2-22所示。②静息孢子(akinete)是一种长在细胞链中间或末端的体形大、细胞壁厚、颜色深的休眠细胞,富含贮藏物,能抵御干旱等不良环境,常见于鱼腥藻属(Anabaena)和念珠蓝细菌属(Nostoc)的种类。③链丝段(hormogonium)是由长细胞链断裂而成的短链段,具有繁殖功能。④内孢子,管孢蓝细菌属(Chamaesiphon)能在细胞内形成许多球形或三角形的内孢子,待成熟后即可释放,具有繁殖作用。

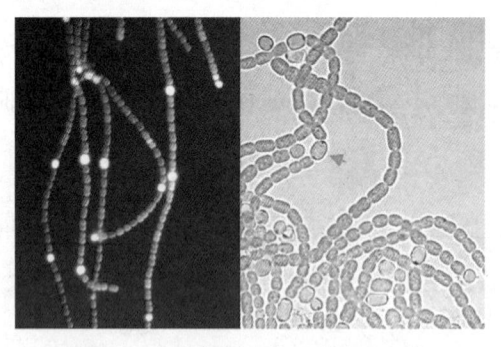

图2-22 丝状蓝细菌细胞的异形胞

(二)蓝细菌的繁殖

蓝细菌采用无性繁殖进行生长。单细胞类群以裂殖方式繁殖,包括二分裂和多分裂。丝状体类群通过单平面(或多平面)的裂殖方式加长丝状体,或通过链丝段繁殖。少数类群以内孢子方式繁殖。在干燥、低温和长期黑暗等条件下,蓝细菌形成休眠状态的静息孢子,当条件适宜时可继续生长。

四、螺旋体

螺旋体(Spirochaete)是介于细菌和原生动物之间的一类微生物,菌体细长、弯曲呈螺旋状、能进行屈曲和旋转运动。根据独特的形态和运动方式,螺旋体被列为一个独立的门——螺旋体门。螺旋体基本结构与细菌相似,以二分裂繁殖,革兰染色呈阴性,细胞壁和细胞膜之间有轴丝,轴丝屈曲与收缩使螺旋体能自由运动。螺旋体广泛存在于水生环境,也有许多分布在人和动物体内。大部分螺旋体是非致病性的,少部分可引起人和动物的疾病。

(一)螺旋体的形态结构

螺旋体呈螺旋状(或波浪状),具有多个完整的螺旋。长3~500 μm,宽0.1~3 μm。螺旋体的螺旋数目、螺旋间的距离(螺距)和回旋角度(弧幅)各不相同,是分类的重要指标,如图2-23所示。

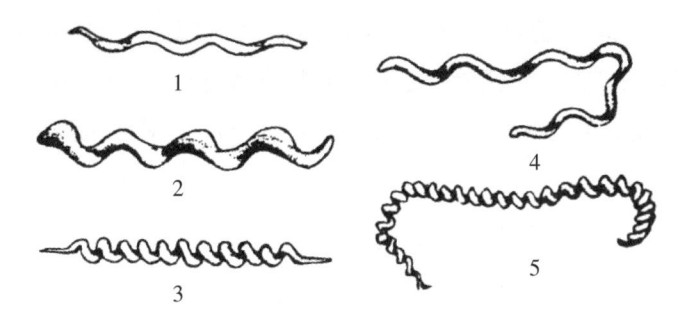

图2-23 部分属螺旋体的形态
1.螺旋体属 2.脊膜螺旋体属 3.密螺旋体属 4.疏螺旋体属 5.钩端螺旋体属
(引自陈金顶,2017)

螺旋体的细胞中心称为原生质柱,外有2~100根具有弹性的轴丝(axial fibrils,又称内鞭毛、轴鞭毛)沿原生质柱环绕。原生质柱外具有细胞膜,细胞膜外具有由黏液层和细胞壁构成的外鞘,轴丝则夹在外鞘和细胞膜之间。螺旋体轴丝的超微结构和某些化学特性与细菌鞭毛相似,轴丝始终缠绕于细菌体,而且全都位于细胞内,并被外鞘所包围。螺旋体轴丝可沿长轴旋转、屈曲伸缩、螺旋状(或蛇状)前进。常用暗视野或相差显微镜观察螺旋体的形态和运动方式。伯氏疏螺旋体的轴鞭毛如图2-24所示。

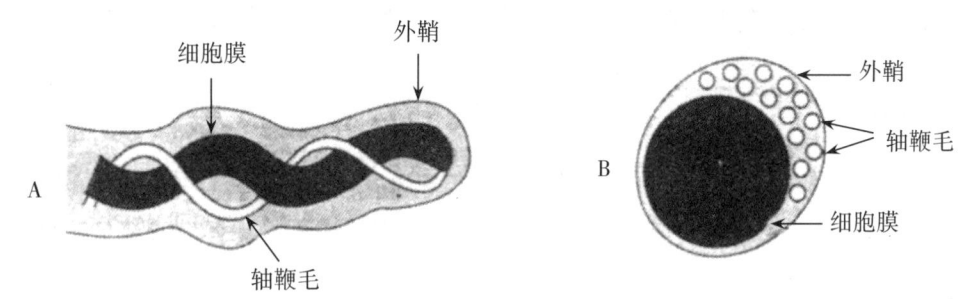

图2-24 伯氏疏螺旋体的轴鞭毛
A.纵切面 B.横切面
(引自陆承平,2016)

(二)螺旋体的分类

螺旋体分螺旋体科(Spirochaetaceae)、短螺旋体科(Brachyspiraceae)、短螺纹科(Brevinemaceae)和钩端螺旋体科(Leptospiraceae)。螺旋体科由螺旋体属(Spirochaeta)、脊膜螺旋体属(Cristispira)、密螺旋体属(Treponema)和疏螺旋体属(Borrelia)组成。短螺旋体科只有短螺旋体属(Brachyspira)。短螺纹科只有短螺纹属(Brevinema)。钩端螺旋体科由钩端螺旋体属(Leptospira)、纤细螺旋体属(Leptonema)和特纳螺旋体属(Turneriella)组成。克利夫兰螺旋体属(Clevelandina)、双套螺旋体属(Diplocalyx)、霍兰螺旋体属(Hollandina)、皮佑螺旋体属(Pillotina)暂未定科。

1.螺旋体属

螺旋体属长5~500 μm,宽0.2~0.75 μm,腐生性,厌氧或兼性厌氧,营共生,多见于水生环境,直至目前尚未发现有致病性。

2.脊膜螺旋体属

脊膜螺旋体属长30~150 μm,宽0.5~3.0 μm,螺旋有2~10圈,营共生生活,通常存于蛤和贝等软体动物肠内。活体标本可用相差显微镜观察到卵圆形的内含物及大束的轴丝。

3. 密螺旋体属

密螺旋体属(*Treponema*)螺旋致密、规则(或不规则)、两端尖,严格厌氧(或微需氧),对培养条件要求苛刻。常见于人和动物口腔、肠道和生殖道内,营共生(或寄生)生活。苍白密螺旋体亚种(*T. pallidum pallidum*)能引起梅毒(性病),兔梅毒密螺旋体(*T. paraluiscuniculi*)和勃兰登堡密螺旋体(*T. brennaborens*)能引起畜禽疾病。

4. 疏螺旋体属

疏螺旋体属(*Borrelia*)细胞螺旋状,每条菌体有3~10个疏松螺旋,每端有15~20根轴丝缠绕于原生质柱,以螺旋状推进方式运动,微需氧(或厌氧),经蜱(或虱)传播。回归热疏螺旋体(*B. recurrentis*)是引起人回归热病的病原体,目前无感染动物的报道。伯氏疏螺旋体(*B. burgdorferi*)是莱姆病(Lyme disease)的病原体,以硬蜱为传播媒介,感染人和动物(如犬、牛、马等),引起关节炎等多种疾病。鹅疏螺旋体(*B. anserina*)引起禽类疏螺旋体病。色勒疏螺旋体(*B. theilei*)引致牛和马疏螺旋体病。钝缘蜱疏螺旋体(*B. coriaceae*)引起牛流产。

5. 短螺旋体属

短螺旋体属(*Brachyspira*)细胞呈疏松而规则的螺旋形,每端有8(或9)根轴丝。当生活在22 ℃时,这类菌呈屈曲和短运动,当生活在37~42 ℃时,这类菌则呈移位运动。猪痢短螺旋体(*B. hyodysenteraie*)可引起猪痢疾。

6. 钩端螺旋体属

钩端螺旋体属(*Leptospira*)是一大类菌体纤细、螺旋细密,一端(或两端)弯曲成钩状。大部分营腐生生活,广泛分布于自然界,尤其存活于各种水生环境中。小部分可引起人和动物的钩端螺旋体病(leptospirosis)是人畜共患病原体。

五、支原体

支原体(Mycoplasma)是一类无细胞壁,只有细胞膜,细胞柔软、形态多变,能形成丝状与分枝形状,能通过滤菌器,能人工培养的最小型G⁻原核细胞型微生物,属厚壁菌门,柔膜菌纲(Mollicutes),纲下设4目、7科、11属。

(一)支原体的分布

支原体广泛分布于污水、土壤、堆肥、植物、动物和人体中,支营寄生(或营腐生)生活,少数支原体可污染实验室的细胞及组织培养物,30多种支原体对人或畜禽具有致病性。病原性支原体常定居于动物的呼吸道、泌尿生殖道、乳腺、消化道、眼等黏膜表面和关节,对胸膜、腹膜、关节滑液囊的间质细胞以及中枢神经系统的亲和力较强。

(二)支原体的特点

支原体细胞很小,直径为150~300 nm,多数支原体为250 nm左右。细胞膜含甾醇,比其他原核细胞型微生物的膜更坚韧。有些支原体细胞膜外有一层由多聚糖组成的微荚膜。无细胞壁,形态易变,常呈球状、丝状、环状和螺旋状等,具有多形性、可塑性和滤过性,小球状为基本形态。

支原体基因组很小,肺炎支原体(*Mycoplasma pneumoniae*)的基因组为0.81 Mbp,生殖道支原体(*M. genitalium*)的基因组为0.58 Mbp,含470个基因。支原体主要以二分裂方式繁殖,亦可以出芽和丝状断裂等方式繁殖,繁殖速度比细菌缓慢。

支原体属于兼性厌氧菌,多数能以糖类为能源,营养要求高,需在含血清、酵母膏和甾醇等营养丰富的培养基上生长,对渗透压较敏感。在固体培养基上的支原体菌落小,直径为0.1~1.0 mm,肉眼不易观察,20~40倍低倍镜下呈"煎荷包蛋"状(菌落中央隆起、致密且色暗,周围颜色较淡),如图2-25所示。

支原体对能抑制蛋白质生物合成的抗生素(如四环素和红霉素等)和破坏含甾体的细胞膜结构的抗生素(如两性霉素和制霉菌素等)很敏感,但对抑制细胞壁合成的抗生素(如青霉素)不敏感。

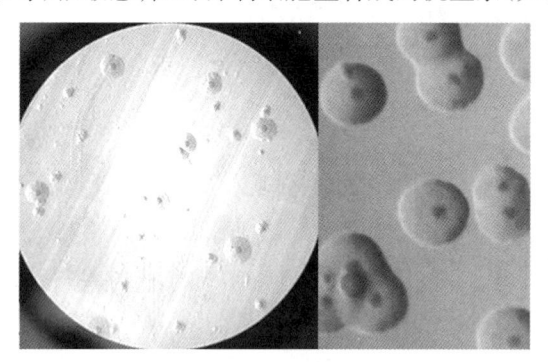

图2-25 支原体的菌落形态——煎荷包蛋状

六、立克次体

1909年,美国医生Ricketts H.T.(1871—1910年)首次发现能引起落基山斑疹伤寒的独特病原体,因研究此病而不幸感染献身,为了纪念Ricketts,1916年以他的名字命名这类病原体。立克次体(Rickettsia)是一类专性寄生于真核细胞内的G⁻原核细胞型微生物。

(一)立克次体的特点

立克次体细胞呈球状、双球状、杆状、丝状等,细胞大小介于细菌和病毒之间,球状菌体直径0.2~0.7 μm,杆状菌体大小为(0.3~0.6)μm×(0.8~2.0)μm,不能通过细菌过滤器,有细胞壁。基因组很小,普氏立克次氏体(*Rickettsia prowazehi*)基因组为1.1 Mbp,含834个基因。

立克次体以二分裂方式繁殖,每分裂一次约需8 h。专性细胞内寄生,宿主为节肢动物(如虱、蜱和蚤等)和脊椎动物(如人、猪和鼠等),大多是人畜共患病的病原体。

立克次体存在不完整的产能代谢途径,不能利用葡萄糖或有机酸,只能利用谷氨酸和谷氨酰胺产能,依赖于宿主提供的ATP、辅酶Ⅰ和辅酶A等才能生长。立克次体只能在宿主细胞内生长繁殖,可用鸡胚、敏感动物或HeLa细胞进行培养。

立克次体对理化因素抵抗力不强,对热敏感,56 ℃经30 min被杀死,对多种抗生素敏感,但对磺胺类药物不敏感。

(二)立克次体分类和致病性

立克次体归类于变形菌门、α-变形菌纲、立克次体目(Rickettsiales),下分为立克次体科(Rickettsiaceae)、乏质体科(Anaplasmataceae)和全孢体科(Holosporaceae)。某些种类可引起人和动物的立克次体病,如斑疹伤寒、恙虫病和Q热。

立克次体感染性疾病在世界范围内分布广泛。立克次体寄生于节肢动物(虱、蚤、蜱和螨等)肠壁上皮细胞中,或进入它们的唾液腺(或生殖道)内。人畜经节肢动物的叮咬(或被其粪便污染伤口)而感染。侵入皮肤的立克次体先在局部淋巴组织或小血管内皮细胞中生长繁殖,引起内皮细胞肿胀、增生和坏死,微循环发生障碍而形成血栓。红细胞渗出血管周围组织,引起特征性皮疹。

七、衣原体

衣原体(Chlamydia)是一类严格在真核细胞内寄生和繁殖,有独特生长发育周期,能通过细胞滤器的小型G⁻原核细胞型微生物。曾长期被误认为是"大型病毒",直至1956年由中国著名微生物学家汤飞凡从沙眼中首次成功分离到病原体后,被归为衣原体门。

(一)衣原体的特点

衣原体细胞内含有RNA和DNA两种核酸,有细胞壁,但缺肽聚糖,有核糖体,缺乏合成生物能量的ATP酶,依赖宿主细胞提供能量,严格细胞内寄生。衣原体有独特的发育周期,以二分裂方式繁殖,对抗生素和药物敏感,只能用鸡胚卵黄囊膜、小白鼠腹腔和HeLa细胞等进行培养。

(二)衣原体的生活史

衣原体具有独特的发育周期,原体(elementary body)是衣原体的感染型,呈小球状(直径小于0.4 μm),细胞壁厚而致密,不能运动,不生长(RNA:DNA=1:1),抗干旱,有传染性,吉姆萨染色呈紫色。始体(initial body)是衣原体的繁殖型,原体经空气传播,当遇到合适新宿主,可通过吞噬作用进入细胞内生长,转化成无感染力的始体。始体经吉姆萨染色呈蓝色,呈大型球状(直径为1~1.5 μm),细胞壁薄而脆弱,易变形,无传染性,生长较快,通过二分裂可在细胞内繁殖成包涵体,随后每个始体细胞又重新转化成原体,待释放出细胞后,重新通过气流传播,感染新的宿主。衣原体整个生活史约需48 h,如图2-26所示。

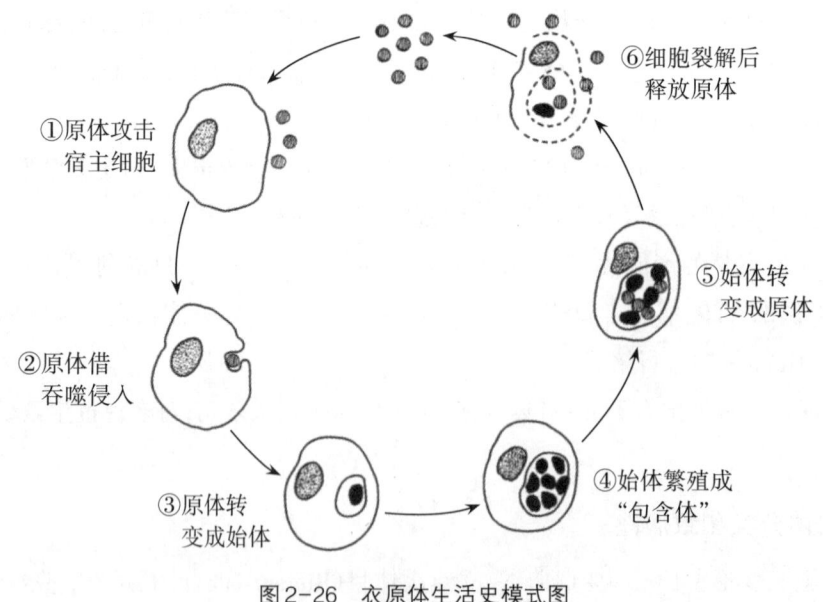

图2-26 衣原体生活史模式图

(引自周德庆,2020)

(三)衣原体的类群

引起人类疾病的衣原体包括鹦鹉热衣原体(*Chlamydia psittaci*)、沙眼衣原体(*C. trachomatis*)和肺炎衣原体(*C. pneumoniae*),可引发肺部感染。鹦鹉热衣原体可通过感染禽类(如鹦鹉、孔雀、鸡、鸭和鸽等)的组织、血液和粪便,以接触和吸入的方式感染人类。沙眼衣原体和肺炎衣原体主要以呼吸道飞沫、母婴接触和性接触等方式传播。

本章小结

细菌按形态分为球菌、杆菌和螺形菌,按细胞壁革兰染色差异分为革兰阳性菌和革兰阴性菌。细菌的基本结构包括细胞壁、细胞膜、细胞质和核区,细菌的特殊结构包括鞭毛、菌毛、荚膜和芽孢等。细菌主要采用二分裂法进行无性繁殖,采用双名法和三名法进行命名。根据细菌呼吸时对氧气依赖程度,细菌分为专性需氧菌、微需氧菌、兼性厌氧菌和专性厌氧菌。根据细菌所利用的能源和碳源不同,细菌分为自养菌和异养菌。细菌的群体生长阶段分为迟缓期、对数期、稳定期和衰退期。除细菌外,原核细胞型微生物还有古菌、放线菌、蓝细菌、螺旋体、支原体、立克次体和衣原体等。放线菌呈菌丝状生长,以孢子形式进行繁殖。蓝细菌含叶绿素,能进行光合作用。支原体无细胞壁,能独立生活。立克次体专性寄生。衣原体专性能量寄生。

拓展阅读

扫码进行思维导图、课程文化案例、课件等数字资源的获取和学习。

数字资源

思考与练习题

1. 试绘细菌的细胞结构图,并简述细菌基本结构和特殊结构。
2. 试述革兰阳性菌细胞壁与革兰阴性菌细胞壁在结构和化学组成上的区别。
3. 细菌的营养类型有哪些?细菌的呼吸类型有哪些?
4. 试述细菌合成的特殊代谢产物及其意义。培养基有哪些种类?各有何用途?
5. 细菌的生长曲线如何绘制?有何意义?生长曲线各期有何特点?
6. 古细菌和蓝细菌的形态结构各有何特征?
7. 试以链霉菌为例,描述典型放线菌的菌丝、孢子和菌落的一般特征。
8. 螺旋体、立克次体、支原体和衣原体各有什么特点?哪些会引起人畜疾病?

第三章

真核细胞型微生物

本章导读

与非细胞型微生物、原核细胞型微生物相比,真核细胞型微生物是一类更高级的微生物。真核细胞型微生物细胞结构有哪些?真核细胞型微生物有哪些种类?不同种类真核细胞型微生物各有何特点?真核细胞型微生物生长繁殖条件是什么?如何对真核细胞型微生物进行人工培养?这些问题的解答有利于我们更系统掌握真核细胞型微生物的基础知识,为进一步学习和研究微生物与物质循环、病原性真菌的致病机理、抗病原性真菌免疫和微生物饲料奠定基础。

学习目标

1. 了解真核细胞型微生物分类,掌握真核细胞型微生物细胞结构和生长繁殖。

2. 掌握不同种类真核细胞型微生物的特点和生长繁殖条件,熟悉真核细胞型微生物的人工培养方法。

3. 了解开发真核细胞型微生物资源所面临的挑战,增强挖掘中国地域性真核细胞型微生物资源的意识。

概念网络图

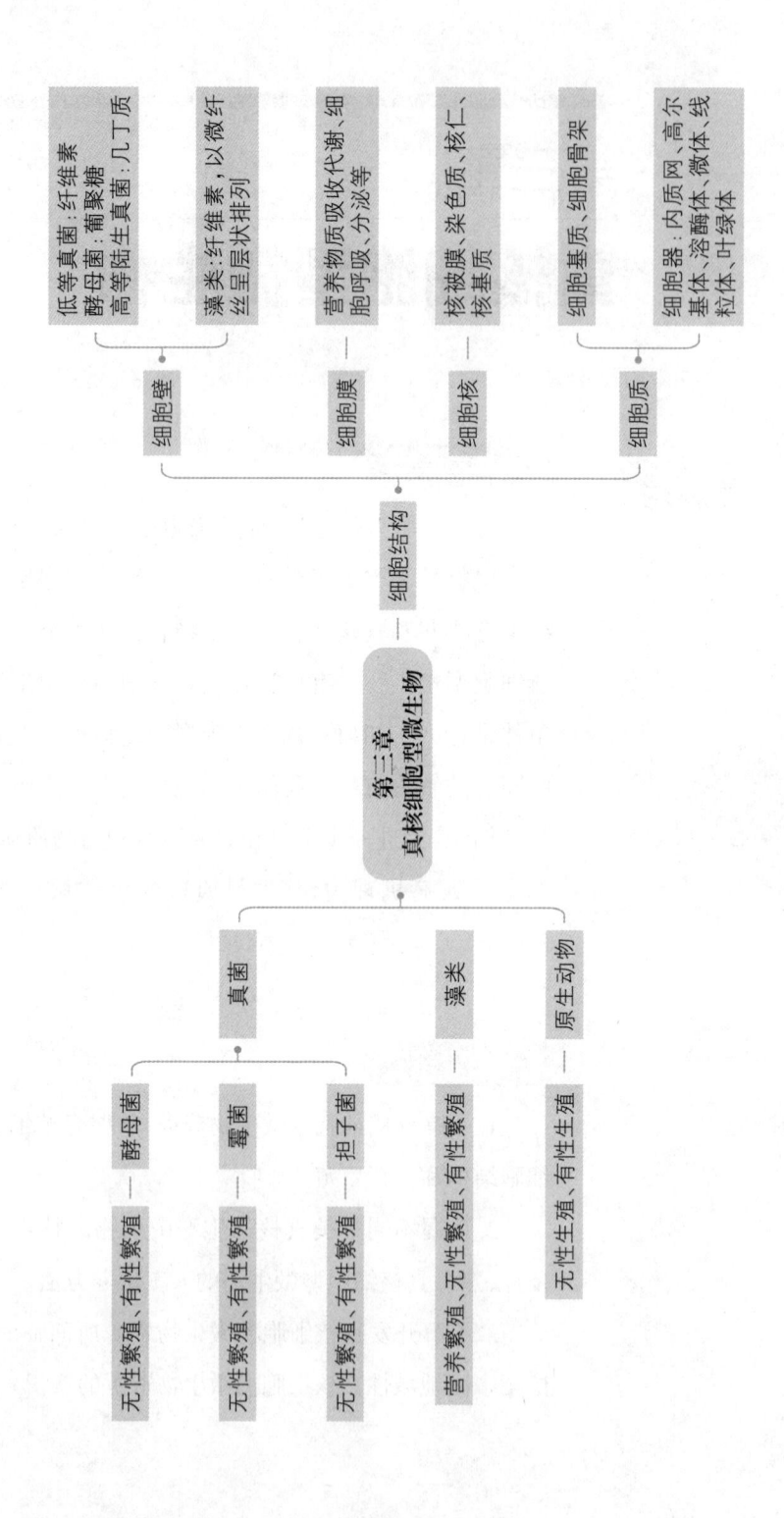

第三章 真核细胞型微生物

细胞结构:
- 细胞壁
  - 低等真菌:纤维素；酵母菌:葡聚糖；高等陆生真菌:几丁质
  - 藻类:纤维素，以微纤丝呈层状排列
- 细胞膜——营养物质吸收代谢、细胞呼吸、分泌等
- 细胞核——核被膜、染色质、核仁、核基质
- 细胞质
  - 细胞骨架
  - 细胞器:内质网、高尔基体、溶酶体、微体、线粒体、叶绿体

真菌:
- 酵母菌——无性繁殖、有性繁殖
- 霉菌——无性繁殖、有性繁殖
- 担子菌——无性繁殖、有性繁殖

藻类——营养繁殖、无性繁殖、有性繁殖

原生动物——无性生殖、有性生殖

真核细胞型生物(Eukaryotes)是一大类细胞核具有核膜、能进行有丝分裂、细胞质中存在线粒体或叶绿体等细胞器的生物。真核细胞型微生物(eukaryotic microorganism)是一大类细胞具有细胞核,能进行有丝分裂,细胞质中有线粒体等细胞器的微生物,包括真菌(Fungi)、藻类(Algae)和原生动物(Protozoa)。本章主要介绍真核细胞型微生物的细胞结构和生长繁殖。

第一节 真核细胞型微生物的细胞结构

与原核细胞型微生物细胞相比,真核细胞型微生物的细胞形态更大、结构更为复杂、细胞器的功能更专一,具有许多细胞器(organelles),如内质网、高尔基体、溶酶体、微体、线粒体和叶绿体等。真核细胞型微生物已进化出有核膜的细胞核,核内含有染色体,双链DNA与组蛋白和其他蛋白紧密结合,发挥遗传功能。

一、细胞壁和细胞膜

真菌和藻类属于具有细胞壁(cell wall)的真核细胞型微生物。对没有细胞壁的真核细胞来说,细胞膜就是它的外部屏障。由于真核细胞与原核细胞的细胞膜在构造和功能上十分相似,在此不再介绍。真核细胞与原核细胞的细胞壁差异大,下面主要介绍真核细胞型微生物细胞壁的结构。

(一)真菌的细胞壁

真菌的细胞壁主要成分为多糖,也含有少量的蛋白质和脂类。多糖是细胞壁中有形的微纤维和无定形基质(matrix)的物质基础。微纤维由单糖的β-(1,4)-聚合物构成,能使细胞壁保持坚韧;基质包括甘露聚糖(mannan)、β-(1,3)-葡聚糖(glucan)、β-(1,6)-葡聚糖、α-(1,3)-葡聚糖以及少量蛋白质。不同真菌的细胞壁所含多糖的种类也不同,低等真菌以纤维素为主,酵母菌以葡聚糖为主,高等陆生真菌以几丁质(chitin)为主。

1.酵母菌的细胞壁

酵母菌的细胞壁呈三明治状,分为3层:外层为甘露聚糖层,内层为β-葡聚糖层,中间层主要由蛋白质组成,层与层之间可部分镶嵌如图3-1所示。酵母菌的细胞壁具有维持细胞形态和细胞间相互识别的重要作用,β-(1,6)-葡聚糖和甘露聚糖的连接在酵母菌的细胞壁的合成中具有重要作用。酵母菌的细胞壁厚度为25~70 nm，占整个细胞干重的20%~30%，主要化学成分为甘露聚糖、β-葡聚糖、蛋白质和几丁质，另有少量脂质。甘露聚糖约占酵母细胞壁干重的30%，β-葡聚糖约占30%，蛋白质和几丁质约占20%，类脂、无机盐等其他成分约占20%。

(1) 甘露聚糖

甘露聚糖是甘露糖分子以β-(1,6)-相连的分支状聚合物，位于细胞壁外侧，呈网状。甘露聚糖具有细胞识别和控制细胞壁孔径等多种生理功能。甘露聚糖以共价键与蛋白质连在一起，其主链是通过α-(1,6)-糖苷键将多个α-甘露糖连接形成的单链，侧链则以α-(1,2)-键和α-(1,3)-键与主链连接，部分侧链还结合决定酵母细胞抗原相关的功能基团。

(2) β-葡聚糖

最内层的β-葡聚糖属于结构多糖，与原生质体膜相连接，是酵母细胞壁的主要成分，具有支撑外部甘露聚糖的功能。β-葡聚糖由β-(1,3)-葡聚糖和β-(1,6)-葡聚糖组成，两者比例为85:15。以β-(1,3)-葡聚糖为骨架，呈长扭曲的链状；以β-(1,6)-葡聚糖为支链，呈分支的网状。β-(1,6)-葡聚糖的还原端连接到β-(1,3)-葡聚糖非还原端的末端，并在氢键作用下共同构成一个三维的网状结构。其网状结构具有较强弹性，在正常渗透压下可大量延伸。而当细胞处于高渗透压情况下时，三维网状结构可迅速收缩，只占原来体积的40%左右，当渗透压恢复正常后，三维网状结构则可恢复原状。

(3) 其他成分

蛋白质夹在葡聚糖和甘露聚糖中间，与甘露聚糖共价结合而形成复合物。蛋白质含量为甘露聚糖的1/10，少数为结构蛋白，多数为起催化作用的酶，如葡聚糖酶、甘露聚糖酶、蔗糖酶、酯酶等。几丁质在酵母细胞壁中的含量很低，仅在其形成芽体时合成，然后分布于芽痕的周围。

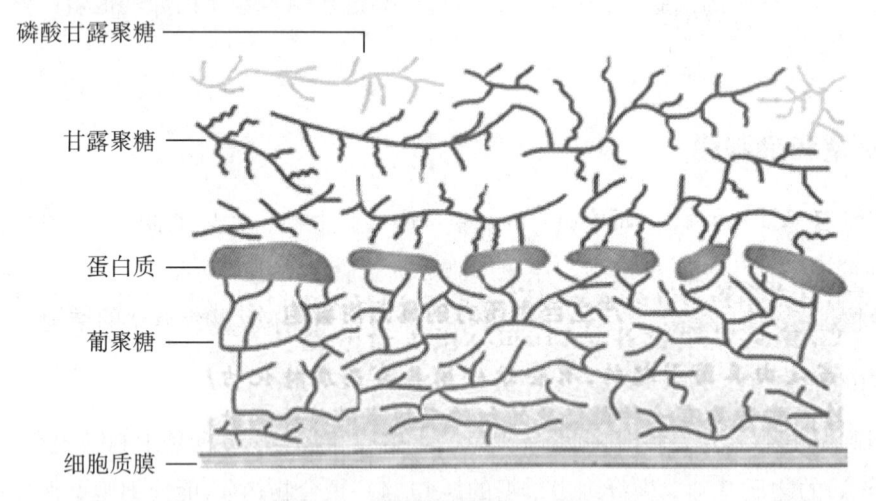

图3-1 酵母菌的细胞壁结构

(引自沈萍，2016)

2. 丝状真菌的细胞壁

不同丝状真菌的细胞壁差异较大，以粗糙脉孢菌(*Neurospora crassa*)为例，其最外层由β-(1,3)-和β-(1,6)-无定形葡聚糖组成(厚度为87 nm)；接着是由糖蛋白组成的、嵌埋在蛋白质基质层中的粗糙网(厚度为49 nm)；再往内为蛋白质层(厚度为9 nm)；最内层由放射状排列的几丁质微纤维丝组成(厚度为18 nm)。

(二)藻类的细胞壁

藻类的细胞壁的厚度为10~20 nm,更薄的蛋白核小球藻(*Chlorella pyrenoidis*)的细胞壁仅为3~5 nm。藻类的细胞壁结构骨架由纤维素组成,以微纤丝的方式呈层状排列(占干重的50%~80%),其余为间质多糖。间质多糖在多细胞的大型藻类(不属于微生物)中特别发达,其主要成分是杂多糖,还含少量蛋白质和脂质。杂多糖的具体种类随藻类种类而异,在褐藻中杂多糖为褐藻酸(alginic acid),由 *D*-甘露糖醛酸和 *L*-葡萄糖醛酸聚合而成;在岩藻中杂多糖为岩藻素(fucoidin),是硫酸酯化的 *L*-岩藻糖的聚合物;在石花菜属(*Gelidium*)红藻中杂多糖为琼脂,是半乳糖和半乳糖醛酸的聚合物,经提取后制成的产品,广泛用于配制微生物培养基和食品工业等领域;在小球藻中杂多糖为半乳糖和鼠李糖,是通过 β-糖苷键连接的多聚体。

二、细胞核

真核细胞型微生物具有形态完整且有核膜包裹的细胞核,对细胞的生长、发育、繁殖、遗传和变异等起决定性作用。细胞核(nucleus)是细胞内遗传信息(DNA)的贮存、复制和转录的主要场所,外形为球状或椭圆体状,由核被膜、染色质、核仁和核基质等构成。有的真核细胞型微生物每个细胞含一个细胞核;也有的真核细胞型微生物每个细胞含两个或两个以上的细胞核,例如,须霉属(*Phycomyces*)和青霉属(*Penicillium*)的真菌每个细胞内含20~30个核,占细胞总体积的20%~25%;在真菌菌丝的顶端细胞中通常不含细胞核。

(一)核被膜

核被膜(nuclear envelope)是包在细胞核外、由核膜和核纤层(nuclear lamina)组成的外被,其上有许多核孔(nuclear pores)。核膜由两层厚度为7~8 nm的膜组成,两膜间夹着宽为10~50 nm的空间,称核周间隙(perinuclear space)。核纤层位于核膜内侧,成分为核纤层蛋白(lamin),厚度随细胞种类而异。核孔的数目很多,是细胞核与细胞质间进行物质交流的选择性通道。

(二)染色质

当细胞处于分裂间期时,细胞内由DNA、组蛋白、其他蛋白和少量RNA组成的一种线形复合结构,其基本单位是核小体(nucleosomes),因可被苏木精等碱性染料染色,故名染色质(chromatin)。在光学显微镜下观察染色后的染色质,可发现一种由或粗或细的长丝交织成的网状物,称为常染色质(euchromatin);还可见到由常染色质紧缩而成的较粗大、染色较深、常附着在核被膜内侧的团块,称为异染色质(heterochromatin)。在真菌的细胞核中,染色体的形状较小,故不易染色和鉴别。

(三)核仁

核仁(nucleolus)是指细胞核中一个没有膜包裹的圆形或椭圆形小体,是细胞核中染色最深的部分。核仁依附于染色体的一定位置上,在细胞有丝分裂前期消失,后期又重新出现。每个核内有一至数个核仁。核仁富含蛋白质和RNA,其大小随细胞中蛋白质合成的强弱而产生相应变化,是真核细胞中合成RNA(核糖体RNA)和装配核糖体的部位。

(四)核基质

核基质(nuclear matrix)是充满于细胞核空间由蛋白纤维组成的网状结构物质,具有支撑细胞核和提供染色质附着点的功能。

三、细胞质

位于细胞质膜和细胞核间的透明、黏稠、不断流动、充满各种细胞器的溶胶,称为细胞质(cytoplasm)。真核微生物细胞质中具有细胞基质、细胞骨架和各种细胞器。

(一)细胞基质

在真核细胞质中,除可分辨的细胞器以外的胶体状溶液,称细胞基质(cytoplasmic matrix 或 cytometrix)或细胞溶胶(cytosol)。细胞基质中含有细胞骨架(具有一定机械强度)、蛋白质(占细胞总蛋白的25%~50%,酶类等)、内含物和中间代谢物等,是细胞代谢活动的重要基地。

(二)细胞骨架

细胞骨架(cytoskeleton)是由微管、肌动蛋白丝和中间丝构成的细胞支架,保证较大型和较复杂的真核细胞有规则地运动。

1. 微管

微管(microtubules)是直径约24 nm的中空管状纤维,成分为微管蛋白(tubulin)。微管蛋白含有α和β链,按螺旋方式盘绕成只有一层分子的微管壁。微管分散或成束存在于细胞基质中,具有支持和运输功能。此外,还可构成细胞分裂时的纺锤体以及鞭毛和纤毛。

2. 肌动蛋白丝

肌动蛋白丝(actin filament)又称微丝,是一种宽4~7 nm、由肌动蛋白(actin)组成的实心纤维。单体呈哑铃状,许多单体连成长串,两长串以右手螺旋方式缠绕成束后即为肌动蛋白丝,在有ATP存在时能收缩,引起细胞质流动即细胞质环流(cytoplasmic streaming),以达到营养物均匀分配,使变形虫和黏菌具有运动能力。

3. 中间丝

中间丝即中间纤维(intermediate filament),是一种直径8~10 nm(介于微管与肌动蛋白丝之间)的蛋白纤维,由角蛋白等数种蛋白组成。

(三)内质网

内质网(endoplasmic reticulum,ER)指细胞质中一个与细胞基质相隔离,但彼此相通的囊腔和细管系统,由脂质双分子层围成。其内侧与核被膜的外膜相通,核周间隙也是内质网腔的一部分。内质网分两类,一类是在膜上附有核糖体颗粒,称糙面内质网(rough ER),具有合成和运送胞外分泌蛋白至高尔基体中的功能;另一类为膜上不含核糖体的光面内质网(smooth ER),与脂质代谢和钙代谢等密切相关,是合成磷脂的主要部位。糙面内质网与光面内质网之间相互连通。

(四)核糖体

核糖体(ribosomes)又称核蛋白体,是存在于一切细胞中的无膜包裹的颗粒状细胞器,具有合成蛋白质功能。直径约25 nm,主要成分为蛋白质(约40%)和RNA(约60%),两者以共价形式结合在一起。蛋白质分子分布在核糖体表面,RNA位于内层。真核细胞的核糖体较原核细胞的大,其沉降系数为80S,由60S和40S两个小亚基组成。不同的真核微生物的核糖体大小有10%左右的变化幅度。

(五)高尔基体

高尔基体又称高尔基复合体(Golgi complex)。1898年,意大利学者高尔基(Golgi C.)首先在神经细胞中发现高尔基体。

1.结构

目前发现存在高尔基体的真菌仅限于根肿菌(*Rhizopus*)、前毛壶菌(*Trichophyllum pronum*)、卵菌(*Oomycetes*)和腐霉(*Pythium*)等少数低等真菌中。高尔基体是一种由4~8个平行堆叠的扁平膜囊(saccules)和大小不等的囊泡组成的膜聚合体,其上有核糖体颗粒附着。由糙面内质网合成的蛋白质被输送到高尔基体中浓缩,与其合成的糖类或脂类结合,形成糖蛋白和脂蛋白的分泌泡,再通过外排作用分泌到细胞外。

2.功能

高尔基体合成并分泌糖蛋白和脂蛋白,为细胞合成新的细胞壁和细胞膜提供原材料。高尔基体能协调细胞生化功能和沟通细胞内外环境,调整"膜流",把细胞核膜、内质网、高尔基体和分泌囊泡的功能连成了一体。

(六)溶酶体

1.结构

动物、真菌和一些植物细胞中都存在溶酶体。溶酶体(lysosome)是一种由单层膜包裹、内含多种酸性水解酶的囊泡状细胞器,呈球形,直径为0.2~0.5 μm。溶酶体的种类很多,根据其所结合对象的性质分为吞噬溶酶体(与吞噬泡结合)、多泡体(与胞饮泡结合)和自噬溶酶体(与内源性结构结合)等。根据溶酶体与吞噬泡结合程度又可分为初级溶酶体、次级溶酶体和后溶酶体等。

当细胞坏死时,溶酶体膜破裂,其中的酶会导致细胞自溶(autolysis)。溶酶体中含40余种酸性水解酶,这些酶最适于pH为5左右的环境中,只在溶酶体内部发挥作用,可以水解外来蛋白质、多糖、脂类、DNA和RNA等大分子物质。不同生物、不同个体和不同生理条件下细胞内的溶酶体数目、大小和所含酶类差异大。

2.功能

溶酶体能进行细胞内消化,与吞噬泡(或胞饮泡)结合后,可消化其中的颗粒状(或水溶性)有机物,也可消化自身细胞产生的碎渣,为细胞提供营养物质,防止外来微生物(或异体物质)的侵袭。

(七)微体

微体(microbody)是一种有单层膜包裹的球形细胞器,与溶酶体相似,但所含酶的种类与溶酶体不同。微体分为过氧化物酶体和乙醛酸循环体。

1.过氧化物酶体

过氧化物酶体(peroxisome)是由单层膜包裹的含氧化酶类的细胞器。过氧化物酶体有两种酶,一种是依赖于黄素腺嘌呤二核苷酸(FAD)的氧化酶,另一种是过氧化氢酶,这两种酶共同作用使细胞免受H_2O_2的毒害。真核细胞型微生物普遍含有过氧化物酶体,细胞中约20%脂肪酸能在过氧化物酶体中被氧化分解。与溶酶体相似,在不同生物种类、不同个体和不同生理条件下,过氧化物酶体的数目、形态、大小和所含酶类有所不同。例如,酵母菌生长在糖液中,其过氧化物酶体很小;酵母菌生长在甲醇溶液中,其过氧化物酶体较大;酵母菌生长在脂肪酸培养基中,其过氧化物酶体非常发达,可迅速把脂肪酸分解成乙酰辅酶A,并供细胞利用。

2. 乙醛酸循环体

乙醛酸循环体(gyoxisome)主要存在于藻类细胞中,能将细胞中的脂类转化为糖类。

(八)线粒体

不同真菌种类线粒体(mitochondria)的形态和长度差异很大。每个细胞所含线粒体数量一般为数百个至数千个。在光学显微镜下,典型线粒体的外形和大小酷似一个杆菌,直径为0.5~1.0 μm,长度为1.5~3.0 μm。含纤维质细胞壁的卵菌(*Oomycetes*)、前毛壶菌(*Trichophyllum pronum*)和黏菌(*Myxomycophyta*)线粒体呈管状。壶菌(*Chytridiomycetes*)、接合菌(*Zygomycetes*)、子囊菌(*Ascomycetes*)和担子菌(*Basidiomycetes*)呈板状。线粒体DNA呈闭环状,长为19~26 μm。

1. 结构

线粒体外形呈囊状,构造较复杂,由内外两层膜包裹,囊内充满液态基质。外膜平整,内膜向基质内伸展形成大量双层内膜,如图3-2所示。线粒体内膜表面有许多基粒(elementoryparticle)或F1颗粒,即ATP合成酶复合体,每个线粒体中有10~10^3个。内膜上还有4种脂蛋白质复合物,为电子传递链(呼吸链)的组成部分。

位于内膜与外膜之间的空间称为膜间隙,其中充满着含有各种可溶性酶、底物和辅助因子的液体。由两层内膜形成的狭窄空间(嵴)是膜间隙的延伸。嵴的存在,极大地扩展了内膜进行生物化学反应的面积。膜间隙和嵴相通,内为基质。线粒体基质中存在的蛋白质统称为线粒体基质蛋白质,包括DNA聚合酶、RNA聚合酶、柠檬酸合成酶和参与三羧酸循环的酶类。线粒体基质也含有线粒体DNA、RNA和线粒体核糖体(70S核糖体),可合成专供线粒体自身需要的蛋白质。线粒体DNA是线粒体中的遗传物质,呈双链环状。一个线粒体中有一个或数个线粒体DNA分子。

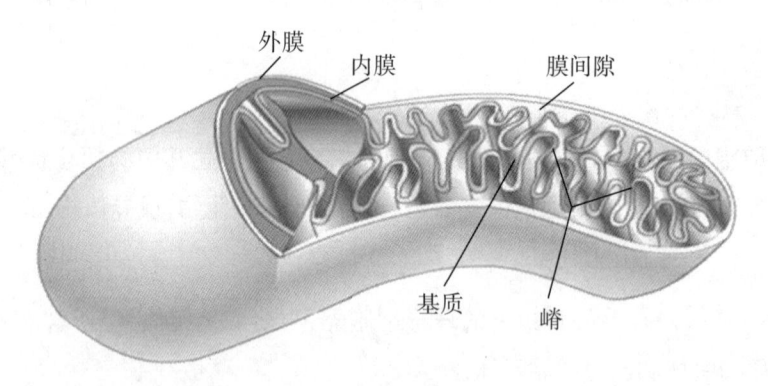

图3-2 线粒体结构

2. 功能

线粒体是一种进行氧化磷酸化反应的重要细胞器,能把蕴藏在有机物中的化学能转化成生命活动所需的能量(ATP),是真核细胞的"动力车间"。

(九)叶绿体

叶绿体只存在于绿色植物(包括藻类)的细胞中,高等植物的每个叶肉细胞中含50~200个叶绿体,藻类中通常只有一个、两个或少数几个叶绿体。叶绿体外形多为扁平的圆形或椭圆形,略呈凸透镜状。在藻类中叶绿体的形态变化很大,水绵属(*Spirogyra*)呈螺旋带,衣藻属(*Chlamydomonas*)呈杯状。叶绿体的直径为4~6 μm,厚度为2~3 μm。

1.结构

叶绿体为双层膜包裹,由叶绿体膜、类囊体和基质组成。叶绿体膜可分为外膜、内膜和类囊体膜。叶绿体膜将叶绿体内的空间分隔为膜间隙(在外膜与内膜间)、基质和类囊体腔三个区域,如图3-3所示。

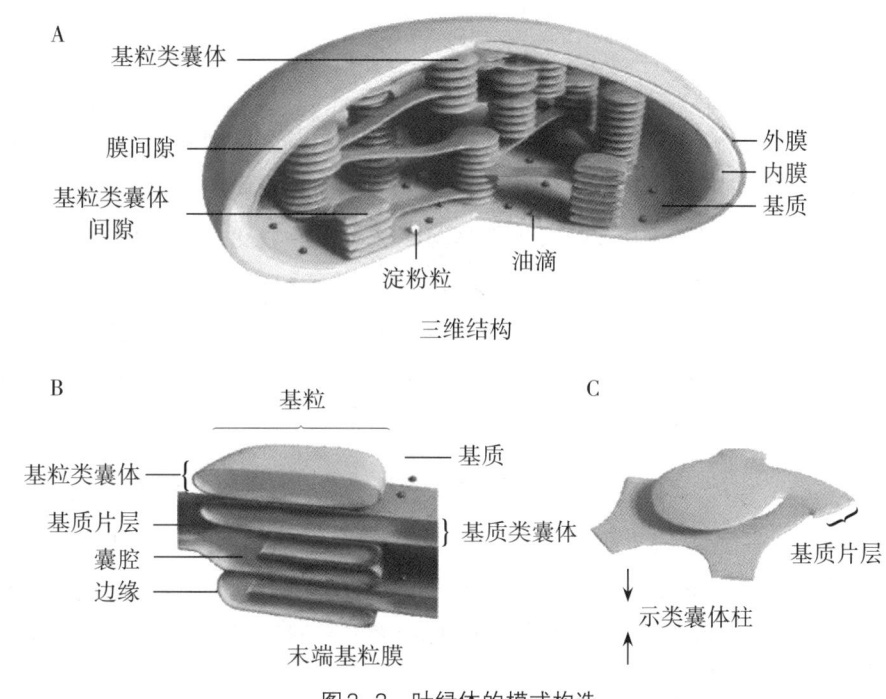

图3-3 叶绿体的模式构造

(1)基质

叶绿体基质中含有自身特有的环状DNA和70S核糖体,能合成专供自身需要的蛋白质,也属于真核细胞中的半自主性复制的细胞器。叶绿体在细胞中的分布与光照有关,有光时常分布在细胞的外围,黑暗时则流向内部。

(2)叶绿体膜

叶绿体膜是控制代谢物质进出叶绿体的屏障。外膜通透性大,内膜选择性强。基质是一种充满在叶绿体膜与类囊体之间的胶状物质,内含核糖体(70S)、双链环状DNA和RNA、淀粉粒和核酮糖二磷酸羧化酶等蛋白质。

(3)类囊体

类囊体位于叶绿体基质中,是由单位膜封闭而成的扁平小囊,数量很多,彼此连通。类囊体之间的连接方式有的微生物简单,有的微生物较复杂。例如,在藻类中,红藻的类囊体是由许多单独个体沿叶绿体的长轴平行排列的;刚毛藻是两个类囊体叠成一组;褐藻则是3层一组平行沿叶绿体长轴方向排列的。各基粒之间由许多大型的基质类囊体连接,从而把各基粒中的每个类囊体连成一个整体。

类囊体的膜上分布有大量的光合色素和电子传递载体。光合色素主要是叶绿素a,另有若干辅助色素。不同藻类辅助色素种类差异大。例如,绿藻中为叶绿素b,硅藻和褐藻中为叶绿素c,红藻中为叶绿素d等。光合生物中还含有另一类辅助色素,如胡萝卜素(主要是β-胡萝卜素)和叶黄素等。叶绿素的主要功能是进行光合作用。光反应和暗反应组成光合作用,光反应是在类囊体膜上进行的,完成吸收、传递和转换光能为化学能,即形成ATP、NADPH并释放O_2;暗反应则在叶绿体的基质中进行,不需要光照,作用是利用光反应中产生的ATP和NADPH的化学能来固定CO_2,使CO_2还原成糖类等有机物。

2. 功能

叶绿体(chloroplast)是能把光能转化为化学能的绿色颗粒状细胞器。叶绿体能进行光合作用,即把CO_2和H_2O合成葡萄糖并放出O_2,是真核细胞内的"食品车间"。

(十)其他细胞器

1. 液泡

液泡(vacuole)是由单层膜与其内部的细胞液组成的细胞器,是存在于真菌、藻类和其他植物细胞质中的泡状结构。液泡通过液泡膜与细胞质分开,内含水状细胞液。液泡的形态和大小受细胞年龄和生理状态的影响,幼年真菌和藻类中的液泡小,成熟真菌和藻类中液泡变大,老龄细胞具有大而明显的液泡。真菌的液泡含有糖原、脂肪、多磷酸盐等贮藏物,也含有精氨酸、鸟氨酸和谷氨酰胺等碱性氨基酸,还含有蛋白酶、酸性磷酸酶、碱性磷酸酶、纤维素酶和核酸酶等酶类。液泡具有维持细胞渗透压,贮存营养物质等功能。液泡能把水解酶(蛋白酶等)与细胞质隔离,防止细胞损伤,具有溶酶体的功能。

2. 膜边体

膜边体(lomasome)又称边缘体、须边体或质腹外泡,是一种位于菌丝细胞质膜与细胞壁间、由单层膜包裹的细胞器,为许多真菌细胞所特有的细胞器。形态呈管状、囊状、球状、卵圆状或多层折叠膜状,其内含有泡状物或颗粒状物。膜边体由高尔基体(或内质网)的特定部位形成,各个膜边体能互相结合,也可与别的细胞器(或膜)相结合。膜边体能分泌水解酶和参与细胞壁的合成。

3. 几丁质酶体

几丁质酶体(chitosome)又称壳体,是一种活跃于各种真菌菌丝顶端细胞中的微小泡囊,直径为40~70 nm,内含几丁质合成酶。在离体条件下,几丁质酶体可把UDP-N-乙酰葡糖胺合成几丁质微纤维。几丁质酶体通过不断形成几丁质合成酶和向菌丝尖端移动,源源不断地把几丁质合成酶运送到细胞壁表面,在菌丝尖端细胞壁处合成几丁质微纤维,使菌丝尖端不断向前延伸。

4. 氢化酶体

氢化酶体(hydrogenosome)是一种由单层膜包裹的球状细胞器,内含氢化酶、氧化还原酶、铁氧化蛋白和丙酮酸。通常存在于鞭毛基体附近,为鞭毛运动提供能量。氢化酶体存在于厌氧真菌和原生动物细胞中,具有类似线粒体的作用。在反刍动物的瘤胃中,许多厌氧原生动物和20余种壶菌属厌氧性真菌(*Neocallimastix huricyensis*)细胞中都有氢化酶体。在原生动物毛滴虫属(*Trichomonas*)的氢化酶体中,含有各种铁硫蛋白和黄素蛋白,作为氧化丙酮酸为乙酸、二氧化碳和氢气过程中的电子传递链组分(其最终电子受体为质子)。从阴道毛滴虫(*T. Baginalis*)中分离的氢化酶体,在厌氧条件下,能还原甲硝基羟乙唑(又称为灭滴灵)产生的对细胞有毒的衍生物,因此灭滴灵可损伤氢化酶体或其他靶体,用于治疗阴道滴虫病。

四、鞭毛和纤毛

有些真核细胞型微生物细胞的表面具有毛发状细胞器,发挥运动功能。较长(150~200 μm)且数目较少者称鞭毛,较短(5~10 μm)且数目较多者则称纤毛(cilia,单数cilium)。低等水生真菌的游动孢子(或配子)、鞭毛纲(Flagellata)的原生动物和藻类具有鞭毛,鞭毛以挥鞭方式推动细胞运动,挥动速度为10~40次/s。纤毛纲(Cilata)的原生动物(草履虫,*Paramecium* spp.)具有纤毛。

真菌鞭毛与纤毛的构造基本相同,由伸出细胞外的鞭杆、嵌埋在细胞质膜上的基体、连接鞭杆和基体的过渡区组成。

1. 鞭杆

在电镜下,鞭杆的横切面呈"9+2"型,中心有一对包在中央鞘中相互平行的中央微管,其外围绕9个微管二联体(doublets),整个鞭杆被鞭毛外膜包裹。每条微管二联体由α和β两条中空的亚纤维组成。α亚纤维是一条完全微管,即每圈由13个球形微管蛋白亚基环绕而成。β亚纤维是由10个亚基围成,所缺的3个亚基与α亚纤维共用。α亚纤维上伸出内外两条动力蛋白臂,是一种能被Ca^{2+}和Mg^{2+}激活的ATP酶,能水解ATP释放能量供鞭毛运动。通过动力蛋白臂与相邻的微管二联体的作用,可使鞭毛做弯曲运动。微管连丝蛋白使相邻的微管二联体相连。此外,在每条微管二联体上还具有伸向中央微管的放射辐条,其端部呈游离状态,如图3-4所示。

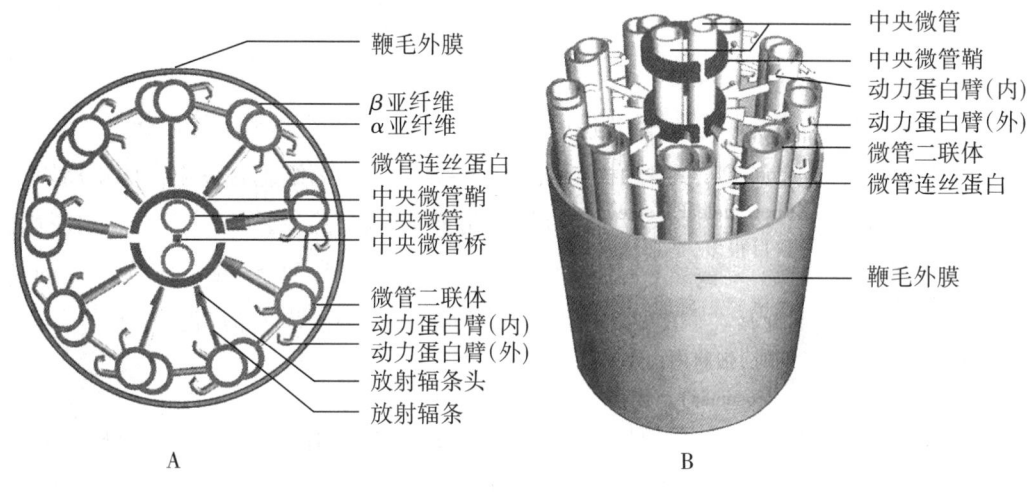

图3-4 真核细胞型微生物的"9+2"型鞭毛

A. 鞭毛杆横切面　B. 鞭毛杆的立体模型

(引自沈萍,2016)

2. 基体

基体的结构与鞭杆接近,直径为120~170 nm,长为200~500 nm。在电镜下其横切面呈"9+0"型,即其外围是9个三联体,中央没有微管和鞘。

第二节 真菌

真菌(Fungi)一词的拉丁文Fungus原意是蘑菇,是一类具有细胞膜的、产孢的、无叶绿体的真核细胞型微生物。真菌界自成一界,分为壶菌门(Chrysomonas)、接合菌门(Zygomycetes)、子囊菌门(Ascomycetes)、担子菌门(Basidiomycetes)和半知菌门(Seminophyta)。目前已经发现了12万种真菌,主要为酵母菌(Yeast)、丝状真菌(Filamentous fungi)(俗称霉菌molds)和担子菌(Basidiomycotetes)三大类群。真菌的细胞内含甲壳素,能通过无性繁殖和有性繁殖产生孢子。真菌与人和动植物关系非常密切,许多具有重要经济价值,但也有一些可使食品和饲料霉变,或引起动植物病害。

真菌具有以下特点:①具有真正的细胞核。②没有叶绿素,以吸收为营养方式的异养生物。③细胞壁的主要成分为几丁质或纤维素,或两者兼有。④典型的营养体为丝状分支结构。⑤一般都能通过无性繁殖和有性繁殖的方式产生孢子,延续种群。

一、酵母菌

酵母菌是一类肉眼看不见的微小单细胞微生物,能将糖发酵成乙醇和二氧化碳。酵母菌是一类典型的异养兼性厌氧微生物,在有氧和无氧条件下都能够存活。酵母菌细胞含有丰富的蛋白质和维生素,蛋白质中必需氨基酸含量很高。人类很早就将酵母菌用于酿酒、酿醋、制作馒头等。目前酵母菌也用于生产发酵饲料、单细胞蛋白质、维生素、有机酸和酶制剂等。有些酵母菌能引起饲料和食品的腐败,少数属种为病原菌。酵母菌主要生长在偏酸性、潮湿、含糖环境中,在自然界分布广泛。

(一)酵母菌的细胞大小和形态

酵母菌细胞宽度(直径)为2~6 μm,长度为5~30 μm,有的更长,比细菌大得多,细胞形态呈球状、卵圆、椭圆、柱状和香肠状等。在光学显微镜下(10倍目镜×40倍物镜)可清楚地看到酵母菌细胞的形态。酵母菌的形态因培养条件而异,在特定的培养条件下其形态相对稳定。

(二)酵母菌的细胞结构

酵母菌具有细胞壁、细胞膜、细胞核、细胞质、细胞器和内含物等,如图3-5所示。酵母菌的细胞核、细胞质和细胞器的详细结构与一般的真核细胞基本相似,具体结构见本章第一节。酵母菌的细胞壁随菌龄增加而变厚。一定菌龄的细胞壁表面有许多凹凸的出芽痕迹。细胞膜包裹细胞质,幼嫩酵母菌的细胞质均匀,随菌龄增加出现1个(或2个)液泡。当细胞渐渐生长变老时,在细胞质中与液泡内各种颗粒(如异染颗粒和脂肪球)逐渐出现。酵母菌细胞质中具有细胞核、线粒体、核蛋白体、内质网、高尔基体和纺锤体等。幼年细胞核呈圆形,成年细胞核被逐渐扩大的液泡被挤到一边,变为肾形。纺锤体位于细胞核附近,呈球状结构,包括中心染色质和中心体。中心体呈球状,内含1~2个中心粒。

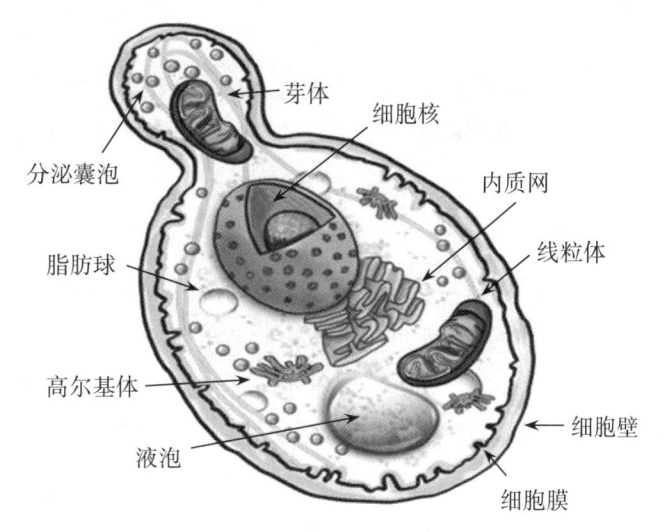

图3-5 酵母细胞结构模式图

(三)酵母菌菌落特征

大多数酵母菌的菌落特征与细菌相似,但比细菌菌落大而厚,菌落表面光滑、湿润、黏稠,容易挑起,菌落质地均匀,正反面、边缘和中央部位的颜色均一,菌落多为乳白色,少数为红色,个别为黑色。

(四)酵母菌的繁殖方式

酵母菌的繁殖包括无性繁殖(asexual propagation)和有性繁殖(sexual propagation),以无性繁殖为主。无性繁殖包括芽殖、裂殖和无性孢子,以芽殖为主。有性繁殖产生子囊孢子。

1. 无性繁殖

(1)芽殖

芽殖(budding)是酵母菌最常见的繁殖方式。在营养良好的培养基中,酵母菌快速生长,在成熟的酵母菌细胞(也称为母细胞)上长出突起(称为芽体),随后细胞核分裂成两个核,一个留在母细胞内,另一个与其他细胞物质一起进入芽体;当芽体逐渐长大,基部收缩,生长到一定大小从母细胞脱落而产生新的个体,如图3-6所示。

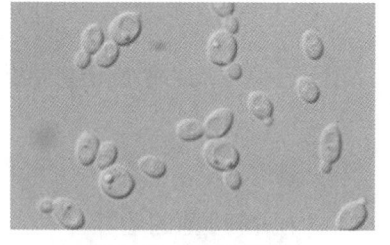

图3-6 酵母菌芽殖

酵母菌生长繁殖旺盛,若芽体未从母细胞上脱落,则芽体上又生出新的芽体,如此多次反复进行,母细胞与子细胞以极狭窄面积相连成串,呈丝状,称为假菌丝,如图3-7所示。有些种类的假菌丝,在两个细胞相连处的其他侧面(或四周)又生出芽,称为芽孢子。

(2)裂殖

少数酵母菌(如裂殖酵母Schizosaccharomyces)不能进行芽殖,以裂殖(又称横分裂)(schizogenesis)方式进行,方法与细菌分裂相似。圆形或卵圆形酵母菌细胞,在营养良好的培养基中,长到一定大小,细胞进一步增大(或伸长),核分裂,此时细胞中产生一层隔膜,将两个细胞分开,末端变圆。两个新细胞又长大,如此重复产生更多新细胞。酵母菌裂殖过程如图3-8所示。

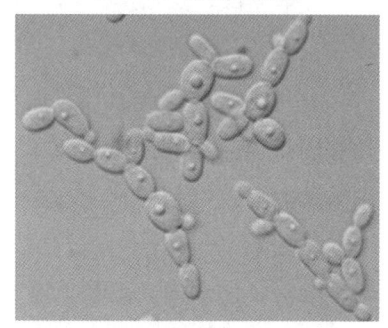

图3-7 酵母菌的假菌丝

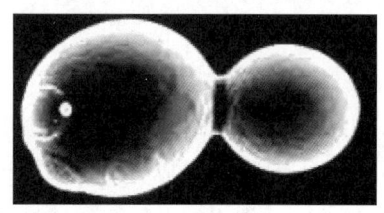

图3-8 酵母菌裂殖

（3）无性孢子

有些酵母菌以无性孢子（asexual spore）方式进行繁殖。掷孢酵母属在营养培养基中，细胞上生出小梗，小梗上产生掷孢子，外形呈肾状，掷孢子成熟后，通过喷射机制将孢子射出。白假丝酵母产生厚垣孢子。

2.有性繁殖

有些酵母菌以形成子囊（ascus）和子囊孢子（ascospore）的方式进行有性繁殖，这种孢子是内生孢子。邻近的两个性别不同的酵母菌细胞各自伸出一根管状的原生质突起，随即相互接触、局部融合并形成一个通道，再通过质配、核配和减数分裂，形成4个或8个子核，每一子核与其附近的原生质一起，在其表面形成一层孢子壁后，就生成了一个子囊孢子，而原有营养细胞变成了子囊。子囊孢子形成过程如图3-9所示。

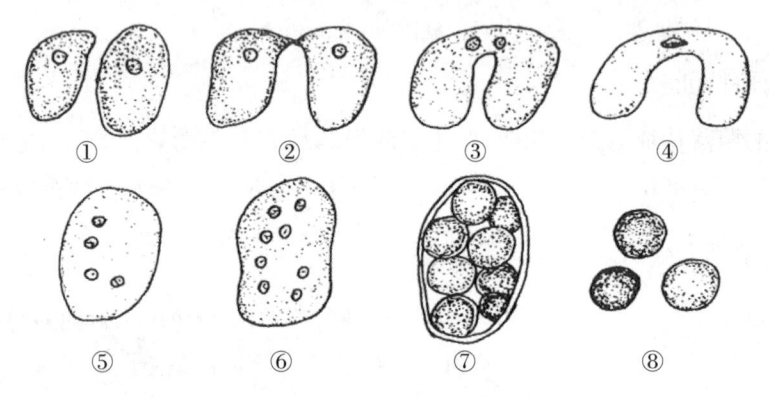

图3-9 酵母菌有性结合形成子囊及子囊孢子示意图

（引自陈金顶和黄青云，2017）

①相邻两个性别不同的酵母细胞 ②各自伸出突起，相互接触 ③局部融合并形成一个通道
④质配、核配 ⑤有丝分裂成4个核 ⑥减数分裂成8个子核
⑦每一子核与原生质一起，在表面形成一层孢子壁，生成一个子囊孢子 ⑧子囊破裂释放子囊孢子

（五）酵母菌的培养

1.生长繁殖的条件

（1）营养需要

酵母菌营养方式是异养腐生，酵母菌在生长繁殖过程中，对营养要求不高，生长繁殖所需要的基本营养物质和细菌相似，吸收营养物质（如水、碳源、氮源、无机盐和维生素等），经一系列的生物化学变化，合成菌体细胞。

①碳源

酵母菌能利用的碳源主要为糖类。在繁殖过程中，酵母菌吸收的糖分用于合成菌体蛋白碳架，转变为酵母菌的储藏物质，为其繁殖和生命活动提供能量。

②氮源

酵母菌所需的氮源，主要从原料中的含氮物质中获得。原料中含氮物质往往是大分子的蛋白质，必须经过蒸煮和蛋白酶的水解，生成小分子的蛋白胨（或氨基酸）后才能被酵母菌所利用，氨基酸被用来合成菌体细胞组成成分（如蛋白质、酶等）。如果原料中含氮物质少，也可以添加无机氮，生产上常采用$(NH_4)_2SO_4$作为补充氮源。酵母菌利用无机铵盐的能力大于有机氮。

③无机盐

磷是构成菌体中核酸的重要成分,也是辅酶的组成成分,在能量转变中起着重要作用,对酵母菌的代谢活动十分重要。镁离子可以提高酵母菌活力,钾离子可以使酵母菌细胞增大,促进发酵。酵母菌繁殖过程中需要的无机盐可以从原料中获得,一般不需要另外添加。

(2)培养环境

①温度

不同种类的酵母菌对温度的要求不同,其适宜生长温度范围为20~32 ℃。

②氧气

酵母菌是兼性厌氧菌,在氧气充足时产生大量繁殖菌体,无氧时菌体减少而发酵产生乙醇。

③pH值

酵母菌喜欢生长在中性偏酸环境,在pH值为3.0~7.5时生长良好。

④渗透压

酵母菌适宜生长在无机盐离子为等渗溶液的培养基中。

2.酵母菌的分离与鉴定

(1)酵母菌的分离

在分离前将菌体细胞进行分离纯化,得到由单细胞长成的菌落,然后再进行形态特征和生理生化特性鉴定。酵母细胞、孢子(无性或有性孢子)都可以生长成新的个体。酵母菌的分离方法常用平板划线法和稀释法。

(2)酵母菌的鉴定

①形态特征

把酵母菌接种到麦芽汁固体培养基上,长成菌落,然后观察其菌落的形态、颜色、质地、边缘、表面等特征。酵母菌接种到液体麦芽汁培养基中,培养合适时间后,观察液面是否能产生醭,观察试管或培养仪器表面壁上是否形成菌环、培养液中是否产生沉淀和培养液的混浊程度等。取酵母菌培养物在显微镜下观察其单细胞的形态、大小,能否形成孢子、孢子的大小和繁殖方式等。

②生理生化特性

酵母菌的生理生化特性主要表现为发酵葡萄糖、果糖、蔗糖、麦芽糖等糖类的能力和利用其他碳水化合物的情况。还可测定酵母菌同化乙醇、耐受乙醇、发酵产酸产醋、耐酸、抗重金属离子等能力。

③26S rDNA D1/D2 序列测定

采用通用引物NL1(5′-GCATCAATAGCG GAGAAAAG-3′)和NL4(5′-GGTCGGGTT TCAAGACGG-3′)通过PCR获得酵母26S rDNA的D1/D2区域的酵母的碱基序列。根据酵母的碱基序列,在NCBI基因库进行BLAST分析以获得与酵母26S rDNA序列高度同源的已知菌株,并从GenBank文库中获得高度相似的菌株的基因序列以建立系统发育树。

3.酵母菌的培养方法

(1)固体培养

在实验室进行酵母菌分离、培养和研究等工作,常用琼脂斜面和琼脂平板做固体培养,酵母菌呈菌落(或菌苔)生长,并制备斜面菌种和平板菌落或菌苔,以便保存、观察和分离酵母菌。在酿酒生产中,采用谷物类,按酵母菌营养要求搭配好,加适量的水调拌成发酵培养基(或生产培养基),经过蒸煮灭菌后,再接种酵母菌进行培养。

(2)液体培养

液体培养可作为获得液体种子培养物和生产酵母单细胞蛋白质的原料等。小量培养可用摇瓶机(或摇床)做振摇培养,增加空气的溶解,为酵母菌的生长供应充足的氧气,以制备液体种子。工业化生产,常使用发酵罐设备。液体培养是生产酵母单细胞蛋白质饲料的方法。

二、霉菌

霉菌,又称为丝状真菌,是一类具有菌丝体或孢子体的小型真菌。菌体呈丝状,丛生,可产生多种形式的孢子,多腐生,种类很多,常见的有根霉、毛霉、曲霉和青霉等。霉菌可作为生产工业原料(如柠檬酸、甲烯琥珀酸等),用于食品加工(如酿造酱油),制造抗生素(如青霉素、灰黄霉素)和农药等,但也能引起农林产品发霉变质。有一小部分霉菌可引起人与动植物的病害,如头癣、脚癣和番薯腐烂病等。还有些霉菌能产生毒素,致使人和动物发生急性(或慢性)中毒,降低动物生产性能和种畜繁殖能力。

(一)霉菌菌丝

1.形态结构

构成霉菌营养体的基本单位是菌丝。霉菌的菌丝(hypha)主要由孢子萌发生长而成。菌丝是一种管状的细丝,在显微镜下很像一根透明胶管,直径为3~10 μm,比细菌和放线菌的细胞粗几倍到几十倍。菌丝的细胞结构具有细胞壁、细胞膜、细胞核、细胞质及其内含物。菌丝可生长并产生分枝,许多分枝的菌丝相互交织在一起,构成菌丝体(nycelium)。

2.分类

根据菌丝中是否存在隔膜,可把霉菌菌丝分为无隔膜菌丝和有隔膜菌丝。无隔膜菌丝呈长管状,分枝,细胞内含有许多核,菌丝生长过程中只有细胞核的分裂和原生质的增长,没有细胞数目的增多,如毛霉和根霉。有隔膜菌丝由有分枝的成串多细胞组成,每个细胞含一个或多个核。虽然隔膜把菌丝分隔成许多细胞,但是隔膜中间有孔,使细胞质、细胞核和养料相通并互相作用,因此应把其看成一个完整的机体。菌丝生长,细胞的数目也随之增多。

生长在固体培养基上的霉菌菌丝可分为营养菌丝、气生菌丝和繁殖菌丝三种。营养菌丝能深入培养基内,吸收营养物质的菌丝。气生菌丝是指营养菌丝向空中生长的菌丝,部分气生菌丝发育到一定阶段,分化为繁殖菌丝,产生孢子。

(二)霉菌的菌落特征

霉菌菌落形态较大,质地疏松,外观干燥,不透明,呈绒毛状、絮状和蜘蛛网状等。菌落和培养基连接紧密,不易挑取,整个菌落颜色与质地常常不一致。菌落最初呈浅色或白色,当菌落上长出各种颜色的孢子后,菌落的孢子出现不同于菌落的颜色。有的霉菌能产生色素,使菌落背面也带有颜色,或进一步扩散到培养基中,使培养基变色。

(三)霉菌的繁殖方式

霉菌的繁殖方式包括无性繁殖和有性繁殖。霉菌繁殖能力极强,繁殖方式多样。霉菌菌丝体上任一小段在适宜条件下都能发展成新个体,在自然界中,霉菌主要通过产生无性孢子和有性孢子进行繁殖。

1. 无性繁殖

霉菌的无性繁殖是由繁殖菌丝分化而形成无性孢子的过程,常见的无性孢子分为芽孢子、节孢子、厚垣孢子、孢囊孢子和分生孢子。芽孢子是由菌丝细胞如同发芽一样产生小突起,由出芽方式形成的。孢囊孢子是生在孢子囊内的孢子,是一种内生孢子。无隔膜菌丝的霉菌(如毛霉、根霉等)主要形成孢子囊孢子。分生孢子由菌丝顶端(或分生孢子梗)特化而成,是一种外生孢子。有隔膜菌丝的霉菌(如青霉、曲霉等)主要形成分生孢子。节孢子由菌丝断裂而成(如白地霉等)。厚垣孢子是由菌丝的中间细胞变大,原生质浓缩,壁变厚而形成的(如毛霉等)。

2. 有性繁殖

霉菌的有性繁殖过程包括质配、核配和减数分裂。质配是指两个性别不同的单倍体性细胞(或菌丝)经接触和结合后,细胞质发生融合。核配是核融合,产生二倍体的结合子核。核配后经减数分裂,核中染色体数又由二倍体恢复到单倍体。常见的有性孢子包括接合孢子、子囊孢子和卵孢子。

(1) 接合孢子

两个配子囊经结合,然后经质配和核配后发育形成接合孢子,如图3-10所示。接合孢子的形成分为异宗配合和同宗配合两种类型。异宗配合由两种不同菌系的菌丝结合而成。同宗配合由同一菌丝结合而成。接合孢子萌发时壁破裂,长出芽管,其上形成芽孢子囊。接合孢子的减数分裂发生在萌发前(或萌发中)。

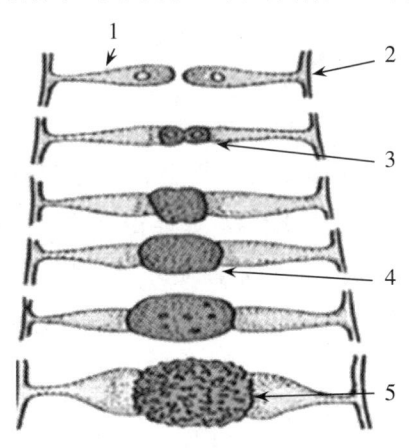

图3-10 接合孢子形成示意图
1.原配子囊 2.配子囊柄 3.配子囊 4.配子囊结合 5.接合孢子

(2) 子囊孢子

在同一菌丝或相邻两菌丝上两个不同性别细胞相结合,形成造囊丝。经质配、核配和减数分裂形成子囊,内生2~8个子囊孢,如图3-11所示。许多聚集在一起的子囊被周围菌丝包裹成子囊果,子囊果分为闭囊(完全封闭)、子囊壳(中间有孔)和子囊盘(呈盘状)三种类型。

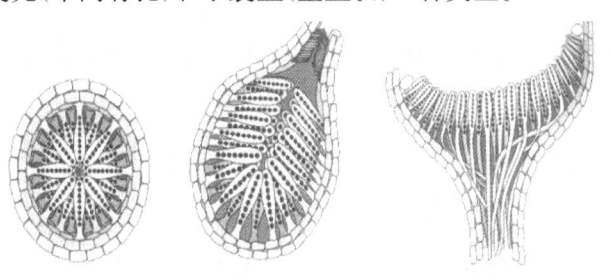

图3-11 子囊果
从左到右:闭囊、子囊壳、子囊盘

(3)卵孢子

卵孢子由两个大小不同的配子囊结合而成。小配子囊称为精子器,大配子囊称为藏卵器。当精子器和藏卵器结合时,精子器中的原生质和细胞核进入藏卵器,与藏卵器中的卵球配合后,卵球再生出外壁,发育成为卵孢子,如图3-12所示。

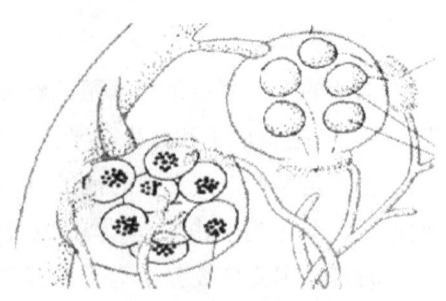

图3-12 卵孢子示意图

(4)孢子特征

霉菌孢子具有个体小、质量轻、质地干、数量多、形态色泽各异、休眠期长和抗逆性强等特征,这些特征是分类的重要依据。霉菌个体所产生的孢子数量多达百亿,有利于霉菌在自然界中散播和繁殖,也有助于霉菌接种、扩大培养、菌种选育、保藏和鉴定等工作,但易于产生污染、导致霉变和传播动植物的霉菌病害。

(5)孢子抵抗力

霉菌孢子对热、射线、药物、渗透压、干燥等的抵抗力比霉菌营养细胞要强,但比细菌的芽孢弱,使其能在自然界复杂的环境中生存、生长和繁殖。液体环境80 ℃加热5 min才能杀死霉菌孢子。在适宜的环境条件,孢子首先吸水膨胀,继而突破孢子壁出芽,生长成新的菌体。

(五)霉菌的培养

1.生长繁殖的条件

(1)营养需要

霉菌作为异养菌,对营养要求不高,因菌种不同而异。生长繁殖所需要的基本营养和细菌相似。霉菌能利用单糖和双糖,还能利用高分子碳水化合物(如淀粉、纤维素、木质素、甲壳质等)和多种有机酸。霉菌对氮源要求一般不高,除能利用氨基酸和蛋白质外,许多的霉菌可利用无机氮源,如尿素、铵盐(NH_4^+)、亚硝酸盐(NO_2^-)和硝酸盐(NO_3^-)。只要供给充足的糖类和无机氮(或有机氮),霉菌就可以良好地生长繁殖。

(2)培养环境

①温度

不同种类的霉菌对温度的要求不同。大多数霉菌的最适生长温度范围为20~30 ℃。霉菌一般在0 ℃以下停止生长,但并未死亡。也有一些真菌能在0 ℃以下生长繁殖,败坏冷藏畜禽产品。

②氧气

绝大多数霉菌具有需氧呼吸的特点,培养它们时需提供充足的氧气。

③湿度

霉菌适宜生长在潮湿的环境里,在相对湿度95%~100%条件下生长良好。

④pH值

大多数霉菌适宜生长的pH值范围较广泛,pH值为3~6时生长良好,通常在pH值为1.5~10.0时也可以生长。

⑤渗透压

霉菌适宜生长在等渗无机盐溶液的培养基中。

2.霉菌的分离

霉菌的菌丝和孢子(无性或有性孢子),都可以长成新的个体。霉菌的分离方法包括菌丝分离法、组织分离法和孢子分离法。

(1)菌丝分离法

菌丝分离法是将目的菌的菌丝片段分离出来,使其在适宜的培养基上长成单个的菌落,以获得纯菌种。菌丝分离法分为划线法和稀释法。

(2)组织分离法

霉菌组织是由密集的菌丝组成的,组织分离法是菌丝分离法的一种。霉菌子实体的内部是没有杂菌污染的,将子实体全部(或局部)表面消毒,然后用无菌工具在子实体内部锲取一小块组织,直接放在适当的培养基中培养,即可获得纯菌种。

(3)孢子分离法

孢子分离法是使无性孢子和有性孢子在适宜条件下萌发,并长成新的菌丝体以获得纯菌种的一种方法。孢子分离法分为划线法和稀释法。

3.霉菌的培养方法

(1)固体培养

实验室中常用琼脂斜面和琼脂平板做固体培养,进行霉菌菌种分离、培养和保存等工作。在平板培养基上霉菌以菌落或菌苔形式生长,以便观察和分离。在生产中,采用麸皮、谷糠、秸秆、豆饼等农副产品,按霉菌营养要求搭配好,加适量的水调拌成发酵培养基(或生产培养基),经过蒸煮灭菌后,接入菌种进行培养,用于制曲和生产发酵饲料。

(2)液体培养

液体培养分为浅层培养和深层培养。浅层培养是把液体培养基放置在浅盘或浅池中,尽量扩大液体与空气的接触面,使真菌能得到充分的氧气。培养时常为静置培养,霉菌多在液体表面呈膜状(或醭状)生长,又称为表面培养。浅层培养常在浅盘(或浅池)进行,实验室少量培养时,可用浅层培养方法。大量的液体培养常把液体培养基放在深层的容器内进行深层培养。由于深层液体空气供应不足,故在培养过程中,必须不断通入无菌空气,适当搅拌,以使真菌获得足够的氧气,能全部在培养液中均匀生长。工业化生产常使用发酵罐设备,小量培养制备液体种子时,用摇瓶机(或摇床)振摇培养,增加空气的溶解,较多地供应霉菌生长所需的氧气。

(六)霉菌的分类

真菌可分为藻状菌纲、子囊菌纲、担子菌纲和半知菌纲。霉菌属于子囊菌纲(产生孢子)。霉菌是形成分枝菌丝的真菌的统称,不是分类学的名词。霉菌的种类很多,有45 000种左右,常见的霉菌有根霉、镰刀菌、麦角菌、毛霉、脉孢菌、黄曲霉、青霉、烟曲霉、寄生曲霉、米曲霉等。

三、担子菌

担子菌是一类最高级的真菌。担子菌的三大特点是担孢子、双核菌丝体和锁状联合。担孢子是担子菌独有的特征。

(一)担子菌的菌丝和菌落

1.菌丝形态

菌丝体发达,包括初生菌丝体、次生菌丝体和三生菌丝体,由无数有隔膜且分枝的纤细菌丝组成。

2.菌落特征

担子菌菌落呈紧密的丝绒状、毡状、绳索状,菌落大多数为白色,其次为浅粉红、鲜黄、淡棕色或橙黄色,扩展成扇形生长。

(二)担子菌的繁殖

担子菌的发育过程涉及无性繁殖阶段和有性繁殖阶段,担子菌的生活史如图3-13所示。

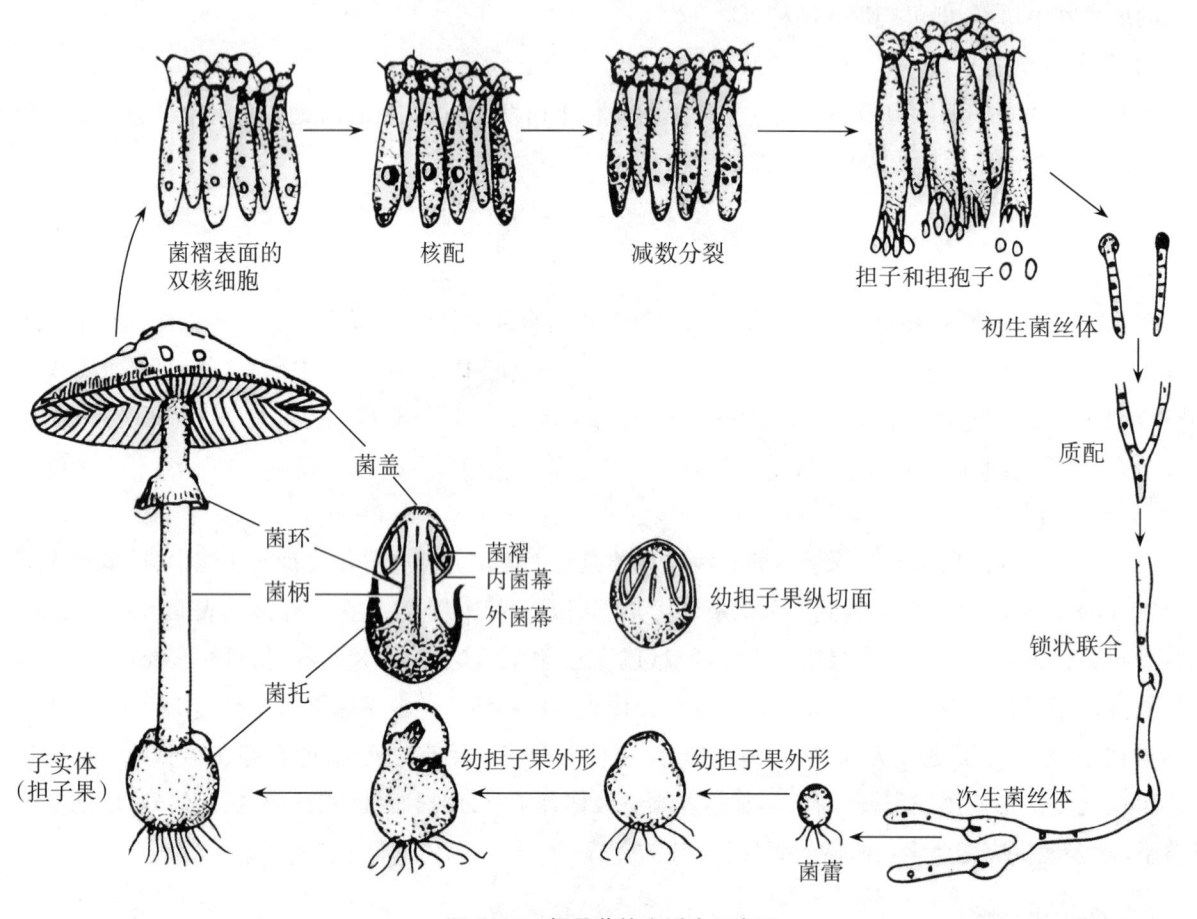

图3-13 担子菌的生活史示意图

1.无性繁殖阶段

担孢子从空中或地上传播,在适宜的地方长成线状的初生菌丝体(又称单核菌丝体)。如果两个不同宗系的初生菌丝相遇,各伸出一个细胞发生质配,形成双核菌丝。通过锁状联合机制(如图3-14所示)形成新的双核细胞(称为次生菌丝体)。次生菌丝特化形成子实体(三生菌丝体)。子实体是担子菌产担孢子的结构,又称为担子果(basidiocarp),这是担子菌特有的有性繁殖结构。

2.有性繁殖阶段

担子菌有性繁殖产生担子(basidium)和担孢子(basidiospore)。担孢子形成过程如图3-15所示,从子实体的菌褶处形成顶端细胞,顶端细胞逐渐膨大形成担子。在担子内,两个核配合成双倍体,随后进行减数分裂形成4个单倍体的子核。在担子的上部突出4个小梗。小梗与担孢子之间产生一个横隔,由小梗顶端膨胀生长成幼担孢子。4个单倍体子核进入幼担孢子内,产生4个担孢子(单倍体)。担孢子释放,在适宜的地方又形成初生菌丝,开始新的生命周期。

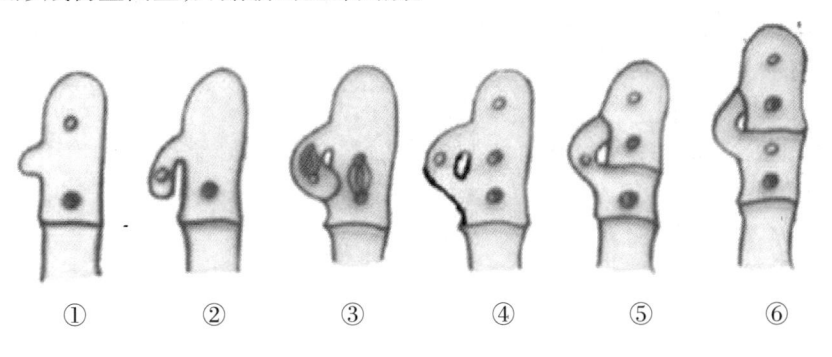

图3-14 锁状联合形成过程示意图

①菌丝顶端细胞壁上生出一个喙状突起 ②突起向下弯曲,一核进入突起 ③锁状联合 ④两核分裂成四核
⑤细胞生出横隔,分成3个细胞,2个子核在顶端细胞 ⑥弯曲桥形成,接触溶解,将另一核输入中间细胞,形成2个双核细胞

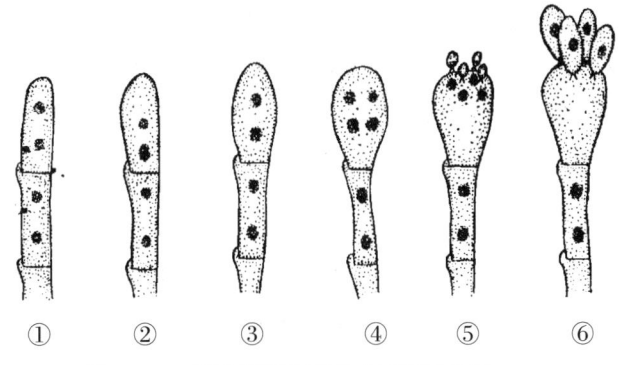

图3-15 担子菌担孢子形成过程示意图

①双核菌丝顶端细胞(担子的起源) ②双核菌丝顶端细胞逐渐膨大 ③双核菌丝顶端细胞进一步膨大形成担子
④在担子内,两个核配合成双倍体,进行减数分裂形成4个单倍体的子核 ⑤在担子的上部突出4个小梗
⑥小梗与担孢子之间产生横隔,小梗顶端膨胀生长成幼担孢子,4个单倍体子核进入幼担孢子内,最后产生4个担孢子(单倍体)

(三)担子菌的作用

担子菌与植物共生形成菌根,有利于作物的栽培和造林。许多大型担子菌为营养丰富的食用菌,如平菇、香菇、猴头菇、灵芝和竹荪等,蛋白含量高,AA多达18种,Lys含量较高,也含有多种维生素、糖类和矿物质,可用来制作调味品、香味和饮料等。有的担子菌具有滋补和药用价值,如茯苓、灵芝和马勃等,富含生物活性物质,具有提高免疫和抗肿瘤的功能,成为筛选抗肿瘤药物的重要资源。但有些担子菌是植物的病原菌,易引起农作物、森林和木材的病害,使木材腐朽。

第三节 藻类和原生动物

真核细胞型微生物除了真菌外,还有藻类和原生动物。本节介绍藻类和原生动物细胞的形态结构、生长繁殖和分类应用。

一、藻类

藻类(Algae)是没有根、茎、叶,含有叶绿素,能进行光合作用的一类真核细胞型微生物。藻类利用叶绿体分子(如叶绿素、类胡萝卜素和藻胆蛋白等)进行光合作用。浮游的藻类是淡水和海洋食物链中非常重要的生物,高等水生生物依赖藻类生存。在地球早期历史上,藻类在创造富氧环境中发挥重要作用。

(一)藻类细胞

1. 大小

藻类由单细胞或多细胞构成,形态各异,大小差异大。绿藻仅在显微镜下可见,褐藻可长达30多米。

2. 形态

藻类细胞形态呈圆球状、丝状。丝状藻类有以下几种类型:①简单无隔膜的丝状体(又称管状体)。②简单无分枝的有隔膜丝状体。③具有复杂分枝的丝状体。

3. 结构

藻类细胞的结构与真菌相似,多数藻类具有细胞壁、细胞膜、细胞质、细胞器和细胞核。

(二)藻类的生长繁殖

1. 繁殖方式

藻类的繁殖方式包括营养繁殖、无性繁殖、有性繁殖。单细胞藻类以二分裂法繁殖。多细胞藻类以产生游动孢子(或配子)的方式进行繁殖。

2. 生长环境

藻类利用色素获得能源,但需要水和光。大多数藻类是水生的,有产于海洋的海藻(褐藻),也有产于陆地水域中的淡水藻,少数藻类能在温泉中生长繁殖。一些藻类生活于土壤中,能耐受长期的缺水条件,另一些藻类生活于雪中。

(三)藻类的分类

藻类包括蓝藻门、裸藻门、绿藻门、轮藻门、金藻门、黄藻门、硅藻门、甲藻门、红藻门和褐藻门。

藻类种类多,目前已知有3万种左右。按色素的颜色划分,藻类可分为以下三类:绿藻、褐藻和红藻。绿藻只有叶绿素,褐藻含有褐色和黄色色素,红藻含有红色和蓝色色素。

(四)藻类的应用

1. 藻类在食品上的应用

中国利用藻类制作食品的历史悠久，食用藻类种类世界闻名。中国大型食用藻类有 50~60 种之多，食用海产藻类包括礁膜(*Monostroma nilidum*)、石莼(*Ulva lactula*)、海带(*Laminaria japonica*)、裙带菜(*Undaria pinnatifida*)、紫菜(*Porphyra* sp.)、石花菜(*Gelidium amansii*)等。食用淡水藻类包括地木耳(*Nostoc commune*)和发菜(*Nostoc commune* var. *flagelliforme*)。中国云南食用和出口的"岛"和"解"就是采用淡水藻类中的水绵(*Spirogyra*)和刚毛藻(*Cladophora*)加工制成的。

2. 藻类在饲料上的应用

单细胞藻类含有丰富的营养物质，繁殖快、产量高，大面积培养的单细胞藻类(如小球藻、栅藻)可用作饲料。藻类是鱼类食物链的基础，鱼类的天然饵料，在淡水鱼养殖中，多通过施肥繁殖藻类，为鱼类提供饵料。然而，当浮游藻类繁殖过量，导致水中缺氧或产生有毒物质，可引起鱼类大量死亡。

3. 藻类在医学上的应用

药用藻类包括褐藻中的海带、裙带菜、羊栖菜(*Sargassum fusiforme*)等，能防治甲状腺肿大。红藻中的鹧鸪菜(*Caloglos-sa leprieurii*)和海人草(*Digenea simplex*)可作为驱除蛔虫的特效药。褐藻中可提取藻胶酸和甘露醇，藻胶酸可作为制造牙模和止血药物的原料，甘露醇有消除脑水肿和利尿的效能。红藻中提取的琼胶可作为轻泻药治疗便秘，还可用来制造药膏的药基、包药粉的药衣和细菌培养基的凝固剂。

4. 藻类在农业上的应用

土壤藻类能积累有机物质，刺激土壤微生物的活动，增加土壤中的含氧量，防止无机盐的流失，减少土壤的侵蚀。有些蓝藻能固定空气中游离的氮素，在提高土壤肥力中起重要作用。

二、原生动物

原生动物(protozoan)是动物进化史上最原始、最简单、最低等的一个类群。其身体由单个细胞构成，也称为单细胞动物。细胞内有特化的各种细胞器，具有维持生命和延续后代的功能，如行动、营养、呼吸、排泄和生殖等。

(一)原生动物细胞特征

原生动物的每个个体就是一个细胞，细胞结构可分为细胞膜(表膜)、细胞质和细胞核。

1. 细胞膜

原生动物的体表有一层连续的界膜，是非常薄的原生质膜，在显微镜下几乎难以辨认，这层膜也称为表膜(pellicle)。表膜坚韧具有弹性，能使虫体保持固定的形状，其层数和构造随原生动物种类不同而异。除细胞膜外，一些原生动物种类的体表还有由原生质分泌物形成的外壳，例如，表壳虫具有几丁质壳，有孔虫类具有钙质壳。有些原生动物的细胞质中有骨骼，例如，放射虫(*Sphaerostyius ostracion*)体内具有几丁质中央囊和硅质骨针。

2. 细胞质

在普通光学显微镜下观察，原生动物细胞质由外层较透明的外质和内层含有较多颗粒的内质组成。

在电子显微镜下观察,原生动物细胞质由复杂的胶状基质和各类细胞器组成,细胞器类似于高等动物体内的器官,分工承担着各项生理机能。

3. 细胞核

原生动物细胞核由核膜、核仁、核基质和染色质组成。多数原生动物只有一个核,也有少量原生动物有多个核。有些原生动物细胞内同时具有大核(与细胞代谢有关)和小核(与生殖有关)。在生活史的不同时期原生动物细胞核形态结构不同。

(二)生长繁殖

原生动物的生命周期包括生殖期和孢囊。但有些原生动物已失去形成孢囊的能力。原生动物的生殖分为无性生殖和有性生殖。无性生殖包括二分裂、出芽生殖和裂体生殖。有性生殖包括配子生殖和接合生殖。

1. 无性生殖

鞭毛虫是纵分裂,纤毛虫是横分裂。从外表来看,缘毛类纤毛虫像纵分裂,但是细胞内各成分(如核、口围纤毛带)仍是横分裂。疟原虫和球虫采用裂体生殖。吸管虫在体内或体外生出许多芽体(出芽)。有些多核原生动物(如胶丝虫、多核变形虫)偶尔会分裂成2至数个多核的个体(原生质团分割)。

2. 有性生殖

原生动物有性生殖分为融合、接合、自体受精和假配。自体受精在一个个体内进行,小核分裂数次,其中的两个配子核融合成合核,其余配子退化,合核分裂形成新的大、小核。在假配生殖过程中,两个个体接触,但没有配子核的交换,每个个体完成自体受精后各自分开。

3. 生活史

寄生型原生动物的生活史比较复杂,包括裂体生殖期、配子生殖期和孢子生殖期。有明显的无性世代与有性世代的交替。孢子生殖期是指由合子产生的孢子母细胞形成孢子后,再进一步形成子孢子的过程。子孢子一般包有外壳,能抵抗不良环境,广泛分布于海水、淡水、潮湿的土壤中,少数寄生在其他动物体内。

(三)生活习性

1. 营养方式

原生动物的营养方式如下:①光合营养(植物性营养),虫体内含有叶绿素,可进行光合作用。②吞噬营养(动物性营养),通过吞食固体食物颗粒或微小生物来获取养分。③渗透营养(腐生性营养),通过体表渗透吸收周围呈溶解状态的物质,是某些寄生虫的营养方式。

2. 呼吸

绝大多数原生动物的呼吸作用是通过气体的扩散,依靠体表从周围的水中获得氧气的。线粒体是原生动物的呼吸细胞器,其中含有三羧酸循环的酶系统,能把有机物完全氧化分解成二氧化碳和水,并能释放出各种代谢活动所需要的能量,产生的二氧化碳,还可通过扩散作用排到水中。少数腐生(或寄生)的原生动物生活在低氧或完全缺氧的环境下,不能完全氧化分解有机物,而是利用大量糖发酵产生很少的能量来完成代谢活动。

3.运动

原生动物的运动方式分为两大类,一类是没有固定运动类器官,另一类是具有固定运动类器官。

4.排泄

原生动物代谢产生的二氧化碳和其他一些可溶性代谢废物,借扩散作用从体表排出。在淡水中生活的原生动物体内具有排泄类器官,由类似于细胞膜的结构包围而成,呈泡状,泡内含有水和可溶性废物,称为伸缩泡(contractile vacuole)。在淡水中生活的原生动物体内渗透压高于外界的渗透压,水分会不断地进入体内,伸缩泡不断地收集水分,并将水分排出体外,溶于水中的一些代谢产物也随之排出体外。如果没有伸缩泡的结构,淡水中生活的原生动物就会因体内水分过多而胀破。海水中有大量盐分,其渗透压与细胞内渗透压大致相等,所以海水中生活的种类一般没有伸缩泡。

5.应激性

原生动物对外界的刺激具有趋避性。当遇到食物时,它们会向有食物的地方趋集;当遇到有害刺激时,它们又会避开。这种应激性对它们的生存有很大意义。

本章小结

真核细胞型微生物包括真菌、藻类和原生动物,具有细胞膜、细胞质、细胞器和细胞核。真菌和藻类具有细胞壁。细胞质内包含内质网、高尔基体、溶酶体、微体、线粒体和叶绿体等。真菌包括酵母菌、霉菌和担子菌。酵母菌为单细胞,以无性繁殖为主,多为出芽繁殖。霉菌由菌丝形成菌丝体。霉菌菌落多呈绒毛状,能进行无性繁殖和有性繁殖。担子菌是最高级的真菌,菌丝体发达,分为初生菌丝体、次生菌丝体和三生菌丝体。担子菌进行有性繁殖,产生担子和担孢子。藻类为由单细胞或多细胞构成,细胞质内含有叶绿体,能进行光合作用,进行营养繁殖、无性繁殖和有性繁殖。原生动物是一类最原始的单细胞动物,生活史较复杂,无性生殖或有性生殖,或两者交替,采用光合营养、吞噬营养和渗透营养进行生活。

拓展阅读

扫码进行思维导图、课程文化案例、课件等数字资源的获取和学习。

数字资源

思考与练习题

1. 简述酵母菌细胞壁的结构。
2. 试绘图表示真核细胞型微生物"9+2型"鞭毛的横切面构造,并简述其运动机制。
3. 酵母菌、霉菌和担子菌的繁殖方式各有哪些?
4. 酵母菌和真菌的生长繁殖条件是什么?
5. 藻类繁殖方式是什么?
6. 原生动物营养方式有哪些?

第四章

微生物的遗传和变异

本章导读

前三章我们已经学习了三大类微生物的结构和生长繁殖特点,本章主要阐述微生物的遗传和变异规律。不同微生物中的遗传物质以什么形式存在?微生物遗传信息是如何传递和表达?微生物变异的发生方式有哪些?微生物基因转移和重组原理是什么?这些问题的解答将为我们进一步选育与畜禽养殖相关的功能性微生物奠定基础。

学习目标

1. 熟悉微生物变异发生的方式,理解微生物遗传物质传递的过程,掌握微生物变异的碱基、功能和表型的变化类型。

2. 理解微生物基因转移和重组原理,了解微生物基因转移和重组技术在实践中的应用。

3. 理解微生物遗传变异原理,善于运用微生物遗传变异原理来选育和改良功能性微生物菌种。

概念网络图

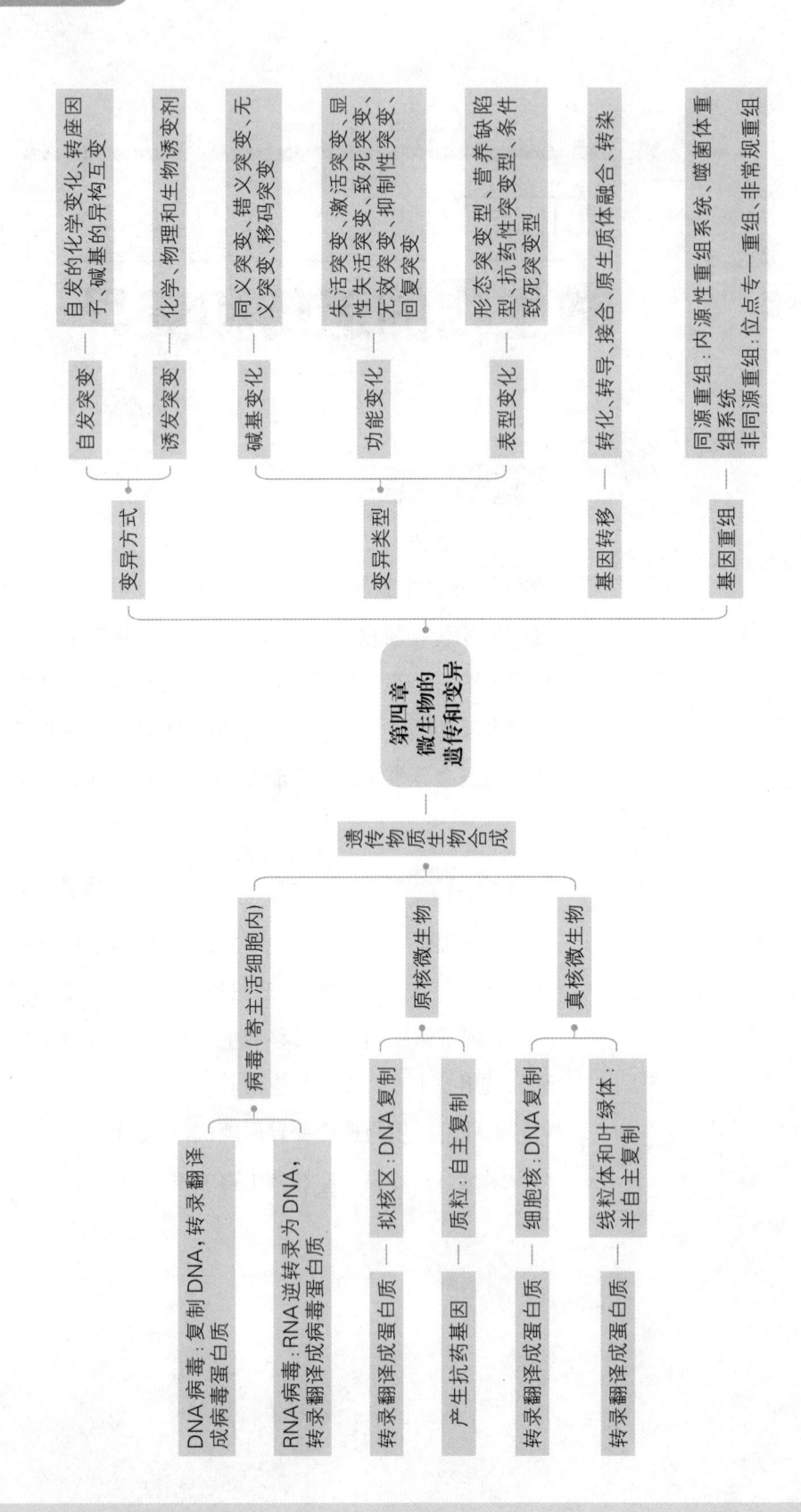

第四章 微生物的遗传和变异

变异方式
- 自发突变 —— 自发的化学变化、转座因子、碱基的异构互变
- 诱发突变 —— 化学、物理和生物诱变剂

变异类型
- 碱基变化 —— 同义突变、错义突变、无义突变、移码突变
- 功能变化 —— 失活突变、激活突变、显性失活突变、致死突变、抑制性突变、回复突变
- 表型变化 —— 形态突变型、营养缺陷型、抗药性突变型、条件致死突变型

基因转移
- 转化、转导、接合、原生质体融合、转染

基因重组
- 同源重组：内源性重组系统、噬菌体重组系统
- 非同源重组：位点专一重组、非常规重组

遗传物质生物合成

病毒（寄主活细胞内）
- DNA 病毒：复制 DNA，转录翻译成病毒蛋白质
- RNA 病毒：RNA 逆转录为 DNA，转录翻译成病毒蛋白质

原核微生物
- 拟核区：DNA 复制，转录翻译成蛋白质
- 质粒：自主复制，产生抗药基因

真核微生物
- 细胞核：DNA 复制，转录翻译成蛋白质
- 线粒体和叶绿体：半自主复制，转录翻译成蛋白质

微生物的遗传(heredity)和变异(variation)是指微生物基因携带的遗传信息从亲代到子代的正确传递和发生变化的规律。微生物遗传是指微生物亲代与子代的相似性,使微生物的性状保持相对稳定,是微生物存在的根本。微生物变异是指微生物亲代与子代之间的差异性状,使微生物更能适应外界环境的变化,促使微生物在物种上发生进化。本章主要介绍微生物的遗传、微生物的变异和微生物基因转移和重组。

第一节 微生物的遗传

微生物具有个体小、生活周期短、能在简单的合成培养基上迅速生长繁殖等特点。不同类型微生物细胞中的遗传物质分布在不同区域,存在形式各异,生物合成过程不同,传递和表达遗传信息方式也有差异。

一、病毒遗传物质

(一)病毒遗传物质的存在形式

病毒无细胞结构,遗传物质存在于芯髓,一种病毒仅含有一种核酸(DNA或RNA)。

(二)病毒遗传物质的复制

DNA病毒的遗传物质是DNA。由于DNA病毒无细胞结构,其DNA复制需要依赖感染的宿主细胞才可以完成。复制方式有双向复制、滚环复制、DNA链置换复制和滚叉复制等。其中滚环复制在DNA病毒中最为普遍,许多双链DNA病毒、部分单链DNA病毒都使用这种方式复制。

滚环复制过程如图4-1所示,亲代双链DNA的一条链在DNA复制起点处被切开,其5′端游离出来,接着DNA聚合酶Ⅲ将脱氧核糖核苷酸聚合在3′-OH端。当复制向前进行时,亲代DNA上被切断的5′端继续游离下来,并且很快与单链结合蛋白质(single strand binding protein,SSB)结合。5′端从环上向下解链时,伴有环状双链DNA环绕,其轴不断地旋转,以3′-OH端为引物的DNA生长链不断地以另一条环状DNA链为模板向前延伸,复制过程像一个滚动的环,故称为滚环复制。

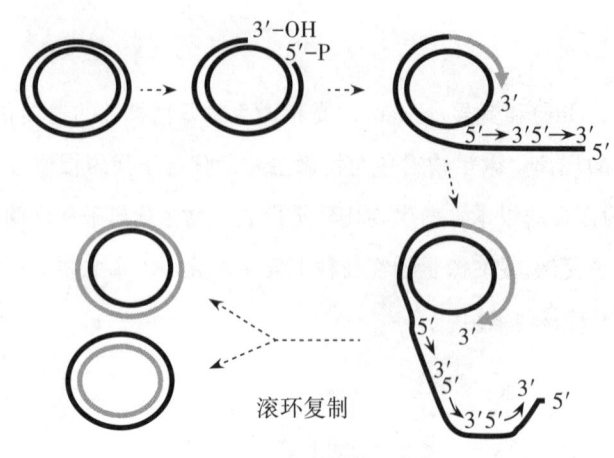

图 4-1 滚环复制示意图

(三)病毒遗传信息的传递和表达

1.遗传信息的传递

病毒通过感染寄主细胞,借助寄主细胞复制DNA或RNA,合成蛋白质,与遗传物质装配在一起。宿主细胞破裂后,将合成的病毒释放出来,从而完成自身遗传信息的传递。

2.遗传信息的表达

病毒自身无法进行转录和翻译,需要借用寄主体内的营养物质和活动场所进行转录和翻译等一系列生命活动。

(1)DNA病毒

DNA病毒遗传信息的表达遵循中心法则,由DNA转录生成mRNA,mRNA翻译生成蛋白质,合成蛋白质,与病毒的核酸装配成新的病毒。

(2)RNA病毒

RNA病毒遗传信息的表达同样遵循中心法则,其遗传物质RNA先逆转录生成DNA,再依赖所寄主细胞进行转录和翻译,合成蛋白质,与遗传物质装配成新的病毒。

二、原核细胞型微生物遗传物质

原核细胞型微生物遗传物质DNA主要聚集在拟核中,其细胞质中的质粒也含有少量的小型环状DNA。

(一)原核细胞遗传物质的存在形式

原核细胞具有一个拟核区域,该区域中存在着裸露的大型环状DNA。原核细胞中的质粒也存在DNA。

1.拟核中遗传物质的存在形式

原核细胞中遗传物质DNA以单链(或双链)螺旋环状结构存在。由于原核细胞中DNA裸露在细胞中,缺少各种细胞器,原核细胞中DNA复制、转录和翻译同时进行,提高了复制、转录和翻译的速度。但与真核细胞相比,原核细胞复制出现错误的概率也大幅度提高,这是原核细胞易突变的原因之一。

2.质粒中遗传物质的存在形式

质粒是部分原核细胞特有的一种结构,包含小型环状DNA,呈共价闭环负超螺旋形态,具有自主复制的能力,是原核细胞拟核以外的独立遗传单位。一个原核细胞中含有两种甚至数种质粒。有些质粒携带抗药基因,是抗药性突变发生的基础。例如,大肠杆菌含有携带抗四环素基因的质粒。有一部分质粒中的基因可以赋予原核细胞额外的生理代谢能力,提高原核细胞的毒力。由于质粒具有自主复制、友好借居等特点,已成为基因工程的常用载体。

(二)原核细胞DNA复制

原核细胞DNA复制主要包括起始、延伸和终止。

1.DNA双螺旋的解旋

DNA复制前,首先要解开双链,形成复制叉,这是一个多种蛋白质和酶参与的复杂过程。以大肠杆菌为例,大肠杆菌基因组以双链环状DNA分子的形式存在,复制起始点(oriC)含有3个串联重复保守序列(13 bp)和4个能结合Dna A的起始结合位点的保守序列(9 bp)。大多数原核细胞型微生物在oriC上形成两个复制叉,并沿着整个基因组双向等速移动。

(1)DNA解链酶

DNA解链酶(DNA helicase)又称为DNA解旋酶,能水解ATP获得能量,解开双链DNA。大部分的DNA解链酶(如大肠杆菌解旋酶Ⅲ)沿后随链5′→3′方向,随着复制叉的前进而移动。

(2)单链结合蛋白质

两条链解开形成的单链区具有重新形成双螺旋的扭曲张力,单链结合蛋白质SSB可以保证DNA以单链形式存在。

(3)DNA拓扑异构酶

DNA拓扑异构酶(DNA topoisomerase)包括拓扑异构酶Ⅰ(Top1)和拓扑异构酶Ⅱ(Top2),可以消除解链造成的正超螺旋的堆积。

2.DNA复制的起始

DNA复制时,先由引发酶在DNA模板上合成一段RNA链作为引物。前导链只需一段RNA引物,后随链的每个冈崎片段都需要新的引物,引发过程需要多种蛋白质和酶的协同作用。

3.DNA链的延伸

前导链和后随链的合成是同时进行的,前导链连续合成,方向与复制叉一致,后随链的合成分段进行,即先合成冈崎片段再连接成完整的DNA链。DNA链的延伸需要DNA连接酶和DNA聚合酶的参与。

(1)DNA聚合酶

大肠杆菌中已经发现5种DNA聚合酶,即DNA聚合酶Ⅰ-Ⅴ。其中DNA聚合酶Ⅰ具有外切酶活性,主要用于DNA合成时RNA引物的切除。DNA聚合酶Ⅱ主要参与DNA损伤的修复。DNA聚合酶Ⅲ具有很强的聚合能力,能催化脱氧核苷酸的羟基和脱氧核苷酸的磷酸基脱水,形成磷酸二酯键,而且DNA复制过程中最基本的酶促反应就是核苷酸的聚合反应,DNA聚合酶Ⅲ是最主要的复制酶。当DNA出现损伤时,DNA聚合酶Ⅳ和Ⅴ参与损伤DNA的修复。

(2)DNA连接酶

DNA连接酶(DNA ligase)可连接两个短的DNA片段,合成完整的DNA链。

4.DNA复制的终止

大肠杆菌的顺时针复制叉内含有由4个连续排列的终止子ter(terminator)组成的终止序列。逆时针复制叉内含有由3个连续排列的终止子组成的终止序列。当复制叉移动到终止子处，ter序列结合特定的蛋白质(如Tus蛋白质)，形成Tus-ter复合物，阻止复制叉的进一步移动。这样，当一个复制叉先到达终止区时，其复制会停止，待另一个复制叉到达同一位置，两个复制叉相遇，即完成了整个DNA的复制过程，如图4-2所示。

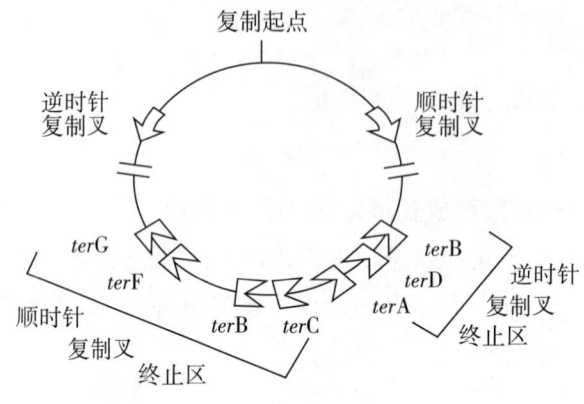

图4-2 大肠杆菌DNA复制的终止子

(引自张丽萍,2015)

(三)遗传信息的传递和表达

1.遗传信息的传递

在原核细胞型微生物中，DNA是遗传信息的贮存者。遗传信息从亲代向子代传递，是以二分裂的方式进行遗传的。DNA完成自主复制并在分裂时平均分配到两个子细胞中，进而将遗传信息完整地传递给子代。

2.遗传信息的表达

在原核细胞型微生物中，DNA通过转录生成mRNA，mRNA翻译成蛋白质，呈现表型性状。

(1)转录

转录是指以DNA的一条链为模板，在RNA聚合酶催化下，按照碱基配对原则，合成一条与DNA链的一定区段互补的RNA链的过程，是基因表达的核心步骤。通过转录，遗传信息从DNA传递到mRNA上。

(2)翻译

翻译是指以成熟的mRNA为模板，将遗传密码子翻译成氨基酸序列的过程，是遗传信息表达的最终目的。

三、真核细胞型微生物遗传物质

真核细胞型微生物的细胞核是遗传物质DNA的主要聚集地，线粒体和叶绿体中也存在少量的DNA。

(一)遗传物质的存在形式

真核细胞型微生物的细胞核、线粒体和叶绿体中均含有遗传物质DNA,其种类不同,DNA存在形式各有差异。

1. 真核细胞遗传物质的存在形式

真核细胞型微生物细胞核中的DNA主要与蛋白质结合,以染色质或染色体的形式存在。染色体和染色质是DNA与蛋白质结合体在不同时期的两种形态。染色体主要存在于细胞分裂期,DNA与蛋白质凝缩高度螺旋化,呈棒状、粗柱状和杆状等各种不同形状,有利于细胞分裂时遗传物质的平分。染色质主要存在于细胞分裂间期,由于细胞分裂间期长于细胞分裂期,故染色质是DNA和蛋白质结合体的主要存在形态。染色质呈松散的丝状,染色后在光学显微镜镜下呈颗粒状,不均匀地分布在细胞核中,有利于DNA信息的储存和表达。

2. 细胞质中遗传物质的存在形式

真核细胞型微生物细胞质中的DNA呈球状,存在于线粒体或叶绿体中。这两个细胞器中的遗传物质存在形式与原核细胞十分相似,故有学者推论,真核细胞在早期进化中吞噬了原核细胞,但没有将其完全消化吸收,演变成现在的细胞器。线粒体(或叶绿体)遗传物质DNA以裸露形式游离存在,有利于快速完成转录和翻译。线粒体与叶绿体也称为半自主性细胞器,可以利用自身的遗传物质进行转录和翻译,并不完全依赖细胞核中遗传物质的转录和翻译。

(二)真核细胞DNA的复制

真核细胞型微生物为多起点复制,复制子小而多,受复制许可因子控制,复制周期不可重叠。真核细胞型微生物的DNA聚合酶和蛋白质因子的种类多,DNA polα的两个小亚基承担引物酶活性。

真核细胞型微生物的线性DNA复制时,后随链的最后一个冈崎片段的RNA引物被切除后,由于缺口的另一端不存在核苷酸片段的3′-OH,缺口无法用DNA聚合酶填补。随后,模板链的单链部分被水解,因此,随着DNA的复制,染色体的长度会变短。端粒酶是一种负责细胞端粒延伸的酶,是基本的核蛋白逆转录酶,是由蛋白质和RNA组成的复合物。端粒酶蛋白质部分以RNA为模板催化合成DNA链,来弥补DNA复制过程中端粒的缩短部分。

(三)真核细胞遗传信息的传递和表达

1. 遗传信息的传递

在真核细胞型微生物中存在细胞结构,有成型的细胞核,细胞核中有染色体,遗传物质DNA存在染色体上。通过染色体的复制来完成DNA的复制,再平均分配到两个细胞中去,进而将遗传信息由亲代传递给子代。

2. 遗传信息的表达

与原核细胞型微生物比,真核细胞型微生物遗传信息的表达也包括转录和翻译两个阶段,但参与的酶和蛋白质更多,具体过程可参见分子生物学。

第二节 微生物的变异

变异是指亲代与子代(或子代与子代之间)在同一性状上拥有不同表型的现象。微生物变异现象常见于微生物的各种性状(如形态、结构、菌落、抗原性、毒力、酶活性、耐药性、空斑和宿主范围等)。按照是否可遗传给后代,可分为非遗传性变异和遗传性变异。微生物在一定的环境条件下发生的变异,不能稳定地传给子代,当环境条件改变时,可能恢复原来性状,称为非遗传型变异。微生物的基因型发生改变,变异的性状能稳定地传给子代,并且不可逆转,称为遗传性变异。微生物变异原理的研究在菌种选育、疫苗与药物研制等方面具有重要意义。

一、微生物变异的发生方式

一个基因内部遗传结构或DNA序列的任何改变(如一对或少数几对碱基的缺失、插入或置换),而导致的遗传变化称为基因突变(gene mutation),其发生变化的范围很小,又称点突变(point mutation)或狭义的突变。广义的突变又称染色体畸变(chromosomal aberration),包括大段染色体的缺失、重复、倒位。微生物基因突变是导致遗传变异的根本原因。微生物的变异可以自发进行,也可以人为干预使之发生。微生物变异的发生方式分为自发突变和诱发突变。

(一)自发突变

自发突变(spontaneous mutation)是指在自然界中微生物因环境因素诱变作用或DNA复制、转录、修复时偶然出现的碱基配对错误所产生的突变。

1.微生物自发突变的原因

引起微生物自发突变的因素很多,包括微生物基因组复制突变、微生物自身产生诱变物质和自然界环境对微生物的诱变作用。

(1)基因组复制突变

微生物基因组复制突变是指遗传物质DNA或RNA(病毒)在复制过程中,由于某些内在或外在的原因,导致核苷酸掺入错误,使子代DNA或RNA核苷酸次序发生变化,从而产生突变。DNA复制相关因子发生改变,会引起自发突变,在特定环境中表现出表型的改变。微生物基因组复制突变包括复制过程中DNA聚合酶出现错误、转座因子的作用、碱基的异构互变效应和自发的化学变化等。

①基因组复制酶出现错误

微生物遗传物质DNA的复制依赖DNA聚合酶,DNA聚合酶出现错误会导致微生物突变。在高温下(43 ℃),大肠杆菌和枯草杆菌DNA聚合酶Ⅲ基因发生微小变化而失活,从而增加了常温(30~37 ℃)下其自发突变频率。

由于RNA复制酶没有纠错活性和RNA修复机制，RNA基因组突变率比DNA基因组高1 000倍。

②转座因子的作用

转座(transposition)是指DNA序列通过非同源重组的方式，从染色体的某一部位转移到同一染色体上另一部位或其他染色体上某一部位的现象。转座因子是微生物基因组内可移动并能够随机插入基因组的DNA序列，通过其在基因组内的移动可引起基因功能的失活或改变。

③碱基的异构互变效应

碱基能以互变异构体的形式存在，互变异构体之间能形成不同的碱基配对，产生碱基的转换和颠换现象。转换(transition)是嘌呤到嘌呤或嘧啶到嘧啶的碱基置换。颠换(transversion)则是嘌呤到嘧啶或嘧啶到嘌呤的碱基置换。

在DNA复制时，以正常氨基形式出现的腺嘌呤会与胸腺嘧啶进行正确的配对。然而当腺嘌呤以亚氨基的形式出现时，则会与胞嘧啶配对，这时胞嘧啶会代替胸腺嘧啶插入到DNA分子中，如果在下一轮复制发生之前，该错误替换的碱基未被系统修复，那么DNA分子中的碱基就发生了改变，即产生了基因突变。

胸腺嘧啶有两种不同的存在形式，若胸腺嘧啶由酮式转换成烯醇式，则碱基配对就会由原来的A—T变成G—T，也就是鸟嘌呤取代腺嘌呤进行碱基配对，经过复制之后，会导致A—T碱基对转换成G—C碱基对。

④自发的化学变化

碱基的脱嘌呤(或脱嘧啶)和脱氨基可引起自发突变。在DNA复制时，由于短的重复核苷酸序列发生DNA链的滑动会导致一小段DNA的插入或缺失。

碱基偶尔从核苷酸移出，而留下一个脱嘌呤或脱嘧啶的缺口，此缺口在下一轮复制时不能进行正常的碱基配对而导致基因突变。

胞嘧啶的自然脱氨基可形成尿嘧啶，尿嘧啶不是DNA复制过程中的正常碱基，DNA修复系统不能将其识别并除去，结果会留下一个脱嘧啶的位点。

(2)微生物自身产生诱变物质

通常存在于细胞内的天然物质中也有表现出诱变活性的物质，如微生物细胞内的咖啡碱、硫氧化合物、二硫化二丙烯和重氮丝氨酸等。微生物自身产生诱变物质既是微生物自身的代谢物，又可以引起微生物的自发诱变，因此在许多微生物的陈旧培养物中易出现自发突变。

(3)自然环境对微生物的诱变作用

在自然界中存在着能引起突变的物质，如自然界的紫外线、短波辐射和加热等。当微生物偶然与之接触时会发生自发突变，据估计T4噬菌体在37 ℃每天每一GC碱基对以$4×10^{-8}$的频率发生变化。

2.自发突变的特性

(1)非对应性

基因突变的发生与环境因子无对应性。也就是说抗药性突变并不是由于接触了药物而引起的，抗噬菌体的突变也不是由于接触了噬菌体而引起的，在接触药物和噬菌体之前，突变就已经自发并且随机地产生了。

(2)稀有性

正常情况下,突变发生的频率很低,一般在$10^{-10}\sim10^{-6}$。

(3)规律性

特定微生物的某一特定性状的突变率具有一定的规律性。例如,大肠杆菌以3×10^{-8}的频率产生抗噬菌体T1的突变和以1×10^{-9}的频率产生抗链霉素突变;金黄色葡萄球菌以1×10^{-7}的频率产生抗青霉素突变。

(4)独立性

引起各种性状改变的基因突变彼此是独立的,即某种细菌均可以一定的突变率产生不同的突变,一般互不干扰。一个基因的突变不受其他基因突变的影响,两个不同基因同时发生突变的频率为两个基因各自的突变率的乘积。

(5)遗传和回复性

突变是遗传物质结构的改变,突变基因所表现的遗传性状也是一个稳定的性状,因此是可以稳定遗传的。但同样的原因也可以导致突变的回复,也就是由突变型回复到与野生型完全相同的DNA序列,使表型回复到野生型状态。

(6)可诱变性

通过理化因子等诱变剂的诱变作用,可提高自发突变的频率,但不改变突变的本质。微生物基因突变的可诱变性是微生物诱变育种的基础。

(二)诱发突变

诱发突变(induced mutation)是指采用人为措施诱导生物体的表型或者基因信息产生变异,常用于功能基因的发掘、种质资源的改良以及优良新品种的培育。根据采取措施的不同,诱发突变可以分为物理诱变、化学诱变、生物诱变、航天诱变等。

1. 物理诱变

(1)紫外线

紫外线是实验室中常用的非电离辐射诱变因子,由紫外线引起相邻碱基形成二聚体,阻碍碱基的正常配对而导致碱基置换突变。

(2)电离辐射

电离辐射(X线、γ线和快中子等)可通过玻璃和其他物质,穿透力强,能到达生殖细胞,常用于微生物的诱变育种。

(3)热处理

短时间的热处理可诱发突变,可以将胞嘧啶脱氨基生成尿嘧啶,导致GC-AT的转换;也可以引起鸟嘌呤脱氧核糖键的移动,在DNA复制过程中出现2个鸟嘌呤的碱基配对,在下一次复制中这对碱基错配会造成GC→CG颠换。

2. 化学诱变

化学诱变剂是一类能对DNA起作用并改变DNA结构,从而引起遗传变异的物质。

(1)碱基类似物

碱基类似物是指其分子结构与DNA分子中的碱基非常类似,能取代碱基,整合到DNA分子中的一类化合物。如5-溴尿嘧啶(胸腺嘧啶结构类似物)和2-氨基嘌呤(腺嘌呤结构类似物),在DNA复制过程中能整合进DNA分子中,比正常碱基产生异构体的频率高。

(2)插入染料

插入染料是一类扁平的只有三个苯环结构的化合物,在分子形态上类似于碱基对的扁平分子,可以插入到DNA分子的碱基对中,使其分开,从而导致DNA在复制过程中滑动,这种滑动增加了一小段DNA插入和缺失的概率,提高突变率,引起移码突变。

(3)改变碱基结构的化学修饰剂

常见的改变碱基结构的化学修饰剂包括脱氨剂、羟化剂和烷化剂。

①脱氨剂

亚硝酸能引起含氨基的碱基(A、G、C)产生氧化脱氨反应,使氨基变为酮基,从而改变配对性质,造成碱基置换突变。亚硝酸可将鸟嘌呤转变成黄嘌呤,将胞嘧啶转变成尿嘧啶,将腺嘌呤转变为次黄嘌呤。

②羟化剂

羟胺(NH_2OH)只与胞嘧啶发生反应,引起GC-AT的转换。

③烷化剂

烷化剂是最常用的一类化学诱变剂,具有一个或多个活性烷基。甲磺酸乙酯和亚硝基胍都属于烷基化试剂,其烷基化位点主要在鸟嘌呤的N-7位和腺嘌呤的N-3位上。但这两个碱基的其他位置以及其他碱基的许多位置也能被烷化,烷化后的碱基也像碱基结构类似物一样,引起碱基配对的错误。

3. 生物诱变

转座因子是实验室中常用的一种诱变因子,能插入到基因组的任何部位,导致基因的失活而发生突变。由于转座因子Tn和Mu带有可选择标记(如抗生素抗性等),容易分离到所需的突变基因。

4. 航天诱变

航天诱变是利用空间环境特有的宇宙射线、微重力和弱地磁等因素对微生物进行诱变的一种手段。

二、微生物变异的结果

微生物的遗传物质经历了某些因素的干扰而发生了改变,使得子代中控制相关性状的基因与亲代有所不同,进而表现出与亲代不同的性状。微生物变异可引起碱基变化、功能变化和表型变化。

(一)碱基变化

1. 同义突变

同义突变(same-sense mutation)是指DNA片段中某个碱基对的突变不改变所编码的氨基酸。同义突变原因在于该位置的密码子突变前后为简并密码子。例如,CTA与CTG均编码亮氨酸,若A突变为G则该变异为同义突变。

2. 错义突变

错义突变(mis-sense mutation)是指碱基序列的改变引起了产物氨基酸的改变。有些错义突变严重影响到蛋白质活性,甚至使之完全无活性,从而影响了表型。如果该基因是必需基因,则该突变为致死突变(lethal mutation)。

3. 无义突变

无义突变(nonsense mutation)是指某个碱基的改变,使代表某种氨基酸的密码子变成蛋白质合成的终止密码子(UAA、UAG、UGA)。蛋白质合成提前终止,产生截短的蛋白质。

4. 移码突变

移码突变(frame shift mutation)是由于DNA序列中发生1~2个核苷酸的插入或缺失,使开放阅读框(ORF)发生改变,导致从改变位置以后的氨基酸序列的完全变化。

(二)功能变化

当突变蛋白质与其直接相互作用体之间功能的精确性发生变化时,突变就会对功能产生影响。相互作用体可以是其他蛋白质、分子和核酸等。

1. 失活突变

功能突变(loss-of-function mutation)导致基因产物的功能减少,失去部分(或全部)功能,又称为失活突变(inactivating mutation)。与这些突变相关的表型通常是隐性的。

2. 激活突变

功能获得性突变(gain-of-function mutation)改变了基因产物并使其作用变得更强(增强激活),甚至被不同的和异常的功能所取代,也称为激活突变(activating mutation)。当新等位基因产生时,包含新等位基因和原等位基因的杂合子将表达新等位基因,将这种突变称为显性表型突变。

3. 显性失活突变

显性失活突变(dominant negative mutations)改变了基因,产生野生型等位基因起拮抗作用的产物。这些突变通常导致分子功能的改变(通常使之失活),并以显性或半显性表型为特征。

4. 致死突变

致死突变(lethal mutation)导致发育中的个体立即死亡,致死突变也会导致有机体预期寿命的大幅下降。

5. 无效突变

无效突变(null mutation),是失活突变的一种,其完全禁止了基因的功能。该突变导致对表型水平调控的完全丧失,没有基因产物形成。

6. 抑制性突变

抑制性突变(suppressor mutation)是一种二次突变,其作用为减轻或恢复已存在突变的影响。在抑制性突变中,第一次突变产生的表型活性完全抑制,从而导致双突变的结果看起来就像未发生突变一样。抑制性突变分为基因内和基因外两种类型。基因内突变发生在第一次突变发生的基因中,而基因外突变发生在与第一次突变产物相互作用的基因中。

7. 回复突变

回复突变(back mutation)又叫逆转(reversion),是一种恢复原始序列的点突变,突变结果是个体恢复到原始的表现型。

(三)表型变化

微生物变异的表型可分为形态突变型、营养缺陷型、抗药性突变型和条件致死突变型等。

1.形态突变型

形态突变型(morphological mutant)是指导致形态改变的突变型,包括影响微生物细胞形态、菌落形态颜色和噬菌斑形态的突变型,这是一类非选择性突变。通常将形态突变型和非突变型微生物同时培养在相同培养基平板上,可依据形态变化对微生物菌种进行筛选。其中菌落颜色突变型更易筛选。例如,用携带 β-半乳糖苷酶的 Mu 转座因子引起的插入突变,在含有 X-gal(5-bromo-r-chloro-3-indoly1-β-D-galactoside)的平板上可显示蓝色菌落或噬菌斑,易于鉴别和分离。

2.营养缺陷型

营养缺陷型(auxotroph)指微生物不能在无机盐类和碳源组成的基本培养基中增殖,必须补充一种(或一种以上)的营养物质才能生长。营养缺陷型微生物丧失合成某些生活必需物质的能力,不能在基本培养基上生长的。例如,酵母菌菌株在缺乏某种特定培养基组分(如氨基酸、嘌呤或嘧啶)时无法生长,当转化含有突变基因的质粒后,使阳性转化克隆能在缺乏必需营养组分的培养基内生长,采用缺乏某种特定组分(如氨基酸、嘌呤或嘧啶)的培养基来筛选阳性转化的酵母营养缺陷型菌种。营养缺陷型是微生物遗传学研究中重要的选择标记。

3.抗药性突变型

抗药性突变(resistance mutant)是由于基因突变使菌株对某种或某几种药物(如抗生素)产生抗性的一种突变型,普遍存在于各类细菌中,也是用来筛选重组子和进行其他遗传学研究的重要选择标记。

4.条件致死突变型

条件致死突变型(condition allethal mutant)是指在某一条件下具有致死效应,而在另一条件下没有致死效应的突变型。例如,温度敏感突变型菌株在 42 ℃无法生长,而在 25~30 ℃可以生长。条件致死突变型微生物常被用来分离生长繁殖必需的突变基因。

第三节 | 微生物基因转移和重组

基因转移和重组是遗传变异的基本现象,三大类微生物都存在基因转移和重组现象。垂直基因转移(vertical gene transfer)是基因从亲代到子代的传递过程。水平基因转移(horizontal gene transfer,HGT),又称侧向基因转移(lateral gene transfer,LGT),指微生物将遗传物质传递给其他细胞而非其子代的过程,打破了亲缘关系的界限,发生在亲缘、远缘,甚至无亲缘关系的微生物之间,以获得更多的遗传多样性。广义的基因重组泛指任何造成基因型变化的基因交流过程。狭义的基因重组仅指涉及DNA分子内断裂—复合的基因交流。

一、微生物的水平基因转移

根据DNA片段的来源和交换方式等不同,将微生物水平基因转移分为转化、转导、接合、原生质体融合和转染等方式。

(一)转化

遗传转化(genetic transformation)是指同源(或异源)的游离DNA分子被自然(或人工)感受态细胞摄取,并得到表达的基因水平转移过程。根据感受态建立方式,可分为自然遗传转化和人工转化。自然遗传转化感受态的出现是细胞一定生长阶段的生理特性。人工转化则是通过人为诱导的方法,使细胞具有摄取DNA的能力,或人为地将DNA导入细胞内。

在转化的发生过程中,供体DNA片段吸附于受体细菌的细胞膜上,细胞膜上的双链DNA分解成单链,与一种特异的蛋白质结合,穿入受体菌细胞内,与DNA发生整合,取代一部分原来的DNA,受体菌由于获得外源DNA而改变了遗传性状。

(二)转导

转导(transduction)是由病毒介导的细胞间进行遗传交换的一种方式,能将一个细菌的部分染色体和质粒DNA转到另一个细菌的噬菌体称为转导噬菌体。获得新遗传性状的受体菌细胞,称为转导子(transductant)。细菌的转导又分为普遍性转导和局限性转导,普遍性转导与溶原性噬菌体的裂解周期有关,局限性转导与溶原性噬菌体的溶原周期有关。

1.普遍性转导

在噬菌体成熟装配过程中,由于装配错误,误将宿主(供菌)染色体片段或质粒装入噬菌体内,产生一个转导噬菌体。当转导噬菌体感染其他细菌时,便将供体菌DNA转入受体菌,如图4-3所示。大约每 $10^5 \sim 10^7$ 次装配中会发生一次错误,且装配是随机的,任何供体菌DNA片段都有可能被误装入噬菌体内,故称为普遍性转导(general transduction)。烈性噬菌体和溶原性噬菌体均可介导普遍性转导。

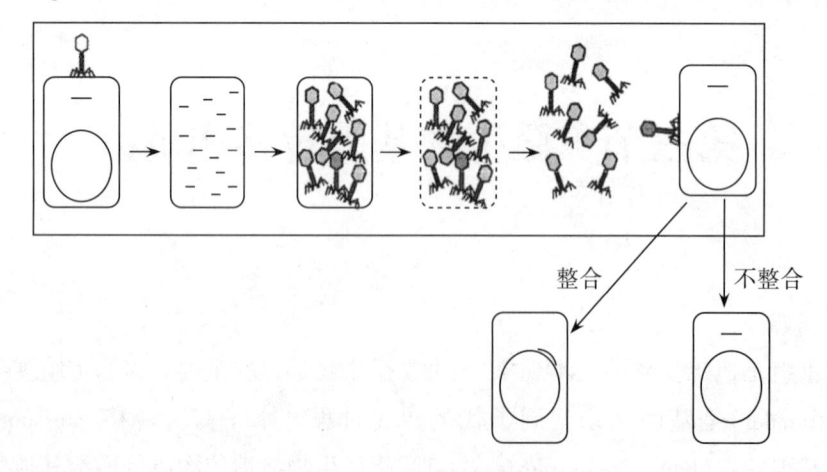

图4-3 普遍性转导

(引自李凡,2018)

2. 局限性转导

溶原性噬菌体DNA整合在细菌染色体上形成前噬菌体。前噬菌体从宿主菌染色体上脱离时发生偏差,带有宿主菌染色体基因的前噬菌体脱落后,经复制、转录和翻译后装配成转导噬菌体。当转导噬菌体再感染受体菌时,可将供体菌基因带入受体菌。由于被转导的基因只限于前噬菌体两侧的供体菌基因(如gal或bio),故称为局限性转导(restricted transduction)。局限性转导由溶原性噬菌体转导。

(三) 接合

接合(conjugation)是两个完整的细菌通过性菌毛直接接触,供体细菌将质粒DNA转移给受体细菌的过程。接合性质粒包括F质粒、R质粒和Col质粒等。

1. F质粒的接合

F质粒通过性菌毛从雄性菌(F^+)转移到雌性菌(F^-)的过程,称为F质粒的接合。像有性繁殖一样,当F^+菌与F^-菌接触时,F^+菌的性菌毛末端可与F^-菌表面上的受体结合,结合后性菌毛渐渐缩短,使两种菌紧靠在一起,F^+菌中F质粒的一股DNA链断开,逐渐从细胞连接处伸入F^-菌,两个菌内的单链DNA进行滚环复制,各自形成完整的双链F质粒。所以在受体菌获得F质粒时,供体菌仍含有F质粒。受体菌在获得F质粒后变为F^+菌,可形成菌毛,F质粒的接合过程如图4-4所示。

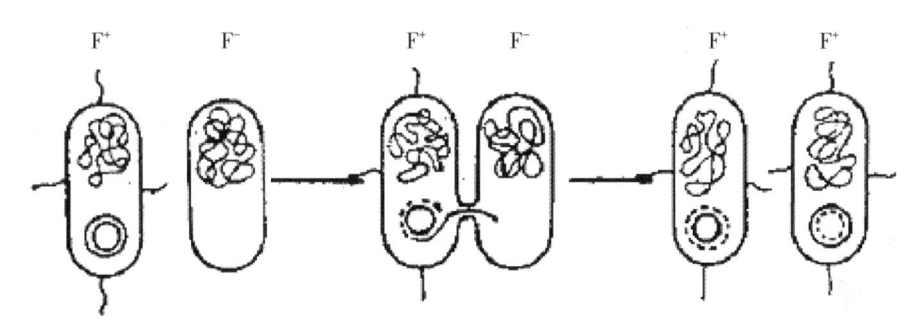

图4-4 F质粒的接合过程

(引自陈金顶,2017)

2. R质粒的接合

细菌耐药性的产生主要是由于R质粒在菌株间的转移所致。R质粒由耐药性转移因子(resistance transfer factor,RTF)和耐药决定子(resistance determinant,r-det)组成,r-det决定耐药性,RTF决定R质粒的复制、接合和转移。RTF和r-det均能自主复制,只有两者一起存在时,细菌才能将耐药性转移给另一个细菌。R质粒的接合方式类似F因子的转移方式,先由RTF控制,耐药菌(R^+)长出R菌毛,R菌毛和敏感菌(R^-)接触后,r-det由R^+菌内转移至R^-菌内。R质粒不能整合到宿主染色体基因组上。

3. Col质粒的接合

Col质粒能控制细菌素的合成,有的细菌可以产生性菌毛,在细菌间进行接合转移,称为转移性质粒;有的细菌不能在细菌间进行接合转移,称为非转移性质粒;当细菌细胞同时具有可转移的质粒(如F因子)时,两者可同时发生接合转移。

(四)原生质体融合

原生质体融合是指通过人为的方法,使遗传性状不同的两种细菌细胞的原生质体发生融合,进而发生遗传重组,产生同时带有双亲性状、遗传性稳定的融合子的过程。原生质体融合技术是一种继转化、转导和接合之后,更加有效地转移遗传物质的手段。

(五)转染

转染受体菌(或细胞)从噬菌体获得DNA的过程,称为转染。与原生质体融合一样,转染也是一种人为的手段,通常用于哺乳动物细胞。

二、微生物基因重组

基因重组为微生物的变异和进化增添了新的内容,包括同源重组(homologous recombination)和非同源重组(non-homologous recombination)。例如,细菌是单细胞生物,以二分裂的方式进行无性繁殖,子代只能从亲代中获得遗传物质,在某些情况下,两个不同性状细菌的基因可以转移到一起,经过基因重组形成新的遗传个体。

(一)同源重组

同源重组是遗传重组的一种类型,即两股具有相同或相似序列的DNA重新排列,遗传物质发生交换,广泛应用于修复细胞DNA链上发生的断裂。同源重组在大肠杆菌中的研究非常成熟,同源重组也应用于其他细菌的研究,如分枝杆菌、噬菌体和假单胞菌等。同源重组是微生物体内的重要生物学过程。微生物同源重组分为细菌内源性重组系统和噬菌体重组系统。

1. 内源性重组系统

正常的新陈代谢活动和环境因素(如紫外线和辐射)均可引起DNA损伤,如双链断裂和单链缺口等。若这些损伤不修复,将导致细菌因染色体破碎而死亡。内源性重组系统在维持细菌细胞染色体稳定和细胞活性中发挥重要作用。内源性重组通过RecBCD途径和RecF途径完成DNA损伤修复。RecBCD途径和RecF途径是RecA蛋白依赖型的同源重组,由RecA蛋白介导DNA同源配对。

(1) RecBCD途径

RecBCD途径只在某些细菌里存在,修复双链断裂。参与修复损伤DNA的功能蛋白质包括RecBCD、SSB、RecA和RuvABC蛋白。RecBCD是一种异源三聚体酶,RecD能结合并解开dsDNA末端,同时降解5′链,RecB的N端是解旋酶结构域(RecBh),C端是核酸酶结构域(RecBn),由70个氨基酸作为共价系链连接,当RecBCD遇到Chi序列时,Chi序列能与Rec C稳定结合,使得RecBn与RecA结合,从而加载RecA完成修复。SSB(Single-stranded DNA-binding protein,单链DNA结合蛋白)专门负责与DNA单链区域结合的一种蛋白质。RecA是一种38 kDa DNA依赖型ATP酶,对染色体稳定和遗传多样性很重要。RuvB是RuvABC通过复制叉逆转(RFR)帮助挽救停滞的DNA复制叉。

① RecBCD途径介导的双链断裂修复过程

RecBCD介导的双链断裂修复过程如图4-5所示,DNA双链发生断裂后,RecBCD与受损DNA结合形成起始复合物。RecB解开断裂的DNA双链,断裂DNA的5′端被RecD降解,断裂DNA的3′端在

RecBCD形成的通道内延伸，RecB和RecD逐渐将DNA双链解开，这个过程需要ATP水解提供能量。遇到Chi序列时，RecC在这个位点与DNA的5′末端紧密结合阻止DNA链继续被降解。DNA的3′端形成一个环，加载RecA，同时RecBCD解离，RecA继续介导同源重组发生。

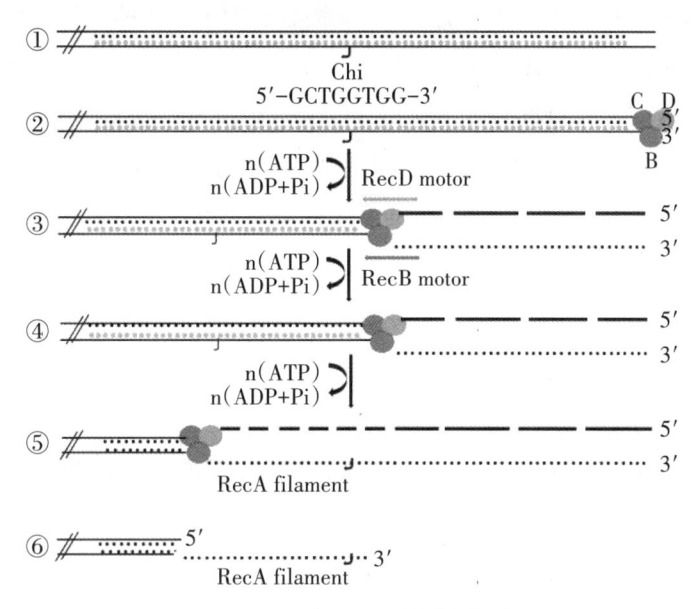

图4-5 RecBCD介导双链断裂修复模型

①双链断裂 ②RecBCD与受损DNA结合，形成起始复合物，RecB解开DNA双链 ③断裂DNA的5′端被RecD降解，DNA的3′端在RecBCD形成的通道内延伸，同时ATP水解提供能量 ④遇到Chi序列时，RecC在这个位点与DNA的5′端结合，阻止DNA链继续被降解 ⑤在DNA的3′端形成一个环，加载RecA，RecBCD解离 ⑥RecA介导同源重组发生

②RecA介导同源重组过程

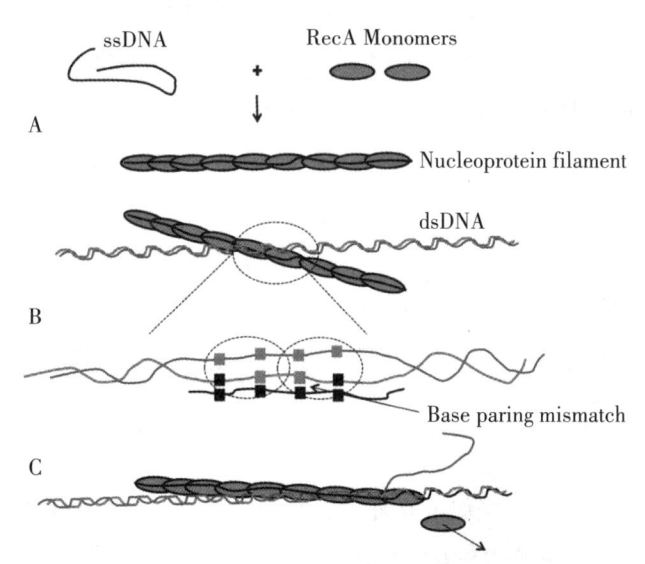

RecA介导同源重组过程如图4-6所示，RecA介导同源重组过程可分为前联会、联会和后联会三个阶段。

图4-6 RecA介导同源重组过程

A.RecA与RecF或者RecBCD途径产生的ssDNA结合，形成核蛋白复合体（NPF） B.NPF在dsDNA中进行同源搜索和链的交换 C.联会复合体中发生同源检测和链的交换，RecA解离，链交换完成在前联会期间,将单链DNA的一个特殊区域作为RecA-ssDNA核蛋白纤丝组装的底物,在SSB的作用下,完成RecA-ssDNA核蛋白的组装。

在联会期间,RecA-核蛋白纤丝搜索到同源染色体上DNA相似序列,单链核蛋白纤丝将进入同源受体的双链DNA(称为链入侵)。侵入的3'端突出,导致受体双链DNA的一条链形成一个D-环,D-环被酶切时,可以与间隙中的第一个DNA退火产生"Holliday junction"。"Holliday junction"形成后,该链与双螺旋中互补区发生部分配对,通过同源配对取代固有链,从而与同源片段发生交换,两组RuvA和两组RuvB形成RuvAB复合体,使整体结构沿一个方向移动(称为分支迁移)。

在后联会期间,"Holliday junction"被切断,从而恢复形成两个独立的DNA分子,同时RecA解离,链交换完成。

(2) RecF途径

RecF途径在所有原核生物中都存在,主要修复单链缺口,在没有RecBCD途径的某些细菌里,RecF途径也能修复双链断裂。

RecF途径主要包括解旋酶DrRecQ,该酶在已知全基因组序列的生物中均被鉴定到。RecQ家族蛋白包含Helicase(解旋酶)、RecQ-C-terminal(RecQ-Ct)和Helicase-and-RNaseD-like-C-terminal(HRDC)三个保守的结构域。这些功能性蛋白质可修复停止在DNA损伤位点的复制叉,在DNA修复过程中发挥关键作用。

2. 噬菌体重组系统

噬菌体重组系统广泛应用于DNA重组工程和直接克隆,是RecA蛋白独立的同源重组,包括λRed系统、RecET系统和其他噬菌体重组系统。其中λRed系统和racRecET系统应用更广泛。

(1) λRed系统

20世纪60年代中期发现的λRed噬菌体重组系统,已广泛应用于基因工程等领域。λ噬菌体基因组中,Red操纵子包括三个基因α、β和γ,在受温度敏感型CI阻遏子调控的pL启动子下彼此相邻,这三个基因在噬菌体裂解细胞的早期表达。redα基因编码5'-3'双链DNA核酸外切酶,redβ基因编码单链退火蛋白。redγ基因编码蛋白质能抑制RecBCD途径中核酸外切酶和解旋酶活性。λRed系统对于线性和环状质粒的同源重组有偏爱性。

①Redα蛋白

Redα蛋白是一种ATP独立、Mg^{2+}依赖型的核酸外切酶,结合双链DNA末端,酶切DNA链的5'末端,形成单核苷酸和3'端暴露的悬臂。DNA不存在时,环形同源三聚体中间通道足够宽,可以在一端结合双链DNA,但仅允许单链DNA通过另一端。紧接着双链DNA进入中央通道,5'端被三聚体的活性位点酶切,3'-端链退出通道另一端。

②Redβ蛋白

Redβ蛋白是λRed系统重组酶,能促进互补单链DNA进行退火。Redβ蛋白能诱发随机的分子内重组。该单链DNA-Redβ核蛋白丝能够与互补单链DNA配对,它们的结合能够抵抗单链核酸酶活性。退火后Redβ仍然与退火双链紧密结合,退火后双链DNA-复合物能抵抗DNA酶I活性,比单链DNA-复合物更稳定。

③Redγ蛋白

Redγ蛋白包含一个二聚体区域和两个突出N-末端螺旋结构的螺旋蛋白。二聚体表面由两个反平行长螺旋(螺旋H4各单体)和四个短螺旋形成交叉支撑(螺旋H2和H3各单体)构成，N-末端螺旋向外突出形成螺旋H1，各螺旋彼此约100°。形成螺旋H1的氨基酸中的芳香族氨基酸残基很丰富，构成其疏水性结构域。RecBCD-dsDNA复合物中，DNA两条链与RecB亚基形成的3′通道和RecC亚基形成的5′通道结合，这两种通道的宽度恰好容纳Redγ的H1螺旋。H1螺旋能够作为单链DNA类似物进入3′通道，突出的芳香族氨基酸残基(Trp55和Tyr59)就像DNA碱基一样分布在RecBCD晶体结构中。

(2) RecET重组系统

介导同源重组的recE和recT基因来自Rac原噬菌体。在RecET系统中，RecE产生3′末端单链DNA，这个单链末端DNA与DNA退火蛋白RecT结合，介导同源重组发生。RecET系统倾向于线性-线性基因的重组。RecET重组系统已被导入到大肠杆菌recB和recC突变菌株(称为sbcA的突变菌株)，在缺乏RecBCD突变菌株sbcA中，激活recE和recT基因表达，可提高重组效率。RecET重组系统已发展为直接克隆技术，这个技术能从基因组中直接克隆目的基因。

①RecE

RecE是5′-3′双链DNA依赖型核酸外切酶，能结合到游离双链DNA末端，逐步酶切5′-末端链，留下一个3′端悬臂和单核苷酸，倾向于5′-P和5′-OH基团的双链DNA底物。

②RecT

RecT是单链DNA退火蛋白，结构和功能与Redβ蛋白相似。RecT形成低聚物环和C形结构，Mg^{2+}缺乏时，RecT蛋白可以稳定结合单链和双链DNA，而Redβ蛋白只结合单链DNA。RecT是通过环形DNA与永久线性双链DNA配对，促进线性双螺旋到环形单链的转移。链转移需要借助RecT-单链DNA核蛋白复合物与双链DNA反应的介导，通过RecT-双链DNA核蛋白复合物的形成而被阻止。与Redα和Redβ相同，RecE和RecT也需要特定的蛋白质-蛋白质相互作用。

(二)非同源重组

微生物非同源染色体重组是一种发生在减数分裂期的染色体重组。非同源重组又包括位点专一重组和非常规重组。在低等的大肠杆菌和啤酒酵母中基本上没有非同源重组，某些高等真菌和原虫中，同源重组和非同源重组大体各占一半。

1. 位点专一重组

位点专一重组只需要很少的顺序同源性，发生在两种DNA的专一位点上，如λ噬菌体整合到寄主大肠杆菌的染色体DNA上，就是发生在λ-DNA及宿主DNA的特定位点上。

2. 非常规重组

非常规重组不是发生在固定位点上，而是发生在任意位点上，两个DNA分子间可能只有几个碱基对的同源性，通常把由于转座因子引起的缺失、倒位等现象归于此类。

本章小结

病毒的遗传物质为RNA或DNA,原核细胞型微生物和真核细胞型微生物遗传物质为DNA。真核细胞型微生物和原核细胞型微生物的DNA复制过程包括解旋、起始、延伸、终止四个过程。微生物突变方式分为自发突变和诱导突变。微生物基因转移分为转化、转导、接合、原生质体融合和转染等。微生物基因重组分为同源重组与非同源重组。微生物同源重组又分为内源性重组系统和噬菌体重组系统。内源性同源重组在维持微生物细胞染色体稳定和细胞活性中发挥重要作用,噬菌体重组系统广泛应用于DNA重组工程和直接克隆。

拓展阅读

扫码进行思维导图、课程文化案例、课件等数字资源的获取和学习。

数字资源

思考与练习题

1. 简述原核细胞型微生物DNA复制的过程。
2. 引起微生物基因突变的因素有哪些?
3. 基因转移在育种等多个领域有着广泛的应用,请在转化、转导、接合、原生质体融合和转染中任选一到两个简述其操作原理。
4. 简述RedET重组原理。
5. 简述RecA介导同源重组的过程。

第五章

微生物与物质循环

本章导读

碳、氮、硫、磷等元素是组成生物体的化学元素,微生物必须不断从环境中摄取这些营养物质才能生长发育和繁殖。在生态系统中,这些物质是循环的。碳、氮、硫、磷在自然界中是怎么循环的？微生物在物质循环中起什么作用？本章将一一解答这些问题,为实现现代畜禽养殖业的可持续发展奠定基础。

学习目标

1. 了解自然界中碳、氮、硫、磷的循环过程,掌握微生物在自然界碳、氮、硫、磷循环中的作用。

2. 掌握微生物在物质循环中的作用原理,运用微生物对物质分解原理实现自然界生态平衡。

3. 深刻体会微生物与自然界的物质循环是息息相关的,保护大自然微生物资源,促进自然界物质的良性循环。

概念网络图

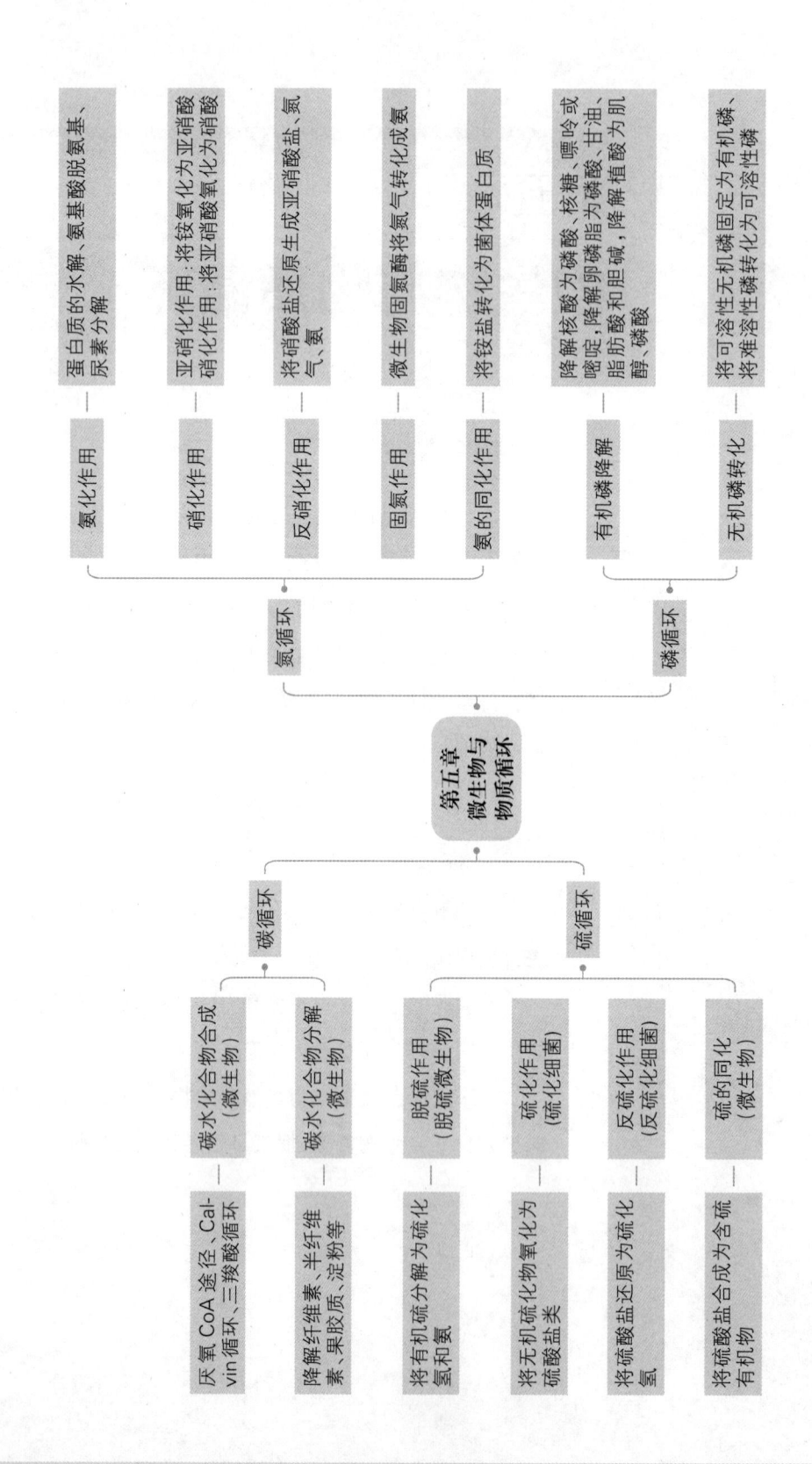

第五章 微生物与物质循环

- 氮循环
  - 氨化作用 —— 蛋白质的水解、氨基酸脱氨基、尿素分解
  - 硝化作用 —— 亚硝化作用：将铵氧化为亚硝酸；硝化作用：将亚硝酸氧化为硝酸
  - 反硝化作用 —— 将硝酸盐还原生成亚硝酸盐、氮气、氨
  - 固氮作用 —— 微生物固氮酶将氮气转化成氨
  - 氨的同化作用 —— 将铵盐转化为菌体蛋白质

- 磷循环
  - 有机磷降解 —— 降解核酸为磷酸、核糖、嘌呤或嘧啶，降解卵磷脂为磷酸、甘油、脂肪酸和胆碱，降解植酸为肌醇、磷酸
  - 无机磷转化 —— 将可溶性无机磷固定为有机磷，将难溶性磷转化为可溶性磷

- 碳循环
  - 碳水化合物合成（微生物）—— 厌氧CoA途径、Calvin循环、三羧酸循环
  - 碳水化合物分解（微生物）—— 降解纤维素、半纤维素、果胶质、淀粉等

- 硫循环
  - 脱硫作用（脱硫微生物）—— 将有机硫分解为硫化氢和氨
  - 硫化作用（硫化细菌）—— 将无机硫化物氧化为硫酸盐类
  - 反硫化作用（反硫化细菌）—— 将硫酸盐还原为硫化氢
  - 硫的同化（微生物）—— 将硫酸盐合成为含硫有机物

> 物质循环包括天然物质循环和污染物质循环。碳、氮、硫、磷等元素是组成生物体的化学元素，生物必须不断从环境中摄取这些营养物质才能生长、发育和繁殖。在生态系统中，这些物质是循环的。推动物质循环的作用包括物理、化学和生物作用，其中生物作用起主导作用，微生物在物质循环中具有极其重要的地位。本章主要介绍微生物在自然界碳、氮、硫、磷循环中的作用。

第一节 微生物与碳循环

碳是有机化合物（纤维素、半纤维素、果胶、淀粉、糖、脂肪、木质素和烃类物质等）的骨架，是构成有机体最重要的元素。碳循环包括CO_2的固定和CO_2的再生。绿色植物和微生物通过光合作用固定自然界中的CO_2，合成碳水化合物。植物和微生物通过呼吸作用获得能量，同时释放出O_2。动物以植物和微生物为食物，并通过呼吸作用释放出CO_2。微生物分解动物、植物和微生物尸体，产生大量CO_2。另有一部分有机物因地质运动形成石油、天然气和煤炭等化石燃料，贮藏在地层中，被开发利用后，经过燃烧，又形成CO_2回归到大气中。

一、微生物在碳水化合物合成中的作用

微生物经生物氧化后所获得的能量主要用于CO_2固定。微生物固定CO_2的途径包括厌氧乙酰辅酶A途径（anaerobicacetyl-CoA pathway）、Calvin循环（Calvin cycle）和三羧酸循环（reductivetricarboxylic acid cycle，TCA）。厌氧CO_2固定要比好氧CO_2固定更经济有效。3 mol CO_2经厌氧的乙酰辅酶A途径合成1 mol 甘油醛-3-磷酸只消耗3 mol ATP。3 mol CO_2通过TCA循环途径需要5 mol ATP，而通过Calvin循环则需要9 mol ATP。

（一）厌氧乙酰辅酶A途径

厌氧乙酰辅酶A途径又称激活乙酸途径（activated-aceticacid pathway），是近年来在一些能利用氢的厌氧菌中发现的自养CO_2还原途径。

（二）Calvin循环

Calvin循环也称核酮糖二磷酸途径或还原性戊糖循环，是光能自养生物和化能自养生物固定CO_2的主要途径。磷酸核酮糖激酶和核酮糖羧化酶是Calvin循环中的特有酶。利用Calvin循环进行CO_2固定

的生物除了绿色植物、蓝细菌和绝大多数光合细菌外,还包括全部好氧性化能自养菌。Calvin循环可分为羧化反应、还原反应和CO_2的固定三个阶段。

1. 羧化反应

3个核酮糖-1,5-二磷酸通过核酮糖二磷酸羧化酶将3个CO_2固定,并转变成6个3-磷酸甘油酸分子。

2. 还原反应

在羧化反应后,经过逆向糖酵解(Embden-Meyerhof-Parnas,EMP)途径,3-磷酸甘油酸的羟基还原生成醛基,即通过3-磷酸甘油酸激酶将3-磷酸甘油酸磷酸化生成1,3-二磷酸甘油酸,再通过甘油醛-3-磷酸脱氢酶还原1,3-二磷酸甘油酸生成甘油醛-3-磷酸。

3. CO_2的固定

在Calvin循环中,甘油醛-3-磷酸可进一步通过EMP途径生成葡萄糖分子,其余分子经过复杂的生化反应再生成核酮糖-1,5-二磷酸分子,重新接受CO_2进行固定。

(三)TCA循环途径

还原性TCA循环(reductivetricarboxylic acid cycle)固定CO_2的途径只存在于少数光合细菌(如嗜硫代硫酸盐绿菌)中。在这一途径中,CO_2通过琥珀酰-CoA的还原性羧化作用而被固定。

二、微生物在碳水化合物分解中的作用

(一)纤维素的分解

纤维素是植物细胞壁的主要成分,难溶于水,约占植物总重量的一半,是自然界最丰富的有机化合物。纤维素是葡萄糖通过β-糖苷键连接的高分子聚合物,每个纤维素分子含有1 400~10 000个葡萄糖基,分子式为$(C_6H_{10}O_5)_n$。树木、农作物秸秆和以此为原料的工业产生的废水(如棉纺印染废水、造纸废水、人造纤维废水和有机垃圾等)均含有大量的纤维素。

1. 分解纤维素的微生物

土壤中的有机质对纤维分解菌的长期选择和微生物对土壤条件的定向适应是土壤纤维分解菌的种类和数量相对稳定的主要原因。土壤纤维分解菌可用来指示土壤有机质的含量及其分解强度和土壤熟化程度。能耐粗饲料的畜禽消化道中也具有大量纤维素分解微生物。

(1)纤维分解细菌

①好氧性纤维素分解细菌

好氧性纤维素分解细菌最适温度范围为22~30 ℃,最适pH值范围为7.0~7.5。

食纤维菌属(Cytophata)和生孢食纤维菌属(Sporocytophata)是土壤中常见的好氧性纤维素分解细菌。在滤纸上生长时,滤纸表面会出现淡黄色或其他颜色的菌落,并有黏液。幼龄时,细胞弯曲,两头尖锐。之后逐渐缩短变粗,细胞呈弧形弯曲,类似食纤维菌。有的细菌还能形成小孢囊,并产生不耐热的孢子,类似生孢食纤维菌。

好氧纤维素分解细菌还有多囊菌属(Polyangium)、镰状纤维菌属(Cellfacicula)和纤维弧菌属(Cell-

vibrio)。多囊菌属的细菌呈杆状,常由几个至几百个孢囊堆积成子实体,在滤纸上,能产生各种不同的颜色,具有很强的纤维素分解能力。

镰状纤维菌属细菌为革兰阴性,短杆菌,微弯曲,两端尖锐,端生鞭毛,在纤维素硅酸盐培养基上产生绿色、淡黄色或淡褐色黏液。

纤维弧菌属细菌为革兰阴性,小杆状,两端圆形,单生鞭毛,大部分能在纤维素上产生黄色或褐色色素。

各种好氧性纤维素分解细菌对纤维素有不同程度的专一性。食纤维菌和生孢食纤维菌对纤维素的专一性较强,只能利用纤维素及其水解产物(纤维二糖)作为碳源和能源。多囊菌属和纤维弧菌属等对纤维素的专一性较弱,不仅能利用纤维素及其水解产物,而且也能利用各种单糖、双糖和淀粉等作为碳源和能源。好氧性纤维素分解细菌能利用硝酸盐、氨盐、天冬酰胺和蛋白胨等,其中以硝酸盐最佳,但对氮源的要求不严。

②厌氧性纤维素分解细菌

厌氧性纤维素分解细菌分为嗜热性和中温性两类。中温性细菌,如奥氏梭菌(*Clostridium omeilianskii*),适宜生长温度范围为33~37 ℃。嗜热性细菌包括热纤梭菌(*C. thermocellum*)和溶解梭菌(*C. dissolvens*)等。热纤梭菌具有分散而不连续的细胞表面细胞器——纤维素体,纤维素体含有纤维素酶,可以直接分解纤维素为乙醇。细菌细胞通过纤维素体能牢固黏附在纤维素上。

(2)分解纤维素的放线菌

许多放线菌能分解纤维素。放线菌的纤维素分解能力较弱,不及细菌和真菌。土壤放线菌有2.0%~4.4%能分解纤维素,包括白色链霉菌(*Streptomyces albus*)、灰色链霉菌(*S. griseus*)、红色链霉菌(*S. ruber*)等。

(3)分解纤维素的真菌

许多真菌具有很强的纤维素分解能力,包括木霉属(*Trichoderma*)、镰刀霉属(*Fusarium*)、青霉属(*Penicillium*)、曲霉属(*Aspergillus*)、毛霉属(*Mucor*)、葡萄孢霉属(*Botrytis*)等。在森林的枯枝落叶中,占优势的纤维素分解菌是担子菌。在潮湿土壤中,真菌是纤维素分解的优势菌群。

2.纤维素酶

纤维素酶包括细胞表面酶和胞外酶两种。细菌纤维素酶一般为细胞表面酶,位于细胞膜上,分解纤维素时,细菌必须附着在纤维素表面。真菌和放线菌的纤维素酶为胞外酶,可以在胞外环境中起作用,菌体无须直接与纤维素表面接触。真菌胞外酶纤维素酶包括内-β-葡聚糖酶、外-β-葡聚糖酶和β-葡萄糖苷酶。内-β-葡聚糖酶主要水解纤维素分子内的β-糖苷键,产生带有自由末端的长链片段。一种微生物能分泌多种C_1同功酶。外-β-葡聚糖酶作用于纤维素分子的末端,产生纤维二糖。一种微生物也能分泌出多种外-β-葡聚糖酶同功酶。β-葡萄糖苷酶能将纤维二糖、纤维三糖及低分子量的寡糖水解成葡萄糖。

3.纤维素的分解过程

纤维素的分解过程如图5-1所示。在有氧条件下,纤维素通过微生物纤维素酶作用,生成纤维二糖,然后再水解成葡萄糖,最后进行好氧发酵生成ATP、二氧化碳和水。在厌氧条件下,厌氧发酵水解成葡萄糖,进一步生成挥发性脂肪酸、二氧化碳和氢气。

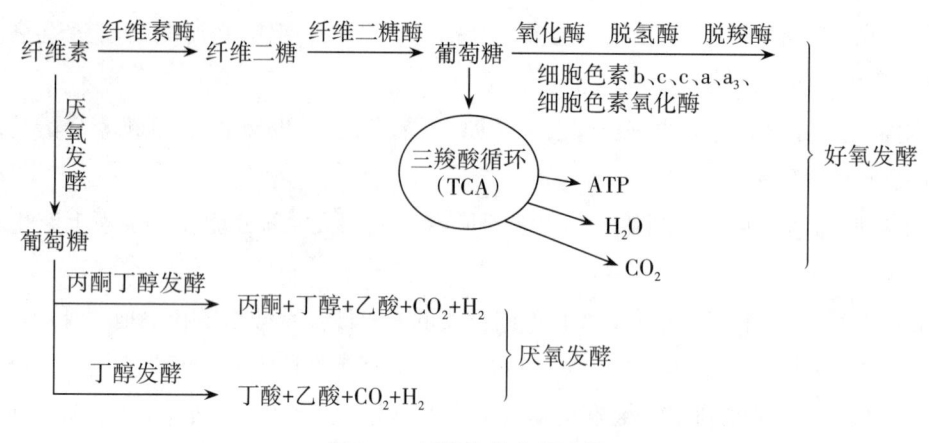

```
纤维素 ──纤维素酶──→ 纤维二糖 ──纤维二糖酶──→ 葡萄糖 ──氧化酶 脱氢酶 脱羧酶──→ ┐
   │                                              │   细胞色素b、c、c₁、a、a₃、    │ 好氧发酵
   │厌氧                                           ↓   细胞色素氧化酶              │
   │发酵                                        三羧酸循环 → ATP                    ┘
   ↓                                             (TCA)  → H₂O
  葡萄糖                                                  → CO₂
    │──丙酮丁醇发酵──→ 丙酮+丁醇+乙酸+CO₂+H₂  ┐
    │                                          │ 厌氧发酵
    └──丁醇发酵──→ 丁酸+乙酸+CO₂+H₂          ┘
```

图 5-1 纤维素的分解过程

(二)半纤维素的分解

半纤维素(hemicellulose)为植物细胞壁的另一种主要成分,是由几种不同类型的单糖(木糖、阿伯糖、甘露糖和半乳糖等)构成的异质多聚体。半纤维素木聚糖在木质组织中占总量的50%,结合在纤维素微纤维的表面,并且相互连接成网络。造纸废水和人造纤维废水中含半纤维素。

1. 分解半纤维素的微生物

土壤微生物分解半纤维素的能力较强,能分解纤维素的微生物大多也能分解半纤维素。土壤微生物分解半纤维素的速度比分解纤维素快。许多芽孢杆菌属(*Bacillus*)、假单胞菌属(*Pseudomonas*)、节细菌属(*Arthrobacter*)和放线菌属(*Actinomycetes*)能分解半纤维素。根霉属(*Rhizopus*)、曲霉、小克银汉霉属(*Cunninghamella*)、青霉和镰刀霉等霉菌也能分解半纤维素。

2. 半纤维素的分解过程

在微生物产生的半纤维素酶类(如多缩糖酶)的水解作用下,半纤维素被水解成单糖和糖醛酸。糖醛酸的分解包括好氧分解和厌氧分解两条途径。好氧分解经过EMP途径分解糖醛酸后,再经过三羧酸循环,最终分解为二氧化碳和氢气,并且释放ATP。厌氧分解途径能直接分解糖醛酸产生多种发酵产物。

(三)果胶质的分解

果胶质$(C_6H_{10}O_5)_n$是一种无定形胶质,能使多细胞植物的相邻细胞彼此粘连。天然果胶质又称为原果胶,是由D-半乳糖醛酸以D-1,4糖苷键相连形成的直链高分子化合物,其中大部分羧基已形成甲基酯,而不含甲基酯的称为果胶酸。果胶质可被酸、碱、果胶酶等溶解,从而导致细胞相互分离。许多果实(如苹果和番茄等)成熟时,产生果胶酶,将果肉细胞的胞间层溶解,细胞彼此分离,从而使果实变软。

1. 分解果胶质的微生物

分解果胶质的微生物包括好氧菌和厌氧菌。好氧菌包括枯草芽孢杆菌(*B. subtilis*)、多粘芽孢杆菌(*B. polymyxa*)、浸软芽孢杆菌(*B. carotovora*)和软腐欧氏杆菌(*Erwinia Carotovora*)。厌氧菌包括嗜果胶梭菌(*C. pectinovorum*)和费氏梭菌(*C. felsineum*)。嗜果胶梭菌是大杆菌,芽孢端生,菌体呈鼓槌状,菌落无色。费氏梭菌较小,菌体呈梭状,菌落黄色或橙黄色。分解果胶的真菌包括青霉属、曲霉属、木霉属、小克银汉霉属、芽枝孢霉属(*Cladosporium*)、根霉属和毛霉属等。在草堆和林地落叶层中,常活跃着一些放线菌,分解其中的果胶质。

2.果胶质的分解过程

果胶质的水解产物取决于微生物产生的果胶质酶种类。果胶质酶包括果胶质酯酶、果胶质水解酶和果胶质裂解酶。果胶质酯酶能水解甲基酯键,使果胶酯转化为果胶酸和甲醇。果胶质水解酶能水解α-1,4糖苷键,水解果胶酯的产物为D-甲基酯半乳糖醛单元及寡聚体,水解果胶酸的产物为D-半乳糖醛酸单元及寡聚体。果胶质裂解酶将果胶质裂解为半乳糖醛酸单元。

果胶酸、聚戊糖、半乳糖醛酸和甲醇等在好氧条件下被分解为二氧化碳和水。在厌氧条件下进行丁酸发酵,生成丁酸、乙酸、醇类、二氧化碳和氢气。

(四)淀粉的分解

淀粉是植物体重要的养分,贮存在种子和块茎中。淀粉为葡萄糖的高聚体,分为直链淀粉和支链淀粉。直链淀粉由葡萄糖分子脱水缩合,以α-1,4葡萄糖苷键组成不分支的可溶性的链状结构。而支链淀粉由葡萄糖分子以α-1,4和α-1,6糖苷键组成分支的链状结构。当用碘溶液进行检测时,直链淀粉液呈蓝色,而支链淀粉与碘接触时则变为红棕色。

1.降解淀粉的微生物种类

降解淀粉的微生物种类很多。好氧菌包括芽孢杆菌属和根霉属、曲霉属。芽孢杆菌属可以将淀粉直接分解为二氧化碳和水。根霉属和曲霉属能将淀粉先转化为葡萄糖,接着由酵母菌属将葡萄糖发酵为乙醇和二氧化碳。厌氧菌包括丙酮丁醇梭菌(*C. acetobutylicum*)和丁醇梭菌(*C. butylicum*)。

2.淀粉的分解过程

微生物分解淀粉过程如图5-2所示。在有氧条件下,淀粉酶将淀粉先水解为糊精,再水解为麦芽糖,在麦芽糖酶的作用下最终生成葡萄糖,经三羧酸循环完全氧化生成二氧化碳和水。在厌氧条件下,专性厌氧菌降解淀粉产生挥发性脂肪酸、乙醇和二氧化碳。

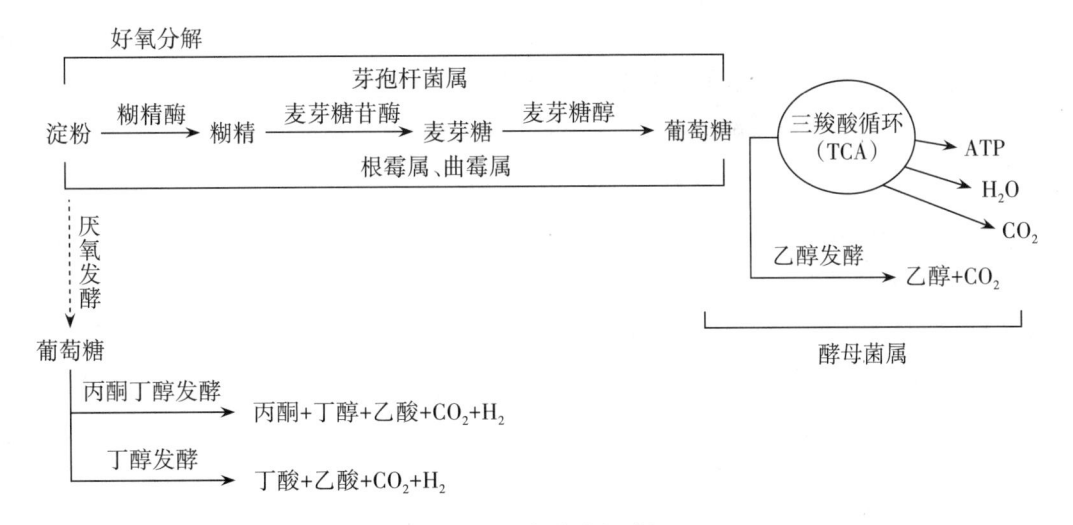

图5-2 淀粉的分解过程

第二节 微生物与氮循环

在自然界中,氮以多种形态存在,不断循环转化。在大气中氮的占比约为79%。氮是构成生物体的必需元素,海洋中和陆地上的有机氮储量约为无机氮的十倍,约占大气氮量的0.1%。固氮微生物或植物与微生物的共生体能将空气中的氮气固定成氨态氮,经过微生物硝化作用转化成硝态氮,再被植物或微生物同化为有机含氮化合物。动物食用含氮植物后,氮转变为动物体蛋白质。动物、植物和微生物的尸体和排泄物被微生物分解后,氮以氨的形式释放。在无氧条件下,硝化菌产生的硝酸盐被微生物还原成为氮气,重新回到大气中,开始新的氮循环。微生物在氮循环中起重要的推动作用。微生物在氮循环中的作用主要包括氨化作用、硝化作用、反硝化作用、固氮作用和氨的同化作用。

一、氨化作用

氨化作用(amonification)是指含氮有机物经微生物分解产生氨的过程,这个过程又称为有机氮的矿化作用(mineralization)。生物体中的蛋白质、氨基酸、尿素、几丁质和核酸中的含氮有机物,均可通过氨化作用释放氨,供植物和微生物利用。

(一)蛋白质的氨化

1.蛋白质的分解过程

蛋白质是由约20种氨基酸构成的大分子化合物,不能直接透过细胞膜进入微生物体内。在微生物分泌的蛋白酶作用下,蛋白质被水解生成各种氨基酸,然后在脱氨酶的作用下氨基酸被分解释放出氨。

(1)蛋白质的水解

在微生物产生的蛋白酶和肽酶的联合催化下完成蛋白质的水解。蛋白酶又称内肽酶,能够水解蛋白质分子的肽键,形成蛋白胨和小肽。蛋白酶有一定的专一性,不同蛋白质的水解需要对应的蛋白酶的催化。肽酶又称外肽酶,只能从肽链的一端水解,每次水解释放一个氨基酸。不同的肽酶也具有专一性。氨肽酶是从肽链的氨基端水解产生氨基酸。羧肽酶是从肽链的羧基端水解产生氨基酸。

(2)氨基酸的脱氨基作用

蛋白质水解形成的氨基酸可被吸收至微生物细胞内,并进行脱氨基作用。微生物脱氨基作用包括水解脱氨基作用、还原脱氨基作用和氧化脱氨基作用。具体脱氨基形式取决于底物、微生物种类和环境条件。不同脱氨基过程如下:

①水解脱氨基过程如下:$RCHNH_2COOH+H_2O \rightarrow RCHOHCOOH+NH_3$。

②水解脱氨基并脱羧基过程如下:$RCHNH_2COOH+H_2 \rightarrow ORCH_2OH+NH_3+CO_2$。

③还原脱氨基作用过程如下:$RCHNH_2COOH+H_2 \rightarrow RCH_2COOH+NH_3$。

④还原脱氨基并脱羧基过程如下:$RCHNH_2COOH+H_2 \rightarrow RCH_3+NH_3+CO_2$。

⑤氧化脱氨并脱羧基过程如下:$RCHNH_2COOH+O_2 \rightarrow RCOOH+NH_3+CO_2$。

⑥脱氨基并形成双键过程如下:$RCHNH_2COOH+O_2 \rightarrow RCH=CHCOOH+NH_3$。

⑦两种氨基酸之间进行氧化还原作用(又称为Stickland反应)并脱氨过程如下:$CH_3CHNH_2COOH+CH_2NH_2COOH+H_2O \rightarrow CH_3COCOOH+CH_3COOH+2NH_3$。

氨基酸脱氨基作用的共同产物是氨,同时也产生有机酸、醇和二氧化碳等。若为含硫氨基酸,则在脱氨作用的同时,脱硫形成硫化氢(或硫醇),具有恶臭味。

2. 蛋白质氨化微生物

能分解蛋白质的微生物很多,但它们的分解速度有差异。分解蛋白质能力强并释放出氨的微生物称为氨化微生物。

(1)兼性厌氧的无芽孢杆菌

荧光假单胞菌(*P. fluorescens*)、黏质赛氏杆菌(*Serratia marcescens*)和普通变形杆菌(*Proteus vulgaris*)是不产生芽孢的革兰阴性杆菌,兼性厌氧,在有氧和无氧条件下都可以进行强烈的氨化作用。荧光假单孢菌细胞单生或端生鞭毛,能运动,产生可溶性淡绿色荧光色素,在厌氧条件下能够以硝酸盐作最终受氢体。黏质赛氏杆菌细胞单生,周生鞭毛,能运动,产生不溶性红色素,使菌落呈鲜红色。

(2)好氧性芽孢杆菌

能够进行氨化作用的好氧性芽孢杆菌包括巨大芽孢杆菌(*B. megaterium*)、蜡质芽孢杆菌(*B. cereus*)和枯草杆菌等。巨大芽孢杆菌和蜡质芽孢杆菌的细胞宽度一般在1.2~2.0 μm,后者的菌落呈丝状,有点像霉菌菌落。

(3)厌氧性芽孢菌

腐败梭菌(*C. putrificum*)是一种分解蛋白质能力很强的厌氧细菌,芽孢端生、膨大,菌体呈鼓槌状,分解蛋白质时伴随着恶臭。此外,能够进行Stickland反应脱氨的细菌均是专性厌氧的梭菌(属*Clostridium*),如丙酮丁醇梭菌、臭气梭菌(*C. aerofoetidum*)和吲哚梭菌(*C. indolicus*)等。

(4)真菌

真菌在某些土壤特别是酸性土壤蛋白质分解过程中发挥重要的作用。这些真菌包括交链胞霉属(*Alternaria*)、曲霉属、毛霉属、青霉属、根霉属和木霉属等。

(5)放线菌

许多放线菌能分泌胞外蛋白酶,从土壤中分离到的放线菌有15%~17%能产蛋白酶。嗜热放线菌属(*Thermoactinomyces*)在堆肥高温阶段的蛋白质分解中表现非常活跃。

(6)肠道微生物

在动物消化道中的微生物促进了消化道中未被肠道消化的蛋白、未被肠道吸收的氨基酸和小肽以及内源性蛋白的代谢转化。蛋白质在微生物产生的蛋白酶和肽酶的作用下水解为小肽和氨基酸,随后通过脱羧作用和脱氨作用产生一系列发酵产物(如图5-3所示),包括支链脂肪酸、氨氮、生物胺、硫化氢、吲哚和酚类物质。此过程中,还形成了优质的菌体蛋白,可供动物体进一步消化吸收利用。在动物肠道中蛋白质发酵代谢主要由拟杆菌属(*Bacteroides*)、丙酸杆菌属(*Propionibacterium*)、梭杆菌属(*Fusobacterium*)、乳酸菌属(*Lactobacillus*)、链球菌属(*Streptococcus*)和梭菌属来完成。

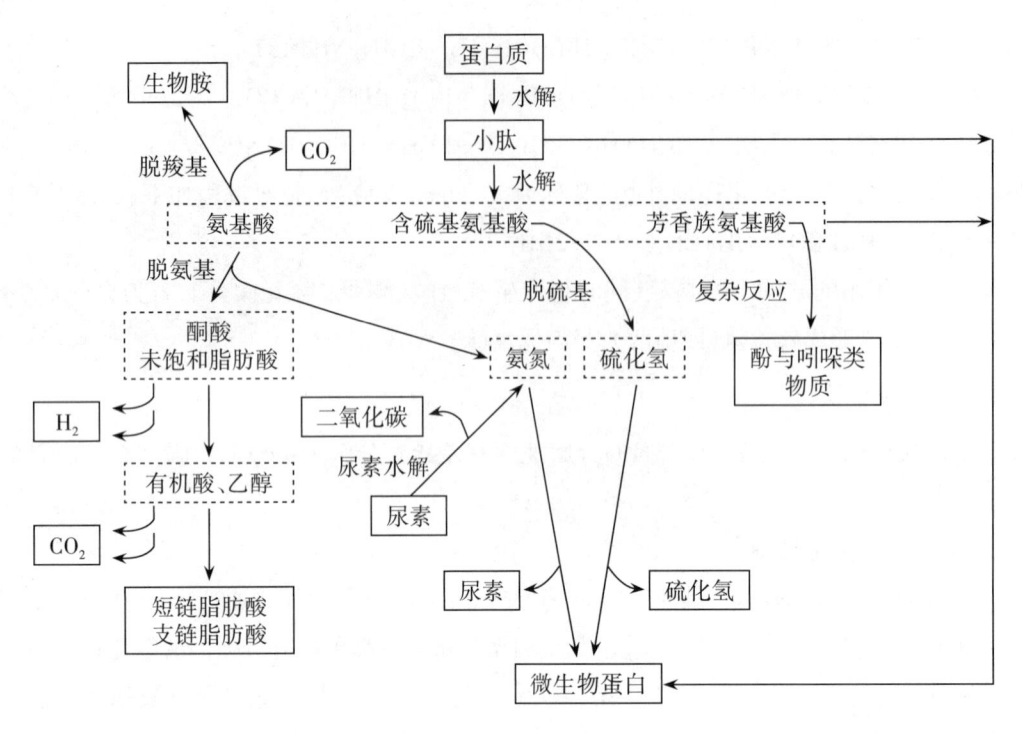

图 5-3 肠道微生物对蛋白质的代谢途径

(引自 Davila 等, 2013)

(二) 尿素和尿酸的氨化

每个成年人一昼夜排出尿素约 30 g, 全年共计约 11 kg, 动物排出的尿素则更多。地球上人和动物每年排出尿素的总量达数千万吨。此外, 尿素是化学肥料的一个重要品种, 也是核酸分解的产物。在适宜的温度条件下, 尿素可被迅速分解。

分解尿素的微生物广泛分布于土壤和污水池中, 特别在粪尿池和堆粪场中。大多数细菌、放线菌、真菌能产生脲酶, 分解尿素产生氨, 具体反应化学式如下: $CO(NH_2)_2 + H_2O \rightarrow H_2NCOONH_4 + 2NH_4 + CO_2$。

常见的分解尿素的微生物包括芽孢杆菌属、小球菌属 (*Micrococcus*)、假单胞菌属、克氏杆菌属 (*Klebsiella*)、棒状杆菌属 (*Corynebacterium*) 和梭菌属等。某些真菌和放线菌也能分解尿素。尿素细菌能耐高浓度尿素, 还能够耐高浓度尿素水解后产生的强碱性环境。巴斯德尿素芽孢杆菌 (*Urobacillus pasteurii*), 在 1 L 溶液中培养时, 能分解 140 g 尿素。

(三) 其他含氮物的氨化

1. 核酸的氨化

核酸是动植物及微生物尸体的主要成分之一, 可以被微生物分解。大分子核酸能被胞外核糖核酸酶 (或胞外脱氧核糖核酸酶) 降解形成单核苷酸, 单核苷酸脱磷酸成为核苷, 嘌呤或嘧啶再与核糖分开。嘌呤和嘧啶进一步可被诺卡氏菌属 (*Nocardia*)、假单胞菌属、小球菌属和梭菌属等降解, 生成含氮产物 (如氨基酸、尿素和氨)。

2. 几丁质的氨化

昆虫翅膀、许多真菌和担子菌细胞壁含有几丁质。几丁质是一种含氮多聚糖, 其基本结构单位是 N-乙酰葡萄糖胺。几丁质含氮约为 6.9%, 不溶于水和有机酸, 也不溶于浓碱和稀酸, 只能溶于浓酸或被微生物分解。

能够降解几丁质的微生物主要以放线菌为主,通常把几丁质作为放线菌的选择性培养基。在土壤中,放线菌占几丁质分解菌的90%~99%,包括链霉菌属(*Streptomyces*)、诺卡氏菌属、小单胞菌属(*Micromonospora*)、游动放线菌属(*Actinoplanes*)和孢囊链霉属(*Streptosporangium*)等。真菌分解几丁质的能力较强,如被孢霉属(*Montierella*)、木霉属、轮枝孢霉属(*Verticillium*)、拟青霉属(*Paecilomyces*)、黏鞭霉属(*Gliomastix*)等。

几丁质被微生物分解时既可作为碳源,也可作为氮源。几丁质在土壤中分解速度与纤维素相差不大,分解慢。微生物能分泌几丁质酶,部分酶能将几丁质长链切割成几个单位的短链寡糖胺,有些酶将几丁质长链切成两个单位的葡萄糖胺(即几丁二糖),然后经几丁二糖酶进一步分解产生N-乙酰葡萄糖胺,脱酰基产生葡萄糖胺及乙酸,最后葡萄糖胺脱氨基生成葡萄糖和氨。

二、硝化作用

硝化作用(nitrification)是指氨基酸脱下的氨,在有氧的条件下,经亚硝酸细菌和硝酸细菌的作用转化为硝酸的过程。氨转化为硝酸必须有氧气的参与,通常发生在通气良好的土壤、堆肥和活性污泥中。

(一)硝化的微生物

硝化细菌(nitrifying bacteria)是一种好氧细菌,在氧化过程中均以氧为最终电子受体,生活在有氧环境(如有氧的水、土壤或砂层)中,能把NH_4^+或NO_2^-转变为NO_3^-。在生物圈氮循环和污水净化过程中扮演着很重要的角色。硝化细菌绝大部分属于自养性细菌,如亚硝酸菌属(*Nitrosomonas*)及硝酸菌属(*Nitrobacter*)。除自养硝化细菌外,自然界中还有一些异养细菌、真菌和放线菌能将铵盐氧化成亚硝酸和硝酸,异养微生物对铵的氧化效率低于自养细菌,但其耐酸,对不良环境的抵抗能力较强,在自然界硝化作用过程中,也起着一定的作用。

(二)硝化过程

第一阶段为亚硝化,即铵根(NH_4^+)被氧化为亚硝酸根(NO_2^-)的阶段,反应过程如下:$2NH_3+3O_2 \rightarrow 2HNO_2+2H_2O+619 kJ$。参与亚硝化的细菌主要包括亚硝化毛杆菌属(*Nitrosomonas*)、亚硝化囊杆菌属(*Nitrosocystis*)、亚硝化球菌属(*Nitrosococcus*)、亚硝化螺菌属(*Nitrosospira*)和亚硝化肢杆菌属(*Nitrosogloea*)。其中亚硝化毛杆菌属占主导地位,如欧洲亚硝化毛杆菌(*N. europaea*)等。

第二阶段为硝化,即亚硝酸根(NO_2^-)被氧化为硝酸根(NO_3^-)的阶段,反应过程如下:$2HNO_2+O_2 \rightarrow 2HNO_3+201 kJ$。参与硝化的细菌主要包括硝酸细菌属(*Nitrobacter*)、硝酸刺菌属(*Nitrospina*)和硝酸球菌属(*Nitrococcus*),其中以硝酸细菌属为主,如维氏硝酸细菌(*N. winogradskyi*)和活跃硝酸细菌(*N. agilis*)等。

三、反硝化作用

硝酸盐在生物体内经历同化型硝酸盐还原作用(assimilatory nitrate reduction)和异化型硝酸盐还原作用(dissimilatory nitrate reduction)。植物和微生物将硝酸盐吸收至体内后,将其还原成铵,参与合成细胞的含氮组分,这个过程称为同化型硝酸盐还原作用。某些微生物在无氧或微氧条件下将NO_3^-或NO_2^-作为最终电子受体进行厌氧呼吸代谢,从中取得能量,硝酸盐还原生成N_2O,最终生成N_2的过程叫作异化型硝酸盐还原作用,又称为反硝化作用或脱氮作用。反硝化作用需要微生物参与、适合的电子供体(如含碳化合物、还原型硫化物和氢等)、缺氧环境和含氮氧化物。

(一)反硝化微生物

参与反硝化作用的微生物在自然界普遍存在,土壤中含量丰富,占细菌群落的40%~65%,细菌数量高达10^8/g。反硝化细菌一般为兼性厌氧细菌,包括假单胞菌属,如脱氮假单胞菌(P. denitrificans)、荧光假单胞菌、色杆菌属(Chromobacterium)的紫色杆菌(C. violaceum)、脱氮色杆菌(C. denitrificans)、产碱杆菌(A. lcaligenes)、黄杆菌(Flavobacterium)和奈氏菌(Neisseria)。

(二)反硝化过程

在反硝化过程中,电子从"还原性"的电子供体物质通过一系列电子载体传递给一个氧化性更高的氮氧化物。当电子传递给氮氧化物时,能量通过电子转移磷酸化作用形成ATP。其终产物因菌种不同而异,不同硝酸的反硝化过程如图5-4所示。

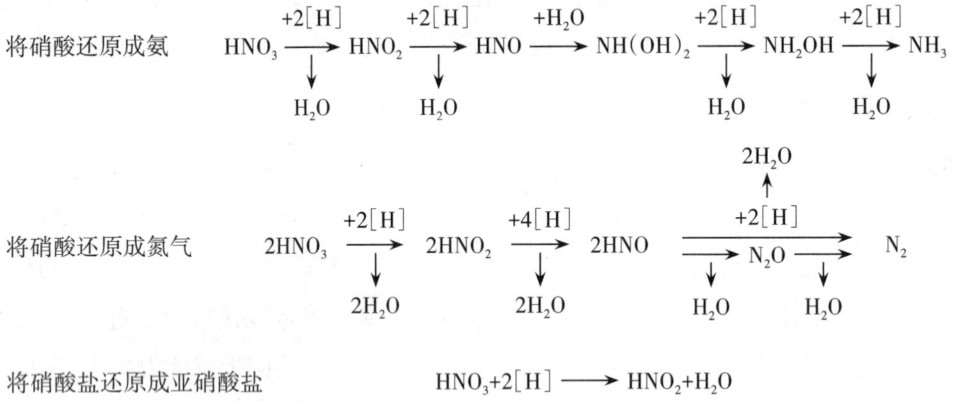

将硝酸还原成氨 $HNO_3 \xrightarrow{+2[H]} HNO_2 \xrightarrow{+2[H]} HNO \xrightarrow{+H_2O} NH(OH)_2 \xrightarrow{+2[H]} NH_2OH \xrightarrow{+2[H]} NH_3$
(各步下方产生H_2O)

将硝酸还原成氮气 $2HNO_3 \xrightarrow{+2[H]} 2HNO_2 \xrightarrow{+4[H]} 2HNO \xrightarrow{} N_2O \xrightarrow{+2[H]} N_2$
(各步下方产生$2H_2O$、$2H_2O$、H_2O、H_2O,并产生$2H_2O$)

将硝酸盐还原成亚硝酸盐 $HNO_3 + 2[H] \longrightarrow HNO_2 + H_2O$

图5-4 各种硝酸反硝化过程

(三)反硝化还原酶

1. 硝酸还原酶

硝酸还原酶(NaR)是催化NO_3^-还原为NO_2^-的专性酶。同化性和异化性的硝酸还原酶是由不同基因编码的不同蛋白质。异化性硝酸还原酶结合于膜的内表面。硝酸还原酶含有铁、硫和钼等元素。

2. 亚硝酸还原酶

亚硝酸还原酶(NiR)催化NO_2^-还原为气态氮氧化物。亚硝酸是一个支点,从这一支点可转向同化型硝酸盐还原作用形成羟胺,再还原为氨。因此,亚硝酸还原酶的存在可阻止同化型硝酸盐还原作用的出现。亚硝酸还原酶分为以下两种:一种为含有细胞色素cd型的血红素蛋白,具有细胞色素氧化酶活性,存在于粪产碱菌(Alcaligenes faecalis)等中。另一种为含铜的金属黄素蛋白,存在于裂环无色杆菌(Achromobacter cyclolastes)中。

3. 氧化亚氮还原酶

氧化亚氮还原酶(N_2OR)定位于细菌细胞膜上,通过细胞色素b和c进行电子转移,相对分子质量为85 kDa,不含有Mo和Fe,却含有Cu。Cu是产碱菌中的氧化亚氮还原酶的抑制因子。乙炔、一氧化碳、叠氮、氰化物、氧和普通盐类可抑制氧化亚氮还原酶的活性。

四、固氮作用

空气中含有约79%的氮气,植物、动物、人类和大多数微生物都不能直接利用氮气作为氮素营养,但自然界中有极少一部分微生物可以将氮气逐步还原为氨而作为氮源。分子态氮气的生物还原作用被称为生物固氮作用。由生物固氮作用固定的氮素总量要比由工业固定的氮素总量高很多,如图5-5所示。每年生物固氮的总量占地球上固氮总量的90%左右,生物固氮在地球的氮素循环中具有十分重要的作用。

$$
\text{大气中的 } N_2 \rightarrow NH_3 \begin{cases} \text{生物固氮} \\ \quad \text{大气中的}N_2 \xrightarrow{\text{固氮微生物}} NH_3 \\ \text{工业固氮} \\ \quad \text{大气中的}N_2 \xrightarrow[\text{化学催化剂}]{\text{高温、高压}} NH_3 \\ \text{高能固氮} \\ \text{(电离固氮)} \\ \quad N_2 + H_2O \xrightarrow{\text{闪电}} NH_3 + HNO_3 \end{cases}
$$

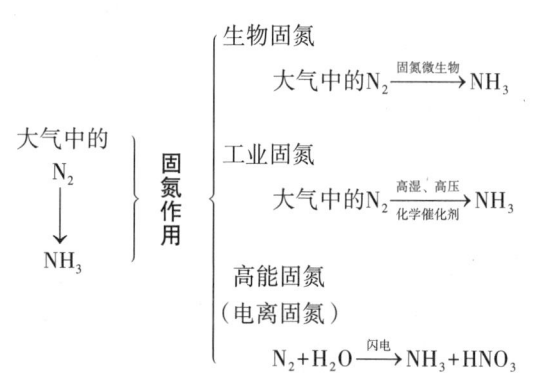

图5-5 固氮作用

(一)生物固氮机理

1. 固氮反应基本条件

微生物固氮需要满足以下基本条件:①必须具有固氮活性的固氮酶。②必须有电子和质子供体,每还原1分子N_2需要6个电子和6个质子,另有2个质子和电子用于生成H_2;为了传递电子和质子,还需有相应的电子传递链。③必须有能量供给,由于N_2分子具有键能很高的三价键,打开它需要很大的能量。④严格的无氧环境或保护固氮酶的免氧失活机制,因为固氮酶对氧具有高度敏感性,遇氧立即失活。⑤形成的氨必须及时转运或转化排出,否则会产生氨的反馈阻抑效应。

2. 固氮酶

1862年发现固氮微生物,18世纪70年代后期鉴定出固氮酶的活性中心铁钼辅因子(FeMo-co),21世纪初实现对固氮酶高分辨率晶体结构的解析,为我们理解生物固氮的过程和原理提供了重要的科学依据。目前发现的固氮微生物都属于原核细胞型微生物。

(1)结构和分类

固氮酶是一种能将N_2还原生成NH_3的酶,固氮酶的活性依赖于金属元素(Fe、Mo、钒和Cu等),固氮过程中起传递电子的作用。固氮酶中的碳、氢、氧和氮等元素可维持固氮酶的结构和功能。根据固氮酶分子中不同金属离子的组合,固氮酶类型多样,主要包括以下几类:

①铁-铁固氮酶,主要由铁蛋白(Fe蛋白)、钼铁蛋白(MoFe蛋白)和铁钼辅因子(FeMo-co)组成,其中铁蛋白含有铁元素,而钼铁蛋白含有铁和钼元素。只有这两种蛋白质同时存在,固氮酶才具有固氮的作用。大多数固氮微生物含有MoFe蛋白,固氮酶固氮效率最高。

②钒-铁固氮酶,主要以钒和铁为主要活性中心,通过把独特的过渡金属-硫-碳簇作为其活性位点辅助因子,参与N_2还原的过程。

③铜-铁固氮酶、硫-铁固氮酶和锌-铁固氮酶：这些固氮酶不如铁-铁固氮酶和钒-铁固氮酶常见，也能利用不同的金属离子组合催化N_2的还原。

(2) 催化还原作用

固氮酶是基质谱很广的酶，催化还原N_2为NH_3的反应效率最高，还可以催化还原C_2H_2为C_2H_4，催化还原H^+为H_2，催化还原N_3^-为NH_3和N_2，催化还原N_2O为N_2和H_2O等。

(3) 固氮催化机理

大多数固氮菌都是好氧菌，利用氧气进行呼吸和产生能量，固氮酶对氧极端敏感，一旦遇氧就很快会失活，因此虽然固氮微生物需氧，但固氮过程必须在严格的厌氧条件下进行。固氮酶催化反应过程包括脱氢、传递氢和接收氢（如图5-6所示），以铁-铁固氮酶为例，主要步骤如下：

①电子传递

由呼吸作用、发酵和光合作用过程中产生的电子和质子还原NAD或NADP生成NADH（或NADPH），接着NADH（或NADPH）还原Fd（或Fld）生成还原态Fd（或Fld），然后还原态Fd（或Fld）还原Fe蛋白（固氮酶组分Ⅱ）生成还原型Fe蛋白，即电子从电子供体（如铁氧还蛋白或黄素氧还蛋白）传递到铁蛋白的铁原子上。

②氮分子结合

还原型铁蛋白与ATP-Mg结合生成变构铁蛋白-ATP-Mg复合物。同时MoFe蛋白（固氮酶组分Ⅰ）与N_2结合，再与变构铁蛋白-ATP-Mg复合物发生反应。

③氨的生成

一个电子从变构铁蛋白-ATP-Mg复合物转移到MoFe蛋白的铁原子上，此时还原型铁蛋白恢复为氧化型铁蛋白，同时将ATP水解为ADP+Pi。MoFe蛋白铁原子上的电子，再转移给被钼铁活化的分子氮，通过六次这样的电子转移后，可以将一分子的氮还原为2分子的NH_3，消耗16~24个ATP。固氮酶催化的基本反应式可以表示为：$N_2 + 8e^- + 8H^+ + nATP \rightarrow 2NH_3 + H_2 + nADP + nPi$。

④固氮酶恢复

固氮酶恢复为原有状态，完成一个催化循环。

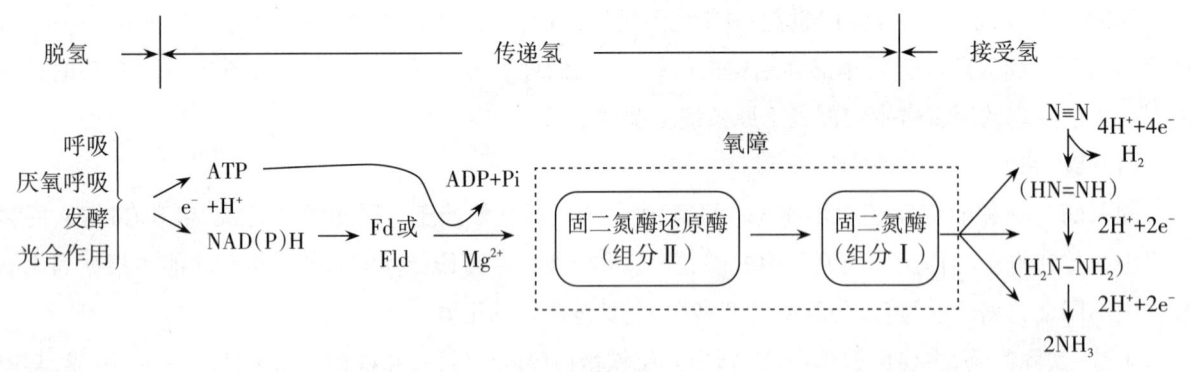

图5-6 固氮酶的催化机制

(引自周德庆，2002)

(二) 固氮微生物

具有生物固氮能力的微生物生理类群统称为固氮微生物。至今已确定的固氮微生物（包括细菌、放线菌和蓝细菌)已近50个属,非豆科植物有13个属。根据固氮微生物是否与其他生物一起构成固氮体系,固氮微生物分为自生固氮微生物和共生固氮微生物。

1. 自生固氮微生物

自生固氮微生物指在土壤中或培养基上独立生活时,不与植物共生也能固氮的微生物。

自生固氮微生物可分为光能自生固氮和化能自生固氮两种类型。光能自生固氮微生物可分为光合细菌和蓝细菌。光合细菌又可分为紫细菌、紫色非硫细菌和绿细菌等非产氧光合细菌。蓝细菌包括鱼腥藻属(*Anabaena*)、念珠藻属(*Nostoc*)、柱孢藻属(*Cylindrospormum*)和单歧藻属(*Tolypothrix*)等。化能自生固氮微生物目前仅发现有一种,即硫杆菌属(*Thiobacillus*)中的氧化亚铁硫杆菌(*T. ferrooxidans*)。

根据对氧分子的依赖性,自生固氮微生物可分为好氧、专性厌氧和兼性厌氧三种类型。好氧固氮微生物在自然界中最为普遍,主要代表是固氮菌群,如圆褐固氮菌(*Azotobacter chroococcum*)、固氮菌(*A. zotobacter*)、固氮单胞菌(*A. zomonas*)、拜氏固氮菌(*Beijerinckia*)和德氏固氮菌(*Derxia*)等,目前应用最多的是圆褐固氮菌。专性厌氧固氮微生物主要是一些发酵型的梭菌属,如巴斯德梭菌(*C. pasteurianum*)。专性厌氧的硫酸盐还原菌群中,有些属种具有固氮作用,如脱硫弧菌(*Desulfovibrio desulfuricans*)、普通脱硫弧菌(*D. vulgaris*)和巨大脱硫弧菌(*D. gigas*)、瘤胃脱硫肠状菌(*Desulfotomaculum ruminis*)和东方脱硫肠状菌(*D. orientis*)。另外,还有一些严格厌氧的产甲烷细菌,如巴氏甲烷八叠球菌(*Methanosacrina barkeri*)等。兼性厌氧固氮微生物主要包括肠道杆菌科和芽孢杆菌科的一些属,如欧文氏菌属(*Erwinia*)、埃希氏菌属(*Escherichia*)、克氏杆菌属(*Klebsiella*)、柠檬酸细菌属(*Citrobacter*)、肠杆菌属(*Enterobacter*)和芽孢杆菌属等。

2. 共生固氮微生物

(1)根瘤菌与豆科植物的共生固氮

根瘤菌和豆科植物(如大豆、豌豆、蚕豆、紫花苜蓿和结荚植物)的共生固氮作用维系微生物和植物之间最重要的互惠共生关系。

①根瘤菌

实验室条件下的根瘤菌,与其他土壤杆菌类似,为(0.5~0.9)μm×(1.2~3.0)μm大小的杆菌,革兰阴性。细胞单个或成对,常可见成群排列。幼龄根瘤菌能运动,快生型根瘤菌周生鞭毛,而慢生型根瘤菌单生鞭毛,无芽孢。根瘤菌严格好氧,但对氧的要求不高。大多数根瘤菌的最适生长温度范围在25~30 ℃之间和最适pH值范围在6.5~7.5之间。

根瘤菌与豆科植物营共生时,其形态经历不同变化。在从土壤进入根内时为很小的杆菌,随着根瘤发育,进入根瘤细胞内的菌体逐渐膨大或分叉,呈梨形、棒槌形、T形或Y形,这些特殊形态的根瘤菌称为类菌体。类菌体在形成之前,开始发挥固氮作用,在类菌体充分成熟阶段,进入旺盛的固氮过程。快生型根瘤菌的大类菌体具有固氮功能但失去繁殖能力,而含菌组织中另一类正常的小杆菌仍保持繁殖能力,从根瘤中分离培养的根瘤菌实际上是这种小杆菌的后代。

②根瘤

豆科植物感染根瘤菌形成根瘤,根瘤是豆科植物和根瘤菌共生的特殊形态,是根瘤菌固氮的场所。豆科植物和根瘤之间的共生固氮量与以下因素相关:①根瘤的数目。②每个根瘤含菌组织的容积和类菌体数量。③含菌组织所持续的时间。④根瘤菌各个种的比固氮活性。根瘤中根瘤菌的生存、代谢活动和固氮作用需要足够的能量供给。类菌体所需的能源物质由豆科植物的光合作用产物输送到根瘤的含菌组织,然后通过氧化磷酸化合成ATP。在豌豆植株中每同化100单位的碳有32单位的碳被转运到根瘤中。

(2)根瘤菌与其他微生物的共生固氮

根瘤菌除与豆科植物有共生固氮作用之外,还有内生菌与非豆科植物、蓝细菌与植物、蓝细菌与真菌之间的共生固氮以及细菌与水稻和玉米等禾本科植物的联合固氮作用。

①内生菌与非豆科植物的共生固氮

双子叶植物中能形成根瘤的有13个属的138个种,包括木本植物,如杨梅、木麻黄和沙棘等,其中54个种已被证实其根瘤具有固氮作用。它们的根瘤的形成和结构与豆科植物根瘤不同。在刚开始的时候,根上出现小的突起,一两周后许多小突起簇生在一起,形成可达几厘米的根瘤簇,并可在根瘤簇的小球上又长出根。根瘤内部的结构与根的结构类似,内生菌生存于皮层细胞中。

②蓝细菌与植物的共生固氮

红萍在热带和亚热带地区分布非常广泛,是一类生长迅速、极为繁茂的水面蕨类植物。红萍是蓝细菌和蕨类植物的共生体。能固氮的红萍鱼腥藻(*Anabarna azolla*)生活在小叶鳞片腹部充满黏质的腹腔中。红萍的光合作用产物作为红萍鱼腥藻生活和固氮的碳源和能源,而红萍鱼腥藻则提供固氮产物,这种共生体的固氮效率很高。

蓝细菌念珠藻属(*Nostoc*)或鱼腥藻属(*Anabarna*)可以与裸子植物苏铁共生,使根形成反复二歧分枝形或珊瑚状,与正常根系完全不一样,具有固氮作用。

③蓝细菌与真菌的共生固氮

地衣是蓝细菌和真菌的共生体,在自然界中广泛分布于岩石、树皮、土壤,对于土壤的形成具有重要作用。在地衣中常见念珠藻属和眉藻属(*Clalothrix*)等,具有固氮作用,固定的氮素可供真菌利用。

④联合固氮作用

联合固氮作用是指某些固氮微生物在植物根系中生活,并具有比在土壤中单独生活时高的固氮能力,但这种在植物根系中的生活方式有别于根瘤菌和豆科植物根系之间的共生,两者既不形成共生体又较"松散"。例如,在热带牧草俯仰马唐(*Digitaria decumbens*)根系含有固氮作用很强的含脂固氮螺菌(*Azospirillum lipoferum*)。常见的联合固氮细菌包括拜叶林克氏菌属(*Beijerinckia*)、固氮螺菌属(*Azospirillum*)、产碱菌属(*Alcaligenes*)、假单胞菌属等。

五、氨的同化作用

氨的同化作用是指微生物利用铵盐作为氮源,通过一系列生化反应合成有机含氮化合物的过程,又称为铵盐同化作用,在自然界氮素循环中占有重要地位,不仅为植物提供必需的氮肥,还有助于减少环境空气污染。氨的同化作用对于瘤胃微生物的生长和代谢至关重要,反刍动物饲料中的蛋白质,40%~80%被瘤胃微生物降解成氨。氨是大多数瘤胃微生物生长所必需的首选氮源。瘤胃细菌和原虫蛋白质的氮分别有70%和50%分别来源于氨。瘤胃微生物利用氨合成微生物蛋白质(microbial protein,MCP),其生物合成效率与瘤胃内氨浓度和总量密切相关,进入反刍动物皱胃的MCP通常占总量的34%~89%。

(一)微生物种类

瘤胃原虫不能直接利用瘤胃氨合成氨基酸,是瘤胃氨的净生产者。而瘤胃细菌和真菌则可直接利用瘤胃氨合成 MCP,满足其自身蛋白质需求。

(二)瘤胃微生物氨同化作用的关键酶

瘤胃微生物氨同化作用的关键酶主要包括谷氨酸脱氢酶(glutamate dehydrogenase,GDH),谷氨酰胺合成酶-谷氨酸合成酶复合酶系(glutamine synthetasc-glutamate synthase,GS-GOGAT),天冬酰胺合成酶(asparaginesynthe-tase,AS)和丙氨酸脱氢酶(alaninedehydro genase,ADH)。

(三)瘤胃微生物氨同化反应路径

瘤胃微生物氨同化反应主要包括GDH路径和GS-GOGAT路径(如图5-7所示),终产物为谷氨酸,谷氨酸在瘤胃游离氨基酸池中含量最高。目前发现的瘤胃微生物氨同化反应路径如下:

①GDH路径,即α酮戊二酸和氨在GDH参与下生成谷氨酸。GDH路径是氨低亲和性系统,高氨浓度时占主导地位。

②GS-GOGAT路径,即谷氨酸和氨在GS作用下生成谷氨酰胺,而谷氨酰胺和α酮戊二酸又可在GOGAT的作用下生成谷氨酸。GDH路径是氨高亲和性系统,低氨浓度时占主导地位。

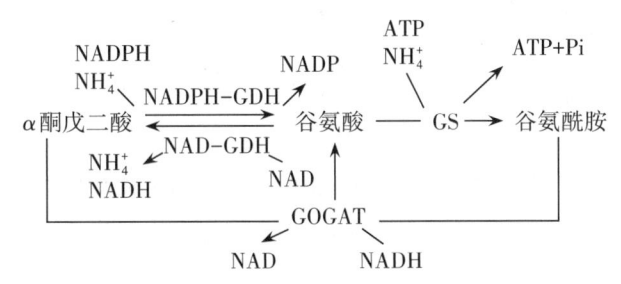

图 5-7 瘤胃微生物 GDH 和 GS-GOGAT 代谢路径

③其他路径

瘤胃非纤维分解菌(*Streptococcus bovis*)还发现 AS 路径。革兰阴性纤维分解菌产琥珀酸丝状杆菌(*Fibrobacter succinogenes*)中也发现 ADH 路径。ADH 是低氨亲和性系统,在高氨浓度时占主导地位。

第三节 微生物与硫磷循环

硫元素是地球上第十大元素,是构成生命物质所必需的元素。磷在生命活动中具有极为重要的作用,是生物遗传物质核酸和细胞膜磷脂的重要组成成分,是生物细胞能量代谢的载体物质ATP的结构元素。自然界中蕴藏着丰富的硫和磷,在自然界硫磷循环中也有相应的微生物参与。

一、自然界硫磷循环

(一)硫循环

在自然界中硫具有以下三种状态:硫元素、无机硫化物和含硫有机化合物。陆地和海洋植物从土壤和水中吸收硫,合成植物成分。经过食物链传递,成为动物成分。动植物死亡后,体内含硫有机物被微生物分解释放硫化氢。硫化氢可以被硫化菌氧化成硫酸盐。硫酸盐又可被硫酸盐还原菌还原为硫化氢。硫元素通常在SO_4^{2-}的+6价与S^{2-}的-2价之间循环变化。硫元素在生物地质化学循环中的一系列变化称为硫循环,如图5-8所示。

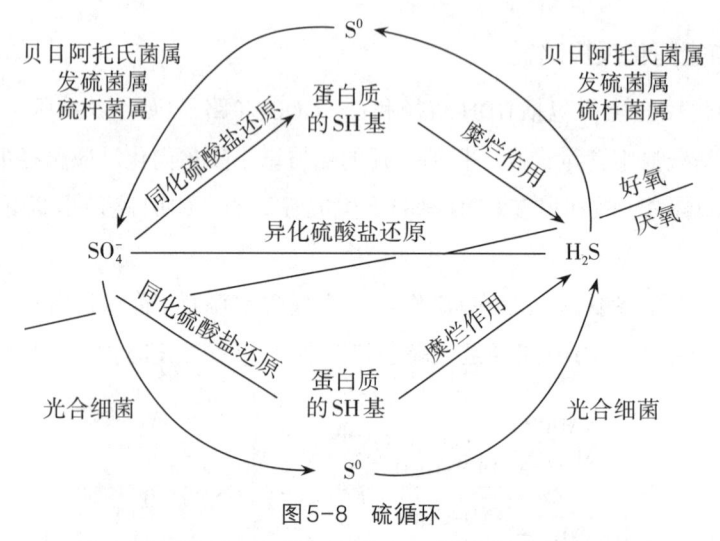

图5-8 硫循环

双线表示植物与微生物共同参与的反应,单线表示仅微生物参与

(二)磷循环

自然界中磷在可溶性磷和不可溶性磷(包括无机磷化合物和有机磷化合物)之间进行转化和循环,如图5-9所示。自然界中可溶性磷的量是较少的,大多数磷是以不溶性的无机磷存在于矿物、土壤、岩石中,也有少量的以有机磷的形式存在于有机动植物残体。磷的生物地球化学循环过程如下:①有机磷分解,即有机磷转化成可溶性的无机磷。②无机磷的有效化,即不可溶性无机磷转变成可溶性无机磷。③磷的同化,即可溶性无机磷变成有机磷的生物固磷过程。在此循环过程中,微生物参与了可溶性磷和不可溶性磷的相互转化。

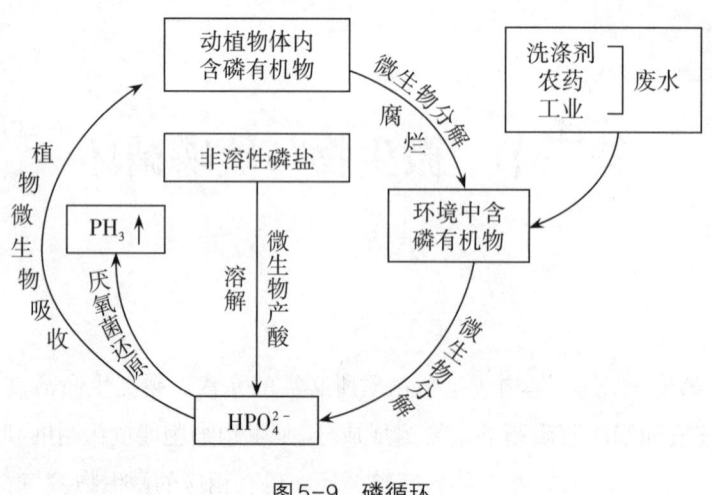

图5-9 磷循环

二、微生物在硫循环中的作用

(一)含硫有机物的矿化

以-SH形式组成的含硫氨基酸包括蛋氨酸、半胱氨酸和胱氨酸。蛋白质或其他含硫有机物被分解而释放硫化氢的生物过程称为脱硫作用(desulfation)。通过氨化脱硫微生物分解有机硫产生硫化氢和氨,具体反应过程如下:$CHNH_2CH_2SHCOOH+2H_2O \rightarrow CH_3COOH+HCOOH+NH_3+H_2S$;$H_2S+FeSO_4 \rightarrow H_2SO_4+FeS$(黑色);$H_2S+Pb(CH_3COO)_2 \rightarrow CH_3COOH+PbS$(黑色)。含硫有机物如果分解不彻底,会有硫醇($CH_3SH$)暂时积累,再转化为硫化氢。

在有氧环境中,硫化氢可继续被氧化生成硫酸盐,供植物和微生物利用。在厌氧条件下,蛋白质腐败分解产生硫化氢和硫醇,释放并进入大气产生恶臭,积累于土壤中毒害植物根系。在海洋中,藻类合成二甲基丙磺酸(DMSP),用于调节细胞渗透压。经微生物降解,DMSP转化为二甲基硫化物(DMS)。DMS是挥发性物质,一旦进入大气,就会与硫化氢一起光解形成硫酸盐。具体反应过程如下:$H_2S/DMS \rightarrow SO_3^{2-} \rightarrow H_2SO_4$。硫酸溶于水蒸气后,使雨水pH从中性降低至3.5,成为酸雨。

(二)无机硫的转化

1.硫化作用

还原态无机硫化物(如H_2S、S或FeS_2等)在硫化细菌作用下被氧化,最后生成硫酸及其盐类的过程,称为硫化作用(sulfofication),即$H_2S \rightarrow S \rightarrow SO_4^{2-}$。硫化过程需要在氧气充足的条件下进行。含硫有机质是土壤硫素的重要来源,含硫蛋白质在微生物的分解作用下水解生成含硫氨基酸,然后分解产生硫化氢,继而在好氧型硫化细菌的作用下被氧化成硫酸。硫化作用产生的硫酸与其他盐类作用生成的硫酸盐,可供植物利用。但当硫化作用过于强烈时,在热带滨海地区可形成强酸性的"反酸田",对作物生长不利。发挥硫化作用的微生物分为无色硫细菌和有色硫细菌两大类。

(1)无色硫细菌

无色硫细菌包括硫杆菌属(*Thiobacillus*)和丝状硫磺细菌。

①硫杆菌

土壤与水中最重要的化能自养硫化细菌属于硫杆菌属,革兰阴性菌,能从被氧化的硫化氢、硫元素、硫代硫酸盐、亚硫酸盐和多硫磺酸盐(如连四硫酸盐)中获得能量,产生硫酸,同化CO_2,合成有机物。多数在细胞外积累硫,有些菌株在细胞内积累硫。硫被氧化为硫酸,使环境pH值下降并低于2。硫杆菌属广泛分布于土壤、淡水、海水、矿山排水沟中。

除脱氮硫杆菌(*T. denitrificans*)是一种兼性厌氧菌外,其余都是需氧微生物。生长最适温度范围为28~30℃。部分硫杆菌属能忍耐很酸的环境,甚至嗜酸,如氧化硫硫杆菌(*T. thiooxidans*)、氧化亚铁硫杆菌(*T. ferrooxidans*)、排硫杆菌(*T. thioparus*)和新型硫杆菌(*T. novellus*)等。

氧化硫硫杆菌是专性自养菌,生长pH范围为1.0~6.0,氧化无机硫获得能量,具体反应过程如下:$2S+3O_2+2H_2O \rightarrow 2H_2SO_4+$能量;$Na_2S_2O_3+2O_2+H_2O \rightarrow Na_2SO_4+H_2SO_4+$能量;$2H_2S+O_2 \rightarrow 2H_2O+2S+$能量。

氧化亚铁硫杆菌从氧化硫酸亚铁和硫代硫酸盐中获得能量,可将硫酸亚铁氧化生成硫酸高铁,具体反应过程如下:$FeSO_4+O_2+H_2SO_4 \rightarrow Fe_2(SO_4)_3+2H_2O$。硫酸高铁溶液是有效的浸溶剂,可将铜、铁等金属转化为硫酸铜和硫酸亚铁从矿物中浸出,具体反应过程如下:$FeS_2+7Fe_2(SO_4)_3+8H_2O \rightarrow +15FeSO_4+8H_2SO_4$。

硫酸高铁可与辉铜矿（Cu_2S）作用生成 $CuSO_4$ 和 $FeSO_4$，具体反应过程如下：$Cu_2S+2Fe_2(SO_4)_3 \rightarrow 2CuSO_4 + 4FeSO_4+S$。通过这些细菌的生命活动产生硫酸高铁从矿物中浸出 Cu 和 Fe 的方法叫湿法冶金。金属被这些细菌生成的 $CuSO_4$ 和 $FeSO_4$ 溶液，再经过置换、萃取、电解或离子交换等方法得到回收。

②丝状硫磺细菌

丝状硫磺细菌属化能自养菌，有的也能营腐生生活，生存于含硫的水中，能将 H_2S 氧化为硫元素。主要有两个属，即贝氏硫菌属（Beggiatoa）和发硫菌属（Thiothrix），前者的丝状体游离，后者丝状体通常固着于固体基质上。此外，菌体螺旋状的硫螺菌属（Thiospira）、球形细胞带有裂片的硫化叶菌属（Sulfolobus）、细胞呈圆形或卵圆形的卵硫菌属（Thiovulum）等胞内都含硫粒，也能代谢硫磺。

(2) 有色硫细菌

有色硫细菌主要指含有光合色素的能利用光能的硫细菌，能从光中获得能量，依靠体内光合色素进行光合作用，固定 CO_2。有色硫细菌包括光能自养型和光能异养型两种。

①光能自养型

这类细菌含细菌叶绿素，在光照下能将硫化氢氧化为元素硫，在体内积累硫粒或体外积累硫粒。常见种类为着色菌科（Chromatiaceae）和绿菌科（Chlorobiaceae）中的相关种（俗称紫硫菌和绿硫菌）。丝状硫细菌与活性污泥丝状膨胀有关，当曝气池溶解氧在 1 mg/L 以下时，硫化物含量较多，丝状硫细菌过度生长会引起活性污泥丝状膨胀。

②光能异养型

光能异养菌主要以简单的脂肪酸、醇等作为碳源或电子供体，也以硫化物或硫代硫酸盐（但不能以元素硫）作为电子供体，进行光照厌氧或黑暗微好氧呼吸，多用于高浓度有机废水的处理。常见种类大多为红螺菌科（Rhodospirillaceae），如球形红杆菌（Rhodobacter spheroides）和沼泽红杆菌（Rhodopseudomonas palustris）等。

2. 反硫化作用

反硫化作用（desulfurication）又称硫酸盐呼吸，是一类称为硫酸盐还原细菌（或反硫化细菌）的严格厌氧菌，在无氧条件下获取能量。其特点是底物脱氢后，经呼吸链传递氢，最终传递给末端氢受体（硫酸盐），在递氢过程中与氧化磷通过酸化作用偶联而获得 ATP。硫酸盐呼吸的最终还原产物为硫化氢（H_2S）。在浸水或通气不良的土壤中，厌氧微生物的硫酸盐呼吸及其有害产物对植物根系生长十分不利（如引起水稻秧苗的烂根等），故应设法防治。土壤淹水、河流、湖泊等水体处于缺氧状态时，硫酸盐被微生物还原为硫化氢。具体反应过程如下：$C_6H_{12}O_6+3H_2SO_4 \rightarrow 6H_2O+6CO_2+3H_2S+$ 能量；$2CH_3CHOHCOOH$（乳酸）$+H_2SO_4 \rightarrow 2CH_3COOH$（乙酸）$+2CO_2+H_2S+2H_2O$。

反硫化作用具有高度特异性，主要由脱硫弧菌属（Desulfovibrio）来完成，另外也有脱硫弯杆菌。这两者均为厌氧型异养菌，最适温度范围为 25~30 ℃，最适 pH 范围为 6~7.5。在无氧条件下，它们以硫酸盐为电子受体，碳水化合物、有机酸和醇作电子供体和能源，不利用氧（O_2）和有机硫化物，将硫酸还原成硫化氢，具体反应过程如下：$2CH_3CHOHCOOH+H_2SO_4 \rightarrow 2CH_3COOH+2CO_2+H_2S$；$C_6H_{12}O_6+3H_2SO_4 \rightarrow 6CO_2+6H_2O+3H_2S+$ 能量。

脱硫弧菌（D. desulfuricans）是一典型反硫化作用的代表菌，其反应式为：$C_6H_{12}O_6+3H_2SO_4 \rightarrow 6CO_2+6H_2O+3H_2S+$ 能量。

产生的H_2S与铁氧化生成的Fe^{2+}发生反应,形成FeS和$Fe(OH)_2$,这是铁锈蚀的主要原因。另外,H_2S的产生对作物生长会产生不利影响。

(三)硫的同化

微生物利用硫酸盐和硫化氢生成自身细胞物质的过程称为硫的同化(assimilation of sulfur)。细菌、放线菌和真菌中都有能利用硫酸盐作为硫源的种类,仅少数微生物同化硫化氢。微生物吸收硫酸盐,将其还原为硫化物,再将硫化物结合到蛋白质等细胞物质中的过程称为同化性硫酸盐还原作用。

三、微生物在磷循环中的作用

(一)有机磷的微生物分解

含磷有机物主要包括核酸、卵磷脂和植酸磷。许多微生物能产生核酸酶、核苷酸酶和核苷酶,可将核酸水解成磷酸、核糖、嘌呤或嘧啶。微生物对核酸的分解过程如图5-9所示。

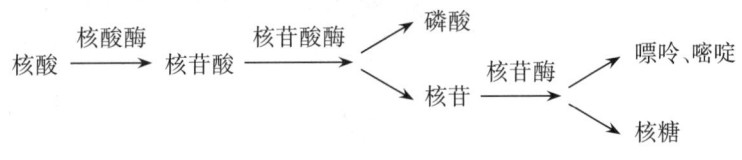

图5-9 微生物对核酸的分解过程

卵磷脂是含胆碱的磷酸脂类化合物。氨化细菌,特别是一些芽孢杆菌分解卵磷脂的能力较强,如蜡质芽孢杆菌、星胞芽孢杆菌(B. sphaericus)和解磷巨大芽孢杆菌(B. megaterium var. phosphaticum)等。它们产生卵磷脂酶将卵磷脂水解为磷酸、甘油、脂肪酸和胆碱。

植酸磷是植物有机磷的主要形式。植酸酶(phytase)是催化植酸及其盐类水解成肌醇与磷酸或磷酸盐的一类酶的总称。该酶由phyA和phyB基因编码,目前已构建许多基因工程菌不仅得到高效表达,还在提高饲料中有机磷的利用率方面发挥重要作用。真菌产植酸酶的能力较强,如曲霉、青霉和根霉等,某些芽孢杆菌属产植酸酶的能力次之,如枯草芽孢杆菌、地衣芽孢杆菌(B. licheniformis)、解淀粉芽孢杆菌(B. amyloliquefaciens)等。

(二)无机磷的微生物转化

可溶性无机磷可直接被动植物和微生物利用,固定为有机磷,但这一部分的数量是很有限的。自然界大多数的无机磷以岩石中的难溶性和不溶性磷的形式存在。这些无机磷不能被植物和大多数的微生物所利用。

自然界中,只有少数微生物可将难溶性无机磷转化为可溶性状态。硝化细菌和硫化细菌产生硝酸和硫酸,能水解不溶性磷酸盐生成可溶性磷酸盐,供植物、藻类及其他微生物吸收利用。磷酸盐在厌氧条件下,被梭菌和大肠杆菌等还原成磷化氢(PH_3)。胶质芽孢杆菌(B. mucilaginosus)能分泌有机酸螯合磷灰石和正长石中的不溶性磷酸盐,生成水溶性的磷盐和钾盐。

微生物的溶磷机制,有以下几种假说:①微生物通过呼吸作用产生的二氧化碳溶于水后形成碳酸,碳酸和有机酸可溶解难溶性的无机磷。②微生物吸收阳离子时将质子交换出来,有利于不溶性磷的溶解。但这些假说仍不能全面地解释各种现象,微生物的溶磷机制有待进一步解析。

● 本章小结 ●

在碳循环中微生物具有固定CO_2合成有机物和分解碳水化合物产生CO_2的双重作用。微生物固定CO_2的途径包括厌氧乙酰辅酶A途径、Calvin循环和三羧酸循环。微生物能将纤维素、半纤维素、果胶质和淀粉等降解,生成简单的有机物再吸收利用。好氧和兼性厌氧微生物分解碳水化合物,产生CO_2。厌氧和兼性厌氧微生物分解碳水化合物,产生有机酸、CH_4、H_2和CO_2等。在氮循环中,微生物具有氨化作用、硝化作用、反硝化作用、固氮作用和氨的同化作用。在硫循环中微生物具有脱硫作用、硫化作用、反硫化作用和硫的同化作用。在磷循环中,微生物具有分解有机磷、使无机磷有效化和磷同化作用。

拓展阅读

扫码进行思维导图、课程文化案例、课件等数字资源的获取和学习。

数字资源

思考与练习题

1. 简述微生物分解纤维素的过程。
2. 简述微生物分解淀粉的过程。
3. 微生物如何降解蛋白质?有何实际意义?
4. 简述氨的硝化作用的不同阶段及其相关的微生物。
5. 反硝化作用的各个阶段中有哪些酶参与?
6. 简述微生物固氮的基本条件和生物化学过程。
7. 微生物在自然界硫磷循环中各有何作用?

第六章

动物病原微生物的感染机制

本章导读

病原微生物侵入动物并生长繁殖,引起病理反应,对动物造成危害。病原微生物的致病性取决于哪些毒力因子?病毒和真菌的致病作用有哪些?病原微生物的毒力如何测定?验证病原微生物致病性的柯赫法则具体内容是什么?病原微生物感染发生的条件有哪些?系统掌握病原微生物的致病原理为预防、治疗和诊断病原微生物传染病奠定基础。

学习目标

1.熟悉柯赫法则的内容,掌握病原菌毒力因子作用、病原体的毒力和致病性测定方法。

2.理解病原微生物的致病机制,掌握感染发生的基本条件,预防畜禽疫病的发生。

3.理解畜禽养殖疫病防控的重要性,增强自主防控传染病的意识。

概念网络图

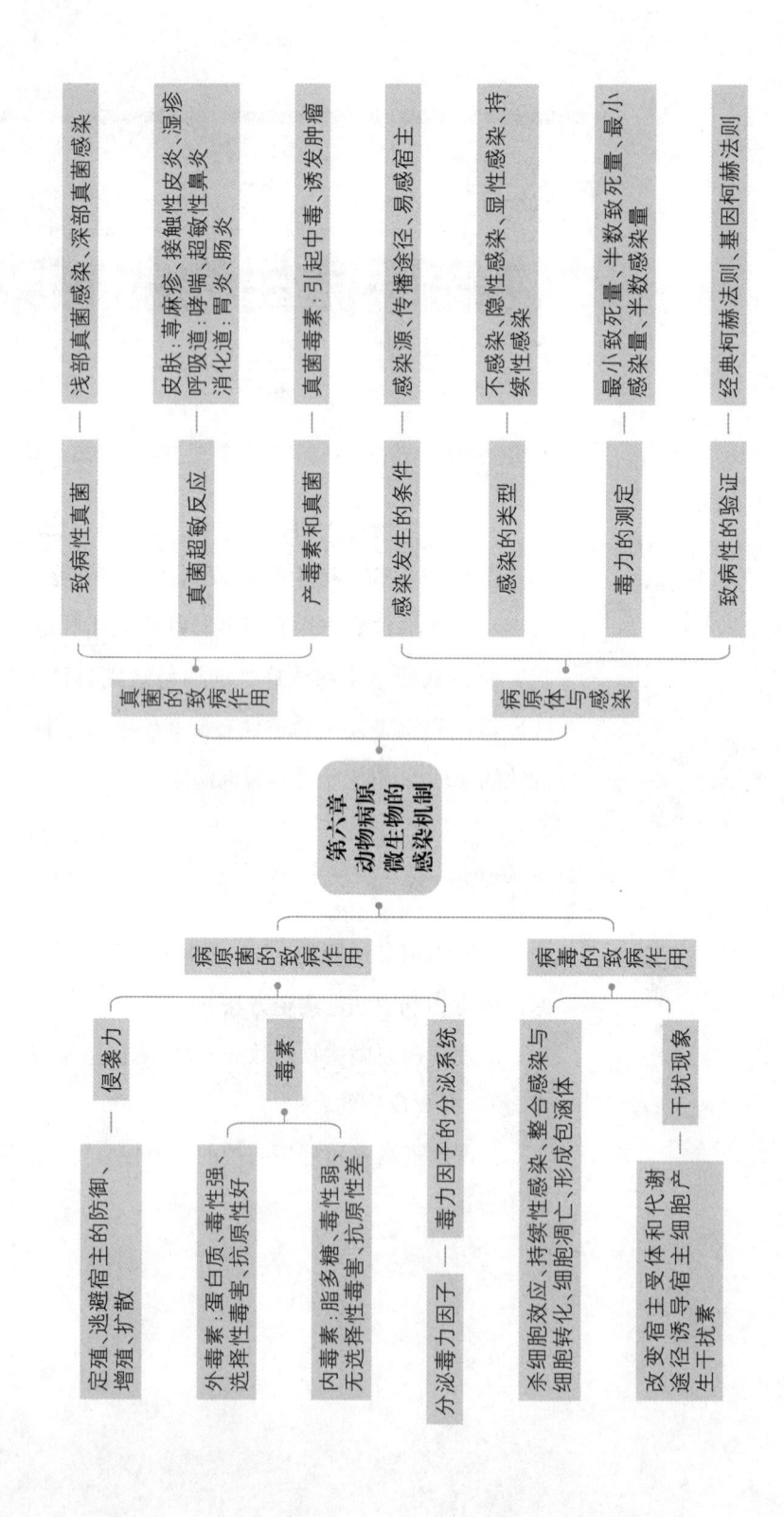

第六章 动物病原微生物的感染机制

真菌的致病作用
- 致病性真菌 —— 浅部真菌感染、深部真菌感染
- 真菌超敏反应 —— 皮肤：荨麻疹、接触性皮炎、湿疹；呼吸道：哮喘、超敏性鼻炎；消化道：胃炎、肠炎
- 产毒素和真菌 —— 真菌毒素：引起中毒、诱发肿瘤

病原体与感染
- 感染发生的条件 —— 感染源、传播途径、易感宿主
- 感染的类型 —— 不感染、隐性感染、显性感染、持续性感染
- 毒力的测定 —— 最小致死量、半数致死量、最小感染量、半数感染量
- 致病性的验证 —— 经典柯赫法则、基因柯赫法则

病原菌的致病作用
- 侵袭力 —— 定殖、逃避宿主的防御、增殖、扩散
- 毒素
  - 外毒素：蛋白质、毒性强、选择性毒害、抗原性好
  - 内毒素：脂多糖、毒性弱、无选择性毒害、抗原性差
- 分泌毒力因子的分泌系统 —— 毒力因子

病毒的致病作用
- 杀细胞效应、持续性感染、整合感染与细胞转化、细胞凋亡、形成包涵体
- 改变宿主受体和代谢途径诱导宿主细胞产生干扰素 —— 干扰现象

对人和动物、植物具有感染、致病作用,可引起传染病的各类微生物,统称为病原微生物(pathogenic microbiology)或病原体,包括病原菌、病毒和病原性真菌。致病性(pathogenicity)是指一定种类的病原体,在一定的条件下能在特殊的宿主体内引起感染的能力。致病性是病原体种的特征,是质的概念。病原体致病性的强弱程度称为毒力(virulent),毒力是株的个体特征,是量的概念。感染(infection)是指一定种类的微生物在特定的条件下,侵入机体,在一定部位生长繁殖,并与宿主免疫功能相互作用引起不同程度的病理过程。发病(disease)是指病原体感染之后,对宿主造成明显的损害,在临床上有明显症状。发病是感染的一种表现形式。本章主要介绍动物病原体的致病作用和感染发生的条件。

第一节 病原菌的致病作用

病原菌能否引起宿主疾病取决于致病性和毒力因子。构成病原菌毒力的物质称为毒力因子(virulent factor),主要包括侵袭力和毒素。

一、病原菌毒力因子的分泌系统

细菌分泌系统(secretion system)的发现是近年细菌致病机制研究的重要进展,细菌许多重要毒力因子的分泌与细菌的分泌系统有关。革兰阴性菌具有Ⅰ型、Ⅱ型、Ⅲ型和Ⅳ型分泌系统。革兰阳性菌的毒力因子分泌相对较为简单,一个信号片段就足以完成分泌过程。

(一) Ⅰ型分泌系统

G⁻细菌的Ⅰ型分泌系统(Type Ⅰ secretion system)是一步性分泌,且不被加工,可将细菌分泌物蛋白质直接从胞质送达细胞表面。

(二) Ⅱ型分泌系统

G⁻细菌的Ⅱ型分泌系统(Type Ⅱ secretion system)是细菌将蛋白质分泌到周质间隙,经切割加工,然后通过微孔蛋白穿过外膜分泌到胞外。

(三) Ⅲ型分泌系统

G⁻细菌的Ⅲ型分泌系统(Type Ⅲ secretion system)与动植物的许多革兰阴性病原菌的毒力因子的分泌有关。Ⅲ型分泌系统通常由30~40 kbp大小的基因组编码,以毒力岛的形式存在于细菌的大质粒或染色体。在病原菌与宿主细胞接触后,启动细菌分泌与毒力有关的多种蛋白质,与相应的伴侣蛋白结合,从细菌的胞质直接进入宿主细胞质,发挥毒性作用。Ⅲ型分泌系统一步性分泌,且不被加工,需要较多蛋白质参与,比Ⅰ型复杂。

(四) Ⅳ型分泌系统

Ⅳ型是一种自主运输系统,其分泌的蛋白质需要切割加工,而后形成一个孔道使其穿过外膜。

二、病原菌毒力因子的致病作用

(一) 侵袭力

侵袭力(invasiveness)是指病原菌突破宿主皮肤和黏膜等物理屏障,进入机体,并在体内定殖、繁殖和扩散的能力。

1. 定殖

病原菌感染的第一步就是在体内定殖,或称定居。实现定殖的前提是病原菌要黏附在宿主消化道、呼吸道、生殖道、尿道及眼结膜等处,以免被肠蠕动、黏液分泌和呼吸道纤毛运动等作用清除。

凡具有黏附作用的病原菌结构成分统称为黏附素(adhesin),结构成分通常为病原菌表面的一些大分子,主要是革兰阴性菌的菌毛,其次是非菌毛黏附素,如某些细菌的外膜蛋白(OMP)和革兰阳性菌的脂磷壁酸(LTA)等。

宿主细胞(或组织)表面与黏附素相互作用的成分称为受体(receptor),多为宿主细胞表面糖蛋白,其糖残基是黏附素直接结合部位。例如,大肠杆菌Ⅰ型菌毛结合D甘露糖、霍乱弧菌的Ⅳ型菌毛结合岩藻糖和甘露糖、大肠杆菌的F5(K99)菌毛结合唾液酸和半乳糖。部分黏附素受体为蛋白质,最有代表性的黏附素受体是宿主细胞外基质(extracellular matrix,ECM),ECM的成员包括Ⅰ型和Ⅳ型胶原蛋白(collagen)、层粘连蛋白(laminin)、纤连蛋白(fibronectin)等。

2. 干扰或逃避宿主的防御

病原菌黏附于细胞(或组织)表面后,必须突破机体局部免疫,干扰(或逃避)局部免疫细胞的吞噬作用和分泌型抗体介导的中和作用,才能建立感染。

(1) 抗吞噬作用

病原菌抗吞噬作用包括以下几个方面:①不与吞噬细胞接触,可通过胞外酶(如链球菌溶血素等)破坏宿主细胞骨架,抑制吞噬细胞的吞噬。②通过致病物质(如多糖荚膜、链球菌的M蛋白和菌毛)抑制吞噬细胞的摄取。③在吞噬细胞内生存,例如,沙门氏菌的某些成分可抑制溶酶体与吞噬小体的融合;李氏杆菌被吞噬后,能很快从吞噬小体中逸出,直接进入细胞质;金黄色葡萄球菌产生大量的过氧化氢酶,能中和吞噬细胞中的氧自由基。④杀死或损伤吞噬细胞,细菌通过分泌外毒素或蛋白酶来破坏吞噬细胞的细胞膜,或诱导细胞凋亡,或直接杀死吞噬细胞。

(2)逃避体液免疫

病原菌逃避体液免疫主要通过以下几种方式：①抗原伪装或抗原变异，前者主要是通过在细菌表面结合机体组织成分。例如，金黄色葡萄球菌通过细胞结合性凝固酶结合宿主血纤维蛋白，或通过SPA结合宿主免疫球蛋白；后者通过更换表面糖蛋白产生新变异体，逃避宿主体液免疫。②分泌蛋白酶降解宿主免疫球蛋白，嗜血杆菌等可分泌IgA蛋白酶，破坏黏膜表面的IgA。③通过致病物质（如LPS、OMP、荚膜和S层等），逃避补体系统，抑制抗体产生。

(3)内化作用

内化作用指某些病原菌黏附于细胞表面后，进入吞噬细胞或非吞噬细胞内部的过程。病原菌一旦丧失进入细胞的能力，毒力则显著下降。病原菌通过这种移位作用进入深层组织，或通过血液循环进而从感染的原发病灶扩散至全身或较远的靶器官。宿主细胞为进入其内的病原菌提供了一个增殖的小环境和庇护所，使病原菌逃避宿主免疫。

3.在体内增殖

病原菌在宿主体内增殖是感染的核心问题，增殖速度对致病性极其重要，如果增殖较快，病原菌在感染之初就能突破机体免疫，易在体内生存。反之，若增殖较慢，则易被机体清除。铁为许多病原菌生长所必需，然而宿主体内无游离铁存在，病原菌通过获铁系统获得其生长所需的铁，获铁系统包括生产和利用载铁体或直接利用宿主的含铁化合物（如血红转铁蛋白和乳铁蛋白等）。

4.在体内扩散

病原菌分泌的蛋白酶称为胞外蛋白酶，具有多种致病作用（如激活外毒素、灭活血清中的补体等），有的蛋白酶本身就是外毒素，能作用于宿主组织基质或细胞膜，导致组织损伤，增加其通透性，有利于病原菌在体内的扩散。

(1)血浆凝固酶

血浆凝固酶将血浆中的纤维蛋白原转变为纤维蛋白，促使血浆发生凝固。凝固物沉积在菌体表面或病灶周围，保护病原菌不被吞噬细胞所吞噬和杀灭。

(2)透明质酸酶

透明质酸酶又称扩散因子，可分解结缔组织中的透明质酸，使细胞间隙扩大，组织通透性增加，有利于病原菌及其毒素向周围及深层扩散。

(3)链激酶

链激酶又称链球菌溶纤维蛋白酶，能将血浆溶纤维蛋白酶原激活为纤维蛋白酶，溶解纤维蛋白凝块，有利于病原菌扩散。

(4)胶原酶

胶原酶是一种蛋白分解酶，可分解结缔组织中的胶原蛋白，促使病原菌在组织间扩散。

(5)脱氧核糖核酸酶

脱氧核糖核酸酶能水解组织细胞坏死时释放的DNA，使黏稠的脓汁变稀，有利于病原菌扩散。

(二)毒素

毒素(toxin)是病原菌的主要致病物质，根据来源、性质、毒性和抗原性的差异（如表6-1所示），可分为外毒素和内毒素。

1. 外毒素

(1) 性质和来源

外毒素(exotoxin)是细菌生长繁殖过程中合成并分泌到菌体外,对宿主细胞有毒性的可溶性多肽或蛋白质,不耐热(56~60 ℃加热20 min~2 h易被破坏),性质不稳定(易被酸和消化酶灭活)。多数外毒素由革兰阳性菌产生,少数外毒素由革兰阴性菌产生。

(2) 毒性

外毒素的毒性较强,具有特异的组织亲和性,选择性作用于靶组织,引起特异性的症状和病变。例如,破伤风毒素作用于脊髓前角运动神经细胞,引起肌肉的强直性痉挛;肉毒毒素作用于眼神经和咽神经,引起眼肌和咽肌麻痹;肠毒素(由霍乱弧菌、大肠杆菌、金黄色葡萄球菌、产气单胞菌等产生)作用于肠道,引起腹泻。

(3) 抗原性

外毒素具有良好的抗原性,可刺激机体产生特异性抗体,使机体具有免疫保护作用,这种抗体称为抗毒素(antitoxin)。抗毒素可用于治疗和预防相应的传染病。外毒素经0.3%~0.4%甲醛溶液处理一定时间后可脱毒,仍保留外毒素的免疫原性,这种处理后的外毒素称为类毒素。类毒素仍可刺激机体产生抗毒素,可作为疫苗免疫接种预防相应的传染病。

表6-1 细菌外毒素和内毒素的基本特性比较

项目	外毒素	内毒素
化学性质	蛋白质	脂多糖
产生	由某些革兰阳性菌或阴性菌分泌	由革兰阴性菌菌体裂解产生
耐热	通常不耐热	极为耐热
毒性作用	特异性	全身性,致发热、腹泻、呕吐
毒性程度	高,甚至致死	弱,很少致死
致热性	对宿主引起发热	常引起宿主发热
免疫原性	强,能刺激机体产生抗毒素	较弱,免疫应答不足以中和毒性
能否转化为类毒素	能,常用甲醛处理脱毒	不能

2. 内毒素

(1) 性质与来源

内毒素(endotoxin)特指革兰阴性菌外膜中的脂多糖(LPS),耐热(160 ℃加热2~4 h或采用强酸、强碱或强氧化剂煮沸30 min才被破坏)。细菌、螺旋体、衣原体和立克次体均含LPS。革兰阳性菌细胞壁中的脂磷壁酸(LTA)具有LPS的绝大多数活性,但无致热作用。在这些菌体死亡后破裂或用人工方法裂解菌体后才释放LPS。

(2) 毒性

内毒素的毒性较弱,对组织细胞无严格的选择性,由于所有革兰阴性菌细胞壁脂多糖结构成分基本相同,引起的临床症状大致相同,主要包括发热、白细胞增多、感染性休克和弥漫性血管内凝血等症状。

（3）抗原性

内毒素抗原性弱,不能用甲醛脱毒制成类毒素。若少量内毒素释放,能刺激宿主巨噬细胞、血管内皮细胞等,分泌促炎细胞因子(IL-1、IL-6、TNF-α等),引起发热、微血管扩张、炎症反应等症状;若内毒素大量释放则引起高热、低血压休克和弥散性血管内凝血等症状。

三、影响病原菌毒力的环境因素

许多病原菌的毒力受环境因素的影响,仅在某些特定的条件下才能表达,对病原菌毒力有调节作用的环境因素包括温度、离子浓度(Fe^{3+}和Ca^{2+})、渗透压、pH和氧含量等,如表6-2所示。

表6-2 某些病原菌毒力因子的调节系统(据Ryan)

细菌名称	调节基因	环境刺激因素	调节的产物
大肠杆菌(*E. coli*)	*drd* X *fur*	温度 铁离子浓度	P菌毛 类志贺氏毒素、载铁体
霍乱弧菌(*Vibrio cholerae*)	*tox* R	温度、渗透压、pH	霍乱毒素、菌毛、OMP
耶尔森菌(*Yersinia*)	*lcr* loci *vir* F	温度、钙离子浓度 温度	OMP 黏附素、侵袭酶
鼠伤寒沙门氏菌 (*Salmonella typhimurium*)	*pag*	pH	毒力
金黄色葡萄球菌 (*Staphylococcus aureus*)	*agr*	pH	α、β溶血素,毒性休克综合征毒素Ⅰ,A蛋白

1.温度

温度是许多病原菌重要的调节信号,特别是对那些自然生存环境的温度低于宿主体温的细菌(如嗜水气单胞菌的毒素和菌毛等)在25 ℃左右表达量最高。耶尔森菌的侵袭素(invasin)在室温条件下表达量最高,而YadA和Ail蛋白则必须在37 ℃条件下才能表达。志贺氏菌在30 ℃培养时不能侵袭宿主细胞,只有在37 ℃条件下才能通过内化作用而致腹泻。

2.铁

铁是病原菌必需的生长因子,对病原菌毒力因子的表达起调节作用,可诱导载铁体、载铁体受体及其他铁结合蛋白受体等的表达,还对某些病原菌毒素有调节作用,如类志贺氏毒素(Slt1)、铜绿假单胞菌外毒素A、菌毛(如大肠杆菌)、鞭毛(如霍乱弧菌)、蛋白酶(如铜绿假单胞菌碱性蛋白酶和弹性蛋白酶)等。

3.钙

钙对耶尔森菌Yops的表达有调节作用,在无钙和37 ℃培养时,耶尔森菌生长停滞,但产生大量的Yops。Yops是耶尔森菌的外膜蛋白,与其黏附及内化作用密切相关,是重要的毒力因子。

4.渗透压

渗透压对霍乱弧菌的毒力和菌毛的表达有调节作用。在宿主组织相近的生理范围内表达量最高。此外,铜绿假单胞菌某些菌株的荚膜亦受渗透压的调节。

第二节 病毒和真菌的致病作用

除了病原菌,病毒和病原性真菌也具有致病作用。病毒侵入宿主细胞后,在宿主易感细胞内增殖,形成病毒感染。多数真菌引起植物病害,少数真菌引起动物病害。由真菌引起的感染并表现症状称为真菌病(mycoses),如真菌性皮肤病和真菌性内脏病。

一、病毒的致病作用

(一)病毒的致病机制

病毒感染是否会引起疾病由病毒和机体两方面决定。一方面病毒在细胞中增殖会导致宿主细胞损害和功能障碍,另一方面机体免疫病理反应会直接或间接导致组织器官的免疫损伤和功能障碍。病毒感染细胞后可能出现以下情况:杀细胞效应、持续性感染、整合感染与细胞转化、细胞凋亡和包涵体形成。

1. 杀细胞效应

某些病毒(如痘病毒、甲型疱疹病毒等)在宿主细胞内增殖,导致细胞死亡。大量增殖的病毒改变宿主细胞的代谢过程,抑制细胞蛋白质、RNA和DNA的合成,引起细胞的坏死或凋亡。细胞坏死后崩解,释放子代病毒粒子。凋亡是宿主细胞的自我防御,在子代病毒产生之前,宿主细胞通过凋亡自行死亡,从而清除感染病毒的细胞,或延缓病毒在体内的蔓延。

2. 持续性感染

某些病毒(如狂犬病毒、瘟病毒等)的感染并不影响宿主细胞的生命活动,宿主细胞继续分裂,可与病毒共存很长一段时间。成熟的子代病毒颗粒以出芽的方式释放出宿主细胞外,有些病毒会导致细胞膜通透性增大,细胞肿胀;有些病毒会导致感染的细胞失去某些功能。

3. 整合感染与细胞转化

某些DNA病毒的基因组和某些RNA病毒基因逆转录为cDNA整合到宿主基因组,并随着细胞的分裂而增殖,宿主细胞成为转化细胞,细胞形态的遗传性状发生改变,甚至发生癌变。许多致肿瘤的病毒(如马立克病病毒、禽白血病病毒等)导致这一类细胞变化。

4. 细胞凋亡

细胞凋亡(apoptosis)指为了维持内环境稳定,宿主细胞基因产生程序性细胞死亡,属于正常的死亡机制。当宿主细胞受到病毒感染,宿主细胞凋亡基因被激活,细胞膜出现鼓泡,细胞核浓缩形成凋亡小体,染色体DNA被降解。有些病毒感染宿主细胞后,病毒本身、病毒编码蛋白和病毒核苷酸诱导宿主细胞产生细胞凋亡。

5.包涵体形成

某些病毒感染细胞后,在细胞质或(和)细胞核内出现嗜酸性(或嗜碱性)、大小数量不同的卵圆形斑块状结构,称为包涵体(inclusion body)。病毒包涵体是由病毒颗粒或未装配的病毒成分在宿主细胞内堆积而成,或病毒增殖场所中宿主细胞对病毒的反应物。包涵体的形成能破坏或干扰宿主细胞正常结构和功能,甚至引起宿主细胞死亡。病毒包涵体与病毒增殖相关,具有病毒感染的特性,可作为诊断依据和鉴定病毒的参考。

(二)病毒的干扰现象

一种病毒感染细胞后,能产生抑制他种病毒再感染的作用,这种现象称为病毒的干扰现象。干扰现象没有特异性,可以发生在同种异性病毒之间,也可以发生在异种病毒之间,甚至同一种病毒的无毒株与有毒株之间、灭活病毒与活病毒之间也可发生。干扰现象的原因可能是干扰病毒改变了宿主细胞受体或是代谢途径,使得他们不能为另一病毒所利用。这种干扰现象是病毒自身直接引起的。

另一种常见的干扰现象是机体细胞感染病毒后,由感染细胞产生干扰素(interferon,IFN)引起的。干扰素最早是在流感病毒感染的鸡胚细胞中被发现,因其具有干扰病毒复制的作用而得名。干扰素是由病毒或诱生剂刺激机体细胞产生的具有抗病毒、抗肿瘤和免疫调节作用的糖蛋白。干扰素是天然免疫系统中重要的免疫分子,在抗病毒感染的第一道防线中发挥重要作用。

二、病原性真菌的致病作用

病原性真菌包括致病性真菌、条件性真菌、产毒性真菌和致癌性真菌。真菌种类多样化,侵袭力强,易产生耐药性,使真菌感染很难得到根治。当机体免疫力低下时,机会性感染会增加,而真菌在机会性感染中占有重要地位。

(一)真菌的致病机制

引起机体感染的真菌具备一定的毒力。浅部真菌(如皮肤真菌)具有嗜角质蛋白特性,寄生(或腐生)于富含角质蛋白的浅表层,其生长繁殖刺激寄居部位产生炎症和病变。有的真菌能产生脂酶来分解细胞脂质为真菌的生长提供营养物质,造成细胞损伤,增强侵入机体的能力。

黄曲霉、白假丝酵母菌和烟曲霉的细胞壁糖蛋白具有内毒素样活性,能引起组织化脓性炎症,甚至导致机体出现休克,烟曲霉和黄曲霉还能导致多种脏器的出血和坏死。白假丝酵母菌和烟曲霉的热休克蛋白HSP90能与宿主细胞的血清蛋白结合,并改变其功能。白假丝酵母菌具有黏附人体细胞的能力,随着芽管的形成,黏附力加强。

深部感染真菌可在吞噬细胞中繁殖,损伤免疫细胞,影响免疫系统功能,有助于真菌的致病,例如,新生隐球菌的荚膜具有抗吞噬作用。二相性真菌(如荚膜组织胞浆菌、皮炎芽生菌)进入机体后,先转换成酵母型,可不被巨噬细胞杀灭而持续扩散。

(二)真菌的致病类型

1.致病性真菌感染

致病性真菌可引起浅部真菌感染和深部真菌感染。浅部真菌感染是指真菌(如皮肤癣菌)侵犯人体皮肤、毛发和甲板引起的感染,可引起头癣、体癣、股癣、手癣、足癣和甲真菌病等疾病。深部真菌感染是指能侵犯深部组织和内脏器官,可引起机体全身性感染,多由外源性致病性真菌(如荚膜组织胞浆菌和粗球孢子菌等)引起的。

2. 条件性真菌感染

条件致病真菌感染是指由宿主正常菌群或致病性不强的真菌引起的内源性感染,主要由一些内源性真菌(如假丝酵母菌属、曲霉属和毛霉属等)引起的。

3. 真菌超敏反应

真菌感染常引起多种类型超敏反应。在临床变态反应性疾病中有一部分是由真菌引起的。常见的皮肤超敏反应性疾病包括荨麻疹、接触性皮炎和湿疹等。呼吸超敏反应性疾病包括哮喘和超敏性鼻炎。消化道超敏反应疾病包括胃炎和肠炎等。

4. 产毒性真菌

有些真菌在粮食和饲料上生长,其代谢产物经动物食用后,可导致急性或慢性中毒,引起中毒的可以是真菌本身,也可以是真菌产生的真菌毒素。中毒症状因损害器官不同而表现不同,有的引起肝和肾损害,有的引起血液系统变化,有的作用于神经系统引起抽搐和昏迷等症状。

5. 致癌性真菌

具有致癌作用的真菌毒素包括黄曲霉毒素和呕吐毒素等。近年来不断发现有些真菌毒素与肿瘤有关,黄曲霉毒素有较强致癌作用,摄入一定量的黄曲霉毒素可导致肝癌。赫曲霉产生的黄赫毒素可诱发肝肿瘤。镰刀菌T-2毒素可诱发大鼠胃肠腺癌、胰腺癌、垂体和脑肿瘤。灰黄霉素可诱发小鼠肝癌和甲状腺癌等。

第三节 病原微生物与感染

病原微生物(又称病原体)是指能入侵宿主引起感染,甚至导致宿主发病的微生物。从遗传进化关系来看,有些病原体是由非病原菌演变而来的,两者没有绝对的界限。绝大多数病原体是寄生性的,少数是腐生性的。

一、感染发生的基本条件

感染发生的三个基本条件为感染源、传播途径和易感宿主。三个环节同时存在方能构成感染的发生,缺少其中的任何一个环节,新的感染不会发生,不会导致病原微生物的流行。

(一)感染源

感染源是指体内带有病原微生物,并不断向体外排出病原体的动物。受感染的动物是指传播疾病的动物。以动物为传染源进行传播的疾病,称为动物性传染病,如狂犬病、布鲁氏菌病等。以野生动物为传染源的传染病,称为自然疫源性传染病,如鼠疫、钩端螺旋体病、流行性出血热病等。

(二)传播途径

传播途径是指病原体被传染源排出体外,经过一定的传播方式,到达并侵入新的易感者的过程。根据传播媒介不同分为空气飞沫传播、水与食物、吸血节肢动物、接触传播。

1.空气飞沫传播

主要见于以呼吸道为传染门户的疾病。

2.水和食物

主要见于以消化道为传染门户的疾病。病原体借粪便排出,污染水和食物,易感者通过受污染的水和食物受感染。

3.吸血节肢动物

常见于以吸血节肢动物为中间宿主的传染病。病原体在昆虫体内繁殖,完成其生活周期,通过不同的侵入方式使病原体进入易感者体内。

4.接触传播

接触传播包括直接接触和间接接触两种传播方式。如皮肤炭疽、狂犬病等为直接接触传播,多种肠道传染病经粪便污染的身体进行间接接触传播。

(三)易感宿主

易感宿主是指对某一传染病病原体缺乏特异性免疫力而易感染的人或动物。易感动物多的疫区易引起传染病。通过人工免疫可降低宿主的易感性,切断传染病的传播,从而终止传染病流行。

二、病原体感染的类型

(一)感染的来源

1.外源性感染

外源性感染指病原体来自体外,由外界病原体侵入而引起的感染,如细菌性痢疾和病毒性肝炎等。

2.内源性感染

内源性感染是指病原体来自自身的体表或体内,由体内寄生的正常微生物群引起的感染,因为这些病原体必须在一定条件下才能致病,故又称条件致病菌或机会致病菌,如肠道中的大肠埃希菌和某些真菌引起的感染。

(二)感染的类型

病原体通过各种适宜的途径进入人体,开始感染过程。侵入的病原体可以被机体清除,也可定殖并繁殖,引起组织损伤、炎症和其他病理变化。感染类型包括不感染、隐性感染、显性感染、持续性感染等。

1.不感染

病原体侵入人体后,由于毒力弱或数量不足、侵入的部位不适宜、机体免疫力强,病原体迅速被机体清除,不发生感染。

2.隐性感染

病原体侵入人体后,仅引起机体发生特异性免疫应答,不出现或只出现不明显的临床症状和体征,称为隐性感染(或亚临床感染),只能通过免疫学检查才能发现病原体。

3.显性感染

显性感染即感染性疾病,指病原体侵入人体后,由于毒力强、入侵数量多,加之机体的免疫病理反应,导致组织损伤,生理功能发生改变,并出现一系列临床症状和体征。显性感染按感染部位和性质可分为局部感染和全身感染。全身感染包括菌血症、败血症、毒血症和脓毒血症四种类型。

(1)菌血症

病原菌由原发部位一时性或间歇性侵入血液,但不在血液中繁殖。

(2)败血症

病原菌不断侵入血液,并在其中大量繁殖,引起机体严重损害并出现全身中毒症状。

(3)毒血症

病原菌在局部组织生长繁殖,不侵入血液,但细菌产生的毒素进入血液,引发全身症状。

(4)脓毒血症

化脓性细菌引起败血症时,细菌通过血液循环扩散到全身其他脏器或组织,引起新的化脓性病灶。

4.持续性感染

持续性感染是指某些微生物感染机体后,可以持续存在于宿主体内很长时间,短则几个月,长可达数年甚至数十年,尤其有些病毒的感染可使病人长期带病毒,引起慢性进行性疾病,并成为重要的传染源。

三、病原体毒力和致病性的测定

(一)病原体毒力的测定

在疫苗研制、血清抗体效价测定和药物筛选等研究中,需要测定病原体的毒力强弱。病原体毒力的常用测定方法包括最小致死量、半数致死量、最小感染量和半数感染量。

1.最小致死量

最小致死量(Minimal lethal dose,MLD)是指能使特定动物在感染后,一定时限内发生死亡的最小活微生物量(或毒素量)。测定MLD时应选取品种、年龄、体重和性别等方面都相同的易感动物,分成若干组,每组数量相同,以递减剂量的微生物(或毒素)分别接种各组动物,在一定时限内观察记录结果,最后计算出MLD。

2.半数致死量

半数致死量(median lethal dose,LD_{50})指能使特定动物在感染后一定时限内发生半数死亡的活微生物量(或毒素量)。

3.最小感染量

最小感染量(Minimal infectious dose,MID)指能使试验对象(如实验动物、鸡胚细胞等)在一定时限内发生感染的最小活微生物量(或毒素量)。因某些病原微生物只能感染实验动物、鸡胚或细胞,但不引致死亡,只能用MID来表示其毒力。

4. 半数感染量

半数感染量(median infectious dose, ID_{50})是指实验对象(如实验动物、鸡胚、细胞等)在一定时限内使半数发生感染的活微生物量(或毒素量)。

(二)病原体致病性的确定

病原体的致病性是针对宿主而言,有的仅对人致病,有的仅对某些动物致病,而有的对人和动物都致病。不同的病原菌对宿主引起不同的疾病,表现为不同的临床症状和病理变化。同一病原体不同株间的致病性是有差异的。病原体致病性的验证方法包括经典柯赫法则和基因柯赫法则。

1. 经典柯赫法则

(1)经典柯赫法则内容

经典柯赫法则(Koch's postulates)是德国细菌学家柯赫(Robert Koch)于1890年提出的一套科学验证方法,用来验证微生物的致病性,其操作程序如下:

①病原体患病部位经常可以找到大量的病原体,而在健康活体中找不到这些病原体。

②病原体可被分离并在培养基中进行培养,并记录各项特征。

③纯粹培养的病原体应该接种至与病株相同品种的健康植株,并产生与病株相同的病征。

④从接种的病原株上以相同的分离方法应能再分离出病原体,且其特征与由原病株分离者应完全相同。

(2)经典柯赫法则的局限性

柯赫法则对微生物诊断有帮助,在确定一种新发病原体时非常重要,但有一定的局限性,某些情况不符合该法则。1893年发现有些霍乱带原者和伤寒玛莉案例并无任何症状表现,因此柯赫后来又将第一条原则后半部分删去。后来在小儿麻痹、疱疹、艾滋病和丙型肝炎都有类似发现,甚至今日几乎所有医师和病毒学家都认同小儿麻痹病毒只会对少数感染者造成瘫痪。第三条原则也同样不尽完美,柯赫在1884年发现霍乱和结核等疾病未能在不同个体产生相同表现。

2. 基因柯赫法则

柯赫生活的年代,已有许多疾病明显与某些物质相关,却不符合这套法则的检验。而过于信任这套研究方法也导致病毒学发展受阻。随着分子生物学的发展和生物技术(如PCR、微芯片和高通量测序等)的出现,以核酸序列测定为基础,不再依赖于细胞培养或实验动物。基于此,基因柯赫法则(Koch's postulates for genes)应运而生,其操作程序如下:

①在病原体的毒株中能检出某些特定基因或其产物,而无毒力的株中没有。

②有毒力株的某个基因被损坏,则其毒力应减弱或消除。

③将病原体给接种动物时,这个基因应在感染的过程中表达。

④在接种动物检测到这个基因产物的抗体,或产生免疫保护。

(三)病原体毒力的调节

在自然条件下,不同菌株的毒力有所不同,同一菌株在不同条件下也表现出不同的毒力。在某种传染病的发病初期,从患病动物体内分离出来的病原体毒力较强,然而在流行末期分离到的病原体毒力大为减弱。毒力强的病原体在体外连续传代改变培养条件后,毒力往往会减弱,而通过易感动物又能使毒力减弱的病原体菌株恢复毒力。据此,将病原体分为强毒株、弱毒(减毒)株和无毒株。

1.病原体毒力减弱的方法

在生产实践中,因制作疫苗需要,常进行强毒菌株的致弱,以筛选和培育减毒菌株。致弱菌株常用的方法如下:①长时间在体外连续传代培养。②在高于最适生长温度条件下培养。③在含有特殊化学物质的培养基中培养。④在特殊气体条件下培养。⑤通过非易感动物培养。⑥通过基因工程的方法获得。

2.病原体毒力增强的方法

回归易感动物是增强细菌毒力的最佳方法。易感动物既可以选择饲养动物,也可以选择实验动物。回归易感实验动物,已广泛应用于增强细菌的毒力。

本章小结

病原菌能否引起宿主疾病取决于致病性和毒力因子。毒力因子包括侵袭力与毒素。毒素分为外毒素与内毒素,外毒素是具有特异性毒性作用的蛋白质。内毒素为LPS的类脂A。病毒感染宿主细胞后,细胞出现杀细胞效应、持续性感染、整合感染与细胞转化、细胞凋亡和形成包涵体等现象。真菌通过产生真菌毒素引起动物中毒。感染源,传播途径和易感宿主是感染发生的三个基本条件。病原体的毒力采用最小致死量、半数致死量、最小感染量和半数感染量来测定。病原体的致病性采用柯赫法则来验证。

拓展阅读

扫码进行思维导图、课程文化案例、课件等数字资源的获取和学习。

数字资源

思考与练习题

1. 比较外毒素和内毒素的来源与性质、毒性和抗原性的异同。
2. 病毒的致病机制有哪些?
3. 简述真菌的致病类型。
4. 病原微生物引起感染发生的基本条件有哪些?
5. 简述经典柯赫法则验证病原体是否具有致病性的过程
6. 测定病原体毒力的方法有哪些?

第二篇 畜禽免疫学基础

免疫是指人和动物机体的免疫系统特异性识别和清除抗原或异物，免除传染病，以维持机体稳定的生理功能，包括固有免疫和适应性免疫。免疫反应是指机体对抗原产生的一种生物学反应，包括细胞免疫和体液免疫。

1. 免疫的基本特性

免疫反应的基本特性包括识别自身和非自身、特异性、记忆性和多样性。这些特征共同保护机体免受病原体和异物的侵袭，维护机体的健康。

(1)识别自身和非自身

免疫反应具有识别自身和非自身的特性，即机体可以识别和区分自身正常组织和病原体(或异物)。这是免疫应答的基础，是由机体内的免疫系统决定的，免疫细胞和分子可以识别自身组织表面的特定结构(如自身抗原)。一旦出现自身抗原的异常表达或自身免疫反应失控，就会导致自身免疫性疾病。

(2)特异性

免疫反应具有高度的特异性，即机体可以识别和攻击特定的病原体或异物。这种特异性是由机体的免疫系统决定的，免疫细胞和分子可以识别病原体(或异物)表面的特定结构(如抗原)，一旦抗原与抗体(或T细胞)结合，就会引发特异性反应(细胞免疫和体液免疫)。

(3)记忆性

免疫反应具有记忆性,即一旦机体接触过某种病原体(或异物),就会形成对它的记忆,以便在下一次接触时更快更有效地进行防御。这种记忆性是由机体内的记忆性免疫细胞决定的。记忆性免疫细胞可以长期存活,并且在下一次接触同一病原体时快速分化为效应细胞,从而迅速启动免疫反应,阻止病原体(或异物)的侵袭。

(4)多样性

免疫反应具有多样性,即机体可以产生多样不同类型的抗体和T细胞,以应对不同的病原体(或异物)。这种多样性是由机体内免疫细胞和分子的基因多样性所决定的。免疫细胞和分子的基因可以随机重组,产生大量不同的抗体和T细胞受体,从而增加机体的免疫适应性和抗病原体(或异物)感染的能力。

2. 免疫功能

机体产生的免疫应答具有免疫防御、免疫监视和免疫自稳三大功能。

(1)免疫防御

免疫防御就是机体抵御病原体及其毒性产物侵染,免患感染性疾病的能力。若免疫防御功能过强,则机体发生超敏反应;若免疫防御功能过弱,则机体发生免疫缺陷病。

(2)免疫监视

免疫系统具有识别、杀伤并及时清除体内突变细胞,防止肿瘤发生的功能,称为免疫监视。免疫监视是免疫系统最基本的功能之一。当免疫监视功能发生异常时,细胞癌变将不能得到及时遏制,持续感染将不能得到及时控制。

(3)免疫自稳

在机体组织细胞新陈代谢过程中,大量新生细胞代替衰老和受损伤的细胞。免疫系统能及时地把衰老和死亡的细胞识别出来,并把它们从体内清除出去,从而保持机体的稳定。当免疫自稳功能异常时,则机体发生自身免疫性疾病。

第七章

畜禽免疫系统

本章导读

动物免疫系统是机体经长期进化而形成的防御性系统。动物免疫系统由哪些部分构成？各免疫器官特点与功能如何？各免疫细胞特点与功能如何？各免疫分子特点与功能如何？这些问题的解答有利于我们更系统地掌握动物免疫系统基础知识，为我们后续免疫应答的学习奠定基础。

学习目标

1. 掌握畜禽免疫器官、免疫细胞和免疫分子的组成与功能。

2. 深刻体会动物免疫系统保护机体的作用，具备将结构与功能相联系的思维分析能力。

3. 了解免疫系统对畜禽养殖的重要作用，理解免疫系统研究的重要意义和面临的挑战。

概念网络图

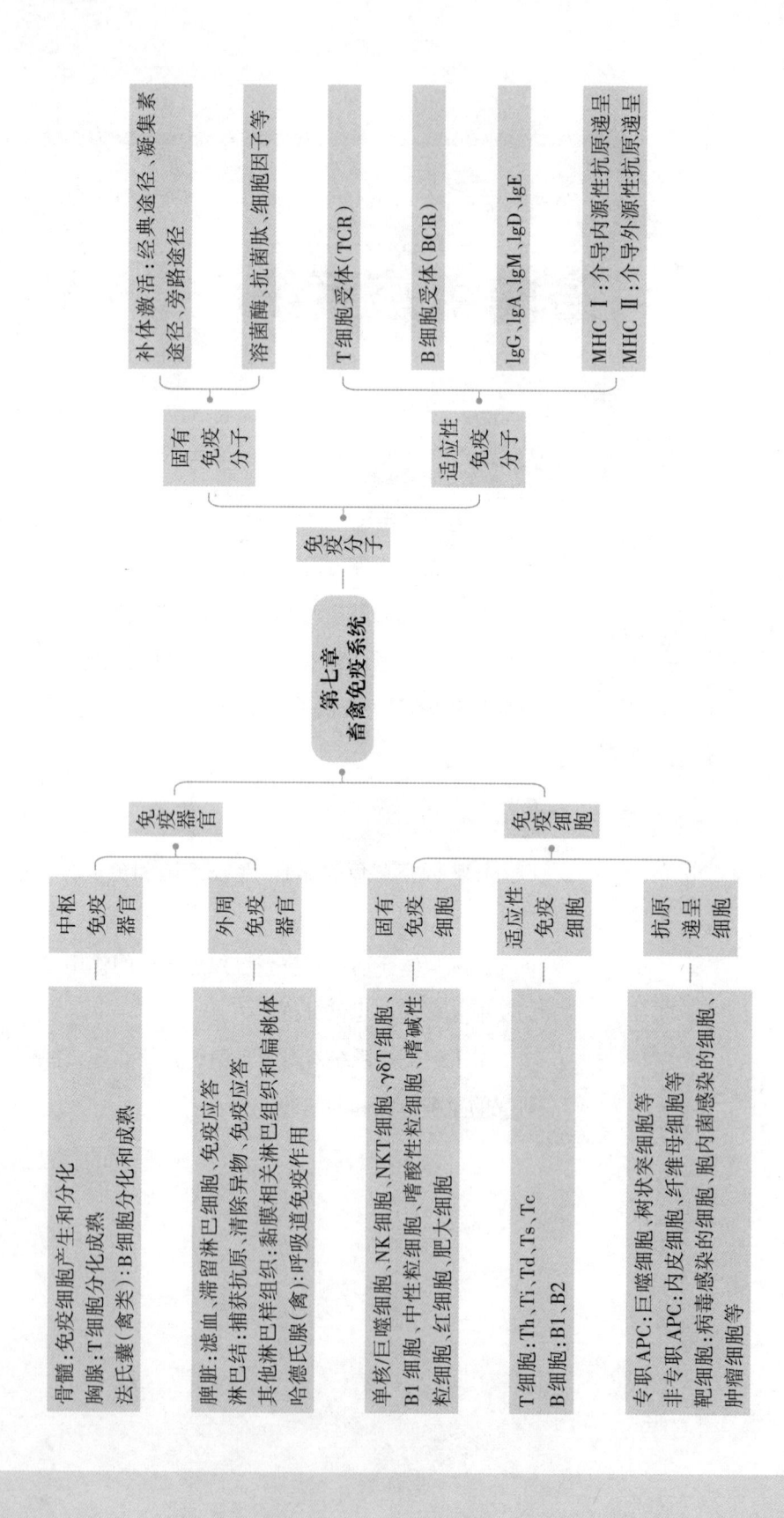

第七章 畜禽免疫系统

免疫分子

固有免疫分子：
- 补体激活：经典途径、旁路途径、凝集素途径
- 溶菌酶、抗菌肽、细胞因子等

适应性免疫分子：
- T细胞受体（TCR）
- B细胞受体（BCR）
- IgG、IgA、IgM、IgD、IgE
- MHC Ⅰ：介导内源性抗原递呈
- MHC Ⅱ：介导外源性抗原递呈

免疫器官

中枢免疫器官：
- 骨髓：免疫细胞产生和分化
- 胸腺：T细胞分化成熟
- 法氏囊（禽类）：B细胞分化和成熟

外周免疫器官：
- 脾脏：滤血、滞留淋巴细胞、免疫应答
- 淋巴结：捕获抗原、清除异物、免疫应答
- 其他淋巴样组织：黏膜相关淋巴组织和扁桃体
- 哈德氏腺（禽）：呼吸道免疫作用

免疫细胞

固有免疫细胞：
- 单核/巨噬细胞、NK细胞、NKT细胞、γδT细胞、B1细胞、中性粒细胞、嗜酸性粒细胞、嗜碱性粒细胞、红细胞、肥大细胞

适应性免疫细胞：
- T细胞：Th、Ti、Td、Ts、Tc
- B细胞：B1、B2

抗原递呈细胞：
- 专职APC：巨噬细胞、树突状细胞等
- 非专职APC：内皮细胞、纤维母细胞等
- 靶细胞：病毒感染的细胞、胞内菌感染的细胞、肿瘤细胞等

畜禽免疫系统(immune system)是动物机体执行免疫功能的组织结构,是机体产生免疫应答的物质基础。畜禽免疫系统由免疫器官、免疫细胞和免疫分子组成。免疫细胞和免疫分子通过血液循环和淋巴循环,到达体内组织器官,进行免疫应答。各种免疫细胞和免疫分子既相互协作又相互制约。本章主要介绍畜禽免疫系统组成、结构和功能。

第一节 免疫器官

免疫器官(immune organ)是淋巴细胞和其他免疫细胞发生、分化成熟、定居和增殖以及产生免疫应答的场所,是机体执行免疫功能的组织结构。根据其功能可分为中枢免疫器官和外周免疫器官两类。猪和鸡的免疫系统组成如图7-1所示。

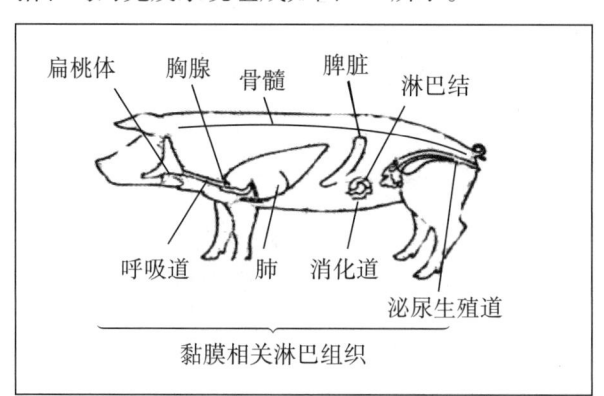

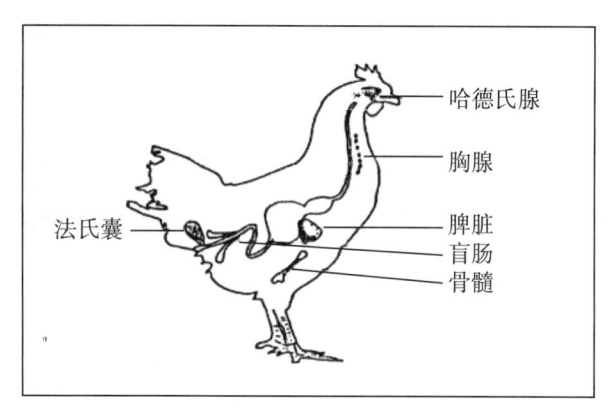

图7-1 猪和鸡免疫系统组成

一、中枢免疫器官

中枢免疫器官(central immune organ)又称初级免疫器官(primary immune organ),包括骨髓、胸腺和法氏囊(鸟类特有)。中枢免疫器官是免疫细胞发生、分化和成熟的场所。中枢免疫器官在胚胎发育的早期出现,胸腺和法氏囊在成年后逐步退化为淋巴上皮组织,具有诱导淋巴细胞增殖分化为免疫活性细胞的功能。若在新生期切除胸腺和法氏囊,可导致淋巴细胞不能正常发育分化,造成机体缺乏淋巴细胞,从而出现免疫缺陷,免疫功能低下甚至丧失等现象。

(一)骨髓

骨髓(bone marrow)是动物体最重要的造血器官,动物出生后血细胞主要来源于骨髓。同时,骨髓也是各种免疫细胞发生和分化的场所。骨髓中的多能干细胞可分化为髓样干细胞和淋巴干细胞。髓样干细胞进一步分化为红细胞系、单核细胞系、粒细胞系和巨核细胞系等。淋巴干细胞是各种淋巴细胞的前体细胞。骨髓多能干细胞的分化过程如图7-2所示。

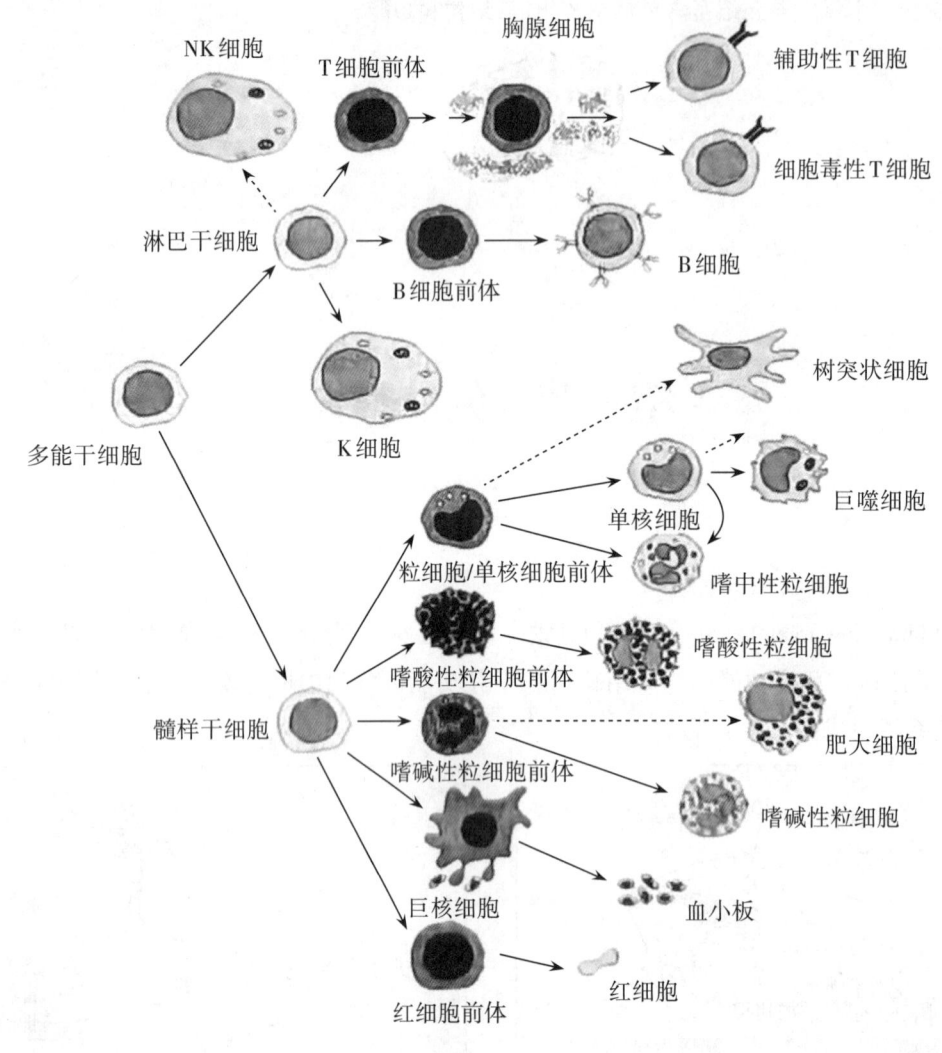

图7-2 骨髓多能干细胞的分化

(引自杨汉春,2003)

一部分淋巴干细胞在骨髓中分化为T细胞的前体细胞,通过血液循环进入胸腺,在此被诱导分化为成熟的淋巴细胞,这类细胞被称为胸腺依赖性淋巴细胞,简称T细胞。T细胞主要参与细胞免疫。

另一部分淋巴干细胞分化为B细胞的前体细胞。在鸟类中,这些前体细胞经血液循环进入法氏囊,在这里被诱导发育为成熟的囊依赖性淋巴细胞,简称B细胞。B细胞是参与体液免疫的主要成分。在哺乳动物体内,B细胞的前体细胞在骨髓中进一步分化发育为成熟的B细胞。

骨髓也是参与体液免疫的重要部位。当抗原再一次刺激动物后,骨髓可缓慢地而持久地产生抗体,骨髓是血清抗体的主要来源。骨髓所产生的免疫球蛋白主要是免疫球蛋白G(IgG),其次为免疫球蛋白A(IgA),骨髓也是再次免疫应答发生的主要场所。

(二)胸腺

哺乳动物成熟的胸腺(thymus)呈二叶,位于胸腔前部纵隔内。鸟类的胸腺沿颈部在颈静脉一侧呈多叶排列。猪、马、牛、犬和鼠等动物的胸腺可伸展至颈部直达甲状腺。胸腺的大小随年龄变化而变化,初生时其与体重的相对重量最大,而青春期其绝对重量最大。成年后,胸腺实质萎缩,皮质被脂肪组织取代,并随年龄增长而退化。另外,应激状态可加快动物胸腺的萎缩。

1. 胸腺结构

胸腺外包裹着的被膜由结缔组织构成,被膜向内伸入形成小梁,将胸腺分隔成许多胸腺小叶。胸腺小叶是胸腺的基本结构单位,外周是皮质,中心是髓质。胸腺小叶结构如图7-3所示,胸腺小叶由皮质和髓质组成,皮质又分为外皮质层和内皮质层。外皮质层中包含较幼稚的T细胞前体和一种特殊的胸腺上皮细胞,称为胸腺哺育细胞(thymic nurse cell,TNC)。内皮质层中的细胞主要是小的皮质胸腺细胞,也有胸腺上皮细胞和树突状细胞。髓质内含有的髓质胸腺细胞可进一步发育为成熟T细胞。髓质内还有胸腺小体或哈氏小体(Hassail's copusle),是由髓质上皮细胞、巨噬细胞和细胞碎片组成,呈圆形(或椭圆形)环状结构。胸腺实质包括胸腺细胞(thymocyte)和胸腺基质细胞。胸腺细胞属于T细胞,大多数是未成熟的幼稚细胞;胸腺基质细胞则包括胸腺上皮细胞、树突状细胞和巨噬细胞等。

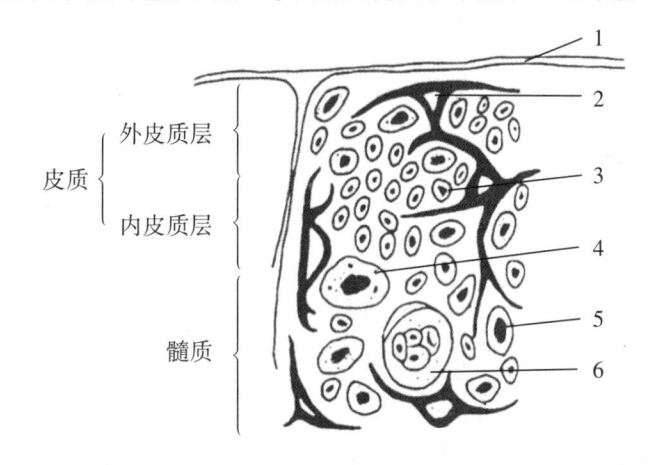

图7-3 胸腺小叶结构示意图

1.被膜 2.胸腺哺育细胞 3.皮质胸腺细胞 4.巨噬细胞 5.髓质胸腺细胞 6.胸腺小体

(引自杨汉春,2003)

2. 胸腺功能

胸腺是T细胞分化成熟的中枢免疫器官。在新生期动物被摘除胸腺,成年后的外周血和淋巴器官中的淋巴细胞数量将显著减少。但在新生期以后数周再摘除胸腺,动物不易出现明显的免疫功能受损现象,是因为动物新生期以后已经有大量成熟T细胞从胸腺输送到外周免疫器官,已建立细胞免疫功能。

(1)T细胞成熟的场所

通过血液循环,骨髓中的T细胞前体进入胸腺。T细胞前体首先进入外皮质层,在胸腺哺育细胞(外皮质层)的诱导下,T细胞前体发生增殖和分化。随后,细胞移出外皮质层,进入内皮质层继续增殖,通过与内皮质层的胸腺基质细胞接触发生选择性分化,绝大部分(>95%)胸腺细胞在此处死亡,只有少数(<5%)能继续分化发育为成熟的胸腺细胞,并向髓质迁移。进入髓质的胸腺细胞与髓质中的胸腺上皮

细胞和树突状细胞等接触后,再进一步分化成熟,成为具有不同功能的T细胞亚群。最后成熟的T细胞通过血液循环,从髓质运输至全身,参与细胞免疫。这类成熟的外周T细胞极少返回胸腺。

(2)产生胸腺激素

胸腺具有内分泌腺的功能。胸腺上皮细胞产生多种小分子(分子质量<1 kDa)的肽类胸腺激素,如胸腺素(thymosin)、胸腺生成素(thymopoietin)、胸腺体液因子(thymic humoral factor)和血清胸腺因子(serum thymic factor)等,对诱导T细胞成熟起重要作用。胸腺素是一种小分子多肽混合物,能促进来自动物骨髓的T细胞前体成熟,发育成为具有某些T细胞特征的细胞。胸腺生成素能诱导T细胞前体的分化,降低其cAMP水平,促进T细胞的成熟。胸腺体液因子是胸腺产生的一种热稳定的多肽,可恢复某些T细胞的免疫反应。血清胸腺因子由胸腺上皮细胞分泌,能部分地恢复胸腺切除动物的T细胞功能。

(三)法氏囊

法氏囊(bursa of fabricius)为禽类所特有,位于泄殖腔背侧,又称腔上囊,并有短管与之相连。哺乳动物没有法氏囊,只有胸腺。虽然肠道的集合淋巴结、肠淋巴滤泡、阑尾和扁桃体曾被认为是类似法氏囊的组织器官,但由于它们并不符合一级淋巴器官的特点,所以现在普遍认为哺乳动物并不存在独立的类似法氏囊的器官组织。在哺乳动物中,B细胞在骨髓发育成熟,所以法氏囊的功能由骨髓兼管。

1. 法氏囊的结构

法氏囊的内层黏膜形成数条纵褶,突入囊腔内,法氏囊黏膜固有层分布大量排列紧密的淋巴小结。淋巴小结由皮质和髓质组成,两者之间还有一层未分化的上皮细胞。动物性成熟前,法氏囊达到最大,随后逐渐萎缩退化,最后完全消失。

2. 法氏囊的功能

法氏囊是诱导B细胞分化和成熟的场所。淋巴干细胞从骨髓迁移至法氏囊后,被诱导分化为成熟的B细胞,然后通过淋巴和血液循环迁移到外周淋巴器官,参与体液免疫。法氏囊还具有外周免疫器官的功能,可以捕捉抗原和合成某些抗体。若胚胎后期或初孵出壳雏禽法氏囊被切除,体液免疫应答会受抑制,浆细胞减少或消失,在抗原刺激后无法产生特异性抗体。切除法氏囊对雏禽细胞免疫影响很小,雏禽仍能排斥皮肤移植。若鸡群感染了传染性法氏囊病毒,鸡群免疫功能会因法氏囊损伤而受影响,并导致免疫接种失败。

二、外周免疫器官

外周免疫器官(peripheral immune organ)又称次级或二级免疫器官(secondary immune organ),是成熟T细胞和B细胞栖居的场所和受抗原刺激产生免疫应答的部位。外周免疫器官包括淋巴结、脾脏、其他淋巴样组织和哈德氏腺(禽类特有)。这类器官或组织中含有大量巨噬细胞、树突状细胞和朗罕氏细胞,能捕捉和处理抗原,并将处理后的抗原递呈给免疫细胞。

(一)淋巴结

淋巴结(lymph node)遍布于淋巴循环系统的各个部位,呈圆形或豆状,能捕获从体外进入血液、淋巴液的抗原。

1.淋巴结的结构

淋巴结的结构如图7-4所示。淋巴结外包裹着的被膜由结缔组织构成,内部支架则由网状组织构成,其内充满淋巴细胞、巨噬细胞和树突状细胞。输入淋巴管穿过被膜,与被膜下的淋巴窦相通。淋巴实质由皮质和髓质组成。皮质又分为浅皮质区(靠近被膜)和深皮质区(靠近髓质),两者无明显的界限。深皮质层又称副皮质区。浅皮质区中含淋巴小结,也称初级淋巴小结,主要由B细胞聚集而成。B细胞在接触抗原刺激后,分裂增殖形成生发中心,称为二级淋巴小结,内含处于不同分化阶段的B细胞和浆细胞,还存在少量T细胞。浅皮质区是B细胞栖居场所,故又称非胸腺依赖区。新生动物没有生发中心。无菌动物淋巴结的生发中心不明显。淋巴小结和髓质之间为深皮质区。淋巴小结周围和深皮质区是T细胞主要集中区,故称胸腺依赖区,在该区也有树突状细胞和巨噬细胞等。

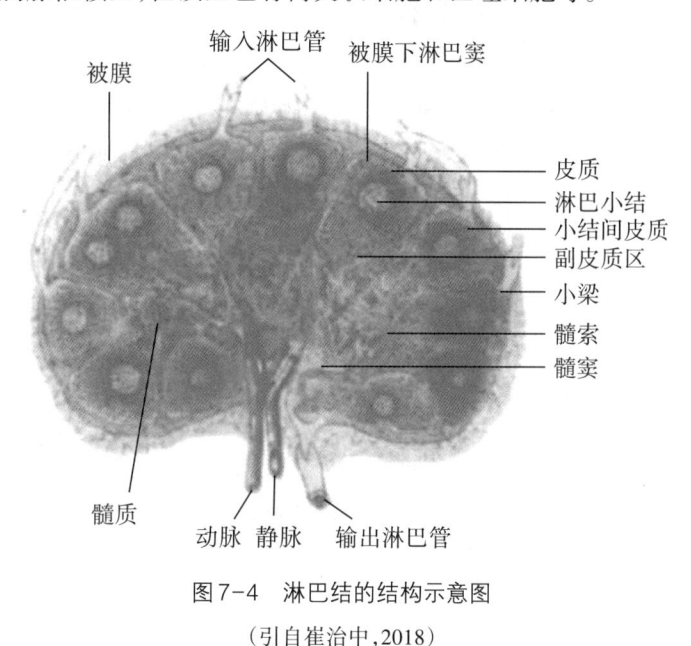

图7-4 淋巴结的结构示意图

(引自崔治中,2018)

淋巴结髓质由髓索和髓窦组成。髓索中含有B细胞、浆细胞和巨噬细胞等。髓窦是淋巴液通道,位于髓索之间,与输出淋巴管相通。髓窦内含有许多能吞噬和清除细菌等异物的巨噬细胞。此外,淋巴结内免疫应答生成的致敏T细胞及特异性抗体,可汇集于髓窦中,随淋巴循环进入血液循环,分布到机体全身,发挥免疫作用。

猪淋巴结的结构与其他哺乳动物的淋巴结组织学结构有所不同,猪淋巴小结在淋巴结的中央,髓质在淋巴结外层,淋巴液通过淋巴结门进入淋巴结,再流经中央的皮质和四周的髓质,最后从输出管流出淋巴结。

鹅、鸭等水禽类,有两对淋巴结,分别为颈胸淋巴结和腰淋巴结。

鸡无淋巴结,但淋巴样组织广泛分布于体内,有的呈弥散性(如消化道管壁中的淋巴组织),有的呈淋巴集结(如盲肠和扁桃体),有的呈小结状等。鸡的这些淋巴样组织受抗原刺激后能形成生发中心。

2.淋巴结的功能

(1)过滤和清除异物

淋巴窦中的巨噬细胞能有效地吞噬和清除那些随着组织淋巴液进入局部淋巴结内的病原菌和毒素等有害异物,但对病毒和癌细胞的清除能力较弱。

(2)免疫应答的场所

淋巴结实质含有巨噬细胞和树突状细胞,能捕获和处理外来的异物性抗原,并将抗原递呈给T细胞和B细胞,使T细胞和B细胞活化增殖,形成致敏T细胞和浆细胞。在此过程中,淋巴细胞大量增殖,导致生发中心增大。因此,细菌等异物侵入机体后,动物会表现出局部淋巴结肿大,这是产生免疫应答的表现。

(二)脾脏

1. 脾脏的结构

脾脏(spleen)外部由被膜包裹,内部的实质由红髓和白髓组成。红髓是能生成红细胞和贮存红细胞的部位,也能捕获抗原。白髓是产生免疫应答的部位。禽类的脾较小,白髓与红髓分界不明显,主要参与免疫功能,贮血作用很小。

红髓位于白髓周围,占据部位较多。红髓包括脾索和脾窦。脾索是呈网状的淋巴组织索,含大量B细胞、浆细胞、巨噬细胞和树突状细胞等。脾窦由脾索围成,其内充满血细胞。脾索中、脾窦壁上含有巨噬细胞,能吞噬和清除血液中有害异物(细菌等)和凋亡的血细胞。淋巴鞘是围绕脾中央动脉周围的淋巴组织,位于白髓内,由T细胞组成,称为胸腺依赖区。白髓内还有淋巴小结和生发中心,含大量B细胞,称为非胸腺依赖区。淋巴小结外周的白髓区仍以T细胞分布为主,而在白髓与红髓交界的边缘区则以B细胞为主。

2. 脾脏的功能

(1)滤过血液

循环血液通过脾脏时,脾脏中的巨噬细胞可吞噬和清除侵入血液的细菌等异物和自身衰老凋亡的血细胞,特别是红细胞和血小板。

(2)滞留淋巴细胞

在正常情况下,淋巴细胞随着血液循环自由通过脾脏或淋巴结,但是当抗原进入脾脏或淋巴结以后,就会引起淋巴细胞在这些器官中滞留,使抗原敏感细胞集中到抗原集聚的部位附近,增强免疫应答。

(3)免疫应答的重要场所

脾脏是体内产生抗体的主要器官。大量淋巴细胞和其他免疫细胞栖居在脾脏中。抗原一旦进入脾脏,就可诱导T细胞和B细胞的活化和增殖,产生致敏T细胞和浆细胞。

(4)产生特夫素

脾脏含有一种四肽激素(Tyr-Lys-Pro-Arg),称为特夫素,能增强巨噬细胞和中性粒细胞的吞噬作用。

(三)其他淋巴样组织

其他淋巴样组织主要包括呼吸道、消化道、泌尿生殖道、泪道和乳腺道的黏膜相关淋巴组织和扁桃体的淋巴组织,是黏膜局部抵抗病原体感染的重要器官。

1. 黏膜相关淋巴组织

黏膜相关淋巴组织(mucosal-associated lymphoid tissue)是分布在消化道、呼吸道和泌尿生殖道等黏膜上的相关淋巴组织。根据形态,黏膜相关淋巴组织可分为黏膜淋巴集合体和弥散淋巴组织两种。

(1)黏膜淋巴集合体

消化道、呼吸道和泌尿生殖道等上皮组织捕获抗原,经M细胞(microfold cell)的特殊上皮细胞进入黏膜淋巴集合体,这类M细胞分布于覆盖在淋巴集合体的上皮细胞内。

(2)弥散黏膜淋巴组织

弥散淋巴组织广泛分布于黏膜固有层中,由上皮淋巴细胞和固有层淋巴细胞组成。固有层巨噬细胞弥散在整个黏膜中,在黏膜上皮下的浅表区分布较为集中。固有层巨噬细胞表达MHC Ⅱ类分子和其他表面标志(与吞噬细胞活性有关),还能产生IL-1和IL-6等细胞因子。在灵长类和啮齿类动物中,黏膜固有层中的NK细胞数量比脾脏和外周血少。固有层中的肥大细胞弥散分布,可通过释放介质,促进炎症细胞快速进入黏膜组织,参与宿主的局部防御反应。

(3)黏膜相关淋巴组织的功能

抗原通过黏膜滤泡进入淋巴区,能激发黏膜相关淋巴组织,产生免疫应答,发挥黏膜固有免疫和适应性免疫功能。

①固有免疫

正常栖居的菌群可阻碍病原菌的侵入。肠道蠕动、纤毛活动和黏液的分泌,可减少潜在病原菌与上皮细胞的作用。胃酸、胆盐的分泌不利于病原菌生长。黏膜产生的乳铁蛋白、乳过氧化物酶和溶菌酶等能抑制或杀灭某些病原菌。

②适应性免疫

在弥散淋巴组织的抗原,刺激免疫细胞分化为浆细胞,浆细胞产生SIgA或生成特异性T细胞,发挥黏膜免疫功能。

黏膜免疫系统能捕获抗原物质,通过局部的免疫应答,清除外来异物,特别是病原微生物,使这些物质难以进入体内,引起全身性的免疫反应。此外,黏膜免疫系统含有调节性T细胞,下调突破黏膜进入体内的抗原所诱导的全身性免疫应答反应。

2.扁桃体

(1)扁桃体的结构

扁桃体位于消化道和呼吸道的交汇处,含有大量淋巴组织,是经常接触抗原引起局部免疫应答的部位。口咽部上皮下的淋巴组织团块以及在舌根和咽部周围上皮下的几群淋巴组织,按其位置分别称为腭扁桃体、咽扁桃体和舌扁桃体。

(2)扁桃体的功能

扁桃体可产生淋巴细胞和抗体,故具有抗细菌和抗病毒的防御功能。咽部是饮食、呼气和吸气的必经之路,经常接触较易隐藏的病菌和异物。咽部丰富的淋巴组织和扁桃体执行着防御保护任务。

扁桃体易遭受溶血性链球菌、葡萄球菌和肺炎球菌等致病菌的侵袭而发炎。这些细菌通常存在于动物的咽部和扁桃体隐窝内。正常情况下,扁桃体表面上皮完整,黏液腺不断分泌黏液,可将细菌和脱落的上皮细胞从隐窝口排出,维护机体健康。机体因过度疲劳和受凉等原因会出现抵抗力下降,上皮防御功能减弱。若腺体分泌机能降低,扁桃体易受细菌感染而发炎。

(四)哈德氏腺

哈德氏腺(Harder's gland)存在于禽类眼窝内,又称瞬膜腺。哈德氏腺位于眼窝中腹部,眼球后中央,在视神经区呈喙状延伸,形成不规则的带状。哈德氏腺是口腔和上呼吸道抗体来源之一。

1.哈德氏腺的结构

哈德氏腺由结缔组织分割成许多小叶,其内含有腺泡、腺管和排泄管。腺泡上皮由一层柱状腺上皮排列而成,上皮基膜下含有大量浆细胞和部分淋巴细胞。

2.哈德氏腺的功能

哈德氏腺主要发挥上呼吸道免疫作用。在抗原刺激下,哈德氏腺能产生免疫应答,分泌特异性抗体,抗体再通过泪液进入呼吸道黏膜。哈德氏腺分泌泪液,润滑瞬膜,对眼睛有保护作用。哈德氏腺在局部形成屏障,影响全身免疫系统,调节体液免疫。在雏鸡免疫接种时,哈德氏腺对疫苗能产生应答反应,不受母源抗体的干扰,增强免疫效果。

第二节 免疫细胞

所有直接或间接参与免疫应答的细胞统称为免疫细胞(immunocyte),免疫细胞主要分布在淋巴器官中,也分布在皮肤和黏膜等其他组织中。根据在免疫应答中所发挥的功能,免疫细胞可分为固有免疫细胞、适应性免疫细胞和抗原递呈细胞三类。参与固有免疫应答的免疫细胞,称为固有免疫细胞。适应性免疫细胞是指受抗原刺激后能分化增殖,并产生特异性免疫应答的淋巴细胞,主要包括T细胞和B细胞。

一、固有免疫细胞

固有免疫细胞是机体固有免疫(innate immunity)的一个重要组成部分,机体在出生时就已具备固有免疫细胞,可对侵入的病原体迅速应答,发挥非特异抗感染免疫作用,亦可参与对体内损伤、衰老或畸变细胞的清除,并参与适应性免疫应答。

(一)单核/巨噬细胞

单核/吞噬细胞(mononuclear phagocyte)包括血液中的单核细胞和组织中的巨噬细胞。单核细胞在骨髓分化成熟后进入血液,在血液中停留数小时至数月后,经血液循环分布到全身多种组织器官中,分化为巨噬细胞。巨噬细胞寿命为数月以上,分布在不同组织部位的巨噬细胞具有不同的名称。

1.表面受体

单核细胞表面具有IgG的Fc受体(Fc receptor,FcR)和补体C3b受体,有助于发挥吞噬功能。巨噬细胞表面有较多的主要组织相容性复合体(major histocompatibility complex,MHC)Ⅱ类分子,特别是活化的巨噬细胞,可表达高水平的MHC Ⅱ类分子和共刺激B7分子,参与抗原递呈。巨噬细胞表面也有MHC Ⅰ类分子。单核/巨噬细胞有较强的黏附玻璃(或塑料)表面的特性,而T细胞、B细胞和NK细胞等淋巴细胞一般无此能力,故可利用该特点分离和获取单核/巨噬细胞。

2.免疫功能

(1)吞噬和杀伤作用

组织中的巨噬细胞可吞噬和杀灭多种病原微生物,处理凋亡损伤的细胞。与抗体(IgG)和补体(C3b)结合的抗原更易被巨噬细胞吞噬。在抗体存在的情况下,巨噬细胞可发挥抗体依赖性细胞介导的细胞毒性作用(antibody-dependent cell-mediated cytotoxicity,ADCC)。巨噬细胞也是细胞免疫的效应细胞,经干扰素(Interferon,IFN)γ激活的巨噬细胞,能有效地杀伤胞内菌感染的细胞和肿瘤细胞。

(2)抗原加工和递呈

在免疫应答中,巨噬细胞是重要的抗原递呈细胞,外源性抗原物质经巨噬细胞通过吞噬和胞饮等方式摄取,经过胞内酶的降解处理,形成许多具有抗原决定簇的抗原肽,随后这些抗原肽与MHC Ⅱ类分子结合形成抗原肽-MHC Ⅱ类分子复合物,并递呈到细胞表面,供免疫活性细胞识别。

(3)合成和分泌各种活性因子

活化的巨噬细胞能合成和分泌50余种生物活性物质,包括酶类(如中性蛋白酶、酸性水解酶和溶菌酶等)、白细胞介素(interheulcin,IL)1、IL-6、集落刺激因子(Colony stimulating factor,CSF)(如GM-CSF、G-CSF、M-CSF等)、肿瘤坏死因子(tumor necrosis factor,TNF)α、前列腺素、血浆蛋白和补体成分等。

(二)NK细胞

自然杀伤性细胞(natural killer cell)简称NK细胞,主要存在于外周血和脾脏中,占外周血淋巴细胞的5%~10%。NK细胞杀伤靶细胞既不依赖抗体,也不需要抗原刺激。

1.表面受体

NK细胞表面具有识别靶细胞表面分子的受体,包括干扰素受体、IL-2受体和IgG的FcR。IFN受体能促进NK细胞识别靶细胞,进而溶解与杀伤靶细胞。IL-2受体可刺激NK细胞不断增殖,产生IFN,发挥更强的杀伤作用。FcR与带有IgG的靶细胞结合,发挥ADCC作用。NK细胞具有CD(cluster of differentiation,CD)16、CD45、CD56、CD57、CD54(ICAM-1)等表面标志。

2.免疫功能

NK细胞能杀伤肿瘤细胞、抵抗多种微生物感染和排斥骨髓移植。NK细胞是消灭癌变细胞的第一道防线。

(三)NKT细胞

NKT细胞是CD1d依赖性自然杀伤性T细胞(CD1d dependent natural killer T cells),细胞表面既表达T细胞受体(T cell receptor,TCR)α链,也表达NK细胞受体(如NK1.1等)。NKT细胞与NK细胞有一些共同的特征性标志物,除NK1.1以外,还有NKR-P1。NKT细胞的TCR识别CD1d递呈的α-半乳糖苷神经酰胺(α-Galactosyl ceramide)被激活。

（四）γδT细胞

根据TCR类别，T细胞分为αβT细胞和γδT细胞两大类。外周血淋巴细胞以αβT细胞为主，γδT细胞一般只占1%~5%。少数γδT细胞表面表达CD4和CD8分子，参与免疫调节和免疫应答。

（五）B1细胞

按照成熟B细胞表面是否表达CD5分子，可将B细胞分为B1(CD5⁺)细胞和B2(CD5⁻)细胞两个亚群。B1细胞是参与非特异性免疫的一种细胞。

1.免疫功能

B1细胞参与非特异性免疫，受多种细菌和自身抗原刺激发生应答，具有抗感染免疫和维持自身稳定的功能。

2.B1细胞免疫应答

B1细胞受体可直接结合具有多个相同抗原决定簇的TI抗原（非胸腺依赖性抗原），激活B1细胞。B1细胞受多糖抗原刺激后，在较短的时间内产生以低亲和力IgM为主的抗体，这与B1细胞在产生抗体过程中不依赖T细胞有关。B1细胞在增殖分化和抗体分泌过程中一般不发生Ig的类别转换。

B1细胞不产生免疫记忆，再次接受相同抗原刺激后，其抗体的类别仍为IgM，而且效价并不增高，有时反而下降。B1细胞识别的抗原主要是碳水化合物，此类抗原不存在T细胞表位，这是B1细胞无免疫记忆的原因所在。

（六）中性粒细胞

中性粒细胞（neutrophil）是血液中的主要吞噬细胞，表面有FcR和C3b受体，具有迁移和吞噬功能，能分泌炎症介质，促进炎症反应，处理颗粒性抗原并递呈给巨噬细胞，在抗病原体感染过程中起着重要作用。

（七）嗜酸性粒细胞

嗜酸性粒细胞（eosinophil）胞质内含有许多嗜酸性颗粒，颗粒里含有过氧化物酶等多种酶，在寄生虫感染和Ⅰ型超敏反应性疾病中常见嗜酸性粒细胞数目增多。嗜酸性粒细胞能与被抗体覆盖的血吸虫体结合，杀伤虫体，也能吞噬抗原-抗体复合物，同时释放出一些酶类（如组胺和磷脂酶D等），作用于组织和活化血小板，在Ⅰ型超敏反应中发挥负反馈调节作用。

（八）嗜碱性粒细胞

嗜碱性粒细胞（basophil）内含有大小不等的嗜碱性颗粒，颗粒内含有组胺、白三烯和肝素等介质，参与Ⅰ型超敏反应。其细胞表面的FcR能与IgE抗体结合，带IgE的嗜碱性粒细胞与特异性抗原结合后，立即引起细胞脱粒，释放组胺等介质，引起Ⅰ型超敏反应。

（九）红细胞

除了氧气运输外，红细胞还具有免疫黏附、调节补体活性和直接杀伤病原体等免疫调节功能。

1.哺乳动物成熟红细胞

（1）红细胞免疫黏附

红细胞可以通过表面的C3b受体结合血液循环中的抗原-抗体-补体复合物等体积大且有病原性的

免疫复合物,将其运输至肝脏和脾脏等器官进行清除,称为红细胞免疫黏附(red-cell immune adherence, RCIA),防止免疫复合物沉积造成免疫损伤。

(2)通过调控补体系统来参与固有免疫的调节

在血液循环过程中红细胞为了避免自身被激活的补体清除,其表面表达补体受体(Complement receptor,CR)1,该蛋白可以通过多种机制调节补体。红细胞通过CR1结合机体胸腺细胞和T细胞,递呈抗原给T细胞识别,增强T细胞的免疫功能。

(3)直接杀伤病原体

红细胞相比于白细胞,数量更多、寿命更长、产生更快。红细胞比白细胞更容易在血液循环高速流动时通过摩擦生电作用带上电荷,吸引并吞噬带有相反电荷的病原体,并通过氧合血红蛋白中的氧杀伤病原体。红细胞富含氧的环境决定了许多厌氧病原体无法在红细胞内生存繁殖。

(4)旁分泌作用募集免疫细胞

红细胞内部富含多种细胞因子,包括促炎因子、抗炎因子、趋化因子和生长因子。红细胞内缺乏细胞器,故细胞因子和蛋白质的释放途径不同于其他细胞。将红细胞与成纤维细胞共培养时,红细胞可以促进成纤维细胞分泌IL-8,募集中性粒细胞并在组织修复中起作用。红细胞来源的生长因子和趋化因子可以促进T细胞的生长。

2.哺乳动物有核红细胞

哺乳动物体内还存在有核红细胞,其主要分布在骨髓中,在肝脏和脾脏中也有少量有核红细胞存在。在一些病理情况下,造血干细胞会由骨髓迁移到肝和脾等髓外器官并造血,即髓外造血。由于髓外造血器官限制未成熟红细胞释放的能力较弱,因此髓外造血也会出现大量有核红细胞。

(1)旁分泌作用

有核红细胞分泌细胞因子,以旁分泌的方式或直接接触,抑制B细胞和T细胞的增殖,从而抑制固有免疫应答和适应性免疫应答。

(2)维持微环境稳态

有核红细胞通过调节自身分泌的细胞因子来维持微环境的稳态,发挥造血和免疫调控功能。

(十)肥大细胞

肥大细胞(mast cell)在小血管周围、脂肪组织和小肠黏膜下组织等处分布较多,也存在于周围淋巴组织和皮肤结缔组织。肥大细胞表面FcR能与IgE结合,胞质内存在嗜碱性颗粒。肥大细胞脱粒机制及其在Ⅰ型过敏反应中的作用与嗜碱性粒细胞十分相似。

二、适应性免疫细胞

适应性免疫细胞主要包括T细胞和B细胞。多能造血干细胞中的淋巴干细胞分化为T细胞前体和B细胞前体两大类。

(一)T细胞

1.T细胞来源

T细胞前体进入胸腺发育为成熟的T细胞,称胸腺依赖性淋巴细胞(thymus dependent lymphoeyte),

又称T淋巴细胞,简称T细胞。成熟的T细胞通过血液循环到达外周免疫器官的胸腺依赖区,并在此定居和增殖,或再通过血液(或淋巴)循环进入组织,经血液循环和淋巴再循环,巡游机体全身各部位。成熟T细胞在正常情况下是静止细胞,被抗原刺激后活化,进一步增殖,最后分化为效应性T细胞。效应性T细胞发挥细胞免疫功能,能够杀伤或清除抗原。但绝大部分效应性T细胞存活期较短,一般只有4~6 d,只有其中一部分变为长寿的免疫记忆细胞,进入淋巴细胞再循环,存活数月到数年。

2.T细胞的表面标志

(1)T细胞受体

T细胞受体(T cell receptor,TCR)是T细胞在胸腺发育成熟过程中,在细胞膜上表达的特异识别抗原的蛋白分子。TCR由两条肽链组成,C端固定在T细胞膜中,N端在T细胞膜表面。

(2)T细胞表面抗原-CD分子

CD分子是指在不同分化、发育和成熟时期,T细胞膜上表达的各种具有不同作用的蛋白分子。

①CD2

CD2是绵羊红细胞受体(sheep red blood cell receptor,SRBCR),是T细胞的重要表面标志,B细胞无CD2。一些动物的T细胞在体外能与绵羊红细胞结合,形成红细胞花环(又称为E花环),E花环试验就是基于此建立的。

②CD3

CD3仅存在于T细胞表面,由5条多肽链(γ、δ、ε、ζ、η)形成3个二聚体组成的复合体。第一个二聚体是γ与ε链形成的异二聚体,第二个是δ与ε链形成的异二聚体。不同CD3复合体的第三个二聚体差异大,大约90%CD3复合体的第三个二聚体是由两条ζ链形成的同源二聚体,少数CD3复合体是由ζ和η链形成的异二聚体。ζ和η链是由相同基因编码的多肽链,但其羧基端的氨基酸有差异。CD3与TCR紧密结合,形成含有8条肽链(α、β、γ、δ、ε、ε、ζ、ζ)的TCR-CD3复合体。CD3二聚体($\gamma\varepsilon$、$\delta\varepsilon$、$\zeta\zeta$、$\zeta\eta$)是TCR表达和信号传导所必需的。

CD3能把TCR与外来结合的抗原信息传递到细胞内,启动细胞活化过程,在抗原激活T细胞的早期过程中起重要作用。

③CD4

CD4是MHC Ⅱ类分子的受体。CD4$^+$T细胞具有辅助性T细胞(helper T cell,Th细胞)功能。CD4分子是一条55 kDa的单体膜糖蛋白,有四个类免疫球蛋白胞外区(D1、D2、D3、D4)、一个疏水跨膜区和一个含有3个丝氨酸残基的胞质尾区(cytoplasmic tail)。

④CD8

CD8是MHC Ⅰ类分子的受体。CD8$^+$T细胞具有抑制性T细胞(suppressor T cell,Ts细胞)和细胞毒性T细胞(cytotoxic T cell,Tc细胞)的功能。CD8分子通常是由α和β链组成的异二聚体,有时存在由α链组成的同二聚体。CD8分子的两条肽链的分子质量为30~38 kDa,每条链由一个免疫球蛋白的胞外区、疏水跨膜区和胞质尾区(25~27个氨基酸)组成,两条肽链之间以二硫键相连。

(3)丝裂原受体

T表面具有刀豆素A(ConA)、植物血凝素(PHA)、美洲商陆(PWM)等丝裂原受体。T细胞丝裂原受体与丝裂原结合,能刺激T细胞活化、增殖和分化。

(4)其他表面标志或分子

在T细胞表面还有一些较重要的表面受体或抗原,与T细胞功能有关。T细胞表面有CD28,活化的T细胞表达CTLA-4,在T细胞的活化中起共刺激信号作用,与抗原递呈细胞表面的B7分子结合。还有与淋巴细胞功能相关的抗原-1(CD11a/CD18,LFA-1)、CD45R、细胞黏附分子-1(ICAM-1)、CD54、CD40配体(CD40L)等。

所有T细胞表面均存在MHC Ⅰ类分子,受抗原刺激后,表达MHC Ⅱ类分子。

T细胞表面也有IL-1受体、各种激素(如肾上腺素、皮质激素)受体和介质(如组胺)受体,是神经内分泌系统对免疫功能产生影响的物质基础。

活化的T细胞表达IL-2受体。

3.T细胞亚群

关于T细胞亚群划分的原则和命名尚无统一标准。由于T细胞有许多亚群,它们的功能和分化抗原均不相同。目前,基于CD抗原的不同,T细胞亚群分为CD4$^+$和CD8$^+$两大亚群,根据其在免疫应答中的不同功能可划分为不同亚群。

(1)CD4$^+$T细胞

CD4$^+$T细胞具有CD2$^+$、CD3$^+$、CD4$^+$,能识别MHC Ⅱ类分子递呈的抗原,分为辅助性T细胞(helper T cell,Th细胞)、诱导性T细胞(inducer T cell,Ti细胞)和迟发型变态反应性T细胞(delayed type hypersensitivity T cell,Td细胞)三个亚群。

Th细胞能协助其他的免疫细胞发挥功能。Th细胞分泌细胞因子,促进B细胞增殖和分化,产生抗体。Th细胞分泌细胞因子,促进Tc细胞和Td细胞的活化,促进Tc细胞和Ts细胞增殖,增强Tc细胞杀伤靶细胞功能,协助巨噬细胞增强迟发型变态反应强度。Ti细胞能诱导Th细胞和Ts细胞细胞成熟。在免疫应答效应阶段和Ⅳ型超敏反应中,Td细胞能释放多种淋巴因子,介导炎症反应,排除抗原。

(2)CD8$^+$T细胞

CD8$^+$T细胞具有CD2$^+$、CD3$^+$、CD8$^+$,识别MHC Ⅰ类分子递呈的抗原,分为抑制性T细胞(suppressor T cell,Ts细胞)和细胞毒性T细胞(cytotoxic T cell,Tc细胞)两个亚群。

Ts细胞表面具有CD11抗原,能抑制B细胞产生抗体,促进其他T细胞分化增殖,调节体液免疫和细胞免疫,占外周血液T细胞的10%~20%。

Tc细胞又称为杀伤性T细胞,具有记忆性和高度特异性,占外周血液T细胞的5%~10%,活化的Tc细胞又称为细胞毒性T淋巴细胞(cytotoxic T lymphocyte,CTL细胞)。在免疫效应阶段,Tc细胞活化产生CTL细胞,杀伤靶细胞(如病毒感染的细胞、胞内菌感染的细胞和癌细胞等)。

(二)B细胞

1.B细胞来源

哺乳类动物的骨髓(或鸟类的腔上囊)是B细胞前体分化发育为成熟B细胞的场所。成熟B细胞又称骨髓依赖性淋巴细胞(bone marrow dependent lymphocyte)或腔上囊依赖性淋巴细胞(burse dependent lymphocyte),简称B细胞。B细胞在外周淋巴器官的非胸腺依赖区栖居和增殖。B细胞被抗原刺激后,发生活化增殖,分化成为浆细胞。浆细胞能产生特异性抗体,参与机体的体液免疫,但一般只能存活

2 d。在分化过程中,一部分B细胞发育成为免疫记忆细胞,参与淋巴细胞再循环,是长寿B细胞,可存活100 d以上。

2.B细胞的表面标志

(1)B细胞受体

B细胞受体(B cell receptor,BCR)是一种位于B细胞表面,能特异性识别并结合抗原的膜表面免疫球蛋白(membrane immunoglobulin,mIg)。BCR具有抗原结合特异性,BCR多达$5×10^{13}$种,构成容量巨大的BCR库,赋予个体识别抗原和产生特异性抗体的功能。在成熟B细胞表面,BCR和Igα/Igβ(CD79a/b)异二聚体(负责传递抗原刺激信号)共同表达,形成BCR-Igα/Igβ复合体(又称BCR复合物)。

(2)Fc受体

大多数B细胞表面存在IgG的Fc受体(Fc receptor,FcR),可与IgG的Fc片段结合。B细胞表面的FcR能与抗原-抗体复合物结合,有利于B细胞捕获和结合对抗原,激活B细胞,产生抗体。

(3)补体受体

大多数B细胞表面具有补体受体(complement receptor,CR)CR1(CD35)和CR2(CD21)。CR1能与C3b特异性结合,CR2能与C3d和EB病毒特异性结合。CR1和CR2介导B细胞捕捉与补体结合的抗原-抗体复合物,促使B细胞活化。

(4)丝裂原受体

B细胞表面具有脂多糖(LPS)、金黄色葡萄球菌蛋白A、美洲商陆(PWM)等丝裂原受体。B细胞丝裂原受体与丝裂原结合,能促进B细胞活化、增殖和分化。

(5)其他表面分子

B细胞表面有一些重要受体和抗原,包括多种细胞因子受体(如IL-2R等)、MHC Ⅱ类分子、CD11a/CD18、CD19、CD40、CD45、CD54等。CD19能与CD21和CD81形成复合体,与BCR交联,活化B细胞,表达B7分子(CD80),是B细胞活化的共刺激分子。

3.B细胞亚群

根据B细胞mIg是否依赖T细胞,将B细胞分为B1细胞和B2细胞两个亚群。两者在激活后都可转化为浆细胞,产生抗体。

B1细胞亚群为T细胞非依赖性细胞,其表面仅有mIgM,在接受非胸腺依赖性抗原(TI抗原)刺激后活化增殖,不需T细胞的协助。

B2细胞亚群为T细胞依赖性细胞,在接受胸腺依赖性抗原(TD抗原)刺激后发生免疫应答,必须有T细胞的协助。

三、抗原递呈细胞

抗原递呈细胞(antigen presenting cell,APC)是指能向Th细胞和Tc细胞递呈抗原的细胞,包括专职抗原递呈细胞(巨噬细胞、树状突细胞和B细胞)、非专职抗原递呈细胞(内皮细胞、纤维母细胞、上皮细胞和嗜酸性粒细胞等)和靶细胞(病毒感染的细胞、胞内菌感染的细胞和肿瘤细胞)。

(一)专职抗原递呈细胞

1.巨噬细胞

巨噬细胞表面具有MHC Ⅱ类分子,可表达高水平的MHC Ⅱ类分子和共刺激B7分子,参与递呈抗原。巨噬细胞表面也有MHC Ⅰ类分子。在免疫应答中,巨噬细胞是重要的抗原递呈细胞。巨噬细胞通过吞噬和胞饮等方式摄取外源性抗原物质,经过胞内酶的降解处理,形成许多具有抗原决定簇的抗原肽,随后这些抗原肽与MHC Ⅱ类分子结合,形成抗原肽-MHC Ⅱ类分子复合物,并递呈到细胞表面,供免疫细胞识别。

2.树突状细胞

树突状细胞(dendritic cell,DC)来源于骨髓和脾脏的红髓,成熟后主要分布在脾脏和淋巴结中,也分布在结缔组织中。树突状细胞表面伸出许多树突状突起,胞内线粒体丰富,高尔基体发达,但无溶酶体及吞噬体。大多数DC有较多的MHC Ⅰ类分子和MHC Ⅱ类分子,少数DC表面有FcR和C3b受体,与抗原-抗体复合物结合,将抗原递呈给淋巴细胞。

DC可表达高水平的MHC Ⅱ类分子和共刺激B7分子,比巨噬细胞和B细胞递呈抗原的能力更强。树突状细胞摄取、加工和处理抗原,并迁移至血液和淋巴液,循环至淋巴器官,将抗原递呈给Th细胞。

3.B细胞

B细胞也是一类重要的抗原递呈细胞,特别是活化的B细胞,可表达共刺激B7分子,具有较强的抗原递呈能力,可将某些抗原决定簇递呈给Th细胞,产生免疫应答。

4.外源性抗原递呈过程

外源性抗原是指细胞外感染的微生物或体外其他蛋白质抗原,经APC吞噬摄入细胞内,形成吞噬小体,并与溶酶体融合成吞噬溶酶体。在吞噬溶酶体内酸性环境中抗原被蛋白水解酶降解为小分子多肽,其中具有免疫原性的称为抗原肽(12~20个氨基酸残基)。内质网中合成的MHC-Ⅱ类分子进入高尔基体后,由分泌小泡携带,通过与吞噬溶酶体融合,使抗原肽与小泡内MHC-Ⅱ类分子结合形成抗原肽-MHC Ⅱ类分子复合物。该复合物运送到APC表面,供CD4$^+$T细胞识别。

(二)靶细胞

1.靶细胞与内源性抗原

靶细胞是指被病毒感染的细胞、胞内菌感染的细胞和肿瘤细胞。内源性抗原是指细胞内合成的抗原,包括肿瘤细胞产生的抗原、胞内菌感染的细胞产生的抗原和病毒感染的细胞产生的抗原。

2.内源性抗原递呈

在胞质内受聚合蛋白酶体(LMP)的作用下,内源性抗原被降解成具有8~10个氨基酸残基的抗原肽,抗原肽再由转运体(TAP)转运到内质网中,与新合成的MHC Ⅰ类分子结合形成抗原肽-MHC Ⅰ类分子复合物,最后运送到APC表面,递呈给CD8$^+$T细胞,供CD8$^+$T细胞识别。

(三)非专职抗原递呈细胞

非专职抗原递呈细胞包括内皮细胞、纤维母细胞、上皮细胞和嗜酸性粒细胞等。在一定条件刺激诱导下,这些细胞表达MHC-Ⅱ分子和共刺激分子,递呈外源性抗原,但递呈抗原的能力弱,与炎症反应和某些自身免疫病的发生有关。

第三节 免疫分子

免疫分子是指具有免疫功能的物质。免疫分子分为固有免疫分子和适应性免疫分子。固有免疫分子包括补体系统、溶菌酶、抗菌肽和细胞因子等。适应性免疫分子包括T细胞受体（TCR）、B细胞受体（BCR）、免疫球蛋白、MHC类分子等。免疫分子是现代分子免疫学的重要研究对象。

一、固有免疫分子

（一）补体系统

1. 补体的特点

补体（complement，C）是一组存在于动物血清或体液中，具有酶活性的球蛋白，须活化后才能表现生物学活性。受抗原-抗体复合物或其他成分的激活，补体的各成分相继被活化，引起细胞溶解和溶血等免疫生物学现象，称为补体活化。补体活化会引起细胞、细菌、红细胞等溶解或免疫黏着。

补体代谢快，不耐热，不稳定，非特异性，活化后具有酶活性，可介导免疫应答和炎症反应。在体内，补体每天更新50%；在体外，补体易受温度和酸碱作用的影响。56~60 ℃作用30 min可使补体失活，在0~10 ℃补体活性也只能维持3~4 d。

2. 补体系统的组成与特点

补体系统（Complement system）由补体蛋白（C1、C2、C3、C4、C5、C6、C7、C8、C9）、补体调节蛋白（B因子、D因子、H因子、P因子、H因子）和补体受体（CR1、CR2、CR3、CR4、CR4、C3aR、C4aR、C5aR）组成。

3. 补体的激活途径

补体可被抗原-抗体复合物（或微生物）激活，导致病原微生物裂解或被吞噬。激活补体的途径包括经典途径、凝集素途径和旁路途径。三种途径既各自独立，又相互关联。

（1）经典途径

经典途径是由抗原-抗体复合物启动的，由C1~C9参与的一系列的酶促反应，其结果是靶细胞因细胞膜受复合物攻击而裂解。经典途径分为识别、活化和攻膜三个阶段。

①识别阶段

抗原与抗体结合后，始动因子C1的组成成分C1q识别抗体的补体结合位点，并与之结合，C1q的构型发生改变，在Ca^{2+}存在下，形成具有酶活性的C1s。

②活化阶段

C1s将C4分解成小碎片的C4a和大碎片的C4b，C4b可与细胞膜结合；C1s激活C4后，再激活C2，将

C2分解成小碎片的C2a和大碎片C2b。C2b与C4b结合,形成有酶活性的C4b2b(C3转化酶)。C3被C4b2b裂解成C3a和C3b两个片段,C3b与C4b2b结合产生的C4b2b3b成为C5转化酶。

③攻膜阶段

C5在C4b2b3b的作用下裂解为C5a和C5b,C5b与C6和C7结合,形成C5b67复合物,进而与C8和C9分子结合成C5b6789复合体(即为攻膜复合体),造成细胞膜溶解。

(2)凝集素途径

凝集素途径是由甘露聚糖结合凝集素(mannan-binding lectin, MBL)与细菌甘露糖残基和丝氨酸蛋白酶结合启动的补体激活途径,其激活过程与经典途径相似。

在病原微生物感染早期,体内巨噬细胞和中性粒细胞可产生TNF-α、IL-1和IL-6等细胞因子,导致机体发生急性期反应,并诱导肝细胞分泌急性期蛋白,其中参与补体激活的分子包括MBL和C反应蛋白。MBL是一种钙依赖性糖结合蛋白,属于凝集素家族,结构与C1q类似,可与甘露糖残基结合。正常血清中MBL水平极低,在急性期反应时其水平明显升高。MBL首先与细菌的甘露糖残基结合,然后与丝氨酸蛋白酶结合,形成MBL相关的丝氨酸蛋白酶MASP, MASP与C1s(活化的C1q)具有相似的生物学活性,可水解C4和C2分子,继而形成C3转化酶,其后的反应过程与经典途径相同。此激活途径不依赖特异性抗体产生。此外C反应蛋白亦可与C1q结合并使之激活成为C1s,C1s水解C4和C2分子,继而形成C3转化酶,其后的反应过程与经典途径相同。

(3)旁路途径

在正常生理情况下,C3与B因子和D因子等相互作用,可产生极少量的C3b和C3bBb,但很快受H因子和I因子的作用,不能激活C3和后续的补体成分。只有当H因子和I因子的作用被抑制时,旁路途径才得以激活。

血浆中的C3可自然而缓慢地裂解,持续产生少量的C3b,释放的C3b很快被I因子灭活。在Mg^{2+}存在下,血浆中产生的C3b与B因子结合形成C3bB。在血浆中同时存在着无活性的D因子和有活性的D因子(B因子转化酶)。有活性的D因子作用于C3bB,可使此复合物中的B因子裂解,形成C3bBb(C3转化酶)和Ba游离于血浆中。C3bBb可使C3裂解为C3a和C3b,此酶效率不高亦不稳定,H因子可置换C3bBb复合物中的Bb,使C3b与Bb解离,解离或游离的C3b立即被I因子灭活。因此,在无激活物质存在的生理情况下,C3bBb保持在极低的水平,不能大量裂解C3,也不能激活后续补体成分。这种C3的低速度裂解和低浓度C3bBb的形成是旁路途径的准备阶段,可比喻为处于"箭在弦上,一触即发"的状态。P因子为备解素,与C3bBb结合形成C3bBbP(C3转化酶)。

旁路途径的激活取决于激活物质(细菌脂多糖和肽聚糖、病毒感染细胞、肿瘤细胞和痢疾阿米巴原虫等)的出现。激活物质使旁路途径从准备阶段过渡到正式激活阶段。

与经典途径相比,旁路途径越过了C1、C4、C2三种成分,直接激活C3继而完成C5至C9的连锁反应。在细菌性感染早期,机体未产生特异性抗体前,旁路途径发挥着重要的抗感染作用。

C3是血清中含量最多的补体成分,在三条激活途径中都占据着重要的地位。当C3被激活时,其裂解产物C3b又可在B因子和D因子的作用下合成新的C3bBb,C3bBb又进一步使更多的C3裂解,血浆中既有丰富的C3,又有足够的B因子和Mg^{2+},这一过程一旦被触发,可促使激活产生扩大效应,这一现象被称为依赖C3Bb的正反馈途径(或C3b的正反馈途径)。

(二)溶菌酶

溶菌酶(lysozyme)又称胞壁质酶(muramidase),是一种能水解细菌中黏多糖的碱性酶。溶菌酶主要通过破坏细胞壁中的 N-乙酰胞壁酸与 N-乙酰-葡萄糖胺之间的 β-1,4糖苷键,使细胞壁不溶性黏多糖分解成可溶性糖肽,导致细胞壁破裂、内容物逸出而使细菌溶解。溶菌酶还可与带负电荷的病毒蛋白质直接结合,使病毒失活。溶菌酶广泛存在于畜禽多种组织中,如蛋清、泪液、唾液、血浆和乳汁等。

(三)抗菌肽

抗菌肽(antimicrobial peptide)是一种在哺乳动物中被有效保存的古老进化小肽(30~60 AA),具有阳离子强(pI 8.9~10.7)、热稳定性高(100 ℃,15 min)、不产生耐药性等特点。畜禽体内均可产生抗菌肽,发挥抗菌作用。

(四)细胞因子

细胞因子(cytokine,CK)是免疫原、丝裂原或其他刺激剂诱导多种细胞产生的低分子量可溶性蛋白质,具有调节固有免疫和适应性免疫、血细胞生成、细胞生长和损伤组织修复等多种功能。细胞因子分为白细胞介素(interleukin,IL)、集落刺激因子(colony stimulating factor,CSF)、干扰素(interferon,IFN)、肿瘤坏死因子(tumor necrosis factor,TNF)、趋化因子(chemokine)、生长因子(growth factor,GF)和转化因子等。

1. 白细胞介素

目前已报道了约38种白细胞介素(IL-1~IL-38)。白细胞介素由淋巴细胞、单核细胞或其他非单个核细胞产生,在细胞间相互作用、免疫调节、造血和炎症等过程中起着重要调节作用。

2. 集落刺激因子

根据不同细胞因子刺激造血干细胞或分化不同阶段的造血细胞在半固体培养基中形成的不同细胞集落,可将CSF命名为粒细胞CSF(G-CSF)、巨噬细胞CSF(M-CSF)等。CSF可刺激不同发育阶段造血干细胞和祖细胞的增殖分化,还可增强成熟细胞的功能。

3. 干扰素

最初发现某一种病毒感染的细胞能产生一种可干扰另一种病毒的感染和复制的物质,因此命名为干扰素(IFN)。根据IFN产生的来源和结构不同,可将IFN分为IFN-α(白细胞所产生)、IFN-β(成纤维细胞所产生)和IFN-γ(T细胞所产生)三种。IFN具有抗病毒、抗肿瘤和免疫调节等作用。

4. 肿瘤坏死因子

因有一种因子能造成肿瘤组织坏死,故而得名肿瘤坏死因子(TNF)。根据TNF的来源和结构,可将TNF分为TNF-α(单核-巨噬细胞所产生)和TNF-β(活化T细胞所产生)两种。TNF具有杀伤肿瘤细胞、参与免疫调节、参与发热和炎症反应等功能。

5. 趋化因子

趋化因子家族包括四个亚族:(1)C-X-C/α亚族,包括IL-8、黑素瘤细胞生长刺激活性(GRO/MGSA)、血小板因子-4(PF-4)、血小板碱性蛋白、蛋白质水解来源的产物CTAP-Ⅲ和β-thromboglobulin、炎症蛋白10(IP-10)、ENA-78,能趋化中性粒细胞。(2)C-C/β亚族,包括巨噬细胞炎症蛋白1α(MIP-1α)、

MIP-1β、RANTES、单核细胞趋化蛋白(MCP)-1、MCP-2、MCP-3和I-309,能趋化单核细胞。(3)C型亚家族,代表有淋巴细胞趋化蛋白。(4)CX3C亚家族,包括Fractalkine,能趋化单核/巨噬细胞、T细胞及NK细胞。

6. 生长因子

生长因子包括表皮生长因子(EGF)、血小板衍生的生长因子(PDGF)、成纤维细胞生长因子(FGF)、肝细胞生长因子(HGF)、胰岛素样生长因子-I(IGF-I)、IGF-Ⅱ、白血病抑制因子(LIF)、神经生长因子(NGF)、抑瘤素M(OSM)、血小板衍生的内皮细胞生长因子(PDECGF)、转化生长因子-α(TGF-α)、血管内皮细胞生长因子(VEGF)等。

7. 转化生长因子

转化生长因子-β(transforming growth factor-β,TGF-β)家族由多种细胞产生,主要包括TGF-β1、TGF-β2、TGF-β3和骨形成蛋白(BMP)等。

二、适应性免疫分子

(一)T细胞抗原受体

1. 结构

T细胞受体(T cell receptor,TCR)是指T细胞表面能识别和结合特异性抗原的分子结构。

$\alpha\beta$T细胞的TCR由α链和β链组成,两条链由二硫键连接组成异二聚体。α链分子量为40~50 kDa,有248个氨基酸。β链分子量为40~45 kDa,有282个氨基酸。每条链又可折叠形成可变区(V区)和恒定区(C区)。C区与细胞膜相连,并有4~5个氨基酸残基伸入胞质内,而V区则与抗原结合。

$\gamma\delta$T细胞的TCR由γ链和δ链组成。$\gamma\delta$T细胞也在胸腺内分化发育,在外周血液循环中分布较少,在皮肤和肠道黏膜相关淋巴组织中分布较多,起局部免疫的作用。

2. 多样性

各种幼稚T细胞的TCR基因在发育过程中,经过不同的重排后可形成几百万种以上不同序列的V区基因,从而编码不同特异性的TCR分子。成熟的T细胞具有不同的TCR,能识别不同的特异性抗原决定簇。在同一个体内,有数百万种T细胞及其特异性的TCR,故能识别数量庞大的抗原决定簇。由于TCR与Ig具有独特型(idiotype),所以又称Ti分子,而且TCR与细胞膜上的CD3紧密结合形成复合体,称TCR复合体。

3. 特异性

TCR不能识别和结合单独存在的抗原片段或决定簇,TCR识别抗原受到MHC分子与抗原片段结合的制约。只有抗原片段(或决定簇)与抗原递呈细胞上的MHC分子结合时,TCR才能识别和结合MHCⅡ类分子(或Ⅰ类分子)抗原片段复合物中的抗原部分,称为TCR识别抗原的MHC限制性或MHC约束性(MHC restriction)。

(二)B细胞受体

1.结构

B细胞受体(B cell receptor,BCR)是一种跨膜蛋白复合体,包括一个B细胞表面的膜免疫球蛋白(mIg)和一个经二硫键连接的称为Ig-α/Ig-β的异二聚体分子。

2.膜免疫球蛋白

B细胞表面的mIg的分子结构与血清中Ig相同,由Fc段和Fab段组成。Fc段镶嵌在细胞膜磷脂双层中,有一个短的胞质尾区;Fab段则在细胞外侧,起识别和结合抗原的作用。mIg主要是单体的IgM和IgD。mIg既是抗原的受体,又是表面抗原,能与抗免疫球蛋白的抗体特异性结合,具有免疫球蛋白特有的抗原决定簇。每个B细胞表面有10^4~10^5个免疫球蛋白分子。mIg是B细胞的主要鉴别特征,常用荧光素(或铁蛋白)标记的抗免疫球蛋白抗体来鉴别B细胞。

3.Ig-α/Ig-β

Ig-α/Ig-β都有一个很长的胞质尾区,为48~61个氨基酸。Ig-α又称为CD79a,Ig-β又称为CD79b,两者的作用类似于T细胞的CD3分子的作用,是一种信号传导分子,在B细胞活化过程中起着十分重要的作用。

(三)免疫球蛋白

免疫球蛋白(immunoglobulin,Ig)是指具有抗体活性或化学结构与抗体相似的球蛋白。抗体(antibody,Ab)是指动物受到抗原物质刺激后,由B淋巴细胞转化为浆细胞产生的能与相应抗原发生特异性结合反应的免疫球蛋白。Ab具有中和病毒和毒素,通过经典途径激活补体溶解G^-细菌,以及原虫、局部黏膜免疫等作用。效应性淋巴细胞(K细胞和NK细胞)表面具有Ig的FcR,Ab与相应靶细胞结合后,效应细胞通过FcR与Ab结合,发挥ADCC作用,杀伤靶细胞。

1.基本结构

免疫球蛋白的基本单位是四条肽链的对称结构,包括两条重链(Heavy chain,H)和两条轻链(light chain,L)。每条重链和轻链具有氨基端和羧基端。H链由420~440个氨基酸残基组成。根据恒定区抗原性的不同,重链分为γ、α、μ、δ、ε五种。L链由213~214个氨基酸残基组成,根据其结构和恒定区抗原性可分为κ、λ型。

根据氨基酸变异程度不同,H链和L链分为恒定区(constant region,C区)和可变区(variable region,V区)。恒定区氨基酸数量、种类、排列顺序和含糖量都比较稳定。可变区的氨基酸排列顺序随抗体特异性不同而发生变化。在V区内某些区域氨基酸残基的组成和排列顺序比V区内其他区域更易变化,这些区域称为高变区(Hypervariable region,HVR)。

免疫球蛋白的功能区(domain)是Ig的多肽链分子折叠形成的几个由链内二硫键连接成的环状结构。在IgG、IgA和IgD重链上具有VH、CH1、CH2和CH3功能区。在IgM和IgE重链上有VH、CH1、CH2、CH3和CH4功能区,轻链上具有VL和CL功能区。

2.Ig片段

木瓜蛋白酶(papain)水解IgG,产生2个抗原结合片段(fragment antigen binding,Fab)和1个Fc片段

(fragment crystalizable,Fc)。胃蛋白酶(pepsin)水解IgG产生1个Fab片段(有双价抗体活性)和1个Fc片段(无活性)。Fab片段能结合抗原,决定抗体分子的特异性。Fc片段不结合抗原,是决定Ig抗原性的部位,可通过胎盘结合抗原活化补体。

3.Ig类型

根据H链和L链的结构和抗原性不同,Ig可分为类、亚类、型和亚型等。根据重链γ、α、μ、δ、ε组成不同,Ig分为IgG、IgA、IgM、IgD和IgE。根据重链C区的细微结构、二硫键的位置和数目以及抗原性不同,同一类Ig分为若干亚类。IgG分为IgG1、IgG2、IgG3和IgG4,IgA分为IgA1和IgA2,IgM分为IgM1和IgM2,IgD和IgE无亚类。

(1)IgG

IgG多为单体,$T_{1/2}$约为23 d,占血清免疫球蛋白总量的75%~80%。IgG1、IgG2和IgG3的CH2能通过经典途径激活补体。IgG是唯一能通过胎盘的抗体,通过Fc段与吞噬细胞表面FcR结合,发挥调理作用。IgG与K细胞结合发挥ADCC作用,IgG与葡萄球菌A蛋白结合,具有溶解葡萄球菌的作用。IgG可参与Ⅱ、Ⅲ型超敏反应。

(2)IgA

IgA分为血清型和分泌型两种,血清型IgA主要由肠系膜淋巴组织中的浆细胞产生,分泌型IgA(SIgA)是由呼吸道、消化道和泌尿生殖道等黏膜固有层中的浆细胞产生并分布在黏液中的IgA。初乳、唾液和泪液中也含有SIgA。

(3)IgM

IgM为五聚体,是分子量最大的Ig,又称巨球蛋白。IgM是天然血型抗体。IgM激活补体的能力比IgG强。IgM是个体发育过程最早产生的抗体,胚胎晚期已能合成,若新生儿脐带血中的IgM水平升高,表示曾有宫内感染。IgM是机体受抗原刺激后,出现最早的抗体,故检测IgM水平可用于传染病的早期诊断。IgM是B细胞抗原受体的主要成分,也可参与Ⅱ、Ⅲ型超敏反应。

(4)IgD

IgD是B细胞成熟的重要表面标志。B细胞的分化过程中首先出现SmIgM,后来出现SmIgD,IgD的出现标志着B细胞已经成熟。

(5)IgE

IgE又称亲细胞抗体。其CH2和CH3功能区可与肥大细胞和嗜碱性粒细胞上的高亲和力Fcε受体结合,引起Ⅰ型超敏反应。

(四)其他免疫分子

1.白细胞分化抗原

白细胞分化抗原是指白细胞在分化成熟为不同谱系、不同阶段,以及活化过程中出现或消失的细胞表面标记分子,大多数为穿膜的蛋白质或糖蛋白,含胞膜外区、穿膜区和胞质区。有些白细胞分化抗原是以磷脂酰肌醇连接方式"锚"在细胞膜上。少数白细胞分化抗原是碳水化合物半抗原。

根据胞膜外区的不同结构特点,白细胞分化抗原分为不同的家族和超家族,包括免疫球蛋白超家族、细胞因子受体超家族、C型凝集素受体超家族、整合素家族、选择素家族、肿瘤坏死因子超家族和肿瘤坏死因子受体超家族等。

在机体免疫应答中，白细胞分化抗原参与免疫细胞的相互识别、细胞免疫抗原识别、造血细胞的分化和造血细胞的调控等生理和病理过程，还参与炎症反应、血栓形成、组织修复以及细胞的生长、分化、迁移，肿瘤的恶化和转移等过程。白细胞分化抗原在临床上的辅助诊断意义较大。

2.主要组织相容性复合体

主要组织相容性复合体(major histocompatibility complex, MHC)是一组编码动物主要组织相容性抗原的基因群的统称。MHC受遗传控制，代表个体特异性的主要组织抗原系统，参与器官移植排斥、免疫应答调控。MHC具有多态性的，分为经典MHC和非经典MHC。经典MHC包括MHC Ⅰ、MHC Ⅱ和MHC Ⅲ，分别编码MHC Ⅰ类分子、MHC Ⅱ类分子MHC Ⅲ类分子。

(1)MHC类分子的结构

MHC Ⅰ类分子是由一条重链(α链)和一条轻链($\beta2$微球蛋白)组成的糖蛋白分子。MHC Ⅱ类分子是由α、β二条肽链组成的糖蛋白分子。 MHC Ⅲ类分子包括补体C2、C4、Bf和TNF等。

(2)MHC类分子的功能

MHC介导T细胞的抗原识别，调控NK细胞功能，促进T细胞在胸腺的分化，控制免疫应答的遗传，参与移植排斥，与某些疾病具有连锁关系。

MHC Ⅰ类分子分布于大部分组织细胞中，能结合抗原多肽(8~10个氨基酸)、TCR、CD8分子和杀伤细胞抑制性受体(KIR)，介导内源性抗原递呈。

MHC Ⅱ类分子分布于B细胞、单核巨噬细胞、树突状细胞和活化的T细胞中，能结合抗原多肽(13~18个氨基酸)、TCR和CD4分子，介导外源性抗原递呈。

本章小结

畜禽免疫系统由免疫器官、免疫细胞和免疫分子组成。畜禽免疫器官由中枢免疫器官和外周免疫器官组成。中枢免疫器官包括骨髓、胸腺和法氏囊(鸟类)。外周免疫器官包括淋巴结、脾脏、哈德氏腺(禽类)和其他淋巴样组织。免疫细胞包括固有免疫细胞、适应性免疫细胞和抗原递呈细胞。固有免疫细胞包括单核/巨噬细胞、NK细胞、NKT细胞、B1细胞、中性粒细胞、嗜酸性粒细胞、嗜碱性粒细胞、红细胞和肥大细胞等。适应性免疫细胞主要有T细胞和B细胞。T细胞和B细胞存在的表面标志，可用于鉴别T细胞和B细胞及其亚群。抗原递呈细胞包括专职抗原递呈细胞(巨噬细胞、树状突细胞和B细胞)、非专职抗原递呈细胞(内皮细胞、纤维母细胞、上皮细胞和嗜酸性粒细胞等)和靶细胞(被病毒感染的细胞、胞内菌感染的细胞和肿瘤细胞)。免疫分子分为固有免疫分子和适应性免疫分子。固有免疫分子包括补体系统、溶菌酶、抗菌肽和细胞因子等。适应性免疫分子包括T细胞受体(TCR)、B细胞受体(BCR)、免疫球蛋白和主要组织相容性复合体(MHC)分子等。

拓展阅读

扫码进行思维导图、课程文化案例、课件等数字资源的获取和学习。

数字资源

思考与练习题

1. 中枢免疫器官有哪些？分别有何作用？
2. 外周免疫器官有哪些？分别有何作用？
3. 简述外源性抗原递呈过程。
4. 简述内源性抗原递呈过程。
5. 补体激活途径有哪些？
6. 简述补体的经典途径激活过程。

第八章

抗原

本章导读

抗原是一类能刺激机体产生抗体和效应性淋巴细胞,并能与之结合引起特异性免疫反应的物质。抗原有哪些性质?如何对抗原进行分类?抗原表位有何特征?抗原来源有哪些?抗原的化学性质有哪些?本章详细介绍抗原相关知识,为学习免疫应答奠定基础。

学习目标

1. 了解影响抗原的因素,理解抗原表位,掌握抗原性质、分类依据和不同来源抗原的特点。

2. 根据构成抗原的基本条件,理解抗原激发免疫反应的原理。

3. 运用抗原激发免疫反应原理,预防和治疗病原体引起的疫病,做好疫病的防护。

概念网络图

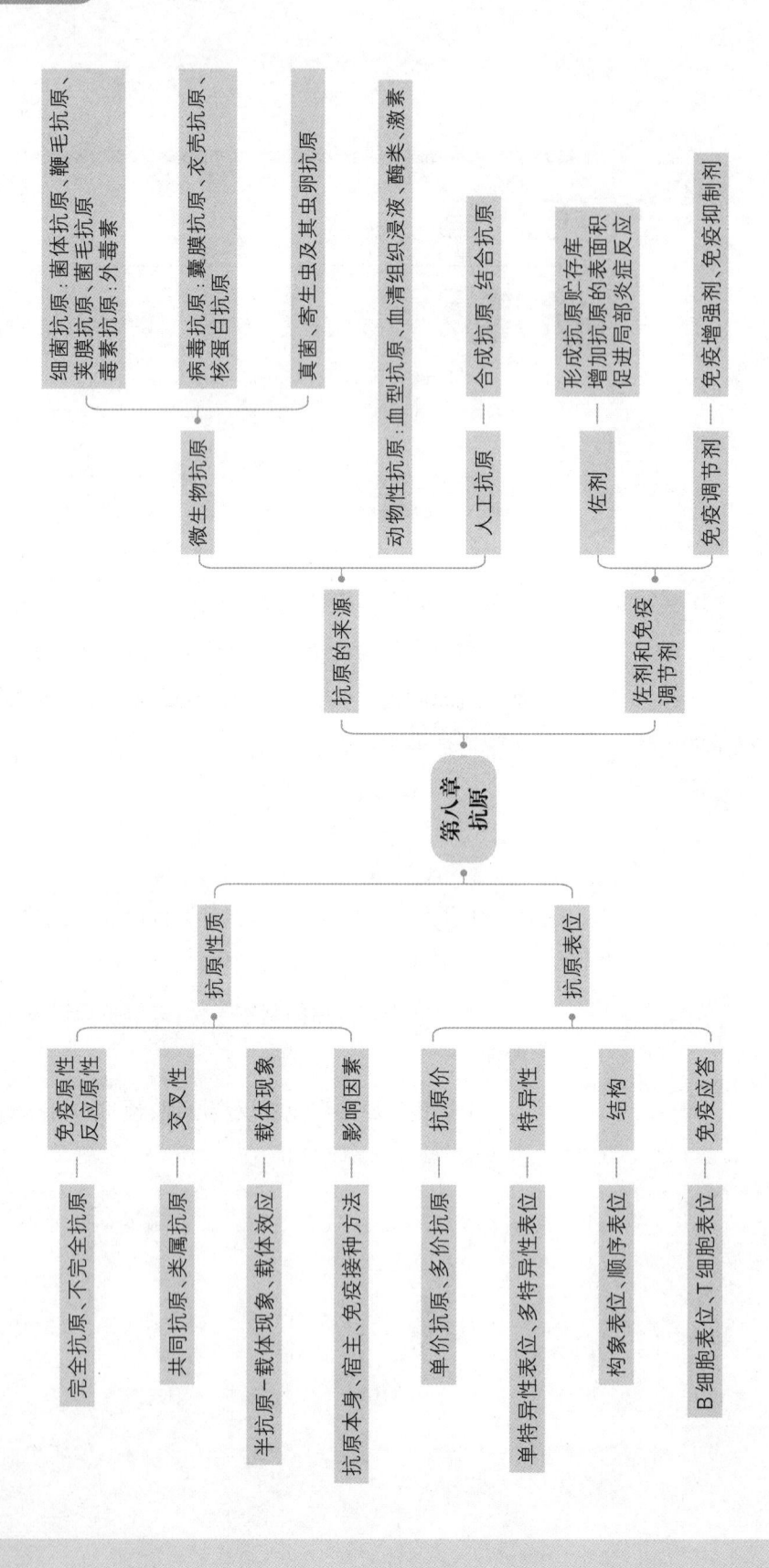

第八章 抗原

抗原的来源

- **微生物抗原**
  - 细菌抗原：菌体抗原、鞭毛抗原、荚膜抗原、菌毛抗原、毒素抗原：外毒素
  - 病毒抗原：囊膜抗原、衣壳抗原、核蛋白抗原
  - 真菌、寄生虫及其虫卵抗原
- 动物性抗原：血型抗原、血清组织浸液、酶类、激素
- 人工抗原 —— 合成抗原、结合抗原
- **佐剂和免疫调节剂**
  - 佐剂 —— 形成抗原贮存库、增加抗原的表面积、促进局部炎症反应
  - 免疫调节剂 —— 免疫增强剂、免疫抑制剂

抗原性质

- 免疫原性、反应原性 —— 完全抗原、不完全抗原
- 交叉性 —— 共同抗原、类属抗原
- 载体现象 —— 半抗原-载体现象、载体效应
- 影响因素 —— 抗原本身、宿主、免疫接种方法

抗原表位

- 抗原价 —— 单价抗原、多价抗原
- 特异性 —— 单特异性表位、多特异性表位
- 结构 —— 构象表位、顺序表位
- 免疫应答 —— B细胞表位、T细胞表位

抗原(antigen,Ag)是动物免疫过程中不可缺少的成分。抗原可经过B细胞膜上免疫球蛋白的辨识,或经抗原递呈细胞的加工处理后,与MHC类分子结合,形成复合物,活化T细胞,产生免疫反应。本章详细介绍抗原的概念、功能和分类等。

第一节 抗原的性质和分类

抗原是指能刺激机体免疫系统中的免疫细胞发生免疫应答,产生免疫作用(效应细胞或抗体),或者能与免疫产物发生特异性反应的物质。能够使机体产生免疫应答的物质称为免疫原(immunogen)。在特殊情况下,抗原也可诱导相应的淋巴细胞对该抗原表现出特异性无应答状态,称为免疫耐受(immunological tolerance)。

一、抗原性质

(一)免疫原性与反应原性

抗原通常具备两个重要的能力,一是免疫原性(immunogenicity),即抗原具有刺激机体产生免疫应答,诱导机体产生特异性抗体或致敏淋巴细胞的能力;二是反应原性(reactionogenicity),即抗原具有与其所诱导产生的特异性抗体或致敏淋巴细胞发生特异性反应的能力。按照抗原的性质,抗原可分为完全抗原和不完全抗原(即半抗原)两类。

1.完全抗原

既具有免疫原性又具有反应原性的物质称为完全抗原(complete antigen)。多数大分子物质都是完全抗原,如蛋白质、糖蛋白、脂蛋白和核蛋白等。

2.不完全抗原

只具备反应原性的物质,称为不完全抗原(incomplete antigen)或半抗原(hapten)。半抗原通常为一些分子量较小和结构简单的物质。根据与相应的抗体结合后是否出现可见反应,半抗原可分为简单半抗原和复合半抗原两类。

(1)简单半抗原

简单半抗原(simple hapten)既无免疫原性,也无反应原性,但能与抗体发生肉眼不可见的结合。能够阻止该抗体与相应的完全抗原(或复合抗原)间的可见反应,这种半抗原又称为封阻性抗原。

(2)复合半抗原

复合半抗原(complex hapten)无免疫原性,但具有反应原性,能在试管中与相应抗体发生特异性结合,并产生可见反应。细菌的荚膜多糖、类脂质和脂多糖等属于复合半抗原。

(二)交叉性

在自然界中抗原物质种类繁多,不同抗原物质之间、不同种属的微生物间、相同微生物的多种抗原间存在相同(或相似)的抗原(或抗原表位),这种现象被称为抗原的交叉性或类属性。这些共有的抗原组成(或表位)称为共同抗原(common antigen)或交叉反应抗原(cross reacting antigen)。种属相关的生物之间的共同抗原又称为类属抗原。如果两种微生物具有共同抗原,那么它们除了能与各自相对应的抗体发生特异性反应以外,还可以与另一种抗体发生交叉反应(cross reaction)。

(三)载体现象

1. 半抗原-载体现象

因为小分子的半抗原不具有免疫原性,不能诱导机体产生免疫应答,但连接到大分子物质(载体)上后,会诱导机体产生免疫应答,这种现象称为半抗原-载体现象。许多天然抗原可以看作半抗原与载体的复合物,半抗原实质上就是抗原表位。

2. 载体效应

半抗原与载体结合后首次免疫动物,可测得半抗原的抗体,出现初次免疫反应。再次免疫时,半抗原连接的载体应使用与首次免疫相同的载体,才会出现再次免疫反应,这种现象称为载体效应(carrier effect)。所有完全抗原均可看作半抗原与载体的复合物。在免疫应答中,T细胞识别载体,B细胞识别半抗原。体液免疫应答时,须先经过T细胞对载体的识别,从而促进B细胞对半抗原的反应。

二、抗原性质的影响因素

免疫应答的本质就是识别异物和排斥异物的应答,激发免疫应答的抗原性质受抗原本身、宿主和免疫接种方法的影响。

(一)抗原本身

1. 异源性

异源性是抗原物质的主要性质。异源性(heterology)又称异质性或异物性,是指与宿主的自身成分不同或者与机体的免疫细胞从未接触过,这种物质被称为异物。异物包括异种物质、同种异体物质和自身抗原。

(1)异种物质

异种动物的组织、细胞和蛋白质是优良的抗原,称为异种抗原。在生物进化过程中,不同物种间的亲缘关系越远,物种间差异越大,化学结构差异越大,免疫原性越好。动物的种属关系不同,其组织抗原的异物性强弱也不同,这个特点可作为分析动物进化的依据。

(2)同种异体物质

同种动物不同个体之间由于基因的不同,某些组织成分在化学结构上也有差异,因此也具有一定的抗原性,如血型抗原和组织移植抗原,此类抗原称为同种异体抗原。

(3)自身抗原

自身的某些组织在发育过程中不接触免疫系统,各种屏障将这些组织与免疫系统隔离。若这种隔离被破坏,这些组织就会成为抗原,引起免疫应答,这些物质又称为自身抗原。

2. 大分子

一般而言,抗原分子质量越大,抗原表位越多,结构越复杂,免疫原性越强。通常情况下大于 100 kDa 的分子具有较好的免疫原性,5~10 kDa 的分子免疫原性较弱,个别小于 1 kDa 的分子仍有免疫原性。

3. 化学组成和结构

完全抗原的化学组成和结构越复杂,免疫原性越强。含有苯环氨基酸或杂环氨基酸并结合有糖类的蛋白质,免疫原性好。例如,胰岛素分子质量只有 5.734 kDa,但其组成成分和结构较复杂,仍是一种良好的抗原。明胶蛋白质分子质量高达 100 kDa,但其化学组成主要是脂肪族氨基酸,稳定性很差,在体内容易被降解,免疫原性弱。单纯的脂类、糖类和核酸是化学组成和结构较简单的聚合物,无免疫原性,只有与蛋白质结合成脂蛋白、糖蛋白、核蛋白才能成为完全抗原。

(二)宿主

1. 受体动物的基因型

不同种类动物对同一免疫原的应答反应差异较大,同一种动物不同品系甚至不同个体对同一种免疫原的应答反应差异也较大,这与免疫应答基因(immune response gene, Ir gene)及其表达密切相关,与动物自身的发育和生理状况密切相关。

2. 受体动物的年龄、性别和生理状态

通常来讲,青年动物比幼年动物和老年动物产生免疫应答的能力更强。雌性动物比雄性动物产生免疫应答力更强,但是受孕动物的免疫应答能力会明显降低。

(三)免疫接种方法

免疫抗原的剂量、接种途径、接种次数和免疫佐剂等因素会影响机体对所接种的抗原的免疫应答反应。动物和免疫原的种类不同,免疫动物所用的抗原剂量也有差异。免疫原用量过大或者过小都不利于动物的免疫应答。免疫途径以皮内免疫效果最佳,皮下免疫次之,肌内注射、腹腔注射和静脉注射效果较差,口服易导致免疫耐受。

三、抗原分类

(一)按抗原来源分类

按来源分类,抗原可分为外源性抗原和内源性抗原。

1. 外源性抗原

外源性抗原(exogenous antigen)是存在于细胞间,从细胞外被单核巨噬细胞等抗原递呈细胞吞噬、捕获(或与B细胞特异性结合)而进入细胞内的抗原,包括从体外进入的微生物、疫苗和异种蛋白等,以及自身合成并释放于细胞外的非自身物质。

2. 内源性抗原

内源性抗原(endogenous antigen)是自身细胞内合成的抗原,包括胞内菌感染细胞所合成的细菌抗原、病毒感染细胞所合成的病毒抗原、肿瘤细胞合成的肿瘤抗原、自身隐蔽抗原和变异的自身成分等。

(二)按抗原异源性分类

按异源性分类,抗原可分为异种抗原、同种异型抗原、自身抗原的异嗜性抗原。

1. 异种抗原

异种抗原(heteroantigen)是来自与免疫动物不同种属的抗原性物质。各种微生物及代谢产物对畜禽来说都是异种抗原。例如,猪的血清对兔来说是异种抗原。

2. 同种异型抗原

同种异型抗原(alloantigen)是指与免疫动物同种而基因型不同的个体的抗原性物质,如血型抗原、同种移植物抗原。

3. 自身抗原

自身抗原(autoantigen)是能引起自身免疫应答的自身组织。例如,动物的自身组织细胞蛋白质在特定的条件下形成的抗原,对自身免疫系统具有抗原性。

4. 异嗜性抗原

异嗜性抗原(heterophile antigen)是一种与种属特异性无关的,存在于人、动物、植物和微生物之间的共同抗原,它们之间有广泛的交叉反应性。

(三)根据对胸腺的依赖性分类

在免疫应答过程中,根据有无T细胞参加,可将抗原分为非胸腺依赖性抗原和胸腺依赖性抗原两种,这两种抗原具有各自的特点(见表8-1)。

1. 非胸腺依赖性抗原

非胸腺依赖性抗原(thymus independent antigen,TI抗原)直接刺激B细胞产生抗体,不需要T细胞的协助。大肠杆菌脂多糖(LPS)、肺炎球菌荚膜多糖(SSS)、聚合鞭毛素(POL)和聚乙烯吡咯烷酮(PVP)等属于TI抗原。TI抗原具有同一构型重复排列的结构和重复出现的同一抗原表位,TI抗原降解缓慢,无载体表位,不能激活辅助性T细胞(Th细胞),只能够激活B细胞产生IgM类抗体,不易产生细胞免疫,也不形成免疫记忆。

2. 胸腺依赖性抗原

在刺激B细胞分化和产生抗体的过程中,胸腺依赖性抗原(thymus dependent antigen,TD抗原)需要巨噬细胞和Th细胞的协助。大多数抗原属于TD抗原,如血清蛋白、异种组织细胞、微生物和人工复合抗原等。TD抗原为蛋白质抗原，相对分子质量大，表面表位多，每种表位数量不同且分布不均匀，能刺激机体产生IgG类抗体，也可刺激机体产生细胞免疫应答和免疫记忆。在TD抗原中既有可被Th细胞识别的载体表位，也有被B细胞识别的半抗原表位。

表8-1 TI抗原和TD抗原的比较

项目	TI抗原	TD抗原
化学组成	主要为多糖类	多为蛋白质
结构特点	结构简单,具有相同的表位,重复出现同一表位,无载体表位	结构复杂,具有多种不同表位,无重复的同一表位,有载体表位
巨噬细胞	多数不需要	需要
T细胞	无依赖性	有依赖性
应答的类型	体液免疫	体液免疫或细胞免疫
诱生的Ig类型	IgM	各类Ig,主要是IgG
免疫记忆	不形成	形成
诱导免疫耐受性	是	难

(四)按化学性质分类

天然抗原种类繁多，按化学性质分为蛋白质、脂蛋白、糖蛋白、脂质、多糖、脂多糖和核酸等几种类型（见表8-2）。

表8-2 抗原按化学性质分类

类型	天然抗原
蛋白质	血清蛋白质(如白蛋白、球蛋白)、酶、细菌外毒素和病毒结构蛋白质等
脂蛋白	血清脂蛋白等
糖蛋白	血型物质、组织相容性抗原等
脂质	结核杆菌的磷脂质和糖脂质等
多糖	肺炎球菌的荚膜多糖
脂多糖	革兰阴性菌的细胞壁、Forssman抗原等
核酸	核蛋白等

第二节 抗原表位

在抗原分子表面上具有特殊立体构型和免疫活性的化学基团被称为抗原决定簇(antigenic determinant)或抗原决定基。由于抗原决定簇通常位于抗原分子的表面,所以又称为抗原表位(epitope)。

一、抗原表位的特征

(一)抗原表位大小和种类

抗原表位的大小主要受免疫活性细胞膜受体和抗体分子的抗原结合点所限制。蛋白质分子抗原的每个表位由5~7个氨基酸残基组成,多糖抗原由5~6个单糖残基组成,核酸抗原的表位一般由5~8个核苷酸残基组成。一般抗原表位表面积为50~70 nm^2,环形结构的表位容积小于3 nm^3。

抗原表位的种类因抗原结构不同而不同。鸡卵白蛋白(42 kDa)有5种表位,血清蛋白(70 kDa)有6种表位,甲状腺球蛋白(700 kDa)有40种表位。

(二)抗原表位数量

抗原价(antigenic yalence)是指抗原分子中抗原表位的数目。多价抗原(multivalent antigen)含有多个抗原表位,大部分的抗原属于这类抗原。单价抗原(monovalent antigen)只含一个抗原表位的抗原。抗原价与分子大小有关,每5 kDa分子质量大约会有1个表位。牛血清白蛋白(69 kDa)有18个表位,但只有6个表位暴露于外面。

(三)抗原表位特异性

根据特异性的不同,可将抗原表位分为单特异性表位(monospecific epitope)和多特异性表位(multispecific epitope)两类。单特异性表位只含有一种特异性表位(图8-1左)。多特异性表位含有两种以上不同特异性表位(图8-1右)。天然抗原大部分是多价和多特异性表位抗原。多特异性表位一定是多价抗原,但多价抗原未必是多特异性表位。

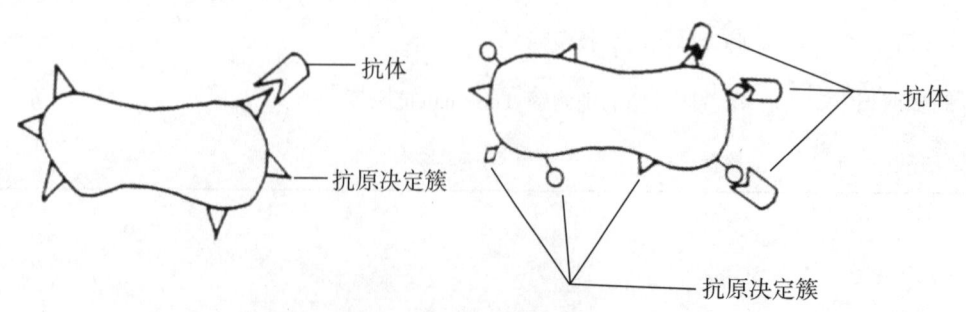

图8-1 单特异性表位多价抗原(左)与多特异性表位多价抗原(右)

(引自杨汉春,2003)

(四)抗原表位的结构

1. 构象表位

构象表位(conformational epitope)是抗原分子中由分子基团间特定的空间构象形成的表位,又称不连续表位(discontinuous epitope)。构象表位是肽链上几个相距很远的残基(或位于不同肽链上的几个残基)通过盘绕折叠在空间上彼此靠近而构成的具有特定空间构象的表位,其特异性依赖于抗原大分子整体和局部的空间构象。

2. 顺序表位

顺序表位(sequential epitope)是抗原分子中由分子基团的一级结构序列(如氨基酸序列)决定的表位,又称为连续表位(continuous epitope)。

二、B 细胞表位和 T 细胞表位

免疫应答过程中,BCR 所识别的抗原表位称为 B 细胞表位(B cell epitope),TCR 所识别的抗原表位称为 T 细胞表位(T celle pitope)。抗原分子中 T 细胞表位和 B 细胞表位如图 8-2 所示。

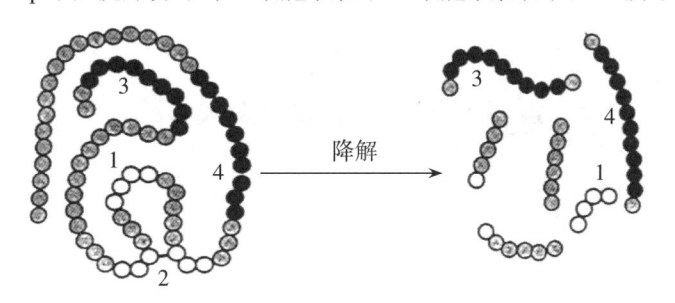

图 8-2 抗原分子中 T 细胞表位与 B 细胞表位

1、2 为 B 细胞表位,其中 1 为隐藏的抗原表位;2 为构象表位,抗原降解后失活;

3、4 为 T 细胞表位,是线性结构,可位于抗原分子的任意部位,抗原降解后不易失活

(引自杨汉春,2003)

(一)B 细胞表位

B 细胞表位是抗原中被 BCR 和抗体分子所识别(直接接触或结合)的部位。蛋白质抗原中的 B 细胞表位通常由序列上不相连但在空间结构上相互连接的氨基酸构成。B 细胞表位通常由大分子中的糖苷、脂类和核苷酸等组成。B 细胞表位通常存在于天然抗原分子的表面,不经抗原递呈细胞的加工处理就可以直接被 BCR 识别,具有构象特异性(表 8-3)。

表 8-3 T 细胞表位和 B 细胞表位特点比较

特点	T 细胞表位	B 细胞表位
表位受体	TCR	BCR
表位性质	线性短肽	天然的多肽、多糖、脂多糖和有机化合物等
表位类型	顺序表位	构象表位和顺序表位
表位位置	抗原分子任意部位	抗原分子表面

续表

特点	T细胞表位	B细胞表位
表位大小	9~17个氨基酸残基	5~15个氨基酸、5~7个单糖或5~7个核苷酸
被识别的条件	12~20个氨基酸（CD4$^+$T）	无
APC处理	需要	不需要
MHC限制性	有	无

(二)T细胞表位

T细胞表位是在蛋白质分子中通过MHC分子递呈并被TCR识别的肽段。一个肽段能否成为T细胞表位和它在分子中的位置无关，主要和它与宿主携带MHC类分子的亲和力有关。T细胞表位是由序列上相连的氨基酸组成，通常含有9~17个氨基酸残基，主要存在于抗原分子的疏水区，也称为线性表位或顺序表位。

第三节 抗原的来源

抗原的来源广泛，包括微生物抗原、动物性抗原、人工抗原和丝裂原。微生物抗原包括细菌、真菌和病毒等所含有的抗原。动物性抗原包括ABO血型抗原、动物血清和组织浸液、酶类物质和激素等。人工抗原包括合成抗原与结合抗原。

一、微生物抗原

一般一些细菌、真菌和病毒等微生物拥有较强的抗原性且能刺激机体产生抗体。各种微生物组成成分比较复杂，能刺激机体产生各自相应的抗体和效应性淋巴细胞。

(一)细菌抗原

细菌是一种抗原结构较为复杂的单细胞微生物。根据抗原所在细菌细胞结构，可将细菌抗原（bacterial antigen）分为菌体抗原、鞭毛抗原、荚膜抗原、菌毛抗原和毒素抗原。

1. 菌体抗原

菌体抗原（somatic antigen）又称O抗原，主要为革兰阴性菌的细胞壁抗原，其化学本质为脂多糖（LPS）。菌体抗原具有良好耐热性，不易被乙醇破坏，与病原菌毒力有关等特点。

2. 鞭毛抗原

鞭毛抗原（flagellar antigen）又称H抗原。鞭毛抗原耐热性差，易被乙醇破坏，与病原菌毒力无关。

鞭毛蛋白质多聚体比鞭毛蛋白质单体具有更好的免疫效果,可产生 IgG 和 IgM。鞭毛抗原的特异性较强,可用于制备抗鞭毛血清,通常用于沙门氏菌和大肠杆菌感染的免疫诊断。

3. 荚膜抗原

荚膜抗原(capsular antigen)又称 K 抗原。荚膜是荚膜细菌主要的表面抗原。细菌的荚膜(如肺炎球菌和炭疽杆菌等)绝大多数与细菌的毒力和抗原性有关。

4. 菌毛抗原

菌毛由菌毛素组成,具有很强的抗原性。菌毛抗原(pili antigen)是很多革兰阴性菌(如大肠杆菌的某些菌株、沙门氏杆菌、痢疾杆菌和变形杆菌等)和少数革兰阳性菌(如某些链球菌)所共有的。

5. 毒素抗原

许多细菌(如破伤风杆菌、白喉杆菌和肉毒梭菌)能产生外毒素,其成分为蛋白质,具有很强的抗原性,毒素抗原(toxin antigen)能够刺激机体产生抗体,即抗毒素。用甲醛等方法处理外毒素后,外毒素的毒力减弱或完全丧失,但仍保持免疫原性,将这种外毒素称为类毒素(toxoid)。

(二)病毒抗原

病毒种类不同,其抗原组分也有差异,包括表面抗原、衣壳抗原和核蛋白抗原等。

1. 病毒表面抗原

病毒表面抗原(viral antigen,V 抗原)。因囊膜病毒的抗原特异性主要是由囊膜上的纤突(spikes)所决定的,故 V 抗原也被称为囊膜抗原(envelope antigen)。V 抗原具有型和亚型的特异性。例如,流感病毒囊膜上的血凝素(hemagglutinin,HA)和神经氨酸酶(neuraminidase,NA)都是 V 抗原,具有高特异性,V 抗原是流感病毒亚型重要的分类鉴定依据。

2. 病毒衣壳抗原

病毒衣壳抗原(viral capsid antigen,VC 抗原)。裸病毒的抗原特异性主要取决于病毒颗粒表面的衣壳结构蛋白质。例如,口蹄疫病毒的结构蛋白质 VP1 能使机体产生中和抗体,可使动物获得抗感染能力,成为口蹄疫病毒的保护性抗原。VC 抗原具有型和亚型的特异性。

3. 核蛋白抗原

核蛋白抗原(nucleoprotein antigen,NP 抗原)。核衣壳是病毒的蛋白质核酸复合体。流感病毒核蛋白具有型特异性,可以通过补体结合试验方法来测定。根据其抗原性的不同,可以将流感病毒分为甲型、乙型和丙型三种。

(三)其他微生物抗原

真菌和寄生虫及其虫卵均具有特异性抗原,但其免疫原性较弱,特异性也不强,交叉反应很多,一般很少采用抗原性进行分类鉴定。

1. 真菌抗原

大多数动物对真菌有高度抵抗力,感染真菌后,体液免疫和细胞免疫均可产生。通常所形成的抗体不具有保护作用,但抗体的存在可降低某些真菌的传染性,有助于真菌感染诊断。真菌的细胞壁抗原主要由壳聚糖和脂多糖等成分组成。机体浅部感染真菌后一般没有显著的免疫性;机体深部感染真菌后能够产生一定程度的免疫性,患病畜禽血清中可出现凝集素、沉淀素和补体结合抗体等。

2.寄生虫抗原

在寄生虫与宿主相互作用时,寄生虫抗原会引起宿主产生免疫应答,尤其是存在于寄生虫体表或分泌排泄物中的抗原,能直接与宿主免疫细胞接触,具有重要的免疫原性。寄生虫抗原可分为宿主保护性抗原、免疫诊断抗原、免疫病理抗原和寄生虫保护性抗原等。

(四)保护性抗原

能够刺激机体产生具有免疫保护作用的抗体的抗原称为保护性抗原(protective antigen)或功能抗原(functional antigen),如口蹄疫病毒VP1、传染性法氏囊病毒VP2、致病性大肠杆菌的菌毛抗原(如K88和K99等)和肠毒素抗原(如ST和LT等)。

(五)超抗原

某些细菌(或病毒)的抗原可激活大量T细胞,且只需极低浓度(1~10 ng/mL)就可诱发最大的免疫效应,这类抗原称为超抗原(superantigen,SAg)。超抗原可与抗原递呈细胞表面的MHC Ⅱ类分子和TCR的可变区结合,非特异性地刺激T细胞增殖,释放细胞因子。

1.外源性超抗原

外源性超抗原(exogenous SAg)主要是某些细菌的毒素,包括金黄色葡萄球菌肠毒素(staphylococus enterotoxin,SE),A群链球菌M蛋白,A群链球菌致热性A、B和C型外毒素,关节炎支原体丝裂原(mycoplasma arthritis mitogen,MAM)等。细菌性超抗原是细菌分泌的具有水溶性的蛋白质,对靶细胞不会造成直接伤害,可与MHC Ⅰ类分子结合,活化$CD4^+$T细胞。

2.内源性超抗原

内源性超抗原(endogenous,SAg)是由某些病毒基因编码的抗原。病毒(逆转录病毒)感染机体后,病毒DNA结合到宿主细胞DNA中,可产生内源性超抗原。金黄色葡萄球菌蛋白质A(staphylococcus protein A,SPA)和人类免疫缺陷病毒(human immuno-defeciency virus,HIV)在体内表达的某些产物属于内源性超抗原。

二、动物性抗原

(一)人类ABO血型抗原

ABO血型抗原是一种糖蛋白分子,抗原表位位于多糖链上。现已明确了人类A、B、H(决定O型抗原的物质)抗原表位的分子结构。H物质是受H基因(编码岩藻糖基转移酶)控制的A或B血型物质的前体。H物质上的多糖叉链末端通过$\alpha(1\rightarrow 3)$糖苷键和乙酰半乳糖胺相连,可形成A血型物质,受A基因(编码N-乙酰半乳糖胺转移酶)控制。H物质上的多糖叉链末端通过$\alpha(1\rightarrow 3)$糖苷键和半乳糖相连时,可形成B型物质,并受B基因(编码半乳糖基转移酶)控制。除红细胞外,其他细胞表面也有A、B、H物质。在唾液、胃液、胰液和汗液等分泌液中也有A、B、H物质。

(二)动物血清和组织浸液

异种动物血清和组织浸液是一种良好的抗原。各种植物浸液也都具有良好的抗原性,如叶绿素。

(三)酶类物质

酶具有良好的抗原性。在酶学研究中,常采用免疫学方法测定生物体内酶的含量。

(四)激素

蛋白质类激素都具有良好的抗原性。生长激素、肾上腺皮质激素、催乳素和胰高血糖素等能直接刺激机体产生抗体。一些小分子的脂溶性激素属于半抗原,通过载体连接后可制成人工复合抗原,制备抗体后即可用于免疫检测。

三、人工抗原和丝裂原

(一)人工抗原

1.人工抗原的种类

人工抗原是指经过人工改造或人工构建的抗原,包括合成抗原和结合抗原两类。

(1)合成抗原

根据蛋白质的氨基酸序列,通过人工方法合成蛋白质肽链或合成一段短肽后将其结合到大分子载体上,使其具有免疫原性,即为合成抗原。合成抗原既可以用于抗原结构和抗原特异性等免疫理论研究,也可以用于研制人工合成肽疫苗。

(2)结合抗原

利用天然的半抗原(如小分子的动植物激素、药物分子和化学元素等)将其结合到大分子的蛋白质载体上,使其具有免疫原性,用于免疫动物,可制备出针对半抗原的特异性抗体。

2.人工抗原的制备

(1)传统方法

传统上,通过偶联剂将半抗原(或合成肽)与载体—COOH、—NH$_2$或—SH等基团结合。常用的偶联方法有戊二醛法、碳二亚胺法、活泼酯法、亚胺酸酯法和卤代硝基苯法等。

(2)基因工程方法

采用基因工程技术表达特定抗原蛋白质(肽)。通过构建抗原肽表达质粒,导入表达宿主菌中,可实现特定抗原蛋白质(肽)的合成。

(二)丝裂原

丝裂原是非特异的多克隆激活剂,能刺激静止的淋巴细胞向淋巴母细胞转变,出现体积增大、胞质增多、DNA合成增加和有丝分裂等变化。免疫学实验常用的丝裂原包括刀豆素 A(ConA)、植物血凝素(PHA)、美洲商陆(PWM)、脂多糖(LPS)、葡萄球菌A蛋白菌体(SAC)、纯蛋白衍生物(PPD)和葡聚糖等。T细胞和B细胞表面具有各自特异性的丝裂原受体。

第四节 免疫佐剂和免疫调节剂

免疫佐剂(immuno-adjuvant)已广泛应用于人工免疫,可以增强弱抗原的抗原性,减少抗原的用量和接种次数,增强免疫应答的效果,达到产生大量特异性抗体的目的。一些免疫佐剂可增强机体对肿瘤细胞(或胞内感染细胞)的有效免疫反应,如吞噬细胞的非特异性杀伤能力和特异性细胞免疫作用等。免疫调节剂(immunomodulator)具有正向调节功能和负向调节功能。

一、免疫佐剂

免疫佐剂是指一种先于抗原(或与抗原混合)被注入动物体内后,能非特异性地改变(或增强)机体对该抗原的特异性免疫应答的物质,简称佐剂(adjuvant)。佐剂可以增强抗原的免疫原性,使没有免疫原性或仅有微弱免疫原性的物质变成有效的免疫原,提高机体对抗原刺激的反应性,可提高初次应答和再次应答所产生抗体的滴度,改变抗体类型,使机体由产生IgM转变为产生IgG,引起或增强迟发型超敏反应。

(一)佐剂的种类

1. 铝盐类胶体佐剂

铝盐类胶体佐剂是一类在疫苗上常用的佐剂,包括氢氧化铝胶、铵明矾、钾明矾和磷酸三钙等。

2. 油水乳剂

油水乳剂是用乳化剂(如Span-80、Tween-80)、矿物油和稳定剂(硬脂酸铝)按一定比例混合作为油相,然后与抗原液混合制成的各种类型的佐剂。

3. 微生物及其代谢产物佐剂

某些死亡的菌体及其成分和代谢产物等均可以起到佐剂的作用。这类佐剂包括革兰阴性菌脂多糖(LPS)、革兰阳性菌的脂磷壁酸(LTA)和细菌的蛋白质毒素等。

4. 核酸及其类似物佐剂

一些微生物提取的核酸成分,如非甲基化的CpG(胞嘧啶-磷酸-鸟嘌呤)与抗原一起接种动物,可起到佐剂作用。

5. 细胞因子佐剂

IL-1、IFN-γ、IL-2和其他细胞因子等。

6. 免疫刺激复合物佐剂

免疫刺激复合物佐剂是一种具有较高免疫活性的脂质小体,由两歧性抗原、植物皂甙(Quil A)和胆固醇按1:1:1的比例混匀而成。免疫刺激复合物佐剂是一种具有较高免疫学价值的抗原递呈系统,能激活 Th 细胞、Tc 细胞和 B 细胞,可递呈抗原刺激,产生强烈而长久的免疫应答。目前广泛用于细菌、病毒和寄生虫的疫苗研制。

7. 蜂胶佐剂

蜂胶是由蜜蜂采自植物幼芽分泌的树脂,并混入蜜蜂上腭腺分泌物、蜂蜡、花粉和其他物质(有机物或无机物)的天然混合物,是一种良好的具有免疫增强作用的佐剂。

8. 脂质体

脂质体是由磷脂和其他极性两性分子以双层脂膜构型形成的密闭的向心性囊泡,对蛋白质或多肽抗原具有免疫佐剂作用,能刺激机体产生保护性抗体和细胞免疫应答。脂质体本身在体内能经生物途径降解,几乎没有免疫原性。

9. 人工合成佐剂

人工合成佐剂包括胞壁酰二肽(MDP)、MDP 衍生物和海藻糖合成衍生物。

(二)佐剂的作用原理

1. 形成抗原贮存库

佐剂在接种部位形成抗原贮存库,缓慢释放抗原,延长抗原在局部组织内的滞留时间,使抗原与免疫细胞接触时间延长,并激发对抗原的应答。

2. 加大抗原的表面积

佐剂可以加大抗原的表面积,提高抗原的免疫原性,辅助抗原暴露,利于抗原递呈细胞将抗原表位递呈给免疫细胞。

3. 促进局部的炎症反应

佐剂可以促进局部的炎症反应,增强吞噬细胞的活性,促进免疫细胞的增殖分化,诱导细胞因子的分泌。

二、免疫调节剂

免疫调节剂(immunomodulator)是指能调节免疫功能的非特异性生物制品,具有正向(或负向)调节功能。具有正向免疫调节功能的生物制品称为免疫增强剂,具有负向免疫调节功能的生物制品称为免疫抑制剂。

(一)免疫增强剂

免疫增强剂(immune potentiator)是指一些单独使用就能引起机体出现短暂的免疫功能增强作用的物质。

1. 免疫增强剂的分类

免疫增强剂的种类繁多，主要有以下几类：①生物性免疫增强剂，包括转移因子、胸腺激素、免疫核糖核酸（immune RNA）和干扰素等。②细菌性免疫增强剂，包括短小棒状杆菌、卡介苗和细菌脂多糖等。③化学性免疫增强剂，包括左旋咪唑、吡喃、梯洛龙、多聚核苷酸和西咪替丁等。④营养性免疫增强剂，包括维生素和微量元素等。⑤中药类免疫增强剂，包括香菇、灵芝等的真菌多糖成分、药用植物和中药方剂等。

2. 免疫增强剂的作用

免疫增强剂可以用于治疗某些传染病（真菌感染）、免疫性疾病（免疫缺陷）、免疫抑制性疾病和非免疫性疾病（肿瘤）。大多数免疫增强剂（如细菌来源的制剂及其产物，细胞因子及其诱导剂等）具有双向调节作用，在低浓度时具有刺激作用，在高浓度具有抑制作用。

左旋咪唑和异丙肌苷等物质能将免疫低下的状态恢复到正常水平，称为免疫恢复剂。一些物质（如胸腺素等）可补充体内缺乏的免疫分子，提高免疫功能，称为免疫替代剂。一些中药在机体免疫功能正常状态下免疫调节作用不明显，但当免疫功能异常时具有恢复免疫功能的作用。

依据WHO的标准，能作为免疫增强剂的基本条件如下：化学成分明确、易于降解、无致癌（或致突变性）、刺激作用适中和无毒副作用（或后继作用）。

（二）免疫抑制剂

免疫抑制剂（immunosuppressant）是一种在治疗剂量下，可产生明显免疫抑制效应的物质。近年来，免疫抑制剂已广泛用于抗移植排斥反应和自身免疫病等治疗中。

1. 免疫抑制剂的分类

具有免疫抑制作用的物质种类较多，根据来源可分为以下几类：①合成性免疫抑制剂，包括糖皮脂激素类固醇、烷化剂（如环磷酰胺）和抗代谢药物（如嘌呤类、嘧啶类和叶酸对抗剂等）。②微生物性免疫抑制剂，主要来源于微生物的代谢产物，多为抗生素或抗真菌药物。③生物性免疫抑制剂，如抗淋巴细胞血清和单克隆抗体，抗黏附分子单克隆抗体和某些细胞因子等。④中药类免疫抑制剂，如雷公藤和冬虫夏草等。

2. 免疫抑制剂的作用特点

理想的免疫抑制剂能选择性地作用于免疫系统且不损害机体免疫功能，应用后在短时间内即可降低机体对特异性外来抗原的免疫应答能力，但不影响机体的免疫防御机制。

免疫抑制剂可在免疫反应过程的各个环节发挥作用，包括抑制免疫细胞的发育分化、抑制抗原加工递呈、抑制淋巴细胞识别抗原和抑制淋巴细胞效应等。

免疫细胞在不同分化阶段对免疫抑制剂的敏感性不同，免疫抑制剂对细胞和体液免疫应答的抑制效应也各不相同。

免疫抑制剂一般具有较为严重的副作用。可引起骨髓抑制、肝肾功能损伤、继发严重感染和胎儿畸形等不良后果。

本章小结

抗原是一类能刺激机体产生抗体和效应性淋巴细胞，并能与之结合引起特异性免疫反应的物质。抗原的性质包括免疫原性与反应原性，受抗原本身、宿主、免疫接种方法的影响。抗原按性质分为完全抗原与不完全抗原。抗原按来源分为外源性和内源性抗原两类。抗原按异源性分为异种抗原、同种异型抗原、自身抗原和异嗜性抗原。抗原按对胸腺的依赖性分为非胸腺依赖性抗原和胸腺依赖性抗原。抗原按化学性质分为蛋白质、脂蛋白、糖蛋白、脂质、多糖、脂多糖和核酸等。抗原表位决定抗原分子活性和特异性，免疫应答过程中BCR所识别的抗原表位称为B细胞表位，TCR所识别的抗原表位称为T细胞表位。抗原的来源包括微生物抗原、动物性抗原、人工抗原和丝裂原。

拓展阅读

扫码进行思维导图、课程文化案例、课件等数字资源的获取和学习。

数字资源

思考与练习题

1. 试述抗原、完全原性、半抗原、抗原表位、超抗原和免疫佐剂的概念。
2. 抗原性质包括哪些方面？影响抗原性质的因素有哪些？
3. 试述B细胞表位和T细胞表位的特性有何不同。
4. 细菌抗原包括哪些组分？
5. 病毒抗原包括哪些组分？

第九章

免疫应答

本章导读

免疫应答是机体免疫系统受病原微生物（或抗原）刺激而产生的清除抗原异物的一系列复杂生理过程。免疫应答有何作用，基本过程是怎样的？固有免疫应答和适应性免疫应答各有何特点？细胞免疫应答具体过程是怎样的？体液免疫应答具体过程是怎样的？免疫细胞、细胞因子和神经-内分泌系统如何调节免疫应答？本章内容的学习有利于我们系统掌握免疫应答的基础知识，为后续抗感染免疫的学习奠定基础。

学习目标

1. 了解免疫应答的生物效应，掌握免疫应答的基本类型和过程、抗体产生的一般规律和影响抗体产生的因素。

2. 辩证地认识免疫应答的两面性，理解机体免疫应答平衡对维持自身健康的重要性。

3. 基于免疫应答原理和发生机制，善于选用免疫调节物质增强动物免疫力，抵御和预防病原微生物的感染。

概念网络图

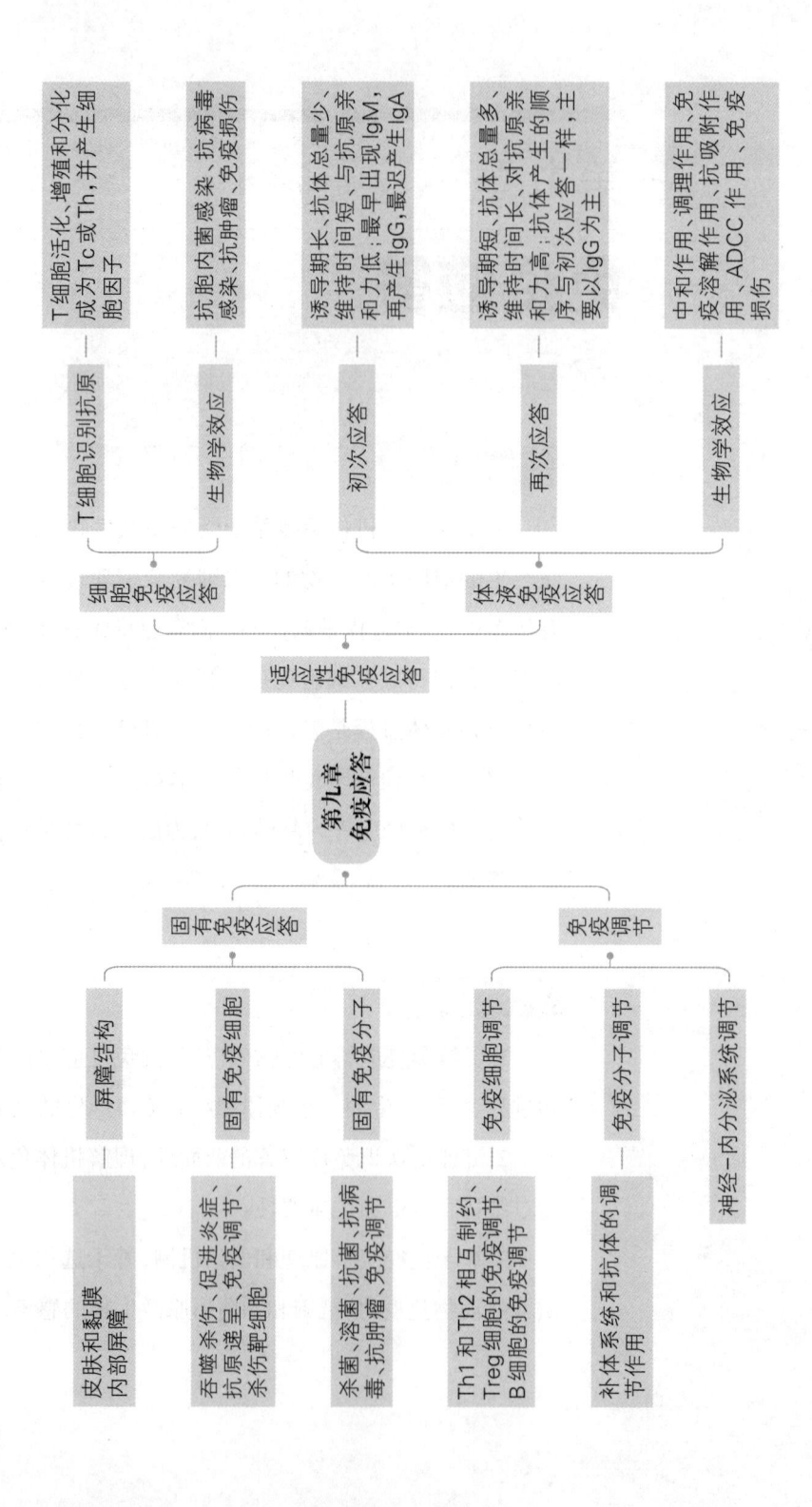

第九章 免疫应答

- **适应性免疫应答**
  - **细胞免疫应答**
    - T细胞识别抗原 ── T细胞活化、增殖和分化成为Tc或Th,并产生细胞因子
    - 生物学效应 ── 抗胞内菌感染、抗病毒感染、抗肿瘤、免疫损伤
  - **体液免疫应答**
    - 初次应答 ── 诱导期长,抗体总量少、维持时间短,与抗原亲和力低;最早出现IgM,再产生IgA
    - 再次应答 ── 诱导期短,抗体总量多、维持时间长,对抗原亲和力高;抗体产生应答一样,主要以IgG为主
    - 生物学效应 ── 中和作用、调理作用、免疫溶解作用、抗吸附作用、ADCC作用、免疫损伤

- **固有免疫应答**
  - 屏障结构 ── 皮肤和黏膜、内部屏障
  - 固有免疫细胞 ── 吞噬杀伤、促进炎症、抗原递呈、免疫调节、杀伤靶细胞
  - 固有免疫分子 ── 杀菌溶菌、抗菌、抗病毒、抗肿瘤、免疫调节

- **免疫调节**
  - 免疫细胞调节 ── Th1和Th2相互制约、Treg细胞的免疫调节、B细胞的免疫调节
  - 免疫分子调节 ── 补体系统和抗体的调节作用
  - 神经-内分泌系统调节

免疫应答(immune response)指机体免疫系统受病原微生物(或抗原)刺激而产生的清除抗原或异物的一系列复杂生理过程。免疫应答分为致敏、反应和效应三个阶段,包括固有免疫应答和适应性免疫应答。固有免疫应答是抵御感染的第一道防线,在出生时即具有,可以迅速发挥作用,引起急性炎症反应,无免疫记忆性。适应性免疫应答是第二道防线,动物机体在后天获得,启动缓慢,但有高度的特异性和免疫记忆性。固有免疫应答和适应性免疫应答之间通过直接的细胞接触或细胞因子、化学介质等介导而相互作用,共同发挥清除抗原异物的作用。

第一节 固有免疫应答

固有免疫(innate immunity)是机体在发育进化过程中建立的一系列抵御各种病原体或异物入侵的天然免疫防线,具有与生俱来、受遗传控制、作用广泛、无特异性和无记忆性等特点,又称先天免疫或非特异性免疫。固有免疫是由屏障结构、固有免疫细胞和固有免疫分子受病原微生物(或抗原)刺激而产生的免疫应答。

一、屏障结构

(一)皮肤和黏膜

皮肤和黏膜共同构成动物机体抵御病原体(或异物)入侵的第一道天然防线,又称物理屏障。

1. 机械阻挡和排除作用

健康机体的外表覆盖着连续完整的皮肤和黏膜结构,其外面的角质层坚韧且不可渗透,构成了阻挡病原体(或异物)入侵的有效物理屏障。此外,机体可通过纤毛运动、咳嗽和喷嚏等方式来排除病原体(或异物)。

2. 局部分泌液的作用

皮肤和黏膜的分泌物含有多种杀菌或抑菌物质,构成机体抵御病原体感染的化学屏障。呼吸道、消化道和泌尿生殖道黏膜分泌的黏液中含有溶菌酶和抗菌肽,可以抑制或杀灭病原体。

3. 菌群的拮抗作用

动物体内和体表存在大量菌群,通过表面部位竞争必要的营养物质,或者产生如大肠杆菌素、酸类、脂类等抑制物,阻断或限制外来微生物的定居和生长繁殖。

(二)内部屏障

体内器官具有能形成局部屏障的特殊结构,可以阻挡病原体(或大分子异物)进入器官,维持器官局部生理环境的稳定。

1. 血脑屏障

血脑屏障是由软脑膜、脉络丛、脑毛细血管壁和脑星状胶质细胞形成的胶质膜,可阻断病原体及其有毒产物从血液进入脑组织或脑脊液,防止中枢神经系统发生感染。血脑屏障是在个体发育过程中逐步成熟的。例如,仔猪感染伪狂犬病毒与其血脑屏障未发育完善有关。

2. 血胎屏障

血胎屏障由怀孕母体子宫内膜的基蜕膜和胎儿的绒毛膜滋养层细胞共同组成。发育成熟的血胎屏障能阻挡病原体由母体通过胎盘感染胎儿,但不妨碍母胎间的物质交换。

3. 血胸屏障

血胸屏障是指胸腺皮质内毛细血管和周围结构间的阻止大分子物质通过的结构,能保证胸腺细胞在培育过程中不受外来抗原影响。

二、固有免疫细胞

固有免疫细胞(innate immunocyte)是指参与固有免疫的细胞,又称为天然免疫细胞,主要包括单核/巨噬细胞、树突状细胞、中性粒细胞、NK细胞、肥大细胞、NKT细胞、$\gamma\delta$T细胞和B1细胞等。巨噬细胞、树突状细胞和肥大细胞又称为哨兵细胞。

(一)单核/巨噬细胞

单核/巨噬细胞能吞噬杀伤病原体、促进炎症反应、递呈抗原、调节免疫和杀伤靶细胞(如肿瘤细胞、胞内病原菌感染的细胞和病毒感染的细胞)。

(二)树突状细胞

树突状细胞能有效刺激T细胞和B细胞的活化,将固有免疫和适应性免疫联系起来,在机体抗病毒的免疫应答中发挥重要作用。

(三)中性粒细胞

中性粒细胞中有髓过氧化物酶、溶菌酶和碱性磷酸酶等杀菌物质,是吞噬杀伤力最强的粒细胞。当病原体引发感染时,机体可立即调动大量中性粒细胞进入感染部位,吞噬、杀伤和清除病原体。

(四)NK细胞

NK细胞能分泌穿孔素和颗粒酶等杀伤介质,可直接杀伤被病毒感染的细胞,在抗病毒感染中发挥重要作用。NK细胞还具有抗肿瘤、抗寄生虫感染和抗胞内病原体感染等功能。

(五)固有淋巴细胞

固有淋巴细胞(NKT细胞、$\gamma\delta$T细胞和B1细胞)可直接识别某些靶细胞(或病原体)的抗原表位产生免疫反应。NKT细胞分泌的IFN具有广谱抗病毒的作用。$\gamma\delta$T细胞通过分泌纤维细胞生长因子,促进上皮细胞生长,维持上皮细胞的完整性。B1细胞通过分泌IgM,以抵抗细菌感染。

(六)其他细胞

肥大细胞、嗜碱性粒细胞和嗜酸性粒细胞等也参与固有免疫应答。肥大细胞能表达多种模式识别受体,可通过触发炎症反应来促进病原体的清除。

三、固有免疫分子

动物组织和体液中存在溶菌酶、抗菌肽、干扰素、补体系统和乙型溶素等可溶性分子,称为固有免疫分子。

(一)溶菌酶

溶菌酶作用于革兰阳性菌的肽聚糖,使细胞壁丧失坚韧性,细菌发生低渗性溶解,从而杀伤细菌。

(二)抗菌肽

抗菌肽作用于病原体表面的脂多糖和磷壁酸,或诱导病原体产生自溶酶而使病原体裂解。

(三)干扰素

干扰素具有抗病毒、抗肿瘤和免疫调节等作用。

(四)补体系统

补体通过旁路途径或凝集素途径,溶解病原体和病毒感染细胞。在吞噬细胞的参与下,补体系统能发挥强大的抗感染作用。

(五)C-反应蛋白

C-反应蛋白可识别细菌细胞壁磷脂酰胆碱,激活补体。

(六)乙型溶素

乙型溶素由血小板释放,主要破坏于革兰阳性菌细胞膜而杀菌。

第二节 适应性免疫应答

适应性免疫应答(adaptive immune response)是病原体(或抗原)进入机体后,免疫细胞识别抗原,产生一系列的免疫反应和特定的生物学效应,最终特异性清除抗原的过程,又称为特异性免疫应答(或获得性免疫应答)。适应性免疫应答可分为体液免疫应答和细胞免疫应答,具有后天获得、不能遗传、作用专一、特异性和记忆性等特点。

一、细胞免疫应答

广义的细胞免疫包括吞噬细胞的吞噬作用，K细胞和NK细胞介导的细胞毒作用，T细胞介导的特异性免疫等。而狭义的细胞免疫指T细胞在抗原的刺激下活化，增殖分化为效应性T细胞并产生细胞因子，从而发挥免疫效应的过程。

(一)细胞免疫应答过程

1. T细胞识别抗原

T细胞对外源性抗原和内源性抗原的识别方式不同。

(1) T细胞识别外源性抗原

抗原递呈细胞(APC)可随机捕获外源性抗原，也可通过相关抗原受体等捕获抗原。APC通过吞噬、胞饮、吸附和调理等方式摄取抗原，抗原被酶解为抗原肽段，与APC胞质中MHC Ⅱ类分子结合，形成抗原肽-MHC Ⅱ类分子复合物，然后被转运到APC表面，供CD4$^+$Th细胞识别。

(2) T细胞识别内源性抗原

病毒或胞内菌感染的细胞产生的内源性抗原，被胞内蛋白酶降解加工成抗原肽段，再与细胞内MHC Ⅰ类分子结合形成复合体，然后被转运到细胞表面，供CD8$^+$T细胞识别。

(3) T细胞识别超抗原

超抗原不需抗原递呈细胞的处理，可以直接与抗原递呈细胞的MHC Ⅱ类分子结合，并递呈给T细胞，激活多个T细胞亚群。

2. T细胞的活化、增殖和分化

T细胞结合抗原肽-MHC类分子复合物后，结合信息被T细胞表面相关分子传递到细胞内，启动T细胞的活化，转变成为T淋巴母细胞，表现为胞体变大，细胞质增多，核仁明显，增殖和分化为大量不同功能的效应T细胞，同时产生多种细胞因子，共同清除抗原，实现细胞免疫。其中一部分T细胞在分化过程中，暂停分化而形成记忆性T细胞，当受到同种抗原的再次刺激时，便迅速活化增殖，产生再次应答。Th细胞的增殖和分化过程如图9-1所示。

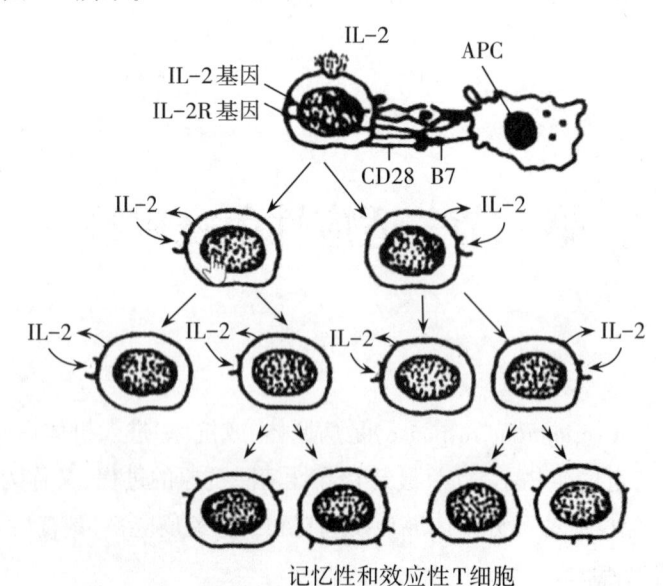

图9-1 Th细胞的增殖和分化过程

(引自杨汉春等，2003)

(二)细胞免疫的效应细胞和细胞因子

1.效应细胞

(1) Tc细胞介导的细胞毒效应

Tc细胞在机体内以非活化的前体细胞形式存在,当与抗原结合,并在白细胞介素的刺激下,增殖和分化为CTL细胞。CTL细胞的杀细胞作用具有抗原特异性,受MHC I类分子限制,只能识别内源性抗原(靶细胞抗原)。CTL细胞必须与靶细胞直接接触才有杀伤作用,完成杀伤作用的CTL细胞能完整无缺地与裂解的靶细胞分离,继续攻击其他靶细胞,效率较高。Tc细胞在细胞免疫效应中的功能主要是杀伤病毒感染的细胞、胞内菌感染的细胞和肿瘤细胞。

(2) Td细胞介导的炎症反应

Td细胞在机体内也是以非活化的前体细胞形式存在,与抗原特异性结合并在活化的Th细胞产生的白细胞介素(IL-2)的刺激下,增殖分化为有免疫效应Td细胞。活化的Td细胞通过释放多种可溶性淋巴因子发挥免疫作用,主要引起局部的单核细胞(或巨噬细胞)浸润为主的炎症反应,即迟发性变态反应。

2.细胞因子

抗原刺激、感染和炎症等因素可以诱导细胞因子的产生,引起机体产生抗感染免疫、抗肿瘤免疫和自身免疫等免疫反应。细胞因子之间也能互相促进合成和分泌。淋巴因子可直接作用于靶细胞和病毒。白细胞介素可以增强细胞免疫功能和体液免疫功能,促进骨髓造血干细胞增殖和分化。

(三)细胞免疫应答的生物学效应

1.抗胞内菌感染作用

细胞免疫可以清除胞内感染的病原菌。致敏淋巴细胞释放出一系列发挥细胞毒作用的淋巴因子,杀灭病原菌和靶细胞。

2.抗病毒感染作用

细胞免疫也可以清除胞内感染的病毒。CTL细胞能特异性杀灭病毒或裂解病毒感染的细胞。各种效应T细胞释放淋巴因子,可以直接破坏病毒或病毒感染的细胞。干扰素还能抑制病毒的增殖。

3.抗肿瘤作用

通过Tc细胞的特异性杀伤作用和细胞因子的直接(或间接)作用,细胞免疫发挥杀伤肿瘤细胞或抑制肿瘤细胞增殖发育率作用。

4.免疫损伤作用

细胞免疫参与Ⅳ型变态反应、移植排斥反应和某些自身疾病。

二、体液免疫应答

体液免疫(humoral immunity)是B细胞受抗原刺激,分化成浆细胞,分泌抗体,发挥免疫效应的过程。

(一)体液免疫应答过程

1.B细胞识别抗原

一个B细胞表面有10^4~10^5个抗原受体,可以和大量的抗原分子相结合。B细胞对胸腺依赖性抗原

(TD抗原)和非胸腺依赖性抗原(TI抗原)的识别差异较大。TD抗原必须经过APC的吞噬和处理形成抗原多肽,抗原多肽被递呈给Th细胞,活化Th细胞,产生各自细胞因子,促进B细胞的激活。TI抗原能直接与B细胞表面抗原受体结合,激活B细胞,无须巨噬细胞和Th细胞的参与。B细胞识别TI抗原和TD抗原如图9-2所示。

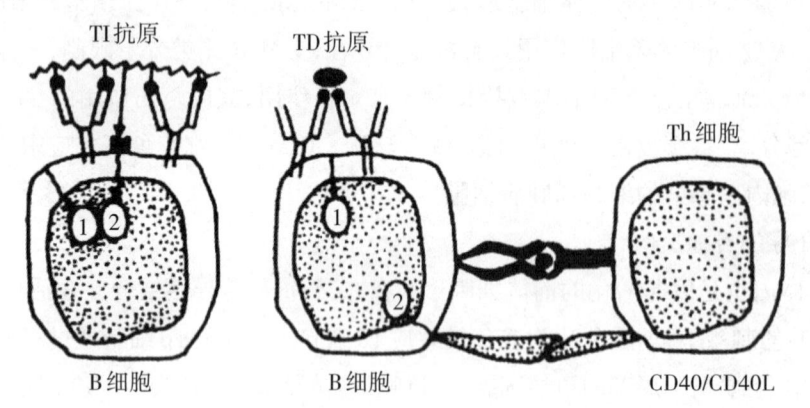

图9-2 B细胞对TI抗原和TD抗原的识别

(引自杨汉春等,2003)

2. 活化的B细胞增殖和分化过程

B细胞被抗原激活,生成活化的B细胞,活化的B细胞体积增大、代谢加强,再增殖和分化为各类浆细胞,B细胞的增殖分化过程如图9-3所示。

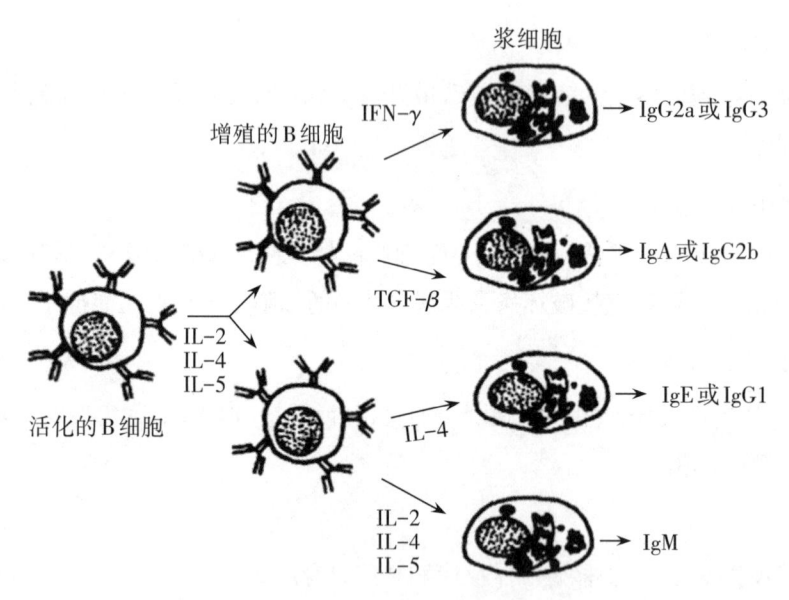

图9-3 B细胞的增殖与分化

(引自杨汉春等,2003)

3. 抗体的产生

B细胞增殖和分化为浆细胞后,浆细胞合成并分泌各种类型的抗体(antibody,Ab)。抗体能与相应抗原特异性结合,发挥体液免疫应答生物学效应。

(二)抗体形成的一般规律

如图9-4所示,机体在初次和再次接受抗原刺激后,产生的抗体种类和含量差异较大。抗体产生的过程分为初次应答和再次应答。

1. 初次应答

机体初次接受抗原刺激,抗原引起体内抗体产生的过程,称为初次应答。初次应答主要特点如下:①初次应答的诱导期比较长。②初次应答产生的抗体总量较少,维持时间较短,与抗原的亲和力较低。③最早出现的抗体是IgM,然后产生IgG,最迟产生IgA。

2. 再次应答

机体再次接触相同抗原,抗原引起体内抗体产生的过程,称为再次应答。再次应答主要特点如下:①抗体产生的诱导期显著缩短。②抗体含量大幅增加,为初次应答的几倍到几十倍,且维持时间较长,对抗原的亲和力高。③抗体产生的顺序与初次应答一样,但以IgG为主。

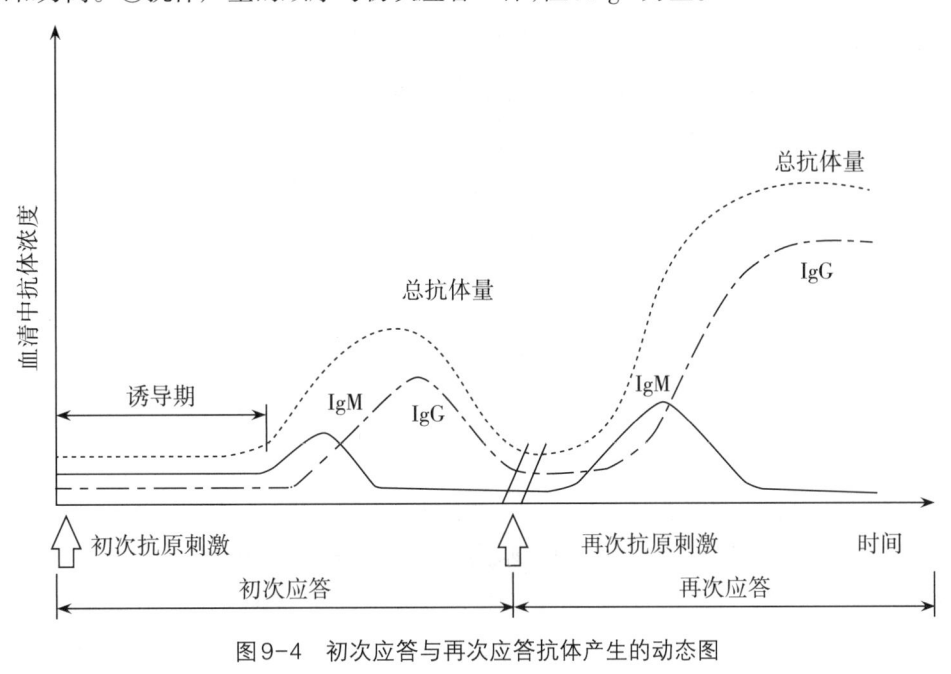

图9-4 初次应答与再次应答抗体产生的动态图

(引自王国栋等,2017)

(三)影响抗体产生的因素

抗体是机体受到抗原刺激后产生的,抗体的产生取决于抗原和机体两个方面。

1. 抗原方面

(1)抗原性质和结构

抗原性质决定免疫应答类型。细胞外寄生的微生物主要引起体液免疫,而细胞内寄生的微生物主要引起细胞免疫。

抗原的物理状态和化学结构不同,对机体的刺激强度不同,抗体的产生速度和维持时间也不同。复合物抗原比单体抗原的免疫原性强,颗粒抗原比可溶性抗原的免疫原性强。TI抗原不能产生免疫记忆性,而TD抗原则可产生长期的免疫记忆性。

(2)免疫剂量

在一定范围内,抗体的产生量与抗原的接种量呈正相关。当抗原的量超过相应的限度时,抗体的产生不再增加,称为免疫麻痹。活疫苗在体内可以增殖,因此只需免疫1次即可,而灭活疫苗和类毒素则需免疫2~3次,才能产生足够的抗体。合适的时间间隔也是产生持久免疫力的关键,灭活疫苗一般需间隔7~10 d,类毒素则需间隔6周左右。

(3)免疫途径

最佳免疫途径能刺激机体产生良好的免疫反应。因多数抗原易被消化酶降解而失去免疫原性,通常采用注射(皮下、皮内和肌肉等)、滴鼻、点眼、气雾吸入和刺种等方法接种,只有少数弱毒疫苗(如传染性法氏囊和新城疫疫苗等)经饮水免疫也有较好的效果。

(4)佐剂的使用

佐剂与抗原合并使用,能非特异性增强抗原的免疫原性。

2.机体方面

机体出现先天和后天性免疫缺陷。动物的年龄、品种、营养状况、内分泌激素、疾病和应激等均可影响抗体的产生。初生或幼小动物免疫系统尚未发育成熟,老龄动物免疫功能逐渐下降,处于营养不良或者严重感染状态的动物免疫功能低。

母源抗体是动物幼崽通过胎盘、初乳和卵黄等途径从母体获得的抗体,母源抗体可以帮助幼崽抵御感染,但母源抗体也会干扰免疫接种后机体的免疫应答。

(四)体液免疫应答的生物学效应

抗体是体液免疫的效应分子,在体内可发挥多种免疫功能。抗体介导的免疫效应在大多数情况下发挥对机体有利的免疫保护作用,但有时也会造成机体的免疫损伤。

1.中和作用

抗体与细菌毒素相结合后,改变毒素分子的构型而使其失去毒性作用,结合复合物能被巨噬细胞吞噬。抗体与病毒的表面抗原结合,使其失去对细胞的感染性,从而发挥中和作用。

2.调理作用

抗体Fab段与病原菌表面的抗原表位结合,形成抗原-抗体复合物,或者激活补体形成细菌抗原-抗体-补体复合物,抗体的Fc段与巨噬细胞表面FcR结合,促进巨噬细胞对病原菌的吞噬作用。

3.免疫溶解作用

未被吞噬的病原菌与抗体结合,可激活补体经典途径,在病原菌表面形成攻膜复合物而使病原菌溶解死亡。补体被激活所产生的活化片段也可发挥调理作用,促进病原菌的清除。

4.抗吸附作用

黏膜固有层中浆细胞产生SIgA,可阻止病原体吸附黏膜上皮,抵御呼吸道、消化道和泌尿生殖道感染病原体。

5.ADCC作用

IgG和IgM与靶细胞(病毒感染细胞或肿瘤细胞等)结合后,其Fc段与效应细胞(巨噬细胞和K细胞等)的FcR结合,从而发挥ADCC作用,杀伤靶细胞。

6.免疫损伤

在机体内抗体通过介导Ⅰ型(IgE)、Ⅱ型和Ⅲ型(IgG和IgM)变态反应,引起的免疫损伤和一些自身免疫疾病。

第三节 免疫调节

免疫调节(immunoloregulation)是指免疫系统中的免疫细胞和免疫分子之间,以及免疫系统与其他系统(如神经-内分泌系统)之间的相互作用,使得免疫应答以最恰当的形式维持在最适宜的水平。免疫调节主要包括免疫细胞调节、免疫分子调节和神经-内分泌系统与免疫系统的相互调节。

一、免疫细胞的调节作用

T细胞、B细胞、NK细胞和巨噬细胞等免疫细胞通过直接接触或释放细胞因子,对免疫应答进行调节。

(一)T细胞的免疫调节

1.细胞因子对Th1细胞和Th2细胞分化的调节作用

Th0细胞(Th细胞前体)在IL-12的作用下,可分化为Th1细胞,参与细胞免疫;在IL-4的作用下,可分化为Th2细胞,参与体液免疫。Th1细胞分泌的IFN-γ和IL-2,促进Th1细胞分化以介导细胞免疫应答,并能抑制Th0细胞向Th2细胞分化而下调体液免疫应答。Th2细胞分泌IL-4和IL-10,促进Th2分化以介导体液免疫应答,并能抑制Th0细胞向Th1细胞分化而下调细胞免疫应答。

2.免疫偏离

Th1细胞和Th2细胞互为抑制细胞,相互制约,维持平衡,从而调节机体的细胞免疫和体液免疫应答。若失去平衡,如Th1细胞占优势时,抑制Th0细胞向Th2细胞分化;Th2细胞占优势时,抑制Th0细胞向Th1细胞分化。Th1细胞或Th2细胞的优先活化而导致不同类型免疫应答及效应呈优势的现象称为免疫偏离。

(二)调节性T细胞的免疫调节

调节性T细胞(regulatory T cell,Treg细胞)指的是能抑制其他免疫细胞活化和增殖的T细胞亚群,发挥负向免疫调节作用。

1.$CD4^+CD25^+$调节性T细胞的调节

$CD4^+CD25^+$T细胞可通过分泌TGF-β和IL-10等细胞因子而抑制免疫应答,也可通过表面膜分子调节免疫应答:①表面表达CTLA-4,与效应细胞上的CD28竞争结合CD80/CD86,抑制效应细胞功能。

②表达TNF受体,在调节性T细胞免疫抑制效应中发挥着重要作用。③CD25可与效应细胞竞争结合IL-2,抑制效应细胞增殖来抑制免疫应答。

2.CD8⁺T细胞的调节

CD8⁺T细胞具有杀伤靶细胞和调节免疫应答的双重作用。

3.γδT细胞

γδT细胞分泌IFN-γ、IL-2和IFN-α,增强细胞免疫应答;分泌IL-4、IL-5和IL-6,增强体液免疫应答;分泌IL-3和GM-CSF,增强骨髓的造血能力等。

4.NKT细胞

NKT细胞分泌IFN-γ和IL-12,增强细胞免疫应答;分泌IL-4参与浆细胞抗体类别的转换以增强体液免疫应答。胸腺中的NKT细胞参与阴性选择。

(三)B细胞的免疫调节

当抗原浓度较低时,B细胞则由高亲和力的SmIg(BCR)直接识别处理抗原,供Th细胞识别,可补偿其他APC对低浓度抗原不能递呈的不足。

活化B细胞表达的协同刺激因子B7-1(CD80)与T细胞表达的B7-1受体(CD28)结合,调节免疫应答。

B细胞分泌IL-6和IL-12等细胞因子,调节巨噬细胞和NK细胞。

二、免疫分子的调节作用

免疫调节除了细胞间的直接接触作用外,也可由免疫分子介导,主要包括补体系统、抗体和细胞因子。

(一)补体系统的免疫调节作用

补体激活后产生C3b和C4b等片段与APC表面存在的CR1、CR2和CR3等多种补体活化片段的受体相结合而发挥免疫调节作用。

1.促进APC递呈抗原

APC通过CR1捕获、吞噬、处理和转运抗原。

2.促进B细胞的活化

B细胞通过CR1、CR2和BCR与C3b-Ab-Ag或Ag结合,促进B细胞活化和增殖。

(二)抗体的免疫调节作用

免疫应答产生的抗体能够调控免疫应答的强弱和时限。抗体与抗原结合形成的免疫复合物不仅能促进抗原的清除,而且能够发挥特异性抗体的正(或负)反馈调节作用。

1.抗体的反馈调节

由IgM与抗原形成的免疫复合物,可增强对该抗原的免疫应答,具有正反馈调节作用。抗原刺激产生的抗体对体液免疫应答产生抑制作用,称为抗体的反馈抑制。由IgG形成的免疫复合物具有负反馈调节作用。

2.独特型-抗独特型网络调节

独特型(idiotype,Id)是指不同B细胞克隆产生的不同Ig分子V区和TCR的V区所具有的特异性免疫原性。抗独特型(anti-idiotype,AId)是指可以识别Id表位,且能受其刺激活化而产生抗独特型抗体的细胞克隆。

抗原进入机体后,刺激B细胞(或T细胞)产生特异性抗体Ab1,Ab1在清除抗原的同时,其V区作为抗原(Id)再刺激相应B细胞产生抗独特型抗体Ab2,Ab2由Ab2α和Ab2β组成。Ab2α抗Ab1的V区骨架部分,可封闭BCR(或TCR)与抗原结合,进而抑制B细胞和T细胞的活化,最终抑制免疫应答。Ab2β抗Ab1的V区CDR部分,具有类似相应抗原的分子构象,可模拟抗原与相应B细胞克隆受体结合,并使之激活来增强免疫应答,称为抗原的内影像。同样,Ab2的Id可继续激活其他B细胞和T细胞克隆产生Ab3,以此形成复杂的Id-AId网络调节免疫应答。

三、神经-内分泌系统与免疫系统的相互的调节

神经-内分泌系统和免疫系统间相互调节,形成复杂的神经内分泌免疫网络,维持机体内环境的平衡。

(一)神经-内分泌系统对免疫系统的调节——下行通路

神经-内分泌系统通过神经纤维、神经递质和激素调节免疫系统功能。肾上腺皮质激素对巨噬细胞、淋巴细胞、中性粒细胞和肥大细胞等免疫细胞具有免疫抑制作用。甲状腺激素和生长激素等能够增强免疫反应。

(二)免疫系统对神经-内分泌系统的影响——上行通路

免疫系统可通过产生内分泌激素和分泌多种细胞因子调节神经-内分泌系统。免疫细胞可通过产生促肾上腺皮质激素和内啡肽等激素来调节神经-内分泌系统。免疫细胞还可通过产生细胞因子(如IL-1、IL-2、IL-6和TNF-α等)对神经-内分泌系统起调节作用。

● **本章小结** ●

免疫应答分为致敏、反应和效应三个阶段,包括固有免疫应答和适应性免疫应答。固有免疫应答由屏障结构、固有免疫细胞功能和免疫分子功能组成。适应性免疫应答包括细胞免疫应答和体液免疫应答。T细胞介导细胞免疫应答,效应产物为细胞因子和效应性T细胞。B细胞介导体液免疫应答,效应产物为抗体。免疫调节包括免疫细胞调节、免疫分子调节、神经-内分泌系统与免疫系统的相互调节,维持机体内环境的稳定。

拓展阅读

扫码进行思维导图、课程文化案例、课件等数字资源的获取和学习。

数字资源

思考与练习题

1. 试述免疫应答的概述与作用。

2. 试述固有免疫应答过程。

3. 试述细胞免疫过程及其生物学效应。

4. 试述体液免疫过程及其生物学效应。

5. 免疫细胞参与的免疫调节包括哪些方面?

6. 免疫分子参与的免疫调节包括哪些方面?

7. 神经-内分泌系统与免疫系统是如何相互调节的?

第十章

变态反应

本章导读

变态反应与正常免疫应答的区别在于机体在识别和排除抗原的同时，会造成机体机能障碍或病理损伤。四种类型的变态反应发生机制是怎样的？其临床病征有哪些？如何预防和治疗？本章内容的学习有利于我们系统掌握变态反应发生机制，为预防和治疗相关免疫性疾病打下基础。

学习目标

1. 了解各种类型变态反应的介导因素和临床病征、掌握四种变态反应的发生机制。

2. 运用变态反应的基础理论解决实际问题，具备诊断和预防相关免疫性疾病的能力。

3. 深入理解各类变态反应的作用机制，避免变应原对人和动物的健康产生不良影响。

概念网络图

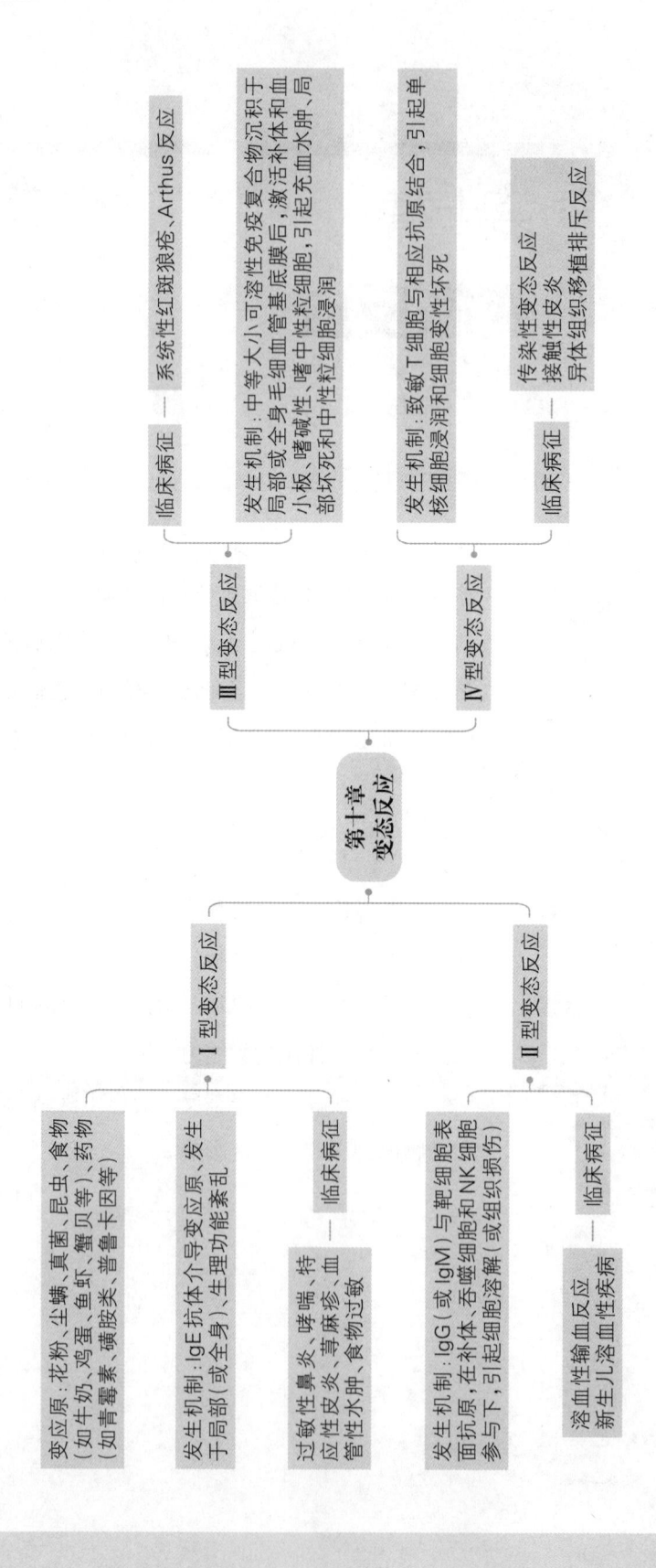

第十章 变态反应

Ⅰ型变态反应
- 变应原：花粉、尘螨、真菌、昆虫、食物（如牛奶、鸡蛋、鱼虾、蟹贝等）、药物（如青霉素、磺胺素、普鲁卡因等）
- 发生机制：IgE抗体介导变应原，发生于局部（或全身），生理功能紊乱
- 临床病征：过敏性鼻炎、哮喘、特应性皮炎、荨麻疹、血管性水肿、食物过敏

Ⅱ型变态反应
- 发生机制：IgG（或IgM）与靶细胞表面抗原结合，在补体、吞噬细胞和NK细胞参与下，引起细胞溶解（或组织损伤）
- 临床病征：溶血性输血反应、新生儿溶血性疾病

Ⅲ型变态反应
- 临床病征：系统性红斑狼疮、Arthus反应
- 发生机制：中等大小可溶性免疫复合物沉积于局部或全身毛细血管基底膜后，引起补体和血小板、嗜碱性、嗜中粒细胞，激活补体水肿、局部坏死和中性粒细胞浸润

Ⅳ型变态反应
- 发生机制：致敏T细胞与相应抗原结合，引起单核细胞浸润和细胞变性坏死
- 临床病征：传染性变态反应、接触性皮炎、异体组织移植排斥反应

变态反应(hypersensitivity)，又称超敏反应，是指已接触过某些抗原的机体，再次接受相同抗原时出现生理功能紊乱(或组织细胞损伤)的再次免疫应答反应。变应原(allergen)是指引起变态反应的物质，又称为过敏原，包括异种血清、蛋白质、花粉、微生物和寄生虫。根据发生的机制，变态反应可分为Ⅰ型、Ⅱ型、Ⅲ型、Ⅳ型。多数超敏反应只产生轻微症状或局部性炎症反应。少数超敏反应可导致严重组织损伤，甚至死亡。

第一节 Ⅰ型变态反应

Ⅰ型变态反应，即速发型超敏反应，又称过敏反应(anaphylaxis)，由特异性IgE介导产生，发生于局部或全身。Ⅰ型变态反应具有明显个体差异和遗传背景。Ⅰ型变态反应的机体再次接触变应原后，反应发生快，消退亦快，出现生理功能紊乱，但不发生严重组织细胞损伤。

一、发生机制

(一)变应原

在Ⅰ型变态反应中，变应原是指能够选择性地激活Th2细胞，诱导产生特异性IgE，引起变态反应的抗原。变应原通过吸入、食入、注射或接触等途径使机体致敏。变应原多为分子量较小(10~20 kDa)的可溶性变应原，如花粉颗粒、尘螨或其排泄物、真菌或其孢子、昆虫或其毒液、动物皮屑或羽毛、食物(如牛奶、鸡蛋、鱼虾和蟹贝等)、药物(如青霉素、磺胺、普鲁卡因和有机碘化合物)。

(二)发生过程

1.初次接触变应原

机体初次接触变应原后，B细胞在抗原的刺激下转化为浆细胞，产生IgE，与嗜碱性粒细胞(外周血中)和肥大细胞(分布于呼吸道、消化道和泌尿生殖道黏膜，皮下疏松结缔组织和血管壁)上的IgE受体(FcεR)结合，使机体处于致敏阶段，致敏阶段可持续半年至数年，若再无同样抗原刺激，以后逐渐消失。

2.再次接触变应原

相同抗原再次进入机体后，与吸附在靶细胞表面的IgE结合，激发了细胞内一系列酶反应，细胞释放出嗜碱性颗粒，该颗粒释放出组胺和5-羟色胺等生物活性物质，作用于皮肤、血管、呼吸道和消化道等效应器官,引起平滑肌痉挛、毛细血管扩张、血管通透性增加和腺体分泌增加等症状。变态反应若发生在皮肤,可引起荨麻疹等;若发生在胃肠道,可引起腹泻和腹痛等;若发生在呼吸道,可引起支气管哮喘;若发生在全身,可引起过敏性休克。Ⅰ型变态反应发生过程如图10-1所示。

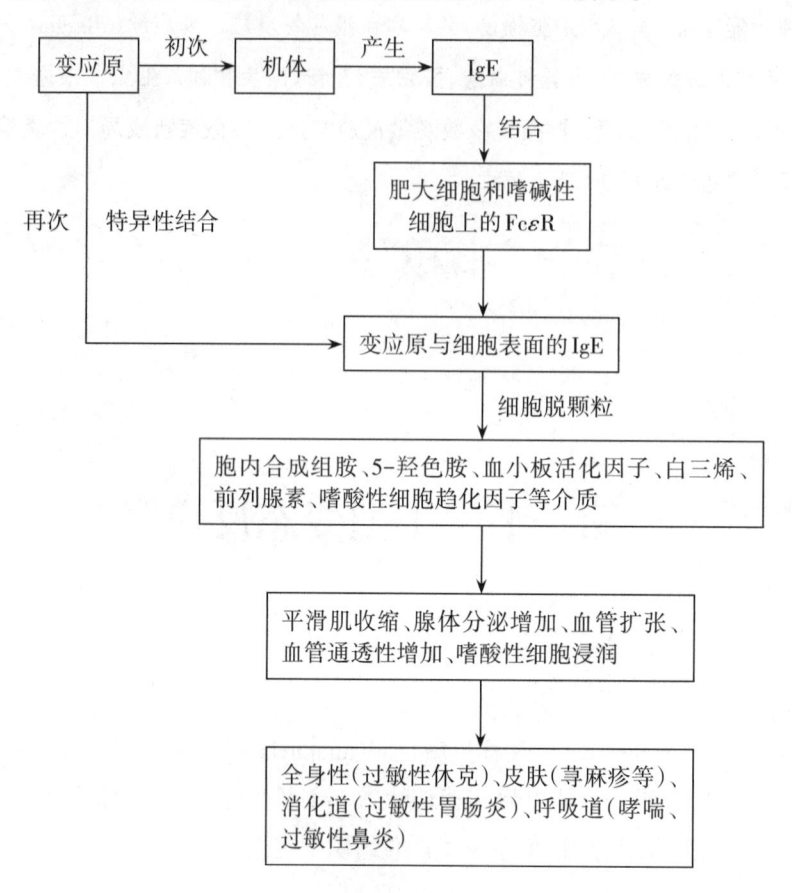

图10-1　Ⅰ型变态反应发生过程示意图

(三)参与的免疫分子

1. IgE高亲和力受体FcεRI

(1) FcεRI

FcεRI为高亲和力受体,分子量25 kDa,主要分布于嗜碱性粒细胞和肥大细胞的表面。当变应原与嗜碱性粒细胞和肥大细胞表面IgE/FcεRI复合物结合后通过交联使磷酸肌醇水解,胞质Ca^{2+}浓度增加,促使细胞脱颗粒,合成和释放组胺、LT和PAF等介质,介导Ⅰ型超敏反应。血清IgE浓度极低($1.3×10^{-7}$ g/mol)且$T_{1/2}$短(2~3天),FcεRI的高亲和力有助于其与IgE结合。嗜酸性粒细胞、朗格汉斯细胞、单核细胞和血小板也表达FcεRI,但表达水平较低。

(2) FcεRI交联信号

当过敏原与FcεRI受体捕获的IgE结合并交联时,可诱导受体聚集和迁移到脂膜筏上,相关的酪氨酸激酶磷酸化ITAM序列,适配器分子锁住磷酸化的酪氨酸残基,启动信号级联,最终激活酶或转录因子。

(3) 肥大细胞和嗜碱性粒细胞的反应

FcεRI交联信号可诱导肥大细胞和嗜碱性粒细胞发生以下反应:①细胞脱颗粒,表现为含有多种炎症介质的囊泡与质膜融合并释放其内容物。②合成炎症细胞因子。③花生四烯酸转化为炎症脂质介质白三烯和前列腺素。

2. IgE的低亲和力受体FcεRⅡ

(1) FcεRⅡ结构

FcεRⅡ(CD23)为低亲和力受体,分子量45 kDa,单链穿膜糖蛋白,Ⅱ型跨膜蛋白,属C型植物血凝素家族成员。CD23含有321个氨基酸,N端在胞膜内,1~23位氨基酸组成胞质尾,24~43位氨基酸为疏水跨膜区,靠C端胞膜外区由277个氨基酸组成,有一个糖基化点,82、102、125和150位氨基酸残基为蛋白水解酶敏感位点,凝集素同源区位于C端163Cys至282Cys之间,该同源区共含6个Cys。88~116位氨基酸之间有一个亮氨酸拉链结构,参与CD23分子同源二聚体的形成。位于胞膜外的CD23分子C端裂解的不同片段——14kDa、25kDa和33~37kDa,均称为IgE结合因子(IgE-binding factor IgE-BF)。

(2) FcεRⅡ的表达

FcεRⅡa仅在B细胞表达,并易降解为sCD23。FcεRⅡb表达于B细胞、T细胞、嗜酸性粒细胞、血小板、单核细胞、巨噬细胞、树突状细胞、朗格罕氏细胞、含有EBV基因组的鼻咽癌细胞和髓样细胞系(如U937)等,主要以膜分子形式存在。IL-4可诱导正常B细胞、单核细胞和嗜酸性粒细胞转录FcεRⅡb mRNA,促进CD23的合成与表达,EBV核蛋白EBNA2促进B细胞表达CD23和释放sCD23。而IFN-γ、TGF-β、PGE2和糖皮质激素等抑制B细胞表达CD23和释放sCD23。

(3) FcεRⅡ的功能

FcεRⅡ为B细胞激活抗原,变态反应疾病患者PBMC中CD23密度明显增加,血清IgE-BP(sCD23)升高。sCD23具有B细胞生长因子(B cell growth factor, BCGF)活性,其凝集素同源区与CD21糖链结合,促进B细胞生长。此外,sCD23通过亮氨酸拉链结构,引起B细胞膜CD21分子交联,促进B细胞生长。sCD23对膜CD23有正反馈作用,促进B细胞的分化和IgE的产生,并与IL-4有协同作用。

FcεRⅡ还可介导IgE依赖的ADCC和吞噬作用。CD23与B淋巴细胞的转化及恶变有关,EBV转化B细胞,依赖B细胞表达CD23,建立永生化的细胞系。此过程与EBV核蛋白EBNA2有关,EBNA2结合于FcεRⅡa基因起始部位(-275~-89),作用于FcεRⅡa基因启动子,并诱导B细胞表达CD23和释放sCD23引起膜CD21分子交联,形成一种自分泌生长机制。慢性B淋巴细胞白血病(B-CLL)患者B细胞表达CD23的表达量增加,患者血清中sCD23水平显著上升。

(四)变态反应产生的介质

变态反应产生的介质可分为一级介质和二级介质。一级介质在细胞激活前预先形成,贮存在颗粒中,包括组胺、蛋白酶、嗜酸性粒细胞趋化因子、中性粒细胞趋化因子和肝素。二级介质在靶细胞激活后合成,或者在脱颗粒过程中由膜磷脂分解释放,包括血小板激活因子、白三烯、前列腺素、缓激肽、细胞因子和趋化因子。一级和二级介质类型决定了Ⅰ型变态反应的不同病理症状。

1. 组胺

组胺是肥大细胞颗粒的主要成分,约占颗粒重量的10%,是由组氨酸脱羧形成的。肥大细胞激活几分钟后就能观察到组胺的生物效应。组胺从肥大细胞释放后,与四种组胺受体(H1、H2、H3和H4)结合。大多数过敏反应是由组胺与H1受体结合介导的,导致肠道和支气管平滑肌收缩,增加小静脉的通透性,增加黏液的分泌。组胺与H2受体结合,增加血管通透性和血管舒张,刺激外分泌腺,增加胃酸的释放。

组胺与肥大细胞和嗜碱性粒细胞上的H3受体结合,抑制脱颗粒,对介质的进一步释放产生负反馈,但H3较少参与Ⅰ型变态反应,主要调节中枢神经系统中的神经递质活性。H4受体可介导肥大细胞的趋化。

2.前列腺素和白三烯

肥大细胞发生脱颗粒,磷脂酶信号启动质膜中磷脂的酶分解,酶级联生成前列腺素和白三烯。在Ⅰ型变态哮喘反应中,起初组胺介导支气管和气管平滑肌收缩。在30~60 s内,白三烯和前列腺素会发出进一步收缩的信号。白三烯调节支气管收缩的效果大约是组胺的1 000倍,是血管通透性和黏液分泌的更有效的刺激物。白三烯是哮喘患者的支气管痉挛时间延长和黏液积聚的重要原因。

3.细胞因子和趋化因子

肥大细胞、嗜碱性粒细胞和嗜酸性粒细胞分泌多种细胞因子,包括IL-4、IL-5、IL-8、IL-9、IL-13、GM-CSF和TNF-α,增加了Ⅰ型变态反应的复杂性。细胞因子改变局部微环境,导致炎性细胞(如中性粒细胞和嗜酸性粒细胞)的招募和激活。此外,IL-4和IL-13刺激Th2细胞免疫反应,增加B细胞产生的IgE。IL-5在嗜酸性粒细胞的招募和激活中尤为重要。

二、临床病征与治疗

Ⅰ型反应临床症状取决于过敏原进入机体的途径、过敏原浓度和宿主先前是否接触过敏原。其临床表现可以从局部反应(如花粉症和过敏性皮炎)到危及生命(如全身性过敏和严重哮喘)。

(一)临床病征

1.全身性过敏反应

全身性过敏反应是由直接(或从肠道和皮肤吸收)进入血液循环的过敏原引起的,是一种全身的致命的病征,再接触过敏原的几分钟内就会发生。其症状如下:血压骤降导致过敏性休克,随后平滑肌收缩导致排便和排尿,细支气管收缩导致呼吸困难,甚至窒息,在接触过敏原2~4 min内就可能导致死亡。许多过敏原(如蜜蜂、黄蜂、大黄蜂和蚂蚁叮咬产生的毒液,青霉素、胰岛素、抗毒素等药物,海鲜和坚果等食物,乳胶)会在易感人群中引发全身性过敏反应。肾上腺素是治疗全身过敏反应的首选药物,可以抵消组胺和白三烯等介质的作用,放松气道的平滑肌,降低血管通透性。

2.局部过敏反应

局部过敏反应仅限于组织或器官的特定靶点,通常发生在首次接触过敏原的上皮表面,包括广泛的IgE介导的反应,如过敏性鼻炎、哮喘、特应性皮炎、荨麻疹、血管性水肿和食物过敏。

(1)变应性鼻炎或花粉热

最常见的局部过敏反应是变应性鼻炎或花粉热。当吸入空气过敏原(如花粉)时,这些过敏原可被IgE(结合在结膜和鼻黏膜致敏肥大细胞上)识别,交联诱导肥大细胞释放组胺和其他介质,然后引起血管舒张,增加毛细血管通透性,并在眼睛、鼻道和呼吸道产生分泌物。

(2)过敏性哮喘

过敏性哮喘是由肥大细胞的激活和脱颗粒引起的疾病,伴随炎症介质释放。过敏反应不是发生在鼻黏膜,而是发生在下呼吸道黏膜更深的地方。过敏性哮喘引起的支气管平滑肌收缩、黏液分泌和气道周围组织肿胀都会导致支气管收缩和气道阻塞。

(3)过敏性结膜炎

过敏性结膜炎是由空气中的花粉等过敏原引起的IgE激活的肥大细胞介质释放引起的眼表炎症。早期症状包括瘙痒、流泪、水肿和发红,随后可能出现嗜酸性粒细胞增多和炎症。

3.食物过敏反应

食物过敏是一种常见的过敏症。食物过敏在婴幼儿中出现频率最高,随着年龄的增长而略有下降。大约4%的成年人对食物表现出可重复的过敏反应。儿童最常见的食物过敏原存在于牛奶、鸡蛋、花生、坚果、大豆、小麦、鱼和贝类中;成年人最主要的过敏原存在于坚果、鱼类和贝类中。多数食物过敏原是水溶性糖蛋白,对热、酸和蛋白酶相对稳定,消化缓慢。

(二)治疗

1.避免接触过敏原

过敏的治疗总是从避免接触过敏原开始。然而,没有人能够避免接触花粉等空气过敏原,现在有许多免疫和药物干预措施可以缓解过敏反应的症状,或从一开始就防止过敏反应的发生。

2.抗组胺药

多年来,抗组胺药一直是治疗过敏性鼻炎最有用的药物之一。这些药物通过结合和阻断靶细胞上的组胺受体来抑制组胺活性。H1受体被第一代抗组胺药阻断,如苯海拉明和氯苯那敏,对控制过敏性鼻炎的症状非常有效。但这些药物能穿过血脑屏障,也能作用于神经系统中的H1受体,并可能产生多种副作用。这些药物也能与毒蕈碱样乙酰胆碱受体结合,引起口干、便秘、心跳减慢、镇静和嗜睡等症状。第二代抗组胺药,如非索非那定、氯雷他定和地氯雷他定,开发于20世纪80年代早期,与毒蕈碱受体的交叉反应明显减少,副作用小。

3.皮质类固醇

皮质类固醇可以减少与多种过敏反应相关的炎症。低剂量皮质类固醇吸入疗法,如氟隆酮和纳舒可通过抑制先天免疫细胞活性减少炎症,并已成功用于降低哮喘发作的频率和严重程度。糖皮质激素也可以作为药片或液体供患者服用,帮助治疗其他严重的过敏情况。

4.肾上腺素

哮喘和过敏反应是两种比较严重的过敏反应,肾上腺素或肾上腺素激动剂(如沙丁胺醇)与G蛋白偶联受体结合,启动cAMP信号,防止肥大细胞脱颗粒和缓解哮喘发作时支气管收缩。

第二节 Ⅱ型变态反应

Ⅱ型变态反应，又称为Ⅱ型超敏反应，是由IgG(或IgM)与靶细胞表面相应抗原结合后，在补体、吞噬细胞和NK细胞作用下，引起以细胞溶解(或组织损伤)为主的病理性免疫反应，也称为细胞毒型变态反应。Ⅱ型变态反应代表性疾病包括溶血性输血反应、新生儿溶血病和免疫性血细胞减少症。

一、发生机制

(一)发生过程

与靶细胞表面抗原结合的抗体通过三种不同的机制诱导靶细胞死亡：①某些免疫球蛋白亚型可以激活补体，形成攻膜复合物，破坏靶细胞。②通过ADCC作用破坏靶细胞。③作为调理蛋白，介导巨噬细胞FcR结合并吞噬靶细胞。当以上反应过强时，这些反应会损伤组织，机体出现病理症状。Ⅱ型变态反应发生过程如图10-2所示。

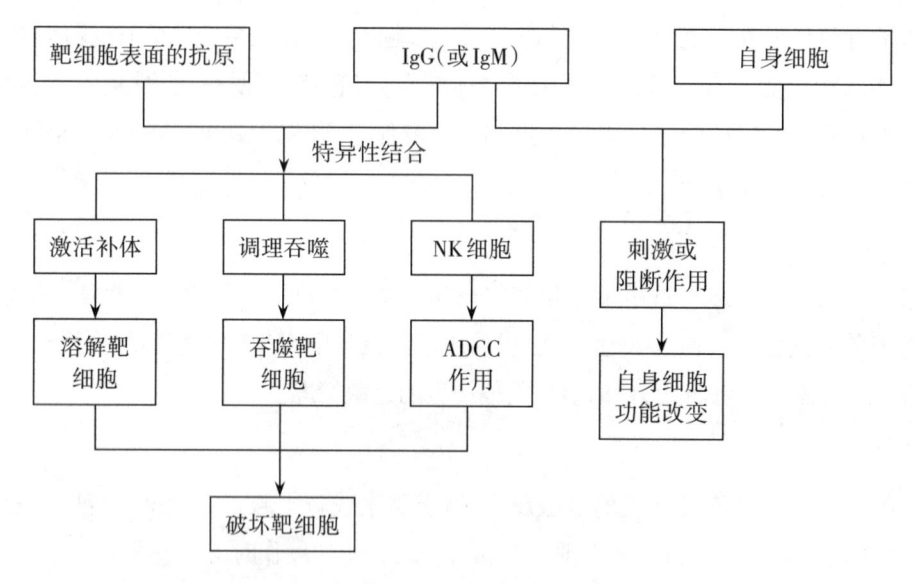

图10-2　Ⅱ型变态反应发生过程示意图

(二)不同介导类型

1. 补体介导的细胞毒反应

补体介导的细胞毒反应(complement mediated cytotoxicity，CMC)是指特异性抗体(IgM或IgG)与细胞表面的抗原相结合，固定并激活补体，直接引起细胞膜的损害与溶解，或通过抗体的Fc片段和C3b与巨噬细胞相应受体结合，由巨噬细胞介导，引起细胞膜的损害与溶解。这种反应常累及血细胞(红细胞、白细胞、血小板)和细胞外组织(如肾小球基底膜),引起细胞和组织损害。

临床上此类Ⅱ型变态反应常见于下列情况:

①血型不符的输血反应,这是由于供者红细胞抗原与受者血清中相应抗体结合而导致红细胞的溶解。

②新生儿溶血病是母体(Rh阴性)和胎儿(Rh阳性)抗原性差异的疾病,母体产生的抗Rh抗体(IgG)通过胎盘引起胎儿红细胞破坏,导致溶血。

③自身免疫性溶血性贫血、粒细胞减少症、血小板减少性紫癜等疾病,是不明原因引起自身血细胞抗体形成而导致相应血细胞的破坏。

④某些药物反应,药物作为半抗原与血细胞膜结合形成抗原,激发抗体形成,抗体针对血细胞-药物复合物(抗原)而引起血细胞的破坏。

2.ADCC作用

ADCC作用是指靶细胞与IgG特异性结合,IgG的Fc片段与K细胞、中性粒细胞、嗜酸性粒细胞和单核细胞的FcR结合,引起靶细胞的溶解。ADCC反应主要与寄生虫(或肿瘤细胞)的消灭和移植排斥有关。

3.自身细胞的功能异常

患者体内产生自身抗体,与自身细胞表面受体结合,导致自身细胞功能异常。由于不结合补体,因而不破坏自身细胞亦无炎症反应。例如重症肌无力(myasthenia gravis)是由于患者体内存在自身抗体,与自身骨骼肌运动终板突触后膜的乙酰胆碱受体结合,削弱了神经肌冲动的传导,引起的以肌肉无力为主的疾病。

二、临床病征与治疗

(一)溶血性输血反应

溶血性输血反应(hemolytic transfusion reaction, HTR)是受血者输入不相容红细胞或存在同种抗体的供者血浆,使供者红细胞或自身红细胞在体内发生破坏而引起的反应。HTR按发生的缓急分为急性溶血性输血反应(acute HTR, AHTR)和迟发性溶血性输血反应(delayed HTR, DHTR)。发生溶血的原因是ABO系统之外的抗体激活补体,导致输入的红细胞裂解而溶血,其溶血程度与抗体效价、输入红细胞量成正比。

1.急性溶血性输血反应

AHTR与ABO血型不相容有关,是由IgM激活补体,导致输入的血红细胞裂解而引起的血管内溶血反应,发生于输血后24 h内,大多数在输血后立即发生。输入10 mL不相容血液即可迅速引发AHTR,几小时内血浆中就能检测到游离血红蛋白,被肾脏过滤,导致血红蛋白尿。AHTR症状表现为发热、烦躁、恶心、寒战、心悸、气短、胸痛、腰背痛和血红蛋白尿等症状。

2.迟发性溶血性输血反应

DHTR常发生于输血1~2周之后,或者以前曾有输血史或妊娠史,近期又连续输入不相容的红细胞抗原,从而产生回忆反应,导致IgG水平迅速增加,与输入的红细胞结合而发生溶血性反应,溶血主要发生在血管外,但也可能在血管内产生。DHTR症状表现为发热、贫血、黄疸和血红蛋白尿。

3.治疗

溶血性输血反应可以采用立即终止输血和使用利尿剂维持尿流进行治疗。因为肾脏中血红蛋白的积累会引起肾小管的急性损伤,所以要使用利尿剂。

(二)新生儿溶血病

新生儿溶血病常见于ABO溶血病和Rh溶血病。

1.临床表现

新生儿溶血病的大多数病例是由母亲和胎儿ABO血型不相容引起的。O型母亲怀A型或B型胎儿最常出现这些反应。Rh血型不合引起相对少见,主要见于母亲血型为Rh阴性、胎儿为Rh阳性的情况。

Rh母亲第一次分娩时,胎盘从子宫壁分离,胎儿脐带血进入母亲的血液循环,胎儿红细胞刺激母体Rh特异性B细胞产生免疫反应,导致母体产生Rh特异性浆细胞和记忆B细胞,分泌抗Rh的IgM,以清除进入母体血液循环中的Rh胎儿红细胞。在随后第二次妊娠中,表达IgG的记忆细胞被激活,形成抗Rh的IgG,穿过胎盘,破坏胎儿红细胞。胎儿出现轻度或重度贫血,甚至致命。同时,血红蛋白转化为胆红素在胎儿大脑中积累,损伤大脑。

2.治疗

在第一次妊娠的28周左右和第一次分娩后72 h,母亲注射Rh免疫球蛋白,结合进入母亲血液循环的胎儿红细胞Rh抗原。在第二次及以后的妊娠中,母体不再产生抗Rh的IgG,胎儿不再受到伤害。

症状严重时可以给胎儿进行宫内换血,将胎儿的红细胞替换为Rh细胞。每10至21天进行一次,直到分娩。症状较轻时,出生后才进行换血去除胆红素,将婴儿暴露在低水平的紫外线下,以分解胆红素,防止大脑损伤。母亲也可以在受孕期间通过血浆置换治疗。细胞分离机被用来将母亲的血液分离成细胞和血浆。丢弃含有抗Rh抗体的血浆,保留的细胞置于白蛋白或新鲜血浆溶液中重新注入母体。

第三节 Ⅲ型变态反应

Ⅲ型变态反应,又称免疫复合物型变态反应,是由抗原与抗体结合形成中等大小可溶性免疫复合物沉积于局部(或全身)毛细血管基底膜后,通过激活补体,在血小板、嗜碱性粒细胞和嗜中性粒细胞作用下,引起以充血水肿、局部坏死和中性粒细胞浸润为主要特征的炎症反应和组织损伤。

一、发生机制

(一)抗原-抗体复合物的清除

抗原-抗体复合物的形成是适应性免疫应答的组成部分。随后FcR介导吞噬细胞识别、吞噬和摧毁抗原-抗体复合物;或通过与红细胞结合,在脾脏或肾脏中清除抗原-抗体复合物;或通过激活补体,导致带有抗原-抗体免疫复合物的细胞裂解。

(二)抗原-抗体复合物清除异常

然而,在某些情况下,抗原-抗体复合物无法被有效清除,并可能沉积在血管(或组织)中。这些情况包括:①抗原产生抗原-抗体晶格。②抗原对特定组织的高亲和力。③高电荷抗原的存在。④吞噬系统受损。

(三)变态反应

未清除的抗原-抗体复合物与肥大细胞、中性粒细胞和巨噬细胞FcR结合,释放血管活性介质、促炎细胞因子和前列激素,与毛细血管上皮相互作用,增加血管壁的通透性。然后抗原-抗体复合物通过毛细血管壁进入组织,沉积并建立局部炎症反应。补体激活会产生趋化因子C3a和C5a,吸引更多的中性粒细胞和巨噬细胞。FcR结合的抗原-抗体复合物进一步激活这些细胞,分泌促炎趋化因子、细胞因子、前列腺素和蛋白酶。蛋白酶攻击基底膜蛋白、胶原蛋白、弹性蛋白和软骨。此外激活的中性粒细胞释放氧自由基将进一步介导组织损伤。Ⅲ型变态反应发生过程见图10-3所示。

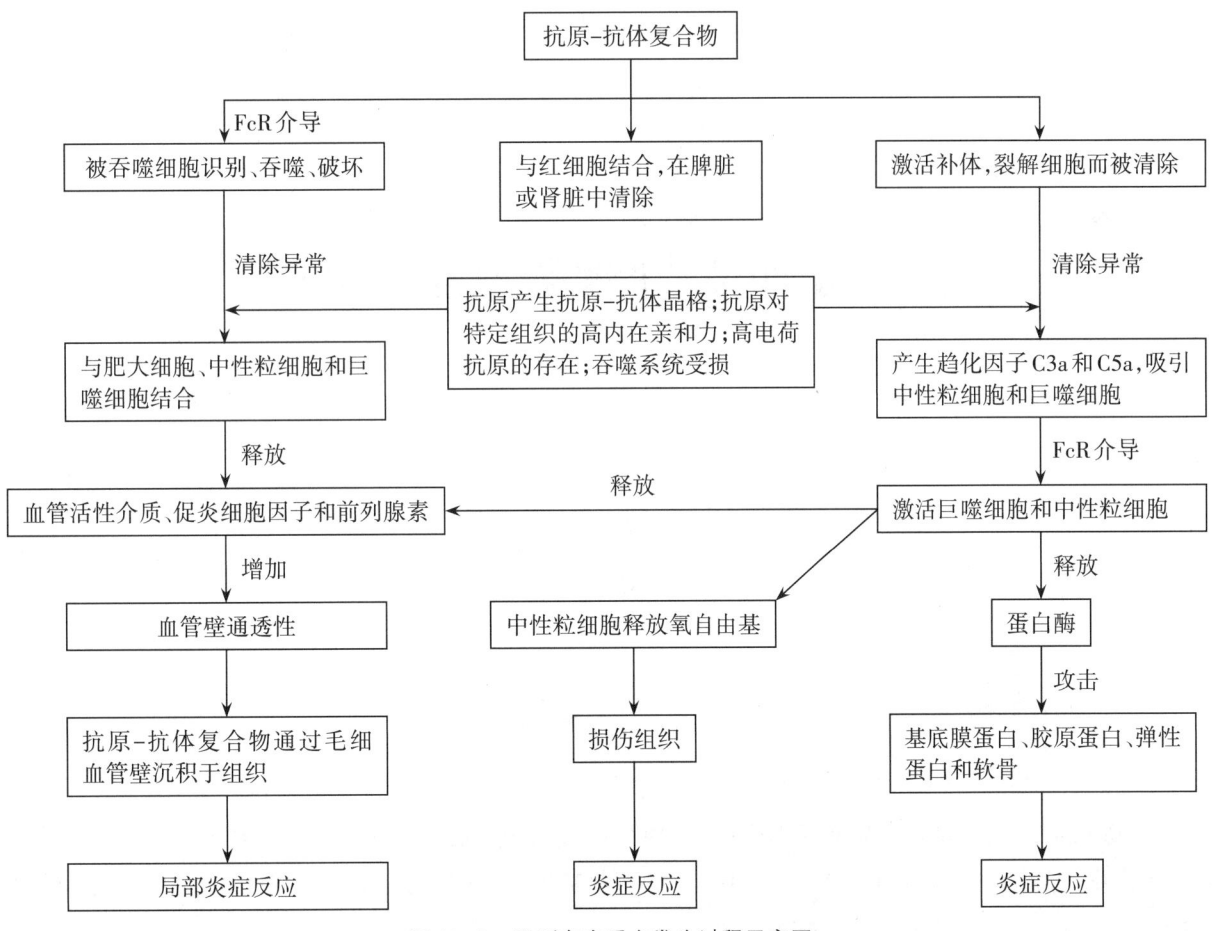

图10-3 Ⅲ型变态反应发生过程示意图

二、临床病征与治疗

(一)单一抗原

如果抗原-抗体复合物介导的疾病是由单一的大剂量抗原诱导的,可以自发恢复。当链球菌感染引起肾小球肾炎时,可以看到自发恢复。链球菌抗原-抗体复合物与肾基底膜结合,引发Ⅲ型反应,当细菌负荷被消除时,这种反应就会消失。

(二)自体抗原

如果抗原-抗体复合体中的抗原是自体抗原,就不能被永久清除,因此Ⅲ型过敏反应不容易解决。在这种情况下,慢性Ⅲ型反应形成。例如,在系统性红斑狼疮中,对自身抗原(如DNA和各种核蛋白)的持续抗体反应是该疾病的一个识别特征,抗原-抗体复合物沉积在患者的关节、肾脏和皮肤中。

(三)Arthus反应

动物或人类皮下注射一种存在大量循环抗体的抗原后,抗原会扩散到局部血管壁,在注射部位附近会沉淀出大量的抗原-抗体复合物。注射4~10 h后炎症反应达到峰值,称为Arthus反应。Arthus反应部位的炎症表现为肿胀和局部出血,随后是纤维蛋白沉积,常用作体内试验来检测抗原和抗体的存在,特别是在抗体或抗原未被纯化的情况下使用。昆虫叮咬迅速引发局部Ⅰ型过敏反应,4~10 h后,也会出现典型的Arthus反应,出现明显的红斑和水肿。

细菌孢子、真菌或粪便蛋白可引起的肺内关节炎性反应,也可引起肺炎或肺泡炎。例如,人和动物吸入发霉干草中的放线菌后会患上肺病,鸽友病则是饲养人(或其他人)吸入了鸽子粪便中的血清蛋白所致。

第四节 Ⅳ型变态反应

Ⅳ型变态反应,又称迟发型变态反应(delayed tye hypersensitivity,DTH),是由致敏T细胞与相应抗原结合而引起的,以单核细胞浸润和细胞变性坏死为特征的局部变态反应。该类反应发生较迟缓,抗体和补体均不参与,多数无个体差异。

一、发生机制

(一)抗原致敏阶段

首次接触致敏抗原1~2周内,T细胞被抗原激活、增殖和分化成为Th1细胞。多种APCs(如巨噬细胞、树突细胞和朗格汉斯细胞)参与诱导DTH反应,收集抗原,并将其运输到淋巴结,激活T细胞。血管内皮细胞表达MHC Ⅱ类分子在DTH反应中发挥作用。

(二)二次接触致敏物质

机体再次接触的致敏抗原刺激Th1细胞,分泌多种细胞因子(IFN-γ、TNF-α和TNF-β),招募并激活巨噬细胞和其他炎症细胞。再次接触致敏抗原约24 h后才出现DTH反应,48~72 h达到峰值。DTH反应一旦开始,非特异性细胞和介质之间复杂的相互作用被启动,导致反应进一步放大。当DTH反应完全形成时,约5%参与细胞是抗原特异性T细胞,余下的参与细胞是巨噬细胞和其他先天免疫细胞。

(三)变态反应特征

当致敏T细胞与相应抗原结合后,可刺激靶细胞改变膜通透性,使细胞内K^+逸出,Na^+进入细胞,细胞的渗透压发生改变,细胞膨胀,最后裂解。但参与该反应的致敏T细胞并未破坏,仍可继续破坏其他靶细胞。另外,致敏T细胞在杀伤靶细胞时,还会释放出各种淋巴因子,引起以单核细胞浸润为主的炎症变化,甚至引起细胞变性坏死。除接触性皮炎和某些自身免疫性疾病外,其他Ⅳ型变态反应都无个体差异。Ⅳ型变态反应的发病机理与细胞免疫反应基本相同,两者同时并存。Ⅳ型变态反应发生过程如图10-4所示。

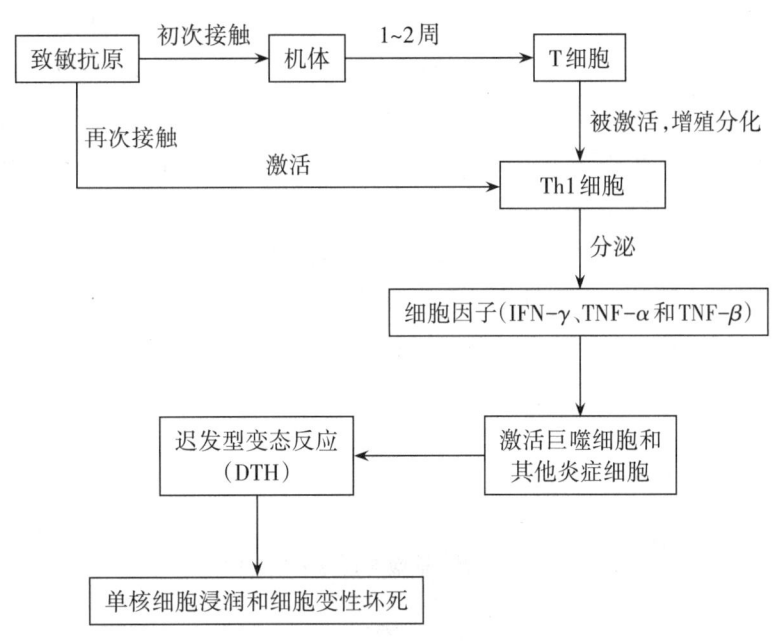

图10-4 Ⅳ型变态反应发生过程示意图

(四)临床应用

正常的细胞免疫反应既能排除病原微生物,又不造成组织的严重损伤。若反应过于强烈,超过正常限度,则会造成组织的严重损伤,发生Ⅳ型变态反应。临床上应用结核菌素试验等皮肤试验检测机体的细胞免疫能力,就是利用这两种关系来设计的。

二、临床病征与治疗

Ⅳ型变态反应包括传染性变态反应、接触性皮炎、异体组织移植排斥反应等。

(一)传染性变态反应

正常情况下,免疫反应能迅速清除多数病原体,不会对组织造成损伤。然而,在某些情况下,特别是当抗原(分枝杆菌)不容易清除时,长时间的DTH反应会对宿主产生破坏,导致肉芽肿反应。当持续激活的巨噬细胞诱导它们彼此紧密黏附时,就会形成肉芽肿。在这些条件下,巨噬细胞呈现上皮样形态,有时融合形成多核巨细胞。这些巨噬细胞取代正常组织细胞,形成可触及的结节,并释放高浓度裂解酶,破坏周围组织。肉芽肿可损伤血管并导致广泛的组织坏死。

(二)接触性皮炎

接触性皮炎是Ⅳ型过敏反应的一种常见表现。一些活性化合物接触皮肤后,与皮肤蛋白质发生化学结合,带有修饰氨基酸残基的多肽通过MHC类分子递呈给T细胞。这些活性化合物包括药品、化妆品或工业化学物质(如甲醛或松节油)、人造半抗原(如氟二硝基苯)、金属离子(如镍)和植物(如毒葛漆酚)中的活性化合物。例如,镍离子是接触性皮炎的常见诱因,可以与组氨酸残基结合,产生修饰肽,激活T细胞,在皮肤中产生DTH反应。毒葛漆酚通过激活效应T细胞,诱导接触性皮炎。

本章小结

变态反应与先天性遗传及宿主体质有关。根据发生的机制,变态反应可分为Ⅰ型、Ⅱ型、Ⅲ型、Ⅳ型。Ⅰ型变态反应,即速发型超敏反应,又称过敏反应,由特异性IgE抗体介导产生,发生于局部或全身。Ⅱ型变态反应,又称为Ⅱ型超敏反应,是由IgG(或IgM)与靶细胞表面相应抗原结合后,在补体、吞噬细胞和NK细胞作用下,引起以细胞溶解(或组织损伤)为主的病理性免疫反应,也称为细胞毒型变态反应。Ⅲ型变态反应,又称免疫复合物型变态反应,是由抗原与抗体结合形成中等大小可溶性免疫复合物沉积于局部或全身毛细血管基底膜后,通过激活补体,在血小板、嗜碱性粒细胞、嗜中性粒细胞作用下,引起以充血水肿、局部坏死和中性粒细胞浸润为主要特征的炎症反应和组织损伤。Ⅳ型变态反应,又称迟发型变态反应,是由致敏T细胞与相应抗原结合而引起的,以单核细胞浸润和细胞变性坏死为特征的局部变态反应。

拓展阅读

扫码进行思维导图、课程文化案例、课件等数字资源的获取和学习。

数字资源

思考与练习题

1.什么是变态反应?分为哪几类?
2.简述Ⅰ型变态反应的发生机制。
3.简述Ⅱ型变态反应的发生机制。
4.简述Ⅲ型变态反应的发生机制。
5.简述Ⅳ型变态反应的发生机制。

第十一章

抗感染免疫

本章导读

细菌、真菌、病毒和寄生虫等病原体能感染动物机体,威胁畜禽健康。机体如何抵御不同类型的病原体的感染?免疫系统通过哪些方式消除体内病原体?本章内容的学习有利于我们系统掌握抗感染免疫的基础知识,为后续学习畜禽传染病的生物防控奠定基础。

学习目标

1. 了解病原体逃避免疫系统的方式,熟悉常见的血清学检测方法,理解免疫系统对抗病毒、细菌、真菌和寄生虫感染所采取的不同机制,掌握固有免疫和适应性免疫在抗感染免疫过程中的作用。

2. 理解机体免疫力与病原体致病性相互作用形成动态免疫平衡,有利于我们自觉养成均衡营养膳食和规律作息等良好习惯,提高自身免疫力,抵御病原体的入侵。

3. 将抗感染免疫理论与畜禽传染病的生物防控相结合,实现畜禽健康养殖。

概念网络图

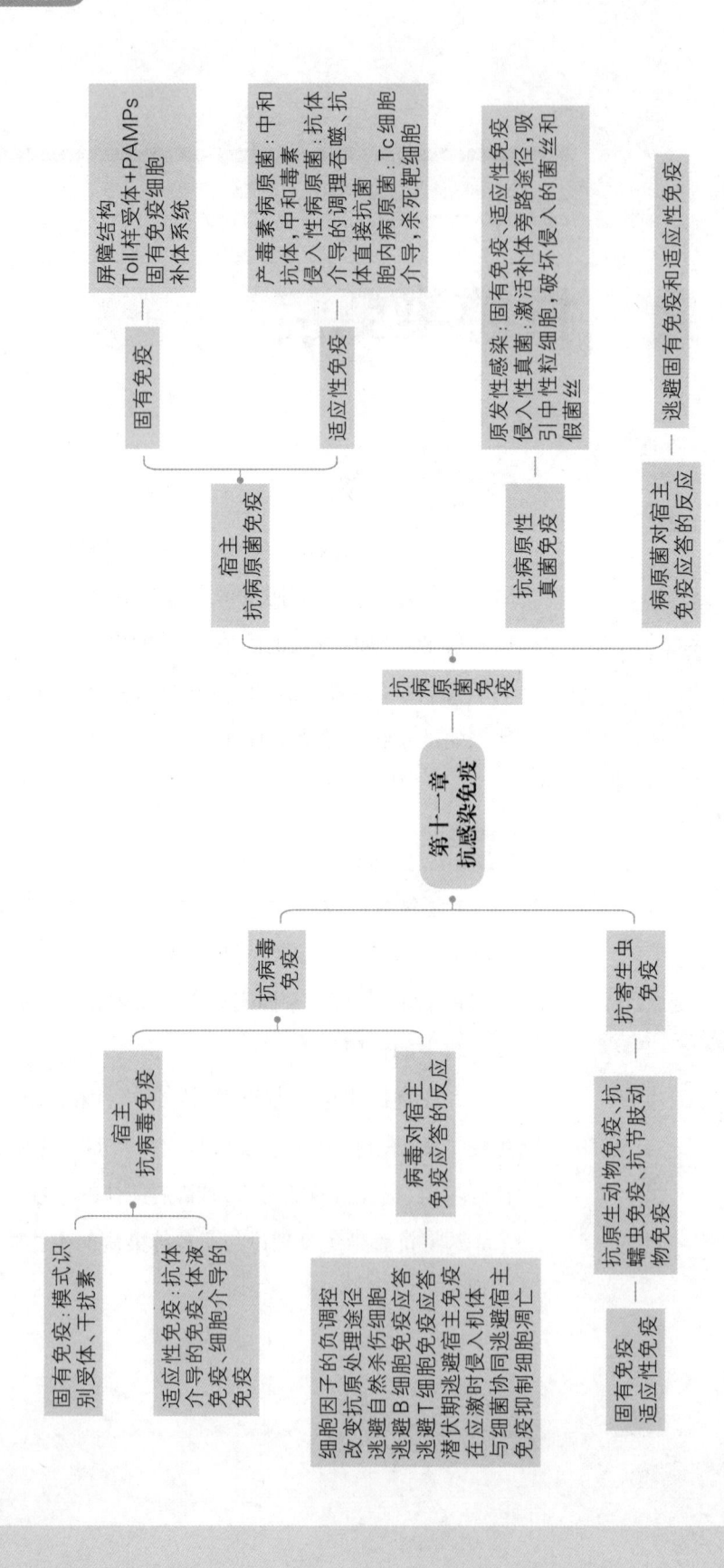

第十一章 抗感染免疫

抗病原菌免疫

宿主抗病原菌免疫

- 固有免疫
  - 屏障结构
  - Toll样受体+PAMPs
  - 固有免疫细胞
  - 补体系统
- 适应性免疫
  - 产毒素病原菌：中和抗体,中和毒素
  - 侵入性病原菌：抗体的调理吞噬、抗体直接抗菌
  - 胞内病原菌：Tc细胞介导,杀死靶细胞

抗病原性真菌免疫

- 原发性感染：固有免疫、适应性免疫
- 侵入性真菌：激活补体旁路途径,吸引中性粒细胞,破坏侵入的菌丝和假菌丝

病原菌对宿主免疫应答的反应

- 逃避固有免疫和适应性免疫

抗病毒免疫

宿主抗病毒免疫

- 固有免疫：模式识别受体、干扰素
- 适应性免疫：抗体、体液免疫、细胞介导的免疫

病毒对宿主免疫应答的反应

- 细胞因子的负调控
- 改变抗原处理途径
- 逃避自然杀伤细胞
- 逃避B细胞免疫应答
- 逃避T细胞免疫应答
- 潜在期逃避宿主免疫
- 与细菌协同逃避宿主机体
- 免疫抑制细胞凋亡

抗寄生虫免疫

- 抗原虫免疫、抗蠕虫免疫、抗节肢动物免疫
  - 固有免疫
  - 适应性免疫

抗感染免疫是指机体免疫系统抵抗病原体入侵、抑制病原体在体内繁殖的一系列防御功能，是对抗感染性疾病的关键武器。抗感染免疫已成为生命医学领域的研究热点，掌握免疫学理论基础和病原体入侵的客观规律，能更有效预防、检测和治疗病原体对机体的感染。

第一节 抗病毒免疫

病毒是专性细胞内寄生的微生物。病毒和宿主之间相互选择和适应。病毒因其逃避宿主免疫反应的能力被筛选，宿主也因其对病毒免疫力而被选择。宿主和病毒的持续选择是一直存在的，并深刻地影响病毒感染的结果。

一、宿主抗病毒免疫反应

宿主抗病毒免疫反应包括固有免疫和适应性免疫，是机体适应自然环境的重要保障。宿主抗病毒免疫反应能有效对抗、遏制和消除病毒对机体的感染和破坏。抗病毒感染的主要方式如图11-1所示。

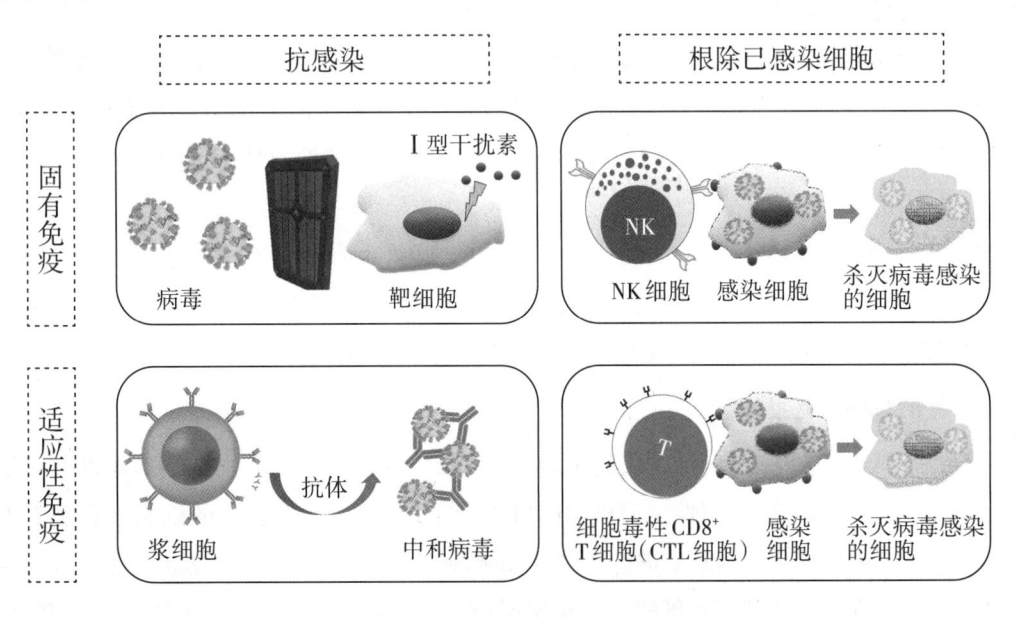

图11-1 抗病毒感染的主要方式

(一)固有免疫

快速而强大的固有免疫反应可阻碍许多病毒的感染。干扰素对细胞具有多重保护作用。溶菌酶、肠道酶和胆汁可以消灭部分病毒。胶原凝集素与病毒糖蛋白结合,阻断其与宿主细胞的相互作用。防御素通过破坏病毒的囊膜或与糖蛋白相互作用而使病毒失活,还可以通过阻断细胞内信号传导途径和干扰病毒RNA的转录,导致细胞凋亡,以阻止病毒的入侵和复制。

1. 模式识别受体

模式识别受体(pattern-recognition receptors,PRRs)不仅在细胞膜上表达,在内体膜、溶酶体膜和胞质中也广泛存在,可识别外源性病毒。PRRs主要包括Toll样受体(TLR)、NOD样受体(NLR)和RIG-I样受体(RLR),识别病毒的病原体相关分子模式(PAMPs),激活相关炎症因子通路,促进细胞因子和干扰素生成,抵抗病毒的入侵。细胞表面的TLR2和TLR4既发挥抗菌识别作用,又能识别侵入脾脏和骨髓细胞的病毒。而胞内TLR3、TLR7、TLR8和TLR9可直接识别病毒表面的核酸,产生大量的干扰素,发挥抗病毒免疫作用。RIG-1样受体是体内有核细胞质内的核酸传感器,可监测病毒感染产生的dsRNA,激活IFN-β。

2. 干扰素

干扰素(interferon,IFN)因其"干扰"病毒复制而得名,具有抵抗病毒感染、抑制细胞增殖和激活免疫细胞等诸多作用。干扰素并不能直接抵御病毒的感染,而是细胞间交流的分子。干扰素与细胞表面的干扰素受体特异性结合后,细胞的抗病毒状态被激活,产生大量抗病毒蛋白,抑制病毒蛋白质的合成。干扰素还能募集NK细胞和巨噬细胞,增强MHC类分子递呈抗原的能力,提高宿主的抵抗力。

(二)适应性免疫

1. 抗体介导的抗病毒免疫

病毒的衣壳和囊膜具有抗原性,能使机体产生相应抗体,中和病毒,阻止病毒吸附宿主细胞;病毒抗原与机体相应抗体结合,生成抗原-抗体复合物,激活补体经典途径,破坏病毒感染的细胞。

抗体不但能结合游离病毒颗粒上的蛋白质抗原,还能结合表达在受感染细胞上的病毒蛋白质。抗体可以通过补体介导的细胞溶解作用(或ADCC作用)来杀死病毒感染的细胞。细胞毒性细胞(如具有FcR的淋巴细胞、巨噬细胞和中性粒细胞)通过FcR与带有抗体的靶细胞结合。能中和病毒的抗体包括血清IgG和IgM和SIgA。

大多数病毒通过直接与靶细胞上的受体结合来感染细胞,也有些病毒使用中间分子感染细胞。一些被抗体包裹的病毒通过FcR与细胞结合,利于病毒被内吞增强病毒的感染能力。补体也可以采用类似的方式增强某些病毒的感染,非洲猪瘟病毒就是被抗体增强感染的病毒。

2. 细胞介导的抗病毒免疫

细胞介导的免疫反应在控制病毒性疾病方面更为重要。在产生子代病毒之前,病毒抗原早已在受感染细胞的表面表达。当这种内源性抗原被MHC I 类分子递呈时,病毒感染的细胞被识别为外源物质并被杀死。因病毒需要借助宿主细胞来进行复制,病毒感染的细胞被破坏后,可防止病毒的进一步传播。

T细胞介导的细胞毒性是破坏病毒的主要免疫反应。Tc细胞识别抗原肽-MHC复合物并杀死病毒,I型干扰素可以增强病毒感染的细胞对ADCC作用的敏感性。在某些情况下,T细胞产生的IFN-γ和

TNF-α介导Tc细胞杀死细胞内的病毒而不杀死受感染的细胞。这些细胞因子能激活两条消灭病毒的途径：①消除病毒的核衣壳颗粒和基因组。②破坏病毒RNA的稳定性。

(1) 超级抗原

一些病毒抗原直接与TCR Vβ链结合而成为超级抗原。例如，狂犬病毒核衣壳与小鼠Vβ8 T细胞结合，成为超级抗原。超级抗原仅需要极低的浓度，就可以激活大量的T细胞克隆，使机体产生强烈的免疫应答。若T细胞由于"不恰当"的激活，会引起过于强烈的机体免疫反应，造成严重的组织损伤。

(2) 巨噬细胞

巨噬细胞在被激活后会产生抗病毒活性，通过内吞作用吸收病毒并将其破坏。如果病毒不引起细胞病变，而是在巨噬细胞内生长，则会导致持续的感染。

(3) 病毒的免疫记忆

机体对病毒的免疫记忆持续时间因宿主细胞类型和个体的不同而存在较大的差异。即便病毒被消灭，针对感染病毒的抗体仍能持续存在很多年。Tc细胞在病毒消除后很快死亡，但记忆性T细胞可以继续在动物体内长久存活。

(三) 病毒免疫的不良后果

病毒感染后的症状取决于许多因素，包括接触病毒剂量和途径、感染的年龄，以及宿主的基因和病毒与其他病原体合并感染的情况等。一些病毒(如艾滋病毒HIV和丙型肝炎病毒HCV)的特殊致病性使免疫防御变得困难，宿主免疫系统试图控制此类病毒，却造成严重的组织损伤。其他感染性病原体(如疱疹病毒)在大多数动物体内都能被成功控制，但在那些携带易感基因的宿主体内会导致宿主组织损伤。部分得到良好控制的病毒感染宿主后也会导致宿主组织损伤。

二、病毒对宿主免疫应答的反应

与宿主共存的过程中，病毒已经进化出许多方法来逃避宿主免疫反应，如图11-2所示。不同家族的病毒采用不同的生存策略。RNA病毒主要依靠抗原变异来逃避宿主免疫反应。DNA病毒具有更大的基因组，多种不同基因参与逃避宿主免疫反应。大型DNA病毒(痘病毒和疱疹病毒)中50%基因组用于调节宿主的免疫系统。

(一) 细胞因子的负调控作用

一些病毒可以阻断干扰素受体信号转导，合成可溶性干扰素受体，阻止干扰素的抗病毒作用。一些病毒可以阻断IL-18和IL-12的活性，抑制IFN-γ的产生。另一些病毒(如痘病毒)产生一种与IFN-γ受体相关的蛋白质，抑制干扰素与细胞受体结合。还有一些病毒产生与细胞因子和趋化因子等结构类似的病毒因子，逃避宿主对病毒抗原的识别。例如，鸡疱疹病毒产生与CXCL8类似的病毒因子，痘病毒产生与IL-10类似的病毒因子，牛痘病毒产生IL-1β结合蛋白。

(二) 改变抗原处理途径

许多病毒能干扰MHC I类分子的表达，抑制抗原递呈。改变抗原处理途径如下：①减少MHC基因的转录。②阻断TAP功能并阻止肽类运输进内质网。③抑制病毒蛋白体的降解。④抑制MHC I类分子α链的细胞内运输。⑤阻止装载的MHC运送到细胞表面。⑥泛素化从而破坏MHC类分子。牛疱疹病毒1型(BHV-1)通过干扰转运蛋白功能和下调MHC I类分子的mRNA表达来减少MHC I类分子。甲型流感病毒可阻止巨噬细胞分化为树突状细胞。有些病毒可能导致MHC I类分子保留在细胞内而不被运送到细胞表面。

(三)逃避自然杀伤细胞

在T细胞和B细胞未被完全激活的感染早期阶段,NK细胞能杀死病毒感染的细胞。Tc细胞能杀死MHC I类分子递呈的外来抗原目标,NK细胞则杀死那些不能表达MHC I类分子的抗原目标。某些病毒能诱导MHC I类分子的下调,使病毒感染的细胞能逃避T细胞的破坏,同时阻止NK细胞的激活。

(四)逃避B细胞免疫应答

病毒免疫逃避的第一种机制是抗原变异,也是最常见的机制。快速发生的点突变伴随着RNA聚合酶的不良编辑功能,产生大量密切相关但不相同的病毒。常见于甲型流感病毒和慢病毒感染。

第二种机制是通过快速地感染细胞,而机体产生中和抗体缓慢、对病毒表位的亲和力低,因此病毒在细胞间传播的速度比宿主中和速度快得多。常见于梅迪维斯纳病毒的感染。

第三种机制是被感染的动物产生的抗体不能中和病毒,且病毒能在巨噬细胞内持续复制。常见于非洲猪瘟病毒感染。

(五)逃避T细胞免疫应答

病毒(如艾滋病病毒)以免疫细胞为宿主,感染并破坏CD4$^+$T淋巴细胞。流感病毒产生应激反应,提高血清糖皮质激素水平,糖皮质激素具有很强的抑制T细胞的作用,导致宿主免疫抑制。

(六)潜伏期逃避宿主免疫

一些病毒在潜伏期只表达最低数量的基因,而不表达病毒抗原,不会被免疫系统检测到,这种状态持续许多年。疱疹病毒在潜伏期内存在于宿主体内却无法被分离出来,病毒核酸在宿主细胞内持续存在,但不参与转录过程,也不会产生病毒蛋白质。通常从已康复的动物身上很难分离出疱疹病毒,然而在一段时间后,特别是当个体受到应激时,疱疹病毒可能再次出现,甚至再次引起疾病。

(七)应激与宿主免疫反应

在应激情况下,机体的类固醇分泌水平会升高,抑制免疫反应,促进体内潜伏的病毒或外源性病毒感染。

(八)与细菌协同逃避宿主免疫反应

病毒可与细菌协同逃避宿主免疫反应。例如,溶血曼氏菌和BHV-1协同,引起牛的严重呼吸道疾病。BHV-1感染增加了牛肺部中性粒细胞上β2-整合素LFA-1的表达,溶血曼氏菌的白细胞毒素与这种整合素相结合,杀死中性粒细胞,使入侵的细菌得以生长。

(九)抑制细胞凋亡

细胞凋亡被视为一种保护性反应,因为当细胞死亡时,病毒也会死亡。如果细胞在病毒释放前死亡,这对宿主的保护尤为重要。因此,推迟细胞凋亡的进程对病毒是有利的。例如,痘病毒和一些疱疹病毒产生的caspase抑制剂能推迟细胞凋亡。

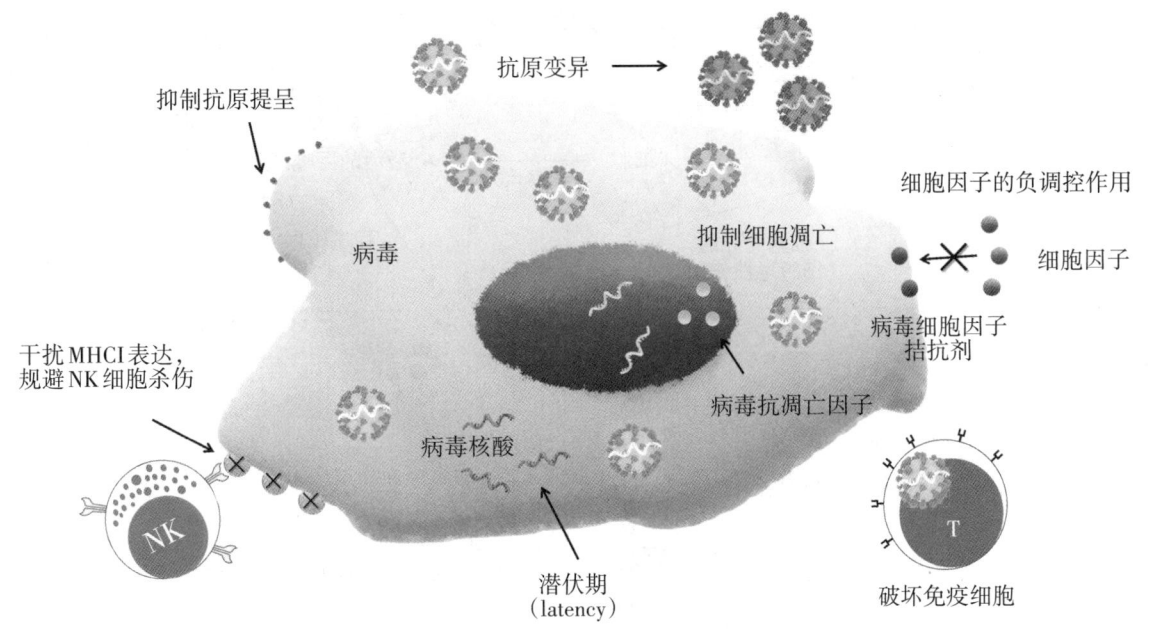

图 11-2 病毒逃避免疫反应的多样化机制

第二节 抗病原菌免疫

抗病原菌免疫是指机体利用固有免疫和适应性免疫的合力作用,阻止外源性病原菌(如病原细菌、支原体、衣原体和真菌等)的入侵。病原菌引起的疾病受多种因素(如动物自身状态、疾病史、所处环境以及病原菌的类型和毒力)的影响。若病原菌毒力超过机体免疫力,会导致机体产生疾病。

一、宿主抗病原菌免疫反应

宿主抗病原菌免疫包括固有免疫和适应性免疫,如图11-3所示。固有免疫最先启动抗病原菌作用,若固有免疫没有消除入侵的病原菌,适应性免疫继续发挥抗病原菌作用。适应性免疫分为细胞免疫和体液免疫,一方面,树突状细胞等APC细胞会发挥抗原递呈的作用,巨噬细胞则吞噬入侵的病原菌,并分泌细胞因子。另一方面,激活的T细胞和B细胞启动抗体介导的体液免疫反应。

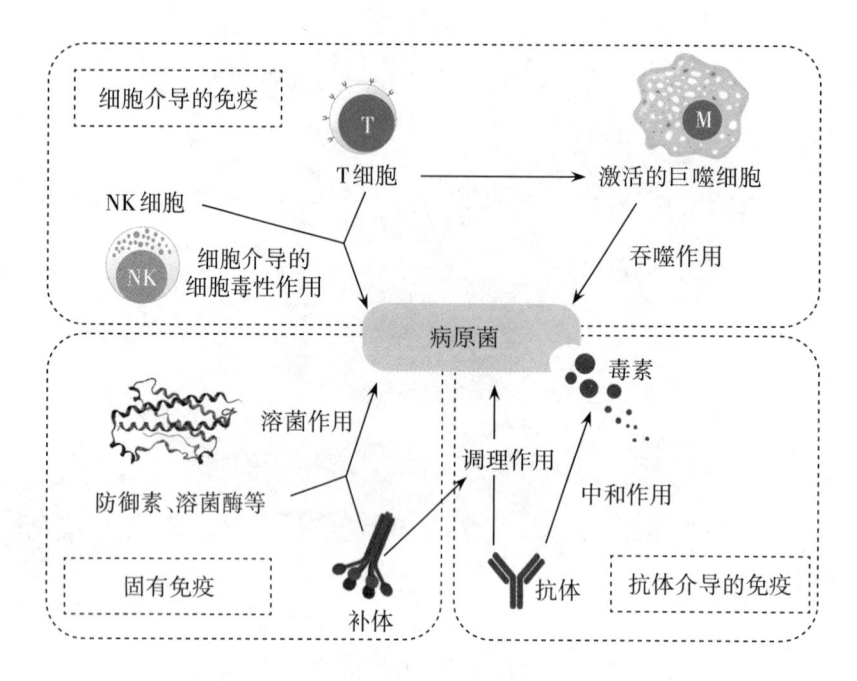

图 11-3　机体消灭入侵病原菌的多重免疫机制

(一)固有免疫

固有免疫以非特异性的方式抵御外来感染,除了使用多样化的屏障结构对病原菌进行阻挡,还通过受体识别入侵的病原菌,诱发炎症反应,激活补体。

1. 屏障结构

皮肤和黏膜是机体固有免疫系统的第一道防线,在抵抗外源性病原菌侵入方面发挥作用。

(1)机械的阻挡和排除作用

由多层扁平细胞组成的皮肤能有效阻挡病原菌的侵入,呼吸道黏膜上皮细胞的纤毛运动可以阻止病原菌的驻留。排尿可以清除尿道上皮的病原菌,排便可以排除消化道内的过路菌,每克粪便排出的病原菌多达 10^{12} 个。

(2)分泌液的局部抗菌作用

汗腺分泌的乳酸和皮脂腺分泌的脂肪酸偏酸性(pH 为 5.2~5.8),可抑制一般病原菌的生长繁殖;泪液、唾液、乳液、汗液和呼吸道分泌物中的溶菌酶可以溶解革兰阳性菌。有极强腐蚀性的胃酸可以消灭绝大部分的病原菌,阴道分泌物中的酸类物质也有一定的杀菌作用。前列腺分泌的精素是精液中的抑菌物质。

(3)正常菌群的拮抗作用

分布在体表、与外界连通的腔道中的菌群对于机体的免疫力至关重要。共生菌的代谢产物可以形成抵御病原菌定殖的生物膜,其分泌的酸性物质(如脂肪酸)也可以直接杀死病原菌。正常菌群和机体免疫力共同构成了机体的"保护伞",当正常菌群被破坏时,会诱发菌群的失调,产生疾病。

(4)机体内部屏障结构

机体内部屏障结构还包括血脑屏障、血胎屏障、血睾屏障和血胸屏障,可以保护机体重要组织器官的正常生理活动免受病原菌的干扰。

2. 入侵病原菌识别受体

(1) Toll样受体

Toll样受体(Toll-like receptors, TLRs)负责初步识别入侵病原菌,如TLR4可识别鸡肠炎沙门氏菌产生的LPS。

(2) 病原体相关分子模式

病原体相关分子模式(pathogen-associated molecular patterns, PAMPs)与Toll样受体结合引起信号级联放大,激活对宿主防御至关重要的信号通路,如图11-4所示。例如,马驹感染马红球菌后,中性粒细胞分泌的IL-23数量,促进Th17细胞的分化,Th17细胞不仅产生IL-17,还产生IL-6、巨噬细胞刺激因子、粒细胞集落刺激因子、趋化因子和金属蛋白酶等细胞因子,引起炎症反应,同时趋化早期中性粒细胞聚集到病原菌感染组织,对细胞外病原菌和真菌进行清除。此外,病原菌PAMPS引起的信号级联放大通常会产生Ⅰ型干扰素IFN-α/β,促进巨噬细胞分泌IFN-γ、一氧化氮和TNF-α。

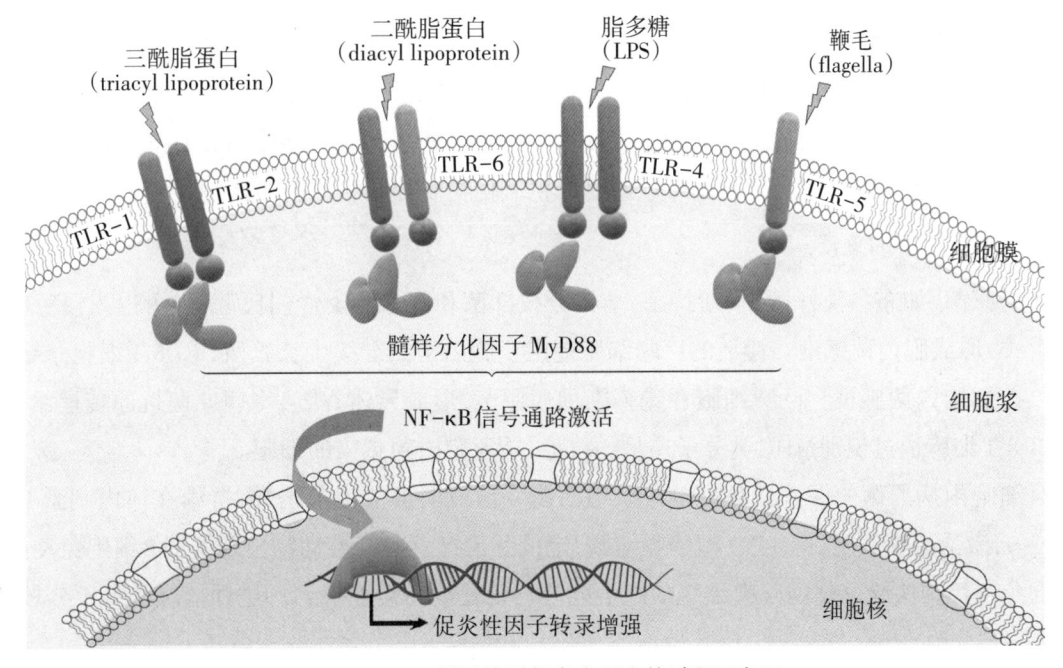

图11-4 Toll样受体引起炎症反应的过程示意图

3. 先天免疫细胞

NK细胞在一些病原菌和真菌感染中起保护作用。一些病原菌上调细胞NKG2D配体的表达,激活NK细胞,产生大量的IFN-γ,激活巨噬细胞和树突状细胞。许多病原菌被淋巴细胞的吞噬作用消灭,其他一些病原菌则在体液循环中被清除。

4. 补体系统

机体补体旁路途径和凝集素途径的激活可破坏病原菌。

(二) 适应性免疫

由于病原菌种类及其致病性差异,机体抗病原菌感染的方式也有所不同。适应性免疫机制多样化,包括抗体中和毒素,抗体介导吞噬或破坏病原菌,抗体直接抗病原菌,通过Tc细胞和NK细胞直接杀灭病原菌。

1. 对产毒素病原菌的免疫

在一些产毒素病原菌（如梭状芽孢杆菌）诱发的疾病中，免疫反应不但要清除入侵的病原菌，还必须中和其产生的毒素。当病原菌嵌进大量坏死组织中时，极难清除病原菌，应优先中和病原菌产生的毒素阻止组织进一步受损。通过中和作用，抗体可以结合毒素，竞争性抑制毒素与靶细胞表面受体相结合，保护机体免受毒素侵扰。在这个过程中，一旦毒素率先与受体相结合，抗体就难以执行中和毒素的功能。

2. 对侵入性病原菌的免疫

（1）抗体介导的调理吞噬作用

抗体与病原菌的表面抗原相结合，产生的调理素（如抗体、补体 C3b 和 MBL）被吞噬细胞识别并吞噬病原菌。此外，抗体还可以通过经典途径激活补体。病原菌荚膜抗体可以中和荚膜抗原，发挥抗吞噬作用，破坏病原菌。菌体 O-抗原的抗体发挥调理作用以应对无荚膜的病原菌。大肠杆菌 F4（K88）和 F5（K99）的菌毛抗体特异性地结合菌毛抗原，抑制菌毛的黏附性，减少定殖在小肠上皮的病原菌数量。

（2）抗体直接的抗病原菌作用

许多抗体具有直接的抗病原菌活性。大肠杆菌的抗体可干扰大肠杆菌产生铁结合蛋白肠螯合素（enterochelin），破坏其清除铁质的能力，发挥杀菌作用。针对伯氏疏螺旋体的 IgM 和 IgG 能破坏病原菌的表面蛋白质，发挥杀菌作用。抗体还可以通过产生氧化物质抑制病原菌的繁殖。

3. 对胞内病原菌的免疫

一些病原菌（如布鲁氏杆菌、李斯特菌、结核分枝杆菌和部分肠炎沙门氏菌等）可以入侵巨噬细胞，在胞内生长，形成胞内菌感染。激活的巨噬细胞能阻止胞内菌的继续生长繁殖，CD8$^+$T 细胞介导的免疫反应可以控制胞内菌感染。巨噬细胞吞噬感染的病原菌，形成异体吞噬，将病原菌抗原传递给 MHC 类分子。CD8$^+$T 细胞通过识别 MHC 类分子递呈的抗原，杀死胞内菌感染的细胞。

针对细胞内病原菌的保护性免疫也可采用活菌疫苗或弱毒活疫苗诱导，持续在体内刺激 Th1 细胞分泌 IFN-γ，激活巨噬细胞，产生 M1 型巨噬细胞，定位并治疗感染。若动物出现了 Th2 细胞免疫反应，细胞介导的免疫反应失效，M2 型巨噬细胞的产生能使感染发展为慢性疾病。这种情况常见于分枝杆菌的感染。

Th 细胞亚群随着时间、机体状态和病变程度等因素发生动态变化。免疫反应常常在 Th1 和 Th2 反应之间摇摆，最终建立的反应类型可能是 Th1 细胞免疫反应或是 Th2 细胞免疫反应，甚至是 Th1 细胞免疫反应和 Th2 细胞免疫反应之间的某个节点，这种变化是慢性感染（如结核病）的一个共同特征。

二、动物抗病原性真菌免疫

真菌感染是由各种病原性真菌引起的，可以影响身体的不同部位，包括皮肤、指甲和黏膜，表现为从轻微的表面感染到严重的全身疾病的症状，免疫系统的健康状况与病原性真菌感染之间存在密切联系。

病原性真菌感染包括以下三种主要类型：①引起皮肤或其他表面的原发性真菌感染，例如，小孢子菌属或念珠菌属引起皮癣或鹅口疮。②引起呼吸道疾病的原发性真菌感染，例如，荚膜组织胞质菌、皮炎芽生霉菌和粗球孢子菌引起的呼吸道感染。③机会病原性真菌在免疫缺陷动物身上的继发性感染，例如，毛霉菌引起的血管栓塞和卡氏肺孢子菌引起的呼吸系统机会感染。健康动物和免疫抑制动物机体采用固有免疫和适应性免疫来抵御病原性真菌的感染,具体过程如图11-5所示。

(一)固有免疫

针对表面的原发性真菌感染,健康动物采用NK细胞直接破坏病原性真菌(如新型隐球菌和白色念珠菌)。小的真菌碎片或孢子可以被巨噬细胞或NK细胞摄取并破坏。

针对病原性真菌(如念珠菌或曲霉菌)呼吸道疾病的原发性感染,健康动物采用补体旁路途径的激活,吸引中性粒细胞,来破坏侵入的菌丝或假菌丝。在真菌感染期间,真菌的PAMPs通过与TLR2或β-葡聚糖受体-1(dectin-1)合成IL-23,激活Th17细胞产生IL-17,激活中性粒细胞和内皮细胞,促进急性炎症,中性粒细胞释放酶和氧化剂到组织液,损害真菌菌丝。

(二)适应性免疫

针对在机体内已定殖的病原性真菌(如念珠菌),健康动物能通过Th1细胞介导的细胞免疫来消灭病原性真菌。Th1细胞激活巨噬细胞,促进表皮生长和角质化,形成肉芽肿。

机会病原性菌(如卡氏肺孢子虫)易感染免疫抑制动物,这种动物能通过Th1细胞介导的细胞免疫来消灭病原性真菌。Th1细胞激活巨噬细胞,促进表皮生长和角质化,形成肉芽肿。

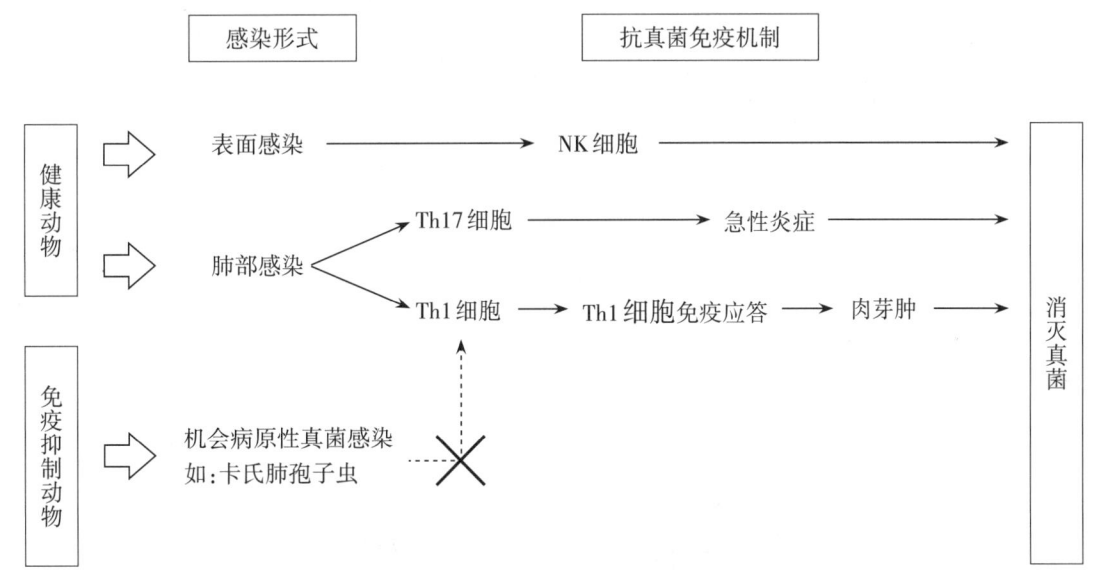

图11-5 健康动物和免疫抑制动物对真菌感染的免疫过程

三、病原菌对宿主免疫应答的反应

(一)免疫应答的逃避

病原菌通过改变自身的结构或者分泌毒力因子来入侵并在宿主体内存活。

1.逃避固有免疫

病原菌想要入侵机体,首先需要逃避宿主固有免疫。经过亿万年的演化,病原菌逃逸或者对抗宿主的固有免疫应答的机制包括干扰TLR信号通路、抵抗抗菌蛋白质、阻止吞噬作用、杀死吞噬细胞、入侵巨噬细胞和抑制免疫细胞的杀伤作用等。

2. 逃避适应性免疫

某些病原菌可以通过周期性地改变外膜蛋白质以躲避免疫系统的识别,病原菌定殖并持续感染。某些病原菌分泌的蛋白酶可以破坏免疫球蛋白或细胞因子(如肺炎链球菌会产生对IgA特异的蛋白酶),阻止中和反应和FcR介导的吞噬作用。一些病原菌(如致病性分枝杆菌)可以在宿主巨噬细胞内生存。另一些病原菌(如沙门氏菌)可以干扰M1型巨噬细胞极化,抑制炎性因子的表达。胞内菌逃避免疫应答的机制如图11-6所示。

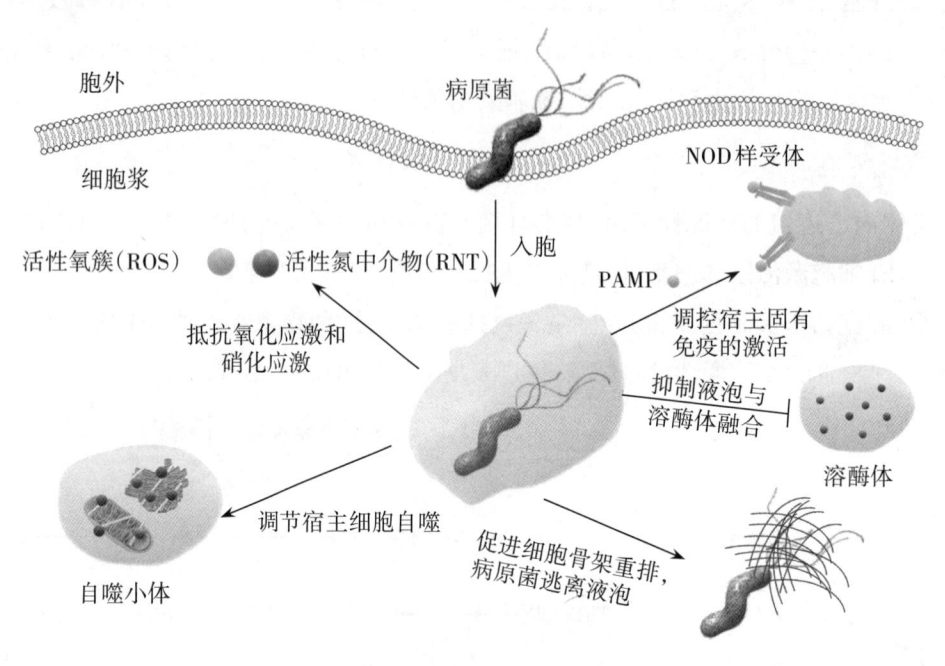

图11-6 胞内菌逃避免疫应答的机制示意图

第三节 抗寄生虫免疫

动物机体除了对病毒、细菌和真菌具有抗感染作用外,还对寄生虫具有抗感染作用。寄生虫是一类具有致病性的低等真核生物,在宿主体内或附着于体外以获取其生存所需的营养物质。寄生虫能阻断或大大延迟宿主的固有和适应性防御反应,以便争取足够的时间来繁殖。与细菌和病毒引起的急性且短暂的感染相比,寄生性原生动物或蠕虫感染是慢性且长期存在的。

一、抗原生动物免疫

一般来说,抗体介导的免疫反应可以抵御细胞外原生动物的入侵,细胞介导的反应可以控制细胞内原生动物的生长繁殖。

(一)固有免疫

不同品种间抗原生动物的固有免疫差异大。由于东非野生牛体内的 $\gamma\delta$ T 细胞(能产生较多 IL-4)抵御刚果锥虫抗原的免疫反应强于家牛,因此刚果锥虫一般不会引起东非野生牛患病,但能导致家牛患病而死亡。

(二)适应性免疫

原生动物能刺激抗体和细胞介导的免疫反应。抗体介导的免疫反应能抵御血液和组织液中的寄生虫,而细胞介导的免疫反应能抵御细胞内寄生的寄生虫。

1. 血液和组织中的寄生虫

针对原生动物表面抗原的血清抗体可使原生动物调理、凝集或固定。抗体介导补体和 Tc 细胞可以杀死入侵机体的原生动物。部分抗体(称为抑殖素,ablastin)可以抑制原生动物的分裂。在由阴道毛滴虫引起的生殖器感染,刺激局部 IgE 反应,诱导过敏反应,增加血管通透性,允许 IgG 抗体到达感染部位,固定和消除病原体。

在巴贝斯原虫病中,虫体在感染阶段孢子虫侵入红细胞,受感染的红细胞将巴贝斯原虫抗原整合进细胞膜,诱导抗体的调理作用,感染的红细胞被抗体依赖型细胞介导的免疫反应所破坏。巨噬细胞和细胞毒性淋巴细胞可以识别受感染红细胞表面的巴贝斯虫抗原-抗体复合物。当受感染的红细胞数量较少时,Tc 细胞对于抵抗早期感染很重要。

2. 细胞内寄生虫

寄生虫主动穿透侵入细胞膜(如弓形虫和隐孢子虫),或借助宿主免疫细胞的吞噬作用,或诱导宿主免疫细胞摄取,侵入宿主细胞内,侵入细胞后这些寄生虫采用不同方式驻扎在空泡中,形成细胞内寄生虫。例如,利什曼原虫可抑制氧化物和细胞因子的产生;弓形虫的速殖体可抑制促炎症细胞因子的产生。

Th1 细胞介导的细胞免疫效应为主要抗细胞内原虫的免疫反应,具体过程见图 11-7。寄生虫感染过程中,宿主细胞产生 IL-12,激活 Th0 细胞转化为 Th1 细胞,Th1 细胞分泌的 IFN-γ 会活化巨噬细胞,使其能够吞噬并消化掉细胞内原虫,IFN-γ 也会活化 iNOS 而产生 NO 等自由基而直接杀死细胞内原虫。

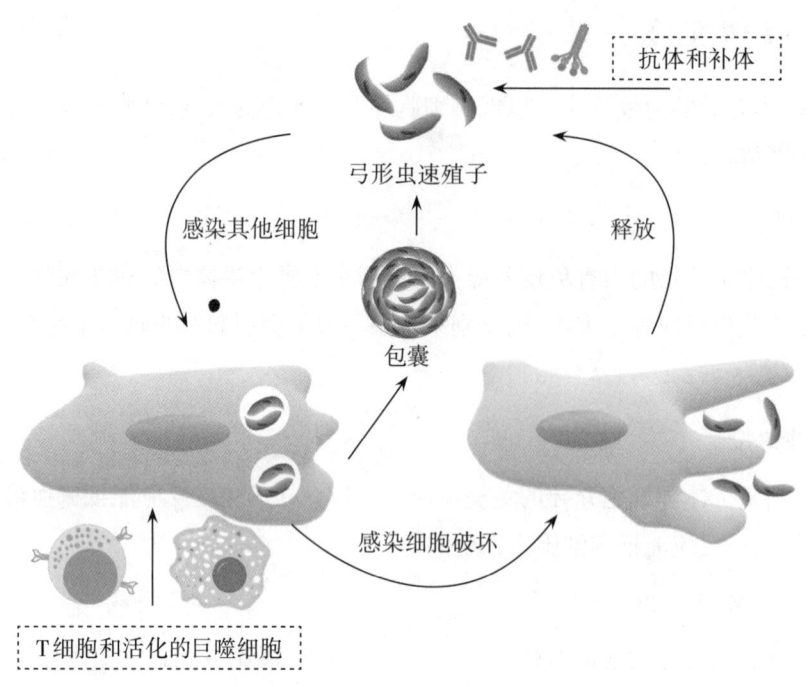

图 11-7　免疫系统对不同阶段弓形虫的抵抗策略

(三)免疫应答的逃避

尽管寄生原虫的抗原易被抗体识别,但在长期进化过程中获得了多种逃避宿主免疫的机制。例如,弓形虫可以逃避中性粒细胞的附着和吞噬作用;小泰勒虫入侵并破坏T细胞;恶性疟原虫可以抑制树突状细胞处理抗原的能力。其他原生动物如锥虫可促进抑制性调节细胞的发展,或刺激B细胞系统使其衰竭。由于寄生原虫能躲避免疫反应,因此其倾向于感染免疫抑制的个体。例如,急性弓形虫病和隐孢子虫病通常发生在因器官移植或癌症而引起免疫抑制的个体上。

1. 免疫抑制

寄生虫引起的免疫抑制可促进寄生虫在宿主体内生存。牛巴贝斯原虫对牛有免疫抑制作用,帮助宿主媒介微小牛蜱更好地在受感染的动物身上生存。受感染的牛比未受感染的牛具有更多蜱虫,牛巴贝斯虫的传播效率也会提高。寄生虫引起的免疫抑制会使宿主因继发感染而死亡。牛锥虫病导致的死亡的原因通常是免疫抑制后继发细菌性肺炎或败血症。

2. 改变表面抗原

除免疫抑制外,原生动物产生无抗原性病原体或改变了表面的抗原。弓形虫的繁殖子阶段形成无抗原性病原体,不会刺激宿主发生反应。一些原生动物能利用宿主抗原掩盖自己。牛的致病性布氏锥虫能吸附宿主血清蛋白或可溶性红细胞抗原,以降低其抗原性。

3. 抗原性变异

许多原生动物(如锥虫)采用了重复抗原性变异的方式。若牛感染了致病性活动锥虫、刚果锥虫或布氏锥虫,定期测量其寄生虫血症进程,会发现宿主体内循环病原体的数量波动幅度很大,高寄生虫血症期与低寄生虫血症期经常交替出现。每个高寄生虫血症期具有新的表面糖蛋白抗原的锥虫群体。抗体清除导致寄生虫血症的迅速下降。部分存活下来的寄生虫表达新的表面糖蛋白,并生长繁殖形成一个新的群体，产生另一个高寄生虫血症期。在寄生虫水平周期性波动中，每一个高峰反映了具有新的表面糖蛋白的新群体出现，感染可以持续数月。血液寄生虫数量周期性变化趋势如图11-8所示。

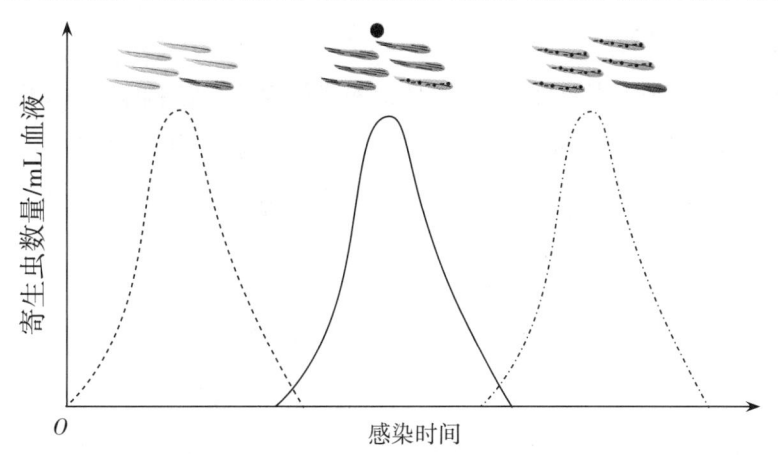

图11-8 血液寄生虫数量周期性变化趋势

二、抗蠕虫免疫

蠕虫是专性寄生虫，依赖于与宿主达成某种形式的适应，不会在宿主体内复制，只引起轻微或亚临床疾病，一般来说不会导致死亡。当蠕虫侵入敏感宿主或数量异常多时，才会发生急性致命性疾病。由于遗传、行为、营养或环境因素，一些动物更易患严重的蠕虫感染。蠕虫感染对不同类型免疫细胞的影响如图11-9所示。

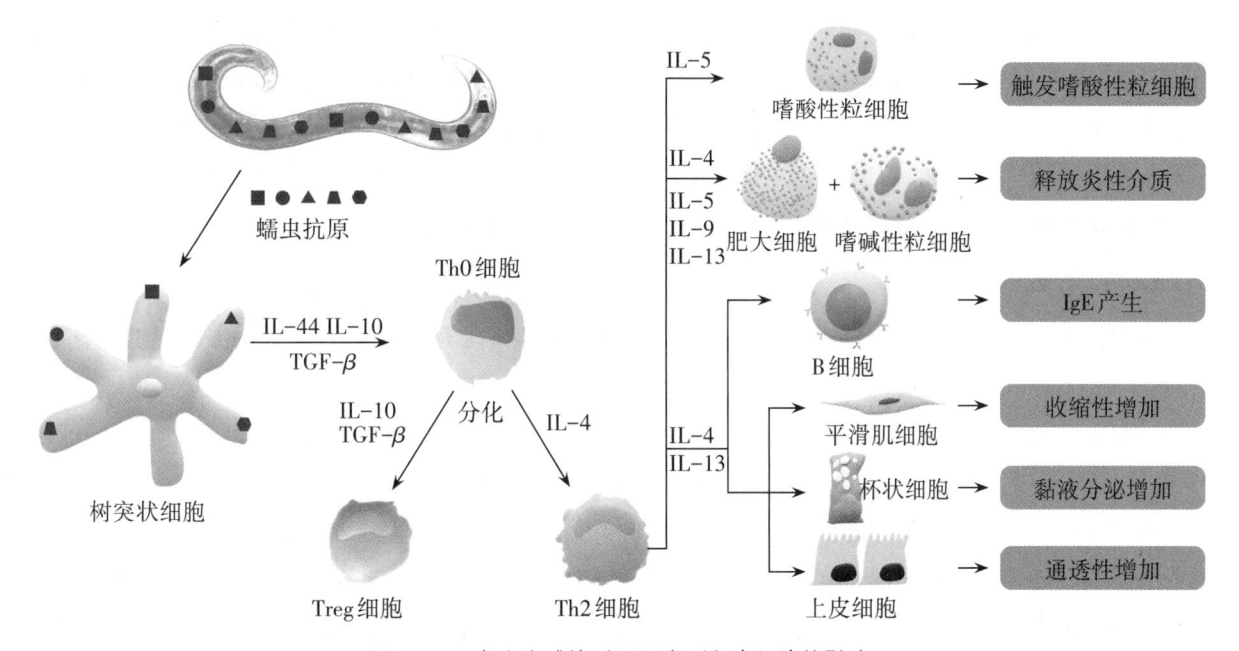

图11-9 寄生虫感染对不同类型免疫细胞的影响

(一)影响蠕虫感染的先天因素

1. 同一宿主内其他寄生虫的影响

肠道内成虫的存在可能会延迟组织内同一物种幼虫阶段的发展。感染了牛囊尾蚴的小牛对这种寄生虫的再次侵袭表现出更强的抵抗力。羔羊可以获得对细粒棘球绦虫的抵抗力，反复感染大量的虫卵不会导致体内成虫数量进一步增多。原始的虫卵可能会刺激宿主对后续虫卵的排斥。蠕虫之间在肠道内相互竞争栖息地和营养物质,也会影响宿主动物蠕虫的数量、位置和组成。

2.宿主因素

影响蠕虫感染的宿主因素包括宿主的年龄、性别和遗传背景。宿主的年龄和性别主要通过荷尔蒙影响蠕虫感染。在具有季节性性周期的动物中,寄生虫倾向于使它们的生殖周期与宿主的生殖周期同步。春季母羊粪便中的线虫卵增多,与产羔和哺乳期同步。在初冬时,感染牛的蠕虫幼虫的发育被抑制,直到春天恢复,这种现象被称为滞育。

宿主的遗传背景对蠕虫病的影响十分重要。含血红蛋白A的羊对传染性软骨病和环纹羊的抵抗力比含血红蛋白B的羊更强;与欧洲牛相比,瘤牛对肿孔古柏线虫的抵抗力更强。

3.几丁质酶

几丁质在蠕虫的角质层和节肢动物的外骨骼中含量丰富,几丁质酶是机体降解几丁质的酶,在抵抗蠕虫和节肢动物的寄生虫方面起作用。几丁质酶由肥大细胞、巨噬细胞和中性粒细胞产生,可与蠕虫的角质层结合,并充当调理素或者趋化剂。

(二)适应性免疫

蠕虫在体内存在的不同形态给免疫系统带来了巨大的挑战。大多数寄生虫以幼虫的形式在组织中迁移,最终到达肠道或肺部,在此发育为成虫。免疫系统破坏幼虫的机制与攻击肠道或呼吸道中的大型成虫的机制是不一样的。

组织内的幼虫被炎症反应攻击。这些炎症反应利用巨噬细胞和嗜酸性粒细胞作为攻击细胞,识别与IgE结合的寄生虫,引起嗜酸性粒细胞脱颗粒,释放颗粒内容物,破坏蠕虫厚实的角质层,配合M1型巨噬细胞释放溶酶体酶、氧化剂、IL-1和白三烯等直接杀死寄生虫。IgE和细胞因子介导的免疫作用能驱逐附着在黏膜表面的成虫,由T细胞激活的Th2细胞免疫反应主导。在组织幼虫感染的情况下,免疫系统的目标是消灭入侵者。而在成虫感染黏膜的情况下,排虫是机体的目标。

1.体液免疫

通常机体激活Th2细胞介导的免疫反应进行抗蠕虫感染。驱逐寄生虫的小鼠会出现以Th2细胞为主的反应。不能控制体内寄生虫体数量并发展为慢性感染的小鼠会产生Th1细胞免疫反应。许多蠕虫感染引起Ⅰ型超敏反应,出现嗜酸性细胞增多、水肿、哮喘和荨麻疹皮炎等症状。许多蠕虫(如食道口线虫病、钩虫病、旋毛虫病、粪类圆线虫病、绦虫病和肝片吸虫病)感染伴有皮肤过敏反应。

Th2细胞因子对蠕虫种群也有直接影响。不能产生IL-4或IL-13的小鼠比正常小鼠更容易受到鼠鞭虫的影响。使用特异性抗体中和IL-4,或者注射IL-12,小鼠会失去驱逐鼠鞭虫的能力,成为慢性感染者。如果TNF-α被中和,小鼠也会失去驱逐蠕虫的能力。中和Th1细胞因子IFN-γ或IL-18能使慢性感染的小鼠迅速驱逐其寄生虫。

2.细胞介导的免疫

致敏T细胞通过两种机制攻击蠕虫:①迟发性超敏反应的发生吸引单核细胞到幼虫入侵的部位,使局部环境不适合幼虫生长或迁移。②Tc细胞可以直接破坏幼虫。细胞介导的免疫反应发生在旋毛虫和蛇形毛圆线虫感染中。旋毛虫感染时,免疫力可以通过感染动物淋巴细胞转移到正常动物,被感染的动物对蠕虫抗原表现出延迟超敏反应。猪肉绦虫的活体包囊会引起宿主发生Th2细胞免疫反应,从而产生IgE。然而,在包囊死亡后,会刺激宿主发生Th1细胞免疫反应和肉芽肿形成。活组织检查显示IL-12、IL-2和IFN-γ与垂死的绦虫包囊周围的肉芽肿形成有关。

(三)免疫应答的逃避

寄生性蠕虫在宿主体内生长繁殖过程中,在组织中迁移时最容易受到免疫攻击,大多数免疫应答的逃避方式在幼虫阶段发挥作用。蠕虫物种和繁殖方式具有多样性,故蠕虫采用的免疫逃避方式也是多样化的,如图11-10所示。

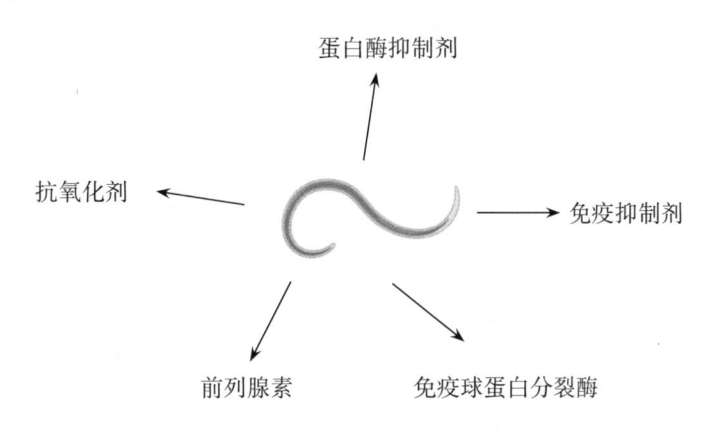

图11-10　蠕虫采用多种方式规避免疫反应

1.逃避固有免疫

马来丝虫分泌的血清素能抑制中性粒细胞的丝氨酸蛋白酶的活性。细粒棘球绦虫分泌一种弹性蛋白酶抑制剂,能阻止中性粒细胞被C5a或血小板活化因子吸引。许多蠕虫表达表面抗氧化剂,如超氧化物歧化酶、谷胱甘肽过氧化物酶和谷胱甘肽S-转移酶,保护其表面不被氧化。肝片吸虫分泌过氧化物酶,激活牛巨噬细胞,促进宿主Th2细胞免疫反应。一些寄生虫会干扰补体系统。血吸虫可以将来自宿主的衰变加速因子(CD55)插入其外部脂质双分子层中,中和补体旁路途径。绦虫分泌硫酸化蛋白多糖,激活组织液中的补体。

2.逃避适应性免疫

(1)降低抗原性

自然选择让低抗原性寄生虫更适合生存。当蠕虫在正常的免疫系统中进化时,其抗原性会逐渐降低。捻转血矛线虫在绵羊身上的抗原性要比在兔子身上的抗原性低得多,所以绵羊对捻转血矛线虫抗原的反应比兔子的要小。生活在组织内的蠕虫可以将宿主的抗原吸附在其表面并掩盖寄生虫的抗原,降低其抗原性。在猪肉绦虫的感染过程中,其表面的FcR与宿主的IgG相结合,包裹了绦虫的表面抗原。囊尾幼虫也能在其表面吸附MHC类分子。

(2)抗原变异

蠕虫在宿主体内能发生抗原变异。旋毛虫幼虫的角质层抗原在每次蜕皮后发生变化,在其生长阶段,这些幼虫也会改变表面抗原的表达。一些寄生虫(如肝片吸虫),在接触到抗体时会脱落其糖萼(glycocalyx)和表面抗原,从而躲避宿主的免疫识别。

(3) 干扰抗原处理

有些寄生虫会干扰抗原处理。受血吸虫感染的宿主的巨噬细胞是不合格的抗原呈递细胞。丝虫分泌的抑制剂可以阻止巨噬细胞的蛋白酶。巨颈绦虫分泌的蛋白酶抑制剂可减少中性粒细胞趋化、补体激活、T细胞增殖和IL-2的产生。

(4) 免疫抑制

免疫抑制是被蠕虫寄生的动物的共同特征。这是由于免疫抑制分子的作用或免疫反应转向Treg细胞的产生和耐受。肝片吸虫分泌的蛋白酶可以破坏免疫球蛋白。这些蛋白酶还可以产生Fab片段,结合并掩盖寄生虫抗原。肝片吸虫的包膜蛋白质直接作用于树突状细胞,抑制NF-κB的信号传递,减少IFN-γ和IL-12的生成。另一些蠕虫促进Treg细胞和分泌IL-10的B细胞的产生,抑制宿主免疫力,减少Th17细胞介导的炎症反应。

三、抗节肢动物的免疫

(一) 节肢动物唾液对抗宿主免疫的方式

当蜱虫或蚊子等节肢动物叮咬动物时,会注入具有消化酶的唾液,帮助寄生虫获得动物的血液。唾液中还含有减少宿主反应的成分。节肢动物的唾液含有破坏缓激肽的激肽酶,缓激肽能介导疼痛和瘙痒反应;还含有组胺结合蛋白质,能缓解组胺释放导致的血管通透性增加。

蜱虫唾液均发现了抗补体蛋白质。蜱虫的唾液含有一种调节补体替代途径的蛋白质,能取代备解素(properdin)并增强C3bBb转换酶的降解。蓖麻硬蜱的唾液会损害树突状细胞的成熟和抗原递呈能力。受到影响的树突状细胞不能促进Th1细胞免疫和Th17细胞免疫反应,转而促进Th2细胞免疫反应,有利于蜱虫的长期附着和摄食。

一些节肢动物的唾液蛋白质具有抗原性,能诱发免疫反应,损害寄生虫的进食能力。蜱虫感染,宿主出现免疫抑制和抗炎反应,有利于蜱虫更有效地进食。蜱虫的唾液能损害巨噬细胞,抑制T细胞对有丝分裂原的反应,也抑制Th1细胞产生IFN-γ和IL-2,还抑制NK细胞活性和巨噬细胞产生一氧化氮。另外一些蜱虫的唾液会增加Th2细胞产生IL-4和IL-10,并抑制宿主B细胞的增殖。

(二) 宿主对节肢动物的免疫反应

宿主对节肢动物唾液的免疫反应有以下三种类型:①一些唾液成分是低分子量的,不能作为正常的抗原发挥作用,但可以和皮肤蛋白质(如胶原蛋白)结合,作为半抗原刺激Th1细胞免疫反应,诱发迟发性超敏反应。②唾液抗原能与表皮朗格汉斯细胞结合,并诱发皮肤嗜碱性粒细胞超敏反应。这是一种与IgG抗体的产生和嗜碱细胞浸润有关的Th1细胞免疫反应,如果这些嗜碱细胞被抗嗜碱细胞血清破坏,宿主对咬人的节肢动物的抵抗力就会降低。③唾液抗原引起Th2细胞免疫反应,导致IgE的产生和Ⅰ型超敏反应,诱发严重的皮肤局部炎症,并伴随疼痛或瘙痒等症状。

本章小结

病毒、细菌、真菌和寄生虫等病原体能攻破机体的免疫防线，威胁畜禽健康。体内抗感染免疫应答能防御病原体的感染。宿主抗病原体免疫反应包括固有免疫和适应性免疫。宿主的固有免疫以非特异性的方式抵御感染，通过Toll样受体和其他受体识别入侵的病原体并诱发炎症、释放细胞因子和激活补体。宿主的适应性免疫进一步通过细胞免疫和体液免疫杀死入侵的病原体。病原体通过病原体相关分子模式、改变自身结构和分泌毒力蛋白质等方式逃避和对抗机体的抗感染免疫。宿主抗感染免疫和病原体入侵形成了微妙的平衡。

拓展阅读

扫码进行思维导图、课程文化案例、课件等数字资源的获取和学习。

数字资源

思考与练习题

1. 简述"潜伏期"对于微生物感染的意义。
2. 固有免疫反应拥有哪些抗病毒感染"武器"？请分别举例说明病毒是如何逃避宿主的固有免疫反应的。
3. 简述机体抗菌免疫反应过程。
4. 细菌是如何逃避免疫应答的？
5. 机体是如何抵御真菌感染的？
6. 机体是如何抵御原生动物感染的？
7. 简述机体抵御蠕虫免疫的过程。
8. 简述宿主对节肢动物唾液的三种免疫反应。

第十二章
免疫学技术及其应用

本章导读

现代免疫学技术是基于体液免疫和细胞免疫理论的发展而不断创新形成的,成为研究机体免疫功能的重要手段。常见的抗原抗体试验技术有哪些?常见的细胞免疫试验技术有哪些?这些免疫学技术主要原理是什么?本章内容的学习有利于我们系统掌握免疫学技术的基本原理,为后续专业课的学习奠定基础。

学习目标

1. 掌握抗原抗体试验技术原理和细胞免疫试验技术原理。

2. 了解免疫学技术的应用领域,熟悉常见免疫学试验技术操作方法。

3. 熟悉免疫学技术在畜禽养殖生产中的应用,初步具备应用免疫学技术解决畜禽养殖生产问题的能力。

概念网络图

第十二章 免疫学技术及其应用

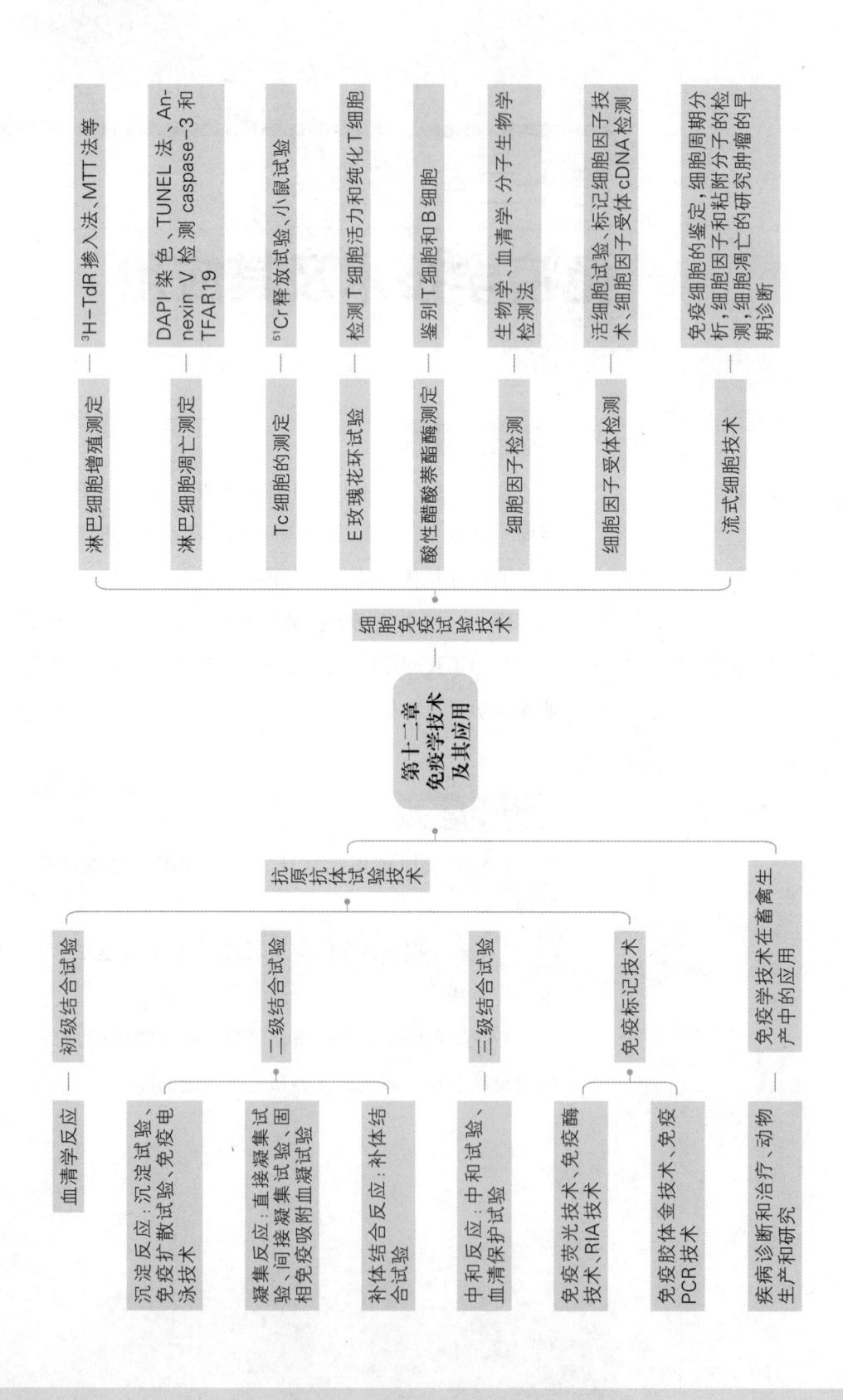

细胞免疫试验技术

- 淋巴细胞增殖测定 —— ³H-TdR 掺入法、MTT 法等
- 淋巴细胞凋亡测定 —— DAPI 染色、TUNEL 法、Annexin V 检测 caspase-3 和 TFAR19
- Tc 细胞的测定 —— ⁵¹Cr 释放试验、小鼠试验
- E 玫瑰花环试验 —— 检测 T 细胞活力和纯化 T 细胞
- 酸性醋酸萘酯酶测定 —— 鉴别 T 细胞和 B 细胞
- 细胞因子检测 —— 生物学、血清学、分子生物学检测法
- 细胞因子受体检测 —— 活细胞试验、标记细胞因子技术、细胞因子受体 cDNA 检测
- 流式细胞技术 —— 免疫细胞的鉴定，细胞周期分析，细胞因子和粘附分子的检测，细胞凋亡的检测，研究肿瘤的早期诊断

抗原抗体试验技术

- 初级结合试验
  - 血清学反应
    - 沉淀反应：沉淀试验、免疫扩散试验、免疫电泳技术
- 二级结合试验
  - 凝集反应：直接凝集试验、间接凝集试验、固相免疫吸附血凝试验
  - 补体结合反应：补体结合试验
- 三级结合试验
  - 中和反应：中和试验、血清保护试验
- 免疫标记技术
  - 免疫荧光技术、免疫酶技术、RIA 技术
  - 免疫胶体金技术、免疫 PCR 技术

免疫学技术在畜禽生产中的应用

- 疾病诊断和治疗、动物生产和研究

免疫学试验技术经过长期的发展，积累了丰富且多样化的检测方法。通过与化学、物理学和计算机科学等学科的交叉融通，现代免疫学技术实现了更精密和更快速的检测。学习并掌握基础免疫学技术，是开启生物学研究的敲门砖，对探索生命的奥秘具有重要意义。

第一节 抗原抗体试验技术

抗原抗体反应分为以下三个阶段：一级阶段主要是抗原-抗体复合物的形成。二级阶段主要产生沉淀、凝集和细胞溶解等现象。三级阶段主要导致组织损伤、破坏抗原和中和毒素。

一、血清学试验技术

血清学试验技术以抗原抗体特异性结合为基础。根据抗原抗体反应不同阶段的特点，将血清学试验技术分为三大类：①初级结合试验，即直接测定抗原与抗体的结合。②二级结合试验，在体外测量抗原抗体互作的结果。③三级结合试验，分析抗体在动物体内的实际保护作用。

（一）初级结合试验

抗原与抗体特异性结合，形成抗原-抗体复合物。体外的抗原抗体反应中往往要使用血清（抗体），因此称之为血清学反应（serological reaction），是应用最为广泛的一种免疫学技术，为疾病的诊断、抗原和抗体的鉴定及定量分析提供了良好的方法。

血清学反应具有以下特点：①特异性与交叉反应性。②可逆性。③适比性，即比例合适，反应才可见，呈带现象。④阶段性，即不可见与可见反应。⑤条件依赖性，即依赖适宜范围的pH、温度和电解质等。

（二）二级结合试验

二级结合试验用于测定抗原抗体体外互作结果，包括沉淀反应、凝集反应和补体结合反应。

1. 沉淀反应

沉淀反应是指可溶性抗原（如细菌培养滤液、细胞组织的浸出液和血清蛋白等）与相应抗体结合在液相中所发生的抗原抗体反应。受电解质影响，沉淀反应形成的抗原-抗体复合物会出现沉淀现象。反应中的抗原称为沉淀原（precipitinogen），包括类脂、多糖或蛋白质等。抗体称为沉淀素（precipitin）。基于沉淀反应建立的免疫方法主要包括沉淀试验(precipitation test)、免疫扩散试验(immunodiffusion)和免疫电泳技术(immuno electrophoresis)等。

(1)沉淀试验

1934年,Marrack提出了晶格假说,他认为每个抗体分子至少拥有两个结合域,且抗原分子也是多价的(可以同时与多个抗体结合),合适的抗原抗体比例可以构成晶格结构,聚集而成肉眼可见的免疫复合物沉淀。抗体过剩时产生前带现象,抗原过剩时则产生后带现象(postzone phenomenon)。通过描绘沉淀反应的定量沉淀曲线,可以计算抗原抗体的最佳结合比,如图12-1所示。

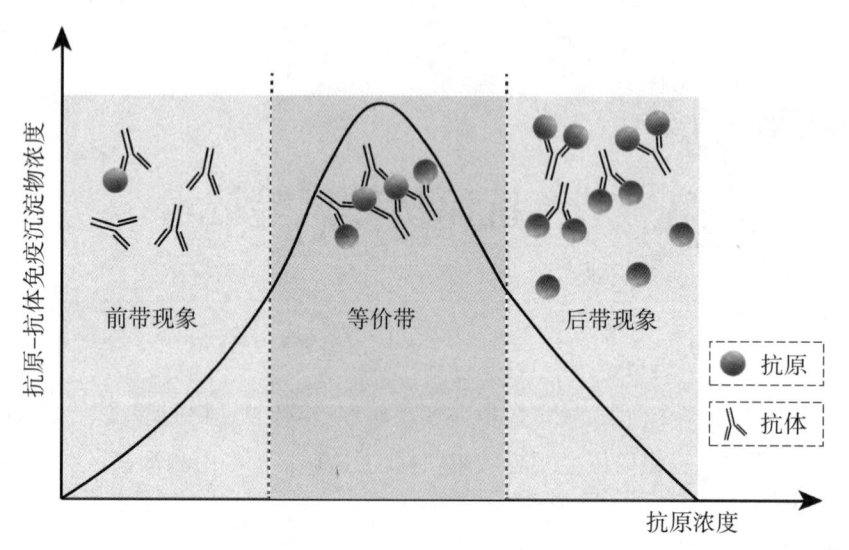

图12-1 沉淀反应的定量沉淀曲线图

(2)免疫扩散试验

免疫扩散试验主要以凝胶为介质,又称为凝胶扩散试验(gel diffusion test),依据扩散方向可分为单向免疫扩散和双向免疫扩散。

①单向免疫扩散试验

抗原和抗体两种成分中只有一种扩散,而另一种被固定在琼脂凝胶中。经典的单向免疫扩散试验制备含有特异性抗体的琼脂平皿,在琼脂中央打出等间隔的若干圆孔并加入待测抗原,在向周围扩散的同时与抗体发生特异性结合并产生了白色的沉淀环,如图12-2所示。沉淀环的直径与待测抗原的浓度呈正相关,与标准曲线对照后可以计算其浓度。

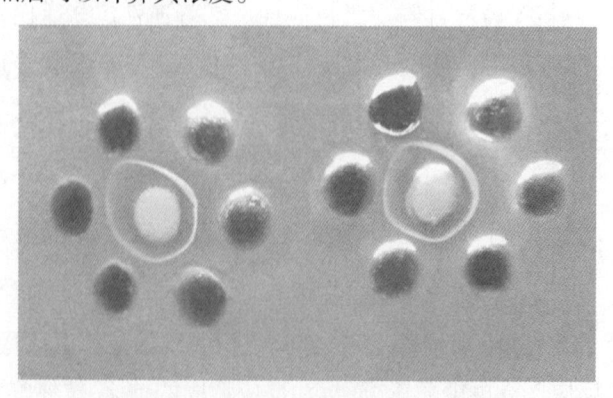

图12-2 单向免疫扩散试验结果图

②双向免疫扩散试验

双向免疫扩散试验是指测定可溶性抗原和相应的抗体在琼脂介质中相互扩散相遇后发生沉淀反应的方法。在透明培养皿内的琼脂凝胶上打出直径为5 mm,间隔为1 mm的圆形小孔,一个孔内装有可溶性抗原,其余孔内加入抗体血清。反应物呈辐射状向外扩散,当抗原抗体以最佳比例相遇时,会出现一条不透明的白色沉淀线。双向免疫扩散可以检测抗原或者比较待测抗原的差异,若两个相邻孔抗原的沉淀带接合在一起,说明它们是同种抗原;如果二者仅部分相连,表明它们有共同抗原决定簇;如果两条沉淀线相互交叉,则其抗原完全不同。双向免疫扩散不同结果如图12-3所示。

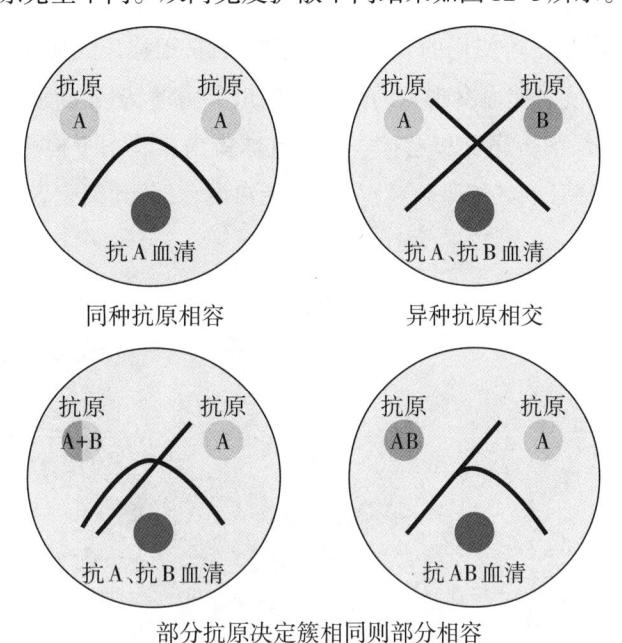

图12-3 双向免疫扩散试验不同结果的形成原理

(3)免疫电泳技术

免疫电泳技术结合了免疫沉淀反应和电泳分析技术。免疫电泳技术通过凝胶电泳将各蛋白质组分分离,加入对应抗体形成抗原-抗体免疫复合物而沉淀,此时沉淀线的最高抗体稀释度就是该抗体的效价。常见的免疫电泳技术包括免疫电泳、免疫固定电泳、对流免疫电泳、火箭免疫电泳和聚丙烯酰胺凝胶电泳等。免疫共沉淀试验(co-immuno precipitation, Co-IP)是利用抗原与抗体的二级沉淀反应,从复合物中纯化和检测相应抗原蛋白质的技术,常用于验证两种目标蛋白质在体内的相互作用,如图12-4所示。

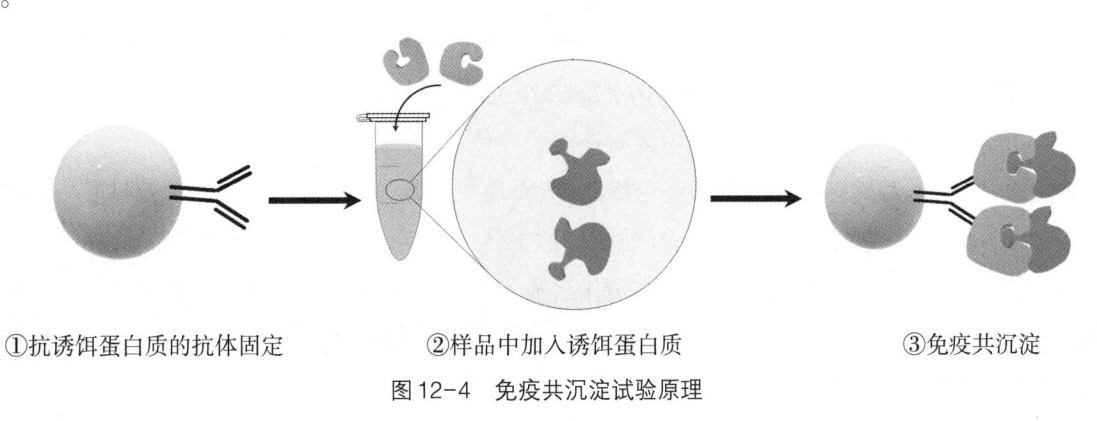

图12-4 免疫共沉淀试验原理

2. 凝集反应

凝集反应(agglutination reaction)是指颗粒性抗原与相应抗体结合所发生的抗原抗体反应。细菌和红细胞等颗粒性抗原与相应抗体特异结合后,在适量电解质存在的条件下,可逐渐聚集,出现肉眼可见的凝集现象称为凝集反应。反应中的抗原称为凝集原(agglutinogen),抗体称为凝集素(agglutinin)。

根据凝集反应的原理,建立了直接凝集试验、间接凝集试验和固相免疫吸附血凝试验等方法。依据使用器材不同,直接凝集反应分为玻片法和试管法,用于测定病毒滴度,如图12-5所示。间接凝集反应是将可溶性的抗原(或抗体)先吸附在的颗粒状载体表面,与待测抗体(或抗原)特异性结合后,在合适的电解质作用下发生的凝集现象。若使用的载体颗粒是红细胞,则称作间接血凝试验。间接血凝试验常用于测定病毒抗体的滴度。能引起血凝现象的病毒包括正黏病毒、副黏病毒、甲病毒、黄病毒、布尼亚病毒、部分腺病毒、逆转录病毒、细小病毒和冠状病毒。抗球蛋白试验用于检测细菌(或红细胞)表面的不完全抗体。可将洗涤后的细菌(或红细胞)颗粒与抗球蛋白混合,若其细胞表面存在抗体,就会发生凝集现象。

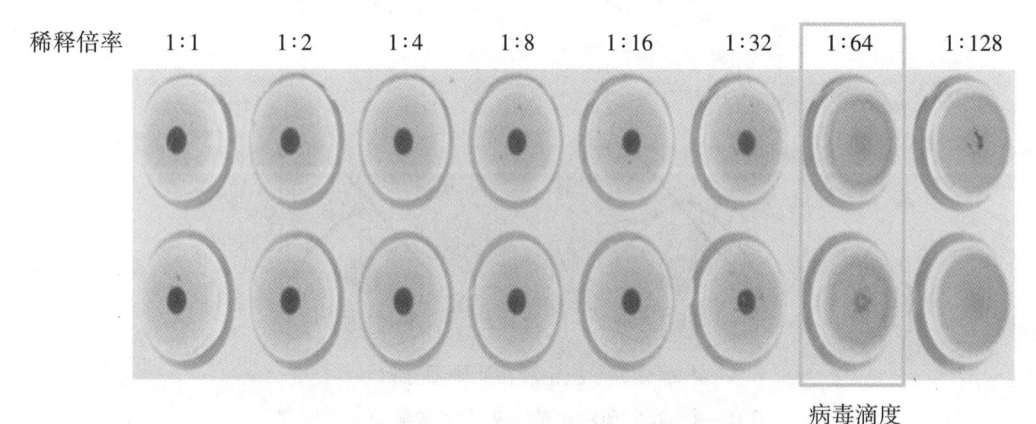

图12-5 直接血液凝集试验结果展示和病毒滴度判断

3. 补体结合反应

抗原-抗体复合物激活补体经典途径,破坏靶细胞的细胞膜,发生补体结合反应(complement fixation reaction)。补体无特异性,能与任何一种Ag-Ab复合物结合;当已知抗原(Ag)与待测血清抗体(Ab)不对应时,补体不被结合而游离存在,在此反应系统中加入绵羊红细胞(Ag)和溶血素(Ab),与游离的补体结合而出现溶血现象。根据溶血现象是否产生,可得知反应系统中有无相应的抗原或抗体存在。利用这一现象来检测血清中抗体水平的技术称为补体结合试验(complement fixation test)。

补体结合试验分为以下两阶段:①将已知抗原和待测抗体(被测血清应经56 ℃加热处理失去补体体系)混合,再加入豚鼠血清(具有补体)进行孵化。②经过一定时间反应后,加入由溶血素(Ab)激活的绵羊红细胞(致敏红细胞)来测量反应系统中游离补体的数量。

如图12-6所示,若反应呈现透明的红色溶液(溶血现象),则是一个阴性的结果,表明第一阶段的补体没有被激活,待测血清中没有与抗原特异性结合的抗体。若反应呈现浑浊的红细胞悬液(没有裂解),则是一个阳性结果,表明补体被激活,待测血清中含有与抗原特异性结合的抗体。如果该血清中存在抗体,被稀释后,每个试管中的反应将按照血清浓度由高到低从无裂解(阳性)变为裂解(阴性)。抗体的滴度是指不超过50%红细胞被裂解的血清最高稀释度。

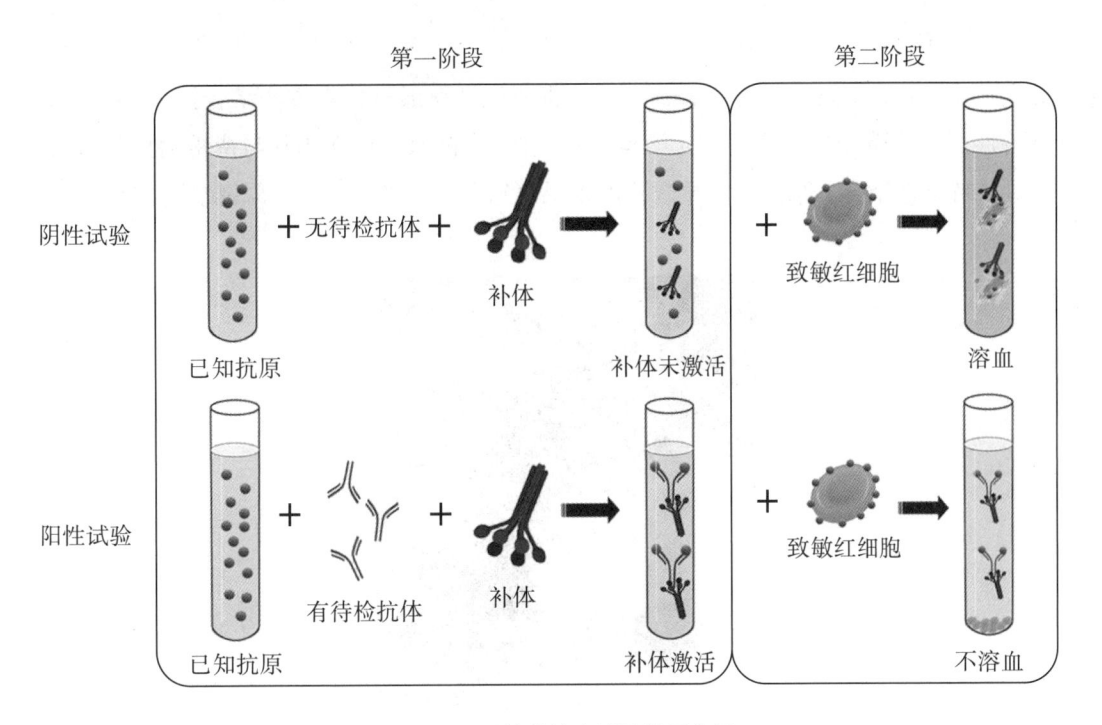

图 12-6 补体结合试验结果分析

(三)三级结合试验

测量抗体在生物体内保护性作用的试验统称为三级结合试验。中和反应是指细菌外毒素(或病毒)与相应抗体结合所产生的抗原抗体反应,是免疫学和病毒学中常用的一种抗原抗体反应试验。中和试验可用来测定抗体中和细菌毒素(或病毒)的生物学效应。能与病毒结合,使其失去感染力的抗体称为中和抗体。能与细菌外毒素结合,中和其毒性作用的抗体称为抗毒素。

1. 中和试验

中和试验(neutralization test)是病原体抗原与相应的抗体结合后,失去对易感动物致病力的试验方法,用于识别细菌毒素(如产气荚膜梭菌 α-毒素和葡萄球菌 α-毒素)、鉴定未知病毒(如抗体阻断病毒靶细胞结合位点)、检测噬菌体抗体(如 T4 噬菌体抗体可以阻断噬菌体尾部受体与大肠杆菌相结合,阻止细菌的裂解)。中和试验具有高度的特异性和灵敏度,也常用于测定血清抗体效价。

2. 血清保护试验

血清保护试验(serum protection test)是一种完全在体内进行的中和试验。将特定的含中和抗体(或抗毒素)血清(又称抗血清)进行梯度稀释后注射试验动物,测定半数动物免于死亡(或感染)所需的最低抗血清剂量,即抗血清半数保护量(PD_{50})。

二、免疫标记技术

初级结合试验基于抗原抗体特异性结合,进而测定抗原-抗体复合物形成的过程,通常需要标记反应物。1942年,Albert Coons首次将荧光染料用于标记抗体。目前采用荧光染料、酶、放射性同位素、胶体金等物质作为抗原抗体反应的标记物。

(一)免疫荧光技术

免疫荧光技术(immunofluorescence assays, IFA)将荧光染料通过化学方法结合抗体(或抗原),但不改变其免疫特性。免疫荧光技术使用荧光染料标记抗体(或抗原),可视化其与待检测抗原(抗体)在细胞或者组织里的特异性结合。采用荧光显微镜可以观察到含有荧光染料的抗原-抗体复合物,如图12-7所示。

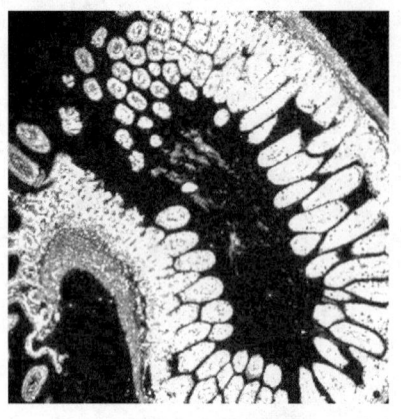

图12-7 小肠绒毛免疫荧光镜检结果

1. 直接荧光抗体检测

直接荧光抗体检测(FAT)是指对已知抗体进行直接荧光标记,检测细胞(或组织)中的未知抗原。

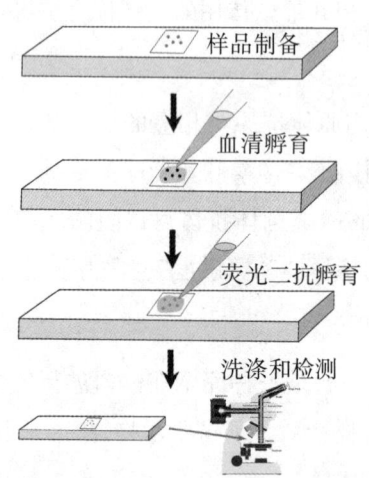

2. 间接荧光抗体检测

间接荧光抗体检测是采用双抗体技术,通过荧光标记的二抗(IgG)结合未知的一抗,捕捉抗原抗体反应的发生,其检测步骤如图12-8所示。

图12-8 间接荧光抗体检测步骤

3. 颗粒物浓度荧光免疫测定

颗粒物浓度荧光免疫测定是指通过颗粒免疫检测方式实现抗体自动化和定量检测的方法。用抗原包裹的亚微米级聚苯乙烯颗粒吸附血清中的抗体,颗粒经过真空过滤回收,反复清洗,去掉未结合的抗体后,重悬于带荧光标记抗体的溶液中。再反复清洗,除去未结合的荧光标记抗体,最终获得荧光结合的颗粒,通过分光荧光仪测定荧光强度,并进一步计算血清中抗体水平。

(二)免疫酶技术

免疫酶技术(enzyme immune assays, EIAs)是一种将抗原抗体免疫反应和酶的催化反应相结合而建立的技术。酶与抗体(或抗原)结合后,在底物的参与下发生显色反应。酶标记物应用于酶联免疫吸附试验(enzyme-linked immunoadsordent assay, ELISA)、免疫印迹(immunoblotting)和免疫组织化学(immunohistochemistry)。

1. 酶联免疫吸附试验

酶联免疫吸附试验采用酶标记抗原(或抗体),维持其免疫原性(或特异性),获得相应标记物的酶活性。

ELISA操作流程如下:①将已知的抗原(或抗体)置于固相载体表面。②在固相载体表面加入待测样品,捕捉溶液中的对应未知抗体(或抗原)。③经过洗涤和封闭等步骤仅在固相载体表面保留特异结合的抗原抗体复合物。④加入酶反应底物经酶催化后出现颜色反应,通过酶标仪测定OD值。由于反应液颜色深浅与样品抗体(抗原)呈正相关,根据反应液的颜色深浅对待测抗体(抗原)进行定性定量分析。根据检测目的和方法不同,ELISA分为直接ELISA、间接ELISA、双抗夹心ELISA、竞争ELISA四种,如图12-9所示,这四种ELISA试验各有优劣。

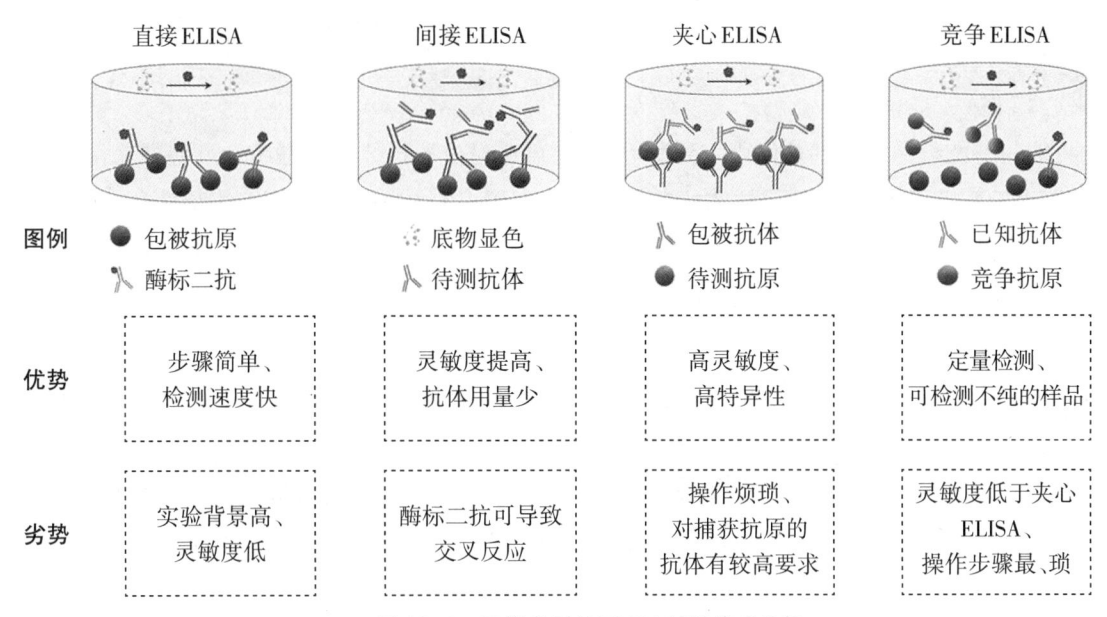

图12-9 四种常见的ELISA试验优劣比较

(1)直接ELISA

将待测抗原固定于ELISA板上,用酶标抗体直接检测酶标板上的抗原。直接ELISA步骤简单,检测速度快;但实验背景高、灵敏度低。

(2)间接ELISA

将已知抗原固定于ELISA板上,加入待测抗体与之结合,加入能与待测抗体直接结合的酶标二抗,检测被捕捉到的待测抗体。与直接ELISA相比,间接ELISA灵敏度更高且抗体使用量少,但酶标二抗与抗原结合出现的交叉反应会干扰测定结果。间接ELISA实验步骤如图12-10所示。

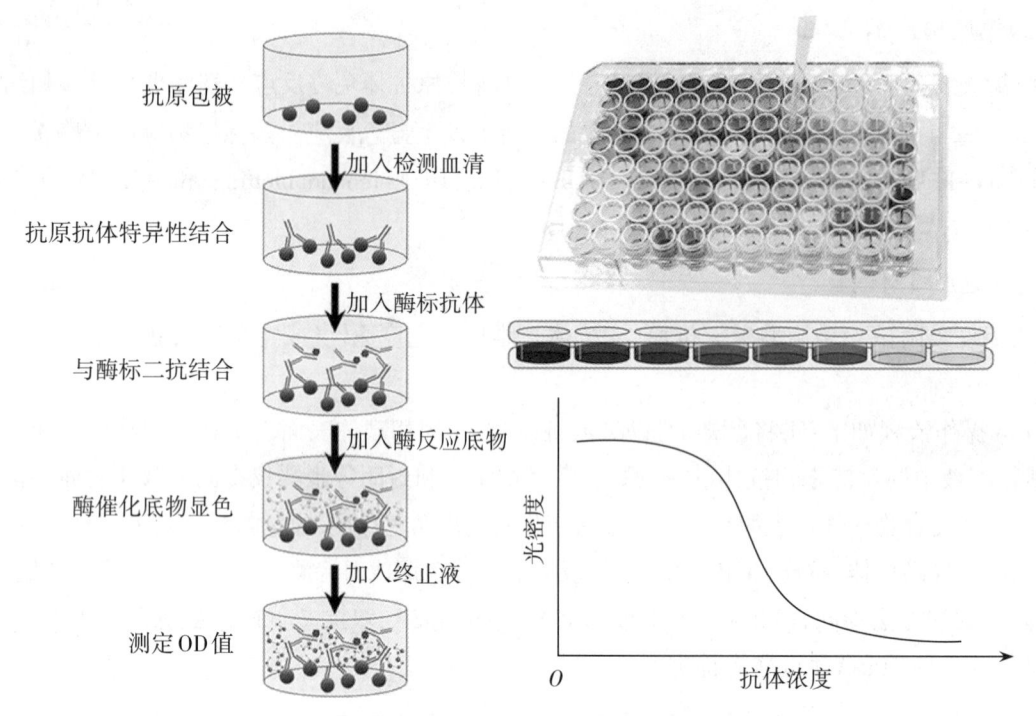

图 12-9 间接ELISA的实验步骤

(3) 夹心ELISA

首先将能与待测抗原结合的抗体固定到酶标板上,再通过抗原抗体特异性结合反应捕获待测抗原,接着加入检测抗体,形成抗体-抗原-抗体的夹心结构。直接夹心ELISA检测的抗体是酶标抗体。间接夹心ELISA检测的抗体不带标记,须再加入酶标二抗来测定。夹心ELISA灵敏度高和特异性高,但其操作相对烦琐,对捕获抗原的抗体要求高,要求检测抗体之间不存在交叉反应。

(4) 竞争ELISA

在竞争ELISA中,样品中的抗原(抗体)竞争性地结合酶标抗体(抗原),也称作阻断ELISA,可以与以上三种方式联合使用。待检溶液中的抗原(抗体)越多,则被结合的标记抗原(抗体)就越少,故有色底物就越少。酶催化后的反应液的颜色深浅与待检液中的抗原(抗体)成反比,可以通过标准曲线定量测定未知的抗原(抗体)。竞争ELISA法使用灵活,用来测定不纯的样品,但灵敏度略低于夹心ELISA,步骤最为烦琐。

2. 酶联免疫斑点试验

酶联免疫斑点试验(ELISPOT)是传统定量ELISA的改良和延伸,用于测量T细胞反应频率和细胞因子,比ELISA更为灵敏。ELISPOT操作流程如图12-11所示,具体流程如下:①将已知的抗体包被在固相载体表面。②在固相载体上培养淋巴细胞。③刺激T细胞群产生细胞因子。④一段时间后移除细胞。⑤底物和酶的显色反应,在分泌的细胞因子相应位置检测到肉眼可见的斑点,每一个斑点代表单个分泌细胞因子的T细胞。⑥在显微镜下采用人工计数法(或ELISPOT分析系统)对T细胞反应频率进行分析。此外,还可以采用荧光染料替代酶标记检测抗体,称为荧光斑点技术(FluoroSpot)。ELISPOT和FluoroSpot应用于T细胞的表型鉴定和定量分析。

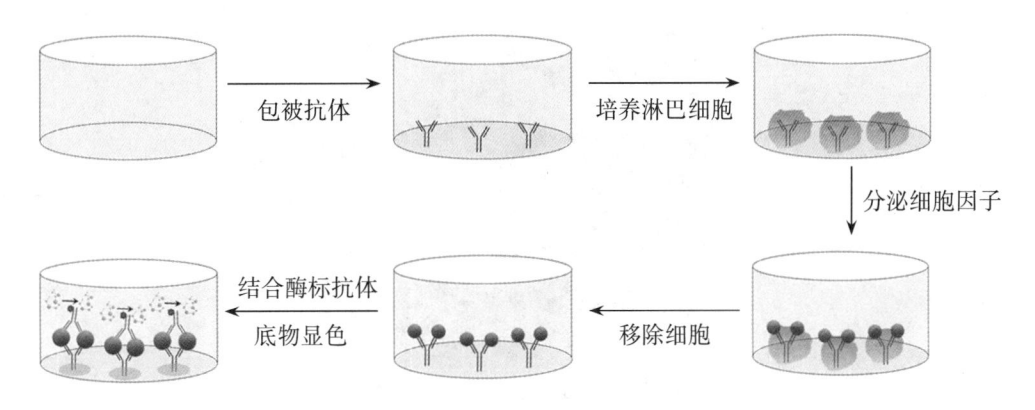

图12-11 ELISPOT的常规实验步骤

3. 免疫印迹技术

1979年Harry Towbin最早提出免疫印迹技术(western blot)，随后发展成为实验室最常见的蛋白质抗原检测技术。免疫印迹技术可以检测复杂组织、细胞和混合蛋白质样品中的特定目标蛋白质水平。将变性处理后的蛋白质样品经过聚丙烯酰胺凝胶电泳分离成若干条带后，再通过电转实验转移至固相膜(NC膜或PVDV膜)上，通过酶标记的特异性抗体和二抗依次孵育，最后加入底物显色待检测的蛋白质条带。免疫印迹技术灵敏度高且特异性强。免疫印迹实验步骤如图12-12所示。

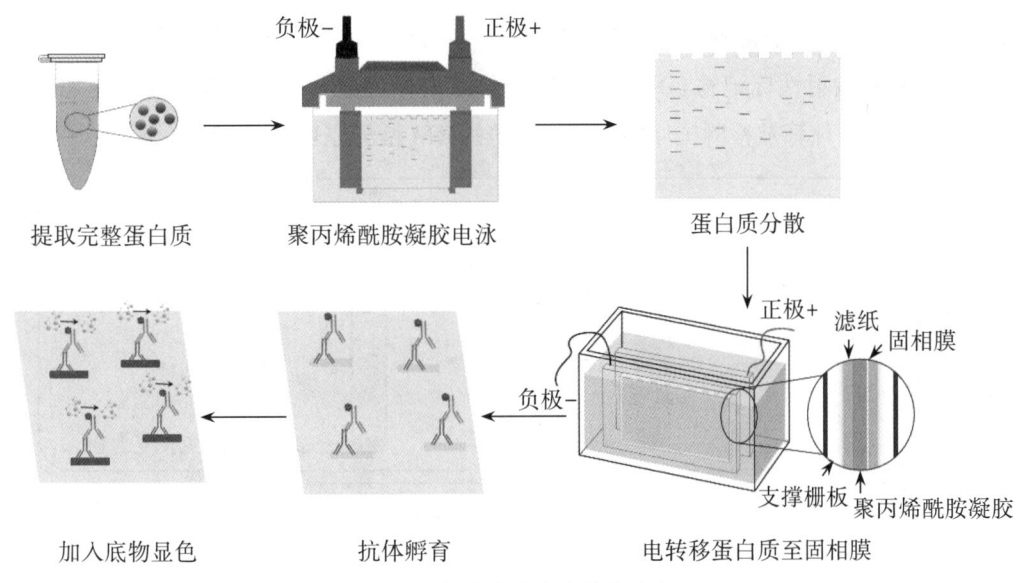

图12-12 免疫印迹实验的实验步骤

4. 免疫组织化学

免疫组织化学(immunohistochemistry)是一种在显微镜下能直接观测到待测蛋白质在组织中的空间分布的方法。辣根过氧化物酶是最常用的免疫组化标记。组织切片经酶标记的抗体处理，洗涤并置于酶底物溶液中孵育，加入显色剂进行显色反应。免疫组化切片镜检结果如图12-13所示。

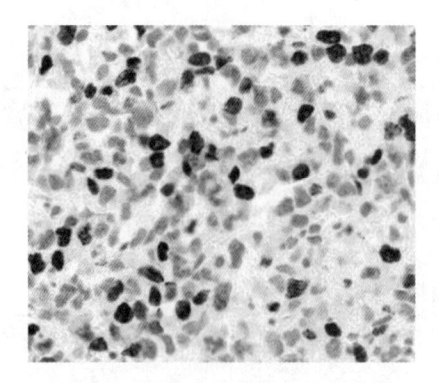

图12-13 免疫组化切片镜检结果

(三)放射免疫技术

1960年,Berson和Yalow率先在免疫学试验中使用放射性同位素标记胰岛素。放射免疫技术(radioimmunoassay,RIA)用于检测组织液和血液中的激素水平,通常用 ^{14}C、^{3}H 和 ^{125}I 来标记抗体。RIA灵敏高,可以测量血清中微量的抗原或者抗体;但费用较高、半衰期短、损害操作者的健康和污染环境。

1. 竞争性RIA

竞争性RIA是让未标记的目标抗原与含有放射性标记的已知抗原竞争结合同样的抗体,未标记的抗原将取代免疫复合物中的放射性标记的抗原。未被取代的放射性抗原和抗体结合形成免疫复合物后沉淀在溶液底部,上清液无法检测到其放射性标记物;被目标抗原取代的放射性抗原还留存在溶液中,上清液可以检测到其放射性标记物。由于放射性同位素的标记数量与放射性强度成正比,可以通过标准曲线的绘制精确定量计算被检测抗原的含量。竞争性RIA检测原理如图12-14所示。

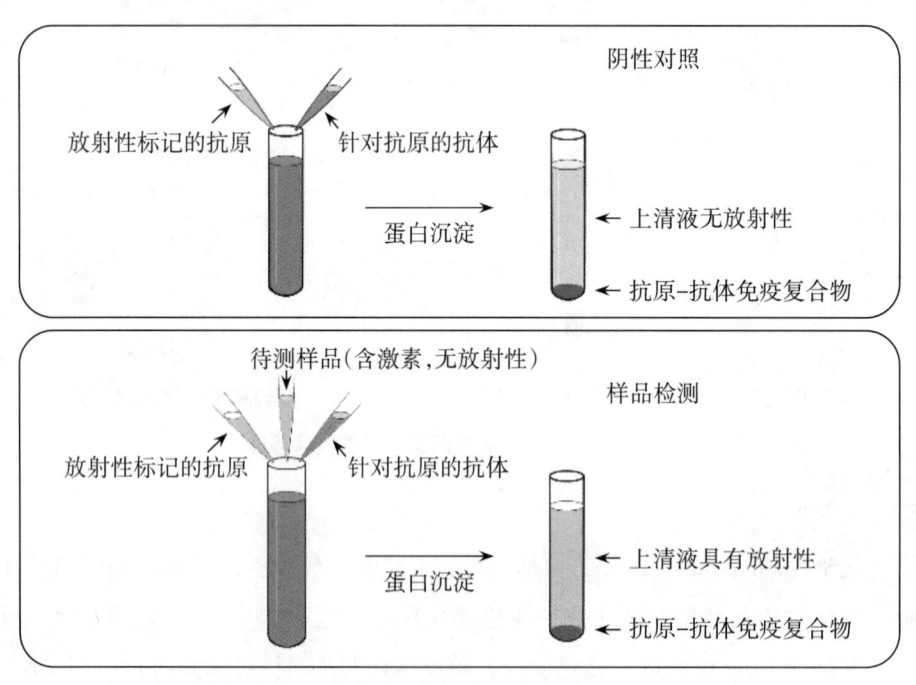

图12-14 竞争性RIA检测原理

2. 非竞争性结合法

非竞争性结合法采用已知抗原去"捕捉"溶液中的未知抗体。在洗去未结合的抗体后,加入放射性同位素标记的二抗,去结合未知抗体。由于放射性强度与结合的抗体数量成正比,从而可以定量检测未知抗体的含量。

(四)免疫胶体金技术

1971年Faulk和Taylor提出了免疫胶体金(immunocolloidal gold)技术,包括免疫层析试验和免疫金滤渗试验。胶体金是由氯金酸胶体金聚合形成的金颗粒,在溶液中因静电作用形成带负电且稳定的胶体状态,具有高电子密度的性质,能静电吸附蛋白质分子的正电荷基团,但不影响蛋白质的生物特性,成为免疫电镜中理想的免疫标记物。胶体金标记的抗体在相应的配体处大量聚集,形成肉眼可见的粉红色斑点。

1. 免疫层析试验

免疫层析法(immunochromatography)是将含有抗原的溶液横向流过一个多孔的试纸条,由于毛细作用,待测的溶液从试纸条加样的一端缓慢流向另一端,含有待测抗体的溶液首先通过一个含有胶体金标记抗体的区域,溶解干燥粉末状抗体,形成免疫复合物。液体继续流经含有固定抗体的抗原检测区,捕捉溶液中的免疫复合物。若出现一条粉红色(胶体金)或者蓝色(胶体硒)的线,结果呈阳性。余下液体继续因毛细作用流经质控线而后被吸水垫吸收。免疫胶体金层析原理如图12-15所示。

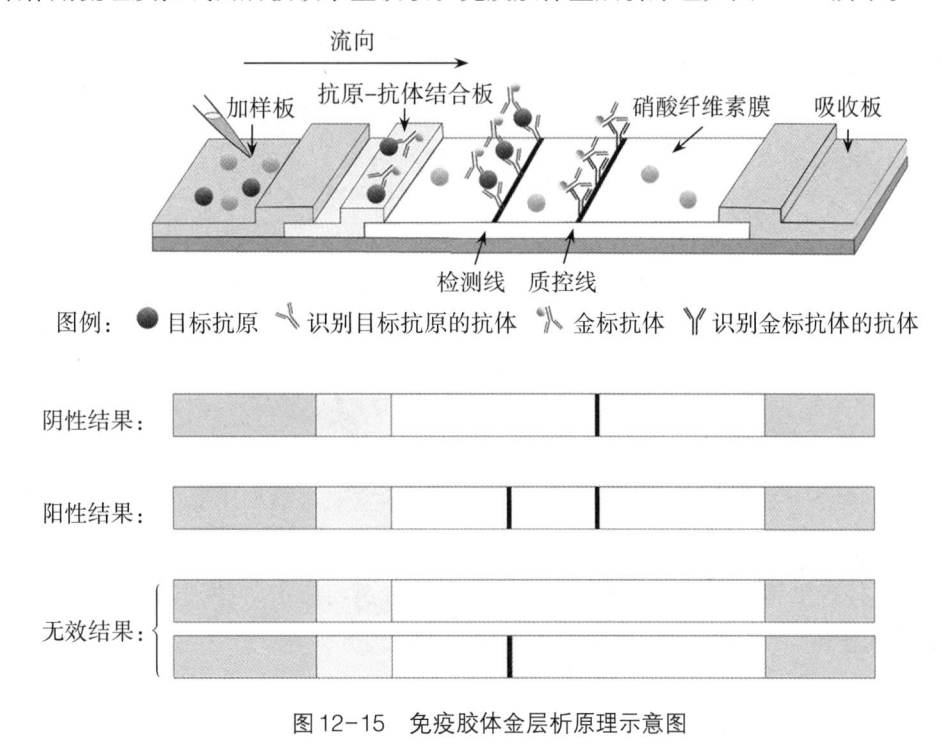

图12-15 免疫胶体金层析原理示意图

2. 免疫金渗滤试验

免疫金渗滤试验(dot-immunogold filtration assays)使用微孔滤膜(如尼龙膜)作为载体,先将抗原或抗体点于膜上,封闭后加待检样本,洗涤后采用胶体金标记的抗体检测相应的抗原或抗体。若抗原抗体结合区出现有色彩的斑点,结果呈阳性。

(五)免疫PCR技术

免疫PCR是指在免疫检验技术上配合使用PCR扩增技术测定DNA片段,使检测具有更高的灵敏度。经过PCR扩增后的DNA片段,可以通过荧光素(溴化乙锭,EB)染色凝胶电泳进行检测,可以用荧光探针法进行定量检测。免疫PCR原理如图12-16所示。

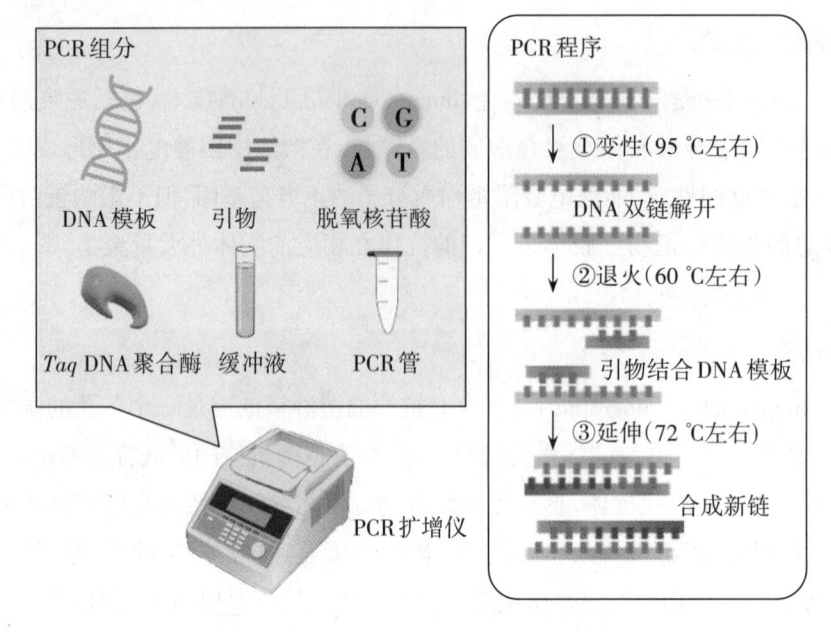

图12-16 PCR法扩增目的基因的原理

第二节 细胞免疫试验技术

机体细胞免疫检测分为体内试验与体外试验。体内试验主要是指采用变应原对机体进行迟发型变态反应试验(具体见第十章)。体外试验是检测机体血液中$CD4^+T$细胞数量和$CD8^+T$细胞数量及其分泌的细胞因子浓度。体外细胞免疫检测技术包括免疫细胞的分离与测定、免疫细胞增殖与凋亡测定、免疫细胞功能研究和细胞因子的检测。

一、免疫细胞的分离与测定

(一)免疫细胞的分离

1. 白细胞分离

因红细胞和白细胞的密度不同,沉降速度存在差异,可以采用自然沉降法和聚合物加速沉降法分离血液中的白细胞。常用血细胞分离仪将全血分离成红细胞、白细胞、血小板以及血浆。

2. 外周血单核细胞分离

外周血单核细胞包括单核细胞和淋巴细胞。在血液中加入Ficoll或Percoll分层液(密度与外周血单核细胞相同),进行密度梯度离心,红细胞和多核白细胞因密度较大会沉于底部,而淋巴细胞、单核细胞和血小板则介于血浆和分层液中间,如图12-17所示。不同动物对分层液的密度要求各不相同,马介于1.075~1.090之间,而小鼠介于1.075~1.088之间。

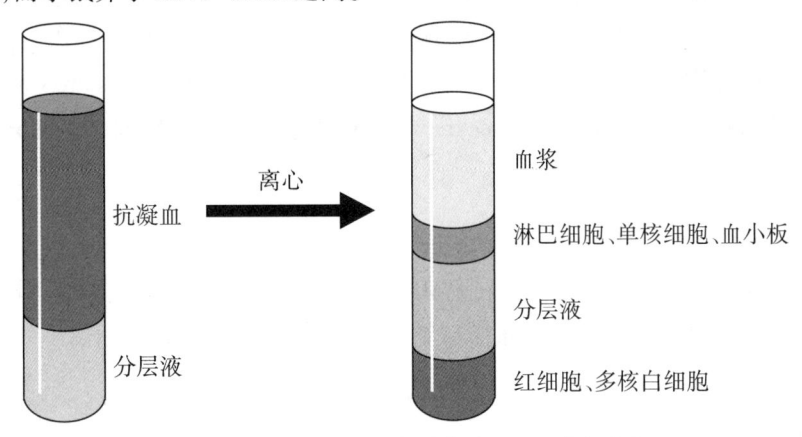

图12-17 使用Ficoll分层液对PBMC进行分离

3.淋巴细胞及其亚群的分离

依据淋巴细胞及其亚群不同的理化性质和各自特异性的表面抗原蛋白进行分离。常见的分离方法包括尼龙毛分离法、黏附贴壁法、吸附柱过滤法、E花环沉降法、磁珠分离法、荧光激活分离法和流式细胞分选法等。

(二)淋巴细胞增殖的测定

淋巴细胞在受到细胞因子刺激并分化之前,通常需要先进行大量增殖。淋巴细胞增殖的测定是免疫细胞学的重要内容。

1. ^{3}H-TdR掺入法

^{3}H-TdR掺入法是淋巴细胞增殖最简单的测定方法。淋巴细胞被丝裂原Con A或PHA激活后,进入细胞周期进行有丝分裂,当细胞进入S期,细胞合成DNA明显增加,在培养液中加入^{3}H标记的脱氧胸腺嘧啶核苷(^{3}H-TdR),^{3}H-TdR被摄入细胞,掺入新合成的DNA中,采用β-液体闪烁仪检测掺入的同位素。根据同位素掺入细胞的量可推测淋巴细胞对刺激物的应答水平。

$$SI = \frac{ConA刺激孔cpm均值}{对照孔cpm均值}$$

2.MTT法

活细胞内线粒体中的琥珀酸脱氢酶能将四甲基偶氮唑盐(MTT)分解成蓝紫色的不溶化学物甲臜,甲臜沉积于细胞内或细胞周围,采用分光光度计可测定OD值,形成甲臜的量与细胞增殖程度成正比,从而评定细胞的增殖能力。

$$SI = \frac{ConA刺激孔OD均值}{对照孔OD均值}$$

(三)淋巴细胞凋亡的测定

采用显微镜观察DAPI染色的淋巴细胞形态。脱氧核糖核苷酸末端转移酶介导的缺口末端标记法(TUNEL)可用来测定淋巴细胞凋亡(apotosis)。测定淋巴细胞caspase-3活性和TFAR19(线粒体膜势能凋亡相关蛋白)表达等,可以评估淋巴细胞凋亡情况。

磷脂酰丝氨酸外翻分析（Annexin V检测法）是检测细胞凋亡最常用的技术。正常细胞中磷脂酰丝氨酸（phosphatidylserine，PS）位于细胞膜的内侧，无法与荧光标记蛋白Annexin V结合。在细胞凋亡早期，PS可以从细胞膜的内侧翻转至细胞膜的表面，从而可以与标记有荧光素的Annexin V相结合，通过FACS可检测细胞凋亡的发生。Annexin V通常与碘化丙啶（propidine iodide，PI）或7-ADD联合使用，PI和7-ADD是不能穿透细胞膜的核染料，可进入晚期凋亡细胞和死细胞中。若Annexin V阳性和PI（或7-AAD）阴性，则表明细胞处于凋亡早期。Annexin V阳性和PI（或7-AAD阳性），则表明细胞处于凋亡晚期。

（四）Tc细胞的检测

激活的CD8$^+$T细胞（CTL细胞）能识别并杀死MHC I类分子抗原递呈细胞、肿瘤细胞或病毒感染的细胞。通过测定CTL细胞对MHC I类分子抗原递呈细胞、肿瘤细胞或病毒感染的细胞的杀伤能力，可评定CD8$^+$T细胞的功能。

1. ^{51}Cr释放试验

（1）原理

^{51}Cr释放试验是最常见的测定CTL细胞的方法。活的靶细胞会吸收但不会自发释放^{51}Cr标记的铬酸钠（Na$_2$^{51}CrO$_4$），只有当这些被标记的靶细胞被CTL细胞杀死时，放射性铬酸盐才从靶细胞中被释放于上清液中而被测定。

（2）操作方法

^{51}Cr与靶细胞培养后，进入靶细胞，与胞质蛋白质结合，去掉游离的^{51}Cr，得到^{51}Cr标记的靶细胞；CTL细胞与^{51}Cr标记的靶细胞混合，CTL细胞杀伤靶细胞，使^{51}Cr从靶细胞内释放出来；测定释放到上清液中离心之后的游离的^{51}Cr，计算CTL细胞的杀伤活性。若释放越多则细胞毒性越强。

2. 小鼠试验

小鼠试验常用于测定CTL细胞对靶细胞的杀伤力。在体外将靶细胞与抗原肽进行孵化，靶细胞表面的MHC I类分子的与抗原肽结合后，再加入低浓度的荧光染料CFSE进行孵化。同时用高浓度的CFSE孵化没有得到抗原肽的细胞群。两种细胞群以1:1的比例混合后，被注射到小鼠（已感染能激活CTL细胞的病原体）体内。4 h后，从动物身上回收脾脏细胞，通过FACS进行分析，获得两个CFSE标记的细胞群，计算出特定目标细胞裂解比例。

（五）E玫瑰花环试验

1. E玫瑰花环

95%成熟T淋巴细胞表面具有绵羊红细胞的受体（CD2），能与绵羊红细胞结合，经染色后，绵羊红细胞与T淋巴细胞形成玫瑰花瓣状花环，称为E花环。T淋巴细胞表面黏附3个及以上绵羊红细胞则为E阳性细胞。

2. 用途

（1）检测T细胞活力

将动物外周血分离出来的淋巴细胞和绵羊红细胞洗涤后，两者按细胞数1:(30~50)的比例混匀，4 ℃过夜后，染色镜检。

E花环形成率=E花环数/200个淋巴细胞×100%

(2)纯化T细胞

将4℃过夜后的淋巴细胞与红细胞的混合液进行密度梯度离心,因E花环形成细胞密度大而沉降于管底,收集底层的E玫瑰花环细胞,再以低渗法裂解T细胞周围的绵羊红细胞,获得纯化的T细胞。

(六)酸性醋酸萘酯酶的测定

1. 原理

T淋巴细胞质内的酸性α醋酸萘酯酶(acid αnaphthyl acetate esterase,ANAE),在弱酸性条件下,能将底物酸性α醋酸萘酯水解成醋酸和α萘酚,α萘酚与六偶氮副品红偶联,生成不溶性的红色沉淀物,沉积在T淋巴细胞质内酯酶所在的部位,经甲基绿复染,出现单一或散在的颗粒或斑块,呈棕红色。B细胞则无此种反应。

2. 用途

ANAE染色法可用于鉴别T细胞和B细胞,或进行T细胞计数。试验血用量少,只需1滴。

(七)细胞因子的检测

细胞因子(cytokines)是细胞分泌的生物活性小分子蛋白质,在机体免疫应答的过程中起关键作用。细胞因子及其受体的表达是研究机体的炎症反应、细胞分化、免疫调节等生理和病理过程的重要指标。

1. 生物学检测法

细胞因子生物学检测法是指根据不同细胞因子的生物学活性设计试验,评估机体免疫功能的方法。例如,针对细胞因子(如IL-2)引起的免疫反应,可采用淋巴细胞增殖试验间接检测特定细胞因子的含量;通过检测细胞因子诱导淋巴细胞分泌的产物(如IL-6诱导干细胞合成α1-抗糜蛋白酶)来评估细胞因子的活性;根据细胞因子(如TNF)能在体外杀伤靶细胞的特性,检测其对肿瘤细胞的杀伤率。

2. 血清学检测法

血清学检测法是指通过特异性抗原抗体反应测定细胞因子的含量的方法。常用的检测技术有RIA、ELISA、ELISPOT和免疫印迹等。

3. 分子生物学检测法

细胞因子分子生物学检测法是指利用基因工程技术,设计特定细胞因子的基因探针检测细胞因子的方法。常用的方法有RT-PCR、斑点杂交、细胞组织原位杂交等。

(八)细胞因子受体的检测

细胞膜表面存在相应受体,能与细胞因子相结合。常见的细胞因子受体检测方法有活细胞试验、标记细胞因子和检测细胞因子受体cDNA。

1. 活细胞试验

在活细胞试验中,通过加入适量的细胞因子去刺激待测细胞,比较刺激前后细胞因子受体的活性,从而判断细胞因子受体是否存在。

2. 标记细胞因子

采用标记的细胞因子,通过RIA、ELISA、免疫印迹等免疫学检测技术,追踪与之特异性结合的受体。

3.检测细胞因子受体cDNA

采用基因工程技术检测受体cDNA序列。

二、流式细胞技术

1968年Wolfgang Göhde发明了第一台流式细胞仪,在科研和临床分析中发挥了重要作用。流式细胞技术(flow cytometry,FCM)是利用流式细胞仪进行的一种单细胞定量分析和分选技术,综合运用了细胞生物学、免疫学、物理学、计算机科学等多种学科知识,实现了对混合细胞群体的高通量分析和分选。流式细胞技术不断地改进,从相对细胞计数发展为绝对细胞计数,从荧光强度相对定量分析发展为使用抗体微球的绝对定量分析,从测量细胞表面抗原发展到胞内成分分析,从单色荧光染色到多色荧光染色。

(一)流式细胞仪

流式细胞仪由流液系统、光学系统和电子系统组成,能将流经仪器的单细胞悬液信息转化为光学信号,再经过光电转换器变成电子信号,并由计算机采集成像,可直观地统计上样细胞的单个或多个参数。

细胞分选的原理是计算机依据收到的不同信号产生电荷,在细胞流体分开成液滴(仅含单个细胞)的一瞬间,含有电荷的液滴经过相反电荷的板块之间时发生偏离,被收集在不同的收集管中,实现细胞分选。

(二)试验步骤

流式细胞术的试验步骤如图12-18所示:①单细胞悬液样本的制备。②细胞免疫荧光抗体染色。③样品上机检测(分选)。④数据分析。流式细胞仪通过检测荧光标记识别单个细胞表面或者内部的蛋白质抗原与标记抗体结合的免疫复合物,可以依据多种标记抗体有效区分细胞群体。

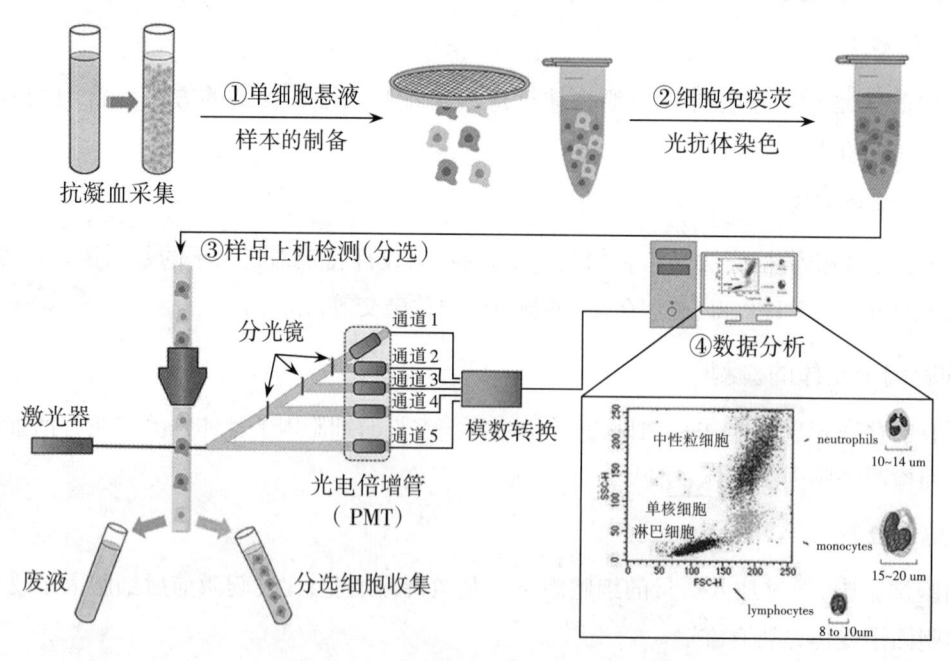

图12-18 流式细胞术实验流程及数据分析

第三节 免疫学技术在畜禽生产中的应用

免疫学技术常用于诊断和治疗畜禽疾病、评定营养素调控机理、畜禽品种培育和检测药物残留等方面,以保障畜牧业的健康发展。

一、疾病诊断和治疗

(一)病原微生物疾病的监测

1. 病毒性疾病的监测

检测病毒抗体的常用技术包括血凝抑制试验、间接ELISA、免疫荧光、凝胶扩散、蛋白印迹、病毒中和及补体结合试验。

2. 细菌性疾病的监测

检测血清特异性抗体水平是诊断细菌感染最常使用的方法。凝集试验被广泛用于诊断细菌感染,尤其是革兰阴性菌(如布鲁氏菌和沙门氏菌)的感染。细菌凝集试验的常规步骤是将血清(抗体)与抗原的标准悬浮液进行滴定。使用的抗原有鞭毛抗原(H)、菌体抗原(O)、荚膜抗原(K)和菌毛抗原(F)等。沉淀反应和补体结合反应也用于检测细菌感染。例如,使用琼脂扩散试验检测菌毛抗原,利用绵羊红细胞溶血现象检测微量的抗原或者抗体。

3. 寄生虫性疾病的监测

检测血清中的寄生虫抗原是诊断寄生虫性疾病常使用的方法,比较灵敏的方法有补体结合试验、间接血凝试验和酶联免疫吸附试验等。

(二)免疫诊断

免疫诊断(immunologic diagnosis)是通过检测动物体内的免疫反应来诊断疾病的方法,可以快速、准确地诊断疾病,也可以在疾病暴发前及时发现病原体和抗体,以便采取相应的预防和控制措施。常用的免疫诊断方法包括血清学检测、分子生物学检测、细胞学检测和其他检测方法。

1. 血清学检测

常见血清学检测包括抗体检测、抗原检测和补体检测,主要通过血清学方法检测血清中抗体或抗原水平,以诊断疾病、评估免疫状态和监测疫情。

(1)抗体检测

直接血凝试验、ELISA、补体结合试验(CFT)和荧光抗体试验(IFA)等抗体检测技术,用于检测血清中特定疾病的抗体水平。

(2)抗原检测

IFA和ELISA等抗原检测技术,用于检测血清中特定疾病的抗原水平。

(3)补体检测

补体结合试验(CFT)和溶血试验等补体检测技术,用于检测血清中补体含量和活性。

2.分子生物学检测

PCR和RT-PCR等分子生物学检测技术,主要通过检测动物体内的病原体核酸序列来诊断该动物是否感染了某种病原体。

3.细胞学检测

淋巴细胞转化试验(LTT)和细胞毒性试验等细胞学检测技术,主要通过检测动物体内的特定细胞类型或其活性水平来诊断其是否感染了某种病原体。

4.其他检测技术

免疫电泳、免疫荧光、免疫印迹和免疫层析试验等免疫检测技术,用于检测动物体内的特定蛋白质、细胞因子或其他生物分子。

(三)免疫治疗

免疫治疗能增强动物的免疫力,促进动物产生特异性免疫反应,从而预防和治疗传染病和其他疾病。兽医生物制品(疫苗、抗体制剂和免疫调节剂)用于预防、诊断、治疗畜禽传染病。

抗体制剂是由人工制备的具有特定免疫活性的抗体(如血清制剂、单克隆抗体和多克隆抗体等),可以直接与病原体结合并清除病原体,用于治疗已经感染的动物或在高风险环境中暴露的动物。免疫调节剂(如白细胞介素、干扰素等)可增强(或抑制)免疫功能,控制疾病。

二、动物生产与研究

(一)在动物营养研究上的应用

宿主上皮细胞、肠道微生物和饲料营养成分相互作用,饲料中各种营养素(如蛋白质、氨基酸、维生素和矿物质等)对动物免疫力均有不同程度的调节作用;饲料添加剂(益生菌、益生元、酸类化合物和植物提取物等)也可以增强动物的免疫力和预防疾病;机体免疫力的强弱可以通过营养素来调控;营养免疫的研究需要免疫学技术的支撑;动物采食具有调控免疫功能的营养素后,机体免疫状态的评定涉及免疫学技术。

(二)在畜禽品种培育上的应用

培育生产性能好、抗逆性强和抗病力高的畜禽品系,对实现畜牧业健康可持续发展具有重要意义。20世纪80年代以来,分子生物学、分子遗传学和基因工程的飞速发展,以及人们对影响动物免疫功能的遗传基础的深入认识,为动物的遗传改良和抗病育种提供了新的途径和方法。

1.抗病力的直接选择

机体免疫力的强弱表观上通常用抗病力高低来表示。抗病力是由抗病基因决定的,抗病基因可以帮助机体更有效地对抗病原体,从而提高机体的抗病力。抗病基因和免疫力之间关系密切,通过选择具有抗病基因的个体进行繁殖,可以提高整个种群的抗病能力。

2. 抗病育种

在育种方面,通过选择具有高抗病能力的个体进行繁殖,可以逐步提高种群的抗病能力,达到抗病育种的目的。利用免疫应答进行抗病育种是一种有效的方法,可以提高种群的抗病能力,降低疾病对养殖业的影响。免疫应答的产生由畜禽基因决定,可以通过鉴定个体的免疫指标(如血清免疫球蛋白浓度、淋巴细胞增殖率和特定抗体的产生等)来评估抗病能力。可以对畜禽群体注射疫苗,选择免疫应答好的个体,进行选择育种。

(三)在药物残留检测方面的应用

免疫学检测分析可以快速和准确地检测到食品和环境中的药物残留,有效地保证食品安全和人类健康。

1. 酶联免疫吸附法

ELISA 检测抗生素残留的方法已被广泛应用于畜牧以及食品行业中。常用于检测喹诺酮类(FQs)、氯霉素(CAP)、β-内酰胺类等抗生素。

2. 化学发光免疫分析

化学发光免疫分析(CLIA)具有简单、快速、敏感、选择性等优点,广泛应用于临床诊断、药物分析、食品安全、环境监测等领域。

3. 放射免疫检测法

放射免疫检测法(RIA)用于筛选血清、尿液、牛奶和组织中的四环素类药物,以及地表水、地下水和养殖排污废水中抗生素残留的检测。

4. 荧光免疫检测法

荧光免疫检测法(FIA)法可在短时间内同时对不同抗生素进行检测。

5. 胶体金免疫色谱法

胶体金免疫色谱法能快速测定水产品中氯霉素的残留和牛奶中四环素、磺胺类和喹诺酮类的残留。

6. 其他免疫测定

近年来,免疫芯片技术、表面等离子体共振免疫技术、免疫传感器等免疫分析方法都逐渐用于检测抗生素残留。

● **本章小结** ●

抗原抗体试验技术包括沉淀试验、凝集试验、补体结合试验和中和试验。基于抗原抗体反应,结合荧光染料、酶、放射性同位素、胶体金等标记物和PCR技术,分别建立了免疫荧光技术、免疫酶技术、放射免疫技术、免疫胶体金技术和免疫PCR技术等。细胞免疫试验技术包括免疫细胞的分离与测定、免疫细胞增殖与凋亡测定、免疫细胞功能研究和细胞因子的检测等。免疫学技术广泛应用于免疫诊断、免疫治疗、动物营养和育种、药物残留检测等领域。

拓展阅读

扫码进行思维导图、课程文化案例、课件等数字资源的获取和学习。

数字资源

思考与练习题

1. 血清学试验技术有哪些？
2. 免疫标记技术有哪些？
3. 细胞免疫检测技术有哪些？
4. 免疫学技术在畜禽生产中的应用包括哪些方面？

第三篇 微生物与畜禽养殖

畜禽养殖是农业生产的重要组成部分,对人类的食品供应和经济发展起着重要作用。在畜禽生产过程中,微生物分布在畜禽养殖的各个环节,通过各种方式对养殖环境、畜禽健康和畜禽产品安全产生深远影响。

1. 微生物与养殖环境

养殖环境是畜禽养殖生产的基础。微生物分布在养殖环境的空气、水和土壤中,也分布在动物排泄物中。一方面微生物参与畜禽排泄物的分解和转化过程,降解排泄物中有机物质,具有净化水质的作用;另一方面微生物易污染养殖环境的空气和水,传播疾病,产生有毒有害气体,危害畜禽健康。

2. 微生物与畜禽健康

畜禽健康是畜禽养殖生产的关键。微生物分布在消化道和畜禽饲料中。一方面畜禽消化道微生物能够参与饲料的消化,合成营养物质,调节动物的免疫功能、抑制病原微生物的生长,减少疾病的发生,有益微生物能作为微生物饲料得以利用;另一方面微生物也能引起饲料的霉变和影响饲料的卫生质量,降低畜禽生产性能,甚至传播疾病。

3. 微生物与畜禽产品

畜禽产品安全是畜禽养殖生产的重要目标。微生物分布在畜禽产品中,一方面微生物有利于一些畜禽产品的加工保存,如乳制品加工中乳酸菌能将乳糖转化为乳酸,可以降低pH值,抑制有害菌的生长,延长乳制品的保质期;另一方面微生物也能使畜禽产品腐败变质,造成经济损失,传播疾病,影响人类健康。

第十三章

微生物在养殖业中的分布

本章导读

微生物与畜禽生产关系密切,分布在养殖过程中的各个环节。水、土壤和空气中的微生物有哪些种类?这些微生物的数量和分布情况是怎样的?本章梳理相关知识,有助于大家全面了解微生物在养殖环境中的分布情况,为合理利用微生物、开发微生物资源和防治畜禽疾病奠定基础。

学习目标

1.了解养殖环境中微生物种类和分布情况,理解畜禽机体中微生物种类和分布规律。

2.了解微生物在畜禽体内和产品中的分布,探索微生物与畜禽养殖的关系。

3.增强合理运用微生物相关知识进行畜禽健康高效养殖的意识。

概念网络图

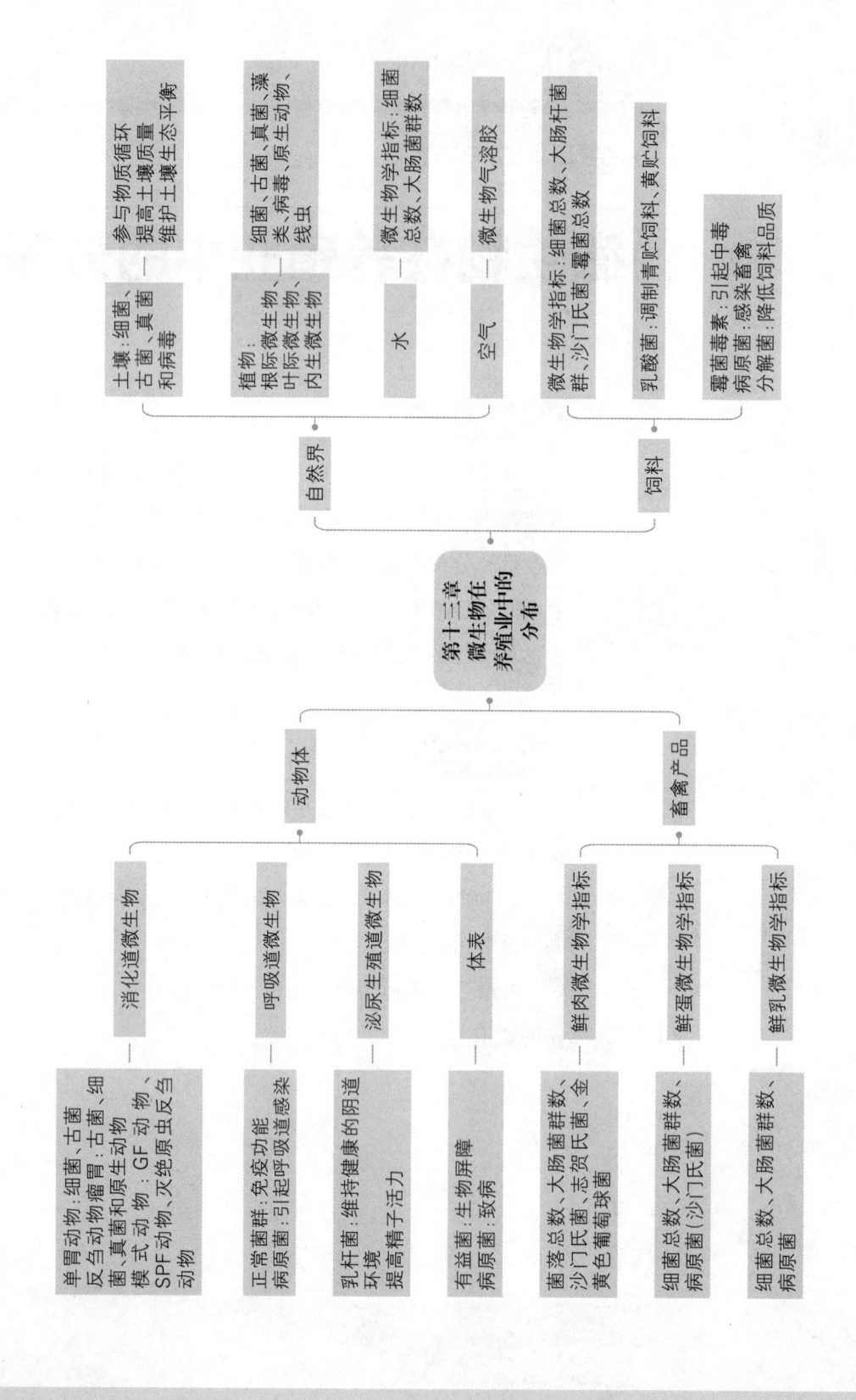

第十三章 微生物在养殖业中的分布

自然界

- **土壤**：细菌、古菌、真菌和病毒
  - 参与物质循环
  - 提高土壤质量
  - 维护土壤生态平衡
- **植物**：根际微生物、叶际微生物、内生微生物
  - 细菌、古菌、真菌、藻类、病毒、原生动物、线虫
- **水**：微生物学指标：细菌总数、大肠菌群数
- **空气**：微生物气溶胶

饲料

- 微生物学指标：细菌总数、大肠杆菌群、沙门氏菌、霉菌总数
- 乳酸菌：调制青贮饲料
- 霉菌毒素：引起中毒
- 病原菌：感染畜禽
- 分解菌：降低饲料品质、黄贮饲料

动物体

- **消化道微生物**
  - 单胃动物：细菌、古菌、反刍动物瘤胃：古菌、细菌、真菌和原生动物；GF动物、SPF动物、灭绝原虫反刍动物
- **呼吸道微生物**
  - 正常菌群：免疫功能
  - 病原菌：引起呼吸道感染
- **泌尿生殖道微生物**
  - 乳杆菌：维持健康的阴道环境，提高精子活力
- **体表**
  - 有益菌：生物屏障
  - 病原菌：致病

畜禽产品

- **鲜肉微生物学指标**：菌落总数、大肠菌群数、沙门氏菌、志贺氏菌、金黄色葡萄球菌
- **鲜蛋微生物学指标**：细菌总数、大肠菌群数、病原菌（沙门氏菌）
- **鲜乳微生物学指标**：细菌总数、大肠菌群数、病原菌

> 微生物种类多、繁殖快、适应性强，广泛分布于自然界中的水、土壤、空气和动物体中，在自然界物质循环和动物消化道营养物质消化中起重要作用。多数微生物对人类和畜禽是有益的，少数微生物引起人类和畜禽疾病。

第一节 自然界中微生物的分布

微生物是生物圈上限和下限的开拓者。8 500 m的高空可检查到微生物的存在，太平洋海底深1万米的热泉喷口，水压达1 140个大气压，温度达250~300 ℃，仍有微生物的存在。微生物广泛分布于自然界中的土壤、植物、水和空气中。

一、土壤和植物中的微生物

土壤是自然界微生物生存活动的主要场所，具有微生物必需的营养物质和生长繁殖所需的各种条件，是良好的微生物"天然培养基"。

(一)土壤中的微生物

土壤拥有多样化和复杂的微生物群落，是自然环境中微生物的主要来源。土壤微生物在养分循环、土壤结构形成和植物群落建立中发挥重要作用。土壤微生物对环境变化也非常敏感。土壤微生物群采用不同方式适应环境条件(如土壤pH值、养分含量和植被类型等)的变化。

1. 土壤微生物分布概况

土壤是一个复杂的生态系统，具有较高的生物多样性。1 g表层土壤含有10^9~10^{10}个原核细胞(细菌和古细菌)，10^4~10^7个原生生物，100~1 000 m真菌菌丝和10^8~10^9个病毒。土壤团聚体(soil aggregate)是土壤颗粒经凝聚胶结作用后形成的个体，其直径在0.25~10 mm之间。土壤团聚体内部及其周围的孔隙为不同微生物群落的栖息创造了不同的生态位。表层土壤含氧量充足，可供微生物生长。植物根部周围土壤中有机质含量高，为微生物提供了营养物质。随着土壤深度的增加，土壤微生物群落的丰度和多样性逐渐降低。

2. 土壤微生物种类和数量

(1) 细菌

土壤中细菌可占土壤微生物总量的70%~90%,其生物量占土壤重量的万分之一。微生物与土壤接触表面积大,是土壤中最活跃的生物因素,推动着土壤中各种物质循环。土壤中的细菌大多数为异养细菌,少数为自养细菌。土壤细菌有许多不同的类群参与有机物的分解、腐殖质的合成和各种矿质元素的转化等,包括固氮细菌、氨化细菌、纤维分解细菌、硝化细菌、反硝化细菌、硫酸盐还原细菌和产甲烷细菌等。细菌一般黏附于土壤团粒表面,形成菌落或菌团,也有一部分散于土壤溶液中,且大多处于代谢活跃的营养体状态。

(2) 放线菌

土壤中的放线菌大多数是腐生菌,其在土壤中的数量仅次于细菌。1 g土壤中的放线菌孢子可达10^7~10^8个,占土壤微生物总数的5%~30%,在有机物含量丰富和偏碱性土壤中比例更高,其中主要是链霉菌属(*Streptomyces*)、诺卡氏菌属(*Nocardia*)和小单孢菌属(*Micromonospora*)等。放线菌可形成丝状物,通过连接土壤颗粒使土壤团聚体保持稳定。放线菌主要分布于耕作层中,其数量和种类随土壤深度增加而减少。

(3) 真菌

真菌广泛分布在各种土壤环境中,如农田、林地、草地、沼泽、湿地、温泉热土和冻土层等。真菌菌丝比放线菌菌丝宽几倍至几十倍,因此土壤真菌的生物量不比细菌或放线菌少。在林地土壤中外生菌根真菌的种类和数量较多,而在草地生态系统中丛枝菌根真菌的分布较广泛。在一些极端环境(如南北极)的冻土层中分布着丰富的子囊菌门真菌。温泉热土的优势种类与其他土壤完全不同。土壤中酵母菌含量较少,每克土壤含10~10^3个,但果园和养蜂场等土壤中酵母菌含量较高,每克果园土壤样品中可含10^5个酵母菌。土壤中真菌主要有藻状菌、子囊菌、担子菌和半知菌类,其中以半知菌类最多。

(4) 藻类

土壤中的藻类在土壤中的数量远少于其他微生物类群,在土壤微生物总量中不足1%。土壤湿度是影响藻类生存的重要因素,一般在潮湿的土壤表面和近表土层中藻类数量较多。有些藻类含有叶绿素,利用光能将二氧化碳、水和矿物元素合成复杂的有机物。有些藻类在无光条件下直接利用土壤中的有机物质作为碳源,进行生长繁殖。土壤中常见的藻类包括蓝藻、绿藻和硅藻。除此之外,还有裸藻,如全藻和黄藻等。

① 蓝藻

蓝藻与真菌、苔藓、蕨类和种子植物共生。在pH<4时,蓝藻不能生长,其地理分布受到一定限制。有代表性的属主要包括鱼腥藻属(*Anabaena*)、念珠藻属(*Nostoc*)、筒孢藻属(*Cylindrospermum*)、单歧藻属(*Tolypothrix*)和颤藻属(*Oscillatoria*)等。

② 绿藻

绿藻从陆地到水环境,从热带到寒带,一年四季到处可见。旱地土壤的绿藻种类以衣藻属(*Chlamydomonas*)、小球藻属(*Chlorella*)、纤维藻属(*Ankistrodesmus*)、绿球藻属(*Chlorococcum*)、原球藻属(*Protococcus*)、链丝藻属(*Hormidium*)和接孢藻属(*Zyzgonium*)为主。浅水池(或稻田)的绿藻种类以栅藻属(*Scenedesmus*)、绵绿藻属(*Spongiochloris*)、裂丝藻属(*Stichococeus*)、丝藻属(*Ulothrix*)、水网藻属(*Hydrodictyon*)和水绵藻属(*Spiropyra*)等为主。

③硅藻

在土壤中也有大量硅藻生长,在土壤中占优势的硅藻包括曲壳藻属(Achnanthes)、桥弯藻属(Cymbella)、桅杆藻属(Fragilaria)、双菱藻属(Surirclla)、针杆藻属(Synedra)、羽纹藻属(Pinnularia)、舟形藻属(Navicule)、菱形藻属(Nitzschia)和菱板藻属(Hantzschia)等。

(5)原生动物

原生动物可以吞食有机物残片和土壤中的细菌、单细胞藻类、放线菌和真菌的孢子等,在土壤食物链中处于初级消费者的地位。土壤中原生动物的种类包括纤毛虫、鞭毛虫和根足虫等,在土壤中一般呈水平和垂直分布。原生动物在枯枝落叶层(包括腐殖质)中最丰富,0~5 cm 土层比较多,5~10 cm 土层最多,10~15 cm 土层很少,30 cm 以下土层没有原生动物的分布。

3.土壤微生物功能

土壤微生物在维持土壤生产力方面发挥着重要作用,主要参与土壤的物质循环,提高土壤质量,维护土壤生态平衡等。在人类活动(如施肥、喷洒农药和作物轮作等)中,土壤微生物多样性及其酶活性对土壤养分、pH值和有机物含量的变化很敏感。土壤中一些微生物可以分泌抗菌物质,抑制病原菌的繁殖,防治土传病原菌对作物的危害和病虫害。根瘤菌和菌根真菌等与植物根系形成互惠的共生体,固定大气中的分子态氮,改善植物的氮素营养,帮助植物吸收土壤中的磷,改善植物的磷营养物质。土壤微生物还可以降解土壤中农药和有机废物,维护土壤健康和生态稳定。

(二)植物体中的微生物

不同植物的器官为内生微生物和附生微生物提供了不同的生态位。这些微生物与宿主植物之间形成了复杂的共生关系,是植物微生物的重要组成部分。植物微生物主要分为根际微生物、叶际微生物和内生微生物。这些微生物受多种因素的影响,如温度、湿度、紫外线辐射和应激等。植物体中的微生物包括细菌、古菌、真菌、藻类、病毒、原生动物和线虫。

1.叶际微生物

叶际是指拥有复杂微生物群落的叶片外表面环境。生存在叶际表面和内部的微生物(如细菌、真菌和卵菌等),称为叶际微生物(phyllosphere microorganism)。叶片表面栖息着许多微生物,其中最丰富的是细菌,叶片表面细菌数量为 $10^6 \sim 10^8$ 个/cm²。

植物叶际微生物丰度受宿主类型、季节、地理位置和人为干预等因素的影响,最常见的细菌包括α-变形菌门(Alphaproteobacteria)、β-变形菌门(Betaproteobacteria)、γ-变形菌门(Gammaproteobacteria)、拟杆菌门(Bacteroides)、厚壁菌门(Firmicutes)和放线菌门(Actinobacteria)。变形菌门的细菌具有固氮作用、硝化作用、甲基化作用和不产氧光合作用等功能。放线菌门和厚壁菌门的细菌能产生孢子,抵抗紫外线辐射,能适应干旱和其他恶劣环境。

叶际固氮菌包括变形菌门的固氮菌属(Azotobacter)、拜叶林克氏菌属(Beijerinckia)和克雷伯菌属(Klebsiella),以及蓝细菌门(Cyanobacteria)的念珠藻属、伪枝藻属(Scytonema)和真枝藻属(Stigonema)。它们含有固氮酶,可以固定大气中的氮气。

叶际的甲基营养菌包括生丝微菌属(Hyphomicrobium)、甲基杆菌属(Methylobacterium)、Methylibium 属、嗜甲基菌属(Methylophilus)、甲基帽菌属(Methylocapsa)、甲基细胞菌属(Methylocella)和甲基囊菌属

(Methylocystis),这些细菌以甲醇(CH_3OH)或甲烷(CH_4)作为唯一碳源,促进植物生长。丁香假单胞菌(Pseudomonas syringae)是多种作物和果树的病原体,生长在叶片表面,也可通过气孔或伤口进入内部叶片组织,引发植物疾病。

酵母菌是主要的叶际真菌,每克叶组织有 $10\sim10^{10}$ CFU。叶际酵母菌的常见菌属包括隐球酵母属(Cryptococcus)、掷孢酵母属(Sporobolomyces)和红酵母属(Rhodotorula)。丝状真菌每克叶组织有 $10^2\sim10^8$ CFU,通常属于枝顶孢霉属(Acremonium)、链格孢属(Alternaria)、曲霉属(Aspergillus)、枝孢属(Cladosporium)、毛霉属(Mucor)和青霉属(Penicillium)。

2. 根际微生物

根际是指受植物根系的影响,在物理、化学和生物学特性上不同于周围土体的那部分微域土区。根际的范围一般是离根表面数毫米(如黏质土壤)到 $1\sim2$ cm(如沙质土壤)。根际效应(rhizosphere effect)是指根际微生物群落与非根际微生物群落的差异现象。由于营养物质丰富的根际沉积物的存在,植物根系可以从土壤中募集和积累特定的微生物,根系分泌物是根际微生物群落组装的驱动力。根际有益微生物通过直接作用方式(如促进植物的养分吸收、产生促进植物生长的激素和增强植物的抗性等)或者间接方式(如抑制病原菌的生长和感染等)来促进植物的生长。

促进植物生长的根际或内生细菌被称为植物生长促进细菌(plant growth-promoting rhizobacteria, PGPR)。PGPR 包括假单胞菌(Pseudomonas spp.)、芽孢杆菌(Bacillus spp.)、链霉菌属、伯克霍尔德菌(Burkholderia spp.)、固氮螺菌(Azospirillum spp.)等,以及与植物形成特定共生关系的细菌,如根瘤菌(Rhizobium spp.)和弗兰克氏菌(Frankia spp.)。PGPR 可通过增加植物体内的有效矿质营养物质(如 N、P 和 Fe)或调节植物激素(如生长素、乙烯、细胞分裂素、脱落酸和赤霉酸等)水平,改善植物生长发育。此外,PGPR 还可以通过抑制植物病原菌的活性,间接促进植物生长和提高适应性。通常情况下,PGPR 作为生物肥料、植物促生长和生物防虫方面的接种剂,在农业生产中广泛应用。

土壤微生物群落结构的破坏易引起土传病害,改变土壤理化性质,严重影响土壤微生态环境。土壤根际有害微生物主要包括病原真菌、病毒、细菌和线虫,一些致病病毒可以利用线虫和真菌作为运输工具进入植物根际。多数植物病害是由病原真菌入侵引起的,其分泌的高毒性次级代谢物会降低农作物的产量,对农业产生影响。目前,生产实践中通过促进植物生长的细菌和肥料等措施来控制根际病原真菌,增加根际土壤中的微生物多样性,增强植物抗性。

病原线虫是继病原真菌之后破坏作物种植和生产的第二大类病害,主要包括孢囊线虫(cyst nematode)和根结线虫(root-knot nematode)。孢囊线虫是一种内寄生线虫,可寄生于禾本科和豆科等植物根系。孢囊线虫从根尖侵入根部,造成植物根组织代谢失调,使植物根系短粗、植株矮小、叶片变黄、产量降低。根结线虫寄主广泛,能够侵染 3 000 多种植物。根结线虫可以侵入植物伤口形成瘤状的根结,影响根系对水分和无机盐的吸收,降低寄主植物中氨基酸和有机酸的水平,导致叶绿素含量下降;还可以与其他土壤病原体,如立枯丝核菌(Rhizoctonia solani)、烟草根黑腐病菌(Thielaviopsis basicola)和镰刀霉属(Fusarium)一起引起复合侵染,造成植物生长减弱甚至死亡。

3. 内生微生物

植物内生菌(Endophyte)是一定阶段(或全部阶段)生活于健康植物的组织和器官内部的真菌或细菌,是植物微生态系统中的天然组成部分。植物体(如根、茎、叶鞘、叶)内存在某些具有特异性的内生微生物,如属于广古菌门(Euryarchaeota)、子囊菌门(Ascomycota)、担子菌门(Basidiomycota)和毛霉门(Mucoromycota)的某些真菌,其中子囊菌门是最主要的。细菌包括放线菌门、酸杆菌门(Acidobacteria)、拟杆菌门、恐球菌-栖热菌门(Deinococcus-Thermus)、厚壁菌门、变形菌门和疣微菌门(Verrucomicrobia),其中变形菌门占主要。

氮是植物生长所必需的元素之一,固氮菌将大气中的氮气转化为容易被植物吸收的氨,与根际微生物相比,内生微生物能固定更多的氮。玉米固氮内生菌来自固氮螺菌属、伯克氏菌属(Burkholderia)和假单胞菌属;花生固氮内生菌包括慢生根瘤菌属(Bradyrhizobium);水稻固氮内生菌包括产碱杆菌属(Alcaligenes)、固氮弓菌属(Azoarcus)、甲基杆菌属、泛菌属(Pantoea)和沙雷氏菌属(Serratia);大豆固氮菌包括不动杆菌属(Acinetobacter)、芽孢杆菌属、肠杆菌属(Enterobacter)、慢生根瘤菌属、伯克氏菌属、克雷伯菌属。

除氮外,磷在植物的生长过程中也是必不可少的。磷以复杂化合物形式存在,在植物的代谢过程中发挥重要作用。植物内生微生物通过植酸酶、C-P裂解酶和磷酸酶等将有机磷溶解为无机磷。能够溶解无机磷酸盐的微生物包括无色杆菌属(Achromobacter)、气杆菌属(Aerobacter)、土壤杆菌属(Agrobacterium)、芽孢杆菌属、伯克氏菌属、欧文氏菌属(Erwinia)、黄杆菌属(Flavobacterium)、假单胞菌属和根瘤菌属等。

二、水中微生物

水也是微生物存在的天然环境,但水体具有自净作用,会降低水中微生物数量。日光中的紫外线可使水体表面的细菌死亡。水中原生动物可以吞噬细菌,藻类和噬菌体能抑制一些细菌生长。水中的微生物随一些颗粒下沉于水底污泥中,使水中的细菌大为减少。水流的振动作用和氧化作用,以及环境因素(物理、化学和生物因素)的综合作用,也会使水中微生物数量逐渐减少。

(一)水中微生物的来源

水中微生物一般来源于空气、土壤、污水、垃圾、腐败的动植物体和动物排泄物等。水中微生物种类和数量因水源不同而异,一般地面水比地下水含菌数量多,并易被病原菌污染。距水面5~20 m的水层中微生物含量最多。20 m以下,细菌数随深度的增加而减少。接近水底时由于有机物丰富,微生物含量又增加。在水体环境中,微生物多数以附着态存在,还有少部分微生物处于自由状态。自然界水环境大体分为淡水环境和海水环境。由于淡水环境和海水环境的盐度存在差异,两者在微生物种类和数量上也存在一定的差异。

(二)水中微生物的种类、数量和分布

1.淡水环境微生物

淡水中微生物的分布、种类和数量等受到许多因素的影响。水中有机物含量越高,则微生物含量越高,如靠近居民区和城市下游的水域中,由于人类活动往水体排入大量污物,导致水体有机物含量升高,一些腐生菌和原生动物可以从中获得营养物质进行繁殖。这些腐生菌主要包括大肠杆菌(Escherichia coli)、粪链球菌(Streptococcus faecalis)、变形杆菌属(Proteobacteria)、产气杆菌(Aerobacter aerogenes)、弧菌属(Vibrio)、螺旋菌属(Spirillum)等,真菌主要以水生藻状菌为主。远离居民区的水域,水中有机物质含量低,微生物可利用底物较少,因此微生物数量较少。

湖水中微生物的分布在种群方面具有层次性。较大较深的平静湖泊中,微生物的生态分布较稳定,且呈现一定规律。好氧及兼性好氧的细菌、真菌和藻类多数分布在从水面到10 m深的溶解氧较多的上层水体中,水体中溶解氧由上向下逐渐减少;水深20~30 m的中层水体中,生长着光合性的紫色细菌、绿色细菌及其他专性厌氧细菌;30 m以下的水层和湖底污泥里,只存在专性厌氧细菌,如脱硫弧菌属(Desulfovibrio)、甲烷杆菌属(Methanobacterium)、甲烷球菌属(Methanococcus)和梭菌属(Clostridium)等。整体趋势是随着深度的增加水中微生物数量减少,但湖底沉积物中微生物数量又有所增加,并且微生物的数量随着离岸的距离增加而减少。

2. 海水环境微生物

海洋为微生物提供了一个巨大而又多变的栖息地。海洋中微生物包括古菌、细菌、放线菌、霉菌、酵母、病毒、衣原体、支原体、噬菌体和微型原生动物等。古菌常出现在一些极端环境中,如深海沉积物、热泉和深海热液喷口等区域。在海洋中古菌的数量和种类随海域和深度不同而异。细菌是海洋中分布最广且数量最多的一类微生物。

海水中的细菌以革兰阴性菌为主,海底沉积物中以革兰阳性菌为主。海洋放线菌中以链霉菌为主,占海洋放线菌总量的95%左右。海洋真菌营腐生(或寄生)生活,黄海、渤海地区真菌主要包括青霉属、曲霉属(Aspergillus)、镰刀霉属(Fusarium),其中青霉属占海洋真菌总数的70%以上。

3. 畜禽养殖污水中的微生物

畜禽养殖业造成的污染已成为仅次于工业污染和生活污染的第三大污染源。畜禽养殖污水中的微生物来源于畜禽粪便,含有病原菌、寄生虫和病毒。病原菌主要为弯曲杆菌(Campylobacter)、肠致病性大肠埃希菌(Enteropathogenic Escherichia coli)、沙门氏菌(Salmonella)、志贺氏菌(Shigella)和霍乱弧菌(Vibrio cholerae)。寄生虫主要为蛔虫(Ascaris lumbricoides)、毛首鞭形线虫(Trichuris trichura)、十二指肠钩虫(Ancylostoma duodenale)、美洲钩虫(Necator americanus)、蓝氏贾第鞭毛虫(Giardia lamblia)、隐孢子虫(Cryptosporidium parvum)、圆孢子虫(Cyclospora cayetanensis)和痢疾变形虫(Entamoeba histolytica)。病毒主要为诺如病毒(Noroviruses)、轮状病毒(Rotaviruses)、腺病毒(Adenoviruses)、星状病毒(Astroviruses)、肠病毒(Enteroviruses)、甲型肝炎病毒(HAV)和戊型肝炎病毒(HEV)等。

(三) 水中微生物检查

1. 水中微生物检测指标

常用细菌总数和总大肠菌群数来判断水的污染程度。细菌总数是指1 g(或1 mL)检样在普通营养琼脂培养基中37 ℃条件下培养24 h所生长的细菌菌落数。大肠菌群指一群在37 ℃条件下培养24 h能分解乳糖产酸产气、需氧或兼性厌氧的革兰阴性无芽孢杆菌,包括大肠杆菌属、枸橼酸菌属、肠杆菌属、克雷伯杆菌中的一部分和沙门菌属肠道亚种的细菌。总大肠菌群数(MPN/100 mL)指每100 mL水样中含大肠菌群数的最可能数。

2. 生活饮用水标准

中国《生活饮用水卫生标准》(GB 5749—2022)规定生活饮用水的常规微生物指标包括细菌总数、总大肠菌群数、耐热大肠菌群数、大肠埃希菌数,细菌总数不超过100 CFU/mL,总大肠菌群(MPN/100 mL)

不得检出,耐热大肠菌群数和大肠埃希菌数在100 mL水样中均不得检出。超过这些指标,表示水源受病原菌污染严重,水中可能有病原菌存在。

三、空气中微生物

空气没有像土壤和水体那样适合微生物生长的生态位,空气中微生物的来源、种类和分布具有自身的特点。

(一)空气中微生物来源

空气中微生物的来源很多,土壤、水体以及人和动植物体上的微生物,可随气流进入空气中。微生物拥有一些特殊机制(如细菌芽孢、真菌孢子和原生动物孢囊等),抵抗各种环境因素,在空气中能存活一段时间。

(二)空气中微生物存在方式

空气中大多数微生物可依附在粉尘表面形成微生物气溶胶。根据气溶胶中的主要成分不同,可将其分为细菌气溶胶、真菌气溶胶、病毒气溶胶和内毒素气溶胶等。微生物气溶胶因不同的组成成分而异,直径为0.02~100 μm,病毒形成的气溶胶为2 μm以下的微小颗粒,细菌、真菌和原生动物形成的气溶胶为2 μm以上的粗大颗粒。

(三)空气中微生物的种类、数量及分布

由于空气中没有像土壤和水体那样适合微生物生长的生态位,因此空气中的微生物种类和分布并不固定。人类和动物生活场所(如畜禽舍、医院、学校和城市街道等)的空气中微生物种类和数量较多。高山、海洋、森林、终年积雪的山脉和高纬度的空气中微生物的数量较少。

畜禽舍内空气中的微生物很大一部分是细菌,其中革兰阳性细菌占90%,最常见的种类是葡萄球菌(*Staphylococcus*)、链球菌(*Streptococcus*)和肠球菌。革兰阴性细菌仅占空气细菌的小部分。研究表明,就细菌总数而言,革兰阴性菌的比例在牛舍中约为10%,在猪舍中约为4.9%,在禽舍中约为2.6%。猪舍和牛舍空气中的革兰阴性菌是需氧的,包括肠杆菌科(Enterobacteriaceae)、假单胞菌科(Pseudomonadaceae)和奈瑟菌科(Neisseriaceae)。畜禽舍内空气中真菌、霉菌和酵母菌的比例很低,家禽、猪和奶牛舍中最常见的真菌包括曲霉属(*Aspergillus*)、链格孢属、枝孢属、青霉属、镰刀属、帚霉属(*Scopulariopsis*)和酵母菌。空气中微生物和灰尘的浓度通常随着动物年龄和体重的增加而增加,当动物活动量变大时,会测到更高浓度的细菌和真菌。

第二节 动物体中微生物的分布

动物体内和体表存在着种类复杂、数量庞大、形态和功能多样化的微生物群体。微生物与微生物之间、微生物与宿主之间存在相互依存和相互制约的关系。长期生活在动物体表和体内的微生物,称为常驻菌(resident flora)。少数从土壤、水体和空气等环境中获得并且短暂寄居在动物体上的微生物,称为过路菌(transient flora)。动物体中的微生物区系处于相对平衡状态,在宿主生长发育、消化吸收和生物拮抗等方面起重要作用。

一、消化道微生物的分布

消化道微生物是指消化道内多种细菌、古菌、真菌和原生动物的集合体。其中80%~85%消化道微生物不能通过传统方法进行培养。消化道中不同部位微生物的分布情况也不尽相同。因含有大量食物残渣、脱落的上皮细胞以及适宜的温度和湿度等条件,口腔中聚集的微生物众多。

动物胃肠道内栖居大量微生物,其微生物的种类和数量因栖居的部位不同而受多种因素(如动物品种、年龄、健康状况、遗传背景和饲料组成、抗生素使用等)影响。一般而言,胃和十二指肠细菌数量为 $10~10^3$ CFU/mL,到回肠末端增加至 $10^4~10^7$ CFU/mL,大肠中的微生物的数量($10^{11}~10^{12}$ CFU/mL)和种类远远超过小肠中的微生物,其菌群结构更加复杂、稳定和多样化。

(一)单胃动物消化道微生物

1.猪消化道微生物

链球菌属、放线杆菌属(*Actinobacillus*)、莫拉氏菌属(*Moraxella*)和罗氏菌属(*Rothia*)是猪唾液中最丰富的菌属,其中链球菌属是猪口腔中的优势菌属。食管中没有食物停留,故含微生物较少。

猪小肠液是弱碱性微混浊液体,pH值约8.2~8.7。胆盐是不少细菌的抑制剂,抑制细菌生长繁殖。小肠蠕动速度快,是小肠细菌数目相对较少的一个重要原因。小肠不同部位的微生物组成和功能差异尤为显著,埃希氏菌属(*Escherichia*)、假单胞菌属(*Pseudomonas*)和嗜血杆菌属(*Haemophilus*)在胃和十二指肠中丰度较高,在空肠和回肠的丰度较低。小肠肠腔和黏膜的微生物组成也不同。与肠黏膜相比,肠腔内含有较多的厌氧菌和较少的普雷沃氏菌属(*Prevotella*)。埃希氏菌属是仔猪肠黏膜中的主要微生物,但其在肠腔中的丰度较低。

猪盲结肠菌群从门水平来看,厚壁菌门的细菌占比最大,其次是拟杆菌门,这两个门约占所有细菌的90%。随着猪日龄的增长,厚壁菌门和螺旋体门(*Spirochaetes*)的比例增加,拟杆菌门的比例下降。后肠较丰富的菌属包括普雷沃氏菌属、厌氧杆菌属(*Anaerobacter*)、链球菌属、乳杆菌属(*Lactobacillus*)、粪球菌属(*Coprococcus*)、*Sporacetigenium*属、巨球形菌属(*Megasphaera*)、罕见小球菌属(*Subdoligranulum*)、布劳特氏菌属（Blautia）、颤杆菌克属（Oscillibacter）、粪杆菌属（Faecalibacterium）、假丁酸弧菌属（Pseudobutyrivibrio）、小杆菌属（Dialister）、八叠球菌属（Sarcina）和罗氏菌属。厌氧杆菌属、Sporacetigenium 属、颤杆菌克属和八叠球菌属的丰度随着猪的日龄增长而增加，而普雷沃氏菌属、乳杆菌属、巨球形菌属、粪杆菌属和小杆菌属的丰度则逐渐降低。

2. 禽类消化道微生物

禽类消化道容纳着一个庞大的微生物群落，包括细菌、产甲烷古菌、真菌和病毒等。消化道微生物影响消化道组织形态、饲料消化、营养物质吸收、免疫系统发育、短链脂肪酸的产生、维生素合成和肠道致病菌的增殖，在禽类健康和生长中起重要作用。家禽消化道菌群紊乱可导致健康状况不佳，增加对病原体的易感性。

鸡胃肠道的微生物组成不是静态的，而是随着年龄的变化而变化的。新孵化雏鸡肠道微生物的定殖容易受到环境因素的影响，其肠道微生物的组成取决于周围环境。雏鸡肠道微生物群迅速建立，主要由兼性厌氧菌定殖，随着年龄的增长，逐渐过渡到复杂的专性厌氧菌，最终达到相对稳定的状态。

禽类嗉囊是一个贮存食物并发酵食物的组织，日粮进入嗉囊后，在其中停留数分钟至数小时。嗉囊中的细菌主要是革兰阳性兼性厌氧菌，如嗜酸乳杆菌（Lactobacillus acidophilus）、唾液乳杆菌（L. salivarius）和鸟乳杆菌（L. aviarius）。

禽类小肠（十二指肠、空肠和回肠）是营养物质消化和吸收的主要场所，包含的微生物数量较少，以耐酸和兼性厌氧菌为主，如乳酸杆菌（Lactobacillus）、肠球菌和链球菌。

禽类盲肠微生物丰度高，代谢功能强，是发酵不可消化碳水化合物的关键部位。大多数禽类盲肠微生物是专性厌氧菌，包括梭菌属（Clostridium）、拟杆菌属（Bacteroides）和瘤胃球菌属（Ruminococcus）。

3. 马盲肠微生物

马是典型的非反刍草食动物，其盲肠非常发达。30%~80% 马盲肠和结肠微生物是严格厌氧的。在盲肠中，总厌氧菌的数量为 1.85×10^7~2.65×10^9 CFU/mL，细菌可分为纤维素分解菌、蛋白水解菌、乳酸利用菌和糖酵解菌。盲肠微菌群中的纤维素分解菌群相对于蛋白水解菌群占优势，分别为 $(4.6$~$9.4)\times10^6$ CFU/mL 和 $(0.3$~$1)\times10^6$ CFU/mL。盲肠纤维素分解菌群包括黄色瘤胃球菌（Ruminococcus flavefaciens）、白色瘤胃球菌（R. albus）和产琥珀酸纤维杆菌（Fibrobacter succinogenes）。

4. 伴侣动物消化道微生物

成年犬肠道菌群包括厚壁菌门、拟杆菌门、变形菌门、梭菌门（Fusobacteria）和放线菌门。乳酸杆菌均匀分布于犬整个肠道，肠杆菌目（Enterobacteriales）、梭杆菌目（Fusobacteriales）和梭菌目（Clostridiales）的细菌沿肠道位置而变化。肠杆菌目在犬小肠中的相对丰度较高，梭菌目是十二指肠和空肠中的主要细菌目，回肠和结肠中梭杆菌目和拟杆菌目（Bacteroidales）是主要细菌目。在猫的肠道中，乳酸杆菌沿着肠道位置分布，特别是在空肠和结肠中。猫小肠微生物群主要是厚壁菌门和拟杆菌门，而变形菌门和放线菌门是回肠的优势菌门，结肠微生物群包含更丰富的厚壁菌门、变形菌门和梭菌门。

伴侣动物致病性细菌包括厌氧螺菌（Anaerobiospirillum）、蜡样芽孢杆菌（Bacillus cereus）、空肠弯曲菌（Campylobacter jejuni）、大肠弯曲杆菌（C. coli）、产气荚膜梭菌（C. perfringens）、艰难梭菌（C. difficile）、肠致病性大肠杆菌、螺杆菌（Helicobacter）、比佐泽罗尼螺杆菌（H. bizzozeronii）、所罗门幽杆菌（H. salomonis）、

肺炎克雷伯氏菌(*Klebsiella pneumoniae*)、沙门氏菌和耶尔森氏菌(*Yersinia*)等。这些病原菌附着在肠上皮表面时,侵入黏膜层或产生肠毒素,是导致炎症性肠病和腹泻的主要原因。部分病原菌也存在于肠道微生物区系平衡的健康犬和猫肠道中,但不引起肠炎或腹泻。

(二)反刍动物瘤胃微生物

反刍动物出生后瘤胃及消化道其他部位微生物区系逐渐建立,主要包括古菌、细菌、真菌和原生动物等,这些微生物分解纤维素和半纤维素,也分解其他营养物质(如糖类、脂肪和蛋白质等)。反刍动物瘤胃微生物之间的关系主要包括协同、竞争、共生和吞噬等。

1.瘤胃细菌

瘤胃细菌种类繁多,形态多样,功能各异。根据发酵物质种类不同,瘤胃细菌主要分为纤维素降解菌、半纤维素降解菌、淀粉降解菌、蛋白质降解菌和脂肪降解菌等类型,还有一些糖利用菌、酸利用菌、产氨细菌和尿素分解细菌。

(1)纤维素降解菌

纤维素降解菌在瘤胃中数量最多,可产生纤维素酶类,能水解纤维素,不能发酵单糖,仅能利用纤维素水解过程产生的双糖和三糖作为碳源和能量的来源。瘤胃纤维素降解菌主要包括白色瘤胃球菌、黄色瘤胃球菌、产琥珀酸丝状杆菌、溶纤维丁酸弧菌(*Butyrivibrio fibrisolvens*)、纤维降解梭菌(*C. cellobioparum*)、产气荚膜梭菌和丁酸梭菌(*C. butyricum*)。白色瘤胃球菌和黄色瘤胃球菌是瘤胃中最主要的纤维分解菌,可产生大量纤维素酶和半纤维素酶,主要为木聚糖酶。产琥珀酸丝状杆菌为革兰阴性菌,不运动,纤维分解活性高,以葡萄糖、纤维二糖、纤维素和果胶作为碳源。与瘤胃球菌相比,产琥珀酸丝状杆菌对抗生素有较强的耐受能力,当反刍动物摄入抗生素时,该菌成为瘤胃中占主导地位的纤维降解菌。

(2)半纤维素降解菌

能利用纤维素的微生物也能利用半纤维素,但是一些利用半纤维素的细菌却不能利用纤维素。半纤维素分解菌包括布氏普雷沃氏菌(*Prevotella bryantii*)、多毛毛螺菌(*Lachospira multipara*)、螺旋体(*Spirochaetes*)、溶糊精琥珀酸弧菌(*Succinivibrio dextinosolvents*)、反刍真细菌(*Eubacterium ruminantium*)和溶纤维真细菌(*E. cellulosolvents*)。

(3)淀粉降解菌

一些分解纤维素的细菌也能分解淀粉,而分解淀粉的细菌却不能分解纤维素。瘤胃淀粉降解菌包括牛链球菌(*Streptococcus bovis*)、嗜淀粉瘤胃杆菌(*Ruminobacter amylophilus*)、短普雷沃氏菌(*Prevotella brevis*)、布氏普雷沃氏菌、溶淀粉琥珀酸单胞菌(*Succinimonas amylolytica*)、反刍兽新月形单胞菌(*Selenomonas ruminantium*)和双歧杆菌(*Bifidobacterium*)。

(4)蛋白质降解菌

还有许多瘤胃细菌都具有分解蛋白质的能力,比如斯氏梭菌(*C. sticklandii*)、拟球梭菌(*C. coccoides*)、氨基戊酸梭菌(*C. aminovalerinum*)、反刍兽新月形单胞菌、反刍真杆菌(*E. ruminantium*)、溶纤维丁酸弧菌、嗜淀粉瘤胃杆菌和栖瘤胃普雷沃氏菌(*P. ruminicola*)等是瘤胃中蛋白质分解菌。隶属于乳酸杆菌科(Lactobacillaceae)、芽孢杆菌属和链球菌属的细菌在瘤胃中也有分解蛋白质的能力。

（5）脂肪降解菌

脂解厌氧弧菌（*Anaerovibrio lipolytica*）、溶纤维丁酸弧菌、真杆菌和密螺旋体（*Treponema*）是瘤胃中具有分解脂肪能力的细菌。

2. 瘤胃古菌

反刍动物中也栖息着古菌，主要为产甲烷菌，包括甲烷杆菌（*Methanobacterium ruminantium*）、巴氏甲烷八叠球菌（*M. barkeri*）和甲烷短杆菌属（*M. spp.*）。反刍动物瘤胃中，大约有1 500种古菌，占瘤胃微生物菌群的3%~4%，其中90%是产甲烷的。产甲烷菌以乙酸为底物、以H_2/CO_2为底物和以甲基类化合物为底物产生甲烷。古菌早在母畜分娩后30 h就栖息在幼龄反刍动物的消化系统中。

3. 瘤胃真菌

在反刍动物的瘤胃中也存在真菌。瘤胃真菌的存在形态主要分为两种：一种是自由运动的游动孢子，游动孢子有很长的鞭毛，能寻找合适的物质形成菌落；另一种是附着于纤维碎片上的真菌菌丝体形态。这些真菌主要来自新丽鞭毛菌门（Neocallimastigomycota），包括厌氧鞭菌属（*Anaeromyces*）、瘤胃真菌属（*Caecomyces*）、枝梗鞭菌属（*Cyllamyces*）、新美鞭菌属（*Neocallimastix*）和厌氧真菌属（*Orpinomyces*）等。这些真菌可以分泌许多高活性酶，如纤维素酶（内切葡聚糖酶、外切葡聚糖酶和β-葡萄糖苷酶）、半纤维素酶（木聚糖酶）、芳香基酯酶（羟基桂皮酸酯酶和阿魏酸酯酶），有助于反刍动物消化植物性饲料。

4. 瘤胃原虫

反刍动物瘤胃还栖息着原生动物。反刍动物瘤胃中含有大量原虫，体积微小（20~200 μm），种类繁多，其在瘤胃液中的数量为10^4~10^6个/mL。瘤胃纤毛虫可快速吞噬淀粉和其他可溶性糖类，避免瘤胃内细菌爆发式发酵，防止乳酸中毒，维持瘤胃pH稳定。瘤胃中能够利用淀粉的原虫包括等毛属（*Isotricha*）、厚毛属（*Dasytricha*）和内毛属（*Entodinium*）；能够利用纤维素的原虫包括双毛虫（*Diplodinium*）、前毛虫（*Epidinium*）和头毛虫（*Ophryoscolex*）。

（三）模式动物消化道微生物

1. 无菌动物

（1）无菌动物的概念

无菌动物（germ-free animal，GF动物）是指机体内外不能检出任何活的微生物和寄生虫的动物。普通实验动物的体内和体外带有寄生虫，体内还常带有细菌和病毒，难以排除某些潜在的传染病。普通实验动物的血清中含有抗体，存在各种各样的干扰，实验结果往往受影响。使用无菌动物来研究就可以克服普通实验动物所存在缺点，使实验结果准确可靠。无菌动物可以用于研究消化道微生物与营养、免疫、肿瘤、传染病等的互作关系。

（2）无菌动物的构建方法

在无菌屏障系统中，剖腹取出胎儿，饲养繁育在无菌隔离器中，饲料和饮水经过消毒，定期检验，确保动物体内外均无一切微生物和寄生虫（包括大部分病毒），从而构建无菌动物。

（3）无菌动物的微生物

无菌动物的"菌"主要是指细菌，而严格来说，还包括真菌、立克次体、支原体和病毒等微生物和各种寄生虫，而所谓"无"不是绝对的，是指根据现有的科学知识和检查方法在一定时期内不能检出已知的微生物和寄生虫。

2.SPF动物

(1)SPF动物的概念

无特定病原体(specific pathogen free,SPF)动物简称为SPF动物,是指不存在某些特定的具有病原性或潜在病原性的微生物或寄生虫的动物,但非特定的微生物和寄生虫是容许存在的。一般指无传染病的健康动物,是目前国外使用最广泛的实验动物。SPF动物常用来研究病原微生物对机体致病作用和免疫机理,从而采取合理的疫病防控措施。

(2)SPF动物的构建方法

以无菌动物作原种,从隔离器移入屏障系统,除特定病原体之外,其他微生物自然侵入,称之为通常动物化。定期检测SPF动物的特定病原体,以确保其体内不存在特定病原体,其他菌群不检测。SPF动物还可以来自无菌动物繁育的后裔,经剖胎取出后,在隔离屏障设施的环境中,由SPF亲代动物抚育。它不带有对人或动物本身致病的微生物,但不能排除可经胎盘屏障垂直传播的微生物。一般先培育无菌动物或悉生动物后,再将其移到有封闭系统设施中饲养繁殖。

(3)SPF动物的微生物

SPF动物不存在某些特定的具有病原性或潜在病原性的微生物或寄生虫,其他微生物自然侵入。

3.灭绝原虫反刍动物

通过降低动物瘤胃内的pH或使之出生后与其他动物隔离等措施,去除反刍动物瘤胃中的原虫,这类动物称为灭绝原虫反刍动物。选择性地接种原虫于灭绝原虫反刍动物体内,用于研究特殊原虫对反刍动物的瘤胃发酵、养分消化和代谢吸收的影响。

二、其他器官系统微生物的分布

(一)呼吸道微生物

1.呼吸道

当动物正常呼吸时,微生物会附着在细颗粒物上随着空气一同进入动物呼吸道,健康动物呼吸道黏膜有许多微生物定殖,构成呼吸道的正常菌群,发挥免疫功能,抵御外源病原体入侵。变形菌门和厚壁菌门是健康猪鼻腔中定殖的主要菌门,其次是拟杆菌门和放线菌门。在属水平上,莫拉菌属(*Moraxella*)是健康猪鼻腔中常见的菌属,其次是链球菌、梭菌属和乳酸杆菌。扁桃体是许多病原微生物的栖身之地,放线杆菌、巴斯德菌(*Pasteurella*)和嗜血杆菌形成了扁桃体核心菌群,另外,还有韦永氏球菌属(*Veillonella*)和消化链球菌(*Peptostreptococcus*)。与鼻腔不同,莫拉菌属在扁桃体较少定殖。牛呼吸道疾病(Bovine respiratory disease,BRD)是牛发病率和死亡率都很高的疾病之一,与BRD相关的病原体包括牛支原体(*Mycoplasma bovis*)、溶血性曼氏杆菌(*Mannheimia haemolytica*)、睡眠嗜组织菌(*Histophilus somni*)和巴斯德氏菌(*Pasteurella multocida*)。在马的上呼吸道分离出了许多细菌,如葡萄球菌、芽孢杆菌、链球菌和棒状杆菌(*Corynebacterium* spp.)等。

2.肺

肺是呼吸系统中下呼吸道的主要器官。机体呼吸时,肺与外界进行气体交换,随着呼吸微生物在肺部定殖。病原微生物中可能会进入肺部,引起肺部疾病。健康人类每克肺组织含有$10^3 \sim 10^5$个细菌,主要包括普雷沃氏菌、链球菌、韦荣氏球菌(Veillonella)、梭杆菌(Fusobacterium)和嗜血杆菌等细菌。健康猪肺内定殖着乳球菌(Lactococcus)、肠球菌、葡萄球菌和乳杆菌,且丰度较高,有利于肺部健康,而在患病猪肺部中链球菌、嗜血杆菌、巴斯德氏菌和鲍特氏菌属(Bordetella)丰度较高,与猪的呼吸系统疾病密切相关。健康牛肺中支原体(Mycoplasma)、链霉菌、大肠杆菌、志贺氏菌和嗜冷杆菌(Psychrobacter)等丰度较高。

(二)泌尿生殖系统微生物

1. 雄性动物

通常情况下,雄性动物输尿管、睾丸、输精管和雌性动物的卵巢、子宫、输卵管是无菌的,而在动物的泌尿生殖道口存在细菌。对于雄性动物来说,乳酸杆菌在正常精液中占优势。当精液中支原体、奈瑟氏菌属(Neisseria)和其他致病菌的丰度增加,而乳酸杆菌的丰度降低时,雄性动物精子密度和活力降低、异常精子数量增加、精液黏度过高。

2. 雌性动物

雌性动物阴道微生物主要是乳杆菌,对于维持健康的阴道环境是至关重要的。乳杆菌可产生乳酸,维持阴道内低pH;还会产生抗生素,抵抗外部病原体的侵入,从而保护宫颈黏膜屏障。在阴道微生态失调和pH升高的情况下,加德纳菌属(Gardnerella spp.)和普雷沃氏菌属的有害细菌生长更快,从而增加患细菌性阴道病(bacterial vaginosis,BV)等疾病的风险。当阴道微生态系统平衡失调时,雌性动物受机会性病原体感染的风险增加。白色念珠菌(Candida albicans)是阴道中常见的共生菌,在阴道菌群失调的情况下,白色念珠菌作为病原体产生致病作用。动物尿道口易被粪便和土壤等污染,存在大肠杆菌和葡萄球菌等细菌。

三、体表微生物的分布

(一)正常动物

动物的皮肤和毛皮在机体与其外部环境之间形成重要的物理屏障,保护宿主免受外来微生物入侵。有许多来源于动物生存环境(如土壤、垫料、空气、水以及排泄物等)的微生物(包括细菌、真菌和病毒等)寄居在动物的皮毛中。不同种类的动物因其生存环境不同,体表微生物种类和数量也有差异。

(二)患病动物

在动物的皮毛上,还携带一些病原微生物,包括炭疽杆菌(Bacillus anthracis)、布鲁氏菌(Brucella)、沙门氏菌、大肠杆菌、链球菌、红斑丹毒丝菌(Erysipelothrix rhusiopathiae)等细菌,口蹄疫病毒(foot and mouth disease virus,FMDV)、绵羊痘病毒(sheep pox virus,SPV)、山羊痘病毒(goat pox virus,GTPV)、牛病毒性腹泻病毒(bovine viral diarrhea virus,BVDV)和蓝舌病病毒(bluetongue virus,BTV)等病毒,这些病原微生物可通过皮毛进行传播。

细菌性皮炎是毛皮动物常见的皮肤疾病,被感染动物皮肤上常见葡萄球菌属和链球菌属的细菌。在毛皮动物流行性坏死性脓皮病(fur animal epidemic necrotic pyoderma,FENP)中可发现化脓隐秘杆菌(Arcanobacterium pyogenes)致病菌,而在健康毛皮动物中没有发现。

第三节 饲料和畜禽产品中微生物的分布

微生物广泛分布在饲料和畜禽产品中,影响饲料的营养价值,也影响畜禽产品的品质,与饲料和畜禽产品品质密切相关。本节内容主要介绍饲料和畜禽产品中微生物的分布。

一、微生物在饲料中的分布

饲料微生物一般是指分布在饲料中的微生物,主要包括细菌、酵母菌、放线菌、霉菌、病毒等。有些微生物可以参与饲料的制作过程,降解有毒有害物质和抗营养因子等,提高饲料适口性和利用率。畜禽饲料中含有诸多营养物质,为各种微生物提供生存条件。微生物可能导致饲料在加工和运输过程中被污染,引起畜禽中毒。

(一)不同饲料中微生物的种类

粗饲料中的粗纤维含量较高,一般在35%~50%之间,特别是木质素含量较高。粗饲料适口性差,消化率较低。生产中常常采用微生物处理法(如青贮和黄贮)对粗饲料进行有效预处理,以提高其营养价值、适口性和营养物质利用率。

1. 粗饲料中的微生物

粗饲料主要包括干草和农作物秸秆。干草和农作物秸秆体表的微生物主要来源于牧草的叶际微生物和根际微生物。

2. 青绿饲料中的微生物

青绿饲料附生的微生物主要指植物的叶际微生物,这些微生物的种类和组成受到多种因素的影响。青绿饲料中的微生物,尤其是乳酸菌,对于提高青绿饲料的品质和保存期限具有重要作用。青绿饲料还附生有害菌,不利于饲料品质。

3. 青贮饲料中的微生物

青贮饲料是指青玉米秆、牧草等青绿饲料经切碎、填入、压实在青贮塔或窖中,在密封条件下,经过微生物发酵作用而制成的一种多汁、耐贮存的饲料。饲料青贮过程是乳酸菌(lactic acid bacteria,LAB)无氧发酵的过程。青贮原料不同,其所附生的LAB也不同。例如,从紫花苜蓿中分离得到的附生菌主要包括植物乳杆菌(*Lactobacillus plantarum*)、干酪乳杆菌(*Lactobacillus casei*)、戊糖片球菌(*Pediococcus pentosaceus*)和粪肠球菌(*Enterococcus faecalis*)。LAB主要利用饲料原料中的水溶性糖类产生乳酸,快速降低饲料中的pH值,从而抑制有害菌的繁殖,起到防腐保鲜的作用。

当pH值升高或氧气过多时,青贮饲料中可能产生不同的有害微生物。这些微生物既包括对青贮营养质量有害的微生物,如酵母菌和产丁酸细菌,也包括对动物健康和畜产品有害的微生物,如肉毒杆菌(*Clostridium botulinum*)、蜡样芽孢杆菌、单核细胞增生李斯特菌(*Listeria monocytogenes*)、大肠杆菌和霉菌等。

4.黄贮饲料中的微生物

秸秆黄贮是将蜡黄期的作物秸秆(如玉米和小麦秸秆等)作为原料进行收割、筛选和铡切等一系列加工处理后,添加一定量的水分和乳酸菌发酵菌剂,在密闭厌氧条件下进行发酵处理的方法。在黄贮过程中,一般乳酸菌数量需要超过 10^5 CFU/g,才能保证秸秆稳定发酵。秸秆饲料上含有一定量的乳酸菌,但含量较少,秸秆黄贮需要额外添加乳酸菌发酵菌剂。乳酸菌可将秸秆中纤维素、半纤维素和木质素转化为糖类物质,糖类物质经过发酵产生乳酸和短链脂肪酸等酸性代谢产物,降低秸秆pH值,抑制有害菌增殖。

(二)饲料中的微生物污染

1.霉菌毒素

饲料长期处于潮湿环境会发霉产生霉菌毒素。霉菌毒素可以通过多种途径污染饲料,对人类和动物健康造成危害。主要包括黄曲霉毒素(aflatoxins,AFT)、赭曲霉毒素A(ochratoxin A,OTA)、玉米赤霉烯酮(zearalenone,ZEA)、脱氧雪腐镰刀菌烯醇(deoxynivalenol,DON)、伏马菌素 B_1(fumonisins B_1,FB_1)和棒曲霉素(Patulin,PAT)。

(1)黄曲霉毒素

AFT是真菌次生代谢产物,主要由黄曲霉(*Aspergillus flavus*)、寄生曲霉(*A. parasiticus*)、集峰曲霉(*A. nominus*)和黑曲霉(*A. niger*)产生。已经鉴定出大约18种黄曲霉毒素,常见的有黄曲霉毒素 B_1(AFB_1)、黄曲霉毒素 B_2(AFB_2)、黄曲霉毒素 G_1(AFG_1)、黄曲霉毒素 G_2(AFG_2)、黄曲霉毒素 M_1(AFM_1)和黄曲霉毒素 M_2(AFM_2)。

(2)赭曲霉毒素A

OTA是一种由青霉属和曲霉属的真菌所产生的次级代谢产物,具有肾毒性、肝毒性、免疫毒性以及致畸、致癌、致突变性。OTA是葡萄和葡萄副产品中最常见的毒素,会污染咖啡、香料、啤酒和一些肉制品等食物。

(3)玉米赤霉烯酮

ZEA由几种镰刀菌属(*Fusarium*)产生,包括禾谷镰刀菌(*F. graminearum*)、黄色镰刀菌(*F. culmorum*)、禾谷镰孢(*F. cerealis*)、木贼镰孢(*F. equiseti*)和镰孢菌(*F. semitectum*)。ZEA一般存在于玉米、小麦、高粱和燕麦等谷物中,ZEA及其衍生物具有与雌二醇相似的结构,因此可以和雌激素受体结合,引起生殖毒性。

(4)脱氧雪腐镰刀菌烯醇

DON是单端孢霉烯B族中最具代表性的一种霉菌毒素,广泛存在于谷类作物(如大麦、小麦和玉米)及其副产品中。DON是一种蛋白质合成抑制剂,对肝脏具有免疫抑制作用。

(5)伏马菌素 B_1

FB_1 是15种伏马菌素中含量最多且毒性最大的一种毒素。FB_1 可在动物中引起许多不同的毒性作用,包括神经毒性、肝毒性和肾毒性。FB_1是由拟轮枝镰孢菌(*Fusarium verticilloides*)和层生镰刀菌(*Fusarium proliferatum*)产生的真菌毒素,存在于谷物(玉米等)饲料原料或饲料产品中。

(6)棒曲霉素

PAT是一种主要由青霉菌、丝衣霉菌和曲霉菌产生的霉菌毒素,通过影响肾脏、肝脏和肠道等不同器官,对动物造成一定损害。PAT主要污染水果和蔬菜等,特别是苹果和苹果副产品。

2.病原菌

除了霉菌毒素的污染,饲料中的病原菌也是影响饲料安全的主要因素之一。饲料中的病原菌种类繁多,主要包括致病性大肠杆菌、沙门氏菌、肉毒杆菌、志贺氏菌和金黄色葡萄球菌等。在生产、贮存、运输和销售过程中饲料易受这些病原菌的污染。

(1)大肠杆菌

大肠杆菌是一种革兰阴性菌,最具代表性的为大肠杆菌O157:H7,可引起人和动物出血性肠炎和腹泻。

(2)沙门氏菌

沙门氏菌也是革兰阴性菌,畜禽饲料中沙门氏菌的污染率非常高。饲料原料和生产车间存在不同血清型的沙门氏菌,可引起白痢、仔猪副伤寒和动物流产等疾病。

(3)金黄色葡萄球菌

金黄色葡萄球菌是一种革兰阳性菌,是典型的人畜共患病原菌,可引起局部化脓性感染。

(4)单核细胞增生李斯特菌

单核细胞增生李斯特菌是一种革兰阳性菌,在中性或弱碱性环境中生长得最好,已在5%健康人粪便和许多食物中被检测到。单核细胞增生李斯特菌常引起血液和中枢神经系统感染,也可引起人和动物李斯特菌病,主要表现为脑膜炎、败血症和流产等。

(三)微生物对饲料品质的影响

1.正面影响

饲料在生产和贮存过程中,微生物对其影响极大,有些微生物对饲料品质具有积极的影响。利用有益微生物发酵一些廉价的、动物难以利用的饲料原料,在发酵过程中将大分子物质转化为有利于动物肠道吸收的小分子物质,可以有效减少或去除饲料中的抗营养因子,提高饲料利用率,同时产生多种生物活性物质(如活性肽、寡糖、醇类等),有助于保持动物肠道微生态平衡。有些微生物(如啤酒酵母、丝状真菌菌体、光合细菌和螺旋藻等)能发酵积累有用的中间产物和代谢产物(如氨基酸、维生素、酶等),以提高饲料的营养价值。

2.负面影响

有害微生物对饲料的影响也不容忽视。有些微生物会产生蛋白酶、脂肪酶和淀粉酶等,分解饲料中的蛋白质、脂肪和淀粉,降低饲料品质。有些微生物还会使饲料颜色发生变化,增加酸度而降低适口性。霉菌及其次生代谢产物真菌毒素极易污染饲料原料,引起畜禽肝、肾毒性和免疫抑制的发生。饲料还是畜禽沙门氏菌等病原体潜在的暴露源,污染的饲料会导致动物患病,或通过感染动物进入人类的食物和水源,影响人类健康。

(四)饲料卫生标准

饲料微生物学检测指标主要包括细菌总数、大肠杆菌群、沙门氏菌和霉菌总数,具体检测方法可参照中华人民共和国《饲料卫生标准》GB 13078—2017。《饲料卫生标准》对上述指标进行了限量规定,可有效保障饲料产品质量。

二、微生物在鲜肉中的分布

一般来说,健康动物的肌肉组织不含细菌,但在屠宰和加工过程中微生物污染是不可避免的。微生物污染通常来源于动物自身(如动物的皮毛、肠道、皮肤和粪便)和外部环境(如屠宰、加工、运输和贮藏等环节)。

(一)来源与种类

新鲜肉类富含蛋白质、脂肪、糖类和有机酸等,为微生物的生长繁殖提供了有利条件。鲜肉中微生物的来源可分为内源性来源和外源性来源两种。内源性来源是指微生物来自动物体内,在屠宰过程中,动物肠道、呼吸道或其他部位的微生物进入肌肉和内脏,使鲜肉污染。外源性来源是指运输环境、屠宰加工环境、消毒保鲜方式、包装方式和贮存方式等造成的鲜肉污染,外源性污染通常是主要污染源。

(二)微生物对鲜肉品质的影响

细菌极易引起鲜肉变质,产生大量气体(如 CO_2、H_2、H_2S 等)和代谢产物(醛类、醇类、酮类、烃类、二甲基硫醚和有机酸等),引起鲜肉变色和质地变化,出现恶臭和包装膨胀等现象,导致鲜肉品质下降。不同种类微生物在肉类变质过程中释放不同的代谢产物。例如,梭状芽孢杆菌主要产生丁醇和丁酸引起肉类腐败。

肉质软化是鲜肉中特定蛋白质(如肌原纤维、胶原蛋白和弹性蛋白)的降解引起的,常伴随黏液的产生。某些乳酸菌属的细菌,如冷明串珠菌(*Leuconostoc gelidum*)、肉色明串珠菌(*L. carnosum*)和肠膜明串珠菌(*L. mesenteroides*),通过发酵鲜肉中的糖类,降解含氮化合物,产生黏液。沙雷氏菌属(*Serratia*)、微球菌属(*Micrococcus*)、希瓦氏菌属(*Shewanella*)和环丝菌属(*Brochothrix*)的细菌也能引起肉质软化和产生黏液。肉类在贮存过程中的腐败表型及其相关代表性微生物如图13-1所示。

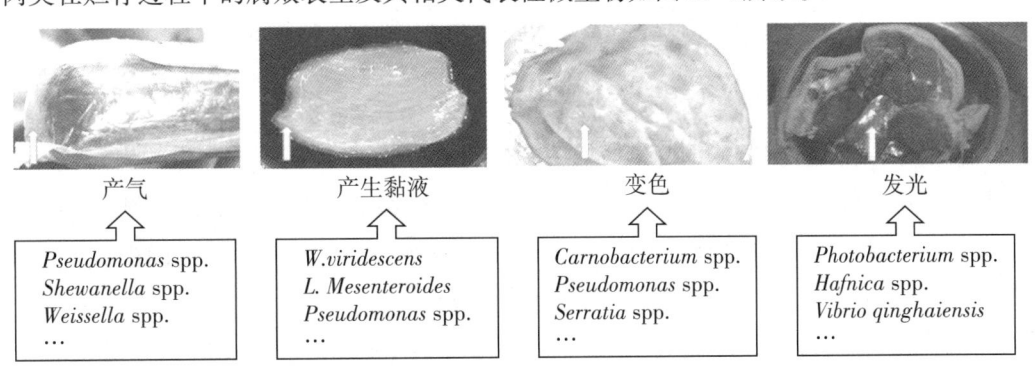

产气	产生黏液	变色	发光
Pseudomonas spp. *Shewanella* spp. *Weissella* spp. …	*W. viridescens* *L. Mesenteroides* *Pseudomonas* spp. …	*Carnobacterium* spp. *Pseudomonas* spp. *Serratia* spp. …	*Photobacterium* spp. *Hafnica* spp. *Vibrio qinghaiensis* …

图 13-1 肉类在贮存过程中的腐败表型及其相关微生物种类

(引自 Shao 等,2021)

(三)检测与卫生学标准

微生物数量是肉类及肉制品相关标准中的重要卫生指标和安全指标。肉类食品的微生物学检验指标包括菌落总数测定、大肠菌群测定、沙门氏菌检验、志贺氏菌检验和金黄色葡萄球菌检验。具体检测方法可参照中华人民共和国国家标准《食品卫生微生物学检验 肉与肉制品检验》(GB/T 4789.17—2003)、《食品安全国家标准 食品微生物学检验 菌落总数的测定》(GB 4789.2—2022)、《食品安全国家标准 食品卫生微生物学检验 沙门氏菌检验》(GB 4789.4—2016)、《食品安全国家标准 食品卫生微生物学检验 志贺氏菌检验》(GB 4789.5—2012)和《食品安全国家标准 食品微生物学检验 金黄色葡萄球菌检验》(GB 4789.10—2016)。

三、微生物在鲜蛋中的分布

蛋在母禽卵巢和输卵管中形成,经泄殖腔排出。鲜蛋作为人类食物重要组成部分,与食品安全息息相关。为了防止鲜蛋被病原微生物污染,必须在饲养管理、环境卫生和免疫接种等环节中加强防控。

(一)来源与种类

鲜蛋微生物来源于自身环境和外界环境。产蛋期母禽患病,免疫机能下降,病原微生物经血液循环侵入输卵管和卵巢,直接污染禽蛋。健康母禽产蛋时接触外界环境,蛋壳表面会携带大量微生物,同时也受到贮存、销售和运输等环节的污染。禽蛋中发现的细菌主要包括大肠杆菌属、变形杆菌属、葡萄球菌属、假单胞菌属和沙门氏菌属等;主要的霉菌包括曲霉属、青霉属和毛霉属等;主要的病毒包括禽白血病病毒、禽传染性脑脊髓炎病毒、减蛋综合征病毒、包涵体性肝炎病毒、禽关节炎病毒、鸡传染性贫血病毒、小鹅瘟病毒和鸭瘟病毒等。变质的禽蛋中杆菌为优势菌群,其次是球菌,球菌中有1/3为致病性葡萄球菌。

(二)微生物对鲜蛋品质的影响

蛋内含有丰富的营养物质,易受到外界不良影响发生变质。引起禽蛋腐败变质的最主要的因素是微生物侵入。鲜蛋表面有大小不一的气孔与外界相通,当禽蛋在温度较高、水洗、雨淋的情况下或有裂纹时,细菌和霉菌大量繁殖,通过气孔(或裂纹)侵入蛋内,分解蛋内营养物质引起鸡蛋腐败变质,产生H_2S、胺类和吲哚等臭味物质,或者使鸡蛋颜色变为黑色、褐色或绿色等。

(三)检测与卫生学标准

蛋和蛋制品微生物学检测指标主要包括细菌总数测定、大肠菌群测定和肠道致病菌(沙门氏菌)的检验。具体检测方法可参照《食品安全国家标准 食品微生物学检验 菌落总数测定》(GB 4789.2—2022)、《食品安全国家标准 食品微生物学检验 大肠菌群计数》(GB 4789.3—2016)、《食品安全国家标准 食品微生物学检验 沙门氏菌检验》(GB 4789.4—2016)。

四、微生物在鲜乳中的分布

乳是新生动物营养物质的唯一来源,包含蛋白质、脂肪、糖类、无机盐、维生素等,也是多种微生物生长繁殖的良好培养基。鲜乳和乳制品在生产过程中,极易受到微生物的污染,导致乳品腐败变质。尽管巴氏杀菌技术已广泛应用于乳制品行业,但乳依旧是某些疾病的传染源。

(一)来源与种类

鲜牛乳营养物质丰富且pH值偏中性,为微生物生长提供了理想的生存条件。鲜牛乳的微生物污染源主要有以下三个:①来自乳房和乳头外表面的细菌。②来自乳房内与乳腺炎相关的微生物以及挤奶设备表面的微生物。③空气、水、饲料、草、粪便和土壤也可能是牛乳微生物污染的重要来源。牛乳中微生物主要包括乳球菌、链球菌、明串珠菌、芽孢杆菌、细杆菌、微球菌、葡萄球菌、假单胞菌、气单胞菌和不动杆菌等细菌,也存在一些真菌,如念珠菌、克鲁维酵母菌和毕赤酵母等。

(二)微生物对鲜乳品质的影响

微生物产生的毒素、生物膜和水解酶影响鲜乳品质。微生物毒素会导致一系列健康问题,受污染的鲜乳必须被淘汰。某些耐冷细菌可形成生物膜,能抵御巴氏杀菌的高温处理,导致鲜乳变质。某些微生物产生水解酶,水解鲜乳中的有机物,改变鲜乳的物理化学性质、功能和感官等,导致牛奶出现苦味、糊化等负面特性。脂肪水解酶通过水解乳脂,产生易氧化的游离脂肪酸,影响鲜乳品质。

(三)鲜乳卫生学标准

鲜乳是整个乳制品供应链中的最上游,其质量安全直接影响下游终端乳制品。目前,鲜乳的微生物学检验指标主要包括菌落总数、大肠菌数和病原菌的检测。根据国家标准《食品安全国家标准 生乳》(GB 19301—2010)规定,鲜乳中菌落总数≤$2×10^6$ CFU/g(mL)。鲜乳中病原菌一般检出率较低,重点检查的病原菌包括牛分枝杆菌、布鲁菌、溶血性链球菌、金黄色葡萄球菌和肠道致病菌等。

本章小结

微生物种类多、繁殖快、适应性强,广泛分布于土壤、植物、水、空气、动物、饲料和畜禽产品中。土壤是自然环境中微生物的主要来源。水中的微生物来源于空气、土壤、污水、垃圾、腐败的动植物残体和动物排泄物等。空气中微生物依附在粉尘表面形成微生物气溶胶。动物体中的微生物区系对宿主生长发育、消化吸收、生物拮抗等起到重要作用。微生物分布于饲料和畜禽产品中,影响饲料的营养价值和畜禽产品品质。

拓展阅读

扫码进行思维导图、课程文化案例、课件等数字资源的获取和学习。

数字资源

思考与练习题

1. 简述土壤中微生物分布规律。
2. 判断水污染程度的微生物指标有哪些?
3. 简述空气中微生物的来源和存在方式。
4. 饲料中微生物学检测指标有哪些?
5. 畜禽产品中微生物学检测指标有哪些?
6. 反刍动物瘤胃微生物种类有哪些?

第十四章

环境因素对微生物的影响

本章导读

物理、化学和生物等环境因素,能改变微生物的形态、生理、生长和繁殖等。环境因素是如何影响微生物生长的？如何采用不同的措施干预微生物的生长繁殖？学习本章内容有利于我们系统掌握环境因素对微生物的影响机制,为后续控制畜禽养殖环境中的微生物奠定基础。

学习目标

1. 理解微生物在不同物理、化学和生物因素影响下的生长代谢特征,掌握不同消毒和灭菌方法的原理。

2. 运用环境因素对微生物生长代谢的作用原理,保存微生物菌种,贮存食物和饲料,消灭和抑制物品环境中的微生物。

3. 理解消毒原理,增强对病原微生物的消毒杀菌意识,进而维护人类和动物的健康。

概念网络图

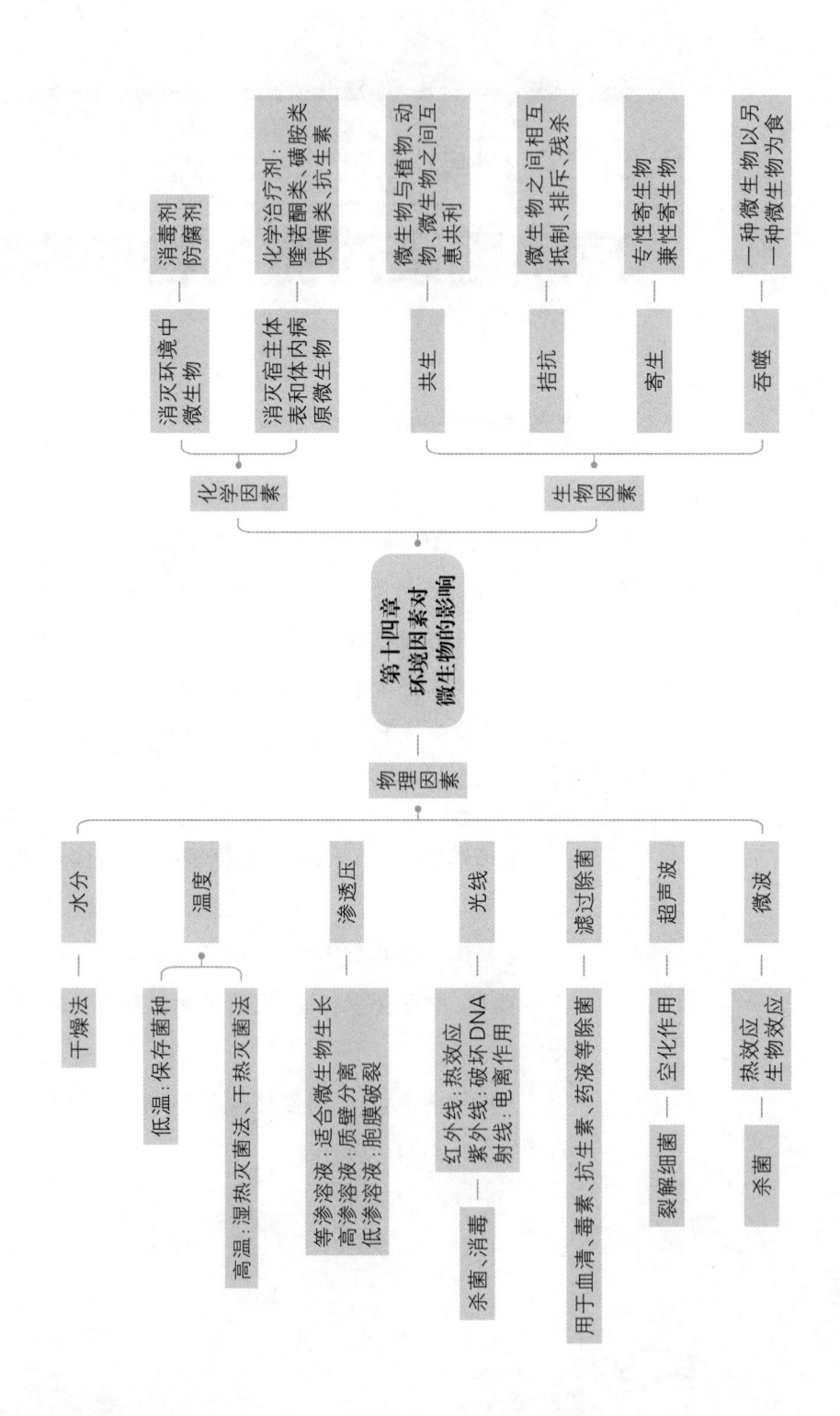

第十四章 环境因素对微生物的影响

- **化学因素**
  - 消灭环境中微生物 —— 消毒剂、防腐剂
  - 消灭宿主体表和体内病原微生物 —— 化学治疗剂：喹诺酮类、磺胺类、呋喃类、抗生素
- **生物因素**
  - 共生 —— 微生物与植物、动物、微生物之间互惠共利
  - 拮抗 —— 微生物之间相互抵制、排斥、残杀
  - 寄生 —— 专性寄生生物、兼性寄生生物
  - 吞噬 —— 一种微生物以另一种微生物为食
- **物理因素**
  - 水分 —— 干燥法
  - 温度
    - 低温：保存菌种
    - 高温：湿热灭菌法、干热灭菌法
  - 渗透压 —— 适合微生物生长
    - 等渗溶液
    - 高渗溶液：质壁分离
    - 低渗溶液：胞膜破裂
  - 光线
    - 红外线：热效应
    - 紫外线：破坏DNA
    - 射线：电离破坏
  - 滤过除菌 —— 用于血清、毒素、抗生素、药液等除菌
  - 超声波
    - 裂解细菌
    - 空化作用
  - 微波
    - 热效应 —— 杀菌
    - 生物效应
  - 杀菌、消毒

微生物分布在自然界中,易受物理、化学和生物等环境因素的影响。人为的影响因素包括消毒(disinfection)、灭菌(sterilization)和防腐(antisepsis)等。消毒是指用物理和化学方法将病原微生物杀死或除去的方法。灭菌是指用物理(或化学)方法将所有致病和非致病微生物及细菌的芽孢全部杀灭的方法。防腐(antisepsis)是指用物理(或化学)方法抑制微生物生长和繁殖的方法。掌握不同环境因素对微生物的影响,有利于我们了解微生物的生长活动规律,指导与微生物相关的生产实践。本章主要从物理、化学和生物三个方面介绍环境因素对微生物生长的影响。

第一节 物理因素对微生物的影响

微生物的生长受到多种环境因素的调节,影响微生物生长的物理因素包括水分、温度、渗透压、光线、超声波和微波等。

一、水分

水分是微生物新陈代谢过程中不可缺少的物质,是微生物自身生存需要依赖的物质基础,是微生物进行物质交换的媒介。

(一)微生物对水分的需求

1. 水分活度

溶质浓度和固体表面对水的亲和力影响水分对微生物的可给性。环境中水的可给性一般用水分活度Aw(water activity)来表示。在相同的温度和压力下,水分活度等于溶液水蒸气压(p)与纯水的蒸气压(p_0)之比(Aw=p/p_0)。水分活度能反映微生物新陈代谢的可利用水(非结合水或自由水)的量。

2. 水分活度与微生物生长的关系

微生物生长的水分活度值范围为0.63~0.99。一般将水分活度值0.70~0.75设为微生物生长的下限,大多数细菌在水分活度值小于0.90时停止生长,大多数霉菌在水分活度值小于0.80时停止生长。一些适合在干燥条件下生长的真菌可在水分活度值为0.65左右生长。

环境条件(如营养物质、pH值、压力和温度等)越差,微生物生长的水分活度下限越高。在高水分活度时微生物对热、光线和化学物质的敏感性最高,在中等水分活度时微生物对热、光线和化学物质的敏感性最低。微生物产生毒素所需的最低水分活度比微生物生长所需的最低水分活度高。

（二）干燥对微生物的影响

微生物在干燥环境中失去大量水分，新陈代谢会发生障碍，甚至引起菌体蛋白质变性，逐渐死亡。多数细菌（如脑膜炎双球菌、淋球菌、霍乱弧菌、梅毒螺旋体等）的繁殖体在空气干燥时很快死亡。有些细菌抗干燥力较强，例如，溶血性链球菌在尘埃中能存活25 d。细菌在有蛋白质等物质保护时存活时间更长，例如，结核杆菌在干痰中数月不死。细菌芽孢抵抗力更强，例如，炭疽杆菌耐干燥可存活20余年。干燥法常用于保存食物。浓盐（或糖渍）食品，可使细菌体内水分逸出，造成生理性干燥，使细菌的生命活动停止。

二、温度

（一）温度与微生物生长繁殖

1. 酶活性

微生物生长过程中所发生的各种生物化学反应，绝大多数需要在特定酶的催化下进行，每种酶都具有最适的酶促反应速率，温度变化会影响酶促反应速率，最终影响细胞物质合成和代谢。

2. 细胞膜流动性

温度升高能增加微生物细胞膜流动性，有利于物质的跨膜运输；而温度降低会导致微生物细胞膜流动性降低，不利于物质的跨膜运输。

3. 物质的溶解度

物质溶于水后，才能更好地被微生物吸收、代谢。温度升高，物质的溶解度也升高；温度降低，物质的溶解度也降低，这些变化能影响微生物对物质的利用，进而影响微生物的生长繁殖。

4. 微生物对温度的适应性

在适宜的温度范围内，微生物的生命活动才能正常进行。根据微生物对生长温度的要求，将其分为嗜冷微生物、嗜温微生物、嗜热微生物和嗜高热微生物。根据微生物对温度的适应性，将温度范围分为最适温度、最高温度和最低温度三个温度基点。微生物生长速度最快，繁殖最旺盛，能充分发挥生理机能的温度称为微生物最适生长温度。微生物能生长的最高或最低温度，分别称为微生物生长最高温度和最低温度。低于最低温度，微生物停止生长。超过最高温度越多，微生物死亡越快。不同微生物的适宜生长温度如图14-1所示。

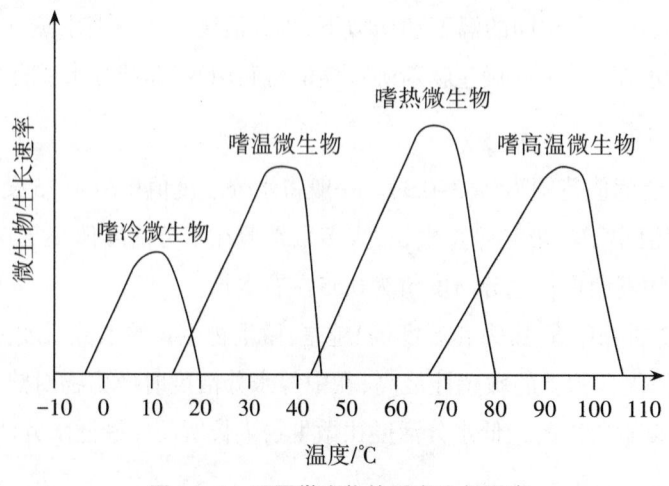

图14-1 不同微生物的适宜生长温度

(二)低温对微生物的影响

1. 低温与微生物

大多数微生物对低温具有很强的抵抗力。当环境的温度低于微生物生长最低温度时,微生物的酶失活或者酶活性下降,微生物的新陈代谢活动逐渐下降,最后处于停滞状态,但仍能在较长时间内维持生命;当温度上升到该微生物生长的最适温度时,又可以进行正常的生长繁殖。常用冰箱保存细菌和病毒。细菌(如伤寒沙门氏菌和白喉杆菌)在液氮或液态氢中仍能存活。细菌芽孢和霉菌孢子可在液氮中下存活半年。

2. 低温保存食物

冷冻能抑制食品中的微生物生长,常用冷冻法保存食品(如肉品、乳品、蛋品和其他食品等),可延长食品保存时间。冷冻的保鲜原理是减缓分子运动,让微生物进入休眠期。冷冻状态可以抑制微生物(引起食物腐败和食源性疾病)的滋生。在-18 ℃的冷冻状态下,食物带有的细菌、霉菌和酵母都会停滞生长。

3. 低温保存菌种

在低温状态下,这些细菌的代谢减慢,当温度回升到适宜范围又能恢复生长繁殖,故低温常用于保存菌种。一般细菌菌种在4~8 ℃冰箱中可保存1~3个月。

(1)冷冻真空干燥法

将细菌菌种与保护剂(脱脂鲜乳或10%脱脂乳+5%蔗糖)混合,置于-20 ℃迅速冷冻,抽真空(24 h),使冰冻物质中水分逐渐升华后干燥呈海绵状,封口,-20 ℃保存,细菌可存活十几年到几十年。

(2)冷冻真空干燥法的原理

迅速冷冻时溶液和菌体中的水分不形成结晶,而呈不定形的玻璃样结构,可避免菌体的结构受水分结晶的挤压、穿刺和破坏,水分升华后,细菌处于长期休眠状态,从而使细菌活力得以长久保存。

(3)冷冻真空干燥法注意事项

应用低温保存微生物时必须迅速冷冻,复苏时迅速融化,不应缓慢冷冻和融化。当缓慢冷冻(或融化)接近冰点时,微生物细胞质内的水分容易形成结晶,扰乱细胞质的胶体状态,冰结晶还会刺伤菌体细胞膜和细胞壁。迅速冷冻使细胞质内的水分结成均匀的玻璃样状态,损害作用不大;而且在迅速融化时,此种菌体内的玻璃样水分,也不形成结晶。

(4)常见冷源和仪器

常见冷源物质和对应温度如下:液氦(-269 ℃左右)、液氢(-250 ℃左右)、液氮(-196 ℃左右)、液空气(-192 ℃左右)、液氧(-183 ℃左右)、干冰(固体CO_2,-79 ℃左右)。

常用冷源冷冻和冷藏仪器如下:超低温冰箱(-70 ℃左右)、普通冰柜(-20 ℃左右)、普通冰箱(冷藏4~8 ℃,冷冻-20 ℃左右)。

(三)高温对微生物的影响

1. 高温与微生物

微生物对高温比较敏感,高温对细菌有明显的致死作用。细菌蛋白质和核酸等化学结构是由氢键连接的,而氢键是较弱的化学键,当菌体受热时,氢键遭到破坏,蛋白质、核酸和酶等结构也随之被破坏,失去生物学活性。高温也可导致细胞膜功能受损而使小分子物质和降解的核糖体漏出。不同种类微生物对高温的敏感性也有差别,一般无芽孢杆菌60 ℃加热30 min死亡,70 ℃加热10~15 min死亡,80~100 ℃加热时,有些微生物立即死亡,有些数分钟后死亡。细菌芽孢耐高温,100 ℃时经2 h还不能被杀死。高温灭菌分为湿热灭菌法和干热灭菌法两种。

2. 湿热灭菌法

湿热灭菌法是指用高压饱和水蒸气加热杀灭微生物的方法。在同样的温度下,湿热的灭菌效果比干热好,其原因如下:①蛋白质凝固所需的温度与其含水量有关,含水量愈大,发生凝固所需的温度愈低。②湿热灭菌过程中蒸汽放出大量潜热,加速提高温度。在同一温度下,湿热灭菌所需时间比干热短。③湿热的穿透力比干热强,使物体内部也能达到灭菌温度。

(1)煮沸消毒法

煮沸消毒法适用于外科手术器械、注射器、针头和餐饮用具等的消毒,但对塑料制品、合成纤维和皮毛制品则不适用。水经煮沸(100 ℃)15~20 min,可以将大部分细菌和病毒杀灭,消毒时间应从水煮沸后算起。水中加入2%~5%苯酚,能增强杀菌力,经15 min的煮沸可杀死炭疽杆菌的芽孢;若水中加入1%碳酸钠或2%~5%的苯酚,可使溶液偏碱性,能增强杀菌力,还具有减缓金属氧化的防锈作用。高山地区因大气压低,应适当延长煮沸时间。

(2)流通蒸汽灭菌法

流通蒸汽灭菌法采用蒸笼或流通蒸汽灭菌器进行灭菌,一般100 ℃加热30 min,可杀死细菌的繁殖体,适用于消毒及不耐高热制剂的灭菌。但不能彻底杀死芽孢和霉菌孢子。要达到完全灭菌,需经100 ℃蒸汽消毒30 min后,将被消毒物品置于37 ℃温箱中,或在常温下过夜,待芽孢发芽,第二天和第三天用同样方法进行灭菌,这种灭菌方法称为间歇灭菌法。此方法对于一些不耐高温的培养基,如鸡蛋清培养基、血清培养基、糖培养基的灭菌最为适用。但为了不破坏血清等物质,还可以用较低的温度(如70 ℃)加热1 h,间歇连续6次,也可以达到灭菌目的。应用间歇灭菌法时,可根据灭菌对象不同,对使用温度、加热时间和连续次数进行适当增减。

(3)巴氏消毒法

巴氏消毒法为法国微生物学家巴斯德于1865年创立,用于彻底杀灭啤酒、牛奶、血清白蛋白等液体中病原体的方法,也是世界通用的一种牛奶消毒法。巴氏消毒法的目的是最大限度地消灭病原微生物和其他微生物。首先要保证杀灭鲜乳中的分枝杆菌、布鲁氏菌和沙门氏菌等病原微生物,并使其他非病原微生物的数量减少90%以上。其次,尽可能减少对鲜乳等品质的破坏。巴氏消毒法分为低温长时间巴氏消毒法(63~65 ℃灭菌30 min)和高温短时间巴氏消毒法(71~72 ℃灭菌15 s)两种。加热消毒后迅速冷却至10 ℃以下,称为冷激,这样可以进一步促使细菌死亡,也有利于鲜乳立即转入冷藏保存。巴氏消毒的鲜奶较好地保留了营养物质与天然风味。

为适应大量鲜乳消毒的技术需要,工业生产中改进建立了一种用超高温瞬时杀菌装置处理鲜乳的方法,称为超高温巴氏消毒法(ultra high temperature pasteurization,UHT)。利用此装置使鲜乳呈薄层状态,通过热交换式的金属板或管道使温度迅速升至135 ℃,经1~2 s,然后迅速冷却到常温,这种处理方法可杀死原始鲜乳中存在的所有微生物,达到消毒目的。超高温巴氏消毒的鲜乳在常温下保质期可达半年,营养成分(如蛋白质、钙和维生素D等)与原始鲜奶的营养价值无差异。

(4)加压蒸汽灭菌法

加压蒸汽灭菌法用高压蒸汽灭菌器进行灭菌的方法,是实验室和生物制品生产中普遍采用的方法。在一个大气压下,蒸汽的温度只能达到100 ℃,当加压时,随压力的升高,温度可上升到100 ℃以上。高压蒸汽灭菌器是根据这一原理设计的一个密闭的耐高压高温的金属容器,具有密封盖,保证容器内的蒸汽不漏。由于连续加热,蒸汽不断增加,灭菌器内的压力逐渐增大,器内的温度随压力增大而升高。使用时要先排净容器内的冷空气,才能使温度与蒸汽的压力相符。

各种培养基、玻璃器皿、金属器械和工作服等,可用高压蒸汽灭菌器灭菌。通常用103.4 kPa压力,加热至121.3 ℃,经15~20 min可杀死所有微生物及其芽孢,达到灭菌的目的。灭菌器内装的物品较多时,灭菌时间应适当延长。使用高压蒸汽灭菌法(或煮沸消毒法)消毒后的物品,应当尽快干燥。若积水长时间留存,可能成为细菌生长的新温床,应尽快干燥避免产生的二次污染。

3. 干热灭菌法

干热空气灭菌法是指用高温干热空气进行灭菌的方法。与湿热灭菌法相比,干热灭菌法需要更高温度与较长时间。

(1)火焰灭菌法

直接以火焰烧灼,立即杀死全部微生物。该方法灭菌迅速、可靠、简便,适用于耐火焰材料(如金属、玻璃及瓷器等)和物品(如接种环、试管口、玻璃棒、三角瓶口和金属器具等)灭菌,或用于烧毁物品(如实验动物尸体、患传染病死亡的畜禽尸体和垫草、病料包装用品等)。在细胞体外培养时,常用酒精灯火焰对金属器具及玻璃器皿口缘进行补充灭菌。

(2)热空气灭菌法

热空气灭菌法是在干燥情况下,利用热空气灭菌,需要用到干热灭菌器(干烤箱),适用于耐高温物品(如金属、玻璃等)、不允许湿热穿透的油脂类(如油性软膏基质和注射用油等)和耐高温的粉末化学药品的灭菌,不适合用于橡胶、塑料和大部分药品的灭菌。在干燥的状态下,由于热穿透力较差,微生物耐热性较高,必须更长时间灭菌,因此干热空气灭菌法使用的温度比湿热灭菌法更高,时间更长。在干热的情况下,100 ℃经1.5 h能杀死细菌的繁殖体;140 ℃经3 h才能杀死芽孢;温度达到160 ℃维持2~3 h,可达到灭菌的目的。

三、渗透压

(一)渗透压与微生物生长繁殖

渗透压是影响微生物生长繁殖的环境因子之一。当两种不同浓度溶液用一种理想的半透膜隔开时,则溶剂从低浓度溶液向高浓度溶液渗透,这种溶剂渗透力,称为渗透压。渗透压通过影响细胞内水分活度、细胞膜通透性、蛋白质分子结构和细胞生理功能,从而影响菌株生长繁殖。由于细胞质膜的半透性和细胞壁的半弹性,渗透压驱动的水涌入细胞内会产生膨胀力,影响微生物的生长。

(二)等渗溶液

等渗溶液是指环境渗透压与微生物细胞的渗透压相等的液体。等渗溶液适合微生物的生长繁殖。大多数微生物的细胞质中含有K^+、谷氨酸和脯氨酸等,具有调整菌体内渗透压的作用,能适应一定范围内渗透压的改变。

(三)高渗溶液

高渗溶液会抑制微生物的生长繁殖或导致微生物死亡。将微生物置于高渗溶液(如浓盐水和浓糖水)中,则菌体内的水分向外渗出,细胞质因高度脱水而浓缩,并与细胞壁脱离,这种现象称为"质壁分离"或"生理干燥"。利用"质壁分离"或"生理干燥"的原理,用10%~15%浓度的盐腌、50%~70%浓度的糖渍等方法保存蔬果等。有些微生物能在高浓度的溶液(如15%~30%的盐水或糖水)中生长繁殖,这类微生物统称为嗜高渗菌(osmophilic organism),又可分为嗜盐菌或嗜糖菌。大肠杆菌耐高渗透压的能力较差,在3%以下的NaCl溶液中能正常生长,在5%NaCl溶液中,其生长受到抑制。枯草芽孢杆菌和金黄色葡萄球菌耐盐能力较强,枯草芽孢杆菌在5%的NaCl溶液中仍能正常生长。

(四)低渗溶液

将微生物置于低渗溶液(如蒸馏水)中,则因水分大量渗入菌体,使菌体细胞显著膨胀,甚至使细胞膜胀裂,这种现象称为"胞膜破裂"或"胞质压出"。由于细胞壁的保护作用,革兰阳性细菌的膨胀压为15~20个大气压,革兰阴性细菌为0.8~5个大气压,微生物对低渗透压的抵抗力较强。

四、光线

日光光谱如图14-2所示,包括红外线(800~4×10⁵ nm)、可见光(400~800 nm)和紫外线(10~400 nm)。暴露于日光下是有效的天然杀菌法,对大多数微生物均有损害作用,直射杀菌效果尤佳,紫外线起主要作用,热和氧气起辅助作用。一般细菌在日光直射下30 min死亡,芽孢20 h死亡。可见光(400~800 nm)对微生物影响不大,但连续照射影响也会影响微生物生长,G⁺菌比G⁻菌对可见光敏感。

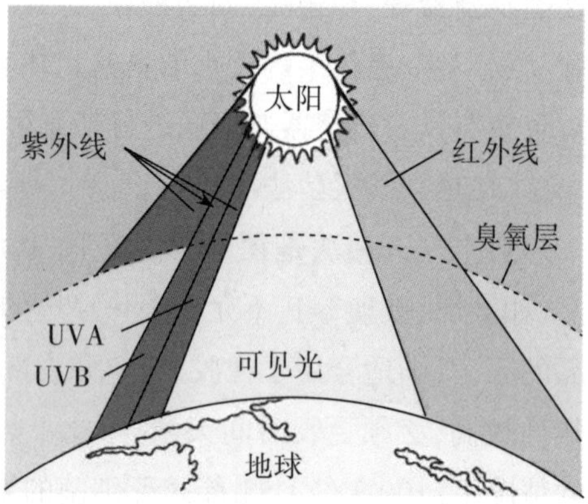

图14-2 日光光谱

(一)红外线

1.效果

800~4×10⁵ nm波长红外线热效应好。照射红外线也被认为是一种干热灭菌法,常用于医疗器械的灭菌。

2.特点

红外线辐射的优点在于红外线由红外线灯泡产生,不需要经空气传导,加热速度快。红外线辐射的缺点在于热效应只在照射表面产生,不能使物体四周均匀加热。

(二)紫外线

1.作用原理

紫外线是一种低能量且穿透力弱的光波,细胞质中的核酸对紫外线吸收能力强,吸收峰为260 nm。紫外线杀菌原理如图14-3所示,一方面,当紫外线辐射能作用于核酸时,能引起核酸的变化,形成胸腺嘧啶二聚体,妨碍蛋白质和酶的合成,引起细胞死亡。另一方面,紫外线使空气中的氧变成臭氧,臭氧放出的原子氧,也具有强烈氧化杀菌作用。适量的紫外线照射可培育新性状的菌种。200~320 nm波长的紫外线辐射具有杀菌作用,杀菌力最强的波长范围为265~266 nm。

2.特点

实验室中常用的紫外线杀菌灯可将部分电力转变为波长258.7 nm的紫外线,杀菌力强而稳定,但穿透力差,即使是薄的玻璃,亦能阻止其通过,所以紫外线杀菌灯只能用于消毒物体表面,常用于微生物实验室(病毒室或细菌室)、无菌操作室(操作间或箱)、手术室和种蛋室等空间的消毒,也用于不能耐受高温器械和物品表面的消毒。紫外线对细菌、病毒和原生动物均有消毒效果。紫外线对革兰阴性无芽孢杆菌的杀菌力强,而要想杀灭革兰阳性菌(如葡萄球菌和链球菌)则需要5~10倍的照射量。紫外线杀菌时,波长约258 nm,照射距离不超过2 m,照射时间不少于15 min。

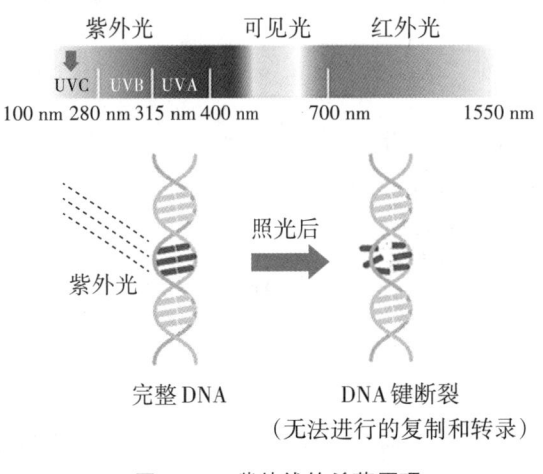

图14-3 紫外线的杀菌原理

(三)射线

射线波长为0.06~13.6 nm,是一种高能量粒子,包括α、β、γ、X射线,γ射线使用较多。细胞培养板、酶标反应板和一次性注射器均为塑料制品,不可采用高压或干热灭菌,可以采用γ射线照射灭菌。射线的电离作用使微生物细胞发生病变,产生副产物,损害微生物代谢。

五、滤过

滤过除菌法是采用物理阻留的方法将液体或空气的细菌除去,以达到除菌目的的方法。

(一)用途

主要用于血清、毒素、抗生素、药液、空气等的除菌,但细菌滤器不能除去病毒、支原体和L型细菌。

(二)滤器种类

1.滤膜滤器

用硝基纤维素制成薄膜,装于滤器上,其孔径大小不一,常用薄膜滤菌器的孔径为0.22 μm和0.45 μm,用于除菌的滤膜孔径为0.22 μm,用于去除支原体的滤膜孔径为0.1 μm。滤膜的种类包括醋酸纤维素膜、硝酸纤维素膜、醋酸和硝酸纤维素混合酯膜、聚醚砜、聚偏二氟乙烯和聚四氟乙烯等。部分滤膜的特性如表14-1所示。

表14-1 部分滤膜的特性

滤膜材质	亲水性/疏水性	耐温	耐酸碱	耐有机溶剂	典型应用
聚醚砜	亲水好	良好(150 ℃)	耐酸碱	不耐酮、酯类、醛等	液体除菌过滤
聚偏二氟乙烯	亲水	良好(150 ℃)	耐酸,不耐碱	不耐酮、醛等	生物制品过滤
聚四氟乙烯	强疏水	优秀(200 ℃)	耐酸碱	优秀	气体除菌过滤 有机溶剂过滤

2.赛氏滤器

赛氏滤器是用金属制成,中间夹有石棉滤板,按石棉滤板孔径大小分为K、EK、EK-S级三种,常用EK级除菌。

3.玻璃滤器

玻璃滤器是用玻璃细砂加热压成小碟,嵌于玻璃漏斗中,分为G1、G2、G3、G4、G5、G6六种,G5、G6可阻止细菌通过。

六、超声波与微波

(一)超声波

1.超声波特点

超声波是一种9 000~20 000 Hz的声波,是在媒质中传播的一种机械振动,具有频率高、波长短、方向性好、功率大和穿透力强等特点。超声波能引起空化作用和一系列的特殊效应(如力学效应、热学效应、化学效应和生物效应等)。不同细菌对超声波的敏感程度有所不同。超声波对微生物的作用效果与微生物的结构和功能状态有关,超声波对杆菌的杀灭效果优于球菌,对大杆菌比小杆菌杀灭快。当温度升高,超声对细菌的破坏作用加强。

2.杀菌原理

超声波能使微生物细胞内容物受到强烈的振荡而被破坏。在水溶液内经超声波的作用也能产生过氧化氢,氧化杀菌。超声波产生热效应能使微生物细胞的酶受到破坏。

3.裂解细菌原理

超声波在细菌悬液中能产生空化作用。超声波在液体中高频率振动时,作用薄弱区能形成许多真空状态的小空腔,空腔增大,最后崩破(1 000个大气压),当液体中的细菌接近(或进入)空腔时,由于内外压力差被裂解。

4.用途

实验室常用超声波粉碎方法提取微生物细胞组分(蛋白质、核酸和免疫活性物质等),从而进行多种用途的研究。

超声波技术用于控制有害微生物的生长,用来杀菌保藏食品,并保留产品中的营养物质。800 kHz的超声波可以杀死酵母菌。在0.01%甲醛溶液中的炭疽杆菌经超声波处理5 min后全部死亡。用超声波消毒15~60 s后的牛乳可以保存5 d不酸败。一般消毒乳品若再经超声波处理,在冷藏条件下保存18

个月不会变质。超声波杀菌也常与其他杀菌技术联合使用,提升杀菌效果。如将超声波细胞粉碎仪与高温协同使用,能杀灭97%副溶血性弧菌。

(二)微波

1.微波特点

微波是指频率在300 MHz~300 GHz之间的电磁波,具有易于集聚成束、高度定向性和直线传播的特性,用来在无阻挡自由空间传输高频信号。微波频率比一般的无线电波频率高,通常也称为"超高频电磁波"。微波作为一种电磁波也具有波粒二象性。微波具有穿透、反射和吸收三个特性,对玻璃、塑料和瓷器,微波几乎能穿越而不被吸收;水和食物等就会吸收微波而使自身发热;金属类物品则会反射微波。

2.微波杀菌原理

微波杀菌是电磁场的热效应和生物效应共同作用的结果。微波的热效应使细菌蛋白质变性而死亡。微波电场改变细胞膜断面的电位分布,影响细胞膜周围电子和离子浓度,改变细胞膜的通透性,导致细菌不能正常进行新陈代谢,结构功能紊乱,生长发育受到抑制而死亡。此外,微波能使细菌RNA和DNA发生氢键松弛、断裂和重组,诱发基因突变,染色体畸变甚至断裂。

第二节 化学因素对微生物的影响

微生物的化学组成、细胞结构和生理活动与化学因素密切相关。不同的化学物质对微生物的影响有差异,有的化学物质能促进微生物的生长繁殖,有的化学物质阻碍微生物新陈代谢而呈现抑菌作用,有的化学物质使菌体蛋白质变性(或凝固)而呈现杀菌作用。同一种化学物质,因作用浓度、温度、时间和对象等不同而呈现差异化的抑菌(或杀菌)作用。用于消毒、防腐和治疗疾病的化学药物分别称为消毒剂、防腐剂和化学治疗剂。

一、防腐剂和消毒剂

(一)概念

用于抑制微生物生长繁殖的化学物质称为防腐剂(或抑菌剂)。用于杀灭动物体外病原微生物的化学制剂称为消毒剂。低浓度的消毒药物起防腐作用,如0.01%硫柳汞和0.5%苯酚。高浓度的消毒药物起杀菌作用,如0.1%硫柳汞和3%~5%苯酚。

(二)作用机制

消毒剂的作用机制如下:①使微生物蛋白质变性。②干扰和破坏微生物的酶系统,影响微生物的新陈代谢。③破坏微生物的表面结构,使酶和其他细胞内含物渗漏出细胞外,进而导致微生物死亡。

(三)影响消毒剂效果的因素

1.消毒剂的性质

各种消毒剂的理化性质不同,对微生物的作用强弱也有差异。例如,表面活性剂对G^+菌的灭菌效果比对G^-菌好,龙胆紫对葡萄球菌的效果特别强。

2.消毒剂的浓度

同一种消毒剂的浓度不同,其消毒效果也不一样。消毒剂在高浓度时起杀菌作用,低浓度时则只有抑菌作用。

3.作用时间

在一定浓度下,消毒剂对某种细菌的作用时间越长,其效果也越强。若温度升高,可提高化学物质的分子运动速度,加速化学反应,缩短消毒时间。

4.微生物的种类

不同的细菌对消毒剂的抵抗力不同,细菌芽孢的抵抗力最强,幼龄菌比老龄菌对消毒剂更敏感。微生物污染程度越严重,消毒就越困难,因为微生物彼此重叠,增强了机械保护作用。

5.有机物的干扰

当细菌与有机物(如蛋白质)混在一起时,某些消毒剂的杀菌效果受到明显影响。因此在消毒皮肤及器械前应先清洁再消毒。

(四)消毒剂的选择依据

常见化学防腐剂和消毒剂如表14-2所示。在实际工作中,应根据具体情况和消毒对象选择适当的化学药物进行抑菌和杀菌工作。消毒剂的选择依据如下:①消毒剂应具有强大的杀菌力且奏效快的特点。②易溶于水,使用方便,价格低廉。③性质稳定,不易氧化分解,不易燃易爆,便于贮存。④对动物机体应无毒性或毒性小。⑤对衣物、金属制品(如铁丝笼、仪器设备、器械等)等无腐蚀性。⑥无残留,对环境无污染。⑦杀菌力不受(或少受)环境中存在的有机物(如脓汁、血液、坏死组织、粪便和痰等)的影响。

表14-2 常用化学防腐剂和消毒剂

类别	作用原理	常用药品名称	用途与剂量
酸和碱	以氢离子、氢氧离子的解离作用抑菌体代谢,杀菌力与浓度成正比	乳酸	蒸汽熏蒸或用2%溶液喷雾,用于空气消毒
		烧碱	用2%~5%的氢氧化钠溶液(60~70 ℃)消毒厩舍、饲槽、用具和车辆等
		生石灰	用10%生石灰水消毒厩舍和运动场等
		草木灰	将10%草木灰水煮沸2 h,过滤,再加2~4倍体积的水,消毒厩舍和运动场等
卤族元素	以氯化作用和氧化作用破坏—SH,使酶活性受到抑制而产生杀菌效果	漂白粉	用5%~20%的漂白粉混悬液消毒畜禽舍、饲槽和车辆等;按0.3~0.4 g/kg漂白粉进行饮水消毒
		碘酊	2%~5%碘酊用于手术部位和注射部位的消毒

续表

类别	作用原理	常用药品名称	用途与剂量
醇类	使菌体蛋白质变性沉淀	乙醇	用70%乙醇进行皮肤消毒，也用于体温计和器械等消毒
醛类	能与菌体蛋白质的氨基酸结合，起到还原作用	福尔马林	用1%~5%甲醛溶液（或福尔马林）进行气体熏蒸消毒畜舍、禽舍、孵化器和皮毛等
重金属盐类	能与菌体蛋白质（酶）的—SH结合，使其失去活性；重金属离子易使菌体蛋白质变性	氯化汞	0.01%氯化汞水溶液用于消毒手和皮肤；0.05%~0.1%氯化汞用于非金属器皿消毒
		硫柳汞	用0.1%硫柳汞溶液消毒皮肤；0.01%硫柳汞适合作为生物制品的防腐剂。
氧化剂	使菌体酶类发生氧化而失去活性	过氧乙酸	用3%~10%过氧乙酸溶液熏蒸（或喷雾），一般按0.25~0.5 mL/m³用量，适于畜禽舍空气消毒
烷化剂	能与菌体蛋白质发生烷化	环氧乙烷	在密闭条件下，按700~900 mg/m³环氧乙烷，消毒24 h，适于皮毛，裘皮，电动、光学仪器及医用胶手套等消毒
表面活性剂	阳离子表面活性剂能改变细菌细胞膜的通透性，甚至使其崩解，使菌体内物质外渗而产生杀菌作用；以薄层包围细胞膜，干扰其吸收作用	新洁尔灭（溴苄烷铵）	0.5%新洁尔灭水溶液用于皮肤和手消毒；0.1%新洁尔灭用于玻璃器皿、手术器械和橡胶用品消毒；0.15%~2%新洁尔灭用于禽舍空间喷雾消毒；0.1%新洁尔灭可用于种蛋消毒（40~43 ℃，3 min）
		度灭芬（消毒宁）	用0.1%~0.5%度灭芬喷洒污染的表面，作用10~60 min；浸泡金属器械可在其中加入0.5%亚硝酸钠防锈；0.05%度灭芬溶液用于食品厂和乳牛场的设备及用具消毒
		氯乙定（双氯苯双胍乙烷）	0.02%氯乙定水溶液可消毒手；0.05%溶液氯乙定可冲洗创面，也可消毒禽舍、手术室和用具等；0.1%氯乙定用于手术器械和食品厂器具的消毒
		消毒净	0.05%~0.1%消毒净水溶液用于皮肤和手消毒，也可用于玻璃器皿、手术器械和橡胶用品等消毒，一般浸泡10 min即可

二、化学治疗剂

用于消灭宿主体表和体内病原微生物的化学制剂称为化学治疗剂。化学治疗剂具有选择性毒性作用，能在体内抑制微生物的生长繁殖或使其死亡，对人体细胞一般毒性较小，可以外用、口服和注射。化学治疗剂包括喹诺酮类、磺胺类和呋喃类三大类。常用的化学治疗剂如表14-3所示。

表14-3 常用的化学治疗剂

类别	作用原理	常用药品名称	用途
喹诺酮类	一种DNA旋转酶抑制剂，作用于细菌DNA旋转酶，干扰DNA超螺旋结构的解旋，从而阻碍DNA的复制，对细菌细胞壁有强大的穿透破坏能力	诺氟沙星、环丙沙星、恩诺沙星、单诺沙星、培氟沙星、氧氟沙星	主要对革兰阴性菌和霉形体杀菌力强，对革兰阳性菌也有一定作用
磺胺类	干扰细菌的叶酸代谢，使细菌的生长、繁殖受抑制	磺胺脒、琥磺噻唑、酞磺噻唑、磺胺醋酰钠、甲磺灭脓、磺胺嘧啶银	抗菌范围广，对革兰阴性和革兰阳性菌均有抑制作用。但对螺旋体、结核杆菌和立克次体等无抑菌效果
呋喃类	干扰细菌糖代谢早期阶段和氧化酶系统，导致细菌代谢紊乱，发挥抑菌(或杀菌)作用	呋喃妥因、呋喃唑酮、呋喃西林等	抗菌谱较广，对多种革兰阴性和革兰阳性菌有抗菌作用。可用于皮肤感染、肠炎、菌痢和霍乱

(一)喹诺酮类

喹诺酮类(4-quinolones)，又称吡酮酸类或吡啶酮酸类，是人工合成的含4-喹诺酮的抗菌药。喹诺酮类主要作用于革兰阴性菌，对革兰阳性菌的作用较弱(仅某些品种对金黄色葡萄球菌有较好的抗菌作用)。

1.作用原理

喹诺酮类药物分子基本骨架均为氮(杂)双并环结构，以细菌DNA为靶。喹诺酮类药物抑制DNA回旋酶，造成细菌DNA不可逆损害，阻碍细菌细胞分裂。喹诺酮类对细菌表现为选择性毒性。药物不受质粒传导的耐药性的影响，与许多其他抗菌药物间无交叉耐药性。

2.分类

喹诺酮类药物按发明先后和抗菌性能的不同，分为第一代、第二代、第三代、第四代四类。

第一代喹诺酮类，只对大肠杆菌、痢疾杆菌、克雷伯杆菌和少部分变形杆菌有抗菌作用。具体品种包括萘啶酸(Nalidixic acid)和吡咯酸(Piromidic acid)等，因疗效不佳现已很少使用。

第二代喹诺酮类，在抗菌谱方面有所扩大，对肠杆菌属、枸橼酸杆菌、绿脓杆菌和沙雷杆菌也有一定抗菌作用。具体品种包括吡哌酸、新恶酸(Cinoxacin)和甲氧恶喹酸(Miloxacin)。

第三代喹诺酮类的抗菌谱进一步扩大，对葡萄球菌等革兰阳性菌也有抗菌作用，对一些革兰阴性菌的抗菌作用则进一步加强。具体品种包括诺氟沙星、氧氟沙星(Ofloxacin)、培氟沙星(Perfloxacin)、依诺沙星(Enoxacin)和环丙沙星(Ciprofloxacin)等。因药物分子中均含有氟原子，又称为氟喹诺酮。

第四代喹诺酮类与前三代药物相比，在结构上进行了修饰，引入8-甲氧基，增强了抗厌氧菌活性，而C-7位上的氮双氧环结构则增强抗革兰阳性菌活性，并保持了原有的抗革兰阴性菌的活性，增强了抗典型病原体(如肺炎支原体、肺炎衣原体、军团菌和结核分枝杆菌)活性。多数产品半衰期延长，如加替沙星和莫西沙星。

3.应用

喹诺酮类药物是一类人畜通用的药物,具有抗菌谱广、抗菌活性强、与其他抗菌药物无交叉耐药性和毒副作用小等特点,被广泛应用于畜、禽和水产等养殖业中。

喹诺酮这一大类广谱抗菌类药物,主要用于人体疾病的治疗,为了避免人食用含有喹诺酮药残的动物源食品而造成对人体的伤害,有必要开发动物专用的喹诺酮类药物。但需要评估动物专用喹诺酮类药物对人类的安全性。

目前动物专用的喹诺酮类药物包括沙拉沙星、恩诺沙星、丹诺沙星、马波沙星、奥比沙星和达诺沙星等。丹诺沙星用于治疗牛、猪和鸡等动物因细菌和支原体引起的疾病,对呼吸道主要致病菌的抗菌效果好。奥比沙星用于治疗猪和牛等家畜肺炎和腹泻。

4.不良反应

喹诺酮类药物的不良反应如下:①胃肠道反应,如恶心、呕吐、疼痛和其他不适症状等。②中枢反应,如头痛、头晕和睡眠不良等,并出现精神症状。③抑制γ-氨基丁酸(GABA),诱发癫痫,有癫痫病史者慎用。④影响软骨发育,孕畜和幼畜慎用。⑤可产生结晶尿,尤其在碱性尿中更易发生。⑥大剂量(或长期)使用本类药物易损害肝脏。

5.食安隐患

若人类长期食用含较低浓度喹诺酮类药物的动物性食品和中成药保健食品等,容易诱导耐药性的基因传递,从而影响该类药物的临床疗效。联合国粮农组织、世界卫生组织食品添加剂专家联席委员会和欧盟已制定了多种喹诺酮类药物在动物组织中的最高残留限量。美国FDA于2005年宣布禁止(用于治疗家禽细菌感染的抗菌药物恩诺沙星)的销售和使用。

中国也于2002年规定了环丙沙星、单诺沙星、恩诺沙星、沙拉沙星、二氟沙星、恶喹酸和氟甲喹等7种喹诺酮类药物在动物肌肉组织中的最高残留限量为10~500 μg/kg。喹诺酮类药物在动物组织中的残留分析方法主要包括酶联免疫吸附法(ELISA)、高效液相色谱法(HPLC)和液相色谱-质谱法(LC2-MS)。

6.药物相互作用

(1)碱性药物、抗胆碱药和H2受体阻滞剂会降低胃液酸度而使喹诺酮类药物的吸收减少,应避免同服。

(2)利福平(RNA合成抑制药)和氯霉素(蛋白质合成抑制药)均可使喹诺酮类药物的作用效果降低,应避免这两类药物同服。

(3)氟喹诺酮类抑制茶碱的代谢,与茶碱联合应用时,使茶碱的血药浓度升高,可出现茶碱的毒性反应,应避免两者同服。

(二)磺胺类

磺胺药(Sulfonamides)是一类具有抑菌活性的化学合成药,为对氨基苯磺酰胺(简称磺胺)的衍生物。分子通式为R′NH—O—SO$_2$NHR″,式中R′一般为氢,个别产品为酰基或丁二酸单酰基;R″通常为杂环基,如噻唑、嘧啶、吡嗪和哒嗪等。磺胺药能抑制细菌繁殖,具有抗菌谱广、可以口服、吸收较迅速等优点。

1. 分类

(1) 全身感染用

磺胺类药物口服后均可吸收,但其血药浓度持续时间不同。按其半衰期分为短效磺胺(半衰期约6 h)、中效磺胺(半衰期接近12 h)和长效磺胺(半衰期超过24 h)三类。临床上使用的磺胺类药物主要为中效磺胺,包括磺胺甲唑(SMZ)和磺胺嘧啶(SD)。

(2) 肠道用

磺胺类药物口服后吸收甚少,主要在肠道中起抑菌作用,包括磺胺脒(SG)、琥磺噻唑(SST)、酞磺噻唑(PST)和酞磺醋胺(息拉米和PSA)等。

(3) 外用

外用磺胺药物包括磺胺醋酰钠(SA,SC-Na)、磺胺米隆(SML)和磺胺嘧啶银(SD-Ag)等。

2. 作用机理

磺胺类药物结构与对氨基苯甲酸相似,当前者浓度在体内远大于后者时,可在二氢叶酸合成反应中取代对氨基苯甲酸,阻断二氢叶酸的合成,导致微生物叶酸合成受阻,生命不能延续。

3. 应用

磺胺药物抗菌谱较广,对于多种球菌(如脑膜炎双球菌、溶血性链球菌、肺炎球菌、葡萄球菌和淋球菌)和某些杆菌(如痢疾杆菌、大肠杆菌、变形杆菌和鼠疫杆菌)都有抑制作用,对某些真菌(如放线菌)和疟原虫也有抑制作用。临床上用于治疗流行性脑脊髓膜炎、上呼吸道感染(如咽喉炎、扁桃体炎、中耳炎和肺炎等)、泌尿道感染(如急性或慢性尿道感染和轻症肾盂肾炎)、肠道感染(如细菌性痢疾和肠炎等)、鼠疫、局部软组织(或创面)感染、眼部感染(如结膜炎和沙眼等)和疟疾等。

(三) 呋喃类

呋喃类药物是一类化学合成药,能作用于细菌的酶系统,干扰细菌的糖代谢,具有抑菌作用。呋喃妥因抗菌范围较广,对多种细菌G⁻和G⁺均有抑制作用,但对绿脓杆菌无效。呋喃类药物经机体吸收后由尿排泄,常用于治疗泌尿系统感染,可口服用药。细菌对呋喃类药物不易产生耐药性。

1. 种类

呋喃类药物有10余种,包括呋喃妥因、呋喃唑酮和呋喃西林等。因呋喃西林易引起多发性神经炎,故只供外用。

2. 不良反应

呋喃类药物的不良反应如下:①过敏反应,可致胸闷和气喘等。②可发生周围神经炎,表现为手足麻木和肌萎缩。③出现幻视、幻听等中毒性精神症状。④胃肠道反应、溶血性贫血和肺部并发症也可能发生。肾功能不全者慎用。

呋喃唑酮(痢特灵)抗菌谱和呋喃啶相似,对消化道的多种细菌有抑制作用,也可抑制滴虫。口服吸收较少,主要在肠道起作用,主治肠炎、痢疾和伤寒等。对幽门螺杆菌有抑制作用,故可用于治疗溃疡病。

三、抗生素

抗生素,曾被称为抗菌素,是指由微生物或高等动植物在生活过程中所产生的具有抗病原体或其他活性的一类次级代谢产物,能干扰其他生物细胞发育。

1.发现史

1928年,英国细菌学家弗莱明在培养细菌时,发现从空气中偶然落在培养基上的青霉菌长出的菌落周围没有细菌生长,他认为是青霉菌产生了某种化学物质,分泌到培养基里抑制了细菌的生长。这种化学物质便是最先发现的抗生素——青霉素。

在第二次世界大战期间,弗莱明、弗洛里和钱恩经过艰苦的研究,终于把青霉素提取出来,制成了治疗细菌感染的药品。

1943年,在抗日后方从事科学研究工作的微生物学家朱既明,也从长霉的皮革上分离到了青霉菌,并用这种青霉菌制造出了青霉素。

1947年,美国微生物学家瓦克斯曼又了在放线菌中发现链霉素,用于治疗结核病。过去半个多世纪,科学家已经发现了近万种抗生素,但适合作为治疗人类或牲畜传染病的药品还不到百种。

在20世纪90年代以后,科学家们把抗生素的定义范围扩大并给出了一个新的名称——生物药物素。

麻省理工学院研究人员使用AI系统发现了一种超强抗生素halicin,这是首个由人工智能发现的抗生素。这项研究成果于2020年2月发表在《细胞》上,并登上了当期杂志封面。

2.应用史

1877年,Pasteur和Joubert首先认识到微生物产品有可能成为治疗药物,他们发表了试验观察,即普通的微生物能抑制尿中炭疽杆菌的生长。

1928年,弗莱明发现了能杀死致命细菌的青霉菌。青霉素治愈了梅毒和淋病,而且在当时没有任何明显的副作用。

1944年,在新泽西大学分离出了第二种抗生素链霉素,治愈了另一种可怕的传染病——结核。

1947年,发现了氯霉素,该抗生素主要针对痢疾和炭疽病,用于治疗轻度感染。

1948年,发现了四环素,这是最早发现的广谱抗生素。在当时看来,它能够在还未确诊的情况下使用并有很好的治疗效果。目前,四环素基本上只在家畜饲养过程中使用。

1956年,礼来公司发明了万古霉素,该抗生素被称为抗生素的最后武器。因为它对G^+细菌细胞壁、细胞膜和RNA有三重杀菌机制,且不易诱导细菌对其产生耐药性。

3.分类

按照抗生素的化学结构,可将其分为喹诺酮类、β-内酰胺类、大环内酯类和氨基糖苷类等若干类型。按照其作用对象,抗生素可分为抗细菌、抗真菌、抗肿瘤和抗病毒等不同类型。

4.作用机制

(1)抑制细菌细胞壁的合成

抗生素可以抑制细胞壁的合成,导致细菌细胞破裂死亡,哺乳动物的细胞因为没有细胞壁而不受其影响。β内酰胺类抗生素(如青霉素类和头孢菌素类)能与青霉素结合蛋白(PBPs)结合,抑制细胞壁的合成,所以PBPs是这类药物的作用靶点。频繁使用这类抗生素会导致细菌的耐药性增强。

(2)与细菌细胞膜相互作用

某些抗生素(如多黏菌素和短杆菌素)与宿主细胞细胞膜相互作用,增加细胞膜的渗透性,使菌体内盐类离子、蛋白质、核酸和氨基酸等重要物质外漏,导致菌体细胞死亡。由于细菌细胞膜与动物细胞膜结构相似,该类抗生素对动物也有一定的毒性。

(3)干扰蛋白质的合成

抗生素干扰蛋白质的合成,导致细菌细胞生长所需要的酶不能被合成。以这种方式作用的抗生素包括福霉素(放线菌素)类、氨基糖苷类、四环素类和氯霉素。蛋白质的合成是在核糖体上进行的,其核糖体由50S和30S两个亚基组成。其中,氨基糖苷类和四环素类抗生素作用于30S亚基,而氯霉素、大环内酯类、林可霉素类等主要作用于50S亚基,抑制蛋白质合成的起始反应、肽链延长过程和终止反应。

(4)抑制核酸复制和转录

抑制核酸的转录和复制,可以抑制细菌核酸的功能,进而阻止细胞分裂所需酶的合成。以这种方式作用的抗生素包括萘啶酸和二氯基吖啶,利福平等。

5.作用特点

(1)具有选择性的抗菌谱

抗生素的作用具有选择性,不同抗生素对不同病原菌的作用不一样。对某种抗生素敏感的病原菌种类称为该抗生素的抗菌谱。仅对单一菌种(或属)有抗菌作用的抗生素称为窄谱抗生素,如青霉素只对革兰阳性菌有抑制作用。不仅对细菌有作用,还对衣原体、支原体、立克次体、螺旋体和原虫有抑制作用的抗生素称为广谱抗生素,如四环素族(金霉素和土霉素等)对革兰阳性和阴性、立克次体以及一部分病毒和原虫等都有抑制作用。

(2)有效作用浓度低

抗生素能在低浓度下对病原菌发生作用,这是抗生素区别于其他化学杀菌剂的又一主要特点。各种抗生素对不同微生物的有效浓度各异,通常以抑制微生物生长的最低浓度(MIC)作为抗生素的抗菌强度,简称有效浓度。有效浓度越低,表明抗菌作用越强。有效浓度在100 mg/L以上的是作用强度较低的抗生素,有效浓度在1 mg/L以下的是作用强度高的抗生素。

(3)选择性毒力

抗生素对人和动植物的毒性小于微生物,称为选择性毒力。抗生素对敏感微生物具有专性抗菌活性,如抑菌、杀菌和溶菌作用。

6.不良反应

(1)过敏反应

发生过敏反应的主要原因包括患者个体体质、药物本身、药物中的杂质和药物的代谢产物等。过敏类型主要包括过敏性休克、溶血性贫血和血清病等。临床主要表现为皮疹、血管神经性水肿、固定性红斑和重症红斑等症状,常见引起过敏反应的抗生素包括青霉素类、四环素类、链霉素和林可霉素等。

(2)毒性反应

抗生素引起的毒性反应导致机体功能(或组织结构)发生改变,引起机体生理和功能改变。用药剂量和用药时间过长,特别是化疗指数低的药物,安全范围小,容易导致毒性反应。毒性反应主要包括神经系统毒性反应、耳毒性、肾毒性、肝脏毒性、血液系统毒性和免疫系统毒性,其次还有胃肠道毒性和心脏毒性反应等,导致患者发生胃肠道反应、心律失常和心肌损害等。

(3)特异质反应

特异质反应发生在少数患者中,与遗传因素有关。先天遗传因素导致患者对某些药物异常的敏感,大多数是由于机体缺乏某种酶,使药物在体内代谢受阻。如氯霉素和两性霉素B进入红细胞内,能够使血红蛋白转变为变性的血红蛋白。而对于该酶系统,正常的患者服药后不会产生此类反应。

(4)二重感染

大剂量(或长期)应用抗生素,特别是广谱抗生素,当敏感菌被杀灭或者被抑制,其他不敏感菌借机会大量生长繁殖。引起新感染的细菌可以是在正常情况下对身体无害的寄生菌,由于菌群改变,其他能抑制该菌生长的无害菌被药物抑杀后,该菌转变为致病性菌;也可以是原发感染菌的耐药菌株。使用广谱抗生素时较易发生的二重感染包括艰难梭状芽孢杆菌肠炎、霉菌性肠炎、口腔霉菌感染和白色念珠菌阴道炎等。

7. 合理应用

(1)对症用药

抗生素的选用原则如下:

①根据病原菌的种类、感染性疾病的临床症状和药物的抗菌谱来选择合适的抗生素。

②根据感染部位和药动学来选择抗生素。抗生素在体内要发挥杀菌或者抑菌作用,必须在靶组织内达到有效的药物浓度,所以应根据抗生素在感染部位的浓度和维持时间等方面进行选用。

③因为生理、病理和免疫状况会影响到药物的作用,故不同的患者应用的抗生素应根据实际情况而定。妊娠期和哺乳期妇女要避免应用导致畸形和影响新生儿发育的药物。

(2)剂量及疗程

抗菌药物应用的剂量与给药次数要适当,疗程要足够;剂量过小(或疗程过短)会影响疗效,还易导致细菌产生耐药性;剂量过大(或疗程过长)不但导致浪费还会引起不良反应。

(3)预防性用药

抗生素的预防性应用占抗生素使用量的40%左右。抗生素使用不当易引起耐药性产生,发生继发性感染,要严格监管预防性抗生素的应用。以下几种情况可预防性应用抗生素:采用苄星青霉素和青霉素V等清除咽喉部和其他部位的溶血性链球菌,防治风湿热;在流行性脑脊髓膜炎流行时,口服磺胺嘧啶;在风湿性(或先天性)心脏病患者进行口腔和尿路术前,用青霉素等抗生素预防感染性心内膜炎发生;外伤、战伤和闭塞性脉管炎患者在行截肢手术时,可用青霉素预防气性坏疽;结肠术前用甲硝唑和庆大霉素预防厌氧菌感染。

(4)联合用药

联合用药的目的是提高疾病治疗效果,减少细菌耐药性,同时减少不良反应发生,扩大抗菌范围。联合用药主要用于以下情况:单一抗生素不能治疗的混合型感染,如腹部脏器损伤导致的腹膜炎;单一抗生素不能治疗的严重感染,如脓毒症和败血症等严重感染;单一抗生素不易被吸收到感染部位,如结核感染等;病原体尚没有确定的重型感染等,如果长时间治疗,病原体可能导致耐药发生,要联合用药。

8.滥用危害

(1)细菌耐药性

抗生素在临床上的广泛使用引起了耐药性,每年在全世界大约有50%的抗生素被滥用,使病原菌适应了抗生素的环境,各种"超级病菌"相继出现。"超级耐药菌"的出现使人类和动物的健康受到了严重的威胁。

细菌对抗生素的耐药性机制如下:①使抗生素分解或失去活性,细菌产生一种或多种水解酶(或钝化酶)来水解(或修饰)进入细菌内的抗生素,使之失去生物活性。②使抗生素作用靶点发生改变,由于细菌自身发生突变或细菌产生某种酶的修饰使抗生素的作用靶点(如核酸或核蛋白)的结构发生变化,使抗生素无法发挥作用。③细胞特性的改变,细菌细胞膜渗透性的改变或其他特性的改变使抗生素无法进入细胞内。④细菌产生药泵将进入细胞的抗生素泵出细胞,是细菌产生的一种主动运输方式,将进入细胞内的药物泵出至胞外。

(2)机体危害

抗生素在杀灭病原菌的同时也会对机体造成损害。药物经口腔入胃,经肠道吸收入血,被输送到机体的各个细胞中,而只有到达病灶部位的药物才能对病原菌起到杀菌作用,其他组织中的药物代谢产物要经肝肾排出体外,对肝肾等脏器有一定的损害作用,这类药物包括氯霉素、林可霉素、四环素和红霉素等。

许多抗生素(如青霉素和链霉素等)可引起变态反应(如过敏性休克),如轻微皮疹、发热、造血系统抑制等,甚至也会损害神经系统(如中枢、听力、视力和周围神经系统),阻滞神经肌肉传导等。

抗生素的滥用也有可能引起菌群的失调。受到抗生素的影响,正常菌群中细菌的种类和数量会发生变化。严重的菌群失调可能导致机体出现一系列临床症状,主要见于长期应用广谱抗生素治疗的患者,其体内对抗生素敏感的细菌被大量杀灭,而不敏感的细菌(如金黄色葡萄球菌、白色念珠菌等)乘机繁殖,引起假膜性肠炎和白色念珠菌性肺炎等。

第三节 生物因素对微生物的影响

美国微生物学家玛葛莉丝(L. Margulis)深信生物因素是生物演化的机制,认为大自然的本性就厌恶任何生物独占世界的现象,所以地球上绝对不会有单独存在的生物。微生物除了受物理因素和化学因素的影响外,也受生物因素的影响。微生物作为一种重要的生物,微生物与微生物、动物、植物之间存在共生和协同关系,也存在拮抗、寄生和吞噬关系。

一、生物因素

生物因素(biotic factor)是指影响生物生长、形态、发育和分布的任何其他动物、植物或微生物的活动,属生态因素中的一类因素,可分为种内关系和种间关系两类。

(一)种内关系

种内关系指的是同种生物的不同个体或群体之间的关系,叫作种内关系。生物在种内关系上,既有种内互助,也有种内斗争。

1.种内互助

种内互助是一种非常常见的种内关系,表现为同一种群内部个体之间相互帮助,共同抵抗不利因素。具有明确社会分工的动物(如蚂蚁、蜜蜂、狮子和狼等)集群生活,群体中有的负责捕食、有的负责防卫,共同维系种群的存在,成员之间的关系是常见的种内互助。没有社会分工的动物种群内互助关系也是常见的,例如,食草动物(如羚羊和斑马等)发现捕食者后通过叫声向其他同伴发出信号。

2.种内斗争

种内斗争(或称为种内竞争)是另一个种内关系,是同种生物个体之间为争夺光照、食物、空间、配偶和权利等发生的个体相互对抗的关系。例如,植物为了争夺阳光、水分和营养物质,个体间相互制约甚至某些植物会释放有毒化学物质,抑制周围个体的生长。蟋蟀和雄海狗等为争夺配偶,以及雄性猴为争夺"王位"打得头破血流。种内斗争激烈程度是由种群的密度决定的,这是因为在资源一定的前提下,种群密度越大个体平均资源越少,更易造成对资源的争夺。

3.其余关系

(1)同类相食

肉食性鲈鱼在水体中没有其他猎物存在时,会以同种幼鱼为食;雄螳螂在完成交配后会变成雌螳螂的食物,这些现象被称作"同类相食"。

(2)种内寄生

生长在大海深处的雄性鮟鱇发育至一定程度后,就会选择一条合适的雌鱼,咬破雌鱼腹部的组织并贴附在上面,而雌鱼的组织生长迅速,很快就包裹住雄鱼。最后,雌鱼带着自己体内的雄鱼一起遨游海底,雄鱼营养也由雌鱼供给,这被称作"种内寄生"。

(二)种间关系

不同种生物之间的关系可以分为正相互作用和负相互作用两种。正相互作用是指生物之间彼此有利或其中一方有利另一方无害,按其作用程度分为偏利共生、原始协作和互利共生三类。负相互作用是一方的存在对另一方有不利,包括竞争、捕食、寄生和偏害等。

1.偏利共生

偏利共生对共生的一种生物有益而对另一种生物无太大的影响。例如,向导鱼以鲨鱼吃剩的食物为食,遇到危险的时候会躲到鲨鱼的嘴里,向导鱼的存在对鲨鱼几乎没什么影响,人们所说的"鲨鱼视力不好,向导鱼为鲨鱼识途"是没有科学依据的,因为鲨鱼的嗅觉十分灵敏,鲨鱼追踪猎物主要依赖嗅觉。藤壶附生在鲸鱼(或螃蟹)背上,也是典型的偏利共生关系。

2.原始协作

原始协作也称作协作共生或互惠,共生的两种生物彼此皆获利,但二者分开均可独立生存。例如,某些食虫鸟以有蹄类动物身上的外寄生虫为食,遇敌时可为动物报警。动物体内定殖的双歧杆菌和拟杆菌是典型的协作共生菌。

3.互利共生

互利共生是指共生的两种生物彼此皆获利,但二者分离后至少有一方不能正常生存。地衣是非常典型的一个例子,地衣是单细胞藻类和真菌的共生体。真菌的菌丝已经深深地长入藻类细胞的原生质体中,使二者结合为一体。在地衣中,单细胞藻类分布在内部,形成光合生物层或均匀分布在疏松的髓层中,进行光合作用为整个生物体制造有机养分,菌丝缠绕并包围藻类,吸收水分和无机盐为光合生物提供光合作用的原料。将单细胞藻类和真菌分开培养,藻类能生长繁殖,但菌类则"饿"死。白蚁和多鞭毛虫也是典型的互利共生关系,白蚁靠吃木材为生,本身没有消化纤维素的能力,但位于白蚁肠道内的多鞭毛虫能分泌纤维素酶,可以将纤维素分解让白蚁吸收;而白蚁为多鞭毛虫提供栖息地和营养物质。用适当的高温杀死白蚁肠道内的多鞭毛虫后,白蚁会继续取食木材但会死于饥饿,多鞭毛虫离开白蚁肠道也会很快死亡。

4.竞争

生物学中"竞争"特指种间竞争,是不同种群或不同种生物个体间为争夺空间和食物等资源而产生的相互对抗的现象。常常是获胜方占据资源,另一方被消灭或被迫离开,也可能是二者共存,但相互抑制。两种生物竞争激烈程度受二者的生态位(一种生物在群落中占据的位置,包括食物和栖息地)重叠程度的影响,重叠程度高意味着二者拥有更多的共同食物来源和栖息地,那么竞争就会更激烈。

5.捕食

捕食是一种生物以另一种生物为食。狼与羊、狮子与野猪和食草动物与草,前者称为捕食者,后者称为被捕食者。有些特殊的植物也可捕食动物。例如,捕蝇草、猪笼草等植物用变态叶(主要部分为瓶状体)捕捉昆虫为食,甚至有些猪笼草会捕食青蛙和老鼠等小型哺乳动物。瓶状体能分泌蜜汁引诱昆虫,瓶口光滑,昆虫一不留神就会滑落瓶底。瓶底分泌的消化液可以将昆虫淹死,并分解虫体营养物质,被植物体吸收。

6.寄生

寄生,是指两种生物一起生活,寄生生物在另一种生物(寄主)的体表或体内,通过汲取寄主的养分存活的一种关系。这种关系普遍存在,几乎每一种生物都被其他生物寄生。例如,动物体外寄生虱、水蛭、螨虫和蜱等,体内寄生绦虫、蛔虫、线虫、吸虫和疟原虫等。

在寄生关系中寄生生物是受益方,寄主是受害方。根据寄生生物最终是否将寄主杀死,可以分为寄生和拟寄生两类。寄生一般不会导致寄主死亡,而拟寄生往往造成寄主死亡,在昆虫中大量存在,例如寄生蝇和寄生蜂等。寄生昆虫在产卵时,雌虫会把卵产在寄主的体表(寄生蝇)或体内(寄生蜂),从卵中孵化的幼虫靠取食寄主的体液和组织生活,待幼虫生长至成熟,在寄主体内化蛹(如蚜寄生蜂),或从体内钻出在寄主体表化蛹(小茧蜂),同时伴随着寄主的死亡。

7. 偏害

当两个物种在一起时,一个物种的存在对另一物种起抑制作用,而自身却无影响。偏害关系多存在于植物类群中,很多植物可以分泌特殊的化学物质抑制其他植物生长。如胡桃树能分泌一种叫作胡桃醌的物质,可抑制其他植物生长,因此在胡桃树下的土表层中几乎是没有其他植物的。另外,有些微生物会合成并释放抗生素来抑制其他生物生长,如青霉素就是由青霉菌所产生的一种细菌抑制剂。

二、微生物的共生

共生(symbiosis)是指两种不同生物之间所形成的紧密互利关系。动物、植物和微生物以及三者中任意两者之间都存在共生。在共生关系中,一方为另一方提供有利于生存的帮助,同时也获得对方的帮助。微生物共生是指两种及以上微生物或与其他生物共居在一起,相互分工合作、相依为命,甚至达到难分难解、合二为一的极其紧密的一种相互关系。

(一)共生形式

1. 专性与兼性共生

共生的形式有许多种。有的共生生物需要借助共生关系来维系生命,这属于专性共生(obligate symbiosis)。

有的共生关系只是提高了共生生物的生存几率,但并不是必需的,这叫作兼性共生(facultative symbiosis)。共生关系有时是不对称的,在共生关系中很可能出现一种生物是专性共生而另一种生物是兼性共生的现象。

2. 内共生与外共生

共生还分为内共生(endosymbiosis)和外共生(ectosymbiosis)。内共生是指一种生物长在另一生物体内,生物学家所说的"体内"是指生物体的细胞之间或身体组织里面(如鞭毛虫)。

外共生是指一种生物长在另一种生物之外。某种生物长在另一种生物的消化道内应该属于外共生。

(二)微生物之间共生

微生物共生包括菌藻共生或菌菌共生等,前者是子囊菌等真菌与绿藻共生,后者是真菌与蓝细菌(旧称蓝绿藻或蓝藻)的共生。其中,绿藻或蓝细菌进行自养的光合作用,为真菌提供有机养料,而真菌则进行异养生活,真菌产生的有机酸能分解岩石,从而为藻类或蓝细菌提供矿质元素。

(三)根瘤菌与植物间的共生

1. 结瘤类

常见的多种根瘤菌与豆科植物间存在共生,如根瘤菌属(*Rhizobium*)、固氮根瘤菌属(*Azorhizobium*)、慢性根瘤菌属(*Bradyrhizobium*)和中华根瘤菌属(*Sinorhizobium*)等。根瘤菌侵入豆科植物根内并定居,享受植物供给的矿物养料和能源,而根瘤菌能将大气中的游离氮转化为含氮化合物,为豆科植物提供氮素养料。其他非豆科植物(如桤木属、杨梅属、美洲茶属等)和弗兰克氏菌属(*Frankia*)放线菌也存在共生。

2. 非结瘤类

非结瘤类根瘤菌种类包括：与真菌共生者，如念珠蓝细菌属（Nostoc）和鱼腥蓝细菌属（Anabaena）等；与蕨类植物共生者，如满江红鱼腥蓝细菌（Anabaena azollae）等；与植物共生者，如菌根菌等。在自然界中的大部分植物都长有菌根。菌根有外生菌根和内生菌根两大类，内生菌根可分为6个主要亚型。菌根具有改善植物营养、调节植物代谢和增强植物抗病能力等功能。兰科植物的种子若无菌根的共生就不会发芽，杜鹃科植物的幼苗若无菌根的共生就不能存活。

（四）微生物与动物间共生

1. 微生物与昆虫的共生

在白蚁和蟑螂等昆虫的肠道中有大量的细菌和原生动物与其共生。以白蚁为例，其后肠中生活的细菌和原生动物一共超过100种，数量极大（肠液中的细菌含量为10^4个/mL，原生动物为10个/mL），可在厌氧条件下分解纤维素向白蚁提供营养，而微生物则可获得稳定的营养和其他生活条件。这类仅生活在宿主细胞外的共生生物，称为外共生生物。另一类是内共生生物，这类微生物生活在蟑螂、蝉、蚜虫和象鼻虫等许多昆虫的细胞内，可为昆虫提供B族维生素等成分。

2. 瘤胃微生物与反刍动物的共生

牛、羊、鹿、骆驼和长颈鹿等反刍动物，有瘤胃、网胃、瓣胃和皱胃4部分，通过与瘤胃微生物的共生，才可消化植物的纤维素。反刍动物为瘤胃微生物提供纤维素和无机盐等养料、水分、合适的温度和pH，以及良好的搅拌和无氧环境，而瘤胃微生物则协助瘤胃把纤维素分解成有机酸供动物吸收，同时，产生的大量菌体蛋白质通过皱胃和肠道的消化而向动物提供充足的蛋白质（占蛋白质需要量的40%~90%）。

三、微生物的拮抗

一种生物在生长过程中能对另一种微生物产生毒害的现象，称为拮抗。微生物拮抗是指微生物之间的互相抵制、互相排斥和互相残杀的现象。平衡的正常微生物群，对致病菌有明显的生物拮抗作用。例如，青霉菌产生的青霉素会抑制G^+菌（革兰阳性菌）的生长。乳酸菌产生乳酸，降低环境pH，从而抑制不耐酸菌的生长。酵母菌发酵糖类，产生乙醇，抑制其他杂菌生长。微生物拮抗大致有以下几种形式。

1. 改变微环境

细菌在生长过程产生的有机酸降低了生物环境中的pH，抑制外籍菌的生长，促进肠蠕动。

2. 占位

细菌与宿主（人或动物）黏膜上皮细胞紧密结合形成"占位"性保护（生物屏障），从而排斥外籍菌。

3. 营养争夺

由于厌氧菌（多数是有益菌）在特定的生物环境内数量很大，在与外籍菌争夺营养时处于优势，从而限制了外籍菌的生长繁殖。

4. 分泌抗菌物质

微生物产生的抗生素和细菌素，对外籍菌具有强大的抑制力和杀伤力。

5.免疫作用

正常微生物群与宿主的免疫力配合,也可产生很有效的生物拮抗。

四、微生物的寄生和吞噬

(一)微生物的寄生

一种微生物从另一种微生物获取所需的营养物质为生,并常常对后者具有损害作用的现象,称为微生物寄生。根据生活方式,寄生微生物可分为专性寄生微生物和兼性寄生微生物。

1.专性寄生微生物

专性寄生微生物即一旦离开宿主生物就无法生存的寄生物,如病毒和立克次体。

2.兼性寄生微生物

兼性寄生微生物是指既可以活体寄生也可以营腐生生活的微生物,如寄生虫、病原菌、真菌和霉菌。

(二)微生物的吞噬

一种微生物吞噬另一种微生物,获得营养物质来生存的现象,称为微生物的吞噬。例如,瘤胃原虫吞噬瘤胃细菌。

五、微生物的协同

微生物的协同是指两种或多种微生物在同一生活环境中,互相协助共同完成某种作用,而其中任何一种生物不能单独达到目的的现象。例如,由8种病原微生物混合感染而引起鸡多病因呼吸道病;瘤胃内厌氧真菌和纤维分解细菌协同降解纤维素。

• **本章小结** •

微生物易受物理、化学和生物等环境因素影响。物理因素包括水分、温度、渗透压、光线、滤过、超声波和微波等。水分是微生物生长繁殖的重要营养物质。微生物对低温有很强的抵抗力,冷冻真空干燥法常用于保存菌种。高温对细菌有致死作用,高温灭菌分为干热灭菌法和湿热灭菌法两种。等渗溶液适合微生物的生长繁殖,低渗溶液导致菌体细胞胞膜破裂,高渗溶液引起菌体质壁分离。紫外线能破坏微生物核酸结构,用于灭菌和培育新性状菌种,杀菌力最强的紫外线波长范围为265~266 nm。超声波用于破碎微生物细胞以提取细胞组分。化学药物包括防腐剂、消毒剂和化学治疗剂,分别用于消毒、防腐和治疗疾病。生物因素包括共生、拮抗、寄生、吞噬和协同等。

拓展阅读

扫码进行思维导图、课程文化案例、课件等数字资源的获取和学习。

数字资源

思考与练习题

1. 微生物易受哪些环境因素影响？
2. 简述干热灭菌法和湿热灭菌法的原理及其用途。
3. 简述冷冻真空干燥法保存菌种的原理。
4. 简述紫外线灭菌的原理。
5. 简述超声波用于破碎微生物细胞的原理。
6. 化学药物分哪几类？有何作用？
7. 影响微生物的生物因素有哪些？

第十五章

畜禽消化道微生物

本章导读

畜禽消化道微生物对动物的健康和生长至关重要。畜禽消化道微生物如何演替？消化道微生物如何调节肠道屏障功能？畜禽消化道微生物测定方法有哪些？畜禽消化道微生物菌群如何消化代谢日粮营养物质？这些问题的解答有利于我们更系统掌握畜禽消化道微生物的基础知识，为后续的专业学习奠定基础。

学习目标

1. 理解消化道微生物的演替规律，掌握消化道微生物的屏障功能和消化代谢作用。
2. 熟悉肠道微生物的分离培养方法和定量分析技术，能灵活运用这些技术开展畜禽消化道微生物的相关研究。
3. 善于运用消化道微生物作用原理，实现畜禽健康高效生产。

概念网络图

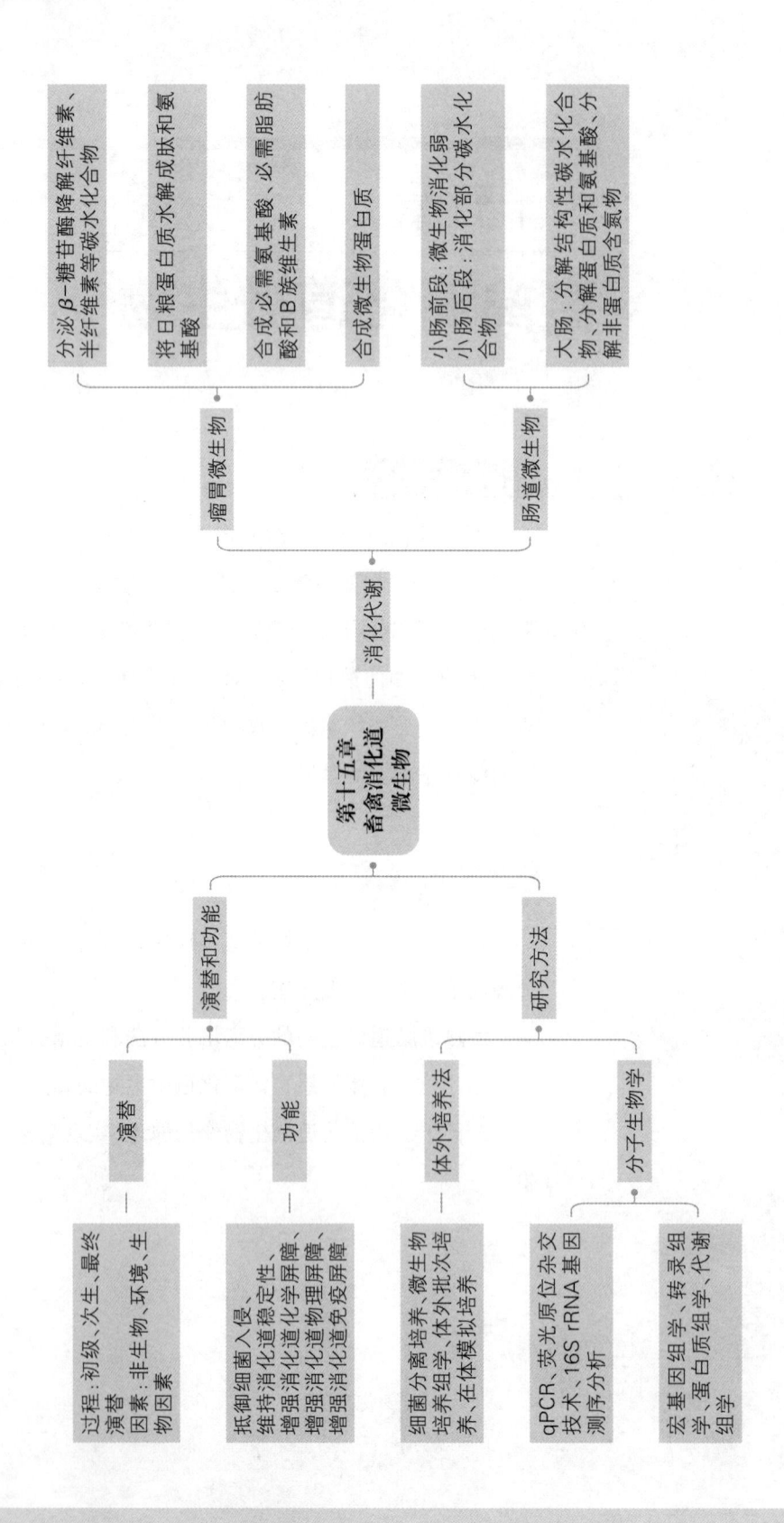

第十五章 畜禽消化道微生物

消化代谢

- **瘤胃微生物**
  - 分泌β-糖苷酶等降解纤维素、半纤维素等碳水化合物
  - 将日粮蛋白质水解成肽和氨基酸
  - 合成必需氨基酸、必需脂肪酸和B族维生素
  - 合成微生物蛋白质

- **肠道微生物**
  - 小肠前段：微生物消化弱
  - 小肠后段：消化部分碳水化合物
  - 大肠：分解结构性碳水化合物、分解蛋白质和氨基酸、分解非蛋白质含氮物

演替和功能

- **演替**
  - 过程：初级、次生、最终
  - 演替因素：非生物、环境、生物因素

- **功能**
  - 抵御细菌入侵、维持消化道稳定性、增强消化道化学屏障、增强消化道物理屏障、增强消化道免疫屏障

研究方法

- **体外培养法**
  - 细菌分离培养、微生物培养组学、体外批次培养、在体模拟培养

- **分子生物学**
  - qPCR、荧光原位杂交技术、16S rRNA基因测序分析
  - 宏基因组学、转录组学、蛋白质组学、代谢组学

一般认为在动物出生前消化道处于无菌状态或者消化道中的微生物数量十分有限。动物出生后,消化道中迅速定殖大量的微生物,并在出生后一段时间内建立功能强健的消化道微生物组(microbiome)。成熟的消化道微生物组在畜禽对日粮养分的消化吸收和肠道屏障功能中扮演重要角色。本章主要介绍消化道微生物的演替和功能、研究方法和消化代谢。

第一节 畜禽消化道微生物的演替和功能

动物消化道中存在大量的微生物,与日粮成分、宿主来源的各种成分和微生物代谢物共同组成消化道微生态。动物消化道微生物在与宿主的相互选择和制约过程中,逐渐形成复杂、稳定且成熟的微生物区系,最终构成一个与宿主相互作用的整体。成熟的消化道微生物结构和功能有利于动物消化道和免疫系统的发育,从而促进动物的健康生长。系统了解畜禽消化道微生物的演替规律是理解消化道微生物在畜禽体内的功能和消化代谢的基础。

一、动物消化道微生物的演替规律

微生物演替是指微生物群落中一种或多种有机体相对丰度或绝对丰度的变化。在消化道微生物的建立过程中,宿主、饮食(饲料)和环境等因素驱动消化道微生物演替,形成一种动态平衡状态。

(一)微生物演替的驱动因素

微生物演替过程可以是随机性的也可以是确定性的。随机性演替是指不是由环境决定适应度的微生物群落变化(也称为"生态漂移")。驱动确定性演替的因素分为非生物因素(如pH和氧化还原反应)、环境因素(如共生、食物、迁移)和生物因素(如固有免疫和适应性免疫)。微生物演替取决于出生、迁移、饮食(如母乳)和抗生素等因素。

(二)微生物演替的一般过程

在动物的生命历程中,微生物演替主要包含初级演替、次生演替和最终演替三个阶段。

1. 初级演替

初级演替从出生后"先锋种群"首次建立群落时开始,微生物群落快速地发生变化。从出生到幼年时期,微生物种群的变化率降低,并在出生和幼年晚期之间出现一些过渡种群。微生物的初级演替在"顶级群落"形成后迎来尾声,这一阶段发生在青春期甚至会持续到成年,"顶级群落"的特征在于具有相对的稳定性。

虽然成年期的微生物群比幼年期更稳定,但仍存在变异性。成年期动物微生物群发生自然变化的时间尺度由小时(昼夜节律)到年(年龄)不等,但微生物群相对稳定。饮食(饲料)或药物在一定程度上会干扰消化道微生物群的相对稳定,使其发生次生演替。

2. 次生演替

次生演替发生在初级演替形成的稳定群落中的一部分被改变(或消失)后,随后群落恢复到相同状态或变成另一状态。次生演替可能是通过营养素、调控物质和抗生素等手段人为干预的,也可能是通过消化道病原菌(如致病性大肠杆菌和霍乱弧菌等)感染而引发的。次生演替的特征是至少有一段随机过程占主导地位。在干预的条件下,如单个疗程的抗生素,群落遵循类似于初级演替的过程,其中部分现有微生物群落充当"微生物记忆",并帮助重建与之前类似的群落。这一过程是由一批关键菌群成员驱动的,而不是驱动初级演替的"先锋微生物"。

3. 最终演替

最终演替是宿主自然衰老和死亡的一部分。在衰老过程中,微生物群体演替速度加快,并且产生由更少微生物组成的群落。其中,变形菌门(如假单胞菌)的相对丰度通常会增加,并可能在群落中占据较大优势。

(三)各类畜禽消化道微生物的演替过程

人工养殖畜禽是为了给人类提供畜禽产品,多数动物在成年期就屠宰上市了,因此大多数畜禽消化道微生物的演替只经历了初级演替和次生演替。下面根据已有研究报道,主要介绍畜禽消化道微生物的初级演替和次生演替。

1. 猪消化道微生物的初级演替过程

猪消化道微生物的初级演替过程是一个动态变化的过程,涉及微生物群落的建立、发展和功能的变化。

哺乳期是新生仔猪肠道微生物早期定殖的关键阶段,来自于饮食、母体以及环境等的微生物与宿主相互作用,共同塑造了新生期的肠道菌群结构。新生仔猪肠道菌群主要以厚壁菌门和变形菌门为主,且乳杆菌属、葡萄球菌属、肠杆菌属和肠球菌属等好氧菌和兼性厌氧菌首先定殖于肠道内。

在出生后至3日龄时,埃希氏菌属、志贺氏菌属、链球菌属、肠球菌属和梭菌属等在肠道微生物中占主导地位,肠道中的氧气被这些细菌消耗殆尽,为专性厌氧菌的定殖提供了生态位。之后专性厌氧菌(包括拟杆菌属、双歧杆菌属和梭菌属中的细菌)在数量上占据优势,肠道内的优势菌群转变为厚壁菌门和拟杆菌门。

在14日龄后,道肠中的瘤胃球菌属、布劳特氏菌属和普雷沃氏菌属细菌逐渐增多。随日龄增加,生命早期的肠道微生物在数量和种类上逐渐变化演替,日趋成熟。

断奶后至出栏,仔猪肠道微生物的优势菌群以厚壁菌门和拟杆菌门为主,其次是变形菌门和放线菌门。随着日龄的增长,从母乳到一定配比的碳水化合物和蛋白质饲料的转换,导致断奶仔猪肠道微生物群落的多样性不断增加,菌群结构和功能趋于相对成熟和稳定。

2. 鸡消化道微生物的初级演替过程

早期微生物定殖阶段是雏鸡肠道和免疫系统发育的关键时期。禽类在最初的微生物区系形成上不同于哺乳动物。

(1) 肉鸡

肉仔鸡的微生物区系(粪便)演替过程大致可分为三个阶段,第一阶段从出壳至3日龄以垂直传播或快速定殖的菌群为主,包括链球菌、志贺氏菌和大肠杆菌;第二阶段从出壳后4日龄开始至10日龄,以毛螺旋菌科(Lachnospiraceae)和瘤胃球菌科(Ruminococcaceae)的快速增长为特征;第三个阶段从10日龄开始至14日龄,部分梭菌被替代并出现芽孢杆菌目(Bacilliales)、拟杆菌目(Bacteroidales)、假单胞杆菌目(Pseudomonadales)等丰富多样的微生物。14日龄后,肉仔鸡肠道微生物区系逐渐成熟,15~22日龄可能是微生物区系发育成熟的过渡阶段。

(2) 蛋鸡

以罗曼褐品系蛋鸡为例,整个生产周期(1~60周龄)盲肠微生物的演替过程分成四个阶段。第一阶段是孵化出壳后第1周,主要以高丰度的变形菌门(Proteobacteria)及其所属的肠杆菌科(Enterobacteriaceae)为特征。第二阶段是出壳后2~4周,盲肠微生物中占绝对优势的是厚壁菌门的毛螺旋菌科和瘤胃球菌科。前两个阶段在微生物组成结构上比较相似,主要区别是菌群的种类和丰度。第三阶段是从2~6月龄,盲肠中厚壁菌门丰度增加,拟杆菌门丰度相应降低,直至7月龄两个菌门丰度比例达到稳定。第四阶段是7月龄及之后产蛋中后期,是盲肠微生物区系演替的,以相对稳定的厚壁菌门和拟杆菌门丰度比例为特征。

(3) 肉鸡和蛋鸡共同的演替规律

尽管肉鸡和蛋鸡具有不同的遗传背景、生理特点和肠道形态结构,但两者肠道微生物演替的总体趋势是一致的,由最初兼性厌氧菌为主的微生物区系,逐渐过渡到含有专性厌氧菌的稳定微生物区系。

肉鸡和蛋鸡肠道微生物区系演替的前两个阶段极其相似,先以垂直传播或快速定殖的肠杆菌科为特征菌群,随后以毛螺旋菌科和瘤胃球菌科的快速增长为特征。微生物区系的演替也呈现出与宿主生长发育和饲养阶段的同步性。肉鸡微生物区系演替的前两个阶段分别是出壳后的1~3日龄和4~9日龄,远远快于蛋鸡的演替过程,这可能与其肠道快速发育的特点有关。

肉鸡和蛋鸡肠道微生物区系演替的前两个阶段微生物组成变化最快,以变形菌门及其所属的肠杆菌科丰度迅速下降为特征。新生家禽肠道中短暂出现的高丰度肠杆菌科可能不是为了定殖,而是参与肠道免疫系统的发育。对于新出壳的家禽,由于体内有限的碳水化合物供应,卵黄脂质的有氧氧化成为机体能量供给的主要途径。随后在家禽快速生长阶段,厚壁菌门成为肠道内的优势菌群。丁酸是厚壁菌门的主要代谢产物,也是肠道细胞首选能量物质,能促进肠道发育。

3. 反刍动物消化道微生物的初级演替过程

反刍动物消化道微生物演替贯穿整个生长过程,以幼龄期变化最为剧烈。不同功能的瘤胃微生物变化,形成瘤胃特有的微生态,促进瘤胃发育,发挥强大的微生物发酵功能。

反刍动物出生后的数分钟内,每克瘤胃内容物中就可以检测到高达$1.9×10^8$ 16S rRNA基因拷贝数的活细菌。这些微生物来源于母畜阴道、口腔、皮肤、粪便、初乳和饲养环境。然而以好氧菌和兼性厌氧菌为主的微生物类群在消耗瘤胃多余氧气,完成瘤胃生态环境修饰后,逐渐被降解饲粮中蛋白质和碳水化合物的功能性厌氧微生物取代。

这些功能性厌氧微生物在瘤胃内的定殖先后顺序及丰度取决于相同功能微生物对同一可利用底物的竞争能力,即瘤胃"生态位抢占",也取决于先定殖微生物对瘤胃环境的改变,即先定殖的微生物通过"生态位修饰"为后续微生物创造适宜定殖的环境条件。生态位是指生态群落中某一物种的时空特异性,及其与其他物种间的相互关系。

瘤胃微生物按其代谢产物可分为产乙酸、产丙酸、产丁酸、产乳酸/产延胡索酸/产琥珀酸、产甲烷和产氨微生物六个功能类群。新生反刍动物瘤胃内产乙酸菌占主导生态位,而随着年龄增长,产甲烷菌取代了产乙酸菌成为瘤胃中主导的氢利用微生物,这是因为新生反刍动物瘤胃内氢分压较高,能够满足产乙酸菌利用H_2和CO_2生成乙酸的热力学要求。产乙酸菌能与其他氢利用微生物有效竞争,抑制这些氢利用微生物类群生长。而随着瘤胃内微生物的增长,瘤胃内氢分压逐渐降低,不再满足产乙酸菌利用氢的条件,从而被对氢分压要求不高的产甲烷菌取代,使氢更多用于生成甲烷。产乙酸、产丁酸、产乳酸/产琥珀酸/产延胡索酸的微生物共同利用糖酵解生成的丙酮酸,存在生态位抢占关系,处于优势地位的微生物类群主导瘤胃发酵模式。而不同发酵模式(乙酸型/丙酸型)下的瘤胃内氢分压不同,影响产甲烷菌的数量,优势菌群与产甲烷菌间构成生态位修饰关系。六大瘤胃微生物功能类群的生态位抢占和修饰关系主导了瘤胃微生态的"演变"和"成熟"。

4.畜禽消化道微生物的次生演替

畜禽消化道微生物次生演替指初级演替形成的稳定群落中的一部分被改变(或消失)后,群落恢复到相同状态或变成另一状态的过程。这个过程受到多种因素的影响,包括光照、日龄、饲料、环境、药物和病原体等。畜禽消化道微生物与宿主营养素、功能性物质之间的互作十分复杂,对畜禽的健康和生产力有着深远的影响。

饲粮作为微生物发酵的底物,其物理性质和营养组成直接影响微生物的定殖过程。用液体饲粮饲喂的犊牛瘤胃中乳杆菌属(*Lactobacillus*)、拟杆菌属(*Bacteroides*)和*Parabacteroides*属等菌属的丰度较高,这些微生物能够利用乳中的营养成分。补饲固体饲粮后,瘤胃中与淀粉降解相关的巨型球菌(*Megasphaera*)、沙棘菌(*Sharpea*)和琥珀酸弧菌(*Succinivibrio*)等菌属的丰度增加,普雷沃氏菌属(*Prevotella*)等成年牛的瘤胃中的主要微生物快速增长,纤维杆菌(*Fibrobacter*)、氨基酸球菌(*Acidaminococcus*)、琥珀酸菌(*Succiniclasticum*)等菌属的丰度显著增加;结肠上皮黏附微生物中S24-7、颤杆菌(*Oscillibacter*)、Prevotella、Para-bacteroides、双歧杆菌(*Bifidobacterium*)、反刍杆菌(*Ruminobacter*)和*Succinivibrio*菌属的丰度显著升高,犹微菌科(*Ruminococcaceae*)、RC9 gut group、Blautia、Phocaeicola、考拉杆菌属(*Phascolarctobac-terium*)、BS11 gut group、Family XIII和弯曲杆菌属(*Campylobacter*)丰度显著下降。

二、消化道微生物的功能

消化道屏障是一个功能强大、紧密联系的多层动态屏障,包括微生物屏障、化学屏障、物理屏障和免疫屏障。消化道微生物屏障由覆盖在消化道上皮细胞的黏液层组成,是消化道抵御机械、化学和生物损伤的第一道防线。黏液外层含有部分微生物菌群,黏液内层含有黏蛋白、分泌型免疫球蛋白A(secretory immunoglobulin A,sIgA)和抗菌肽等物质。消化道微生物屏障能保护上皮细胞免受来自饲粮和环境的有毒有害物质的侵害,促进营养物质的吸收,并清除有害细菌及其代谢物。

(一)抵御细菌入侵

消化道黏膜菌群及其代谢产物在抵御细菌入侵过程中发挥着重要作用。消化道微生物可与病原微生物竞争营养物质和上皮细胞结合位点,分泌抗菌物质,促进黏液物质的分泌,如多形拟杆菌(Bacteroides thetaiotaomicron)和普拉梭菌(Faecalibacterium prausnitzii)可促进杯状细胞分化和黏蛋白糖基化相关基因表达,有效抵御细菌入侵。

(二)维持消化道稳定性

消化道微生物代谢产物可分为从头合成产物和次级代谢产物两类,通过与肠道上皮细胞和免疫细胞的互作,影响消化道屏障的完整性和稳定性。从头合成产物中的短链脂肪酸,为肠道上皮细胞提供能源物质,增强肠道上皮细胞的紧密连接度,维持消化道黏膜免疫功能。此外,短链脂肪酸、共轭脂肪酸和多酚衍生物可以调节紧密连接蛋白的表达,色氨酸的微生物代谢产物可以激活芳香烃受体,促进免疫细胞成熟,减少病原菌在肠黏膜的定殖。

(三)增强肠道化学屏障

消化道共生菌能促进黏液的分泌,占据黏液的附着位点,抑制病原菌的黏附,从而减少疾病的产生。黏液中的黏蛋白聚糖作为特定细菌的附着位点和营养物质,可促进某些菌群在黏液层的定殖,人和啮齿动物消化道黏液层厚壁菌门的丰度高于拟杆菌门。此外,微生物可促进黏蛋白的分泌,使黏液层增厚,提高抵御抗原和病原菌的能力。同时,肠道上皮细胞表达的Toll样受体可识别菌群,增强肠道上皮细胞间的紧密连接度,促进肠上皮细胞分泌黏液,从而增强消化道上皮屏障功能。

(四)增强肠道物理屏障

益生菌(如乳杆菌)可通过调节细胞内核转录因子(nuclear transcription factor-κB,NF-κB)和促丝裂原活化蛋白激酶(mitogen-activated protein kinase,MAPK)通路,调节肠道促炎因子和抗炎因子的水平平衡,降低细胞内胞外信号调节激酶(extracellular signal-regulated kinase,ERK)、c-Jun氨基末端激酶(c-Jun N-terminal kinase,JNK)和蛋白激酶p38磷酸化,使得闭锁蛋白恢复正常表达,改善肠道紧密连接的结构和功能。

(五)增强肠道免疫屏障

通过改变日粮成分和添加功能性添加剂来调节肠道菌群,可抑制促炎细胞因子、增强抗炎细胞因子的产生,从而维持肠道免疫屏障功能。

第二节 畜禽消化道微生物研究方法概述

一、人工培养的研究方法

(一)细菌分离培养

细菌的分离培养是指从样品中培养出细菌或者从混有多种细菌的样品中将各个菌种分别同时培养出来的方法。通常采用梯度稀释培养法分离培养动物消化道内的微生物。

(二)微生物培养组学

微生物培养组学(culturomics)是一种利用多种培养条件、质谱和微生物16S rRNA基因测序技术系统地筛选并鉴定微生物的培养方法,能将未知的菌株成功分离培养出来,有助于挖掘新菌株和功能,丰富可培养肠道菌株的资源库。

(三)体外批次培养

体外批次培养模型是一种原始且简单的体外发酵模型。整个发酵过程是在管子、瓶子或批量发酵罐中进行的。批量发酵罐中的经批量发酵罐中接入动物肠道内容物(或粪便菌群)的悬液,之后将发酵罐放在含有氮气和氢气的气体环境中进行培养。体外培养法快速、省力、易于标准化。但培养物内pH和营养水平的快速变化会直接引起菌群的改变,长时间体外培养后的菌群与肠道内的菌群组成偏差较大。

(四)在体模拟培养

Coates等率先开发了连续发酵培养系统,该系统可以连续加入新鲜培养基,并移除使用过的废液,可通过控制pH、温度、氧化还原电势和营养状态等指标进行在体模拟培养微生物,以实现对发酵体系中细菌数量与菌群结构的精细控制。连续发酵培养模型目前已被广泛应用在肠道细菌的生理生化等研究中。

二、分子生物学的研究方法

迄今为止只有不到30%的肠道微生物群可以被培养出来,限制了对胃肠道微生物群多样性和动力学的了解。qPCR、荧光原位杂交技术、16S rRNA基因测序分析、宏基因组学、转录组学和蛋白质组学和代谢组学等非培养技术可以克服这些限制。

(一)qPCR

实时定量聚合酶链反应(quantitative real-time polymerase chain reaction,qPCR)是一种不依赖于培养就可以对微生物DNA进行快速检测和定量分析的高灵敏度方法。qPCR方法还采用额外的荧光探针与目标片段区域内的特定位点杂交,引物和探针的每个序列都被设计为对目标微生物或微生物群具有特异性。qPCR检测具有高度特异性和灵敏性,能可靠地检测和定量样品中模板DNA的初始浓度,允许同时处理分析大量的样品。

(二)荧光原位杂交技术

荧光原位杂交技术(fluorescent in situ hybridization, FISH)是一种可在原位水平对微生物群组成进行分析和研究的方法,综合了光学显微镜和流式细胞术等技术,可直接定量分析胃肠道中特定细菌。利用微生物的16S rRNA基因序列(或23S rRNA基因序列)的高度保守性和特异性,设计特异性DNA、cDNA和RNA探针,进行荧光标记,探针与细菌细胞中互补核苷酸序列进行分子杂交后,再进行荧光检测。FISH技术的缺点如下:(1)当微生物细胞壁通透性差时,探针无法充分进入细胞内与rRNA分子杂交,导致荧光信号弱,影响清晰度;(2)分析时可用探针数目有限。

(三)16S rRNA基因测序分析

16S rRNA基因普遍存在于细菌和古菌中,具有多个拷贝数,全长1 500 bp左右,由9个可变区和10个保守区交替组成(具体见图15-1),可变区决定了物种间的差异,保守区用于鉴定物种。在原核生物鉴定分类、系统进化和多样性分析等研究中,16S rRNA基因成为常用的分子标志物。16S rRNA基因测序技术是菌群分析最常用的方法,广泛用于消化道菌群研究。

该技术不断更新发展,已从第一代测序技术更新到第三代测序技术,第三代测序技术无需复杂的文库构建,具有通量高、速度快和准确性高的特点,可以鉴定到种水平。但16S rRNA基因测序技术受样品采集和处理过程的误差、有限的扩增引物通用性、基于操作分类单元(operational taxonomic unit, OTU)进行菌群分类所导致的物种注释错误等因素限制,无法精确地反映样品中实际的菌群结构。

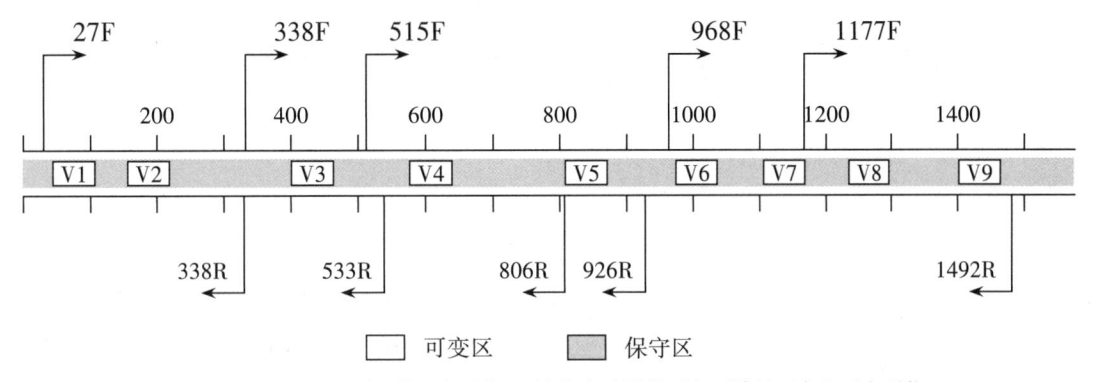

V1-V9,16S rRNA基因上的9个可变区;箭头表示覆盖可变区域的正向和反向引物。

图15-1 细菌16S rRNA基因结构与引物示意图

(四)宏基因组学

宏基因组学是对微生物群落中的所有基因组的研究,可以为肠道环境中未培养的微生物提供有价值的研究结果,成为确定微生物群落功能潜力的一种常规方法。宏基因组测序方法通常采用鸟枪法。单个DNA序列的拼接是分析的关键步骤,是将相似特征的组装重叠群进行分箱和质量过滤而产生的。宏基因组序列数据提供了初级代谢、底物利用、氧需求和抗生素耐药性等丰富的信息,为微生物的培养基制备和生长条件控制提供了参考,但无法直接解释群落的功能活动,要综合转录组学、蛋白质组学和代谢组学等多组学数据,才能全面描述消化道微生物组的功能。

(五)转录组学

转录组学是以RNA为研究对象,在特定的时间和空间上研究微生物群体全部基因组转录情况和转录调控规律的学科。转录组学用来验证宏基因组结果,揭示微生物转录活性功能,能更好地反映微生物群落的实际活性。

(六)蛋白质组学

蛋白质组学是指由微生物组表达的所有蛋白质的大规模图谱,研究消化道微生物组表达的特殊蛋白质功能的学科。蛋白质组学通过质谱技术分析消化道微生物组所产生的蛋白质酶解产物,获得肽谱数据,再与已有数据库比对,进而分析确定消化道微生物分类和消化道微生物的功能。

(七)代谢组学

代谢组(metabolome)是指一个生物或细胞在特定生理时期内所有低分子质量代谢物的集合(包括代谢中间产物、激素、信号分子和次生代谢产物),它是细胞变化和表型之间相互联系的核心,直接反映了细胞的生理状态。代谢组学在研究错综复杂的生物化学和生物系统中担任着重要的角色。代谢组学的最终目标就是对所给定的代谢物进行定性和定量分析。微生物代谢组学就是通过对微生物代谢物进行定性和定量分析,来了解微生物的生理状态。

第三节 畜禽消化道微生物的消化代谢

健康平衡的消化道微生物区系可抑制有害菌增长,阻止病原菌和致病菌的入侵,增强宿主免疫功能,促进宿主对营养物质(碳水化合物、维生素、氨基酸、短链脂肪酸等)的消化、吸收和利用。反刍动物瘤胃和多数动物盲肠和结肠以微生物消化为主。

一、瘤胃微生物的消化代谢

反刍动物瘤胃含有不同种类的微生物,包括瘤胃细菌、古菌、厌氧真菌和瘤胃原虫,还有少量的噬菌体。每克瘤胃内容物含有10^9~10^{10}个细菌和10^5~10^6个瘤胃原虫,瘤胃中厌氧真菌的数量较少。饲料中约80%干物质和50%纤维素在瘤胃中被消化。

(一)碳水化合物的消化代谢

瘤胃中碳水化合物的消化以微生物消化为主,消化产物以挥发性脂肪酸为主。微生物产生的β-糖苷酶可降解纤维素、半纤维素等,提高动物对饲料营养物质的消化率。

瘤胃是碳水化合物消化的主要场所,瘤胃微生物每天消化碳水化合物的量占总采食量的50%~55%。不同种类的碳水化合物在瘤胃中的降解速率差异很大。糖类能被快速降解,淀粉中速降解,木质素不可被降解。不同瘤胃微生物发酵产物见表15-1。

表15-1 瘤胃细菌和产甲烷古菌及其发酵特性

微生物种类	功能	发酵产物
Bacteroides amylophilus	A,P,PR	F,A,S,C
Bacteroides ruminicola	A,X,P,PR	F,A,P,S,C
Succinimonas amylolytica	A,D	A,S,C
Selenomonas ruminantium	A,SS,GU,LU,PR	A,L,P,H,C
Lachnospira multiparus	P,PR,A	F,A,E,L,H,C
Succinivibrio dextrinosolvens	P,D	F,A,L,S,C
Spirochete spp.	P,SS	F,A,L,S
Megasphaera elsdenii	SS,LU	A,P,B,V,CP,H,C
Lactobacillus vitulinus	SS	L
Anaerovibrio lipolytica	L	A,P,S,C
Eubacterium ruminantium	SS	F,A,B,C
Vibrio succinogenes	H	S
Streptococcus bovis	A,S,SS,PR	L,A,F
Clostridium lochheadii	C,PR	F,A,B,E,H,C
Butyrivibrio fibrisolvens	C,X,PR	F,A,L,B,E,H,C
Ruminococcus flavefaciens	C,X	F,A,S,H,C
Ruminococcus albus	C,X	F,A,E,H,C
Methanobrevibacter ruminantium	M,H	M
Methanosarcina barkeri	M,H	M,C

英文缩写:C,可水解纤维素;X,可水解木聚糖;A,可分解淀粉;P,可分解果胶;PR,可水解蛋白质;L,可分解脂肪;M,产甲烷;LU,利用乳酸;SS,主要发酵可溶性糖类;H,利用氢气发酵产物;F,甲酸;A,乙酸;E,乙醇;P,丙酸;B,丁酸;L,乳酸;S,琥珀酸;V,戊酸;CP,己酸;H,氢气;C,二氧化碳。

产琥珀酸拟杆菌、黄色瘤胃球菌和白色瘤胃球菌是主要的纤维素降解细菌。原虫也可分泌纤维素酶、半纤维素酶、木聚糖酶和α-淀粉酶。细菌和厌氧真菌分泌的纤维素酶、半纤维素酶和木糖酶可将植物细胞壁水解成单糖。瘤胃中的细菌、真菌和原虫可将碳水化合物降解为挥发性脂肪酸(乙酸、丙酸和丁酸)、甲烷和二氧化碳。碳水化合物在瘤胃中的消化过程如图15-2所示。

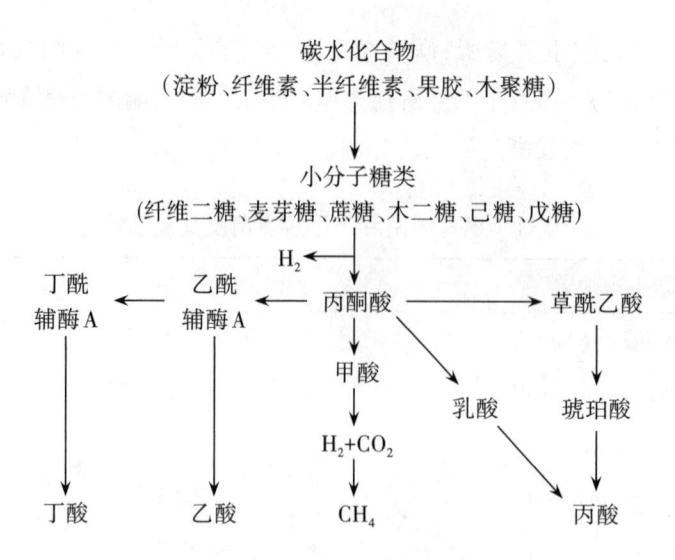

图 15-2 瘤胃中碳水化合物的消化过程

(二)蛋白质和含氮化合物的消化代谢

反刍动物瘤胃是蛋白质和含氮化合物消化的主要场所,以微生物消化代谢为主。进入瘤胃的饲料蛋白质,在瘤胃微生物的作用下水解成肽和氨基酸,多数氨基酸进一步降解为短链脂肪酸、氨和二氧化碳。瘤胃细菌在降解日粮中的蛋白质和含氮化合物方面发挥了重要作用。原虫能降解胞外水不溶性蛋白质,产生乙酸、丁酸、乳酸、二氧化碳和氢气。厌氧真菌主要在胞内水解蛋白质,降解胞外蛋白质的作用较弱。瘤胃中蛋白质消化如图15-3所示。

瘤胃微生物可合成必需氨基酸、必需脂肪酸和B族维生素等营养物质,以供宿主利用。多种瘤胃细菌可利用氨和一些简单的肽类以及游离氨基酸合成微生物蛋白质。瘤胃中80%的微生物可利用氨,其中26%只能利用氨,55%可利用氨和氨基酸,少数的微生物可利用肽。原虫不能利用氨,但可通过吞食细菌和其他含氮物质获得蛋白质。

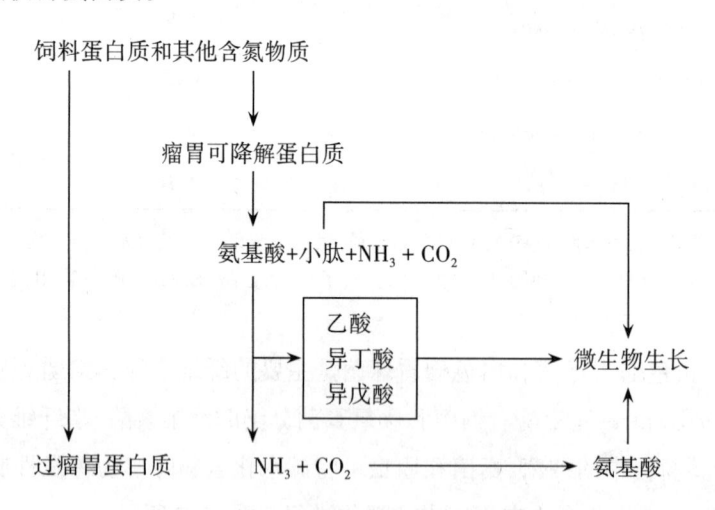

图 15-3 瘤胃中蛋白质的消化过程

二、肠道微生物的消化代谢

非反刍动物对营养性碳水化合物的消化主要在消化道前段,对结构性碳水化合物的发酵主要在消化道后段进行。猪、禽对碳水化合物的消化吸收特点是以消化淀粉产生葡萄糖为主,以发酵粗纤维产生短链性脂肪酸为辅,主要消化部位在小肠。

(一)碳水化合物的消化代谢

1.小肠微生物消化代谢

由于畜禽胃内和小肠前段微生物的数量相对较少,加之畜禽在进食后胃部会产生大量的胃酸以及十二指肠分泌的胆汁酸抑制了微生物的消化代谢。小肠后段由于微生物数量的增加,一些小肠微生物产生的淀粉酶、糖苷酶和二糖酶可参与肠道中的碳水化合物的消化,寡糖或单糖进一步被小肠微生物利用代谢产生乳酸等代谢产物。根据小肠微生物存在的生态位不同,可分为肠腔消化和肠黏膜消化两种。

2.大肠微生物消化代谢

进入畜禽大肠的碳水化合物以结构性多糖为主,被大肠内微生物发酵分解,产生短链脂肪酸、二氧化碳和甲烷。马盲结肠发达,容积达32~37 L,占总消化道容积的16%,食糜在盲结肠中停留时间长达72 h以上,40%~50%粗纤维在盲结肠中被微生物分解为短链脂肪酸、氨和二氧化碳。兔盲肠发达(有螺旋状褶皱的螺旋瓣),长而粗,呈袋状,约占消化道总容积的42%。盲结肠能蠕动和逆蠕动,促进微生物对粗纤维的消化。

(二)蛋白质和氨基酸的消化代谢

1.小肠中微生物消化代谢

小肠中存在多种具有代谢活力的细菌,可利用和降解小肠中的游离氨基酸和小肽。猪小肠肠腔细菌可快速利用大量的谷氨酰胺、赖氨酸、精氨酸和苏氨酸。小肠中的链球菌、埃氏巨球菌、大肠杆菌和克雷伯氏菌等细菌在小肠氨基酸利用代谢中有重要作用。空肠和回肠菌群对氨基酸的利用代谢速率存在差异,并且有一定的种属特异性。猪小肠中不同生态位的细菌对氨基酸的代谢存在差异,小肠肠腔中的细菌对氨基酸的代谢以合成菌体蛋白质和分解代谢为主,而小肠黏膜紧密黏附的细菌参与合成氨基酸。

2.大肠中微生物消化代谢

畜禽大肠中含有大量微生物,可以将小肠中未被消化的日粮蛋白质进行发酵。进入大肠中的蛋白质包括未被消化吸收的日粮蛋白质、肠黏膜脱落细胞和分泌物、小肠微生物蛋白质。大肠中的微生物可利用进入大肠中的氨基酸合成微生物蛋白质。大肠中蛋白质和氨基酸的微生物发酵产物包括氨基酸、尿素、亚硝酸盐、二氧化碳、甲烷、短链脂肪酸、硫化氢、二氧化硫、氨气和吲哚类化合物等。

3.非蛋白质及氨基酸类含氮化合物的利用

猪禽等单胃杂食及肉食动物对非蛋白质及氨基酸类含氮化合物的利用率很低。单胃草食动物(如马兔)和反刍动物(如牛、羊)后肠微生物比较发达,能利用部分非蛋白质和氨基酸类含氮化合物。单胃草食动物利用非蛋白质和氨基酸类含氮化合物的微生物位于盲肠和结肠,尿素等含氮化合物被消化道降解成NH_3而吸收入血,在肝脏重新转化为尿素,少数经血液循环到达盲肠或结肠,大部分随尿排出体外。具有食粪特性的动物(如兔)可有效利用粪中的菌体蛋白质。马没有食粪的习惯,无法利用粪中的菌体蛋白质。

本章小结

消化道微生物的演替是指消化道微生物群落中一种或多种有机体相对丰度或绝对丰度的变化,包括初级演替、次级演替和最终演替。消化道微生物可抵御病原菌入侵,维持消化道稳定,增强消化道屏障。消化道微生物研究方法包括人工培养技术和非培养技术。人工培养技术包括细菌分离培养、微生物培养组学、体外批次培养和在体模拟培养。非培养技术包括qPCR、荧光原位杂交技术、16S rRNA基因测序分析、宏基因组学、转录组学、蛋白质组学和代谢组学等。反刍动物微生物消化主要发生在瘤胃和后肠段,瘤胃含有瘤胃细菌、古菌、厌氧真菌和瘤胃原虫。猪微生物消化主要发生在后肠段。反刍动物微生物消化主要发生在瘤胃和后肠段。

拓展阅读

扫码进行思维导图、课程文化案例、课件等数字资源的获取和学习。

数字资源

思考与练习题

1. 简述消化道微生物演替的规律。
2. 简述消化道微生物的培养方法。
3. 简述畜禽消化道微生物的分子生物学研究方法。
4. 简述碳水化合物在反刍动物瘤胃中的代谢过程、主要微生物群和代谢产物。
5. 简述饲料蛋白质在瘤胃中的代谢与消化吸收。
6. 简述肠道微生物的功能。

第十六章
微生物饲料

本章导读

饲用微生物可有效提高饲料营养价值,在饲料生产中的应用十分广泛。微生物饲料有哪些种类?微生物饲料有什么优势?在饲料中添加微生物时应该注意什么?微生物饲料在不同的家畜中的应用效果如何?了解这些问题之后,有利于我们掌握畜禽微生物饲料的知识,为现代畜禽高效养殖奠定基础。

学习目标

1. 了解微生物饲料的分类与应用前景;掌握微生物饲料对畜禽生产的作用效果,以及微生物对畜禽饲料的作用原理。

2. 思考如何合理使用微生物饲料与微生态制剂,从而促进畜禽生长与健康;确定不同类型微生物饲料的应用场景,以发挥微生物对畜禽的有益作用。

3. 明确微生物在畜禽饲料生产中的重要作用,倡导开发新型环保的微生物饲料资源和菌种,促进畜牧业可持续发展。

概念网络图

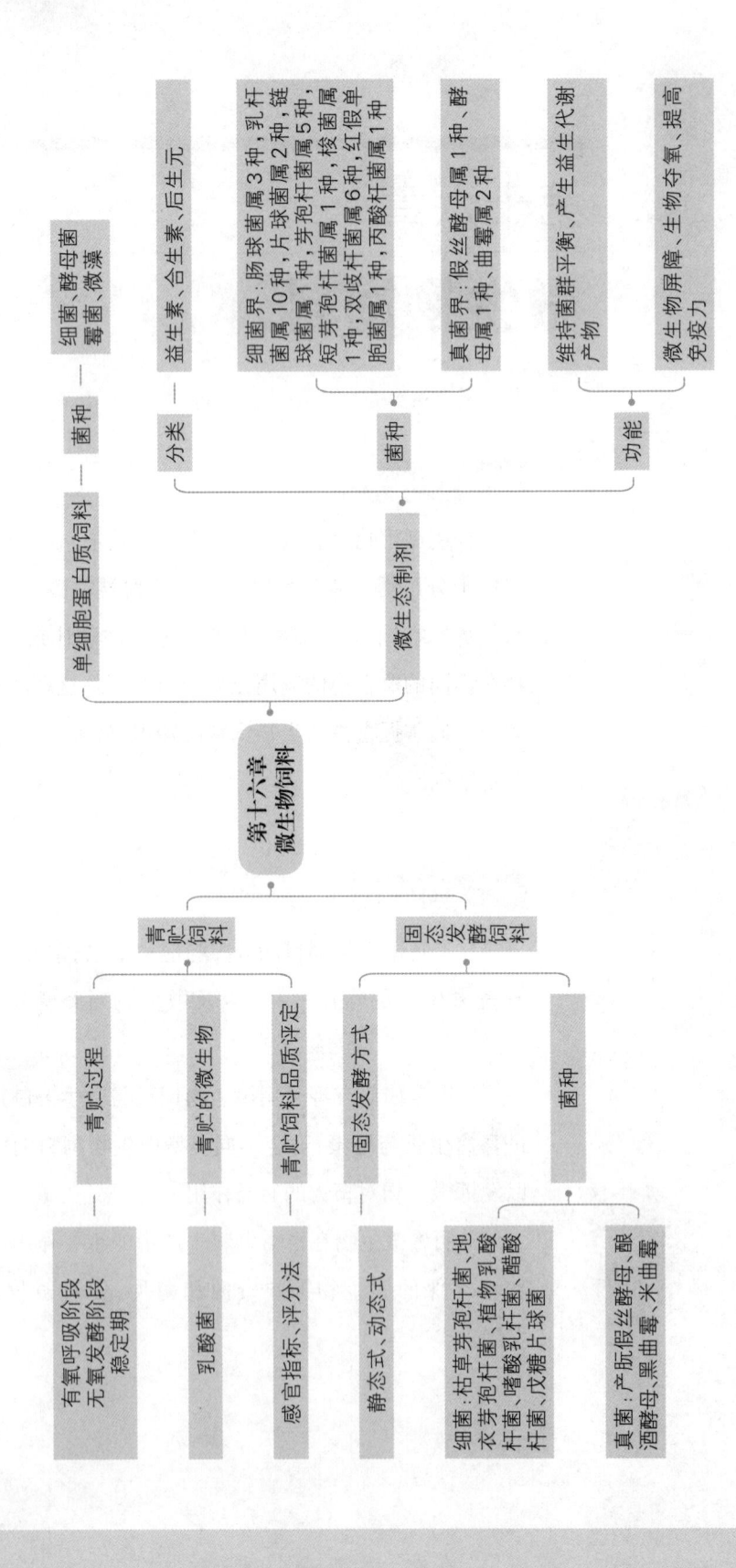

第十六章 微生物饲料

单细胞蛋白质饲料 — 菌种
- 细菌、酵母菌、霉菌、微藻

微生态制剂

分类
- 益生菌、合生素、后生元

菌种
- 细菌界：肠球菌属3种，乳杆菌属10种，片球菌属2种，链球菌属1种，芽孢杆菌属5种，短杆菌属1种，双歧杆菌属6种，梭菌属1种，胞菌属1种，丙酸杆菌属1种，红假单胞菌属1种
- 真菌界：假丝酵母属1种，酵母属1种，曲霉属2种

功能
- 维持菌群平衡、产生益生代谢产物
- 微生物屏障、生物夺氧、提高免疫力

青贮饲料

青贮过程
- 有氧呼吸阶段、无氧发酵阶段、稳定期

青贮的微生物
- 乳酸菌

青贮饲料品质评定
- 感官指标、评分法

固态发酵饲料

固态发酵方式
- 静态式、动态式

菌种
- 细菌：枯草芽孢杆菌、地衣芽孢杆菌、植物乳酸杆菌、嗜酸乳杆菌、醋酸杆菌、戊糖片球菌
- 真菌：产朊假丝酵母、酿酒酵母、黑曲霉、米曲霉

> 微生物饲料(microbial feed)是指在人为可控制的条件下,以植物性农副产品为主要原料,通过微生物的代谢作用,降解部分碳水化合物、蛋白质和脂肪等大分子物质,生成有机酸和可溶性小肽等小分子物质,形成营养物质丰富、适口性好和活菌数量高的生物饲料。微生物饲料通常包括青贮饲料(silage)、固态发酵饲料(solid state fermented feed)、单细胞蛋白质饲料(single cell protein feed)和微生态制剂(microbial ecological agent)。

第一节 青贮饲料

粗饲料和青绿饲料是反刍动物饲料中的重要组分。粗饲料纤维含量高、适口性差,青绿饲料易腐败,贮存时间短。青贮发酵(silage fermentation)可以把适口性差、质地粗硬和木质素含量高的秸秆变成柔软多汁、气味酸甜芳香的饲料。利用青贮处理粗饲料,可有效改善其营养特性,提高动物生产性能,提高其适口性。青贮饲料主要用于反刍家畜,如奶牛、肉牛和肉羊等。青贮饲料是反刍家畜能量、营养物质和可消化纤维的主要来源。

一、青贮饲料定义与分类

(一)青贮饲料定义

青贮饲料是一种在青贮容器中厌氧条件下经过乳酸菌发酵调制而成的青绿多汁饲料。新鲜的、萎蔫的或半干的青绿饲料在密闭条件下利用青贮原料表面上附着的乳酸菌发酵作用产生乳酸,pH值下降,形成青贮饲料。

(二)青贮饲料原料

可以用来作为青贮饲料的原料除了常用的牧草和饲料作物及其秸秆外,半灌木、水生饲料、块根、块茎、蔬菜及其副产品、野菜、杂草、树叶和各种工业副产品(如甜菜渣、酒糟和啤酒糟等)等,均可作为青贮饲料。

(三)青贮饲料分类

青贮饲料按原料含水量、原料组成、原料形状和发酵酸种类可划分为不同的类型。按原料含水量分为高水分青贮、凋萎青贮和半干青贮。按原料组成分为单一青贮、混合青贮和配合青贮。按原料形状分为切短青贮和整株青贮。按发酵酸种类分为乳酸型青贮饲料、乙酸型青贮饲料、丁酸型青贮饲料和变质青贮饲料。

二、青贮技术

(一)青贮原理

青贮是乳酸菌在厌氧条件下发酵、产生乳酸,当乳酸积累到一定量时,就能抑制各种微生物活动,而达到长期保存的目的的过程。青贮过程经历有氧呼吸(aerobic respiration stage)、无氧发酵(anaerobic fermentation stage)和稳定期(stable stage)三个阶段。启封后或密封不严,还可以引发二次发酵。

1.有氧呼吸阶段

新鲜青贮原料在切碎下窖后,植物细胞并未立即死亡,在1~3 d仍进行呼吸与有机质分解。在此期间,附着在原料上的好氧微生物(如酵母菌、霉菌、腐败菌和乙酸菌等)利用植物中可溶性碳水化合物等养分,进行生长繁殖。植物细胞的呼吸作用、好氧微生物的活动和各种酶的作用,使青贮窖内残留的氧气很快被耗尽,并产生二氧化碳、水和部分醇类等产物,同时释放热量,此阶段形成的厌氧、微酸性和较温暖的环境为乳酸菌的繁殖活动创造了适宜的条件。

2.无氧发酵阶段

经有氧呼吸阶段形成的厌氧、微酸性和较温暖(19~37 ℃)环境后,青贮原料中的乳酸菌数量迅速上升,产生大量乳酸,pH值下降,从而抑制其他微生物的活动。当pH值下降至4.2时,乳酸菌的活动也逐渐减缓。一般来说,发酵5~7 d时,微生物总数达到高峰,其中以乳酸菌为主,正常青贮时,乳酸发酵阶段需要2~3周。如果青贮原料中糖分过少,或者原料含水量太多,或者温度偏高,都可能导致一种厌氧且不耐酸的有害细菌(酪酸菌)数量增加,降低青贮品质。

3.稳定期

当乳酸菌产生的乳酸积累至pH值达4.0时,其他各种杂菌都被抑制,pH值下降至3.0,乳酸菌本身也被完全抑制时,青贮原料中的所有微生物的化学过程都完全停止,青贮基本完成,只要厌氧和酸性环境不变,可以长期保存下去。

4.二次发酵阶段

二次发酵又称好氧性变质,是指经过乳酸发酵的青贮原料,由于启封后或密封不严致使空气侵入引起霉菌、酵母菌等好氧微生物活动,温度上升,发生变质。防止二次发酵的方法如下:一是隔绝空气,确保厌氧条件。选择好的青贮原料,增加青贮密度,保存过程中防止漏气,青贮饲料边用边取,并且取用后要封严。二是喷洒丙酸、甲醛和乙酸钙等药剂,防止二次发酵。

(二)青贮条件

1.厌氧环境

乳酸菌只有在厌氧条件才能大量繁殖,要尽量创造厌氧环境。具体做法如下:将原料切段,压实、装满,封严。青贮过程中厌氧条件是逐渐形成的。封窖后总有残留的空气,好氧微生物与植物细胞呼吸消耗氧气。青贮时最好选用新鲜原料,尽快形成厌氧环境。

2. 适宜的窖温和原料含水量

含水量在65%~70%最好。简便测定方法如下：把切碎的原料用手握紧，在指缝中能见到水分但又不能流出来，就是适宜含水量。温度20~35 ℃为宜，过高易发霉。青贮时掌握好压紧度并排气，控制青贮的温度。

3. 青贮原料的糖分

乳酸菌利用糖产生乳酸并大量繁殖。当乳酸增多，酸度达到pH值4.0时，各种厌氧菌包括乳酸菌都停止活动，饲料才能长期保存。禾本科植物含糖多，是做青贮的好原料；豆科植物（如苜蓿草和花生秧等）含糖少、含蛋白质高，不宜单独做青贮，可与禾本科植物混合青贮。

（三）青贮原料的选择依据

1. 青贮原料必须含有一定的糖分

含糖较多，易于青贮的原料有禾本科的青草、新鲜玉米秸秆、新鲜的高粱秸秆、地瓜秧、花生秧饲草等。

2. 必须含有适量的水分

一般禾本科饲草和禾本科秸秆的含水量在60%~70%为宜。含水较少且部分木质化的秸秆（如玉米秸秆和稻秸等）需补充部分水分后再青贮。含糖量低且含蛋白质较高的饲料（如豆秸、紫花苜蓿、天蓝和金花菜等豆科饲草），需添加部分糖蜜后再进行青贮。含水量较大的栽培菜叶类饲草（如苦麻菜、甘蓝和猪苋菜等），在青贮前应稍作处理（晾晒等）使其含水保持在60%~70%。

3. 青贮前没有霉烂变质现象

青贮的原料应没有霉烂变质出现。

三、参与青贮的微生物

（一）乳酸菌

乳酸菌是革兰阳性的无芽孢微生物，能使糖发酵产生乳酸，兼性厌氧菌，是制作优良青贮饲料的主要微生物。乳酸菌种类多，根据产生乳酸情况分为同型发酵乳酸菌和异型发酵乳酸菌。同型发酵乳酸菌发酵后只产生乳酸。异型发酵乳酸菌，除产生乳酸外还产生大量的乙醇、醋酸、甘油和二氧化碳等。同型发酵乳酸菌对青贮过程最有益，能快速产生乳酸，使pH下降。与异型发酵乳酸菌相比，同型发酵乳酸菌发酵因可溶性碳水化合物转化为乳酸效率高，使青贮饲料干物质损失小。对青贮有益的是同型乳酸菌，包括乳酸链球菌（*Streptococcus lactis*）、德氏乳酸杆菌（*Lactobacillus delbruckii*）、植物乳杆菌（*L. plantarum*）、片球菌（*Pediococcus sp.*）和短乳杆菌（*L. brevis*）。

乳酸菌的发酵类型取决于底物的组成。己糖、葡萄糖、果糖和多糖是乳酸菌可利用的主要底物。这些糖类在饲料原料中的比例和可利用程度会影响乳酸菌的发酵类型。乳酸菌可使单糖和双糖分解产生大量乳酸。具体反应如下：$C_6H_{12}O_6 \rightarrow 2CH_3CHOHCOOH$；$C_{12}H_{22}O_{11}+H_2O \rightarrow 4CH_3CHOHCOOH$。反应式中，每摩尔六碳糖含2 832.6 kJ，生成的乳酸只含2 748 kJ，能量损失为3%。五碳糖经乳酸菌发酵，在形成乳酸的同时，还产生其他酸类（如丙酸和琥珀酸等），其反应式如下：$C_5H_{10}O_5 \rightarrow CH_3CHOHCOOH+CH_3COOH$。

当饲料原料葡萄糖和果糖的比例低时,会促进异型发酵乳酸菌的发酵。当果糖的含量不足时,乳酸菌会利用乳酸作为底物生产乙酸。

(二)酪酸菌

酪酸菌属于梭菌(*Clostridium*),革兰阳性,能生成芽孢,厌氧不耐酸,在pH值4.7以下不能生长繁殖。酪酸菌主要包括丁酸梭菌、噬果胶梭菌和巴氏固氮梭菌等。酪酸菌能分解糖和乳酸,产生具有挥发性臭味的丁酸,其反应式如下:$C_6H_{12}O_6 \rightarrow CH_3CH_2COOH+H_2+CO_2$;$CH_3CHOHCOOH \rightarrow CH_3CH_2COOH+H_2+CO_2$。酪酸菌分解蛋白质产生挥发性脂肪酸,使原料发臭变黏,降低青贮饲料的品质,是青贮饲料中的有害微生物。在牧草青贮过程中,应防止和控制酪酸菌的生长繁殖。丁酸发酵的程度是鉴定青贮饲料好坏的重要指标,丁酸含量越多,青贮饲料品质越差。青贮原料幼嫩、碳水化合物含量不足、含水量过高、装压过紧等易促进酪酸菌的大量生长繁殖。

(三)腐败菌

凡是能分解蛋白质的细菌统称为腐败菌。腐败菌种类多,适应性广,几乎不受温度和有氧与否等条件的限制。其中与青贮饲料有关的腐败菌有两类:一类为革兰阴性菌,主要包括克氏杆菌属、大肠杆菌等;另一类为革兰阳性芽孢杆菌属,主要有蜡状芽孢杆菌、迟缓芽孢杆菌和球形芽孢杆菌。腐败菌主要分解青贮饲料中的蛋白质、氨基酸、脂肪和碳水化合物等并产生氨、硫化氢、二氧化碳、甲烷和氢气等,使青贮原料变臭变苦,营养物质损失大,导致青贮失败。但在迅速酸化的青贮饲料中,腐败菌的活动很快被抑制,只有青贮饲料装压不紧或密封不好时才大量繁殖。

(四)酵母菌

酵母菌利用青贮饲料中的糖分进行繁殖,可增加青贮饲料中的蛋白质含量,同时生成乙醇等,因此青贮饲料具有酒香味。青贮饲料中酵母活动强烈是不利的,酵母菌参与了青贮饲料的好氧性变质,与乳酸菌争夺糖分并发酵产生乙醇,而乙醇对青贮饲料无营养价值。

(五)霉菌

霉菌是青贮饲料的有害微生物,也是导致青贮饲料二次发酵的主要微生物。低pH值和厌氧条件可以抑制霉菌的生长,所以通常霉菌仅存在于青贮饲料的边缘和表层等接触空气的部分。青贮饲料中的霉菌能分解纤维素、糖分和乳酸,产生有毒物质。

四、青贮饲料品质评定与优点

(一)青贮饲料品质评定

1.感官鉴定

鉴定青贮饲料品质最常用的方法是感官鉴定。感官鉴定主要根据青贮饲料的颜色、气味和结构等指标来评定,具体可参见表16-1。

(1)颜色

品质优等的青贮饲料呈青绿色或黄绿色;中等品质的青贮饲料呈现黄褐色或暗褐色;品质低劣的青贮饲料多呈暗色、褐色、墨绿色或黑色,与青贮饲料原来的颜色有很大的差异。

(2) 气味

品质优等青贮饲料具有苹果香味或芳香、酒香味;中等的青贮饲料有强烈的醋味,香味淡;劣质的青贮饲料具有刺鼻的氨味、腐败味、霉味等。

(3) 结构、质地

品质优等的青贮饲料压得非常紧密,但拿在手中又很松散,质地柔软而湿润,茎叶和花都保持原来的状态,不黏手,手捏时无汁液滴出;中等的青贮饲料质地柔软,茎、叶、花能分清,轻度黏手;低劣的青贮饲料发黏,黏成一团,好像一块污泥,或质地松散而干燥、粗硬。

表16-1 青贮饲料感官鉴定指标

等级	颜色	气味	结构(质地)
优等	青绿色或黄绿色	苹果香味、芳香、酒香味	湿润、柔软而不黏手;茎叶和花能分辨清晰,手捏时无汁液滴出。
中等	黄褐色或暗褐色	刺鼻的酸味,香味淡	质地柔软;茎、叶、花能分清;轻度黏手。
低等	暗色、褐色、墨绿色或黑色	刺鼻的氨味、腐败味、霉味	腐烂、发黏、结块、过干;茎、叶、花无法分辨。

2. 实验室鉴定评分法

实验室鉴定评分法主要使用化学的方法测定青贮饲料的酸度,然后根据酸度判断青贮饲料的品质好坏。按表16-2的评分标准对青贮饲料进行评分,总分数11~13为最好;9~10为良好;7~8为中等;4~6为劣质。

表16-2 实验室鉴定评分法

指示剂颜色	pH	分数	气味	分数	颜色	分数
红	4.0~4.2	5	酸香、果香、醇香	5	绿色	3
橙红	4.2~4.6	4	味香、醋酸味	4	黄绿色	2
橙	4.6~5.3	3	浓醋酸味、丁酸味	2	褐色	1
黄绿	5.3~6.1	2	腐烂味、臭味	1	墨绿色或黑色	0

(二) 青贮饲料的优点

1. 改善饲料品质和适口性

青贮饲料纤维素含量下降3%~6%,粗蛋白质提高0.8%~2%。气味酸甜香,适口性好,增加动物采食量。青贮饲料的消化率可达60%以上,而干草的消化率不到50%。在奶牛粗饲料中使用一定量青贮玉米,可增加奶牛采食量、产奶量和乳蛋白含量。

2. 减少营养物质损失,延长保存期

青贮饲料的营养损失率为8%~10%,而干草损失率达20%~30%。青贮饲料可长期保存,保存期可达12年左右。青贮的基本目的是贮存青绿饲料以减少动物所需营养物质的损失,青绿饲料适时青贮,其营养成分损失一般不超过15%,尤其是粗蛋白质和胡萝卜素的损失很少。

3. 原料来源广,成本低

玉米产区、麦类产区和杂粮混种地区均有大量的可用来制作青贮饲料的原料,牧区可以利用野生牧草进行青贮。

4. 用途广泛

青贮饲料可广泛用于养牛、养羊和养猪,尤其成为奶牛不可缺少的饲料。

5. 防火,占地面积小

青贮饲料,不受季节和气候影响,一年四季均能使用。青贮后,每立方米可堆放450~700 kg。干草,每立方米只能堆放70 kg。按青贮远程输送的要求进行操作,制成的优质青贮饲料,可长期保存,不受风吹、日晒和雨淋等不利气候的影响。在枯草季节缺乏青绿植物时,青贮饲料能提供青绿多汁饲料,从而使家畜常年保持良好的营养状态。特别有利于奶牛养殖业和母畜的健康发展,提高产奶量和促进幼畜的生长发育。

6. 灭菌和杀虫

除厌氧菌外,各种菌都不能在青贮饲料中存活。

第二节 固态发酵饲料

固态发酵饲料(solid state fermented feed)最常见的发酵原料为大宗非粮型饲料原料,包括薯类、籽实类、糠麸类、渣粕类(如薯渣、玉米渣、脚粉、柑橘渣、甜菜渣、草粉等)、饼粕类(如棉籽饼、菜籽饼、油茶籽饼、蓖麻饼等)、秸秆类、粪便和动物下脚料等。这些大宗非粮型饲料原料通过固态发酵有利于缓解中国饲料原料不足的现状,发酵后的饲料具有天然的香味和良好的适口性。

一、固态发酵方式

固态发酵是发酵饲料生产环节中最重要的工序,其设备运行的可靠性和适用性直接决定产品的品质和产量。培养微生物的发酵设备必须满足微生物稳定生长繁殖的条件,以获得稳定的质量和产量。我国根据物料的周转形式将固态发酵分为静态式和动态式两种发酵方式。

(一)静态式固态发酵

根据物料布设方式的不同,静态式固态发酵分为平地堆放式、池式和槽式。物料发酵堆放高度为

0.5~0.8 m,堆放量为200~400 kg/m²,场地面积根据实际情况可大可小,为了保温通常搭建薄膜式暖棚。

1.平地堆放式

平地堆放式发酵方法是中小型发酵饲料生产企业采用最多的方式。这种方法只要有足够空间就能实施,技术要求低、简便易行。但其开放式的发酵环境(如温度和湿度等)极易受人为影响的干扰。此外,堆放式发酵的物料周转(如装卸、搬运和翻料等)完全需要人力进行,工人生产劳动强度极大,易将外界杂菌带入车间,这些不利因素对成品品质造成极大影响。

2.池式发酵

池式发酵方法是将物料置于水泥砌面的地坑中进行固态发酵。地坑深度通常为1 m左右,宽度为2~5 m,呈长条状,地坑四壁做防水处理。这种方法减少了人为污染,利于保温,容易产生稳定的发酵环境。但是由于物料搬运困难,工人操作的劳动强度依然很大。且地坑的修建和物料的周转十分烦琐,这种方式只适用于产量不大的生产条件,中国的饲料生产企业较少采用。

3.槽式发酵

槽式发酵结合了平地堆放式和池式发酵的优点。利用在地面砌墙规划成若干条发酵槽,墙高1.2~1.5 m,墙体间隔为2.0~2.5 m,长度为15~30 m。这种方法使发酵生产条件有了较大的改善,尤其是大槽发酵利用两平行的墙体形成发酵区间,墙体上可安装布料和翻料设备,实现一些简易的机械化操作。但由于技术的限制,这些设备需要工人在现场操控,一定程度上影响了发酵环境。另外发酵槽底层的物料仍然很难处理,残留物不易清理、易霉变。物料最后的搬运工作仍然十分繁重。

(二)动态式固态发酵

动态式固态发酵是通过固定容器进行发酵,能实现一定程度的自动化,发酵环境好,可以进行多种工艺,产品品质稳定,但设备造价高,难于维护。

1.皮带式固态发酵

发酵罐体内有多层输送带和提升料斗,发酵物料和菌种在输送带和提升料斗上被循环输送,且被不断搅拌。分配风道经过滤的无菌热空气送入发酵罐体,给罐体内通风供氧,并采用空气正压力防止外界杂菌的侵入感染。本装置投料、灭菌和发酵均在密闭的固体发酵设备内一次完成,具有应用面广、容量大和自动化程度高等优点。

2.车阵式固态发酵

车阵式发酵系统,包括进料通道、发酵通道、出料通道、卸料通道、第一转移装置、第二转移装置、卸料装置、发酵箱、第一转移装置设置在进料通道上,第二转移装置设置在出料通道上,两个卸料装置分别相向对称设置在卸料通道宽度方向的两外侧。车阵式发酵系统机械化程度高,能实现连续化大批量高效生产,生产过程减少人工参与,极大降低人工生产成本,降低人工操作对发酵饲料质量的影响,易于控制生产区域的卫生状况,易于控制发酵饲料的质量,可提高产品质量。

二、发酵饲料常用的菌种

(一)菌种

中国微生物资源丰富,用于工业发酵的微生物主要包括细菌、放线菌、酵母菌和霉菌。饲料工业常用的菌种有枯草芽孢杆菌、地衣芽孢杆菌、植物乳酸杆菌、嗜酸乳杆菌、醋酸杆菌、戊糖片球菌、产朊假丝酵母、酿酒酵母、黑曲霉和米曲霉等。

(二)生长温度

常用的饲用芽孢杆菌适宜生长温度范围为30~37 ℃,pH值范围为7.0~7.2。常用的饲用乳酸菌适宜生长温度范围为30~37 ℃,pH值范围为5.5~6.0。常用的饲用酵母菌适宜生长温度范围为24~32 ℃,pH值范围为3.0~6.0。常用的饲用霉菌适宜生长温度范围为25~30 ℃,pH值范围为3.0~6.0。

三、固态发酵饲料的优点

(一)降解饲料毒素和抗营养因子

多数情况下,微生物的代谢产物可以降低饲料中毒素含量。比如酵母发酵可以有效地降解黄曲霉毒素B1等。微生物发酵是降解饲料原料中抗营养因子,提高营养价值的有效方法。例如,发酵可以将棉籽粕和菜籽粕等饲料中的抗营养因子和有毒物质去除约85%。曲霉属能有效降低发酵棉籽粕中游离棉酚含量。

(二)改善饲料营养价值

微生物可以分解大分子的植物性或动物性蛋白质,产生活性肽和寡肽,并获得品质较好的微生物蛋白质。微生物能把部分糖、半纤维、纤维和脂肪转化为蛋白质,改善饲料的营养价值,增加饲料适口性和消化率,利于畜禽对其进行消化吸收。部分植酸磷或无机磷可被转化成易被动物吸收的游离磷。混菌发酵可以提高豆粕的营养价值,能很好地降解大分子蛋白质、抗原蛋白质和抑制脲酶活性,提高其有效营养成分(蛋白质含量和活菌数)和利用率,且可产生香味。这是因为发酵饲料中含有丰富的益生菌、消化酶和有机酸等,有利于改善动物肠道菌群结构和对营养物质的消化吸收。

(三)产生促生长因子

不同的菌种发酵饲料后所产生的促生长因子不同,这些促生长因子主要包括有机酸、消化酶、B族维生素、抗菌肽和未知生长因子等。

(四)充分利用农产品加工废弃物

甜菜渣、甘蔗渣、药渣等农产品加工废弃物都可经微生物发酵,变废为宝,成为有价值的微生物培养基,大幅降低其对环境的污染。

第三节 单细胞蛋白质饲料

1968年美国麻省理工的科学家首次提出单细胞蛋白质(single cell protein, SCP)的概念。微生物蛋白质又称单细胞蛋白质,是单细胞或具有简单构造的多细胞生物的菌体蛋白质的总称。微生物蛋白质是从纯培养的微生物细胞中提取的总蛋白质,可以作为人或动物蛋白质的补充。单细胞蛋白质饲料是由单细胞或简单多细胞生物组成的,蛋白质含量较高的饲料。SCP饲料的研发在解决世界粮食与蛋白饲料短缺问题方面具有重要意义。

一、单细胞蛋白质饲料特点

(一)优点

1. 蛋白质含量很高

按干重计,各类微生物蛋白质含量如下:细菌40%~80%,酵母菌40%~60%,霉菌15%~50%,藻类60%~70%,这些微生物含有的8种必需氨基酸略高于大豆蛋白质。有些微生物含有维生素B_2、B_6、β-胡萝卜素和麦角固醇等营养物质。

2. 微生物世代间隔短

微生物的生长繁殖快,在短时间内能把大量基质转化为菌体,实现SCP工业生产的短周期和高效率发酵。

3. 微生物易于变异

可通过各种物理和化学方法进行诱变,或采用基因重组技术对单细胞蛋白质生产菌进行遗传性状的改变,从而较易获得优质高产的突变株。

4. 不受季节、气候和地区的限制

微生物的生产环境可人为控制,微生物蛋白质易于实现工业化生产。微生物能在相对小的连续发酵反应器中大量培养,占地面积小。据估计,一个年产10万吨的单细胞蛋白质工厂,如以蛋白质含量为45%的酵母菌计,可相当于3.67万亩土地所生产的大豆蛋白质。

5. 培养基原料来源广

石油、有机垃圾、糖蜜、农业废弃物等均可作为培养基质,生产原料廉价且充足,还可以减少环境污染。在工业和农业生产中,使用废物和副产物等不同的有机氮源,并利用环境中的无机氮源生产单细胞蛋白质,进而转化为人类和动物的宝贵食品或饲料产品,对环境友好。

(二)缺点

1.核酸含量很高

SCP中的核酸含量高,经动物体代谢后,产生大量尿酸,体内过高的尿酸易导致肾脏疾病。

2.有毒性物质存在的可能性

因生产SCP的微生物易从培养基中吸收重金属,自身代谢也会产生毒素,为了保障SCP饲料的安全性,需要检测这些物质的含量,从而需要投入大量财力、人力和物力。

3.不容易消化

由于微生物细胞在动物消化道中消化较慢,还有些细胞壁组分不能被消化,会使一些食用者产生消化不良或过敏症状。

4.价格较高

生产价格较其他来源(如鱼粉和大豆)的蛋白质要高。

二、单细胞蛋白质饲料常用微生物种类

目前用于生产单细胞蛋白质的微生物主要包括细菌、酵母菌、霉菌和微藻。细菌繁殖快,蛋白质含量和含硫氨基酸含量较高。酵母蛋白质构成理想,细胞个体大且比细菌更容易回收。一些真菌含有较丰富的木质素和纤维素等的降解酶系,能利用廉价和废弃的碳水化合物原料生产单细胞蛋白质。

(一)常见的酵母菌

饲料酵母是当前生产单细胞蛋白质最受关注、应用最为广泛的一类。蛋白质含量高达60%,赖氨酸、苏氨酸、亮氨酸、苯丙氨酸等必需氨基酸的含量高,而且维生素含量也丰富。

1.酿酒酵母

酿酒酵母(*Saccharomyces cerevisiae*)又称面包酵母或者出芽酵母。酿酒酵母是与人类关系最广泛的一种酵母,传统上用于制作食品(面包和馒头等)和酿酒,在现代分子和细胞生物学中用作真核模式生物。酿酒酵母是发酵中最常用的生物种类。酿酒酵母的细胞呈球形或者卵形,直径5~10 μm。其繁殖的方式为出芽繁殖。用于啤酒、白酒、乙醇和酵母饲料的生产。

2.产朊假丝酵母

产朊假丝酵母(*Candida utilis*)又叫产朊圆酵母或食用圆酵母。其蛋白质和B族维生素的含量比啤酒酵母高,能以尿素和硝酸为氮源,能利用五碳糖和六碳糖,在培养基中不需要加入任何生长因子即可生长。它既能利用造纸工业的亚硫酸废液,还能利用糖蜜和木材水解液等,生产人畜可食用的蛋白质。细胞呈圆形、椭圆形或腊肠形,液体培养管底有菌体沉淀。在麦芽汁琼脂培养基上,菌落呈乳白色、平滑,有或无光泽,边缘整齐或菌丝状。在加盖玻片的玉米粉琼脂培养基上,形成原始假菌丝或不发达的假菌丝,或无假菌丝。

3. 解脂假丝酵母

解脂假丝酵母细胞为卵形、长形。在加盖玻片的玉米粉琼脂培养基上,可看到假菌丝或具有横隔的真菌丝。在菌丝顶端或中间有单个或成双的芽生孢子。其能利用的糖类很少,分解脂肪和蛋白质的能力很强。主要用于石油发酵,以石油为原料生产酵母蛋白质,同时可使石油脱蜡,降低分馏石油的凝固点。此外,解脂假丝酵母还可用于生产柠檬酸、维生素、谷氨酸和脂肪酸等。从黄油、石油井口的黑土中,炼油厂或生产油脂车间等地方可分离到解脂假丝酵母。

4. 热带假丝酵母

热带假丝酵母是最常见的假丝酵母。细胞呈球形或卵球形。在麦芽汁琼脂上菌落为白色、奶油色,无光泽或稍有光泽,软而平滑或部分有皱纹。在加盖玻片的玉米粉琼脂培养基上培养,可看到大量的假菌丝和芽生孢子。热带假丝酵母氧化烃类的能力强,在230~290 ℃石油馏分的培养基中,经22 h后,可得到相当于烃类质量92%的菌体,是生产石油蛋白质的重要菌种。用农副产品和工业废弃物也可培养热带假丝酵母。采用生产味精的废液培养热带假丝酵母作饲料,既扩大了饲料来源,又减少了工业废水对环境的污染。

(二)霉菌

霉菌菌丝生产慢,易受酵母污染,必须在无菌条件下培养,但是真菌的收获分离容易。目前应用较多的有曲霉和青霉,主要利用糖蜜、酒糟、纤维类农副产品下脚料生产SCP饲料。

1. 白地霉

白地霉菌丝有横隔,成熟后断裂成单个或成链、长筒形、末端钝圆的节孢子。菌落呈平面扩散,生长快,扁平,乳白色,短绒状或近于粉状,有同心圈或放射线,有的中心突起。在液体培养时生白醭,毛绒状或粉状。分布于烂菜、青贮饲料、泡菜、有机肥、动物粪便、各种乳制品和土壤等。用于处理有机废水,生产药用、食用或饲用SCP。

2. 曲霉

曲霉丝有隔膜,为多细胞霉菌,是制酱、酿酒、制醋的重要菌种,现代工业利用曲霉生产各种酶制剂(如淀粉酶、蛋白酶、果胶酶等)、有机酸(如柠檬酸、葡萄糖酸、五倍子酸等),常用作糖化饲料菌种。

3. 根霉

根霉具有假根和葡匐菌丝,其无性繁殖形成孢囊孢子,有性繁殖产生接合孢子,能产生淀粉酶和糖化酶,是工业上有名的生产菌种。近年来在甾体激素转化和有机酸(如延胡索酸和乳酸)的生产中被广泛利用。

4. 毛霉

毛霉菌丝体发达,呈白色棉絮状,由许多分枝的菌丝构成,菌丝无隔膜,有多个细胞核。其无性繁殖为孢囊孢子,孢子囊黑色或褐色,表面光滑;有性繁殖产生接合孢子。毛霉能产生淀粉酶和蛋白酶,在酿酒工业上多用作淀粉原料酿酒的糖化菌,用于制作豆腐乳和豆豉。有些毛霉还能产生草酸、乳酸、琥珀酸和甘油等。

(三)微藻

微藻是一类分布最广且蛋白质含量很高的微量光合水生生物,繁殖快,光能利用率是陆生植物的十几倍到二十倍。目前,全世界开发研究较多的是螺旋藻和鱼腥藻。螺旋藻繁殖快且产量高,蛋白质含量高达58.5%~71.0%,质量优,核酸含量低,只占干重的2.2%~3.5%,极易被消化和吸收。藻类易收获,无需离心,用布过滤即可。

第四节 微生态制剂

微生态制剂又称直接饲用微生物和益生菌。在新型猪饲料添加剂中,微生物饲料添加剂最具创新特征,将微生物用于饲料,不仅能增强畜禽的免疫,还可以进一步提升畜禽的生产性能,对畜禽养殖环境进行改善,由于微生物饲料添加剂的优势很多,应结合现实情况,合理进行使用。

一、微生态制剂分类

国际上通常将微生态制剂分为益生菌(probiotics)、合生素(synbiotics)和后生元(postbiotics)三种类型(表16-3)。

表16-3 益生菌、合生素以及后生元的定义、分类与作用机制

名称	定义	主要种类/分类	作用机制	说明
益生菌	活的微生物,当摄入充足数量时对宿主的健康有益	乳酸杆菌、双歧杆菌、乳球菌、嗜热链球菌和布拉氏酵母菌	促进有益微生物定殖;抑制有害微生物定殖;调节微生物代谢活性;促进短链脂肪酸产生	需通过测序确认;益生菌在保质期内才能确保有效剂量
合生素	由活的微生物与能被宿主微生物选择性利用的基质组成的混合物,对宿主健康有益	互补合生素、协同合生素;主要组合为乳酸杆菌属、双歧杆菌属和链球菌属作为益生菌,低聚糖、菊粉或纤维作为益生元	调节肠道中微生物的代谢活动;改变厚壁菌门和拟杆菌门细菌的丰度;抑制病原微生物的生长;加速肠道微生物组的再生	
后生元	对宿主健康有益的无生命微生物或其成分的制剂	酶、肽、磷壁酸、肽聚糖、多糖、细胞表面蛋白质、有机酸等	靶向下游信号通路,调节代谢物过剩、缺乏和失衡;菌群-细胞间信号交流;调节肠道微生物群	纯化的代谢物不属于后生元

(一)益生菌

益生菌被定义为"活的微生物,达到一定数量时对宿主的健康产生有益作用"。乳酸杆菌和双歧杆菌是作用效果研究最深入且应用最广泛的两类益生菌。益生菌可发挥理想的益生特性得益于其在肠道中较强的定殖、繁殖能力和对胃酸、胆盐的耐受能力,这些条件使其在肠道中保持一定数量和活力,继而发挥益生作用。

益生菌对消化道微生态的调节机理主要包括四方面:①提高有益微生物定殖率。②抑制有害微生物定殖。③调节微生物代谢。④促进有益短链脂肪酸产生。益生菌进入肠道后可识别肠黏膜上的结合位点并与之结合,这不仅占据了有害菌的潜在结合位点,同时是益生菌发挥作用的重要特性。

益生菌可通过多种方式降低肠道内有害微生物的丰度:①竞争性黏附于肠上皮细胞表面,通过物理方式阻断有害病原菌在肠道内的定殖。②通过产生具有抗菌活性的化合物抑制有害菌繁殖,例如,细菌素能降低有害菌活力。③干扰有害微生物之间的群体感应。

(二)合生素

合生素是指由活微生物以及可选择性促进肠道中特定微生物生长的底物组成的混合物,被摄入后可对宿主的健康产生有益作用。如图 16-1 所示,根据发挥作用的方式不同,合生素可被分为两种类型:①互补合生素,即益生菌和益生元均可独立发挥作用以实现一种或多种益生作用;②协同合生素,这类合生素由活微生物以及可被其选择性利用的底物组成。

合生素通常为乳酸杆菌属、双歧杆菌属和链球菌属的细菌,与益生元(如低聚糖和菊粉等)组合而成。基于益生菌和益生元的合理配比,益生菌对消化道环境(如氧气、pH、温度等)的耐受性更强,在胃肠道中的生存能力提高。目前常用的技术手段是利用益生元将益生菌微胶囊化,即使用热稳定的益生元构建微胶囊输送益生菌,防止胃酸的侵蚀和胃肠道环境的变化对益生菌活性的影响,保证益生菌到达消化道指定部位并发挥作用。此外,合生素的益生作用取决于益生菌和益生元的配比和剂量。

合生素对肠道微生物的协同和互补作用如下:可调节肠道微生物的代谢活动,改变厚壁菌门细菌和拟杆菌门细菌的丰度,抑制病原微生物(如大肠杆菌或艰难梭菌)的生长,加速肠道微生物菌群的恢复。合生素可降低有毒代谢物(如亚硝胺等)的浓度,同时可增加短链脂肪酸和酚类化合物的浓度,对宿主的健康产生积极作用。

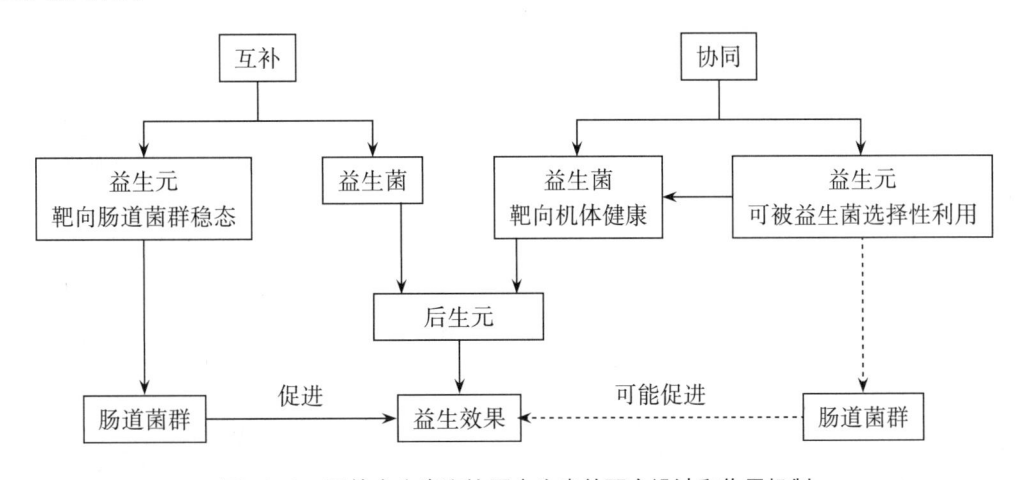

图 16-1 互补合生素和协同合生素的配方设计和作用机制

(三)后生元

后生元被定义为可发挥益生作用而不含活菌体的微生物成分。根据来源后生元可分为细菌死细胞、细菌细胞壁、细菌细胞内液和细菌上清四部分。主要种类包括酶、肽、磷壁酸、肽聚糖、多糖、细胞表面蛋白质和有机酸等。后生素发挥益生作用的两种主要机制是调节免疫系统和增强肠道屏障功能。后生元对消化道微生物的调节作用主要通过介导微生物群和宿主之间的互作以及调节消化道中的微生态。益生菌菌体表面及其代谢物中含有多种蛋白质和小分子化合物,是介导益生菌和肠上皮细胞信息交换的重要物质,可以促进有益菌在肠道中的定殖。后生元中研究较为广泛的一类是短链脂肪酸,可抑制某些致病菌的生长,并可作为肠道产丁酸菌的底物合成丁酸。

二、微生态制剂常用菌种

(一)我国饲料添加剂允许添加的微生物种类

中国《饲料添加剂品种目录(2013)》(根据农业部第2045号公告及后续修订公告汇总,截至2023年11月)公布允许使用的微生物饲料添加剂有35种,细菌界31种,真菌界有4种,具体参见表16-4。细菌界:肠球菌属3种,乳杆菌属10种,片球菌属2种,链球菌属1种,芽孢杆菌属5种,短芽孢杆菌属1种,梭菌属1种,双歧杆菌属6种,红假单胞菌属1种,丙酸杆菌属1种;真菌界:假丝酵母属1种,酵母属1种,曲霉属2种。

表16-4 饲料添加剂品种目录中微生物菌种分类

界	门	纲	目	科	属	种
细菌	厚壁菌	芽孢杆菌	乳杆菌目	肠球菌科	肠球菌属 *Enterococcus*	粪肠球菌(*E. faecalis*) 屎肠球菌(*E. faecium*) 乳酸肠球菌(*E. lactis*)
				乳杆菌科	乳杆菌属 *Lactobacillus*	植物乳杆菌(*L. plantarum*) 嗜酸乳杆菌(*L. acidophilus*) 德式乳杆菌乳酸亚种 (*L. delbrueckii* subsp. *lactis*) 干酪乳杆菌(*L. casei*) 罗伊氏乳杆菌(*L. reuteri*) 纤维二糖乳杆菌(*L. cellobiosus*) 发酵乳杆菌(*L. fermentum*) 德氏乳杆菌保加利亚亚种 (*L. delbrueckii* subsp. *bulgaricus*) 布氏乳杆菌(*L. buchneri*) 副干酪乳杆菌(*L. paracasei*)
					片球菌属 *Pediococcus*	乳酸片球菌(*P. acidilactici*) 戊糖片球菌(*P. pentosaceus*)
				链球菌科	链球菌属 *Streptococcus*	嗜热链球菌(*S. thermophilus*)

续表

界	门	纲	目	科	属	种
细菌	厚壁菌	芽孢杆菌	芽孢杆菌目	芽孢杆菌科	芽孢杆菌属 Bacillus	地衣芽孢杆菌(B. licheniformis) 枯草芽孢杆菌(B. subtilis) 迟缓芽孢杆菌(B. lentus) 短小芽孢杆菌(B. pumilus) 凝结芽孢杆菌(B. coagulans)
				类芽孢杆菌科	短芽孢杆菌属 Brevibacillus	侧孢短芽孢杆菌(B. laterosporus)
		梭菌	梭菌目	梭菌科	梭菌属 Clostridium	丁酸梭菌(C. butyricum)
	放线菌	放线菌	双歧杆菌目	双歧杆菌科	双歧杆菌属 Bifidobacterium	两歧双歧杆菌(B. bifidum) 婴儿双歧杆菌(B. infants) 长双歧杆菌(B. longum) 短双歧杆菌(B. breve) 青春双歧杆菌(B. adolescentis) 动物双歧杆菌(B. animalis)
	变形菌	α-变形菌	根瘤菌目	慢生根瘤菌科	红假单胞菌属 Rhodopseudomonas	沼泽红假单胞菌(R. palustris)
	放线菌	放线菌	放线菌目	丙酸杆菌科	丙酸杆菌属 Propionibacterium	产丙酸丙酸杆菌 (P. acidipropionici)
真菌	厚壁菌	芽孢菌	隐球酵母目	隐球酵母科	假丝酵母属 Candida	产朊假丝酵母(C. utilis)
	子囊菌	酵母	酵母目	酵母科	酵母属 Saccharomyces	酿酒酵母(S. cerevisiae)
	半知菌	丝孢	丛梗孢目	丛梗孢科	曲霉属 Aspergillus	黑曲霉(A. niger) 米曲霉(A. oryzae)

(二)肠球菌属

饲用肠球菌属主要包括粪肠球菌(E. faecalis)、屎肠球菌(E. faecium)和乳酸肠球菌(E. lactis)。

(三)乳杆菌属

饲用乳杆菌属主要包括植物乳杆菌(L. plantarum)、嗜酸乳杆菌(L. acidophilus)、德式乳杆菌乳酸亚种(L. delbrueckii subsp. lactis)、干酪乳杆菌(L. casei)、罗伊氏乳杆菌(L. reuteri)、纤维二糖乳杆菌(L. cellobiosus)、发酵乳杆菌(L. fermentum)、德氏乳杆菌保加利亚亚种(L. delbrueckii subsp. bulgaricus)、布氏乳杆菌(L. buchneri)和副干酪乳杆菌(L. paracasei)。

(四)片球菌属

饲用片球菌属主要包括乳酸片球菌(P. acidilactici)和戊糖片球菌(P. pentosaceus)。

(五)链球菌属

饲用链球菌属主要包括嗜热链球菌(*S. thermophilus*)。

(六)芽孢杆菌属

饲用芽孢杆菌属主要包括地衣芽孢杆菌、枯草芽孢杆菌、凝结芽孢杆菌、迟缓芽孢杆菌和短小芽孢杆菌。

(七)短芽孢杆菌属

饲用短芽孢杆菌属主要包括侧孢短芽孢杆菌(*B. laterosporus*)。

(八)梭菌属

饲用梭菌属主要包括丁酸梭菌(*C. butyricum*)。

(九)双歧杆菌属

饲用双歧杆菌属主要包括两歧双歧杆菌(*B. bifidum*)、婴儿双歧杆菌(*B. infants*)、长双歧杆菌(*B. longum*)、短双歧杆菌(*B. breve*)、青春双歧杆菌(*B. adolescentis*)和动物双歧杆菌(*B. animalis*)。

(十)红假单胞菌属

饲用红假单胞菌属主要包括沼泽红假单胞菌(*R. palustris*)。

(十一)丙酸杆菌属

饲用丙酸杆菌属主要包括产丙酸丙酸杆菌(*P. acidipropionici*)。

(十二)假丝酵母属

饲用假丝酵母属主要包括产朊假丝酵母(*C. utilis*)。

(十三)酵母属

饲用酵母属主要包括酿酒酵母(*S. cerevisiae*)。

(十四)曲霉属

曲霉属主要包括黑曲霉(*A. niger*)和米曲霉(*A. oryzae*)。

三、微生态制剂的功能

(一)维持菌群平衡

宿主体内的微生物存在优势种群,维持着动物消化道、呼吸道等与外界相通的腔道的菌群平衡。若宿主胃肠道微生态平衡失调,宿主消化系统出现紊乱,其生长发育受阻,生产性能下降,甚至发生疾病。饲喂微生态制剂或补充有益菌群,能维持动物肠道菌群平衡,使失调的微生态系统达到新的平衡。

(二)微生物屏障作用

微生物屏障指定殖于皮肤上皮细胞或黏膜上的正常菌群所形成的生物膜样结构,防止过路菌以及外来致病菌的定殖、占位、生长和繁殖。健康动物的肠道黏膜都有一层微生物屏障,抵御外来病原微生物的入侵。微生态制剂中的有益菌,与病原微生物争夺肠黏膜上皮细胞上的生态位点和营养物质,从而抑制了病原微生物的生长繁殖,保持了动物机体健康。微生物屏障包括化学屏障和生物屏障两个方面。化学屏障指肠道内菌群的代谢产物,如乙酸、乳酸、过氧化氢和细菌素等活性物质,可杀灭病原微生物,阻止其在宿主体内定殖。

(三)生物夺氧作用

当动物肠道内微生态系统失调时,局部氧分子浓度会升高,可促进病原微生物的生长繁殖。饲用微生态制剂含有好氧益生菌,大量好氧微生物生长繁殖,会降低局部氧分子浓度,从而抑制病原微生物的生长,使失调的微生态系统恢复平衡,拮抗病原微生物的入侵,达到防治动物疾病的目的。

(四)提高机体免疫力

有益微生物能够刺激动物机体免疫系统,提高免疫球蛋白浓度和巨噬细胞活性,增强体液免疫和细胞免疫功能。研究表明,枯草芽孢杆菌制剂饲喂雏鸡时,能显著提高其脾脏中T细胞和B细胞数量。

(五)产生益生代谢产物和抗菌物质

进入动物肠道后会代谢产生乳酸,益生芽孢杆菌进入宿主肠道后能产生挥发性脂肪酸,降低肠道pH值,抑制致病菌的生长,增强肠道内蛋白酶活性,对畜禽幼雏的生长发育有很大帮助。某些益生菌在代谢过程中会产生乳糖菌素、嗜酸菌素和杆菌肽等抗菌物质,从而抑制病原菌在动物肠道内的生长繁殖。

本章小结

微生物饲料通常包括青贮饲料、固态发酵饲料、单细胞蛋白质饲料和微生态制剂。青贮饲料是一种经乳酸发酵调制而成的青绿多汁饲料。青贮过程经历有氧呼吸阶段、无氧发酵阶段和稳定期。大宗非粮型饲料原料可用于制作固态发酵饲料。固态发酵分为静态式和动态式。用于生产单细胞蛋白的微生物主要包括细菌、酵母菌、霉菌和微藻。微生态制剂分为益生菌、合生素和后生元,能维持菌群平衡,发挥微生物屏障和生物夺氧作用,提高机体免疫力,产生益生代谢产物和抗菌物质。

拓展阅读

扫码进行思维导图、课程文化案例、课件等数字资源的获取和学习。

数字资源

思考与练习题

1. 微生物饲料有哪些种类？
2. 简述青贮饲料的分类与优点。
3. 青贮过程分为哪几个阶段？乳酸菌在青贮过程中的作用是什么？青贮过程需要满足哪些条件？青贮原料的选择依据是什么？
4. 固态发酵方式有哪些？固态发酵饲料常用的菌种有哪些？
5. 简述固态发酵饲料的分类与优点。
6. 简述单细胞蛋白饲料的优缺点。单细胞蛋白饲料常用的菌种有哪些？
7. 微生态制剂分为哪几类？微生态制剂常用菌种有哪些？微生态制剂的功能有哪些？
8. 请简述益生菌、合生素和后生元的作用方式与机制的异同点。

第十七章

畜禽传染病的生物防控

本章导读

微生物与畜禽生产关系密切,益生菌为畜牧业带来了巨大的经济效益,然而病原微生物可引起畜禽传染病,给养殖业造成巨大的经济损失。畜禽传染病的流行病学特征有哪些?畜禽传染病综合防控措施有哪些?本章将一一解答以上问题,为畜禽传染病的防治奠定基础。

学习目标

1. 了解传染病流行的特点,动物病原微生物和疫病病种的分类;掌握传染病流行的基本环节、疫苗的分类、影响疫苗效果的因素。

2. 理解传染病给畜禽生产带来的危害和疫苗的预防作用机理,掌握畜禽疫病生物防控的措施。

3. 增强畜禽疫病生物防控的意识,理解国家的畜禽疫病防控政策,积极配合、参与畜禽疫病的防控。

概念网络图

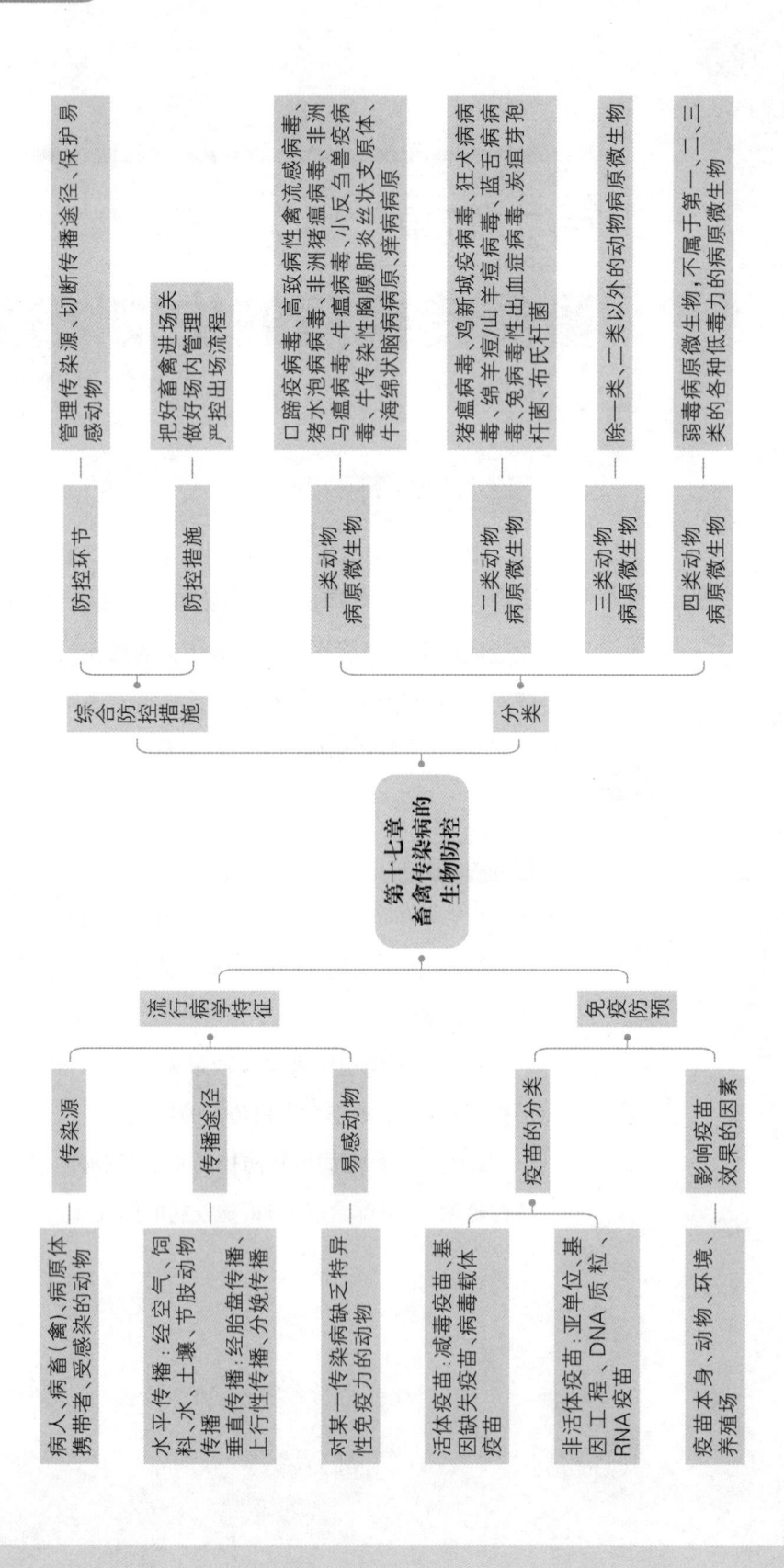

第十七章 畜禽传染病的生物防控

综合防控措施

防控环节
- 管理传染源、切断传播途径、保护易感动物

防控措施
- 把好畜禽进场关、做好场内管理、严控出场流程

分类

一类动物病原微生物
- 口蹄疫病毒、高致病性禽流感病毒、猪水泡病病毒、非洲猪瘟病毒、马瘟病毒、牛瘟病毒、小反刍兽疫病毒、传染性胸膜肺炎丝状支原体、牛海绵状脑病病原、痒病病原

二类动物病原微生物
- 猪瘟病毒、鸡新城疫病毒、狂犬病病毒、绵羊痘/山羊痘病毒、蓝舌病病毒、兔病毒性出血症病毒、炭疽芽孢杆菌、布氏杆菌

三类动物病原微生物
- 除一类、二类以外的动物病原微生物

四类动物病原微生物
- 弱毒病原微生物，不属于第一、二、三类的各种抵毒力低的病原微生物

流行病学特征

传染源
- 病人、病畜(禽)、病原体携带者、受感染的动物

传播途径
- 水平传播：经空气、饲料、水、土壤、节肢动物传播
- 垂直传播：经胎盘传播、上行性传播、分娩传播

易感动物
- 对某一传染病缺乏特异性免疫力的动物

免疫防预

疫苗的分类
- 活体疫苗：减毒疫苗、基因缺失疫苗、病毒载体疫苗
- 非活体疫苗：亚单位、基因工程、DNA质粒、RNA疫苗

影响疫苗效果的因素
- 疫苗本身、动物、环境、养殖场

> 病原微生物（pathogenic microorganism）引起畜禽传染病，给养殖业造成巨大的经济损失，人畜共患病病原微生物也会威胁到人类健康。传染病流行病学具有一些共性特征，传染源、传播途径和易感动物构成传染病流行的基本环节。接种疫苗是一种经济有效预防传染病的干预措施。管理传染源、切断传播途径和保护易感动物是预防传染病的重要措施。

第一节 传染病流行病学特征

传染病在畜禽养殖中的流行，须经历以下三个阶段：①病原微生物侵入动物，引起感染，并被排出体外。②病原微生物通过媒介（如人类活动、畜禽直接接触、污染的水、粪便、土壤和蚊虫等）在畜禽或自然界传播。③病原微生物再次侵入易感动物体，形成新的感染。

一、传染病流行的基本环节

传染源、传播途径和易感动物构成传染病流行的基本环节。三个环节同时存在，并相互联系形成完整的传染链。传染链的循环可促使病原微生物在不同宿主之间交替传播，从而导致传染病的流行。传染链一旦中断，可使病原体大幅减少甚至消亡，与之相关的传染病在一定地区和一定时期内被控制和消灭。

（一）传染源

传染源（source of infection）是指体内有病原体生长繁殖，并且能排出病原体的人和动物，包括病人、病畜（禽）、病原体携带者和受感染的动物。病原体是对能引起疾病的病毒、细菌、真菌和寄生虫的统称，包括病毒、衣原体、立克次体、支原体、细菌、螺旋体、真菌和寄生虫等。

1.患病动物

患传染病的病畜和病禽是重要的传染源。患病动物体内存在大量病原体，这些病原体通过咳嗽等排出体外，增加了易感者受感染的机会。病原体侵入患病动物体内，再被排出病原体的整个时期，称为传染期（communicable period）。传染期的长短也影响疾病的流行特征，如传染期短的疾病，常出现继发病例；传染期长的疾病，陆续出现继发病例，持续时间较长。传染期分为潜伏期、临床症状期和恢复期。

(1)潜伏期

潜伏期(incubation period)是指自病原体侵入机体到最早临床症状出现这一段时间。不同的传染病其潜伏期长短不同,有的疾病短至数小时,有的长达数月。同一种传染病有固定的潜伏期。潜伏期的变化与进入机体病原体的数量、毒力和繁殖能力等以及机体的抵抗力有关。

潜伏期的流行病学意义及应用:①根据潜伏期的长短判断畜禽受感染时间,用于追踪传染源,查找传播途径。②根据潜伏期确定接触者的留验、检疫和医学观察期限。一般为平均潜伏期增加1~2天,危害严重者按该病的最长潜伏期予以留验和检疫。③根据潜伏期的长短可确定免疫接种时间。④根据潜伏期评价预防措施的效果。一项预防措施实施后经过一个潜伏期,如果发病数明显下降,则可认为可能与措施有关。⑤潜伏期长短还影响疾病的流行特征。一般潜伏期短的疾病,一旦流行,常呈暴发式,且疫势凶猛。潜伏期长的传染病流行持续时间较长。

(2)临床症状期

临床症状期(clinical stage)指患病动物出现疾病特异性症状和体征的时期。这一时期具有重要的流行病学意义。由于此阶段患病动物体内病原体数量多,临床症状有利于病原体排出和传播,因此患病动物的传染性在临床症状期最强。严格的隔离措施能限制病原体的播散。有些疾病(如慢性或迁延型痢疾)临床症状迁延不愈,形成迁延型或慢性疾病,排菌时间延长,起传染源作用的时间也延长。

(3)恢复期

恢复期(convalescent period)指患病动物的临床症状已消失,机体处于逐渐恢复的时期。此期患病动物的免疫力开始出现,体内病原体被清除,一般不再有传染源作用。但有些传染病,在恢复期仍可排出病原体,排出病原体的时间长,甚至成为终身传染源,如布鲁氏菌传染病。

2.病原体携带者

病原体携带者是指没有任何临床症状,但能排出病原体的动物。带菌者、带毒者和带虫者统称为病原体携带者。病原体携带者按其携带状态和临床分期,分为潜伏期病原体携带者、恢复期病原体携带者和健康病原体携带者。

(1)潜伏期病原体携带者

潜伏期病原体携带者是指潜伏期内携带病原体并向体外排出病原体的动物。只有少数传染病存在这种携带者,如麻疹、霍乱、痢疾等。这类携带者多数在潜伏期末排出病原体。因此,若能及时发现并控制这类传染病,对防止疫情的发展和蔓延具有重要意义。

(2)恢复期病原体携带者

恢复期病原体携带者是指临床症状消失后仍在一定时间内向外排出病原体的人或畜禽。相关的疾病包括痢疾和伤寒等。一般恢复期病原体携带状态持续时间较短,但个别携带者可维持较长时间,甚至终身。凡临床症状消失后病原体携带时间在3个月以内者,称为暂时性病原体携带者。超过3个月者,称为慢性病原体携带者。后者常出现间歇性排出病原体的现象,因此一般连续3次检查阴性时,才能确定病原体携带状态解除。

(3)健康病原体携带者

健康病原体携带者是指未曾患过传染病,但能排出病原体的动物。这类携带者只有通过实验室检查方可证实。多数健康病原体携带者排出病原体的数量较少,时间较短,作为传染源的意义不大。某些传染病的健康携带者排出病原体较多,是非常重要的传染源。

(二)传播途径

传播途径(route of transmission)是病原体从传染源排出体外,经过一定的传播方式,到达与侵入新的易感者的过程。病原体更换宿主在外界环境下所经历的途径,也是病原体从传染源排出,侵入另一易感动物所经过的途径。在长期演化过程中,病原体不但能在宿主的一定部位发育繁殖,也能在宿主外的自然环境中存活,然后侵入一个新宿主,循此世代绵延。病原体更换宿主的过程,在流行病学中称为传播机制。传染病的传播机制分为以下三个阶段:①病原体自宿主排出。②病原体停留在外界环境中。③病原体侵入新的易感宿主体内。

1.水平传播

水平传播(horizontal transmission)是指传染病在动物群体(或个体)之间以水平形式横向平行传播。经空气传播、经水传播、经饲料传播、经土壤传播、经接触传播、经节肢动物传播均属于此类。

(1)经空气传播

经空气传播(air-borne transmission)是呼吸系统传染病的主要传播方式。经空气传播的发生取决于多种条件,如动物密度、卫生条件和易感动物在动物中的比例。经空气传播传染病的流行特征如下:传播广泛,发病率高;冬春季节高发;幼年动物多见;在未经免疫预防的动物中,发病呈周期性;饲养拥挤和动物密度大的地区高发。经空气传播包括经飞沫传播(droplet transmission)、经飞沫核传播(droplet nucleus transmission)和经尘埃传播(dust transmission)。

①经飞沫传播

含有大量病原体的飞沫在病畜呼气、喷嚏、咳嗽时经口鼻排入环境,大的飞沫迅速降落到地面,小的飞沫在空气里短暂停留,局限于传染源周围。因此,经飞沫传播只能累及传染源周围的密切接触者。此种传播在一些养殖密度大的规模化养殖场较易发生。流感病毒、支原体和衣原体等常经此方式传播。

②经飞沫核传播

飞沫核是飞沫在空气中失去水分后由剩下的蛋白质和病原体所组成的。飞沫核可以气溶胶的形式漂流到远处,在空气中存留的时间较长,一些耐干燥的病原体(如白喉杆菌和结核杆菌等)可以此方式传播。

③经尘埃传播

含有病原体的较大的飞沫或分泌物落在地面,干燥后形成尘埃,易感者吸入后即可感染。对外界抵抗力强的病原体(如结核杆菌和炭疽杆菌),均可以此种方式传播。

(2)经水传播

经水传播(water-borne transmission)包括经饮水传播和经疫水传播,一般肠道传染病常经水传播。水源被污染的情况可由自来水管网破损和污水渗入所致,也可因粪便和污物污染水源所致。

①经饮水传播

许多肠道传染病,若干人畜共患疾病以及某些寄生虫病均可经饮水传播。流行强度取决于污染水源类型、供水范围、水受污染的强度和频度、病原体在水中的抵抗力和饮水卫生管理等。经饮水传播传染病的流行特征如下:病例分布与供水范围一致,有饮用同一水源史;病畜病禽无年龄和性别的差异;停用被污染的水或水经净化后,暴发或流行即可平息;如水源经常受污染,则病例不断。

②经疫水传播

当畜禽接触疫水时可经皮肤(或黏膜)感染血吸虫病和钩端螺旋体病等。其危险性取决于接触疫水的面积、次数和时间。经接触疫水传播传染病的流行特征如下：患病动物有接触疫水史；发病具有地区、季节、区域分布特点；大量易感动物进入疫区，可引起暴发或流行。加强防护和对疫水采取消毒措施可控制疾病发生。

(3)经饲料传播

经饲料传播(food-borne transmission)主要为肠道传染病、某些寄生虫病和少数呼吸系统疾病的传播方式。当饲料本身含有病原体或受病原体污染时，可引起传染病的传播。经饲料传播传染病的流行特征如下：患病动物有采食某种污染饲料史，不采食者不发病；患者潜伏期短，一次大量污染可致暴发流行；多发生于夏秋季，一般不形成慢性流行；停止供应污染饲料，暴发或流行即可平息。经饲料传播可分为饲料本身含有病原体和饲料被病原体污染。

①饲料本身含有病原体

饲料中产生毒素的病原体常见于细菌和霉菌，当动物采食含有这些病原体及其毒素的饲料后，就会出现不同程度的感染或中毒症状。真菌污染的现象非常普遍，有时甚至相当严重，不仅使饲料霉变，造成经济损失，而且真菌性饲料中毒素屡见不鲜，严重危害畜禽健康。

②饲料被病原体污染

饲料在生产、加工、运输、贮存与销售的各个环节均可被污染。

(4)经土壤传播

经土壤传播(soil-borne transmission)是指易感动物和人群通过各种方式接触了被病原体污染的土壤所致的传播。经土壤传播病原体取决于病原体在土壤中的存活时间、动物与土壤接触的机会与频度等。经土壤传播的疾病主要是一些肠道寄生虫和芽孢病原菌引起的疾病。传染源的排泄物(或分泌物)以直接或间接方式污染土壤。因传染病死亡的畜禽尸体，由于埋葬不妥而污染土壤。有些肠道寄生虫病的生活史中有一段时间必须在土壤中发育至一定阶段才能感染动物和人，如蛔虫卵和钩虫卵等。某些细菌的芽孢可在土壤中长期生存，如破伤风杆菌、炭疽杆菌等。这些被污染的土壤经过破损的皮肤使人和动物感染。

(5)经接触传播

接触传播(contact transmission)通常分为直接接触传播(direct contact transmission)，间接接触传播(indirect contact transmission)和医源性传播(iatrogenic transmission)。经接触传播传染病的流行特征如下：一般很少造成流行传播，病例多呈散发，但可形成同栏动物间的传播。流行过程缓慢，无明显的季节性；在卫生条件差和卫生习惯不良的情况下病例较多。加强对传染源的管理及严格消毒制度后，可减少病例发生。

①直接接触传播

直接接触传播是指在没有任何外界因素参与下，传染源与易感者直接接触而引起疾病的传播，如狂犬病等。

②间接接触传播

间接接触传播是易感者因接触被传染源排泄物或分泌物污染的用品而造成的传播。多种肠道传染病、某些呼吸道传染病、人畜共患病和皮肤传染病等均可经此途径传播。间接接触传播与病原体在外环境中的抵抗力、日常消毒制度是否完善和畜禽的卫生环境等因素有关。

③医源性传播

医源性传播是指在医疗和预防工作中,由于未能严格执行规章制度和操作规程,人为地引起某种传染病传播。例如,易感者在接受治疗、预防及各种检测试验时,由污染的器械、针筒、针头、导尿管等而感染某些传染病;生物制品或药品在生产时受污染而引起疾病传播。

(6)经节肢动物传播

经节肢动物传播(arthropod-borne transmission)亦称虫媒传播,是以节肢动物作为传播媒介的感染,包括机械性携带和生物性传播。这种节肢动物包括昆虫纲的蚊、蝇、蚤和虱等,以及蛛形纲的蜱和螨。经节肢动物传播传染病的流行特征如下:地区性,病例分布与传播该病的媒介昆虫的分布一致;季节性,发病率升高与节肢动物的活动季节一致;动物与动物之间一般不直接传播。

①机械性携带

节肢动物接触(或吞食)病原体后,病原体在它的体表(或体内)均不繁殖,一般能存活2~5天。当它们再次觅食时,随食物(或粪便)将病原体排出体外而污染饲料等,当动物采食这类食物后被感染,例如,苍蝇能通过这种方式传播伤寒、细菌性痢疾等肠道传染病。

②生物性传播

因吸血节肢动物叮咬而患菌血症、立克次体血症或病毒血症的宿主,使病原体随着宿主的血液进入节肢动物的肠腔,感染肠细胞或其他器官,病原体在节肢动物体内进行繁殖,然后再通过节肢动物的唾液、呕吐物或粪便进入易感机体。病原体在吸血节肢动物体内增殖或完成生活周期中某些阶段后,开始具有传染性,其所需要时间称外潜伏期(extrinsic incubation period)。外潜伏期长短常受气温等因素的影响。

经吸血节肢动物传播的疾病较多,如鼠疫、斑疹伤寒和疟疾等。还包括大约200种以上的虫媒病毒性疾病。

2.垂直传播

垂直传播(vertical transmission)是指病原体通过母体传给子代的传播。一般包括经胎盘传播、上行性传播和分娩传播。

(1)经胎盘传播

经胎盘传播指受感染受孕动物体内的病原体可经胎盘血液引起宫内感染,部分病原体感染的孕畜均可使胎儿感染。

(2)上行性传播

上行性传播是指病原体经孕畜阴道通过宫颈口到达绒毛膜或胎盘引起宫内胎儿感染,如葡萄球菌、链球菌、大肠杆菌和白色念珠菌等。

(3)分娩传播

分娩传播是指孕畜分娩时引起的传播,即胎儿从无菌的羊膜腔内产出而暴露于母畜产道过程中,胎儿的皮肤、黏膜、呼吸道和消化道遭受病原体(如淋球菌和疱疹病毒等)感染。

(三)易感动物

对某一传染病缺乏特异性免疫力的动物称为易感动物。畜禽易感性的差异与病原体的毒力强弱和种类有关,同时又与畜禽群体的遗传特征、免疫状态和饲养管理条件相关。

1.遗传特征

不同畜禽的遗传特征差异导致其对同一种病原体的易感性不同。例如,猪能感染猪瘟病毒,而不感染牛瘟病毒和马瘟病毒。

2.免疫状态

畜禽的免疫状态也是影响其易感性的重要因素。畜禽通过母源抗体、疫苗免疫或患过流行性传染病可获得针对该病原体的特异性抗体,降低对该病原体的易感性,甚至不再易感,从而保护畜禽免受此种病原体的感染。

3.饲养管理条件

养殖密度、饲料饮水、畜禽舍环境卫生、温湿度、通风、粪尿和污水处理等均能够影响畜禽对病原体的易感性和流行病的传播。严格规范合理的饲养管理条件,可在一定程度上降低畜禽的易感性,阻断传染病的传播与发展。

二、传染病的流行特点

随着畜禽养殖产业结构调整,畜禽养殖规模化程度不断提高,畜禽及其产品流通渠道增多,流动频繁。畜禽传染病流行呈现以下特点。

(一)新发病不断增加

畜禽引种频繁及其产品调运等易导致一些新的疫病出现,如2002年的猪塞内卡谷病毒病、2009年的猪德尔塔(δ)冠状病毒病和2015年的猪圆环病毒3型等。此外,某些传染病如非洲猪瘟会在之前未曾出现过的国家和地区开始流行。《OIE陆生动物诊断试验与疫苗手册》显示,历史上非洲猪瘟多在非洲和欧洲部分地区,以及南美洲和加勒比地区出现,而自2007年以来,非洲、亚洲和欧洲的多个国家都暴发了非洲猪瘟,从未发生过该病的中国也发生了大流行,严重危害世界养猪业发展。

(二)病原体变异

随着环境变化、免疫压力和滥用抗生素等因素的影响,某些病原体的毒力发生了明显的改变,有些毒力会不断增强,有些毒力会逐渐减弱,从而形成不同的变异毒株和血清型。例如,猪伪狂犬病病毒的传统毒株,哺乳仔猪最易感,15日龄以内的仔猪常表现为最急性型,病程不超过72 h,死亡率高达100%;该病毒一般不易引起成年猪和育肥猪死亡,然而2011年出现的猪伪狂犬病病毒的变异毒株导致育肥猪和成年猪死亡率增加至10%~30%。

(三)混合感染增多

多种传染病交叉混合感染趋势增加。如猪群中既有2种或2种以上的病毒、细菌或寄生虫的混合感染,又有病毒与细菌、病毒与寄生虫、细菌与寄生虫的混合感染,甚至还有多种不同病原体的混合感染,导致猪高发病率和死亡率,危害极其严重,同时给猪病诊断和防治带来困难。

(四)免疫抑制病危害严重

免疫抑制性疾病,如猪繁殖与呼吸综合征、猪圆环病毒病等,其病原体主要作用于猪体免疫系统,抑制细胞免疫和体液免疫,减弱机体免疫应答力,使各类病原体更易侵入机体,且增加机体对疫苗接种的副反应,甚至导致疫苗接种失败。

(五)细菌耐药性问题日益严重

随着畜禽细菌性传染病发病率的增加,抗生素和抗菌药物的过度使用,导致细菌性病原体的耐药性越来越强,甚至出现"超级细菌"。因易产生耐药性,某些致病菌(如大肠杆菌、沙门氏菌、副猪嗜血杆菌、巴氏杆菌和链球菌等)的控制难度变大。

(六)人畜共患病增多

随着人类活动、动物及其产品的全球化流通,人、动物、环境的联系愈发紧密,导致人畜共患病逐渐增多。世界卫生组织(WHO)数据显示,60%的人类病原体来自动物,新发和重新出现的动物疫病中有75%可能会感染人类,如猪囊尾蚴病、猪流感和猪钩端螺旋体病等。

第二节 畜禽传染病免疫预防

疫苗是指采用各类病原微生物制作的,用于预防接种的生物制品。其中采用细菌或螺旋体制作的疫苗亦称为菌苗。疫苗分为活体疫苗和非活体疫苗两种。常用的活体疫苗有卡介苗、脊髓灰质炎疫苗、麻疹疫苗和鼠疫菌苗等。常用的灭活疫苗有百日咳菌苗、伤寒菌苗、流脑疫苗和霍乱菌苗等。接种疫苗是预防和控制传染病最经济有效的公共卫生干预措施。

一、机体免疫力

机体免疫力是指机体对外来病原体的抵抗能力。机体免疫系统由三道完整的保护性防线组成。第一道防线是皮肤和黏膜屏障,防止病原体的入侵;第二道防线是固有免疫,包括炎症反应和巨噬细胞等,通过生理和化学机制抵御病原体;第三道防线是适应性免疫,包括细胞免疫和体液免疫,通过产生特异性抗体和攻击感染的细胞来清除病原体。

1. 固有免疫

固有免疫(innate immunity)能够迅速识别和攻击病原体,包括细菌、病毒、真菌和寄生虫等。固有免疫主要防御机制包括物理屏障、黏液纤毛器和急性炎症反应等,能够快速地识别和攻击病原体,但对于特异性较强的病原体,固有免疫系统的防御能力相对较弱。

2.适应性免疫

适应性免疫(adaptive immunity)又称为获得性免疫、特异性免疫,包括细胞免疫和体液免疫。细胞免疫由T细胞主导,通过识别和攻击感染的细胞来消灭病原体。体液免疫由B细胞主导,通过产生特异性抗体来阻止病原体侵入和感染。机体免疫力的强弱受遗传、环境和生活方式等多种因素影响。

二、疫苗

疫苗是一种预防疾病的生物制品,可以通过激发人体(或动物)的免疫系统来产生对特定病原体的保护性免疫。按照疫苗中病原体是否具有活性,可以分为活体疫苗和非活体疫苗。

(一)活体疫苗

1.减毒疫苗

减毒疫苗(attenuated vaccine)是通过减少病原体的毒力,仍保持抗原活性而制造的疫苗,在触发细胞介导的免疫反应方面通常比灭活疫苗更有效。然而减毒疫苗的使用也存在潜在的危险。减毒水平对疫苗的成功至关重要。减毒不足会导致残留毒力和疾病,而过度减毒会导致疫苗无效。

2.基因缺失疫苗

基因缺失疫苗(gene-deleted vaccine)是通过去除病原体的一些基因而制造的一种疫苗。因为不包含完整的病原体,而只包含一些基因或蛋白质,这种疫苗通常比传统疫苗更安全,基因缺失疫苗可用于预防多种疾病,包括流感、口蹄疫病和狂犬病等。

3.病毒载体疫苗

病毒载体疫苗(viral vector vaccine)是将病原体的抗原基因插入载体病毒(或细菌)的非必需区而构建的重组病毒(或细菌)。使用最广泛的疫苗病毒载体是大DNA病毒,如痘病毒(鸡痘和金丝雀痘)、牛痘病毒、腺病毒和一些疱疹病毒。

(二)非活体疫苗

1.亚单位疫苗

亚单位疫苗(subunit vaccine)是指使用免疫系统能识别的病毒或细菌的特定部分(亚单位)的疫苗。它不包含整个微生物,也不使用安全病毒作为载体。这些亚单位可能是蛋白质或糖。常见的亚单位疫苗有猪瘟疫苗、牛传染性鼻气管炎病疫苗和鸡禽流感疫苗等。

2.基因工程疫苗

基因工程疫苗(genetic engineering vaccine)是用基因工程方法(或克隆技术),分离出病原微生物保护性抗原目的基因片段进行克隆,插入表达载体的核酸序列中进行表达的疫苗。将编码保护性抗原的基因克隆到载体(如细菌、酵母、杆状病毒或植物)中,表达保护性抗原,培养重组载体,收获和纯化由插入基因编码的抗原,并作为疫苗使用。

3.DNA质粒疫苗

DNA疫苗(DNA plasmid vaccine)是指将编码某种抗原蛋白质的外源基因直接导入动物(或人体)细

胞内,并通过宿主细胞的表达系统合成抗原蛋白质,诱导宿主产生对该抗原蛋白质的免疫应答,预防疾病。该类疫苗已被广泛应用于禽流感、狗和猫的狂犬病、犬细小病毒病等疾病预防中。

4. RNA疫苗

RNA疫苗(RNA vaccine)在细胞内短暂复制时会产生大量内源性抗原的RNA,诱导宿主产生对该抗原蛋白质的免疫应答以达到预防病原体感染的目的。这些疫苗通常源自病毒,如委内瑞拉马脑炎病毒。RNA疫苗只需要进入细胞质而不是细胞核,比DNA质粒更稳定,效率更高。

(三)疫苗使用注意事项

在畜禽生产中,疫苗对畜禽安全健康至关重要。疫苗使用不当会直接导致免疫失败,甚至引发疫病。掌握疫苗保存方法和使用疫苗注意事项对畜禽健康生长至关重要。

1. 疫苗的选择

根据疫病流行情况、动物品种、接种动物的日龄和生产需要,选择安全、有效和经济的疫苗。例如仔猪在不同的日龄,适合打的疫苗种类和剂量是不一样的,仔猪出生第7天,需要注射2 mL的支原体疫苗;在出生第21天,需要注射1头份的猪瘟疫苗。

2. 疫苗的购买和保存

选用正规厂家的、具有国家批准文号的疫苗产品。按照产品说明书要求,疫苗保存在正确的温度和湿度下,避免光照、震动和冷冻等不良影响。疫苗短时间贮存应存放在2~8 ℃中,长时间贮存存放在−20 ℃以下。

3. 疫苗的接种

疫苗使用前必须仔细阅读产品说明书,按照要求使用。免疫接种时,应考虑产品类型、副作用和接种次数,尽可能选择多联疫苗,减少接种次数,降低疫苗的不良反应。

4. 疫苗接种记录

接种过程中,应记录接种时间、接种剂量、接种动物数量、批号、注射部位、不良反应和体温变化等信息。这些信息对疫苗的安全性评估非常重要。疫苗接种记录有助于畜禽管理人员进行疾病防控和疫苗接种管理。

(四)疫苗效果的评估方法

1. 死亡率、发病率和生产成绩

死亡率、发病率和生产成绩是检验养殖场疫苗免疫效果的重要指标。疫苗免疫后的相同时间间隔内,对免疫动物的死亡率、发病率和生产成绩进行统计分析,是免疫后对疫苗效果检验的重要手段之一。

2. 病原体检测

采用PCR、RT-PCR、组织病理学、免疫组织化学和基因序列测定等方法检测血清、组织和器官等的病原体载量,可以推断动物是否存在病原体感染以及病原体在血液中的持续时间。血液病毒载量是国际上认可的评价猪圆环病毒2型感染程度和疫苗免疫效果的指标,通过检测母猪免疫前后血液中病毒载量变化可评价疫苗免疫效果。

3. 抗体检测

抗体检测是检验疫苗免疫效果最经典的方法，ELISA和中和试验是抗体检测中最常用的方法。猪瘟ELISA抗体高低与血清中和抗体效价具有较好的相关性，可用于疫苗免疫效果评估。伪狂犬病PRV疫苗免疫后诱导猪体内产生中和流行毒株的抗体水平差异很大，猪场可以根据PRV的感染状态，测定中和抗体，以评估伪狂犬病疫苗免疫后的效果。

三、影响疫苗效果的因素

疫苗保留了病原体刺激动物体免疫系统的特性。当动物体接触到这种不具伤害力的病原体后，免疫系统便会产生一定的保护物质，如免疫激素、生物活性物质和特殊抗体等。当动物再次接触到这种病原体时，动物体的免疫系统便会依循其原有的记忆，制造更多的保护物质来阻止病原体的伤害。疫苗效果受疫苗本身、动物、环境和养殖场等因素影响。

(一)疫苗因素

1. 疫苗质量

疫苗质量是免疫成败的关键。高品质疫苗是确保良好免疫效果的基础，来自不同厂家的疫苗，其安全性、效力和免疫持续时间会有所不同。当疫苗受外源病毒体污染或处于非真空状态时，疫苗本身的特性会发生改变。疫苗的特异性、免疫原性、抗原含量、佐剂和免疫增强剂也是影响疫苗免疫效果的因素。

2. 疫苗选择

选择疫苗需要根据疫病自身的特点和目标病原体的流行病学特征而进行，如发病机制、免疫应答特征、免疫持续期、流行病学情况、母源抗体水平和能否克服母源抗体干扰等。便捷的接种途径和合理的免疫程序也很重要，例如，通过接种多联多价疫苗实现一针多防，可减少因多次注射导致的动物应激反应。

(二)动物机体因素

1. 免疫抑制性疾病

免疫抑制性疾病(如猪繁殖与呼吸综合征、猪圆环病毒病和猪支原体肺炎等)均能破坏猪的免疫器官，造成不同程度的免疫抑制，容易导致细菌性疾病混合感染或继发感染，更为严重的是会导致相关疫苗免疫失败。

2. 长期带毒和免疫耐受

畜禽长期带毒、排毒会造成病原体持续性感染。例如，带毒母猪通过垂直传播和水平传播造成猪瘟的持续感染。先天感染猪瘟的仔猪产生免疫耐受，反复注射疫苗而不产生抗体，则成为持续感染的带毒猪，常规检测很难识别，一旦留作后备种猪时，将形成新的带毒种猪，导致猪瘟传染恶性循环。

3. 母源抗体

母源抗体会对未免疫仔猪提供保护，但会减弱疫苗在仔猪体内诱导免疫的能力，可能导致免疫失败。例如，猪瘟病毒的母源抗体可以明显抑制疫苗免疫诱导的保护性免疫反应，接种时母体抗体滴度越高，对疫苗的抑制作用越强。

4. 营养因素

霉变饲料含有各种霉菌毒素,可引起细胞变性和坏死,淋巴结出血和水肿,严重的可能破坏机体的免疫器官,造成机体的免疫抑制。

营养不良会造成细胞分裂和蛋白质(如抗体和细胞因子)合成所需的养分不足,从而抑制免疫应答。

维生素、氨基酸和某些微量元素的缺乏或不平衡都会使机体免疫应答能力降低。如维生素A的缺乏会导致淋巴器官的萎缩,影响淋巴细胞的分化和增殖,减弱受体表达与活化,减少体内T淋巴细胞数量,降低吞噬细胞能力,降低B细胞产生抗体的能力,降低机体免疫应答能力。

5. 遗传因素

动物机体对疫苗接种所产生的免疫应答也受遗传因素控制。不同品种的猪免疫应答状态有所差异。同一品种不同个体的猪对同一疫苗的免疫反应强弱也不一样。有的猪可能存在固有免疫缺陷(脾脏、淋巴结和胸腺等免疫器官发育不全),从而导致机体免疫失败,甚至死亡。

(三)环境因素

养殖环境因素(如饲养密度过大、舍内湿度过高、通风不良、有害气体浓度过高、噪声严重、突然惊吓和突然换料等)会使动物产生应激,刺激脑下垂体产生促肾上腺皮质激素,再刺激肾上腺产生肾上腺皮质激素,损伤T淋巴细胞,抑制巨噬细胞的作用,提高免疫球蛋白的分解代谢,影响免疫效果。畜禽处于应激反应敏感期时接种疫苗,免疫应答能力会降低。

(四)养殖场因素

1. 免疫程序

应依据当地的疫情、畜禽的免疫状态、饲养管理条件等实际情况制定合理的免疫程序。排除母源抗体的干扰是确定合理首免日龄的关键。因此,在条件允许的情况下,尽可能进行母源抗体检测,随时调整仔畜的首免时间,使其尽量避开母源抗体的干扰。

2. 免疫抑制性药物使用

某些药物(糖皮质激素、抗生素和抗菌药)等对机体B淋巴细胞的增殖有一定的抑制作用,导致机体白细胞减少,影响疫苗的免疫效果。

(五)人为因素

1. 疫苗贮藏和运输

疫苗的运输和保存过程均有严格的要求,疫苗应在厂家建议的适当温度下保存,避免因疫苗失效而造成免疫失败。

2. 免疫操作

接种疫苗时应按照说明书规定的接种途径和接种剂量进行免疫。例如,猪巴氏杆菌活疫苗按照免疫途径分为口服活疫苗和注射活疫苗,接种时要注意区分。如果注射部位涂抹酒精或碘酊浓度过高,会对活疫苗产生破坏作用。注射器或针头有残留的消毒剂也会影响活疫苗效果。

第三节 畜禽传染病综合防控措施

畜禽传染病防控一方面要结合传染病的三要素（传染源、传播途径和易感动物），管理传染源，切断传播途径，保护易感动物；另一方面要做好畜禽养殖的三环节（畜禽进场前、养殖场和畜禽出场后）的管理工作。

一、传染病防控环节

一个不断排放病原微生物的源头（传染源）、搭载病原微生物的工具或散播路径（传播途径）和病原微生物更易接近的"猎物"（易感动物）同时存在才能构成完整的传染链，导致传染病的发生和蔓延。管控好任何一个环节可以阻止疫情的发生和蔓延，三个方面都做好了，疫病就会得到有效控制甚至净化。

（一）管理传染源

对传染病的传染源，需要做到早发现、早隔离、早治疗，避免传染给其他健康动物或人类。比如非洲猪瘟病毒感染猪只，只要确诊，需要尽早隔离处置。

（二）切断传播途径

不同的传染病，有不同的传播途径。切断传染病的传播途径，也可以有效预防传染病的传播和扩散流行。需要做好对重点场所的定期消毒，对患病动物的生活环境和使用器具做好消毒等，有效切断传播途径，避免传染给其他动物。

（三）保护易感动物

保护易感动物最有效的方法就是重视疫苗接种预防。

二、畜禽养殖传染病防控措施

从畜禽养殖全产业链条来看，所有的生产活动主要围绕畜禽进场前、养殖场和畜禽出场后三个环节开展。畜禽进场前的环节包括畜禽、人、车、物、料等5个方面，养殖场环节主要包括不同功能区的管控和畜禽在不同饲养单元的转运，畜禽出场后环节主要涉及养殖场与屠宰场和无害化处理厂的安全对接。

（一）把好畜禽进场关

1. 引种与引精

购入新畜禽前，要了解输入源养殖场及其周边传染病的流行情况，对个体及群体健康状况进行细心观察。购入后必须对其隔离观察一个月，对一类传染病进行免疫接种预防，如口蹄疫和牛瘟等。检疫后再入群或单独成群饲养管理。引种时要严格按照常规方法对引进畜禽进行检疫和净化，及时淘汰不合格的个体。建立畜禽身份识别和运输可追溯体系，一旦某个环节发现疫情，可快速有效地溯源除根，防止疫病扩散。

2. 饲料

将饲料厂当成饲养场来对待，从原料源头开始把控。避免在疫区采购原粮，特别是露天晾晒的玉米等，极有可能被运输车辆、道路上的污染物或鸟类粪便传播污染。对动物性蛋白质饲料原料（血粉和肉骨粉等）更要做好检测，防止一切可能的因素将病原微生物带入饲料中。

从原料库到饲料加工、再到成品库，每一个环节都要做好抽样检测。为防止成品料运输途中的扬尘污染，运输车辆的"洗-消-烘-检"就十分重要，应做到专车专用。

3. 疫苗、药品和物资

疫苗、药品和物资等均须彻底消毒，检测合格后方可进场。根据物品的特性选择不同的消毒方式，可浸泡消毒的尽可能浸泡消毒，不可浸泡消毒的也要选择喷洒（雾）消毒或紫外线照射消毒。

4. 人员

返场人员进场前要做好场外隔离工作，经采样检测合格后方可进场，人员进场后需要再次进行清洗消毒，二次检测合格后方可开始正常工作。外来人员原则上不允许进场，特殊情况需要进场要提前报备，并与返场人员一样进行隔离、检测和洗消。

5. 检测方法

对于非洲猪瘟病毒、猪繁殖与呼吸综合征病毒这类病原体，不仅要通检，还要考虑分型检测和鉴别检测，一定情况下还要结合抗体检测来综合判断。采用移动检测（车/箱）或快速检测试剂来实现运输过程中的现场快速检测。

做好病原体检测和抗体检测，定期对畜禽母源抗体、免疫前后抗体、常见疫病抗体水平和未免疫接种时的抗体水平进行检测。通过摸清畜禽抗体水平的动态和高低，本地疫病流行情况、规律和病史等，科学地制定免疫程序。

(二)做好场内管理

畜禽养殖场以种畜禽场、规模场和散户等多种形式存在，养殖场关键的养殖核心区、生活区、办公区和隔离点等区域的划分也是必不可少的。搭建料塔和仓库，监测饲料、药品和物资。杜绝运输车辆进入养殖核心区。坚决禁止与屠宰场及无害化处理厂对接的畜禽运输车辆进场。做好场内人员、场内环境、用具、病死畜禽和废弃物运输车辆清洗消毒工作。保障水源清洁，定期消毒水线和水嘴，定期检测确认消毒效果。保障猪舍温度，勤通风消毒，保证合理饲养密度，重视疫苗免疫，做好免疫效果监测。

(三)严控出场流程

屠宰场和无害化处理厂均为不同来源畜禽的汇集地，是潜在的高危传染源。因此，运输肉畜出场至屠宰场，或运输场内病死畜及废弃物至无害化处理厂，均要做到"专用车辆、专用工具和专职人员"，严格防止交叉感染。返回车辆、工具和人员，要及时做好清洗消毒工作，检测合格后方可供下次使用。

第四节 动物病原微生物和疫病病种分类

中华人民共和国农业部令(第53号)公布了《动物病原微生物分类名录》(2005年5月)。中华人民共和国农业农村部公告(第573号)根据《中华人民共和国动物防疫法》有关规定,公布了《一、二、三类动物疫病病种名录》(2022年6月)。

一、动物病原微生物分类名录

根据《病原微生物实验室生物安全管理条例》第七条、第八条的规定,对动物病原微生物分类如下。

(一)一类动物病原微生物

口蹄疫病毒、高致病性禽流感病毒、猪水泡病病毒、非洲猪瘟病毒、非洲马瘟病毒、牛瘟病毒、小反刍兽疫病毒、牛传染性胸膜肺炎丝状支原体、牛海绵状脑病病原、痒病病原。

(二)二类动物病原微生物

猪瘟病毒、鸡新城疫病毒、狂犬病病毒、绵羊痘/山羊痘病毒、蓝舌病病毒、兔病毒性出血症病毒、炭疽芽孢杆菌、布氏杆菌。

(三)三类动物病原微生物

多种动物共患病病原微生物:低致病性流感病毒、伪狂犬病病毒、破伤风梭菌、气肿疽梭菌、结核分枝杆菌、副结核分枝杆菌、致病性大肠杆菌、沙门氏菌、巴氏杆菌、致病性链球菌、李氏杆菌、产气荚膜梭菌、嗜水气单胞菌、肉毒梭状芽孢杆菌、腐败梭菌和其他致病性梭菌、鹦鹉热衣原体、放线菌、钩端螺旋体。

牛病病原微生物:牛恶性卡他热病毒、牛白血病病毒、牛流行热病毒、牛传染性鼻气管炎病毒、牛病毒腹泻/黏膜病病毒、牛生殖器弯曲杆菌、日本血吸虫。

绵羊和山羊病原微生物:山羊关节炎/脑脊髓炎病毒、梅迪/维斯纳病病毒、传染性脓疱皮炎病毒。

猪病病原微生物:日本脑炎病毒、猪繁殖与呼吸综合征病毒、猪细小病毒、猪圆环病毒、猪流行性腹泻病毒、猪传染性胃肠炎病毒、猪丹毒杆菌、猪支气管败血波氏杆菌、猪胸膜肺炎放线杆菌、副猪嗜血杆菌、猪肺炎支原体、猪密螺旋体。

马病病原微生物:马传染性贫血病毒、马动脉炎病毒、马病毒性流产病毒、马鼻炎病毒、鼻疽假单胞菌、类鼻疽假单胞菌、假皮疽组织胞浆菌、溃疡性淋巴管炎假结核棒状杆菌。

禽病病原微生物:鸭瘟病毒、鸭病毒性肝炎病毒、小鹅瘟病毒、鸡传染性法氏囊病病毒、鸡马立克氏病病毒、禽白血病/肉瘤病毒、禽网状内皮组织增殖病病毒、鸡传染性贫血病毒、鸡传染性喉气管炎病毒、鸡传染性支气管炎病毒、鸡减蛋综合征病毒、禽痘病毒、鸡病毒性关节炎病毒、禽传染性脑脊髓炎病毒、副鸡嗜血杆菌、鸡毒支原体、鸡球虫。

兔病病原微生物：兔黏液瘤病病毒、野兔热土拉杆菌、兔支气管败血波氏杆菌、兔球虫。

水生动物病病原微生物：流行性造血器官坏死病毒、传染性造血器官坏死病毒、马苏大麻哈鱼病毒、病毒性出血性败血症病毒、锦鲤疱疹病毒、斑点叉尾鲖病毒、病毒性脑病和视网膜病毒、传染性胰脏坏死病毒、真鲷虹彩病毒、白姆虹彩病毒、中肠腺坏死杆状病毒、传染性皮下和造血器官坏死病毒、核多角体杆状病毒、虾产卵死亡综合征病毒、鳖鳃腺炎病毒、Taura综合征病毒、对虾白斑综合征病毒、黄头病病毒、草鱼出血病毒、鲤春病毒血症病毒、鲍球形病毒、鲑鱼传染性贫血病毒。

蜜蜂病病原微生物：美洲幼虫腐臭病幼虫杆菌、欧洲幼虫腐臭病蜂房蜜蜂球菌、白垩病蜂球囊菌、蜜蜂微孢子虫、跗腺螨、雅氏大蜂螨。

其他动物病病原微生物：犬瘟热病毒、犬细小病毒、犬腺病毒、犬冠状病毒、犬副流感病毒、猫泛白细胞减少综合征病毒、水貂阿留申病病毒、水貂病毒性肠炎病毒。

(四)四类动物病原微生物

是指危险性小、低致病力、实验室感染机会少的兽用生物制品、疫苗生产用的各种弱毒病原微生物以及不属于第一、二、三类的各种低毒力的病原微生物。

二、动物疫病病种名录

(一)一类动物疫病(11种)

口蹄疫、猪水疱病、非洲猪瘟、尼帕病毒性脑炎、非洲马瘟、牛海绵状脑病、牛瘟、牛传染性胸膜肺炎、痒病、小反刍兽疫、高致病性禽流感。

(二)二类动物疫病(37种)

多种动物共患病(7种)：狂犬病、布鲁氏菌病、炭疽、蓝舌病、日本脑炎、棘球蚴病、日本血吸虫病。

牛病(3种)：牛结节性皮肤病、牛传染性鼻气管炎(传染性脓疱外阴阴道炎)、牛结核病。

绵羊和山羊病(2种)：绵羊痘和山羊痘、山羊传染性胸膜肺炎。

马病(2种)：马传染性贫血、马鼻疽。

猪病(3种)：猪瘟、猪繁殖与呼吸综合征、猪流行性腹泻。

禽病(3种)：新城疫、鸭瘟、小鹅瘟。

兔病(1种)：兔出血症。

蜜蜂病(2种)：美洲蜜蜂幼虫腐臭病、欧洲蜜蜂幼虫腐臭病。

鱼类病(11种)：鲤春病毒血症、草鱼出血病、传染性脾肾坏死病、锦鲤疱疹病毒病、刺激隐核虫病、淡水鱼细菌性败血症、病毒性神经坏死病、传染性造血器官坏死病、流行性溃疡综合征、鲫造血器官坏死病、鲤浮肿病。

甲壳类病(3种)：白斑综合征、十足目虹彩病毒病、虾肝肠胞虫病。

(三)三类动物疫病(126种)

多种动物共患病(25种):伪狂犬病、轮状病毒感染、产气荚膜梭菌病、大肠杆菌病、巴氏杆菌病、沙门氏菌病、李氏杆菌病、链球菌病、溶血性曼氏杆菌病、副结核病、类鼻疽、支原体病、衣原体病、附红细胞体病、Q热、钩端螺旋体病、东毕吸虫病、华支睾吸虫病、囊尾蚴病、片形吸虫病、旋毛虫病、血矛线虫病、弓形虫病、伊氏锥虫病、隐孢子虫病。

牛病(10种):牛病毒性腹泻、牛恶性卡他热、地方流行性牛白血病、牛流行热、牛冠状病毒感染、牛赤羽病、牛生殖道弯曲杆菌病、毛滴虫病、牛梨形虫病、牛无浆体病。

绵羊和山羊病(7种):山羊关节炎/脑炎、梅迪-维斯纳病、绵羊肺腺瘤病、羊传染性脓疱皮炎、干酪性淋巴结炎、羊梨形虫病、羊无浆体病。

马病(8种):马流行性淋巴管炎、马流感、马腺疫、马鼻肺炎、马病毒性动脉炎、马传染性子宫炎、马媾疫、马梨形虫病。

猪病(13种):猪细小病毒感染、猪丹毒、猪传染性胸膜肺炎、猪波氏菌病、猪圆环病毒病、格拉瑟病、猪传染性胃肠炎、猪流感、猪丁型冠状病毒感染、猪塞内卡病毒感染、仔猪红痢、猪痢疾、猪增生性肠病。

禽病(21种):禽传染性喉气管炎、禽传染性支气管炎、禽白血病、传染性法氏囊病、马立克、禽痘、鸭病毒性肝炎、鸭浆膜炎、鸡球虫病、低致病性禽流感、禽网状内皮组织增殖病、鸡病毒性关节炎、禽传染性脑脊髓炎、鸡传染性鼻炎、禽坦布苏病毒感染、禽腺病毒感染、鸡传染性贫血、禽偏肺病毒感染、鸡红螨病、鸡坏死性肠炎、鸭呼肠孤病毒感染。

兔病(2种):兔波氏菌病、兔球虫病。

蚕、蜂病(8种):蚕多角体病、蚕白僵病、蚕微粒子病、蜂螨病、瓦螨病、亮热厉螨病、蜜蜂孢子虫病、白垩病。

犬猫等动物病(10种):水貂阿留申病、水貂病毒性肠炎、犬瘟热、犬细小病毒病、犬传染性肝炎、猫泛白细胞减少症、猫嵌杯病毒感染、猫传染性腹膜炎、犬巴贝斯虫病、利什曼原虫病。

鱼类病(11种):真鲷虹彩病毒病、传染性胰脏坏死病、牙鲆弹状病毒病、鱼爱德华氏菌病、链球菌病、细菌性肾病、杀鲑气单胞菌病、小瓜虫病、粘孢子虫病、三代虫病、指环虫病。

甲壳类病(5种):黄头病、桃拉综合征、传染性皮下和造血组织坏死病、急性肝胰腺坏死病、河蟹螺原体病。

贝类病(3种):鲍疱疹病毒病、奥尔森派琴虫病、牡蛎疱疹病毒病。

两栖与爬行类病(3种):两栖类蛙虹彩病毒病、鳖腮腺炎病、蛙脑膜炎败血症。

• 本章小结 •

传染源、传播途径和易感动物构成了传染病流行的基本环节。传染病的流行特点包括新发病不断增加、病原体变异、混合感染增多、免疫抑制病危害严重、细菌耐药性问题日益严重和人畜共患病增多。接种疫苗是预防和控制传染病最经济有效的措施。按照病原体是否具有活性将疫苗分为活体疫苗和非活体疫苗。疫苗效果受疫苗本身、动物、环境和养殖场等因素影响。畜禽传染病的防控要做好管理传染源、切断传播途径和保护易感动物各个环节,还要做好畜禽进场前、养殖场和畜禽出场后的管理。

拓展阅读

扫码进行思维导图、课程文化案例、课件等数字资源的获取和学习。

数字资源

思考与练习题

1. 简述构成传染病流行的基本环节和传染病的传播途径。
2. 简述畜禽传染病流行特点。
3. 简述疫苗的分类和影响疫苗效果的因素。
4. 简述畜禽传染病的综合防控措施。
5. 一类和二类动物病原微生物有哪些?
6. 一类和二类动物疫病有哪些?

第十八章

微生物与畜禽养殖环境

本章导读

畜禽养殖舍是畜禽生存、生长和繁殖的主要场所,其环境中的微生物不仅对动物生产性能有直接影响,而且还是引发某些疫病暴发的重要因素之一。科学合理控制和利用畜禽养殖环境中的微生物,对畜禽生产和人类健康具有重要意义。畜禽养殖环境中的微生物及其代谢产物对畜禽会产生什么样的影响?畜禽排泄物如何通过微生物进行无害化和资源化利用?充分理解微生物与畜禽养殖环境的关系,为畜禽健康养殖、疫病防控和环境保护奠定基础。

学习目标

1. 了解畜禽环境中主要的微生物来源,掌握微生物在提高畜禽舍环境空气质量和处理畜禽粪污中的作用。

2. 了解畜禽养殖对环境的污染及其控制措施。运用微生物知识调控养殖环境。

3. 善于采用微生物处理技术,实现畜禽排泄物资源化利用,改善畜禽养殖环境,提高养殖场空气质量,保护自然界生态环境,促进养殖业可持续发展。

概念网络图

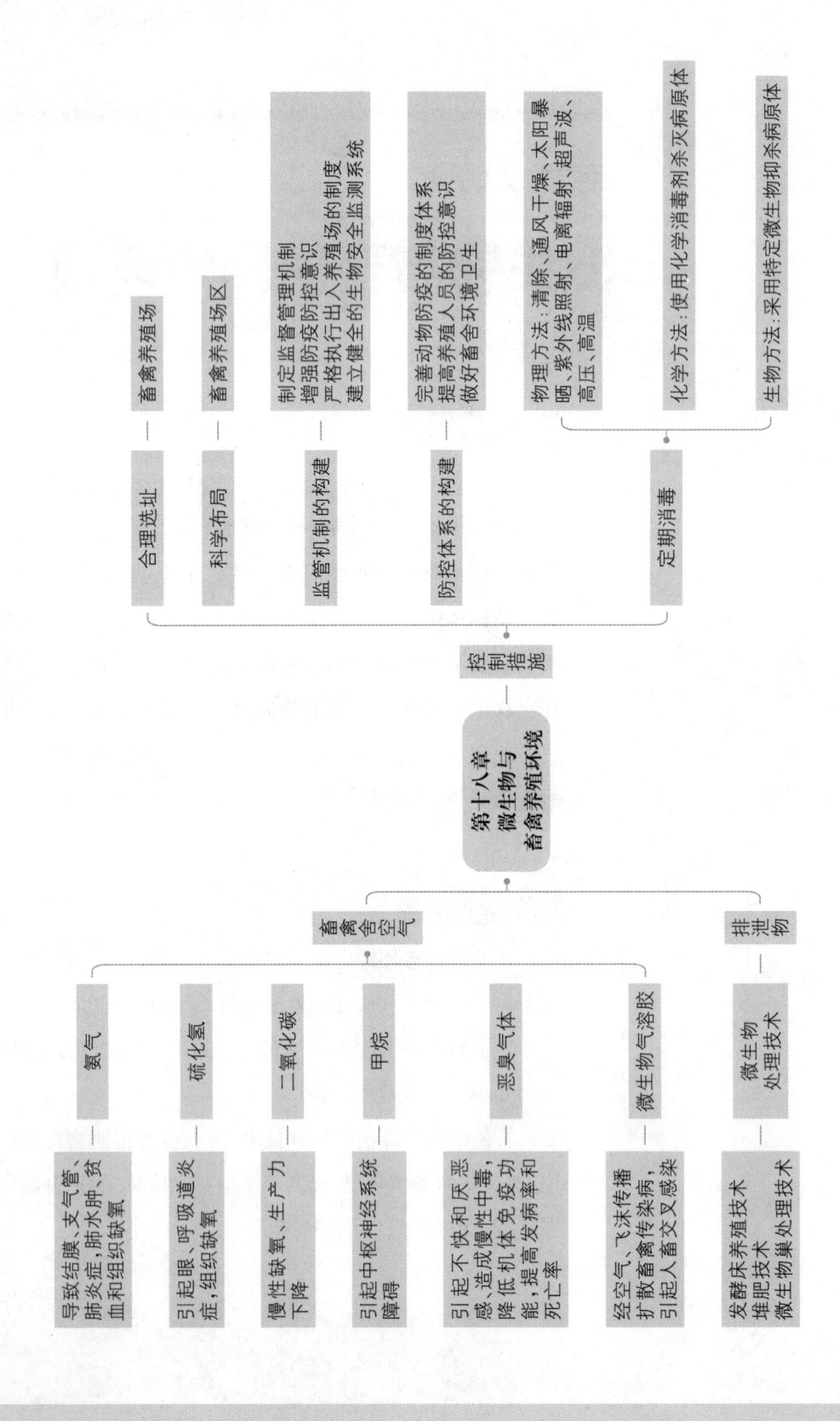

第十八章 微生物与畜禽养殖环境

控制措施

- **合理选址** — 畜禽养殖场
- **科学布局** — 畜禽养殖场区
- **监管机制的构建**
  - 制定监督管理机制
  - 增强防疫防控意识
  - 严格执行出入养殖场的制度
  - 建立健全的生物安全监测系统
- **防控体系的构建**
  - 完善动物防疫的制度体系
  - 提高养殖人员的防控意识
  - 做好畜舍环境卫生
- **定期消毒**
  - 物理方法：清除、通风干燥、太阳暴晒、紫外线照射、电离辐射、超声波、高压、高温
  - 化学方法：使用化学消毒剂杀灭病原体
  - 生物方法：采用特定微生物抑杀病原体

畜禽舍空气

- 氨气 — 导致结膜、支气管、肺炎症，肺水肿症，贫血和组织缺氧
- 硫化氢 — 引起眼、呼吸道炎症，组织缺氧
- 二氧化碳 — 慢性缺氧，生产力下降
- 甲烷 — 引起中枢神经系统障碍
- 恶臭气体 — 引起不快和厌恶感，造成慢性中毒，降低机体免疫功能，提高发病率和死亡率
- 微生物气溶胶 — 经空气、飞沫传播扩散畜禽传染病，引起人畜交叉感染

排泄物

- 微生物处理技术 — 发酵床养殖技术、堆肥技术、微生物巢处理技术

畜禽养殖舍是畜禽生存、生长和繁殖的主要场所,其环境中的微生物不仅对畜禽生产性能有直接影响,而且还是引发某些疫病暴发的重要因素之一。科学合理控制和利用畜禽养殖环境中的微生物,对畜禽生产和人类健康具有重要意义。畜禽养殖业的快速发展产生大量的粪尿等排泄物,微生物处理技术可以对畜禽粪便进行无害化处理、资源化利用,减少和消除集约化养殖场畜禽粪便的污染,向农业生产提供优质高效的有机肥,有利于绿色有机食品生产和农业的可持续发展。

第一节 微生物与畜禽舍空气质量

畜舍养殖场空气中微生物与畜禽健康关系密切,是畜禽疾病发生和传播的重要因素。微生物通过空气传播对畜禽的健康和生产性能产生影响。衡量空气质量的重要标志之一是空气微生物的污染程度。畜禽的生命活动在畜禽舍内形成了一个相对稳定的微生物体系。微生物群系悬浮在空气中的颗粒物上,形成微生物气溶胶。随着畜牧业生产规模的不断扩大和集约化程度的不断提高,微生物气溶胶在流行病传播中起着越来越重要的作用。

一、养殖环境空气中的微生物

空气中附带病原微生物的微粒能促使病原微生物在畜禽群体间快速传播。因空气流动,相邻的畜舍和牧场之间的畜禽也会受到病原微生物的感染。畜舍环境中的微生物及其代谢产物形成的气溶胶不仅产生环境污染,而且还能引起气源性传染病的流行。很多传染病的流行及其相关的环境问题与养殖场空气的微生物及其代谢产物污染有着极为密切的关系。

(一)微生物气溶胶

1.概念

气溶胶(aerosol)是一种胶体体系,指的是微粒以固态或液态的形式,悬浮于气体介质中,形成的一种分散体系。空气中的微生物以单细胞的形式与空气中的液体微粒(液体小滴)、干燥固体颗粒(尘埃)组合在一起,悬浮在空气中,形成微生物气溶胶(microbial aerosol)。微生物气溶胶的直径通常在0.002~30 μm之间。

2. 形成过程

在养殖环境中空气颗粒物有多种来源,包括干草的分配、粉末型饲料、草垫的翻动、动物自身生物活动掉落的干燥物和打扫卫生扬起的灰尘等。空气颗粒物是成分复杂多样的混合物,其颗粒的直径大小在几纳米到几十微米之间,微生物群附着在空气中的灰尘等微粒子上从而形成微生物气溶胶。

3. 来源

畜禽舍微生物气溶胶来源较为广泛,畜禽本身、粪便、饲料、垫料、饲养人员的活动和土壤灰尘等都有可能成为气溶胶的潜在来源,尤其是畜禽粪便中的养分给微生物的繁殖和传播提供了基础,是畜禽舍气溶胶微生物的主要来源。此外,畜禽舍气溶胶中微生物还含有四环素类抗性基因,其丰度与抗生素的使用量和频次相关。疫苗的接种也成为微生物气溶胶的潜在来源,通过滴鼻和喷雾等免疫方式接种活疫苗时,少量疫苗可扩散到空气中,与空气中悬浮微粒结合形成微生物气溶胶。

4. 微生物种类

畜禽舍内微生物结构复杂多样。气溶胶中微生物的种类和数量随空气中颗粒物增加而增加。畜禽舍内微生物气溶胶中的微生物种类主要包括微球菌属、无色杆菌属、冠状病毒、支原体和霉菌等。畜禽舍内微生物气溶胶中的微生物含量远远高于外界环境,甚至还包括病原微生物。有些微生物会从畜禽舍外空气中传入禽舍内。育肥猪舍空气中的菌落数为300~500个/L,产蛋鸡舍有50~200个/L,雏鸡舍有1 500~3 000个/L。

(二)空气中微生物的传播和危害

1. 空气中微生物传播

(1)经空气中的颗粒物传播

空气颗粒物作为病原微生物的载体,随风飞扬,易感者吸入空气颗粒物后容易感染疾病。耐干燥的病原微生物都可以通过此途径传播。

(2)经飞沫传播

畜禽在咳嗽和喷嚏等过程中会喷出许多的小液滴。一个喷嚏可形成4万个左右的飞沫液滴,喷射距离可达5 m以上。喷嚏中直径较大的液滴会迅速落到地面,低于5 μm直径的液滴超过90%,并且能够在空气中飘浮很长一段时间,引发各种病原微生物的传播。飞沫蒸发后形成由黏液素、蛋白质、盐类和微生物等组成的粒径仅有1~2 μm的滴状颗粒物,极易引起疾病传播和反复发作。微生物因受蛋白质和黏液素的保护,在空气中飘浮的时间会更长,导致微生物会在空气中气流的作用下广泛传播。

2. 危害

(1)畜禽自身

猪场很多常见疫病如猪蓝耳病、链球菌病、猪呼吸道综合征和猪传染性胸膜肺炎等疫病都可以通过气溶胶传播。猪舍内的颗粒物是病毒、细菌、放线菌和立克次体等的载体,所形成的微生物气溶胶随呼吸可进入猪的呼吸道和肺部,进而引发呼吸道传染病的传播。家畜还通过飞沫和粪便等排泄物向其他家畜传播病原微生物,导致其他家畜被感染。例如,养殖场中有一头牛患上了肺结核病,不久之后邻近的家畜也会感染发病,随之而来的可能就是整个养殖场的畜禽都患上肺结核。尤其是在畜禽封闭的圈舍内,畜禽数量多,密度大,加之相对较差的通风换气,易发生传染性疾病的传播。

(2)人畜交叉感染

畜舍空气中的细菌包括病原菌、条件性病原菌和非病原菌。病原菌可直接导致呼吸道的感染,特别是下呼吸道的感染。猪舍气溶胶中存在弯曲杆菌、产气荚膜梭菌、肠球菌和大肠埃希菌等致病菌,危害人类和猪的健康。鸡舍内每天约有 $6.1×10^5$ CFU 的气载细菌,进入人和动物的肺部,危害人和畜禽的健康。牛结核等是人畜共患疾病,危害人和畜禽的健康。全封闭式畜禽舍气溶胶易从舍内转运至公共区域。工作人员再带菌前往其他正常的养殖场,传染给相邻畜禽舍的动物。

二、微生物与畜禽舍有害气体

畜禽采食的饲料经胃和小肠消化吸收后进入后段肠道(结肠和直肠),未被消化的部分作为微生物发酵的底物,被分解后产生多种臭气,新鲜粪便也具有一定的臭味。粪便中原有的和外来的微生物继续分解粪便中的有机物,产生氨、硫化氢、甲烷和恶臭气体等有害气体。

(一)有害气体的形成

1.有害气体产生过程

畜禽粪便和尿液腐败产生有害气体可分为三个阶段:①酸酵解阶段:粪便中的糖类、蛋白质和脂肪分别被微生物水解为单糖、氨基酸和挥发性脂肪酸(乙酸、丙酸和丁酸等),其pH值降低。②酸发酵减弱阶段:有机酸和可溶性含氮化合物被水解为氨、胺、二氧化碳、碳氢化合物、氮、甲烷、氢气等,同时生成硫化氢、吲哚、粪臭素、硫醇等,此阶段pH值回升。③碱性发酵阶段:产物继续被降解为二氧化碳、甲烷,并产生氨、硫化氢、胺类、酰胺类、硫醇类、醇类、二硫化物和硫化物等,此时pH值又升高。

2.有害气体臭气特点

畜禽粪便分解的臭气浓度与粪便的磷酸盐和氮的含量是成正比的,磷酸盐和氮的含量越高,产生的有害气体也就越多。家禽粪便中磷酸盐含量比猪粪中的高,猪粪中磷酸盐的含量比牛粪中的高,畜禽粪便臭气从高到低依次为:禽粪、猪粪、牛粪。

3.有害气体的种类

与外界环境空气相比,畜禽舍内空气中二氧化碳的水汽增多,而氮气和氧气减少,包含有毒有害物质氨气、硫化氢、一氧化碳、甲烷、酰胺、硫醇、甲胺、乙胺、乙醇、丁醇、丙酮、2-丁酮、丁-二酮、粪臭素和吲哚等。牛粪有害气体成分有94种,猪粪有230种,鸡粪有150种。

(二)有害气体对家畜的影响

畜舍内量多和危害大的有害气体主要包括氨气、硫化氢、二氧化碳、甲烷和一氧化二氮。这些有毒有害气体可危害家畜健康,造成家畜慢性中毒甚至急性中毒,从而影响其健康和生产力。

1.氨气

(1)理化特性和来源

氨气(NH_3)易溶于水,水溶液呈碱性,易吸附于畜舍内潮湿的地方(如墙壁和地面)及家畜的黏膜。猪舍内的氨气主要来自微生物对粪便、饲料残渣和垫料中含氮物质的降解后的产物。微生物将含氮物质分解,转化为NH_4^+,其在超过50 ℃和pH>7的条件下以NH_3的形式挥发。尿氮以尿素形式存在于粪尿和胃肠消化物中,在脲酶作用下被水解为氨气和二氧化碳,水解物导致pH值升高,氨气逸散速度加快。

畜舍中氨气的浓度受家畜的饲养密度、畜舍地面结构、舍内温度、湿度、通风状况、饲粮含硫量和粪便pH等因素影响。

(2)氨气的危害

氨气对眼睛以及呼吸道黏膜具有较强的刺激性。氨气被吸入后依次经过鼻、咽、喉、气管和支气管等呼吸器官并依附在其黏膜上，达到一定量后使畜禽产生特异性反应，导致其黏膜充血肿胀、疼痛，临床表现为咳嗽和流泪等，长时间吸入还会导致结膜炎、支气管炎、肺炎和肺水肿等疾病。吸入的氨气透过肺泡进入毛细血管，与氧竞争性结合血红蛋白，使其与氧结合的能力降低，血液输送氧的功能降低，最终导致畜禽贫血和组织缺氧。低浓度的氨气能刺激三叉神经末梢，引起呼吸中枢的反射性兴奋。高浓度的氨气可直接对机体组织产生刺激作用，导致碱性化学性损伤，造成组织溶解和坏死，还可导致中枢神经麻痹、中毒性肝病和心肌受损。

氨气是造成畜舍内动物应激的主要应激源之一，在氨气浓度为10~15 mg/kg时，动物抵抗感染的能力会降低，发病率和死亡率升高。如果长期处于含低浓度氨气的环境中，猪对结核菌、大肠杆菌、肺炎球菌和炭疽杆菌等有害菌的感染会显著增加。50 mg/kg和75 mg/kg的氨气会降低正常小猪肺部清除细菌的能力。猪舍空气中氨气水平与关节炎发生率、猪应激综合征损害和脓肿发生率都呈正相关。

2. 硫化氢

(1)理化特性和来源

硫化氢(H_2S)是一种无色、可燃、易溶于水、还原性强、有臭味、刺激性、窒息性气体。H_2S化学性质不稳定，能与多种金属离子发生反应。当空气中H_2S浓度达4.3%~45.5%时，可发生爆炸。H_2S相对分子质量为34.08，熔点为-85.6 ℃，沸点为-60.4 ℃，燃点292 ℃，密度1.19 g/cm³。

畜禽舍内H_2S的来源为粪便、饲料残渣和垫料中含硫有机物的酵解。在畜舍内，由于H_2S比空气重，在畜禽舍中多聚集于地面和畜禽周围。管理良好的畜禽舍，H_2S含量极微，管理不善或者通风不良时，H_2S含量可上升到危险浓度。畜禽舍中H_2S的浓度与季节、畜禽舍结构和畜禽舍通风率等密切相关。

(2)硫化氢的危害

H_2S是畜禽舍中危害性最大的气体，是一种毒性很大的神经毒剂。H_2S的刺激性不亚于氨气，可引起角膜炎和结膜炎，刺激呼吸道黏膜，重者可因呼吸中枢麻痹而死亡。H_2S在黏膜上遇到水分很快分解，与Na^+结合生成Na_2S，产生强烈的刺激作用，引起眼炎和呼吸道炎症，使被感染者出现畏光、流泪和咳嗽，发生鼻塞和气管炎，甚至引起肺水肿。

H_2S的最大危害在于具有强烈的还原性。H_2S随空气经肺泡壁吸收进入血液循环，与细胞中氧化型细胞色素氧化酶中的Fe^{3+}结合，破坏了这种酶的组成，影响细胞呼吸，造成组织缺氧。当长期处于低浓度H_2S的环境中时，畜禽体质变弱，抗病力下降，肠胃病增多，生产性能降低。当H_2S浓度为30.4 mg/m³时畜禽变得畏光，丧失食欲，发生神经质。当H_2S浓度高于50 mg/m³时，畜禽出现恶心、呕吐和腹泻，严重者失去知觉，呼吸中枢麻痹而窒息死亡。

3. 二氧化碳

(1)理化性质和来源

二氧化碳为无色、无臭、没有毒性和略带酸味的气体。相对分子质量为44.01，密度为1.524 g/cm³。

大气中的CO_2的含量约为0.03%，而畜舍中CO_2一般高于此值，主要由动物呼吸产生和粪污产生。CO_2在畜舍内分布很不均匀，一般多积留在畜禽活动区域、饲槽附近和靠近天棚的上部空间。一头

100 kg肥猪可呼出43 L/h CO_2,一头600 kg奶牛(产奶30 kg/d)可呼出200 L/h CO_2,1 000只鸡可排出1 700 L/h CO_2。冬季封闭式畜禽舍空气中的CO_2含量比大气高得多。通风良好的舍内CO_2含量往往也会比大气高出50%。当畜禽舍卫生管理不当,通风不良,或容纳家畜数量过多,CO_2的浓度可达0.5%~1.0%。

(2)二氧化碳的危害

CO_2的含量可衡量畜禽舍通风状况和空气的污浊程度,成为监测空气污染程度的可靠指标。当CO_2含量增加时,其他有害气体含量也可能增多。CO_2可吸收长波辐射热,使地球变暖。据联合国粮农组织统计,畜牧业每年CO_2排放量约为$7.1×10^9$ t,其中猪肉生产过程排放达$6.39×10^8$ t,约占9%。

空气中CO_2浓度的安全阈值比较高。畜禽舍空气中的CO_2很少达到有害的程度。当封闭式的大型畜舍通风设备失灵时,可能发生CO_2中毒。畜禽舍长期通风不良,舍内CO_2浓度升高,氧气消耗较多导致氧的含量相对下降,其他有害气体含量较高,使畜禽出现慢性缺氧、生产力下降、体质衰弱和易感染慢性传染病。猪在2% CO_2空气环境中无明显痛苦,4%时呼吸变紧迫,10%时会昏迷。

4.甲烷

甲烷(CH_4)是一种无色无味的温室气体,化学性质稳定,密度小于空气,在空气中含量达到一定程度时,遇明火会发生爆炸。

CH_4来源于动物粪污降解和反刍动物胃肠道排放。反刍动物以CH_4形式损失的能量占总采食能量的2%~15%。畜禽舍中的CH_4主要是粪便中微生物厌氧降解产生。畜禽舍CH_4浓度增高会使空气中氧气容量降低,CH_4浓度达25%~30%时,畜禽就会出现窒息前症状,会发生中枢神经系统障碍,产生应激反应。

5.恶臭气体

恶臭气体是排放在大气中的一种恶臭物质,通常由畜禽舍、粪污堆场、贮存池、处理设施等产生并排出。恶臭气体不仅会引起不快和厌恶感,而且大部分恶臭气体的成分都具有刺激性,对人和畜禽具有毒性。长时间吸入低浓度恶臭物质会引起反复性的呼吸抑制,肺活量变小,嗅觉疲劳等症状,造成慢性中毒,降低机体免疫功能,提高发病率和死亡率。

第二节 畜禽排泄物与微生物处理技术

快速发展的畜禽养殖业产生大量的养殖废弃物,中国每年畜禽粪便产生量约为21.7亿吨。粪便处理不当或直接排放,易造成大量的有机质以及N、P元素的流失,引起水体富营养化,污染生态环境;也会造成疾病传播,危害人畜健康。国内大中型养殖场普遍采用达标排放、种养平衡和沼气生产的模式来处理畜禽废物,应用微生物原理将畜禽养殖废弃物转化成为有机肥,实现畜禽排泄物的资源化利用。微生物处理粪污的发酵技术在养殖业的健康发展上产生了良好的经济效益和社会效益。全面认识微生物处理畜禽粪便的机理和作用,对保障养殖业的可持续发展具有重要的指导意义。

一、发酵床养殖技术

发酵床养殖是集养殖学、营养学、环境卫生学、生物学和土壤肥料学于一体,遵循低成本、高产出、无污染的原则建立起的一套良性循环的生态养殖体系。发酵床是利用全新的自然农业理念,结合现代微生物发酵技术,提出的一种环保、安全、有效的生态养殖法,解决规模养殖场日益突出的环境污染问题。发酵床养殖技术在鸡、鸭、猪和羊等畜禽养殖中广泛应用。

(一)发酵床养殖原理

发酵床养殖是一种全新的绿色生态养殖法,以接种的大量益生菌和养殖动物圈舍环境中的土著菌为优势菌群,添加锯末和秸秆等农作物废弃纤维等发酵垫料,将养殖过程中产生的粪便进行原位发酵来控制粪便的堆积,达到边养殖边控制粪便污染,是一种低排放的有机农业技术。

功能微生物的分解作用在发酵床养殖中发挥着关键性作用。发酵床是把微生物作为物质能量循环、转换的"中枢",采用高科技手段采集特定有益微生物,通过筛选、培养、检验、提纯、复壮和扩繁等工艺流程,形成具备强大活力的功能微生物菌种,再按一定的比例将其与锯末(或木屑)、辅助材料、活性剂和食盐等混合发酵制成有机复合垫料,可满足舍内畜禽对温度、通气和微量元素生理性需求的一种环保生态型养殖模式。发酵床内,畜禽从出生开始就生活在这种有机垫料上,其排泄物被微生物迅速降解、消化和转化;而畜禽粪便所提供的营养使有益功能菌不断繁殖,形成高蛋白的菌丝,再被畜禽食入后,不但利于消化和提高免疫力,还能提高饲料转化率,投入产出比与料肉比降低。

(二)发酵床养殖的微生物

发酵床中的微生物是复杂的生物体系,在发酵的过程中,随着垫料空间分布和使用时间的变化,微生物群落结构也在发生着变化。畜禽的排泄物给微生物提供大量的营养物质,因而微生物群体不断生长繁殖,更有效地降解了粪污,消除了异味,减少了畜禽发病率。发酵床垫料在发酵床养殖过程中,复杂丰富的功能性微生物群落分工发酵。垫料表层经有氧发酵和垫料里层经厌氧发酵,降解了淀粉、糖类和纤维素等粪便中的多种有机物质。用于猪发酵床的芽孢杆菌,在发酵物中检测到脲酶、蛋白酶、纤维素酶和过氧化氢酶等多种生物活性,能有效分解禽畜排泄物中的大量有机物,改善环境。酵母菌可以提高纤维素的降解率。乳酸菌和放线菌能加快粪便和垫料的纤维素分解,并抑制有害细菌的生长繁殖。

(三)发酵床养殖的效果

发酵床的垫料一般厚度是60~90 cm。由于南北农作物差异,发酵床的垫料原料根据实际情况有一定的不同。与常规养殖比较,发酵床养殖发病率下降了19.7%,减少了1/2以上的用工量,节约了82.07%用水量,猪日增重率增加了7.23%。按万头规模养殖场推算,采用发酵床技术能向环境减排10.8万 m³ 养殖废水,能减排粪尿21 600 t,能增加经济效益10万元以上。

(四)发酵床优缺点

1.优点

在畜禽舍内铺设发酵床,畜禽可在发酵床垫料上直接排放粪尿,经发酵垫料中微生物发酵降解,不产生臭味,废弃的垫料最后进行资源转化,作为优质肥料应用于种植业,实现了养殖过程中污水零排放,不污染环境。

发酵床垫料中复杂丰富的功能性微生物相互协同,促使粪便降解,能提高益生微生物的活性,抑制致病微生物的生长发育,从而提高畜禽的环境质量,预防畜禽呼吸道和消化道疾病。

发酵床中的微生物在发酵过程会产生大量热量,使环境温度升高,可以减少冬季保温设备的投入和使用,促进畜禽幼崽的生长发育。

2.缺点

发酵床技术养殖后期仍会出现不可忽视的问题,由于垫料承受的粪便越来越多,直到功能菌的分解速度跟不上动物的排泄速度,出现垫料硬化,最终发酵床的功能丧失现象。发酵床养殖为养殖业提供了方便的原位发酵法,能将有机质进行就地降解,但也要注意动物粪便的排放量是否在微生物的承受范围之内。

二、堆肥技术

堆肥是目前应用最广泛且历史最悠久的畜禽粪便处理方法。堆肥是指微生物的发酵降解作用将粪便转化成有机肥料的过程,对畜禽粪便无害化处理和资源化利用,防止和消除集约化养殖场畜禽粪便的污染,向农业生产提供优质高效的有机肥源,有利于绿色有机食品生产以及养殖业、种植业的可持续发展。

(一)堆肥原理和发酵过程

1.堆肥原理

堆肥主要是利用多种功能性微生物的相互作用,将畜禽粪便中复杂的有机物质进行矿质化和腐殖化,使有机态的营养物质转化为可溶性的营养物质和腐殖质。

2.堆肥发酵过程

将粪便集中堆积,并与农作物秸秆等混合,调节碳氮比,适当添加微生物制剂,加强功能性微生物的解磷和解钾作用,增加堆肥中有效磷和速效钾的含量,并且通过控制水分、温度和pH等方法,加速腐熟后把其作为有机肥施用,达到有效改善土壤有机质和促进微生物繁殖的目的。在发酵前,人为接种具有降解有机质能力的微生物制剂,可加快粪便的腐熟并让其更加充分地降解。

(二)厌氧堆肥法

厌氧堆肥法是指在不通气的条件下将粪污进行厌氧发酵制成有机肥料,使固体废弃物无害化的过程。厌氧堆肥不设通气系统,简便省工。但堆温低,腐熟和无害化所需时间较长。一般厌氧堆肥要求封堆后一个月左右翻堆一次,以利于微生物活动使堆料腐熟。厌氧发酵的设施包括沼气池和氧化塘等。

沼气池是目前处理畜禽粪污较为普遍的厌氧发酵处理方法,利用微生物厌氧发酵处理人畜粪便和农作物秸秆是有效的方法。沼气池对畜禽的粪污进行厌氧发酵,产生的气体用于生产生活(或发电),沼气沼液作为农田水肥利用,既避免了对环境的污染,同时又为可持续发展提供了有力的支持,充分发挥了资源的利用价值。

(三)好氧堆肥法

现代化堆肥工艺多数采用好氧堆肥法。发酵时以畜禽粪便为主,辅以有机废物(如食用菌废料)。好氧堆肥法是在有氧的条件下通过好氧微生物的作用使有机废弃物达到稳定,并转变为有利于作物吸收生长的无机物的方法。好氧堆肥的微生物学过程分为发热阶段、高温阶段和降温腐熟保肥阶段。

1.发热阶段

肥制初期,中温好氧的细菌和真菌把堆肥中容易分解的有机物(如氨基酸、淀粉、糖类等)迅速增殖,释放出热量,使堆肥温度不断升高。

2.高温阶段

堆肥温度上升到50 ℃进入了高温阶段。由于温度上升和易分解的物质减少,好热性的纤维素分解菌逐渐代替了中温微生物,这时除堆肥中残留的或新形成的可溶性有机物继续被分解转化外,一些复杂的有机物(如纤维素和半纤维素等)也开始迅速分解。

各种好热性微生物的最适温度互不相同,随着堆温的变化,好热性微生物的种类和数量也逐渐发生着变化。在50 ℃左右,主要为嗜热性真菌和放线菌,如嗜热真菌属(*Thermomyces*)、嗜热褐色放线菌(*Actinomyces thermofousous*)、普通小单胞菌(*Micromonospora vulgaris*)等。温度升至60 ℃时,真菌几乎完全停止活动,仅有嗜热性放线菌和细菌在继续活动,分解有机物。温度升至70 ℃时,大多数嗜热性微生物已不适应,相继大量死亡(或进入休眠状态)。高温对于堆肥的快速腐熟起到重要作用,在此阶段中堆肥内开始了形成腐殖质,并开始出现能溶解于弱碱的黑色物质。同时,高温对于杀死病原微生物也是极其重要的,一般认为堆温在50~60 ℃,持续6~7 d,可达到较好的杀死虫卵和病原菌的目的。

3.降温腐熟保肥阶段

当高温持续一段时间以后,易于分解(或较易分解)的有机物(如纤维素等)已大部分分解,剩下较难分解的有机物(如木质素等)和新形成的腐殖质。这时好热性微生物活动减弱,产热量减少,温度逐渐下降,中温性微生物又渐渐成为优势菌群,残余物质进一步分解,腐殖质继续不断地积累,堆肥进入了腐熟阶段。为了保存腐殖质和氮素等养料,可采取压实肥堆的措施,形成厌氧状态,使有机质矿化作用减弱,以免损失肥效。

好氧堆肥工艺主要包括堆肥预处理、一次发酵、二次发酵和后处理四个阶段。堆肥工艺的主要参数如下:一次发酵其含水量为45%~60%,碳氮比为(30~35):1,温度为55~65 ℃,周期为3~10 d。二次发酵其含水量小于40%,温度低于40 ℃,周期为30~40 d。

三、微生物巢处理技术

微生物巢处理技术是将发酵床核心技术专门用于畜禽粪污的处理,将畜禽养殖和发酵床分离,在畜禽舍外建设专门用于发酵粪污的发酵床。在反应堆中注入一定量的粪污后,微生物会分解粪污中大量的大分子有机物,使其逐渐转化植物易吸收的营养物质(腐殖酸、氨氮和硝态氮等)。整个反应堆就像释放大量热能的巨大蓬松蜂巢,因此命名为微生物巢处理技术。

(一)微生物巢原理

利用木屑、农作物废弃物(稻壳、秸秆等)和锯末等吸水性和透气性特质,按C/N比(大于25∶1)合理地配制床料,充分搅拌收集的粪污后均匀喷涂于床料上,并加入特制的高效复合菌剂,制成微生物反应堆,达到净化粪污的目的。

(二)微生物巢优点

经过巢体持续发酵,其中固体物质被分解成易于吸收的营养物质,液体物质通过高温蒸发。待巢体出巢后,通过堆肥、陈化等添加辅料达到腐熟,制成有机肥,用于苗木、花卉、林果等多种经济作物的种植和使用,从而完成畜禽粪污的科学高效综合处理,不仅有效解决了粪污处理难的问题,而且使有机肥在销售和种植等环节"变废为宝",额外增加了经济效益,让农牧循环有了用武之地。

微生物巢能减少大肠杆菌和蛔虫卵在畜禽粪污中的数量,蛔虫卵死亡率≥95%,粪大肠杆菌≤10^5 CFU/g;减少畜禽养殖场周围的蚊子和苍蝇等害虫;利用多种菌群(如光合细菌群、酵母菌群、枯草芽孢杆菌群和硝化细菌等),抑制臭味细菌其他杂菌的生长,达到消除恶臭的目的,实现畜禽粪污零排放。

(三)微生物巢处理技术的应用

微生物巢处理技术在畜禽养殖类污处理上具有较强的可行性,降低了同位发酵床技术所面临的畜禽腹泻、皮肤病、趾蹄病、乳房疾病等风险,实现了粪污资源的高效回收利用,有利于促进养殖业可持续发展。

第三节 养殖环境中微生物的控制措施

畜禽养殖环境微生物的控制对于畜牧业健康发展具有重要意义,其措施包括畜禽养殖场的合理选址、养殖场区的科学布局规划、畜禽养殖场监管机制的构建、养殖环境的定期消毒等方面。

一、畜禽养殖场的合理选址

畜禽养殖场的选址应与城乡发展规划相吻合,与土地利用规划的总体要求相一致。选址需要考虑生态环境问题,远离市区、饮水水源地和河流等地区,选择地势干燥、排水良好和背风向阳的地方,既要满足畜禽养殖户的生产需求以及生态环境发展的需求,也要将养殖规模控制合理范围内。

二、畜禽养殖场的布局规划

对所选场地进行科学合理的布局,做到合理分区,协调发展。养殖场区的建筑、道路的规划和布局应该与养殖生产工艺流程兼容。创造养殖生产与经营便利的条件,预防对环境造成污染,有利于维持厂区内外环境生态平衡。

畜禽养殖场周围和各场区之间应设置防护隔离设施,确保基本的卫生防疫。在畜禽舍、生产区和畜舍出入口设置消毒设施,加强畜禽养殖点消毒工作,是切断传染病传播途径的有效方法,将病原体数量减少到最低(或无害)程度,防止病原体在畜禽舍内感染。

科学合理设计养殖场道路和排水系统,设计分隔和分流运输,一条道路专门用来运输养殖畜禽和饲料,另一条道路专门用来运输病死畜禽和畜禽粪便。排水系统进行分区独立设计,将污水与雨水排放隔开,避免与周围环境产生污染。

加强畜禽养殖场周边环境的绿化,改善局部气候。在养殖场周围种植防护林,降低风速,防止臭气和污水向更远的地方扩散,减少污染;防护林还可以通过光合作用降低二氧化碳在空气中的浓度,降低附近温度,吸收臭气,减少异味产生,为畜禽养殖场创造良好的环境条件。林草绿地可阻留(或净化)至少25%的有害气体,减少空气中颗粒物和微生物。草地既可吸附空气中的颗粒物,还可固定表土,减少扬尘,如柳树、桐树和丁香等乔灌木具有良好提高空气质量和减少污染作用。

三、畜禽养殖场监管机制的构建

为营造适宜畜禽生长的环境,需要不断强化畜禽养殖户的环保安全防控意识。畜禽养殖业的长久发展,是建立在人们对环境保护的必要性和重要性认识的基础上,是建立在人们对环境保护的强烈意识的基础上。

(一)监督管理机制的构建

政府相关部门应加强环境保护宣传工作,组织养殖户参加培训活动,增强养殖户的环保意识,推动环保措施的实行,从源头上控制污染的产生。建立健全有效的监督管理机制,加快畜禽养殖环保项目的发展和创新。落实生态环境保护重大措施,实现畜禽废弃物资源化、减量化和无害化,形成与环境相协调的可持续发展的畜禽产业。

(二)增强防疫防控意识

首次感染病原体的畜禽,通常反应明显,损失严重。当个体逐渐从感染中恢复过来,即使再次遭遇同样的病原体的侵害,由于其机制反应迅速,及时消灭病原体而不会患病,产生长久甚至终身的免疫力。

病原体广泛传播,需要寻找易感宿主进行感染。例如,在养猪场中,新繁育的小猪仔会在母猪抗体的保护下顺利度过保育期。当母猪抗体消退的情况下,这类猪仔会成为易感猪。通常断奶后的猪群易感染病原体而发病,所以养殖户需要有一定的防控意识,通过减群、接种疫苗、隔离循环等相对应的措施,减轻(或避免)病原体对断奶仔猪的感染。

(三)严格执行出入养殖场的制度

树立不将病原微生物带入和带出养殖场的理念。为防止病原体的带入,进入养殖场的人员需要进行严格消毒。清理消毒使用工具,减少在流通环节交叉污染。树立畜禽不携带病原微生物的防疫理念,严禁使用病原体含量高的动物源饲料和其他饲料原料,严禁使用缺少检疫合格证的畜禽种源。

(四)建立健全的生物安全监测系统

建立健全生物安全监测系统和养殖场预警系统,有效监测生物安全和规避风险。适时开展安全制度考核检测,对生物安全制度漏洞进行排查,做到预防在先、关口前移,不断修订完善。按照农业农村部处理规范严格执行病死畜禽尸体和废弃物的无害化处理,防止病原微生物被带出,污染其他养殖场。养殖场需要结合自身条件,制定规范化管理制度,规范操作程序,完善养殖档案。

(五)积极构建有效的防控体系

1.完善畜禽防疫的制度体系

在畜禽养殖环境管理过程中,针对畜禽养殖防控体系中存在的问题,完善动物防疫的制度体系,贯彻落实有效的宣传机制,确保畜禽养殖人员和经营人员之间能形成思想上的统一,合理规划养殖密度,保证防控体系的有效性。

2.提高养殖人员的防控意识

养殖人员应具备科学防控知识,建立健全的养殖防控方案,保证防控和管理符合畜禽健康养殖的要求,提高科学防治疫病的意识,创造健康的畜禽养殖环境。

3.做好畜禽舍环境卫生

做好畜禽舍的防潮工作,保持干燥。坚持通风换气,做好消毒工作,确保畜禽舍内部卫生、干净。使用空气滤网进行空气净化,可使舍内畜禽呼吸道疾病减少55%~70%。畜禽舍清扫后,使用清水进行冲洗,舍内环境的细菌数量可减少54%~60%,再用消毒药物空气喷雾处理,细菌数量可减少90%。在患有口蹄疫的牛舍内喷洒消毒,可降低空气中70%~85%的口蹄疫病毒,在3h紫外线照射下能杀灭80%~90%的空气致病微生物。

4.净化畜禽养殖环境中的空气

用除尘器(或阴离子发生器)净化空气,可保持畜禽舍内空气颗粒物下降90%,空气微生物减少80%。垫料(或添加剂)的使用可吸收一定量的有害气体,如秸秆、麦秆、稻草、树叶、生石灰、EM制剂和$CaHPO_4$等。光触媒技术具有空气净化、化学净化和生物净化的效果,可对空气中的有害气体(如甲醛和苯类等)、污染物、臭气和病原菌等进行氧化分解,达到控制微生物生长繁殖和净化空气的目的。采用光触媒净化,对氨气进行快速降解和抑制,氨气浓度可降低70%,还能有效降低空气中的水分,使空气湿度迅速降低,对提高畜禽舍环境质量起促进作用。例如,采用光触媒对猪场育肥舍进行净化后,大大降低了氨、颗粒物和病毒等空气有害物质含量,为生猪营造了健康的生长环境,改善其生长性能。

5.加强畜禽排泄物的处理

排泄物是畜禽养殖污染的主要原因。在畜禽养殖排泄物治理工作中,树立农牧结合和种养平衡观念,按照资源化、减量化和无害化的原则,对源头减量、过程控制和末端利用等环节实行全程管理,提高排泄物和设施设备配套的综合利用率,解决畜禽养殖与环境污染之间的矛盾,促进畜禽养殖与生态环境的协调发展。

6.加强畜禽养殖废弃物的处理

畜禽养殖废弃物包括病死畜禽、医疗废物和生产生活废弃物等。及时做好病死畜禽无害化处理工作,既有利于动物食品安全和生态环境安全,又有利于公共卫生安全,可以有效消灭病原体,防止疫病发生。畜禽医疗废弃物,转运处理前,必须经过煮沸消毒(或高压蒸汽灭菌)处理,以防止对环境造成污染。按照国家有关规定,采取综合利用、卫生填埋、焚烧和堆肥法处理生产和生活废弃物。

四、畜禽养殖环境的消毒方法

抑制病原体繁殖是控制畜禽养殖环境病原体的重要措施,主要采用物理、化学和生物的方法对养殖环境进行消毒处理。以防止病原体传播和繁衍,减轻感染压力,从而改善动物的整体健康。

(一)物理方法

物理方法是指从温度和湿度的角度出发,改变病原体的生存环境,或直接破坏病原体的生物结构,使病原体失去活性的方法,包括机械清除、通风干燥、太阳曝晒、紫外线照射、电离辐射、超声波、高压和高温(火焰喷射、煮沸消毒和蒸汽消毒)等手段,能降低病原体自身的活性,大幅降低病原体的传播速度。

1.清洁法

清洁法主要采用清扫、洗刷、冲洗和过滤等方法,减少和清除栏舍地面、墙壁、畜禽体表污染的粪尿、垫草、饲料、尘土和废弃物等污物,从而清除畜禽舍中的病原体。

2.通风换气

通风换气能将栏舍内的污浊空气和病原体排除出去,降低空气中病原体数量,并使舍内水分蒸发,降低湿度,使病原体难以存活。

3.高温

高温主要采用燃烧、火焰喷射、蒸煮、加热和高压等方法,使病原体发生蛋白质变性,从而失去活性。焚烧消毒主要针对残存饲料、粪便、垫料和畜禽尸体,火焰喷射消毒主要针对地面、砖墙和金属栏,煮沸消毒主要针对金属、玻璃器械和工作服等耐热耐湿的物品。

4.紫外照射

紫外线照射是指用紫外线照射的方法使病原体核酸碱基配对发生错误,从而导致病原体死亡。主要针对工作服、鞋、帽和局部小空间的消毒。

5.曝晒

曝晒主要采用阳光照射,使病原体蛋白质发生凝固而死亡,是最经济的一种消毒方法,主要用于饲养工具和工作服的消毒。

(二)化学方法

化学方法主要采用化学消毒剂将病原体杀灭的方法,包括喷洒、气雾、熏蒸、浸泡、擦拭和干洒等手段。临床上常用的化学消毒药种类很多,如酸类、碱类、醛类、醇类、氧化剂类和表面活性剂类等,优质的消毒剂往往是复合型的,除了起主要作用的成分外,还有表面活性剂、长效控释成分和缓冲剂等。在选择化学消毒药时应考虑消毒针对性强、对人畜和环境毒性小、不损伤消毒对象、在环境中稳定性好、穿透力强、性价比高和使用方便等因素。

1. 过氧化物类消毒剂

过氧化物类消毒剂的分子结构中含有不稳定结合态氧,与有机物(或酶)接触时,可释放出初生态氧,破坏病原体的活性基因,起到消毒作用。这类消毒剂主要包括过氧化氢、过氧乙酸、过氧戊二酸和高锰酸钾等。过氧化物类消毒剂杀菌能力强,对细菌、芽孢和霉菌有杀灭作用,同时具有无毒、无害、无残留和不产生抗药性等优点。但此类消毒剂化学性质不稳定,易受贮存条件和使用环境的影响,应在避光和阴凉处保存,杀菌作用时间短。此类消毒剂刺激性强,若长期使用会损伤人和畜禽的眼睛和呼吸道黏膜。常采取浸泡、喷洒和涂抹等方式消毒。

2. 卤素类消毒剂

氯和碘等卤素与生命活动相关的物质化学结构相似,对病原体的结构成分有较高的亲和力,易进入胞内,与胞质蛋白质的氨基或与核酸相结合,使病原体有机物分解或丧失功能而起杀灭作用。卤素类消毒剂主要包括二氯异氰脲酸粉、三氯异氰脲酸粉、四氯甘脲氯脲、二氯二甲基海因、漂白粉、氯化磷酸三钠、碘酊、碘甘油和聚维酮碘等。1%~2%碘酊用于皮肤消毒,碘甘油用于黏膜的消毒,漂白粉和次氯酸钠常用于饮水消毒。此类消毒剂杀灭作用较强,对病毒、细菌和芽孢都有一定的效果,但是其刺激性太强,易挥发。碘制剂类消毒剂的生物降解性差,长期使用会对环境造成破坏。

3. 醛类消毒剂

醛类消毒剂能产生自由基,在适当条件下与病原体蛋白质及其他成分发生反应,可破坏病原体细胞的活物质和蛋白质,杀菌作用较强。醛类消毒剂主要包括戊二醛、甲醛和邻苯二甲醛等。戊二醛气味淡,常用于环境和畜禽体表消毒。甲醛对细菌、病毒和芽孢等都有很好的杀菌效果,但刺激性很强,有毒性,长期使用会致癌,目前甲醛已被其他的醛类消毒剂所取代。

4. 酚类消毒剂

酚类消毒剂20世纪70年代以前广泛用于卫生防疫和医学消毒,因其杀菌能力低、对环境产生污染而被效果好、毒性低的酚类衍生物取代。这类消毒剂能使病原体蛋白质发生变性而失活,从而起到杀灭病原体的作用。酚类消毒剂主要包括氯甲酚、甲酚、二甲苯酚、双酚类和复合酚等,常用于外环境消毒,如养殖场大门口和排污口等处,消毒效率较高,但有一定的毒性和腐蚀性,也会污染环境。

5. 醇类消毒剂

醇类消毒剂能杀灭多数亲脂性病毒和细菌繁殖体,其作用机理是使病原体的蛋白质发生变性凝固,导致病原体死亡。醇类消毒剂主要有乙醇和异丙醇,通常用于皮肤、工具、设备和容器的消毒。优点是可杀灭细菌繁殖体,破坏多数亲脂性病毒;缺点是杀菌效力不强,对真菌、芽孢和病毒无效。

6. 酸碱类消毒剂

酸类消毒剂的作用机理是利用高浓度的氢离子使病原体蛋白质发生变性和水解,而低浓度的氢离子可以改变细胞膜的通透性,影响病原体正常的生理代谢。酸类消毒剂有硼酸、水杨酸、苯甲酸和柠檬酸等。

碱类消毒剂的作用机理是利用氢氧根离子水解病原体机体中的蛋白质和核酸,破坏病原体的酶系统和结构,同时碱类物质还可以抑制病原体正常的机体代谢功能,使其失去生命活性。碱类消毒剂适用于潮湿和光照不强的环境消毒,畜禽养殖场区和圈舍内的污染设备和各种物品的消毒,畜禽排泄物和废弃物的消毒。此类消毒剂对大多数繁殖型细菌和病毒有很大的杀伤力,但对家禽的皮肤和黏膜有强烈的刺激性,应空栏圈使用,不能带畜禽消毒。碱类消毒剂主要包括氢氧化钠和生石灰等。

7. 双胍类及季铵盐类消毒剂

双胍类及季铵盐类消毒剂根据分子结构可分为单链和双链,包括苯扎溴铵、氯己定、度灭芬和四烷基铵盐等。单链类消毒剂性温和、无刺鼻味、腐蚀性低和安全性高,对细菌和病毒都有效。双链类消毒剂具有与单链类消毒剂相同的优点,且双链类消毒剂杀菌效果强于单链类消毒剂,但渗透力差。常用于人员手部、用具、圈舍栏和车辆等消毒。

(三) 生物方法

生物方法是指利用特定微生物发酵产酸产热和营养物质竞争的作用,对不耐酸、怕热和环境依赖性高的病原体和寄生虫进行抑杀的方法,主要用于粪便、垫料和污水的消毒。

1. 代谢产物抑制作用

益生菌中最为常见的一类乳酸菌(如嗜酸乳杆菌、鼠李糖乳杆菌、罗伊氏乳杆菌和约氏乳杆菌等)能以宿主体内未被分解消化的碳源为原料,经发酵后产生短链脂肪酸(如乙酸、丙酸和丁酸等)和有机酸(如乳酸、苯乳酸、丁二酸和吲哚-3-乳酸等),这些物质可以通过改变细胞内外渗透压、形成酸性环境和产生协同作用等方式对病原菌产生抑制作用。

2. 细菌素抑制作用

细菌素是细菌产生并分泌到细胞外基质中,具有抑菌活性的蛋白质、前体多肽或者多肽。当它在胞外基质中积累到一定程度后,能对病原菌产生抑制作用。

3. 过氧化氢

过氧化氢是生物体内生化反应常见的产物之一,常由一些乳酸菌(如乳酸杆菌和嗜酸乳杆菌等)经一系列的氧化酶作用后产生的,具有强氧化作用,能够分解转化形成羟自由基,导致病原菌细胞膜上的脂类物质过氧化,对病原菌细胞内蛋白质和核酸等物质产生强氧化作用,降低病原菌感染率。

4. 其他物质

除了上述三种物质,乳酸菌还能通过体内其他代谢途径产生天然的抑菌活性物质。例如,部分乳酸菌利用葡萄糖或柠檬酸盐通过糖酵解途径产生双乙酰,抑制多种病原菌的生长繁殖。

• **本章小结** •

空气中微生物经空气中的颗粒物和飞沫传播,引起畜禽自身和人畜交叉感染。微生物分解畜禽舍内排泄物和饲料等有机物,产生氨、硫化氢、二氧化碳、甲烷和恶臭气体等化学物质,危害动物健康。基于微生物分解代谢原理,已发明发酵床养殖技术、堆肥技术和微生物巢处理技术等,处理畜禽排泄物。控制畜禽养殖环境中的微生物应做好养殖场的合理选址,养殖场区的布局规划,养殖场监管机制的构建,养殖环境的定期消毒。

拓展阅读

扫码进行思维导图、课程文化案例、课件等数字资源的获取和学习。

数字资源

思考与练习题

1. 简述畜禽养殖环境空气中微生物气溶胶形成过程。
2. 简述畜禽养殖环境中微生物分解产物有害气体的危害。
3. 简述微生物在改善畜舍环境中的作用。
4. 简述微生物在畜禽粪污减排中的作用。
5. 简述常见的畜禽养殖环境消毒方法。
6. 比较微生物巢技术与发酵床养殖技术的异同。
7. 简述畜禽养殖环境中微生物的控制措施。

附录　主要专业名词中英文对照

A

accessory cell(A cell) 免疫辅佐细胞

actin filament 肌动蛋白丝

Actinomycetes 放线菌

activated-aceticacid pathway 激活乙酸途径

activating mutation 激活突变

active transport 主动转运

adaptive immune response 适应性免疫应答

adaptive immunity 适应性免疫

adhesin 黏附素

adsorption 吸附

aerobic Bacteria 需氧菌

aerobic respiration 需氧呼吸

aerobic respiration stage 有氧呼吸阶段

aflatoxins(AFT) 黄曲霉毒素

agglutination reaction 凝集反应

agglutinin 凝集素

agglutinogen 凝集原

airborne transmission 经空气传播

Algae 藻类

allergen 变应原

alloantigen 同种异型抗原

ammonification 氨化作用

anaerobic Bacteria 厌氧菌

anaerobic fermentation stage 无氧发酵阶段

anaerobic medium 厌氧培养基

anaerobic respiration 厌氧呼吸

anaerobicacetyl-CoA pathway 厌氧乙酰辅酶A途径

anaphylaxis 过敏反应

Annexin V 磷脂酰丝氨酸外翻分析

antibiotics 抗生素

antibody(Ab) 抗体

antibody-dependent cell-mediated cytotoxicity(ADCC) 抗体依赖细胞介导的细胞毒性

antigen presenting cell(APC) 抗原递呈细胞

antigen(Ag) 抗原

antigenic determinant 抗原决定簇

antigenic valence 抗原价

antimicrobial peptide 抗菌肽

antisepsis 防腐

antitoxin 抗毒素

apoptosis 细胞凋亡

Archaea 古菌域

arthropod-borne transmission 经节肢动物传播

ascospore 子囊孢子

ascus 子囊

asexual propagation 无性繁殖

assembly 组装

assimilation of sulfur 同化作用

assimilatory nitrate reduction 同化型硝酸盐还原作用

attenuated vaccine 减毒疫苗

auto antigen 自身抗原

auxoautotrophs 自养型微生物

auxoheterotrophs 异养型微生物

auxotroph 营养缺陷型

B

B cell epitope B细胞表位

Bacillus 芽孢杆菌属

back mutation 回复突变

bacterial antigen 细菌抗原

Bacteria 细菌

bacteriocin 细菌素

Bacteriophage 噬菌体

basic medium 基础培养基

Basidiomycotetes 担子菌

basidiospore 担孢子

basidium 担子

basophil 嗜碱性粒细胞

batch culture 批式培养

B cell receptor(BCR) B细胞受体

biosynthesis 生物合成

biotic factor 生物因素

bone marrow dependent lymphocyte 骨髓依赖性淋巴细胞

bone marrow 骨髓

budding 芽殖

bursa of fabricius 法氏囊

C

Calvin cycle 卡尔文循环

capsid 衣壳

capsomere 壳粒

capsular antigen 荚膜抗原

capsule 荚膜

carbon source 碳源

carboxysome 羧酶体

carrier effect 载体效应

cell mediated immunity 细胞免疫

cell membrane 细胞膜

cell wall 细胞壁

central immune organ 中枢免疫器官

chemokine 趋化因子

chemotroph 化能自养菌

chitin 几丁质

chitosome 几丁质酶体

Chlamydia 衣原体

chloroplast 叶绿体

chromosomal aberration 染色体畸变

cilium(复数cilia) 纤毛

Class 纲

clinical stage 临床症状期

cluster of differentiation(CD) 白细胞分化抗原

Coccus 球菌

co-immuno precipitation(Co-IP) 免疫共沉淀试验

collagen 胶原蛋白

colloidal gold 免疫胶体金

colony forming unit(CFU) 菌落形成单位

colony stimulating factor(CSF) 集落刺激因子

colony-counting methods 菌落计数法

colony 菌落

common antigen 共同抗原

common pilus 普通菌毛

communicable period 传染期

competence 感受态

complement fixation test 补体结合试验

complement mediated cytotoxicity(CMC) 补体介导的细胞毒反应

complement receptor(CR) 补体受体

complement(C) 补体

complement system 补体系统

complete antigen 完全抗原

complex hapten 复合半抗原

complex symmetry 复合对称

condition allethal mutant 条件致死突变型

conformational epitope 构象表位

conjugation 接合

contact transmission 接触传播

continuous epitope 连续表位

convalescent period 恢复期

core polysaccharide 核心多糖

core 芯髓

cortex 皮层

cross reacting antigen 交叉反应抗原

cross reaction 交叉反应

culture medium 培养基

Cyanobacteria 蓝细菌

cytokine(CK) 细胞因子

cytoplasmic membrane 胞质膜

cytoplasm 细胞质

cytotoxic T lymphocyte(CTL细胞) 细胞毒性T淋巴细胞

cytoxic T cell (Tc细胞) 毒性T细胞

D

decline phase 衰退期

delayed type hypersensitivity(DHT) 迟发型变态反应

delayed type hypersensitivity T cell(Td细胞) 迟发型变态反应性T细胞

dendritic cell(DC) 树突状细胞

deoxynivalenol(DON) 脱氧雪腐镰刀菌烯醇

desulfation 脱硫作用

desulfurication 反硫化作用

diaminopimelic acid(DAP) 二氨基庚二酸

differential medium 鉴别培养基

direct contact transmission 直接接触传播

discontinuous epitope 不连续表位

disease 发病

disinfection 消毒

dissimilatory nitrate reduction 异化型硝酸盐还原作用

dominant negative mutations 显性失活突变

dot-immunogold filtration assays 免疫金渗滤试验

droplet nucleus transmission 飞沫核传播

droplet transmission 飞沫传播

dust transmission 尘埃传播

E

eclipse phase 隐蔽期

elementoryparticle 基粒

endogenous antigen 内源性抗原

enzyme-linked ELISPOT 酶联免疫斑点试验

endoplasmic reticulum 内质网

endotoxin 内毒素

enrichment medium 增菌培养基

envelope antigen 囊膜抗原

enveloped virus 囊膜病毒

envelope 囊膜

enzyme immune assays 免疫酶技术(EIAs)

enzyme-linked immunoadsordent assay(ELISA) 酶联免疫吸附试验

eosinophil 嗜酸性粒细胞

epitope 抗原表位

erythrocyte(E) 红细胞

Eubacteria 真细菌

eukaryotic microorganism 真核微生物

exogenous antigen 外源性抗原

antigenic determinant 抗原决定簇

exotoxin 外毒素

extra-cellular matrix(ECM) 细胞外基质

extrinsic incubation period 外潜伏期

F

facilitated diffusion 易化扩散

facultative anaerobe 兼性厌氧菌

Family 科

Fc receptor(FcR) Fc受体

fermentation 发酵

fertility factor(F factor) 致育因子

fibronectin 纤黏蛋白

Filamentous fungi 丝状真菌
fission 裂殖
flagellum（复数 flagella）鞭毛
flagellar antigen 鞭毛抗原
flow cytometry（FCM）流式细胞技术
fluorescent in situ hybridization（FISH）荧光原位杂交技术
food-borne transmission 经食物传播
frame shift mutation 移码突变
fumonisins 伏马菌素
functional antigen 功能抗原
Fungi 真菌

G

gel diffusion test 凝胶扩散试验
Gain-of-function mutation 功能获得性突变
gene conversion 基因转换
gene mutation 基因突变
gene-deleted vaccine 基因缺失疫苗
general transduction 普遍性转导
genetic transformation 遗传转化
genotype 基因型
Genus 属
geosmin 土腥味素
Golgi complex 高尔基体
group translocation 基团移位
growth curve 生长曲线
growth factor 生长因子
gyoxisome 乙醛酸循环体

H

Harder's gland 哈德氏腺
Hassail's copusle 哈氏小体
helical symmetry 螺旋对称
helper T cell（Th 细胞）辅助性 T 细胞
hemolytic transfusion reation（HTR）溶血性输血反应
hemagglutination（HA）血凝

hapten 半抗原
heredity 遗传
hetero antigen 异种抗原
heterology 异源性
heterophile antigen 异嗜性抗原
homologous recombination 同源重组
horizontal gene transfer（HGT）基因水平转移
horizontal transmission 水平传播
humoral immunity 体液免疫
hydrogenosome 氢化酶体
hypersensitivity 变态反应，超敏反应
hypha 菌丝

I

iatrogenic transmission 医源性传播
icosahedral symmetry 二十面体对称
idiotype 独特基因型
immune organ 免疫器官
immune potentiator 免疫增强剂
immune response gene（Ir gene）免疫应答基因
immune response 免疫应答
immunosuppressant 免疫抑制剂
immune system 免疫系统
immunological tolerance 免疫耐受
immuno-adjuvant 免疫佐剂
immunoblotting 免疫印迹
immuneochromatography 免疫层析试验
immunocyte 免疫细胞
immunodiffusion 免疫扩散试验
immunoelectrophoresis 免疫电泳技术
immunofluorescence assays（IFA）免疫荧光技术
immunocolloidal gold 免疫胶体金
immunogenicity 免疫原性
immunogen 免疫原
immunohistochemistry 免疫组织化学
immunomodulator 免疫调节剂

immunoregulation 免疫调节
inactivated vaccine 灭活疫苗
inactivating mutation 失活突变
inclusion 内含物
incomplete antigen 不完全抗原
incubation period 潜伏期
indirect contact transmission 间接接触传播
induced mutation 诱发突变
inducer T cell(Ti 细胞) 诱导性 T 细胞
infection 感染
innate immunity 固有免疫
innate immunocyte 固有免疫细胞
interferon(IFN) 干扰素
interleukin(IL) 白细胞介素
intermediate filament 中间纤维
invasiveness 侵袭力
invasin 侵袭素

K

Kingdom 界
Koch's postulates 柯赫法则

L

lag phase 迟缓期
laminin 层黏连蛋白
latent phase 潜伏期
lateral gene transfer(LGT) 基因侧向转移
lethal mutation 致死突变
lipid A 脂质 A
lipopolyaccharide(LPS) 脂多糖
liquid media 液体培养基
logarithmic phase 对数生长期
lomasome 膜边体
loss-of-function mutation 功能突变
lymph node 淋巴结
lysosome 溶酶体
lysozyme 溶菌酶

M

macrocapsule 大荚膜
major histocompatibility complex(MHC) 主要组织相容性复合体
mannan-binding lectin(MBL) 甘露糖结合凝集素
mast cell 肥大细胞
matrix 基质
median infectious dose(ID_{50}) 半数感染量
median lethal dose(LD_{50}) 半数致死量
microfold cell M 细胞
membrane immunoglubulin(mIg) 膜免疫球蛋白
mesosoma 中介体
Methanogenus 产甲烷菌
microbody 微体
microbial ecological agent 微生态制剂
microbial feed 微生物饲料
microbiology 微生物学
microcapsule 微荚膜
microorganism 微生物
microtubules 微管
mineralization 矿化作用
minimal infectious dose(MID) 最小感染量
minimal lethal dose(MLD) 最小致死量
mis-sense mutation 错义突变
mitochondria 线粒体
mitogen 有丝分裂原
mixotrophs 兼养型微生物
molds 霉菌
mononuclear phagocyte 单核/巨噬细胞
monospecific epitope 单特异性表位
monovalent antigen 单价抗原
morphological mutant 形态突变型
mucoid colony 黏液型菌落
mucosal-associated lymphoid tissue 黏膜相关淋巴组织

multispecific epitope 多特异性表位
multivalent antigen 多价抗原
muramidase 胞壁质酶
Mycoplasma 支原体

N

N-acetyl glucosamine N-乙酰葡萄糖胺
N-acetyl muramic acid N-乙酰胞壁酸
naked virus 裸露病毒
natural killer cell 自然杀伤性（NK）细胞
neutralization test 中和试验
neutrophil 中性粒细胞
nitrification 硝化作用
nitrogen source 氮源
non-homologous recombination 非同源重组
nonsense mutation 无义突变
nuclear pores 核孔
nucleocapsid 核衣壳
nucleoid 拟核
nucleolus 核仁
nucleoprotein antigen（NP 抗原）核蛋白质抗原
nucleus 细胞核
null mutation 无效突变
nycelium 菌丝体

O

ochratoxin A（OTA）赭曲霉毒素 A
Order 目
organelles 细胞器
outer membrane protein（OMP）外膜蛋白
outer membrane 外膜

P

parasite 寄生虫
passive transport 被动转运
pathogen carrier 病原体携带者
pathogen-associated molecular patterns（PAMPs）病原体相关分子模式
pathogenic Bacteria 病原菌
pathogenic microorganism 病原微生物
pathogenicity 致病性
pattern recognition receptors 模式识别受体（PRRs）
patulin 棒曲霉素
pellicle 菌醭
penetration 侵入
penicillin binding protein（PBP）青霉素结合蛋白
peptidoglycan 肽聚糖
peripheral immune organ 外周免疫器官
peroxisome 过氧化物酶体
phenotype 表型
phototroph 光能自养菌
phyllosphere microorganism 叶际微生物
Phylum 门
pili antigen 菌毛抗原
pilin 菌毛蛋白
pilus（fimbriae）菌毛
plasmid 质粒
point mutation 点突变
polysome（或 polyribosomes）多聚核糖体
postbiotics 后生元
postzone phenomenon 后带现象
precipitation test 沉淀试验
precipitinogen 沉淀原
precipitin 沉淀素
primary immune organ 初级免疫器官
prion 朊病毒
probiotics 益生菌
prokaryote 原核细胞型生物
protective antigen 保护性抗原
protoplasm 原生质
protoplast 原生质体

Protozoa 原生动物

pyrogen 热原质

Q

4-quinolones 喹诺酮类

quantitative real-time polymerase chain reaction(qPCR) 实时定量聚合酶链反应

R

radio-immuno-assay(RIA) 放射免疫测定

reactionogenicity 反应原性

receptor 受体

recombination 重组

red-cell immune adherence(RCIA) 红细胞免疫黏附

reductivetricarboxylic acid cycle(TCA) 三羧酸循环

regulatory T cell(Treg 细胞) 调节性 T 细胞

release 释放

resident population 常驻菌

resistance determinant(r-det) 耐药决定子

resistance transfer factor(RIF) 耐药性转移因子

resistene mutant 抗药性突变

restricted transduction 局限性转导

ribitol 核糖醇

ribosome 核糖体

Rickettsia 立克次体

rough colony(R 型菌落) 粗糙型菌落

route of transmission 传播途径

S

same-sense mutation 同义突变

saprophyte 腐生菌

satellites 卫星因子

satellite virus 卫星病毒

schizogenesis 裂殖

scum 菌膜

secondary immune organ 二级免疫器官

secretory immunoglobulin A(SIgA) 分泌型免疫球蛋白 A

selective medium 选择培养基

semi-solid media 半固体培养基

sequential epitope 顺序表位

serological reaction 血清学反应

serum protection test 血清保护试验

sex pilus 性菌毛

sexual propagation 有性繁殖

sheep red blood cell receptor(SRBCR) 绵羊红细胞受体

silage 青贮饲料

simple diffusion 单纯扩散

simple hapten 简单半抗原

single cell protein feed(SCP) 单细胞蛋白质饲料

smooth colony 光滑型菌落

soil aggregate 土壤团聚体

soil-borne transmission 经土壤传播

solid media 固体培养基

solid state fermented feed 固态发酵饲料

somatic antigen 菌体抗原

source of infection 传染源

Species 种

specific polysaccharide 特异多糖

specific immunity 特异性免疫

spike 纤突

spiral bacterium 螺形菌

Spirochaete 螺旋体

spleen 脾脏

spontaneous mutation 自发突变

spore coat 芽孢壳

spore 芽孢

stable stage 稳定期

sterilization 灭菌

srain 菌株

subvirus 亚病毒
sulfofication 硫化作用
sulfonamides 磺胺药
superantigen(SAg) 超抗原
suppressor mutation 抑制性突变
suppressor T cell(Ts 细胞) 抑制性 T 细胞
synbiotics 合生素
sysbiosis 共生

T

T cell receptor (TCR) T 细胞受体
T cell epitope T 细胞表位
teichoic acid 磷壁酸
teichuronic acid 磷壁醛酸
thymocyte 胸腺细胞
thymosin 胸腺素
thymus dependent antigen(TD) 胸腺依赖性抗原
thymus dependent lymphoeyte 胸腺依赖性淋巴细胞
thymus independent antigen(TI) 非胸腺依赖性抗原
thymus 胸腺
toll-like receptor(TLR) Toll 样受体
toxin antigen 毒素抗原
toxin 毒素
toxoid 类毒素
transductant 转导子
transduction 转导
transforming growth factor(TGF) 转化生长因子
transient population 过路菌
transposition 转座
tubulin 微管蛋白
tumor necrosis factor(TNF) 肿瘤坏死因子
turbidimetry 比浊法
Type Ⅲ secretion system Ⅲ型分泌系统

U

uncoating 脱壳

V

vacuole 液泡
variation 变异
vertical inheritance 基因垂直转移
vertical transmission 垂直传播
viable cell counting 活菌计数法
viral antigen(V 抗原) 病毒表面抗原
viral capsid antigen(VC 抗原) 病毒衣壳抗原
viral particle 病毒颗粒
virion 病毒子
Viroid 类病毒
virulent factor 毒力因子
Virus attachment protein(VAP) 病毒吸附蛋白
Virus receptor 病毒细胞受体
Virus 病毒
Voges Proskauer VP 试验
volatile organic compounds(VOCs) 挥发性有机化合物

W

water activity(Aw) 水分活度
water-borne transmission 经水传播
western blot 免疫印迹

Y

Yeast 酵母菌

Z

zearalenone(ZEA) 玉米赤霉烯酮
zoogloeal 菌胶团
β-lactams antibiotics β-内酰胺类抗生素

主要参考文献

[1](美)C.J.阿历索保罗,C.W.明斯.真菌学概论[M].余永年,宋大康,等译.北京:农业出版社.1983.

[2]陈代文,余冰.动物营养学[M].4版.北京:中国农业出版社.2022.

[3]陈金顶,黄青云.畜牧微生物学[M].6版.北京:中国农业出版社.2017.

[4]崔治中.兽医免疫学[M].2版.北京:中国农业出版社.2016.

[5]冯力.猪主要传染病与防控新技术[M].北京:中国农业大学出版社.2023.

[6]韩文瑜,雷连成.高级动物免疫学[M].北京:科学出版社.2016.

[7]杭柏林,胡建和,徐彦召,等.畜牧微生物学[M].北京:科学出版社.2017.

[8]胡建和,王丽荣,杭柏林.动物微生物学[M].北京:中国农业科学技术出版社.2006.

[9]胡志红,陈新文.普通病毒学[M].2版.北京:科学出版社.2019.

[10]霍乃瑞,余知和.微生物生物学[M].北京:中国农业大学出版社.2018.

[11]李凡,徐志凯.医学微生物学[M].9版.北京:人民卫生出版社.2018.

[12]李铁军.无抗营养饲料调控[M].北京:中国农业大学出版社.2023.

[13]李一经.兽医微生物学[M].北京:高等教育出版社.2011.

[14]陆承平,刘永杰.兽医微生物学[M].6版.北京:中国农业出版社.2021.

[15]罗恩杰.病原生物学[M].6版.北京:科学出版社.2020.

[16]闵航.微生物学[M].杭州:浙江大学出版社.2011.

[17]沈萍,陈向东.微生物学[M].8版.北京:高等教育出版社.2016.

[18]田克恭.疫苗免疫与养猪生产[M].北京:中国农业大学出版社.2023.

[19]王国栋,杜磊,冯晓敏,等.兽医微生物学及免疫学[M].成都:西南交通大学出版社.2017.

[20]王家岭.环境微生物学[M].2版.北京:高等教育出版社.2004.

[21]王恬,王成章,张莹莹.饲料学[M].北京:中国农业出版社.2018.

[22]严杰.医学微生物学[M].3版.北京:高等教育出版社.2016.

[23]杨汉春.动物免疫学[M].3版.北京:中国农业大学出版社.2020.

[24]张丽萍,杨建雄.生物化学简明教程[M].5版.北京:高等教育出版社.2015.

[25]郑世军.动物分子免疫学[M].2版.北京:中国农业出版社.2021.

[26]周德庆.微生物学教程[M].4版.北京:高等教育出版社.2020.

[27]周长林.微生物学[M].3版.北京:中国医药科技出版社.2015.

[28]朱玉贤,李毅,郑晓峰,等.现代分子生物学[M].北京:高等教育出版社.2019.